北京科技年鉴

BEIJING ALMANAC OF SCIENCE AND TECHNOLOGY

2013

北京市科学技术委员会　组编

北京科学技术出版社

1月12日，2012年新春驻华科技外交官科技合作通报会举行，60余名来自26个国家的驻华科技外交官和国际组织驻华代表参加，会上对首批30家“北京市国际科技合作基地”进行授牌

2月，市科委召开首都科技条件平台工作会，总结2011年工作经验。首都科技条件平台形成了“小核心大网络”的工作和服务体系，开放资源量累计达到145亿元，涉及550个国家级、北京市级重点实验室和工程中心，服务合同额达16亿元

2月22日，市科委召开科技创新获奖成果推介——走进文化视界专场发布会，发布了八项影视传媒领域的创新成果，包括高清三维图文在线包装系统技术、新闻制播系统技术、新一代播放技术、多媒体特效技术等

3月26日，2012北京跨国技术转移大会召开，30多个国家的近400位国外企业和机构代表携600多个项目来京寻求合作

4月13日，北京市科学技术奖励大会暨2012年科技工作会议举行，表彰获得2010年度、2011年度北京市科学技术奖的408项科技创新成果，部署2012年科技工作。中共中央政治局委员、市委书记刘淇，市委副书记、市长郭金龙等领导出席

4月23日，北京市2012年科普工作联席会议召开，副市长苟仲文及科技部、市科普工作联席会议成员单位等相关领导参加会议

4月26日，北京市纳米科技产业园暨纳米科技产业创新联盟成立揭牌仪式举行。首批5家高科技企业已入驻，标志着首都纳米科技产业实现从研发到产业化的跨越

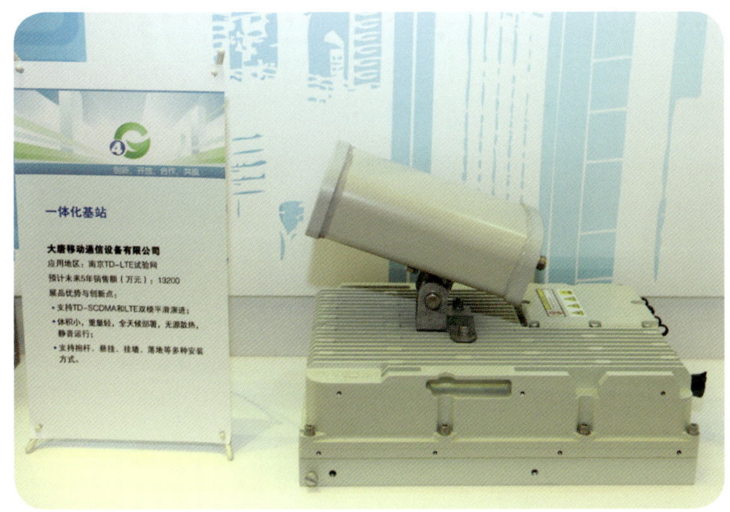

5月15日，“4G工程”成果发布会召开，展示了北京市“4G工程”启动以来，在移动通信和互联网的应用服务系统、基站设备、测试开发设备、核心芯片等方面所取得的一系列成就

5月19—25日，2012年全国科技活动周暨北京科技周主场活动在全国农业展览馆举行，集中展示了“科技北京”行动计划支持的120余项科技成果和110项科普项目，为市民带来一场科学的饕餮盛宴

5月23—27日，第十五届中国北京科技产业博览会举行，市科委举办了以“实践科技成果转化北京模式、加快首都技术转移体系建设”为主题的大型科技成果展览，12项落地转化科技项目现场签约

6月15日，联合国教科文组织为北京成为“设计之都”揭牌，北京成为第十二个全球“设计之都”。全国政协副主席林文漪，市委副书记、市长郭金龙，教育部副部长郝平，科技部党组成员王志学等领导以及联合国教科文组织副总干事格塔丘·安吉达出席揭牌仪式

7月10日，市科委和市统计局共同召开“2012年北京技术市场发展形势通报会”，2011年北京技术市场实现“十二五”良好开局，全年技术合同成交额1890.3亿元，比上年增长19.7%，占全国的40%。落地北京技术合同成交额952.5亿元，增长37.0%

7月12日，北京科技界召开座谈会，深入学习北京市第十一次党代会精神和全面学习贯彻全国科技创新大会精神，并就如何推进本市深化科技体制改革、加快首都创新体系建设展开了深入研讨

7月18日，北京市科技企业孵化器及大学科技园工作会举行，为首批6家战略性新兴产业孵育基地和6家中关村创新型孵化器授牌，有力推动了首都创业孵化体系的完善。市委常委赵凤桐、科技部火炬中心主任赵明鹏、市科委主任闫傲霜等领导出席

8月14日，市委常委陈刚来到位于大兴区采育镇的北京新能源汽车科技产业园调研，市委副秘书长傅华、市委办公厅副主任费宝岐、市科委主任闫傲霜等陪同调研

9月6日，首都科技发展战略研究院举行座谈会，市人大常委会主任杜德印出席。首都科技发展战略研究院是由科技部、中国科学院、中国工程院和北京市政府共同建设的推动首都科技创新研究咨询机构，积极搭建战略研究平台、建设"智库"

9月13日，北京市科技创新大会召开，全国政协副主席、科技部部长万钢，市委书记郭金龙，市委副书记、代市长王安顺等领导出席会议。会议贯彻全国科技创新大会精神，对深化本市科技体制改革、加快首都创新体系建设进行动员部署

9月13日，在北京市科技创新大会期间，市科委举行新闻发布会，介绍首都科技发展战略研究院成立以来的发展建设情况，正式发布首都科技创新发展指数和《首都科技创新发展报告（2012）》

9月18日，市科委与清华大学共建创新成果产业化基地，每年调动1亿元以上资金，重点支持一批创新成果在京转化和产业化。首批重点支持植入式医疗器械、精确医学成像、精确手术、医疗服务平台建设等医药和高端医疗装备创新成果

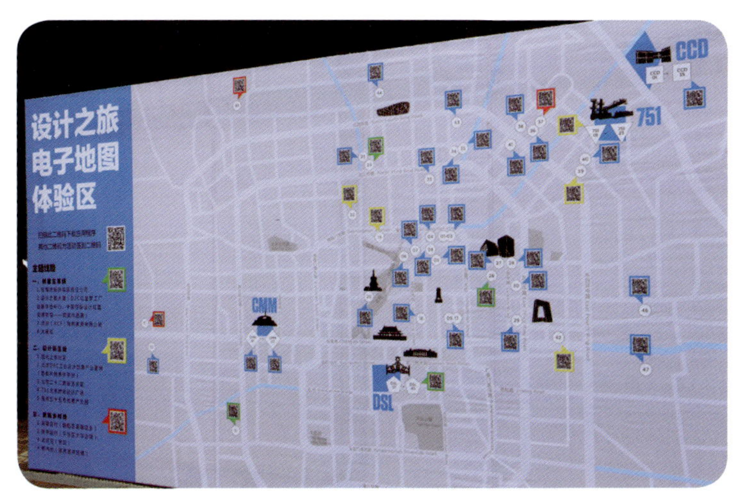

9月27日，市科委主办的“2012设计之旅”在北京时尚设计广场启动，向市民推荐了创意生活线路、设计街区线路和美丽乡村线路3条主题线路，开放包括设计之都大厦、大栅栏、草场地等60家设计创意园区（街区），举办了展示展销、工作坊、发布会、设计拍卖等162项主题活动

10月30日，本市举行生物医药产业跨越发展工程（G20工程）一期工程总结表彰会暨二期工程启动发布会，对一期工程培育出的有突出贡献的企业、品种、机构和个人进行表彰，同时启动G20工程二期工作。市委常委陈刚、副市长苟仲文等领导出席

11月7日，第十六届京港洽谈会期间，市科委参加了由香港特别行政区创新科技署在香港科学园举行的2012年香港创新科技嘉年华，开启了北京与香港在科普交流方面的良好合作

11月15日，北京数字化制造产业技术创新联盟在京成立，该联盟以北京数控装备创新联盟、中国工业设计技术服务联盟为支撑，由中航天地公司、上拓公司、北京航空航天大学、清华大学等20余家企业与院所、高校共同发起，旨在加大行业整合力度，加速重大科技成果转化，创新商业模式，引导产业集群协同发展，培育未来高端制造业

11月16日，首都科技界举行学习贯彻党的十八大精神座谈会，市委常委陈刚出席会议并讲话，科技界专家学者和企业家参会，市科委、市经济信息化委、市知识产权局、中关村管委会等相关部门以及区县科技部门负责人参加会议

12月10日，市科委与解放军总医院(301医院）签署战略合作协议。双方就科技体制改革、科学技术研究、学科人才培养、科技成果转化和共建产业化平台等五方面展开全方位战略合作

12月17日起，市科委参加本市学习宣传贯彻党的十八大精神百姓宣讲团第五分团——公务员宣讲团，宣讲工作进机关、进学校、进社区、进农村，共计开展40场，通过宣讲员讲述的科技改变生活中百姓身边的事、身边的人，宣传科技创新给百姓生活带来的方便和实惠

12月18日，2012年“科技北京”百名领军人才培养工程入选人员发布会举行，市科委党组书记杨伟光等领导出席，33名入选人员涉及生物制药、医学、农业、新能源及新能源汽车、新材料、城建交通、节能环保、电子信息、装备制造、设计等10个专业领域

12月19日，2012年中国设计红星奖颁奖，包括中国、美国、荷兰、日本、英国等25个国家和地区的1279家企业的5348件产品角逐中国设计红星奖，其数量超过德国红点奖的全球征集量，并首次出现非洲企业参评

截至年底，北京市新能源汽车示范运营数量达5000辆，涉及公交车、出租车、环卫车等公共领域。图为北汽自主品牌纯电动轿车E150EV在总装车间下线

2012年北京市科学技术奖一等奖：高速铁路超细晶强化型铜镁合金接触线关键技术研究。成果获得大规模产业化实施与应用

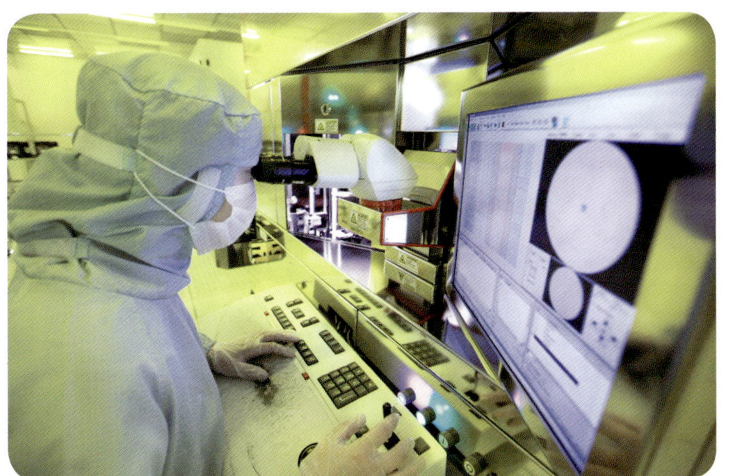

2012年北京市科学技术奖一等奖：超大规模集成电路65—40纳米成套产品工艺研发与产业化

2012年北京市科学技术奖一等奖：高性能大功率LEDs外延、芯片及应用集成技术。图为LED灯生产车间

2012年北京市科学技术奖一等奖：轨道交通阻尼弹簧浮置道床隔振系统成套技术研究及产业化。图为阻尼钢弹簧隔振器疲劳测试

2012年北京市科学技术奖一等奖：基于吸收式换热的热电联产集中供热技术

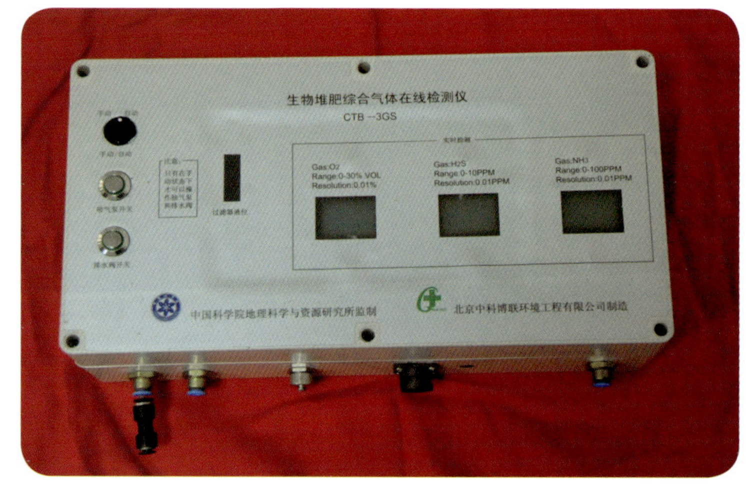

2012年北京市科学技术奖一等奖：污泥好氧生物发酵处理成套设备研发与应用。图为堆肥专用臭气监测仪

2012年北京市科学技术奖一等奖：装配式铺盖法设计、制造、施工成套关键技术研究。图为铺盖板荷载实验

编 辑 说 明

一、《北京科技年鉴》是一部反映北京地区科技事业发展变化的综合性资料工具书和史料文献。在北京市科学技术委员会、北京市教育委员会、北京市质量技术监督局、北京市知识产权局、北京市科学技术协会共同参与下，由北京市科学技术委员会主持编纂。

二、本年鉴以邓小平理论和“三个代表”重要思想为指导，深入贯彻落实科学发展观，遵循实事求是的原则，科学、客观地反映实际情况。

三、本年鉴采用文章和条目两种体裁，以条目体为主，用规范的语体、记述体，直陈其事，文字力求言简意赅。

四、本年鉴从1987年开始，逐年编纂。至2003年出版时均是标注当年年度，自2004年起循通行做法改为标注出版时间，即当年出版的年鉴，记述上一年度北京地区科技系统所发生的重大事件和新的情况，为领导决策提供可资参考的依据，为社会各界了解、研究北京地区科技事业提供权威的信息，为开展科技交流、对外宣传提供基础资料。

五、本年鉴以记述北京市属科技系统各单位的情况为主，对境域内国家部门所属单位情况也适当记述，使主体突出而又概括全貌。

六、本年鉴所载为北京地区科技事业的基本情况，采用分类编纂法。根据年鉴的文字内容，设有特载、大事记、科技管理与服务、研究与开发、高新技术及其产业、知识产权、质量技术监督、高校科技、合作与交流、科学技术普及、区县科技、政策法规选、统计资料、附录等14个基本栏目。

七、本年鉴收有北京市科学技术委员会、北京市教育委员会、北京市质量技术监督局、北京市知识产权局、北京市科学技术协会的主要负责人的名录。

八、选入本年鉴的文章和条目，均通过在北京市科学技术委员会、北京市教育委员会、北京市质量技术监督局、北京市知识产权局、北京市科学技术协会确定的专人负责撰写或提供，并经主要负责人审核。统计资料由北京市科技统计部门提供。

九、本年鉴反映2012年1月1日至12月31日期间北京地区科技事业发展变化情况，凡2012年事情，均直书月、日，不再写年份。

编 辑 说 明

《北京科技年鉴2013》指导委员会

《北京科技年鉴2013》编辑部

目　　录

CONTENTS

特　载

“科技北京”发展建设2012年总结和2013年重点任务

北京市科学技术委员会

一、“科技北京”发展建设情况

2012年是科技改革发展具有里程碑意义的一年，党的十八大提出实施创新驱动发展战略，党中央、国务院召开全国科技创新大会，科技在党和国家工作全局中的战略地位进一步提升。市委、市政府举行了全市科技创新大会，郭金龙书记、万钢部长、王安顺市长做了重要讲话，发布《关于深化科技体制改革加快首都创新体系建设的意见》，对科技改革发展做出全面部署。

2009年“科技北京”行动计划实施以来，在市委、市政府的坚强领导下，在中央单位的大力支持下，全市各部门、各区县积极探索，部署实施450余项折子工程重点任务，“科技北京”行动计划圆满收官，科技对“稳增长、调结构、转方式、惠民生”的支撑引领作用显著增强。

据初步统计，2012年，全市高技术产业、科技服务业、信息服务业实现增加值3990.5亿元，是2008年的1.5倍。中关村国家自主创新示范区总收入2.4万亿元，是2008年的2.4倍。全市高新技术企业累计8024家，占全国近1/4。全社会研究与试验发展经费支出约1031.1亿元，相当于地区生产总值的5.79%。专利申请量与授权量分别为9.2万件和5.1万件，四年年均分别增长21%和30%；万人发明专利拥有量34.5件，居全国首位。技术合同成交额2458.5亿元，占全国的38.2%，是2008年的2.4倍；技术交易实现增加值占地区生产总值的比重超过9.2%，成为促进科技成果转化和支撑经济增长的重要力量。

（一）科技对促进首都经济发展的贡献明显增强

2012年，全社会对科技服务业和信息服务业的投资同比增长44.6%和46.5%，科技拉动投资增长的效果明显。市政府三年统筹财政资金260亿元，累计支持700余个重大项目，带动社会总投资超过2500亿元。加强战略性新兴产业和科技成果转化基地建设，在全市形成了若干个十亿、百亿和千亿元级的产业集群，成为促进经济增长的重要支撑力量。推进三网融合、云计算、电子商务等三个试点示范城市建设工程，开展智能交通系统、新能源汽车、轨道交通、物联网、智能电网、太阳能等六个示范应用工程，进一步加快创新成果转化应用。政府采购新技术新产品金额超过80亿元，四年累计226.2亿元，带动社会采购744.8亿元。全年“双自主”产品出口额59.6亿美元，占出口总额的10%。

（二）首都自主创新能力大幅提升

科技资源融合发展不断深化。建立与科技部等中央部委的部市会商工作机制，2009年以来，在京单位承担国家科技重大专项项目（课题）近1700个，占全国的40%以上；获得中央财政科技经费380亿元，占全国的46%。重大工程材料服役安全研究评价设施、子午工程等6个国家重大科技基础设施在北京建设，投资额占全国总额的2/3。深化与中科院的院市合作，加快推进北京综合研究中心、超级云计算中心建设;27 家科研院所及其持股企业入驻怀柔科教产业园,总投资 50 亿元;联合支持推动超临界压缩空气储能系统、碳化硅晶片等 40 余个项目在京转化和产业化。市政府与 9 家国防科技工业集团公司开展战略合作,与海军共建蓝鲸军民融合创新园。支持入驻未来科技城的中央企业建设 17 家北京市重点实验室和工程技术研究中心,筛选和培育了纳米薄膜太阳能电池研发、风光储能一体化建筑等 30 余个重大项目。与解放军总医院联合推进医学科技成果转化,与首都高校共建创新成果产业化基地。发起成立"航天科工军民融合科技成果转化创业投资基金",引导社会资本投资科技成果转化和产业化。

科技资源的集聚效应不断加强。截至 2012 年底,全市研究与试验发展活动人员 31.8 万人。累计 770 名高层次人才入选"千人计划",占全国入选总数的 28%;437 名人才入选北京市"海聚工程"。两批 60 名高层次创新型人才及其团队入选"科技北京百名领军人才培养工程"。累计 1700 名青年科技后备人才入选"北京市科技新星计划"。发布实施《首都中长期科技人才发展规划纲要(2011-2020 年)》,全市 15 个部门合力推进科技人才队伍建设。加快中关村人才特区建设,打造具有全球影响力的人才战略高地。全市拥有国家级科技创新基地近 300 家,占全国的 30% 以上;市级科技创新基地 1100 余家。首都科技条件平台引导 562 个国家级、市级重点实验室(工程技术研究中心)、3.5 万台(套)、价值 166 亿元的科研仪器设备,为 1 万余家企业提供研发实验服务,实现服务收入 23 亿元,筛选出 550 项科研成果面向社会寻求合作,探索形成科技资源条件开放共享的"北京模式"。

重大科技成果不断涌现。《中国区域创新能力报告 2012》显示北京的知识创造能力在全国处于绝对领先地位。2012 年,北京地区 90 个项目获得国家科学技术奖励,占全国通用项目获奖总数的 34.2%,数量居全国首位。184 项科技成果获得北京市科学技术奖励。北斗卫星导航系统开展区域性商业服务,我国成为世界上第三个拥有自主卫星导航系统的国家;依靠自主的 PCI Express 高速固态存储技术研制出世界上性能最好的固态硬盘;自主研发的膜法海水淡化加压与能量回收一体化装置,突破了海水淡化中高压海水泵、能量回收装置两项关键核心技术;超大规模集成电路 65-40 纳米成套产品研发打破国外垄断,带动了我国集成电路产业链整体发展;在世界上首次发现乙型肝炎和丁型肝炎病毒的功能性受体——"纳离子—牛磺胆酸共转运多肽",为乙肝及其相关疾病提供了有效的治疗靶点和新药开发途径。

(三)科技创新促进经济结构加快转型升级

北京国家现代农业科技城建设加快推进。"一城多园五中心"的建设布局初步建立,形成了以现代服务业带动一、二、三产融合发展态势。昌平园聚焦草莓、园林苗木,顺义园突出花卉产业,通州园构建"育繁推"一体化的新型国际种业体系,形成了各具特色的发展格局。种业之都建设加快推进,产生了世界首个水稻全基因组芯片、西瓜全基因组序列图谱等国际领先成果;建立了二系杂交小麦和玉米多控智能不育技术体系;通过国家审(鉴)定的新品种 150 余个,建成了包括 400 余项种业科技成果的托管平台。建立了全国首个超高压果蔬生产加工基地和首座植物工厂。具有自主知识产权的德青源生物质能利用技术输出到美国。北京国家现代农业科技城为全国"一城两区百园"农业科技创新体系建设发挥了支撑和示范作用。

新兴产业培育发展取得新突破。2012 年,八大科技振兴产业工程预计实现产值超过 2.7 万亿元,比 2008 年新增 1 万亿元。为期三年的"生物医药产业跨越发展工程"(简称 G20 工程)一期顺利完成,生物医药产业成为北京千亿元级的产业集群。"新一代移动通信技术及产品突破发展工程"(简称 4G 工程)着力培育基于 4G 技术的新型应用服务和产业,先后形成技术专利 3200 余项,国际标准化提案 2500 余项。"高端数控装备产业技术跨越发展工程"(简称精机工程)重点支持以 3D 打印为代表的数字化制造装备,从材料、数字化设计、关键部件、整机和应用等产业链各环节统筹推进,抢占未来制造业制高点。新能源汽车的整车和关键零部件研发取得重要突破,46 款新能源汽车列入国家车辆产品公告目录,形成涵盖整车、电池、电机等核心零部件的完整产业链;建成“一园两基地”的产业聚集区,年产能达 7 万辆;公交、环卫、物流、出租等领域的示范运营规模达 3700 辆,北京成为全国公共领域纯电动汽车示范运营规模最大、汽车品种最全、运营范围最广、充换电站技术最领先的试点城市。启动建设怀柔纳米科技产业园,推动纳米隔膜、纳米印刷、纳米三元电池材料等科技成果落地转化,纳米科技产业聚集态势和影响力初步显现。

科技促进服务业发展水平不断提高。启动“智慧城市”建设工程,加强人口基础数据库、电子政务和公共服务平台建设。中关村国家级文化与科技融合示范基地获得国家认定,打造以海淀园为核心,石景山园、德胜园和雍和园联动发展的“1 + 3”空间布局。北京申请成为联合国教科文组织创意城市网络“设计之都”工作历时两年,取得圆满成功,标志着“北京设计”的国际知名度和影响力不断提高。制定促进科技服务业发展政策,重点发展研发、工程技术、设计和中介等科技服务业态。在中关村开展现代服务业试点,累计支持试点项目 98 个,争取中央财政资金 8 亿元,带动社会总投入 49.7 亿元。

科技支撑区域创新发展取得新成效。加大对区县创新发展的支持和引导,加强区域科技创新公共服务能力建设,以重点企业、特色园区和基地建设为抓手,大力整合资金、技术、成果、人才等创新要素,推动区域创新发展。加快科技成果在基础设施、生态环境、产业发展、民生改善等领域的推广应用,为实施城南行动计划和促进西部地区转型发展提供了重要支撑。实施系列生态修复和环境涵养科技支撑工程,促进生态涵养区绿色发展。

(四)科技支撑城市建设管理和保障改善民生的水平不断提高

科技交通工程取得新进展。围绕设计咨询、建设施工、装备制造、运营服务等环节,加快轨道交通关键核心技术研发和成果推广。轨道交通 B 型列车和基于通信的列车控制系统研制成功,标准规范体系初步建立,运营稳定可靠,成功中标北京地铁 14 号线、7 号线,推广步伐加快。开展“公交城市”建设综合技术研究应用与示范,为公共交通出行比例达到 44% 提供了科技支撑。

节能减排和生态环境质量持续改善。推荐 245 项科技成果进入《科技惠民计划先进科技成果目录库》,北京成为国家“科技惠民计划”首批试点省(市)。深入推进国家和北京市可持续发展实验区建设。落实国家“十城万盏”工程,开展半导体照明应用示范。支持 18 家企业和高校院所成立新能源海水淡化产业技术创新联盟,针对海水淡化膜法、热法及热膜耦合等工艺技术,启动实施海水淡化重点示范工程,加强关键技术和装备研发,培育海水淡化产业基地。开展餐厨垃圾处理、建筑垃圾处理、废弃物资源化利用等技术的应用,实现资源循环再利用。深入推进首都增彩延绿科技示范工程,建设香山红叶林群落优化示范区。

城市安全科技支撑体系不断完善。组织企业和高校院所,为应对“7·21”特大山洪暴雨泥石流灾害提供科技支撑。建立地下管线病害实时监测系统和监控网络结构,实现快速、远程、网络化、自动化的监测和探测。研制室内移动式生物监测报警器、核生化一体化监测报警装备,为应对核辐射、生物、化学和公共卫生等突发事件提供技术装备。建设丰台应急救援科技创新园和产业园,推动应急救援产业集聚发展。搭建食品安全检测服务平台,研发高端检测设备和常见非法添加物快速检测试剂产品,初步构建起“从农田到餐桌”的食品安全科技支撑体系。

深化十大疾病防治科技攻关和成果推广应用。圆满完成“首都十大疾病科技攻关和管理实施方案”一期目标任务,88 家医疗机构加入研究示范网络,率先建成全国规模最大的重大疾病防治临床数据库,保存临床信息 2.8 万例、样本 23 万例。100 余项诊疗技术规范和标准在 800 家(次)医疗卫生机构进行推广应用,筛选 45 个中药品种纳入“十病十药”范围。

（五）中关村国家自主创新示范区建设取得新突破

先行先试的试点工作深入推进。中关村创新平台建立了重大科技成果转化和产业项目统筹资金等9个工作组，19个中央和国家机关以及31个市相关部门、16个区县参加平台工作，形成了中央和地方协同创新的组织模式和工作机制。近500家单位参加股权激励试点，2390个项目开展科技计划和经费管理改革试点，2428家企业享受研发费用加计扣除政策，减免税额82.6亿元。对"1+6"试点政策进行总结评估，提出延长政策执行期限的建议并获得国务院批复。试点政策有力地推动了中关村创新发展，在全国发挥了示范引领作用。

国家科技金融创新中心加快建设。2012年，中关村发生创业投资案例197起，占全国的28%。中关村创业投资引导资金累计设立了22支子基金，规模超过100亿元。18家银行在中关村设立科技信贷专营机构，累计为企业提供贷款担保671亿元。中关村上市企业总数228家，在非上市公司股份代办转让系统已挂牌和通过备案的企业182家，成立全国中小企业股份转让系统有限责任公司。

空间资源和产业布局不断深化。中关村示范区空间规模和布局调整获得国务院批复，规划面积扩展到488平方千米。中关村科学城建设加快推进，280余家企业及机构入驻，搭建了180个公共服务平台，86个联合实验室、联合研发机构和中试基地，与高校院所和中央企业联合建设48个产业技术研究院和特色产业创新园。

（六）科技改革发展的政策环境不断优化

科技体制改革不断深化。加强资源整合、创新工作机制，初步奠定了"大科技"的工作格局。"科技北京"建设协调工作小组由市委、市政府分管领导牵头，30多个市有关部门参加，形成了科技、经济、产业等部门协同推进科技创新的局面。建立科技投入依法稳定增长机制，财政科学技术支出四年累计超过500亿元，带动全社会研究与试验发展经费支出超过3400亿元。与中央单位共建"首都科技发展战略研究院"，采取"小核心、大网络"的组织方式，开展前瞻性的战略规划和政策研究，首次发布《首都科技创新发展报告（2012）》和首都科技创新发展指数。建立科技计划项目储备库制度，形成常态化的项目组织机制；首次采用科技项目信用评价管理手段，加强科技计划实施的全过程管理。

创新政策体系不断完善。贯彻落实国家科技政策法规，积极构建"研究—制定—宣讲—实施—评估"的全链条工作体系，发布实施《中关村国家自主创新示范区条例》《北京市自然科学基金管理办法》《关于进一步促进科技成果转化和产业化的指导意见》等政策文件，形成了包括8个地方性法规、5个政府规章、200余项规范性文件在内的科技政策体系，实现了科技政策向创新政策的转变。三年来全市累计落实高新技术企业和技术先进型服务业企业所得税减免230亿元，同期企业上缴税费2640亿元，是减免税额的11倍，对促进企业创新发展和提高财政收入发挥了重要作用。科技型中小企业技术创新资金累计资助2478个技术创新项目，带动企业及社会投入比例达到1:10。北京市科学技术奖励办法2010年修订以来，制定实施细则和工作规范达59件，连续三个评审年度实现了"零投诉"，北京市科学技术奖励办公室被评为全国科技管理系统先进集体。

创新创业服务体系不断优化。全市拥有各类孵化机构122家，其中国家级孵化器28家，国家级大学科技园14家，总面积近400万平方米，在孵企业超过7000家；认定14家战略性新兴产业孵育基地；涌现出创新工场、车库咖啡等一批新型的服务业态。全市产业技术创新联盟达151家，企业、高校、院所等各类成员单位超过8000家。积极推进"营改增"试点，促进科技服务业发展；完善技术市场发展环境，加强技术市场统计监测；搭建北京技术交易信息服务平台，提高技术市场政策覆盖面；推进技术转移服务业发展，国家级技术转移示范机构达44家，占全国的16%。

科技交流合作再上新台阶。2012年，跨国公司在京新增设立研发机构28家、累计432家。中意技术转移中心组织近500家企业达成合作意向368项，落地合作项目153项；国际技术转移协作网络（ITTN）成员单位拓展至200家；建设北京市国际科技合作基地45家，与32个国家137家机构建立合作关系，引进国际先进技术40项、高端人才150名。建设国际技术转移中心和国家技术转移集聚区，借助中美企业创新中心、中芬企业创新中心等渠道，吸引企业、技术、人才（团队）和技术转移机构等国际高端资源落地北京。通过成果推广、技术转移、专家指导等方式，扎实开展与新疆、青海、西藏、内蒙古、宁夏、云南等省（区）的科技支援与交流合作。围绕产业转移互补、区域生态环境、科技资源共享等方面，加强首都经济圈科技交流合作。

尊重知识、尊重创造的创新氛围日益浓厚。在全社会实施首都创新精神培育工程，重点开展创新创业环境优化、创新教育促进、创新文化建设、创新活动品牌和创新资源服务等工程。知识产权的创造、运用、保护和管理水平不断提升，培育专利试点企业近3140家，认定专利示范单位160家。技术标准创制水平全国领先。“科技北京”官方微博粉丝量突破52万。举办北京科技周、全国科普日、科技旅游季、百家科普基地对接百家社区等大型科普活动500余项，参加人数达1600万人次。科普宣讲团进社区、进村庄、进学校，让百姓直接体验最新的民生科技成果。截至2012年底，共认定市级科普基地212家，总面积达40多万平方米，科普基础设施日益完善，公众科学素质稳步提高。

回顾四年来“科技北京”发展建设的探索和实践，主要有以下三点体会：

第一，必须坚持发挥首都优势。深刻认识和把握首都发展的阶段性特征，坚持首都城市性质和功能定位，研究战略规划，谋划产业发展，布局重大项目；最大限度地发挥首都科技创新优势，以首善标准努力使科技创新工作走在全国前列。认真履行“四个服务”职责，更加突出服务功能，发挥服务优势，实现服务国家创新战略和首都科学发展的有机统一。

第二，必须坚持深化改革创新。遵循市场经济规律和科技发展规律，统筹发挥政府在战略规划、政策法规、标准规范、监督服务等方面的作用和市场在配置资源中的基础性作用，完善激励创新的体制机制和政策措施。进一步深化科技体制改革，加快首都创新体系建设，着力实现从北京科技向首都科技、从单个产品攻关向支撑全产业链、从关注项目向关注人才团队与项目结合的转变，在促进科技与经济社会发展紧密结合、强化企业技术创新主体地位、加强科技资源统筹融合、优化人才发展环境等方面实现新突破。

第三，必须坚持科技支撑发展。把科技服务经济社会发展放在首位，以支撑经济发展方式转变、促进产业结构调整、加快城乡区域一体化发展、推进首都文化建设、深化社会建设和城市精细化管理、加强生态文明建设为重点，着力突破重大关键、共性技术，大力提高自主创新能力，支撑经济社会持续协调发展，率先构建创新驱动发展格局。

2009年以来“科技北京”取得的成绩，是市委、市政府正确领导的结果，是科技部等中央单位支持帮助的结果，是各部门、各区县和科技界努力拼搏的结果。在这里，我代表市科委，向关心、支持和参与“科技北京”发展建设的中央单位和北京市各部门以及首都科技工作者，表示崇高的敬意和衷心的感谢！

在总结工作成绩的同时，我们也清醒地认识到，北京科技改革发展仍面临一些问题和挑战。推动首都科技协同创新的领导体制、组织模式和运行机制尚需不断探索，科技管理的科学化水平还要进一步提升。对新兴产业发展规律、趋势和特点的认识尚需不断深化，科技成果转化的体制机制瓶颈还要进一步突破。企业的创新能力仍然不足，以企业为主体的技术创新体系还未真正形成，企业研发投入强度有待进一步提高。对于这些问题，我们一定要高度重视，认真采取措施加以解决。

二、2013 年总体思路和重点工作

2013 年全市科技工作的总体思路是:深入学习贯彻党的十八大精神,以邓小平理论、“三个代表”重要思想、科学发展观为指导,准确把握科技创新的战略定位、发展目标、实现道路、重点任务,以加快实施创新驱动发展战略为核心,全面落实科技创新大会部署的各项任务,着力对接和服务国家创新战略,着力深化科技体制改革,着力推进中关村国家自主创新示范区建设,着力强化企业技术创新主体地位,着力发挥科技对经济社会发展的支撑作用,实现科技改革发展新突破。

2013 年主要推进以下重点工作:

(一)深化科技改革,推进首都科技资源融合发展

全面深化科技体制改革。认真贯彻市委市政府《关于深化科技体制改革加快首都创新体系建设的意见》,全面落实科技体制改革部署的各项任务,按照职责分工和进度要求,制定完善配套政策,加强分类指导、评价考核和监督检查,增强科技改革的系统性、整体性、协同性。积极落实市人大常委会关于科技改革发展的审议决议,推动首都科技创新体系建设。

提高首都科技资源整合利用水平。探索建立首都科技创新协调机构,加强顶层设计和统筹协调,为促进科技资源融合发展提供组织和体制保障。充分发挥市政府专家咨询委员会、首都科技发展战略研究院的作用,形成市领导牵头、专家支撑、部门参与的重大问题科学研究决策机制。进一步完善央地协同创新的长效机制,提高首都创新体系整体效能。深化部市会商工作机制,与科技部举行第二次“部市会商”工作会议。深化与中科院的院市合作,加快推进怀柔科教产业园建设,做实龙芯产业园、纳米材料绿色制版、纳米纤维锂离子电池隔膜等重大产业化项目,推动成立中科院科技成果转化投资基金。加强对入驻未来科技城中央企业的服务,筛选支持符合首都城市功能定位的科技成果在京转化落地。加快军民结合产业园和蓝鲸军民融合创新园建设,完善知识产权托管模式,促成一批军转民和军民两用技术落地转移转化。

推进科技管理改革。完善科技项目形成机制和支持方式,优化财政预算评审程序,探索建立北京市科技报告制度。研究科技进步贡献的指标体系,开展首都创新体系建设监测评估。完善政府资金统筹使用机制,聚焦对全市经济发展有重要影响的重点区域和重大项目,综合运用无偿资助、资本金注入、政府股权投资、贷款贴息、后补助等多种方式,重点支持信息技术、生物医药、新材料、新能源汽车、轨道交通等产业板块。

(二)创新体制机制,加快中关村国家自主创新示范区建设

持续推进“1 +6”系列政策先行先试。用好用足现有政策,加强政策评估,总结经验,发现问题,逐步完善。准确把握企业需求,紧密围绕关键环节、重点问题,积极研究推出新政策。加强与中央有关部委的沟通协调,推动新五条政策及时、顺利实施。加强市区两级政策对接,推进先行先试政策在各分园、特别是在新纳入中关村示范区规划范围分园的覆盖和落实。

调整优化示范区空间资源和产业布局。落实国务院关于同意调整中关村示范区空间规模和布局的批复,修订完善中关村示范区优化产业布局指导意见和布局方案,建立项目准入标准和退出机制,加快形成一区多园、各具特色、重点发展两城两带的产业集群发展格局。以培育发展战略性新兴产业和现代服务业为目标,从区县功能定位、发展优势和需求入手,加强顶层规划和市级统筹,谋划新建、升级一批特色产业基地,带动区县经济社会发展转型升级。

打造国家科技金融创新中心。贯彻落实中关村示范区建设国家科技金融创新中心的意见,建设国家科技金融功能区。加强金融服务资源聚集,研究推动设立中关村银行。深化企业信用体系建设,优化区域信用环境。深化中小企业代办试点工作,加快建设统一监管下的全国场外股权交易

市场,支持符合条件的优秀科技企业发行上市,争取2013年底上市公司总数达到240家左右。完善创业投资体系,争取到2013年创业投资引导资金合作设立的子基金达到30家左右。深化科技信贷创新,开展信用贷款、知识产权质押贷款、股权质押贷款、小额贷款等创新试点,强化对小微企业和首次融资企业的支持。

(三)提升创新能力,增强企业技术创新主体地位

支持企业提高技术创新能力。充分发挥企业在技术创新决策、研发投入、科研组织和成果转化中的主体作用,促进创新要素向企业集聚。以企业为主导发展产业技术创新联盟,促进产学研用协同创新。支持企业建设高水平研发中心,提高技术研发、产品创新、利用和转化科技成果的能力。鼓励企业与社会共同建立研发和科技成果转化基金,支持企业开展关键技术攻关和成果转化应用。深入落实高新技术企业认定等税收优惠政策。支持发展各类新兴源头技术创新机构和新型研发组织。推动成立"科技成果转化创业投资引导母基金",带动社会资本投资科技成果转化。

培育一批创新型企业。分类指导、抓大促活,建立覆盖企业初创、成长、发展等不同阶段的政策支持体系,培育一批具有国际竞争力的创新型企业和国际知名品牌。探索国有资本考核和评价机制,加大国有资本经营预算对企业创新的支持力度。充分发挥科技型中小企业技术创新基金(资金)、中小企业发展专项资金、创新券等对科技型中小企业发展的促进作用。支持建设一批中小企业创业基地,加快推进资产证券化试点,发展持有型科技物业,降低中小企业创新创业成本。

培育企业创新发展的市场环境。围绕轨道交通建设、道路微循环改造、生态环境改善、污水处理、雨洪利用、节能减排等城乡经济社会发展重大需求,组织实施面向企业和产业技术创新联盟的新技术新产品(服务)应用示范项目。落实政府首购和订购政策,政府采购新技术新产品金额超过90亿元,带动新技术新产品在全社会的推广应用。通过预留市场份额、完善采购程序等措施,支持中小企业参加政府采购。

(四)强化科技创新的核心地位,全面支撑首都经济社会发展

全面对接和服务国家创新战略。积极争取全国性试点、示范应用和重大专项,保障国家重大创新平台、重大科技基础设施、科技重大专项落地。整合优势力量和资源,着力突破重大技术瓶颈,开发具有自主知识产权的重大装备和产品,发挥重大专项的支撑和牵引作用,提升首都持续创新能力。

积极培育和发展战略性新兴产业。实施G20工程二期,重点培育生物医药创新品种、重磅产品和龙头企业,发挥目录、定价、招标、注册审批四大政策对医药市场的杠杆调控作用;市统筹资金每年投入不低于5亿元支持生物医药领域重大科技成果研发、转化及产业化项目。实施"4G工程",带动4G和互联网产业链上下游企业聚集,打造一批具有国际竞争力的龙头企业;开展4G工程惠及民生的试点示范项目,培育4G市场和相关产业。实施"精机工程",以3D打印、数控机床、机器人为重点,面向重点行业、重大工程应用需求推动整机应用和产业化,培育数字化制造服务产业新业态,促进高端制造业与服务业融合发展。推动成立无人机与航空应用服务、空间数据应用服务等产业技术创新联盟,培育空间信息应用产业,促进空天信一体化发展。实施"纳米科技产业跃升工程",开展纳米碳材料规模化制备、纳米印刷材料及装备等产业化关键技术研究,探索批量转化机制,建设纳米专业孵化器和共性开放平台,完善纳米产业布局。突出前沿技术和应用模式,加快推进新能源产业发展。重点推进国际领先的动力电池大集团落户本市,提升技术水平;大力推动纯电动汽车区域出租和公交示范运营,积极引导私人购买纯电动汽车,实现示范运营新增5000辆。

加快北京国家现代农业科技城建设。打造高通量育种公共服务平台,服务作物籽种、畜禽良种、水产品种、果树种苗、花卉苗木等五大种业科技创新,完善种业科技成果托管平台运行机制,探索种质资源共享机制和商业化育种模式。充分利用世界葡萄大会和世界种子大会等国际农业会

展，促进项目、成果落地北京，建设与国际接轨的种子检测服务平台（ISTA认证），服务首都种业国际化发展。加快科技惠民力度，组织实施良种增效科技创制、食品安全科技创新、生态友好科技创建和现代物流科技示范等四项重点惠民工程。

支撑生态文明建设。联合国家相关部委启动实施首都蓝天十年行动计划，建立和完善大气污染防治创新体系，加强大气污染预警预报及应急技术研究，加大科技对大气污染治理的支撑力度。引导全社会提高节能减排意识，加大新能源汽车等节能新技术新产品的推广应用，开展一批重点用能单位节能低碳改造，在市民生活、工业生产和交通等方面实现节能减排。实施城市水系生态建设工程，为城市污水处理厂提标改造提供技术支撑。

提高科技支撑城市建设管理和民生改善水平。针对轨道交通列车控制系统国产化、地铁乘客信息服务系统以及地铁隧道综合检测等问题，加强以行车指挥为核心的轨道交通智能运营自动化系统、公共交通动态出行服务关键技术研究及示范、列车控制及监控系统的研制等一系列技术研究。建设海水淡化关键设备实验验证平台，推动国产设备与技术的工程化应用。开展装配式住宅产业化关键技术研究及应用示范，推进建筑构件工厂化生产和部品部件产业化基地建设。深入推进“十城万盏”示范工程，开展地铁车站、商业街半导体照明示范工程建设。围绕页岩气开采利用、分布式能源建设、先进储能技术，组织实施一批重大科技项目，为新型能源利用提供技术储备。

加强科技对医疗卫生和公众健康的促进作用。推进“首都十大疾病科技攻关与管理实施方案”二期，加强干细胞与组织工程、基因治疗、生物标志物等前沿领域研究，研究创新性诊疗技术与方法；深化中西医临床诊疗规范研究，提升临床诊疗水平；加强对成熟有效、先进适用的科技成果推广与应用，提升医疗服务能力；加快医药品种研究与开发，推动建立临床研究中心；组织临床需求、临床资源与生物医药企业对接，强化科研成果对医药新品种研发的引导，推进以医促药、医药结合。

（五）加强服务保障，营造创新创业的良好生态环境

加强创新型人才队伍建设。加快中关村人才特区建设，引导科技人才流向高端产业功能区、战略性新兴产业集群、产学研用相结合的经济实体，推进首都人才集群化发展。积极落实“千人计划”“海聚工程”和“高聚工程”，促进国际人才、技术和项目在京落地。深化实施“科技北京百名领军人才培养工程”“北京市科技新星计划”，围绕首都经济社会发展需求进行人才培育、布局和战略储备。以科研院所、高等院校、科技园区、产业基地、创新型企业为载体，建设创新人才培养示范基地。完善科技创新评价标准、激励机制，调动和激发科技人员的积极性创造性。发挥北京市科学技术奖励的激励作用，强化对首都经济社会发展贡献、科技成果转化应用和青年科技人才及其团队的激励导向。

完善科技服务体系。建立健全开放共享的运行服务管理模式与支持方式，推动更多的科技资源进入首都科技条件平台，鼓励和引导科学研究基地、科学仪器设备、科技文献、科技数据等对社会开放共享。鼓励社会资本投资兴办孵化机构，支持孵化机构品牌和服务输出，培育和推广新型孵化服务模式。有效利用全球创新资源，绘制全球创新地图；探索国际科技合作和技术转移新模式，大力推进国际技术转移中心、国家技术转移集聚区建设。加快文化和科技融合示范基地建设，推进科技与文化融合发展。积极开展中关村现代服务业试点，探索服务业与高新技术产业和战略性新兴产业融合发展模式。加快“设计之都”建设，提升北京设计品牌的世界影响力。

加强创新文化建设。弘扬践行“北京精神”，深入实施首都创新精神培育工程，努力营造鼓励探索、敢于创新、宽容失败的创新文化氛围。深入开展科普工作，办好科技活动周、社会科学普及周、全国科普日等重大科普活动，加强知识产权保护，不断提高公众科学素质。加强科技宣传，增强传播力和引导力，为科技改革发展营造良好的舆论环境。

加强自身建设。转变政府职能，把工作重心和主要精力更多地转向研究制定政策、提供优质公

共服务和创造良好发展环境上来。加强市区联动,强化区县科委、科技园区管委会及各类创新基地管理团队能力建设,提升全市科技队伍管理水平,促进区域创新协调发展。推进依法行政,认真接受市人大和市政协的监督,广泛听取创新主体的意见建议,加强调查研究,健全决策机制和程序,提高决策科学化、民主化、法制化水平。加强政风建设,坚决贯彻落实中央"八项规定"和本市15条具体措施,进一步改进工作作风,密切联系群众。全面落实廉政建设责任制,加强廉政文化建设,深入推进廉政风险防控管理,为"科技北京"发展建设提供有力保障。

北京市教育委员会
2012年工作总结和2013年工作计划

北京市教育委员会

2012年是北京高等教育改革发展的攻坚之年。北京高等教育贯彻"十八大"精神,以提高质量、内涵发展为核心,积极落实国家和北京市中长期教育改革和发展纲要战略部署,进一步深化教学改革,促进人才培养模式创新,着力提高北京高校社会服务水平和文化传承能力,全面推进北京高等教育现代化。

2012年,北京地区共有56所普通高校和79个科研机构培养研究生,共有在学研究生25.22万人,比去年增加1.15万人。其中,博士生6.87万人,比去年增加0.35万人;硕士生18.35万人,比去年增加0.8万人。2012年招收研究生8.70万人,比去年增加0.40万人。在56所普通高校中21所市属高校培养研究生,有在校研究生2.73万人,招生0.97万人。中央部委所属高校35所,有在校研究生20.97万人,招生7.19万人。

2012年,北京地区有普通高校91所,普通本专科在校生58.18万人,招生16.20万人。普通高校中市属高校54所,普通本专科在校生28.21万人。

一、2012年工作总结

(一)加强本科教学发展规划和质量监控

出台"质量工程"二期建设主文件《关于进一步提高北京高等学校人才培养质量的若干意见》,明确"一个中心,两个重点,四项原则,五种兼顾"的基本建设思路,提出包括专业建设与结构调整、实践创新教育体系完善、市属高校特色发展计划在内的24条具体建设方案。编纂出版《北京高等教育质量报告(2011)》。

(二)指导高校深入开展教学改革

加强专业建设,推荐北京工业大学"新能源科学与工程"专业等21所高校的38个专业为教育部"专业综合改革试点"项目,其中21个获批为第一批试点专业。完善课程体系,61个选题和3门课程入选教育部2012年精品视频公开课建设计划,加强北京高校精品视频公开课网络平台建设。深化实践教学改革,完成52个国家级实验教学示范中心考察验收,出版《实践与创新能力培养——北京高等学校实验教学示范中心巡礼(续)》,推动高校校内创新实践基地建设,新建46个校外人才培养基地。召开2011年北京市大学生学科竞赛颁奖会，全面启动2012年大学生学科竞赛活动。加强师资队伍建设，评选市级教学名师奖获得者98位，出版《北京市高等学校教学名师奖2009—2011年度专辑》，向教育部推荐15位“国家高层次人才特殊支持计划”教学名师候选人，推动高校“教师教学发展中心”建设。

（三）强化高校优质资源共享

深入开展北京市与教育部继续重点共建北京大学、清华大学、中国人民大学、北京师范大学、中国农业大学等五所“985”高校工作，牵头统筹协调，从教学、科研、人才、基建等多个方面支持五校发展建设。推动北京市与相关部委和部门共建北京电影学院、北京交通大学、中央财经大学、北京理工大学、首都医科大学等高校的具体工作。倡议和支持16所入围教育部“卓越工程师教育培养计划”的北京地区高校组成“北京市卓越工程师教育培养计划高校联盟”，在实验室开放、实践基地共享、教师交流互访、学生联合工程创新训练等方面开展深入合作。完善学院路教学共同体建设，积极开展选修课程改革，筹备成立以北航北京学院为核心的第二学位人才培养平台。成立“北京高校博物馆联盟”，推动18所高校的19个博物馆实现资源共享，并逐步实现高校博物馆资源的社会开放，服务首都地区文化发展，满足社会需求。

（四）开展北京市高等教育教学成果奖评选工作

开展北京市2012年高等教育教学成果奖评选工作。经评审组评议、专家委员会审议、特等奖答辩、评审委员会审定，共产生663项北京市级奖，其中特等奖8项，一等奖274项，二等奖381项。积极准备国家级高等教育教学成果奖申报工作。通过四年一次的高等教育教学成果奖评选，系统梳理近年来北京高校教学育人方面涌现出的代表性改革创新成果，推动高校进一步凝练优势、突出特色，发挥优秀成果的示范带动作用，提升北京高等教育教学的整体水平。

（五）继续深化学科建设

重点开展学科群“软环境”建设，完善学科布局和结构；本着“优化结构，健全体系，择优选择，服务北京”的指导思想，继续开展北京市重点学科建设，完成北京市重点学科增补工作。批准10所学校13个北京市重点学科的调整申请，批准31所高校72个学科增补为北京市重点学科；完成北京工业大学、首都师范大学“211工程”三期建设验收工作。

（六）开展系列重要会议、评审评议工作

组织召开市学位委员会第三届五次会议；完成国家优秀博士论文推荐工作和北京市优博论文组织评审工作；配合市科协、市委教育工委联合召开北京市科学道德与学风建设工作会议，努力营造积极、健康、向上的校园学术氛围；参与完成北京地区同等学力考试的考务安全工作等。

（七）推进教育改革试点项目，探索高层次人才培养新模式

北京高校产学研及国内外联合研究生培养基地建设验收工作顺利完成。经过5年的积极探索，13个产学研基地、13个国内外联合培养研究生基地建设成果显著，社会影响良好，有效推动研究生培养模式改革和培养质量的提升，极大地促进学科发展和学术队伍建设。5年来，共取得发明专利273项，获奖数48项（其中国家级7项），有5篇博士论文被评为全国优秀博士学位论文，14篇被评为北京市优秀博士学位论文，14篇入选全国优秀博士学位论文提名论文。还遴选首都医科大学和首都经济贸易大学与科研单位联合培养博士生的试点工作。

二、2013年工作计划

（一）深化学科建设，建成一批开展科学研究和培养高层次创新人才的科技和学术高地。

紧密围绕国家和北京经济社会发展重点，开展学科群“软环境”建设，探索创新高层次人才培

养模式。本着“优化结构,健全体系,择优选择,服务北京”的指导思想,继续开展北京市重点学科建设工作,逐步在北京高校中形成结构和布局更加合理、特色和优势更加明显的重点学科体系。

(二)整合协同创新力量,进一步加强北京实验室建设,推进协同创新中心培育建设工作。

面向科学技术前沿,结合区域发展重大需求和社会发展重大问题,促进以高校为主体、需求为导向、产学研深度融合的科学技术创新体系建设,在科学研究、人才培养、服务社会等方面形成有效结合和突破。

(三)构建多学科交叉研究平台,探索建立文化传承创新新模式。

依托重点学科,发挥人才聚集等方面的优势,整合高校人文社会科学创新资源,建立文化传承研究中心,构建多学科交叉研究平台,繁荣中华民族优秀文化,发挥智囊团和思想库作用,提升国家文化软实力。

(四)强化科学研究,培育高水平科研力量。

继续在国家和北京市优先发展的重要领域内实施重点项目,提升市属高校科学研究水平和服务北京经济社会发展的能力。

(五)推进研究生培养改革工作。

进一步创新研究生培养模式,探索学术型和专业学位研究生培养新模式。支持研究生参加各种学术组织和学术活动,举办高水平研究生学术论坛,以评选优秀博士学位论文为抓手,引导高校切实把研究生培养工作的重点放到提高质量上来。

(六)加强科研基础条件与平台建设,提高科技支撑能力。

加强对已有北京市重点实验室的建设和管理。加强哲学社会科学基地建设力度,完善哲学社会科学研究机构布局,推进哲学社会科学和自然科学及其他学科的交叉与融合,提升哲学社会科学创新能力、社会服务能力和文化传承能力。

(七)提高科技成果转化能力,为产业结构调整、行业技术进步提供持续支撑和引领。

进一步促进科技成果转化,支持大学科技园与中关村国家自主创新示范区的企业进行产学研合作。加强引导北京高校资源与企业需求的对接,促进北京高校科技和人才优势与北京市重点行业、重点企业的结合。

北京市知识产权局
2012年工作情况及2013年工作思路

北京市知识产权局

一、2012年首都知识产权工作开展情况

2012年,在市委、市政府的正确领导下,在国家知识产权局的指导帮助下,全市知识产权系统按照中国特色世界城市建设和“双轮驱动”的总体要求,以实施首都知识产权战略为主线,以知识

产权工作融入经济建设主战场为出发点和落脚点，抢抓机遇，开拓创新，扎实工作，圆满完成了全年各项任务目标，首都知识产权工作呈现出良好的发展态势。

（一）首都知识产权战略实施有了新进展

——加强顶层设计，政策体系不断完善。推进《北京市专利促进和保护条例》修订工作，顺利通过市人大常委会一审。制订了《关于加强知识产权工作推动战略性新兴产业发展的实施意见》，经市政府批准并对外发布。会同市财政局对专利商用化资助政策进行了修改和完善。组织完成了对本市文化创意产业、区县、高校知识产权状况的调查摸底工作，为下一步出台政策奠定了基础。

——加强统筹协调，战略推进不断深入。制定了《2012 年首都知识产权战略推进计划》，明确 6 大工作重点和 43 项具体举措，各项任务均圆满完成。市工商局制定了商标品牌战略意见，推进品牌经济发展；市版权局开展了版权科技维权工程，建立起网络版权技术联盟；市文化执法总队在网络文化市场监管中推出新举措；市发改委、市农委、市园林绿化局、中关村管委会等首都知识产权战略工作联席会议成员单位也各司其职，做了大量卓有成效的工作。海淀区推进了海龙电子城知识产权保护能力提升工程，并通过该工程带动中关村西区知识产权保护环境实现整体改观；石景山区搭建了以知识产权为核心的创新平台；密云县对具有区域特色和历史文化内涵的公共品牌申请注册商标 221 件，开展前期保护。东城、朝阳、昌平等区县也根据地区实际采取有力措施，推动了区域知识产权战略的实施。

（二）知识产权融入经济建设取得新成效

——对区县、高校和产业的指导力度大大加强。发布了《2011 年北京专利报告》，为制订政策提供了基础信息和数据支撑，该报告也被国家图书馆正式收录。首次发布了区县知识产权发展状况报告和在京高校专利状况报告，为区县、在京高校决策层开展工作提供了参考依据。对我市重点产业加强专利跟踪与分析，编写了物联网、云计算、下一代互联网 IPv6 技术等相关产业技术领域的专利分析报告，并完成了《北京市重大项目专利现状调研分析及措施建议研究》等课题。启动了北京经济技术开发区知识产权推进工程。指导成立了食品安全检测产业和数字内容产业的知识产权联盟。

——对中关村、中央在京单位、中小微企业的服务能力显著提升。将资金、政策、项目等各类资源向中关村倾斜，圆满完成 2012 年度中关村知识产权推进工程，中关村企业专利申请达到 2. 8 万件，较 2010 年增长近 1 倍，占到全市的 30. 5%，帮助 209 家企业实现了专利申请的“零突破”。在中关村开展了重大经济科技活动知识产权评议、专利保险等先行先试业务。加快示范区知识产权金融创新，推动成立了“中关村知识产权投融资服务联盟”。组织中介服务机构对 3000 余家参加知识产权托管工作的企业提供专业服务，入托企业专利年申请量增长超过 70%。启动了在京央企知识产权“领先工程”，在全国率先规模化、系统化、专业化推动中央企业知识产权工作。通过建立 4 个工作机制，开展 20 项重点工作，引导和帮助 20 家在京央企成为全国央企知识产权工作的领先者。建立 6 个央企知识产权教育基地，为企业培训专职人员 2000 余人。与市质监局联合制定了《企业知识产权管理规范》，成为本市第一个知识产权领域的地方标准。与市经信委联合实施了“中小企业聚集区知识产权战略推进工程”，支持重点产业领域 15 家专利示范单位制定了企业知识产权战略。帮助我市 5 家重点行业领域的需求企业做好知识产权海外预警工作，对 3 个项目给予了应急救助。加大专利质押融资工作力度，据不完全统计，共帮助中小企业利用专利质押实现融资 4. 47 亿元。

（三）知识产权创造和运用实现新突破

——知识产权创造实力位居全国各省市前列。完善了专利资助政策，基本形成“以试点促推广普及，以示范促深化发展”的企业培养体系，目前全市已有 3139 家专利试点单位、160 家专利示范单位，并涌现出中石油、京东方、清华大学、联想等10家年专利申请超千件的企事业单位。2012年，本市专利申请量达到9.23万件，专利授权量达到5.05万件，均创历史新高。其中，发明专利申请量占比为57.1%，职务专利申请占比达到84.8%，专利结构全国最优。最能体现专利质量和创新含量的PCT专利申请数量达到2075件，同比增长40.6%，位居全国第二。截至2012年12月底，本市有效发明专利量达到6.95万件，每万人发明专利拥有量为33.6件，高居全国榜首。在第十四届中国专利奖评选中，市知识产权局推荐的项目中，有2项获得中国专利金奖、6项获得中国专利优秀奖、1项获得外观设计优秀奖。本市全年新增注册商标6.69万件，注册商标总数达41万件，居四个直辖市之首。其中，中国驰名商标157件，北京著名商标559件。作品自愿登记34.82万件，软件著作权登记3.86万件。植物新品种权申请145件，授权24件，累计授权297件。

——知识产权商用化工作实现新突破。国家知识产权局支持本市开展专利商用化试点工作。组建成立了北京市知识产权运营管理有限公司，成为全国首家由政府主导的知识产权商用化公司。积极争取市财政支持，将专利商用化资助金增加到1500万元，使更多的技术出口型企业、高校和科研机构在专利商用化方面受益。会同市教委启动了促进在京高校专利成果转化与运用相关意见的前期调研和政策制订工作。

（四）知识产权服务体系建设呈现新气象

——以专利代理行业为代表的知识产权服务业加快发展。截至2012年底，本市共有专利代理机构251家，占全国专利代理机构总量的27.52%；执业专利代理人3254人，占全国的40.35%。有8家机构入选首批“全国知识产权服务品牌机构培育单位”，数量居全国第一。召开了第一次首都知识产权服务业大会，对5家优秀专利代理机构和10名优秀专利代理人进行了表彰。筹建北京市专利代理人协会，加强行业诚信体系建设。探索将知识产权实务引入学历教育的后备人才培养模式，北京大学法学院专利代理方向硕士研究生班正式开班。

——专利信息公共服务能力显著增强。市知识产权局被国家知识产权局认定为全国首批“专利信息传播利用基地”，并建立起专利信息传播利用区县分站和高校分站。北京市知识产权公共信息服务平台的一期建设完成，二期立项工作正在推进。目前该平台专利基础数据资源积累初具规模，已涵盖31个国家两个组织的专利数据6000余万条。

（五）知识产权执法维权体系建设创下新佳绩

——知识产权防御体系不断巩固。组织各区县开展了为期两个月的专利护航专项行动。以首届“京交会”为重点大力推进展会知识产权执法，全年共进驻规模以上展会28个，创造了“京交会”知识产权零投诉的佳绩。牵头建立九省市专利执法协作机制，提高了跨区域专利执法的效率。联合市新闻办、市工商局、市版权局等单位召开了知识产权保护状况新闻发布会，向社会发布《首都知识产权保护状况白皮书》。全市法院系统全年一审受理知识产权纠纷案件1.13万件，审结1.12万件；受理二审案件2162件，审结2148件。市知识产权局全年受理专利执法案件71件，结案58件。指导调解组织以司法委托调解方式，成功处理知识产权纠纷29件。

——知识产权维权援助工作扎实开展。在中关村示范区启动12330知识产权保护“1+X”服务模式试点。建立了首个中关村大学科技园联盟12330工作站，服务26所在京高校。在南锣鼓巷、北京动漫游戏产业联盟等5个文创产业重点区域和行业组织建立了12330工作站，服务范围覆盖市级文化创意产业集聚区的60%。

（六）知识产权环境建设有了新进步

——知识产权文化建设深入开展。与市委组织部、市委党校联合举办了“实施知识产权战略与提高首都自主创新能力”专题研讨班，这是知识产权首次以专题研讨班的形式融入党校课程。围绕“4.26”世界知识产权日及第六届中国专利周等重大活动开展集中宣传，《北京日报》等主流平面媒体报道200余篇,北京电视台报道数十次。宣传工作对内对外影响力明显增强。

——首都知识产权国际影响力空前提升。世界知识产权组织保护音像表演外交会议在京成功召开,《视听表演北京条约》正式签署,成为首个在我国诞生的国际知识产权条约。世界知识产权组织已明确表示将在北京设立办事处,目前各项前期准备工作正在推进。加强与境外知识产权管理机构、协会商会、企业的沟通交流,主办或承办了多个国际研讨会和涉外知识产权培训班。

同志们,回顾2012年首都知识产权工作,我们为取得的成绩感到振奋和自豪。这是市委市政府和国家知识产权局正确领导的结果,是各区县、各部门密切配合、共同努力的结果,是全市知识产权系统和企事业单位知识产权工作者奋力拼搏、扎实工作的结果。在此,我谨代表市知识产权办公会议办公室和首都知识产权战略工作联席会议办公室向长期以来对首都知识产权工作给予关心支持的各级领导、相关部门、广大企事业单位和新闻媒体表示衷心的感谢!向全市知识产权系统的干部职工和企事业单位的知识产权工作者表示衷心的感谢!

二、2013年首都知识产权工作思路

2013年是贯彻落实党的十八大精神的关键一年。党的十八大报告明确提出“实施创新驱动发展战略”“走中国特色自主创新道路”,强调要“实施知识产权战略,加强知识产权保护”,对于知识产权工作具有重大的指导意义。

在市委十一届二次全会上,郭金龙书记要求全市各单位深刻认识和把握首都发展的阶段性特征,在加快转变经济发展方式上有新作为。去年,国家知识产权局田力普局长参加我市的知识产权工作会时曾指出,“知识经济在北京市已经开始显现。这个阶段最突出的特点就是把知识的生产、创造和运用作为城市经济发展的核心动力,知识产权理所当然地应该成为我们工作的重中之重。”

从目前我市知识产权的数据来看,一些指标已经接近或是达到了一些发达国家、世界城市的水平,标志着我市进入了知识经济时代。这时候,我们既要有抓住机遇寻求发展的责任感,也要有应对问题科学发展的紧迫感。

一方面,创新驱动发展战略为知识产权发挥支撑作用提供了良好机遇。在经济学著名的“微笑曲线”理论中,产业链中附加值最高点体现在两端,即研发和销售,处于中间环节的制造附加值最低,因此产业未来应朝微笑曲线的两端发展。创新驱动发展战略就是要解决我国在全球经济链条中处于低端问题,而要实现高端发展,知识产权势必将在其中发挥出重要的支撑和保障作用。进入新时期,中央要求北京市要率先形成创新驱动的发展新模式,在推动科学发展,加快转变经济发展方式上当好标兵和火炬手,走在全国最前面。北京也提出率先形成科技创新与文化创新“双轮驱动”的发展新格局。目前我市正处在经济发展方式转变的攻坚阶段,产业内部结构面临深度调整,知识产权在经济建设主战场中必定大有作为。同时,随着首都知识产权战略的深入实施,知识产权事业发展的基础更加坚实,发展的环境显著改善,区域经济、创新主体、社会公众对知识产权工作的要求明显提高,需求明显增多,这些都为首都广大知识产权工作者提供了施展才华的广阔舞台。

另一方面,知识产权规则的全面兴起和经济全球化的深入发展对我市的知识产权工作带来了巨大挑战。目前,发达国家和跨国公司将知识产权作为巩固其优势地位的核心战略资源,加紧布局并积极运用知识产权规则打压竞争对手,控制或争夺市场份额,知识产权大战有愈演愈烈之势。随着我市越来越多的科技企业走出国门,参与海外市场竞争;随着越来越多的跨国公司进入国内,密集进行专利布局,战略性新兴产业和企业的知识产权风险控制变得愈发重要。我们知识产权工作者要居安思危,毕竟我市企事业单位对知识产权的管理和运营能力还很欠缺,难以应对未来激烈的

知识产权竞争。对此,我们要未雨绸缪,加强宣传培训,深化服务,牢牢把握工作的主动权。

同时,我们也必须清醒地认识到,知识产权工作与市委市政府提出的建设中国特色世界城市的目标和创新型城市的任务也有较大的差距,服务大局的能力也有待提高,对经济建设的贡献度还未能充分显现。本市知识产权工作还存在一些问题和不足,如:首都创新资源优势尚未充分发挥,专利数量还有很大的增长空间,专利质量和效益也需要进一步提升;缺少华为、中兴这样的知识产权大户,千件专利企业培植工作仍需加强;知识产权运用水平亟待提高,高校、科研院所的专利成果转化率较低,大量研发投入难以转化成应有的经济收益和社会财富;知识产权保护体系和文化建设仍需完善,专利侵权、盗版等现象仍然存在,网络侵权、文化创意产业及新生业态的知识产权保护问题比较严峻,专利执法力量需要进一步加强;知识产权管理水平相对于知识产权事业发展的需要仍有差距,等等。这些问题和不足都需要我们在下一阶段的工作中着力加以解决。

因此,作为经济建设主战场上的重要一员,全市知识产权系统的同志们必须牢记使命,紧紧围绕全市中心工作的大局,充分依托国家知识产权局的专业资源,牢牢把握中关村空间规模和布局调整的有利契机,切实增强工作的紧迫性和责任感,去抢抓发展机遇,不断开拓创新,努力破解难题,争取大有作为。

知识产权工作有效融入经济建设主战场,关键是要找准工作定位。我们要充分发挥知识产权对产业经济发展的先导作用,使知识产权工作成为转变经济发展方式,推动战略性新兴产业健康发展的"导航仪";要充分发挥知识产权对区域经济发展的支撑和保障作用,使知识产权成为区域经济科学发展的"助推器";要充分发挥知识产权对于企业的核心竞争力作用,使知识产权成为企业快速发展的"加速器";要充分发挥首都知识产权工作在全国"首善之区"的地位作用,全面展示创造、运用、保护、管理等方面取得的成绩,使首都知识产权工作成为我国对外交往的"显示器"。

2013 年,我们要重点在以下十个方面寻求新突破:

一是加大统筹协调力度,在凝聚力量推进战略实施方面实现新突破。充分发挥市知识产权局对全市知识产权工作的统筹协调作用,调动市知识产权办公会议和首都知识产权战略工作联席会议成员单位的积极性,加强协调配合,完善知识产权战略,特别是专利战略中的工作抓手和举措,全面落实《2013 年首都知识产权战略推进计划》确定的任务和目标。继续加强与相关委办局的"联手联盟联动",并以司法领域为重点,与公检法建立全方位、全流程的协作机制。组织发布首都知识产权领域"十大事件""十大案件""十大人物",扩大知识产权战略实施的影响力。以新修订的《北京市专利促进和保护条例》颁布实施为契机,进一步加强首都知识产权政策法规体系建设,全面提升首都知识产权综合能力。做好世界知识产权组织驻中国办事处落户本市的各项服务保障工作,并以此为契机,全面加强对外交流与合作。

二是积极开展先行先试,在提升中关村示范区知识产权综合能力方面实现新突破。联合中关村管委会制定并落实 2013 年—2015 年中关村知识产权推进计划,力争到 2015 年实现中关村企业年专利申请量突破 4 万件,其中发明专利申请量突破 3 万件。打造出中关村重量级的知识产权领军企业群,包括培育出年专利申请量超千件单位 10 家,年专利申请量超 500 件的单位 20 家,年专利申请量超 100 件的单位 50 家。聚焦中关村六大优势产业、四大潜力产业和现代服务业,积极推动相关政策和工作举措在中关村先行先试。启动国家知识产权服务业集聚发展试验区的建设工作,出台优惠政策,引导一批国内优秀知识产权服务机构在中关村聚集。突破现有政策,着力吸引一批国外知名的知识产权服务机构落户中关村,为中关村国际化发展积聚国际创新要素。将工作重心进一步下沉,深化对十六个分园区的服务,尤其是新增六个分园区。突出重点,与海淀区开展合作,将科学城打造成知识产权创造运用的示范区;与昌平区开展合作,全面提升未来城的知识产权综合能力。探索建立中关村重大经济科技活动知识产权评议工作机制。紧密依托国家知识产权局的专业资源,深入开展国家自主创新示范区知识产权战略合作平台建设和审查员实践基地活动。以建设国际知识产权交流合作基地为依托,提高示范区创新主体涉外知识产权驾驭能力,进一步提升中关村示范区知识产权发展国际化水平。

三是加速与经济的融合,在知识产权支撑首都产业转型升级方面实现新突破。健全工作机制,对新能源汽车、新材料等战略性新兴产业重点项目进行专利分析、专利预警、专利挖掘等全方位跟踪服务。推动构建 2 至 3 个有需求的战略性新兴产业成立知识产权联盟。建立全面覆盖战略性新兴产业各领域的专利信息服务体系产业联盟分站,发挥专利信息对战略性新兴产业联盟企业研发创新、技术引进、贸易风险防范等方面的支撑作用。引导战略性新兴产业中的重点企业集团推进知识产权集中管理,形成集团知识产权战略资源统一管理、统一调配、统一利用的工作格局。推动以产业上下游企业、高校、科研机构、知识产权专业机构等为构成要素的战略性新兴产业知识产权战略共同体发展,加强以战略共同体为载体的知识产权集群管理,构建以产业链为牵引的布局合理的战略性新兴产业知识产权集群。进一步加强文化创意产业知识产权的保护与服务。以中医药为切入点,对医药医疗领域知识产权情况进行摸底,为出台相关政策做好基础工作。

四是全方位加强对区县工作的指导,在知识产权助推区域经济发展方面实现新突破。与海淀区签订战略合作协议,实施“聚核工程”,并总结经验,逐步在其他区县推广。开展区县知识产权助推区域经济发展特定工程项目征集,选择 3—4 个区县的优秀项目给予支持,通过项目实施发挥典型带动作用。深化 16 个区县知识产权发展状况评估工作。指导区县积极申报国家知识产权局试点、示范城市。深化与北京经济技术开发区战略合作,努力把开发区建设成为创新资源和知识产权战略资源高度聚集的区域。与市委党校联合举办区县知识产权调训班,提升区县主管领导知识产权意识。

五是开展知识产权产业研究工作,在知识产权产业助推首都经济发展方式转变方面实现新突破。紧密结合知识产权本质特征、首都优势,从知识产权的功能、需求等层面入手,开展知识产权产业研究,在更高的战略层面体现北京知识产权产业发展的价值。从知识产权产业的理论、内涵与概念,分析北京市率先加快知识产权产业发展的重要意义、基础与优势、典型形态,促进知识产权产业发展的重点工程策划。率先在中关村示范区开展知识产权产业概念推广工作,力争使中关村示范区成为知识产权产业工作的先行试点区域。对现行专利资助政策进行全面梳理和适当调整,引导专利向质量效益型转变。改变目前的重复奖励和普遍奖励的模式,加大对维持年限长的有效发明专利和对产业发展有影响的专利包的支持力度,提高财政资金的使用效能。在中关村示范区先行先试,探索将相关资助政策由企业向为中关村企业提供专业服务的知识产权服务机构进行转移和倾斜,给予其补贴。

六是营造环境夯实举措,在培育我市品牌机构提升服务能力方面实现新突破。贯彻落实国家及我市关于促进知识产权服务业发展的政策文件和首都知识产权服务业大会的会议精神,出台政策实施细则,制订中长期发展规划。成立市专利代理人协会,加强行业自律。继续开展行业评优,发挥典型的带动作用,推动服务机构做优做强。积极推进知识产权服务业的人才培养工作,将专利代理方向的专业硕士延伸到清华大学等其它院校。

七是深入实施在京央企“领先工程”,推进中小企业聚集区知识产权专项工作,在提升企业知识产权综合能力方面实现新突破。将在京央企“领先工程”进一步延伸至 30 家一级央企集团。深化企业知识产权教育基地建设与运转。根据实际需要,建立 3—5 家企业知识产权教育基地。通过知识产权政策引导、专业指导、对接服务、专项推动、示范带动和海外护航等方式,集中力量推动我市中小微企业知识产权综合能力的提升。实施“中小企业知识产权涌泉工程”,努力在我市培育一大批知识产权创造活跃、保护有力、管理规范、运用有效的优质中小企业集群。

八是加强引导扶持,在推动全市专利商用化方面实现新突破。研究制定和实施我市专利商用化协同推进工作方案,推动专利商用服务体系和运营体系建设,培育和引进专利商用化服务机构和专利运营机构。以中关村示范区为试点,加强对专利交易活动的分析研究,出台有关促进措施,探索在中关村建设世界级的知识产权展示和交易中心。指导北京市知识产权运营管理公司开展业务。巩固对高校工作的成果,总结典型经验,与市教委联合研究制定促进在京高校专利创造与运用工作方案,挖掘高校创新资源。对科研院所的专利申请、运用、转化进行全面深入的调查摸底,为有针对性地推进科研院所的知识产权工作提供重要依据。

九是探索开发知识产权金融产品,在推动创新型企业知识产权融资方面实现新突破。从全市层面梳理现有知识产权质押贷款政策,研究影响我市质押贷款规模扩大的因素,形成下一步工作对策。与市金融局、银监局密切沟通配合,开拓其它知识产权金融衍生品,破解创新型中小企业融资难题。召开知识产权投融资服务联盟大会,成立知识产权投融资服务联盟,为企业提供完整链条的知识产权投融资优质服务。扎实推进专利保险试点工作,通过为专利保险试点单位购买专利保险等中介服务,为其提供全方位支持。

十是加大执法保护力度,在知识产权环境营造上实现新突破。巩固双打成果,联合市工商局、市版权局、市文化执法总队等部门继续加大侵犯知识产权案件的查处力度,净化市场环境。进一步完善专利委托执法工作,下放行政处罚权,形成市区两级各负其责的执法体系。加强常态监控,探索开展专业市场和特色街区知识产权保护工作。继续做好京交会、园博会、科博会、文博会等大型展会知识产权保护,筹备2014年葡萄大会知识产权保护工作。利用新建的中关村审理庭,做好庭审宣传、培训和协调保护工作。进一步充实力量,加强行政调解和司法委托调解工作。结合中关村空间布局调整,推动重点产业建立12330行业协会(联盟)工作站。推进九省市专利行政执法协作平台建设,完善协作机制。围绕“4.26”世界知识产权日和中国专利周,开展系列宣传活动,努力营造全社会尊重知识产权、保护知识产权的良好氛围。

北京市科学技术协会2012年工作总结

北京市科学技术协会

2012年是首都全面推进科学发展,开创各项工作新局面的重要一年,也是市科协围绕中心、服务大局、承上启下、继往开来的关键一年。一年来,在市委、市政府的正确领导和中国科协的有力指导下,市科协团结动员首都广大科技工作者,认真学习贯彻党的十八大精神,深入贯彻落实北京市第十一次党代会和全国科技创新大会、北京市科技创新大会的重大战略部署,牢牢把握“三服务一加强”工作定位,有序推进市科协第八次代表大会确定的各项任务,不断完善团体功能建设,各项工作取得了新的进展。

一、认真学习领会党的十八大精神，深入贯彻落实中央、市委重大战略部署和重点任务

党的十八大是在我国进入全面建成小康社会决定性阶段召开的十分重要的大会，学习贯彻落实好党的十八大精神，对于统一思想、凝聚力量、团结动员首都广大科技工作者为促进国家和首都经济社会发展服务具有十分重要的意义。作为党领导下的人民团体，市科协根据中央、市委和中国科协的统一要求，立即组织开展学习贯彻党的十八大精神活动。召开了“首都科技工作者学习贯彻党的十八大精神座谈会”，来自各行业、领域的30余位科技工作者围绕学习领会十八大报告和会议精神畅谈感想、结合实际研讨贯彻落实措施。与北京市委讲师团联合举办了“首都科技工作者学习贯彻党的十八大精神辅导报告会”，邀请中国科学技术发展战略研究院院务委员高志前研究员，就学习贯彻党的十八大精神、深化改革与国家创新体系建设内容做了专题报告，200余位科技工作者代表参加。依托25个科技工作者状况调查站点集中开展了首都科技工作者对党的十八大的舆情搜集工作，广大科技工作者对党的十八大高度关注、反响热烈，对党的十八大重要文件和新一届中央领导机构充分肯定、坚持拥护，对实现党的十八大提出的战略目标热切期盼、充满信心。面向科协团体印发了《北京市科协关于学习贯彻党的十八大精神活动的通知》，明确要求系统各单位紧密结合工作实际和各自特点，认真开展有特色的学习宣传贯彻活动，掀起学习贯彻落实党的十八大精神的高潮，把科协团体及广大科技工作者的思想和行动统一到党的十八大精神上来，把力量凝聚到完成好党的十八大提出的各项战略任务上来，推进科协事业不断创新发展。

为深入贯彻落实北京市第十一次党代会、全国科技创新大会、北京市科技创新大会精神，充分发挥科协工作作为首都科技工作的重要组成部分的作用，及时组织团体各单位专家代表深入研讨，就汇聚团体资源，发挥组织优势，服务首都创新体系建设的方式和途径等方面问题统一思想、达成共识。制定《北京市科协关于贯彻落实科技创新大会的意见》，提出了6个方面15项具体措施，要求所属团体高度重视、扎实努力，充分发挥首都科学共同体在推动创新中的作用，强化学术交流的引领作用，科学普及的基础作用、科技人才的核心作用，为首都初步建成有世界影响力的科技文化创新之城，在建设创新型国家战略中发挥支撑作用，做出新的更大贡献。所属团体认真安排部署，创新工作思路，开辟新的工作领域，为服务首都科技创新开展了大量卓有成效的工作。

二、充分发挥首都科学共同体作用，促进科技与经济紧密结合，为首都经济社会发展服务

围绕首都经济社会重大科技需求，坚持以资源建设为核心，发挥科协组织的特色和优势，不断强化科学共同体的功能建设，汇聚资源，服务创新驱动发展的能力得到进一步提升。

*（一）着力促进提升首都自主创新能力，产学研用相结合的创新服务模式初步形成。*努力搭建科技创新企业与高校、科研院所的交流平台。通过与中关村管委会等多家单位合作举办中关村论坛年会专场分论坛、第四届首都创新论坛、中科院老专家“服务企业自主创新”座谈会等活动，有力推动了专家智力、技术项目、高校科研成果与企业需求实现对接。举办首届首都大学生科技创新作品与专利成果博览会，35所高校的大学生展示了地震搜救机械蛇、高楼逃生器等172件专利成果、118件实物发明及47件创新创意作品，并积极为企业和投资机构牵线搭桥。联合北汽集团、北京经济技术开发区与市工商联等单位，深入企业开展创新方法培训等多种科技服务，有效为企业增强创新活力提供支持。稳步推进“院士专家工作站”建设，与中关村管委会联合下发《关于加强院士

专家工作站建设的意见》，推动4家园区内企业建站，新建院士专家工作站13个，累计建站38个，进站院士91位，开展科研攻关项目85个。启动院士专家工作站课题调研，努力拓展服务领域，服务企业科技创新的针对性、实效性不断增强。积极开展"讲理想、比贡献"评选表彰等工作，不断激发企业科技人员创新活力，有10个单位获全国"讲比"活动先进集体、6人获全国"讲比"活动科技标兵。

（二）大力推动首都学术繁荣，学术交流活动促进首都科技创新作用进一步凸显。打造首都高端学术交流平台，集中开展了第15届北京科技交流学术月、院士专家报告会、首都巨灾应对高峰论坛等百余项学术交流活动；支持学会开展"生命科学与人类健康"学术年会等大量专业性、小型化交流活动，全年累计开展学术交流1000余项，有力地促进了首都科技创新和学术繁荣。推动学术交流与首都重大科技需求实现有效对接，围绕首都战略新兴产业发展，举办第三届首都先进制造应用技术研讨会、第二届首都科技创新与成果转化论坛等数十项高水平学术活动，推动了相关科研成果的应用转化；围绕首都发展的重点、难点问题，举办以"科技创新、文化创新－双轮驱动战略"为主题的两界联席会议高峰论坛、城市公共安全与综合治理论坛、京津冀晋蒙区域协作论坛等一系列研讨活动，从科技创新层面为首都经济社会发展提供有力支撑。加强学术期刊管理工作，努力促进学术期刊适应转企改制因素和新媒体竞争的冲击，发挥推动学术交流与科技创新重要载体的作用。

（三）努力服务党和政府科学决策，科技思想库作用初显成效。大力加强科技思想库工作平台建设，结合首都经济社会重大科技需求，推出科协调研、科技工作者建议、政协提案人大议案、科技工作者状况调查站点信息、科技参考、科技人力资源快报共六种科技思想库产品。全年共完成重点课题调研15项，开展建议类专项课题研究7项，上报送科技工作者建议120余项，其中，《"7.21洪灾"的启示与建议》等建议得到市主要领导批示，一批建议提供市相关委办局作为决策参考并引起高度重视。科技思想库技术支撑平台建设加快推进，通过两大平台、八个基础数据库的研建，实现决策咨询工作的信息化。通过承担院士专家学术成长资料采集工程、科技人力资源地理信息系统建设等重点任务，促进了与中国科协资源的共享对接。国家级科技思想库建设试点工作在中国科协年度考核评估中获得优秀。

（四）积极构建农业科技服务体系，科技支农实效不断增强。深入开展"科技套餐配送工程"、乡土人才培训、会社合作计划等多种形式的科技支农活动，在密云和大兴分别建立"都市型现代农业示范基站"，面向郊区县开展科技服务"三农"活动300余次，示范推广科技项目40余项，为88个农村扶贫助残基地提供了技术指导，推动20余个涉农学会与农民合作组织实现对接，带动3万余名农民依靠新技术、新产品增收致富，充分发挥了农业科技服务体系的支农惠农作用。"科技套餐配送工程"被列入市"三下乡"工作重要示范活动，《人民日报》等多家媒体进行了宣传报道。7·21自然灾害发生后，迅速成立科技社团医疗服务专家组与农业生产专家组深入灾区，开展义诊咨询、调研论证、防灾减灾知识普及等活动，为灾区群众看病就医、恢复生产与沟域经济发展提供服务和帮助，受到当地政府和群众的高度肯定。

（五）广泛搭建国际交流合作平台，首都科技活动影响力显著提升。成功举办意大利—北京科技经贸周活动，吸引200余家中外企业参与，签署合作协议9项，被科技部列为促进中意科技创新合作的重要活动之一。与法国综合科学中心等45个国外及台湾地区科技组织新建友好关系，签订了5份合作意向书。开展阿根廷—北京企业洽谈会等国际交流活动、第二届吴宪吴瑞国际学术研讨会等国际学术会议与第二届北京科学嘉年华等大型国际化科普活动。进一步深化与香港工程师学会、台湾中华文经发展协会、台湾农训协会等港澳台科技组织的交流合作，邀请97名台湾青年科学家参加"京台青年科学家论坛"。全年组织出访团组19个，接待国外及台湾科技组织来访团组41个，有力地促进了首都国际影响力的提升。

三、深入实施《科学素质纲要》，大力推动科学普及工作

充分发挥科学普及主要社会力量的作用，积极推动科普资源共建共享，努力营造爱科学、学科学、用科学的良好社会氛围，为提高公众科学素质贡献力量。

（一）认真履行全民科学素质纲要实施工作办公室职责。作为科学素质建设工作牵头单位，围绕市政府确定的“十二五”期间北京公众科学素养目标，推动市政府印发《北京市全民科学素质纲要实施方案（2011—2015年）》，切实抓好5个行动计划和5项基础工程各项任务的督促落实，完成2012年折子工程71项工作任务。根据全国全民科学素质纲要实施工作办公室部署，推动市政府与中国科协签署《加强公民科学素质建设共建协议》，建立公民科学素质建设共建机制。

（二）大力实施重点人群科学素质行动。组织开展各种科普活动、举办专题展览，突出重点，注重实效，以重点人群带动公众整体科学素质提升。进一步加强“科普惠农兴村计划”“社区科普益民计划”的规范管理，实行差额评审，强化检查验收。财政每年投入专项资金2089万元，同时不断吸引社会资金投入，支持二个计划实施。适应新形势对科普工作提出的新要求，注重提升首都社区科普工作的整体能力和水平，面向16个区县重点选择16个社区，与市财政局联合投入400万元开展了科普示范社区创建工作。与市人力资源和社会保障局共同组建了由8名院士、12名专家组成的讲师团队伍，举办公务员科学素质大讲堂和公务员科学素质竞赛，宣传、介绍前沿科技发展动态等知识。开通公务员科学素质在线培训，有7万多人上线学习，拓宽了公务员接受科技教育的网络渠道。第32届北京青少年科技创新大赛吸引30万中小学生参加。机器人竞赛、明天小小科学家、北京青少年信息学奥赛、科技馆活动进校园等符合未成年人兴趣和特点的科普活动，为青少年理解科学、运用科学发挥了积极作用。开展全市无邪教创建活动，大力宣传反邪教科普，营造了热爱科学、抵制邪教的良好社会氛围。

（三）科普活动社会影响力逐步增强。组织开展具有时代特征、首都特点的群众性科普活动，发挥科普活动的品牌效应，影响和带动公众参与科普活动，提高科普活动社会化程度。第18届北京科技周开展大型标志性活动12项，基层活动600多项，520余万人次参与。组织全国科普日北京主场群众系列活动、高校开放日等，公众广泛参与。第二届北京科学嘉年华，共有12个国家、地区的百余家科普机构带来204项科普互动项目，全市开展193项基层活动，为公众带来全新的科学体验。北京百万家庭数字生活技能大赛、科普之春、科普之夏等大量科普活动的开展，持续宣传科学知识。

（四）科普资源共建共享机制不断完善。充分运用北京科普资源的优势，加快推进资源共建共享机制，成立北京科普资源联盟，29家单位成为联盟成员，搭建起资源合作、共享的平台。北京科普资源共享服务平台上线运行，实现与北京天文馆等单位资源共享，累计集成科普资源11万余项。科普超市运用市场化手段集散科普资源，吸收特色店铺50余家。科普创作出版专项资金资助11个图书项目和3个音像项目，《科学的真相》等获得第二届中国科普作协优秀科普作品提名奖。首都科学讲堂持续受到公众欢迎，今年举办70余场，现场听众达2万多人次，网络视频的听众累计达2500万人次。1831流动科技馆、诺贝尔奖获得者北京论坛主题展等平台，促进了优秀科普资源的展示与交流。完成第五批北京市科普基地命名，全市科普基地达到212家，14家科普教育基地被命名为全国科普教育基地，与北京市71家全国科普教育基地共同承担开展公益性科普活动的责任和义务。充分发挥媒体的科普功能，与北广传媒合作，开设北京数字电视科普栏目。运用微博、微信、LED大屏、公交候车亭灯箱公益广告等方式，面向公众广泛宣传普及了科技知识。

（五）科普基础设施建设水平进一步提升。科普设施功能不断完善，作用充分发挥。蝌蚪五线

谱网站上线运行以来,5 大版块、7 大栏目内容不断丰富,展示了包括图书、场馆、百科问答、科幻小说等类型的科普资源数千项,累计发布内容资源约 10GB,点击率大幅提升,已超过一级网站建设水平。北京科学中心建设作为全市重点建设项目,按照“世界眼光、时代特征、北京特色、创新发展”的建设理念,已完成建筑设计方案,可行性报告和能源、交通、环保三个评估报告,各项工作正在有序进行。在 150 个社区建成并投入使用数字科普视窗,与西单、中山公园科普画廊等基础设施,共同为公众接受各类专业的科普教育提供了便利条件。

四、以科技工作者为本,努力为科技工作者服务

积极拓宽工作领域、突出工作实效,广泛了解呼声、反映诉求,积极推动优秀人才脱颖而出、学有所用,大力倡导求真务实、勇于创新的科学精神,科技工作者群体代表性进一步增强。

(一)科技人才工作系统化推进。着眼提升首都核心竞争力,实施四个人才工作计划,促进了优秀科技人才的涌现、成长和使用。联合市政协科技委举办科技论坛,研讨推进创新型人才培养的模式、路径。举办第 13 届北京青年学术演讲比赛。完善青年人才工作制度,全年资助青年学术活动 109 项,青年学者出版专著 8 本,18 名青年科技人员参加 19 项大型国际学术会议。科技后备人才培养工作进一步加强,305 名中学生进入 133 个国家级、市级实验室进行科研实践;1400 余名青少年走进全国青少年高校科学营北京科学营感受科学的魅力;北京科技创新市长奖及提名奖分别奖励 5 名科技创新新星。北京青少年连续在全国科技创新、机器人、英特尔国际科学与工程大赛等高水平赛事中取得佳绩。加强与海外华人科技组织联系,发挥海智网、海智工作基地和服务平台的作用,全年新开辟海外合作渠道 15 个,举办交流对接活动 10 次,促成合作意向 50 余项。推动离退休科技人员老有所为,开展“四技”服务活动 260 余项,举办老年科普活动 300 余场,组织撰写高质量科普文章 153 篇。

(二)科学道德和学风建设宣讲教育工作全面展开。弘扬科学精神、维护科学尊严,着力引导科技工作者成为科学道德的维护者和严守科研规范的倡导者。完善领导机制,市科协牵头,建立由市委教育工委、市教委等 6 个部门组成的宣讲教育领导小组。精心组织 2012 年首都高校科学道德和学风建设宣讲教育报告会,邀请国家科学技术奖获得者吴孟超院士、中国工程院原院长徐匡迪院士、图灵奖获得者姚期智院士三位德高望重的科学大家,为首都高校和科研院所以博士为主体的近 6000 名研究生新生做了生动的报告。面向在京 50 余家高校、70 余家科研院所及 160 余家学术团体,推动宣讲教育在新入学研究生、新入职教师和科研工作者、新上岗研究生导师中实现全覆盖。聘任市级宣讲专家 72 人,陈佳洱、钱易院士作首场宣讲报告,受到青年学子、教师的欢迎。编印《科学道德和学风建设简明读本》10 万册,发给每一名研究生新生。建立宣讲教育示范项目评选等工作制度。针对不同学科领域研究生,初步实现宣讲教育与课堂教学、导师指导等相结合,受到中国科协和各方的充分肯定。

(三)科技工作者联系服务渠道更加畅通。及时、准确了解科技人员动态,反映科技人员意见呼声。科技工作者状况调查站点全年报送信息近百篇,编发《站点信息》4 期。深入亦庄、中关村,调查了解新经济组织科技人员在职称评审等方面的需求和困难,完成相关调研报告。组织提交两项市政协团体提案,表达首都科技界意见建议。策划开展科技工作者乒乓球大赛、雷锋在我心中等活动,展示了首都科技人员团结拼搏的良好风貌。加强对常委、委员等科技专家的服务,组织代表、委员、常委、荣委考察新农村建设和文化创意产业发展,受到专家好评。

(四)大力宣传、表彰优秀科技人才。开展第 21 届北京优秀青年工程师评选活动,评出优秀青年工程师 212 名,其中标兵 20 人,为激发企业科技人员创新活力发挥了积极作用。举办首届科学

传播人颁奖盛典，参会院士达 14 人，全国人大副委员长、中国科协主席韩启德等领导为获得年度新锐科学传播人、年度公众最喜爱科学传播人、科学传播年度人物、科学传播人终身成就奖的科技工作者颁奖，在首都科技界引起较大反响。《北京科技报》全年宣传 50 名优秀人才的事迹。与北京电视台合作，每周播出“科学人物”节目，讲述科学家的成长故事。《科技生活》推出青少年市长奖 10 周年纪念专刊。举荐 5 人参评中国女科学家奖、32 人参评全国优秀科技工作者，茅以升北京青年科技奖奖励 15 名优秀青年科技人员。

五、切实加强团体自身建设，促进科协事业发展

根据北京市关于加强社会建设工作的精神，积极探索新形势下加强枢纽型社会组织建设的新模式，建立健全工作制度机制，扎实推进机关党建和社会组织党建工作，不断提高科协团体专兼职干部队伍整体素质，促进科协团体健康发展。

（一）立足职能，团体建设不断规范。今年 2 月，市科协八大成功召开，市委、市人大、市政府、市政协主要领导出席，社会各界广泛关注。大会承前启后，全面总结七届委员会工作，科学规划未来五年发展重点，为市科协在新时期实现更大发展奠定了坚实基础。民主办会机制进一步完善，认真落实代表任期制，扎实做好代表服务工作，开通八大代表网络服务平台，畅通信息渠道和建议渠道。提高了代表建议工作的实效，八大期间收到代表建议案 67 项，市科协组织有关部门和专家认真进行办理，全部办结。制定了《市科协科技工作者建议工作实施细则》《市科协关于进一步加强学术交流工作意见》等，科协工作规则和制度得到不断完善。建立常委会领导下 9 个工作委员会分工负责的工作机制，有 62 名常委、125 名委员作为各工作委员会委员积极发挥作用，推动科协建设。

（二）规范管理，社会组织党建试点工作全面推进。按照全市统一部署，从组织建设、制度建设、充实工作内容等多方面入手，不断加强党组织在科技社团中的影响。全年新批准成立社会组织党建工作小组 48 个，建立党的工作机构的科技社团累计达到 82 个，党的组织和党的工作在科技社团中的覆盖率不断提高。制定“市科协社会组织党建工作专项经费管理办法”等文件，党建工作制度不断完善。组织市科协社会组织党建领导小组、基层学会党支部，调研学习山东省科协推动建立党建与业务结合的长效机制、发挥优秀学会的示范带头作用等方面的经验，探索适合社会组织实际情况的党建工作方式。在全市社会领域创先争优评比中，多个组织和个人获奖，市科协社会组织党建工作得到充分肯定。

（三）拓展空间，“枢纽型”社会组织职能有效发挥。支持、引导所属团体参与社会管理和服务，12 家学会申报的 13 项社会组织服务项目得到政府 112 万元资助。协调推动使用市社会建设专项资金购买社团专职管理岗位 28 个，有力促进了科技社团干部的专业化、年轻化。市科协“枢纽型”社会组织服务管理平台上线运行，成为所属社团信息互通、资源共享的重要平台。推进“百强社团”建设，制定社团评估标准，引导其加强功能建设。建立学会联络员制度，实地走访摸底所属社团 148 个，为学会建设与管理打牢基础。全年，新成立市学会、基金会 2 个，指导 37 家学会、基金会完成换届，162 家学会完成年检。加强科协组织建设，推动 8 家企业成立科协，企业科协组织不断壮大。北京大北农科技集团股份有限公司科协等 8 家企业科协荣获先进科技工作者之家称号。

（四）建设队伍，科协机关建设富有成效。通过党组理论中心组学习、民主生活会等方式，着力加强领导干部党性教育，不断提高领导干部的思想政治素质。组织专兼职干部培训班、青年干部政治理论学习班等专题培训，积极参加北京市和中央部委的专题培训、调训，不断提高科协干部的能力和素质。完善干部考核评价机制。认真实行“1 + 6”考核办法，扎实做好机关干部考核和事业单

位年度考核。

大力加强机关党建工作。坚持以文化引领，抓好学习型党组织建设，系统推进文明和谐机关建设。结合开展创先争优、三进两促、“领航、聚力、先锋”工程、城乡共建等活动，不断总结、探讨了工作的新规律、新特点，提高机关党建工作水平。积极践行北京精神，坚持理论学习与实际工作紧密结合，改进工作作风，提升工作实绩，树立了机关良好的服务形象。

大事记

2012年北京市科学技术大事记

一 月

1日，由市委宣传部、市科委主办，北京科技协作中心承办的“2012首都科技盛典”在北京电视台科教频道黄金时段播出，颂扬科学精神，传播科学魅力，展现英模风采，被中宣部新闻局编发的《新闻阅评》给予了高度评价。

10日，“2012年北京技术市场工作会暨第十三届北京技术市场金桥奖颁奖会”召开，通报了2011年北京技术市场的发展情况，2011全年技术合同成交额1890亿元，比“十一五”初增长近3倍，参与技术交易活动企业25195家，为新兴产业提供46932项科技成果和产品。

16日，市政府新闻办向社会发布《践行“北京精神” 在全社会大力弘扬和培育创新精神的若干意见》和《首都创新精神培育工程实施方案(2012—2015)》，市科委副主任、新闻发言人朱世龙现场介绍了《意见》和《实施方案》的具体内容并回答媒体提问。

30日，国内著名中药企业河北神威药业和四川科创集团正式签约入驻大兴生物医药产业基地。市委书记刘淇，市长郭金龙、市委常委赵凤桐、副市长苟仲文等领导出席签约仪式。

二 月

6日，市科委发布最新科普统计数据，2010年北京地区全社会科普经费筹集额20.42亿元。截至2010年底，北京地区共有建筑面积在500平方米以上的各类科普场馆82个，科普画廊3898个，出版科普图书2044种，举办科普(技)讲座45520次，听众6612590人次。

14日，2011年度国家科学技术奖励大会召开，北京共有78个项目分获国家自然科学奖、国家技术发明奖和国家科技进步奖，占全国通用项目获奖总数的26.4%，居全国首位。

20日，市科委召开首都科技条件平台领域中心、区县工作站、研发实验服务基地座谈会。2011年首都科技条件平台形成了“小核心大网络”的工作和服务体系，开放资源量累计达到145亿元，涉及550个国家级、北京市级重点实验室和工程中心，共有7000多家企业享受到平台的服务，服务合同额达16亿元。

20日，市科委联合中关村科技园区电子城科技园管委会举办“北京科技政策法规宣讲团”大型系列宣讲活动——“走进中关村科技园区电子城科技园”政策专题宣讲会，电子城科技园区120余位主管研发及财务的企业负责人参加会议。

22日，北京市首次举办科技创新获奖成果发布会，市科委围绕首都发展的行业领域需求，提供“定制化、高端化”的专业推介服务，为科技企业、文化企业建立沟通桥梁，推动科技创新成果在文化领域的应用，近百名科技、文化企业代表及十余家媒体参加会议。

28日，市科委、市发改委、市经信委等部门召开《推动北京生物医药产业跨越发展的金融激励试点方案及工作管理办法》2011年发布会，北京生物医药行业贷款总额由2009年9.6亿元增加到了2011年34.2亿元，平均增幅达128%，两年累计发放61亿元贷款，先后共支持了172家生物医药企业，带动了国内外知名投资机构向一批科技创新型企业直接投入逾9亿元资金。

三 月

4日,市科委、市教委、市科协支持,北京校外教育协会与北京自然博物馆承办的“环球自然日——青少年自然科学知识挑战赛”在北京自然博物馆正式启动。

12日,北京市“精机工程” 取得新突破,北京第二机床厂有限公司“高精度柔性复合数控磨床”研制成功,产品各项指标达国际先进水平,成本仅相当于进口产品的60%。

15日,市委书记刘淇调研了北京高安屯电动汽车充换电站——目前世界规模最大的智能充换电站,每天可为400辆纯电动车充换电。该充电站的投入运营标志着本市新能源汽车运行工作全面提速。

26日,市科委等单位共同主办的“2012北京跨国技术转移大会”召开,来自30多个国家和地区的数百名企业代表携600多项技术来京寻求合作机会。市委常委赵凤桐出席开幕式并讲话。

28日,“北京—内罗毕创意设计研究中心”成立签约暨揭牌仪式在内罗毕大学举行。该中心可以为两地的学生与设计师组织训练营,举办展览,为企业进行工业设计等创意交流活动提供平台。

29日,市科委组团参加由科技部、内蒙古自治区政府联合主办的“2012赤峰·中国北方农业科技成果博览会”。博览会期间,北京市与内蒙古自治区赤峰市签订科技合作框架协议,确定了双方科技合作的宗旨、原则、机制和工作内容。

四 月

11日,“中国英特尔物联技术研究院合作协议签署仪式和媒体发布会”举行。市科委、中关村管委会和海淀区政府等有关部门与英特尔公司和中国科学院自动化所就成立“中国英特尔物联技术研究院”一事签署了合作协议。

12日,由北京市参与的我国提交的“物联网概述”标准草案通过了国际电信联盟审议,成为全球首个物联网总体性标准。

13日,召开北京市科学技术奖励大会暨2012年科技工作会议,表彰获得2010、2011年度北京市科学技术奖的共408项科技创新成果,部署2012年科技工作。中共中央政治局委员、市委书记刘淇,市委副书记、市长郭金龙等领导出席。

13日,由市科委主办,北汽集团承办的“北汽集团首款自主品牌纯电动轿车规模化示范运营交车暨向北京汽车排球俱乐部赠车仪式”在大兴区采育镇北京新能源汽车科技产业园隆重举行。500辆自主品牌纯电动轿车规模化示范运行。

21日,北京首个纳米科技产业园在怀柔雁栖开发区成立揭牌,首批以新能源汽车、纳米电子等领域应用为主的中科纳通、五和动力、欧亚瑞康和首创纳米4家公司同时入驻纳米科技园。

22日,首届北京市科普基地日活动举行,来自24家基地的100多件互动展品和实验器材在1200平方米的展示大篷里亮相。

25日,由北京国家现代农业科技城举办的“第五届国际生物技术与农业峰会”召开。科技部副部长张来武,农业部副部长、中国农科院院长李家洋,北京市委常委赵凤桐,科技部农村中心主任贾敬敦,北京市科委主任闫傲霜等出席开幕式。

26日,北京市向肯尼亚政府赠送了价值50万元人民币的“京产”抗疟疾药品“科泰复”,帮助肯尼亚抗击疟疾。

五　月

2 日，由中国创新设计红星奖与红星美凯龙集团合作举办的“D2C 红星梦工厂发布会”亮相世界知名设计盛会米兰设计周。

4 日，市科委召开 2012 年区县科技工作座谈会，全市 16 个区县主管科技工作的副区长、科委主任、副主任参加会议。

8 日，在市科委的大力倡导和推动下，40 家在京涉农骨干企业、高校院所联合发起成立首都生物安全投入品科技创新服务联盟。

15 日，第十届中国国际科学仪器及实验室装备展览会举行，首都科技条件平台检测与认证领域中心与中国仪器仪表行业协会合作，组织了“2012 中国实验室技术发展国际论坛”。

19 日，2012 年全国科技活动周暨北京科技周主场活动在全国农业展览馆开幕，向市民展示科技北京行动计划支持的 120 多项科技成果和 110 项科普项目。中共中央政治局委员、国务委员刘延东，中国科协党组书记、常务副主席陈希，北京市委副书记、市长郭金龙等领导出席。

21 日，第八届环渤海技术转移联盟年会在京召开，环渤海联盟成员签署了促进技术转移的战略合作框架协议。

24 日，北京纳米科技产业园第二批入园项目对接暨签约会在怀柔区雁栖经济技术开发区管委会举行。阿格蕾雅公司高纯 OLED 材料项目、格雷菲尼公司石墨烯量产项目在会上与管委会签订入园意向协议。截至目前，已落地或签约入园的产业化项目达到 11 家。

25—27 日，第十五届中国北京科技产业博览会在北京中国国际展览中心举行，市科委在 3 号馆举办以“实践科技成果转化北京模式、加快首都技术转移体系建设”为主题的大型科技成果展览，共有 12 项落地转化科技项目现场签约。

28 日，“中国设计交易市场”亮相首届中国（北京）国际服务贸易交易会，市科委主办的“中国设计交易市场”设计板块主要开展中国设计交易市场设计专题展览、中国设计交易市场大会和交易协议签约三大内容。

六　月

4 日，北京生物技术和新医药产业促进中心代表全国工商联医药业商会与日本生物技术协会、韩国生物技术协会签署了“三小时创新合作圈”合作备忘录，标志着“中日韩合作网络”正式成立。三方将共同推动中日韩三国生物医药企业开展信息交流、产业研究、技术和项目合作。

5 日，中关村管委会和俄罗斯新技术研发和商业化中心发展基金会在京正式签署《中关村管委会与俄罗斯新技术研发与产业化中心发展基金会合作框架协议》，双方将在中关村和斯科尔科沃创新中心内合作建设科技孵化器和联合研发中心，在生物医药、信息技术、节能、新材料等领域开展合作。

15 日，联合国教科文组织创意城市网络“设计之都”揭牌仪式在京举行，北京成为继柏林、蒙特利尔、名古屋和中国上海、深圳等城市之后的第十二个全球“设计之都”。

26 日，北京科技视频网——中国第一家科技视频网正式上线，基本定位是纯公益、纯科普、纯视频，网站目前拥有各类科技视频节目 8000 余条，2000 多小时，每天新增节目不少于 30 条。

七　月

5 日，北京科技政策法规宣讲团首次走向

国际舞台，北京生物技术和新医药产业促进中心组团参加在美国举行的生物技术大会——“BIO 2012”，宣传北京促进科技创新和产业发展的政策环境。

11 日，密云县 50 辆区域电动出租车投入示范运营，密云成为继延庆、房山之后第三个开展区域示范运营的区县。

11 日，科技部与北京市政府、山东省政府、陕西省政府签署“农业科技协同创新战略结盟协议”。协议的签署将更好地发挥北京国家现代农业科技城、山东黄河三角洲国家现代农业科技示范区和陕西杨凌国家农业高新技术产业示范区的龙头带动作用。

12 日，北京科技界召开“深入学习北京市第十一次党代会精神 全面贯彻全国科技创新大会精神座谈会”，来自市政府专家咨询委员会的专家代表，部分企业、高校、院所和市政府有关部门、区县主管科技的负责人参加。

16 日，“DRC 红星梦工厂创意体验中心”在设计之都大厦开业，体验中心以“设计以市场需求为源，创意产品引导生活”为经营理念，联手一批国际家居创意品牌和数十位中国知名设计师，展出和销售创意家居、日用文具、户外用品、艺术品和艺术衍生品等八大类的百余种产品。

17 日，红星奖博物馆在设计之都大厦正式向公众长期开放，展示了 200 件中国创新设计红星奖历年获奖精品。

18 日，市科委召开北京市科技企业孵化器及大学科技园工作会，全市百余家科技企业孵化器、大学科技园的近 200 名代表参会，会上为首批 6 家战略性新兴产业孵育基地和 6 家中关村创新型孵化器进行授牌。

八　月

28 日，市科委举行 2012 年北京市科普工作者培训班 开班仪式，市科普联席会议成员单位和区县科委的 80 余名科普管理工作者参加了开班仪式。

29 日，本市成立首个植物工厂研究中心，开展植物工厂生产低碳节能技术的研究、植物工厂生产自动装备技术的研究和植物工厂数字化技术的研究，提高农业现代化水平，加快都市型现代农业发展。

29 日，市科委召开“促进科技与金融结合签约发布会”，航天科工军民融合科技成果转化创业投资基金、科技型小微企业 10 亿元专项融资行动计划等五项北京市科技与金融结合重点工作进行了签约。

九　月

6 日，市教委、市科委、市农委、市园林绿化局、市农业局与北京农学院签署协议，合作共建北京农学院，协同创新，全面提升农业教育服务首都经济社会发展水平。

13 日，北京市科技创新大会举行，全国政协副主席、科技部部长万钢，市委书记郭金龙，市委副书记、代市长王安顺，市人大常委会主任杜德印等出席，市委副书记吉林主持会议。会议认真学习贯彻全国科技创新大会精神，对深化本市科技体制改革、加快首都创新体系建设进行动员部署。会上，市科委正式发布《首都科技创新发展报告 2012》。

13 日，第二届科学嘉年华开幕，包括能源与环境、食品与健康、通讯与科技、生命与自然等四大主题，举办主场活动、北京国际科技电影展等活动。

18 日，市科委与清华大学签署创新成果产业化基地合作协议，充分调动政府、高校、企业、医疗机构、社会金融等多方资源，每年调动 1 亿元以上资金，重点支持一批创新成果在京转化和产业化。

25日,北京第一家科技成果转化示范基地——北京科技成果转化(密云)示范基地落户密云县,该基地将围绕密云产业规划布局,主要承接新能源领域科技成果转化和落地项目。

28日,“2012北京设计之旅”活动启动,市科委打造创意生活线、设计街区线、美丽乡村线三条旅游线路,开放北京时尚设计广场、设计之都大厦、大栅栏等60个地点,向公众呈现建筑、服饰、动漫等多个设计门类162项精彩活动。

十 月

25日,市科委与北京航空航天大学签署空天信领域科技合作协议,计划每年投资至少1亿元,开展协同创新。

30日,北京生物医药产业跨越发展工程一期工程表彰会暨二期工程启动发布会召开。市委常委陈刚出席会议并讲话,副市长苟仲文宣布二期工程启动,卫生部、科技部、市科委、中关村管委会等部门的领导和80多家企业代表出席。

30日,市科委召开北京市百家科普基地对接百家社区活动总结表彰大会,全市共有125家(次)科普基地参与“双百对接”活动,共对接社区247个(次),开展活动1300余次,参与者达6.6万人次。

十一月

6日,由市科委、香港贸易发展局共同主办,香港工业总会、香港创投及私募投资协会、香港专利师协会共同协办的第十六届京港会“科技招商与投融资对接”研讨会在香港举行,130余位来自京港两地的企业、投资机构、中介服务机构、高校、政府部门的代表及相关科技专家出席。

12日,2012科技北京国际论坛——城市安全技术交流会举行,来自瑞士、加拿大、意大利、俄罗斯、以色列等国家的技术专家和中央在京科研院所的技术专家出席会议。

13日,由北京协作中心主办,首都科技成果产业化公共服务平台、首都科技服务业协会共同承办的“首都科技成果产业化公共服务平台成果对接与技术转移大会”召开。作为首都科技成果产业化公共平台2012年成果转化工作的一项重要活动,首都科技成果的产权化、资本化和产业化进程即将迈上一个新的台阶。

15日,本市成立数字化制造产业技术创新联盟,推动本市高端制造业转型升级,引导制造业与服务业有机融合发展,培育北京数字化制造服务产业新型业态,形成北京高端制造业新的经济增长点。

16日,首都科技界举行学习贯彻党的十八大精神座谈会。市委常委陈刚出席会议并讲话。来自首都高校、科研院所、科技企业、各委办局的相关负责人参会。

28日,“第十六届北京国际生物医药产业发展论坛”开幕,本次论坛以“挑战·机遇·模式”为主题,来自美国、德国、丹麦等国的著名跨国公司和国内优秀企业、科研院所的代表参加。

30日,北京市启动“4G工程”应用服务创新计划,推动移动商务、移动政务、应急指挥、远程医疗、远程教育、文化创意等多个领域的发展和应用。

十二月

6日,市科委召开北京市科普工作专家座谈会,探讨新时期如何开展首都科普工作,提升首都公民科学素养，来自科技馆、博物馆、高校、科研院所、科普研究机构的近20位科普专家出席座谈会。

10日，市科委与解放军总医院（301医院）签署全方位战略合作协议，双方就科技体制改革、科学技术研究、学科人才培养、科技成果转化和共建产业化平台等五方面展开全方位战略合作。

11日，技术市场国际技术转移高端人才培训计划启动仪式暨国际技术转移与合作论坛举行，会议就国际技术转移中涉及的法律环境、中介机构的诚信体系建设等热点问题及国际技术转移高端人才培训下一步工作规划进行了互动交流。

14日，韩国设计振兴院首个海外办事处落户设计之都大厦。该办事处作为韩国设计企业来华发展的重要窗口，旨在进一步推动两国设计企业的交流合作。

科技管理与服务

综合管理

【新春驻华科技外交官科技合作通报会暨北京国际科技合作基地联盟启动仪式举行】 1月12日，由市科委、市外事办和市科协共同主办的“新春驻华科技外交官科技合作通报会暨北京国际科技合作基地的联盟启动仪式”举行。出席招待会的有来自26个国家的驻华科技外交官和国际组织驻华代表60余人，以及180余名北京地区高科技企业、科研机构、北京市国际科技合作基地主要负责人。生产力中心配合市科委承担了会议的筹备与组织工作。市科委主任闫傲霜在会上通报了北京2011年科技工作的总体情况，并提出全力推动跨国技术转移、努力加强国际科技合作基地建设，为“科技北京”建设提供有效支撑。同时希望通过联盟成员间的合作交流和资源共享，能培育一批优秀的国际科技合作项目，促进北京利用全球科技资源，推动建设具有全球影响力的国家创新中心。市委常委赵凤桐、副市长苟仲文，市科委、市外事办、市科协、科技部国际合作司的领导，以及国外驻华使馆大使或参赞等人为30家入选北京市国际科技合作基地成员单位授牌和国际合作基地联盟揭牌。为了让各国来宾了解科技北京的建设和国际科技合作工作进展，会上还布置了精机工程、4G工程、北京生物医药跨越发展（G20工程）、现代农业城、国际技术转移协作网络（ITTN）等主题展示，以促进信息交流，深化合作，共享北京发展机遇。

（生产力中心）

【首都科技条件平台中国电子科技集团公司研发实验服务基地成立】 4月24日，市科委与中国电子科技集团公司共同召开首都科技条件平台中国电子科技集团公司研发实验服务基地成立大会暨揭牌仪式。由市科委与中国电子科技集团公司共建的首都科技条件平台中国电子科技集团公司研发实验服务基地正式宣布成立。

（条财处）

【12项落地转化科技项目在科博会现场签约】 5月23—27日，“第十五届中国北京科技产业博览会”在北京中国国际展览中心举行。市科委在3号馆举办以“实践科技成果转化北京模式、加快首都技术转移体系建设”为主题的大型科技成果展览。期间，共有12项落地转化科技项目分三批进行现场签约。项目涉及战略性新兴产业中的不同技术领域，包括新一代信息技术、新能源汽车、高端装备制造、节能环保、生物医药、现代农业、航空航天等战略性新兴产业重点领域的自主创新成果，以及在战略性新兴产业发展中具有示范引领性的重点院所以及企业。来自中央在京大院大所、高等院校、大型企业和相关市属重点企业在科博会上集中亮相。

（创业中心）

【市科委积极引进“精机工程”国际大客户】 6月，市科委电装处联合生产力中心开展“精机工程”国际合作。组织世界著名芯片检测和度量系统生产商——美国KLA公司与北京市电加工研究所、北京航空制造工程研究所、北京京磁强磁材料有限公司等单位开展对接，就钛材料和陶瓷材料精密加工、磁材料等方面达成了合作意向。

（生产力中心）

【北京市科技企业孵化器和大学科技园工作会举行】 7月18日，北京市科技企业孵化器及大学科技园工作会在北京创业大厦举行。本次大会由科技部火炬中心、市科委、中关村管委会、市教委共同主办，北京高技术创业服务中心、北京创业孵育协会承办。市委常委赵凤桐、科技部火炬中心主任赵明鹏、市科委主任闫傲霜、市教委副主任付志峰，以及科技部、教育部、市相关委办局和区县领导出席会议，中关村管委会主任郭洪主持会议。会上，为首批6家战略性新兴产业孵育基地和6家中关村创新型孵化器授牌。来自全市百余家科技企业孵化器、大学科技园的近200名代表参会。

（创业中心）

【“基于新一代信息技术的北京数字文化产业发展情况”课题成果丰硕】 7月，由生产力中心承担的“基于新一代信息技术的北京数字文化产业发展情况研究”课题获市科委支持。课题组通过文献检索、实地调研，总结国内外基于新一代信息技术的文化创意产业发展模式，发现北京市文化创意产业发展中的主要问题；结合北京市实际情况，提出了北京基于新一代信息技术的文化创意产业发展路径及对策建议，从政府管理层面、产业发展层面和企业层面提出有针对性的应对措施，为政府部门研究制定数字文化产业促进政策提供理论参考。

（生产力中心）

【北京市与海军共建蓝鲸军民融合创新园签约仪式举行】 8月24日，北京市政府和中国人民解放军海军签约，共建蓝鲸军民融合创新园。双方以全面合作、深度融合、直接对接、辐射全国为特色，突出在军民融合式发展机制上的创新，推动经济发展与国防建设良性互动。市委书记郭金龙，市委副书记、代市长王安顺，中央军委委员、海军司令员吴胜利，海军政治委员刘晓江，市委副书记吉林出席签字仪式。北京科技协作中心作为“蓝鲸园建设协调小组”的成员单位，参加共建签约仪式。北京科技协作中心将根据蓝鲸园建设协调小组成员单位的任务分工，协调在京院所科技资源，梳理军民结合类项目，筛选并支持具有现实和潜在军事用途的高新技术成果、产品和项目与海军有关部门对接。

（协作中心）

【北京通用航空科技创新园12日揭牌】 9月12日，北京通用航空科技创新园正式揭牌。平谷区政府分别与宜通集团、滨奥航空投资集团、奥凯航空公司、中航空港场道工程技术有限公司签订合作协议，总签约金额40余亿元，5年后达产，预计年实现产值650亿元，收入800亿元，培育3～5家龙头企业和20～50家规模较大、影响力较强的中型企业，形成独具特色的通用航空产业集聚区。

（生产力中心）

【生产力促进中心二十周年座谈会在京举行】 9月18日，生产力促进中心二十周年座谈会暨2012全国“生产力促进奖”颁奖大会在京举行。来自全国各地有关国家级示范中心的150余位代表参加了会议。在2012年度全国生产力促进奖评选中，北京地区4家单位获生产力促进发展成就奖、生产力中心服务业促进部陈立军等5人获服务精英奖、2家企业获企业进步奖。近年来，北京生产力促进服务体系建设不断完善，基本形成了“组织网络化、功能社会化、服务专业化”的科技服务矩阵，成为北京科技创新服务体系中的重要力量，服务效益明显，社会效益显著。

（生产力中心）

【科技型中小企业技术创新国际研讨班成功举办】 9月24日，由中关村科技园区管委会主办、中国国际科技合作协会协办、中关村科技园区丰台园科技创业服务中心承办的第十二期科技型中小企业技术创新国际研讨班在总部基地玛雅国际会议中心举行学员结业仪式。此次研讨班共培训了来自巴基斯坦、菲律宾、法国、墨西哥、美国、捷克、罗马尼亚、沙特阿拉伯、泰国、乌干达等10个国家的12名学员。教师来自具有丰富阅历和科技管理经验的中国政府官员、科技园区和孵化器的管理专家，6个专题讲座内容涵盖了中国火炬计划、具有中国硅谷之称的中关村国家自主创新示范区、发展中小型创新企业的政府作用、中国科技企业孵化器的建设状况与发展、北京国际企业孵化器建设的探索与实践、中关村清华科技园及孵化器状况。

（创业中心）

【北京数控装备创新联盟实体化取得实质进展】 10月18日，北京数控装备创新联盟会员大会举行。市民政局社团办领导出席。经充分讨论后，20余家成员单位代表通过了《联盟章程》《会费管理办法》等章程，选举了常务理事会、监事会。数控联盟实体化后，在“精机工程”实施中将更好地调动和发挥各方优势和积极性，并在组织模式、运行机制、发挥行业作用、承担重大产业技术创新任务、落实国家自主创新政策等方面起到积极的作用。

（生产力中心）

【市科委与北京航空航天大学签订空天信领域科技合作协议】 10月25日，市科委与北京航空航天大学25日签订空天信领域科技合作协议。双方围绕北京市战略性新兴产业，重点在航空航天（通用航空、航空发动机、适航技术）、新一代信息技术（云计算、移动互联网、智慧城市）、高端装备制造（机器人、先进加工技术与工艺、高档数控机床设计分析、高端医疗装备）等领域开展合作，共建技术创新平台，开展关键技术攻关，制定产业技术发展规划，推动北航科技成果技术转移和在京产业化。

（生产力中心）

【首都科技条件平台8家参展单位获奖】 11月9—12日，首都科技条件平台8家单位的32个项目参加了"第七届国际发明展览会暨国际教学新仪器新设备展览会"，共获得5个金奖、6个银奖，取得了良好的成绩。

（条财处）

【首都科技成果产业化公共服务平台成果对接与技术转移大会和2012科技北京国际论坛城市安全技术交流会在京开幕】 11月13日，由北京科技协作中心主办，首都科技成果产业化公共服务平台、首都科技服务业协会共同承办的"2012首都科技成果产业化公共服务平台成果对接与技术转移大会"和"2012科技北京国际论坛城市安全技术交流会"在京开幕。副市长苟仲文出席开幕式并讲话。有来自8家中、外产学研机构的代表进行了"机械产品再制造国家工程研究中心共建""气体激光传感系统技术开发""无线电波人体安检成像技术合作"三个协议的现场签约。会上，共有9位嘉宾分别做了题为"面向中医药国际化创新发展的全球科技成果转化服务合作模式探索与实践""中俄科技创新和科技成果转化的发展战略""机械产品再制造国家工程研究中心情况""科技协作勇敢探路——科技协作助推企业成长与品牌提升""以军工科技推动环保技术发展""滑环系统关键技术研发与应用""TopoGIS市政综合监管平台系统""开放协作、聚集共享，全力推动科技成果产业化服务平台建设""建设科技服务专业平台，提升科技成果转化服务效能"的演讲报告与技术成果推介。中央在京科研院所、军工院所、金融企业、科技企业、外省市区有关部门、成果转化服务机构、新闻媒体，以及来自瑞士、加拿大、以色列、俄罗斯、意大利等国多家单位共220余人参加了今天的开幕式和大会活动。

（协作中心）

【北京数字化制造产业技术创新联盟成立】 11月15日，市科委在全国率先组织成立3D打印领域联盟——北京数字化制造产业技术创新联盟，市委常委陈刚出席成立仪式。该联盟由中航天地激光科技有限公司、清华大学、中航工业北京航空制造工程研究所、太尔时代、北京航空航天大学等近30家单位发起成立，以进一步整合在京数字化制造优势资源，在技术研发、成果转化、应用推广、市场开拓等环节紧密合作，加速重大科技成果转化，打造首都数字化制造产业链，推进以3D打印为代表的数字化制造产业发展，力促北京高端制造业转型升级。

（生产力中心）

【"面向战略性新兴产业促进生产力服务体系建设"课题获支持】 11月，由生产力中心承担的"面向战略性新兴产业的生产力促进服务体系建设"课题获科技部火炬计划支持。北京生产力促进中心依托首都科技条件平台，以北京生产力促进服务联盟为核心，以区县生产力服务机构为基础，建设点、线、面结合的科技创新服务网络，促进战略性新兴产业落地区县，深入服务基层科技；围绕若干重点产业，通过健全合作共赢机制整合科技服务资源，形成跨区域的产业服务完整链条，促进高端装备制造等重点产业提升发展，深入服务产业集群；围绕重点产业基地，大力发展工程技术服务业，开展工程总包、研发服务、工程技术服务等专业化配套服务，全面提升产业集群核心竞争力；整合北京科技信息服务资源，形成支撑战略性新兴产业发展的科技信息公共服务平台，为点、线、面多层次的科技创新服务网络提供业务互联手段，满足企业信息需求。

（生产力中心）

【“科技惠民行动——军转民技术应急产品进社区”活动启动】 12月12日，由北京市科委主办，北京科技协作中心承办的“科技惠民行动——军转民技术应急产品进社区”活动在中关村国家自主创新示范区展示中心举行。在启动仪式上，来自不同区县的9个社区被评为“科技惠民行动——北京市军转民技术应急产品示范区”。来自9个区县的150名群众代表参加了活动，并于仪式之后参观了北京市应急救援指挥系统、城管指挥系统、食品安全、消防安全等展区。活动以“政府为主导，科技成果为支撑，科委、协作中心、区县、街道、社区协调联动，群众广泛参与”的形式开展，力求将更多更好的科技成果推广到基层，惠及更多的普通百姓。

（协作中心）

【蓝鲸军民融合创新园奠基仪式举行】 12月24日，蓝鲸军民融合创新园奠基仪式举行，北京市副市长苟仲文、海军副司令员丁一平中将等军地领导出席了奠基仪式。北京科技协作中心应邀参加了奠基仪式。北京市、海军共建的蓝鲸军民融合创新园是实践军民融合式发展的“试验田”，是落实北京市与海军战略合作框架协议的重要举措。据悉，蓝鲸军民融合创新园将在未来两年内建成。未来五年，蓝鲸园将成为军地供需对接信息基地、高新技术创新基地、成果转化推动基地、高端人才培养基地、军民融合发展服务基地。北京科技协作中心作为蓝鲸园建设协调小组成员单位之一，将承担科技成果筛选、推荐等工作职责，具体参与园区的建设工作。

（协作中心）

【首都科技条件平台百家重点实验室进千家企业】 12月25日，科技孵化器领域中心召开“首都科技条件平台百家重点实验室进千家企业——孵化器专场对接会”。16家研发实验服务基地代表及开放实验室负责人、11家孵化器机构及企业代表共60余人参加了此次对接会。首都科技条件平台中科院、北京大学、北京工业大学等研发实验服务基地代表介绍了开放实验室基本情况。并进行了现场的对接交流，牡丹电子、北师大科技园等孵化器机构表示，市科委为实验室和孵化器企业搭建了一个很好的沟通交流平台，首都科技条件平台的资源同时也可以作为孵化器机构的资源储备和支撑，对提升他们的服务水平有很大帮助。

（创业中心）

【推进北京市国际科技合作基地联盟建设】 年内，国际科技合作基地联盟会员召开会议，推选北京大北农科技集团公司任理事长单位，生产力中心任秘书长单位。基地联盟会员单位有国家级科研院所、教育部直属高校、科技部国家级国际科技合作基地，中关村园区管委会等政府派遣机构，在京的各领域龙头企业等。会员数量已达34家，涵盖了电子信息、装备制造、新能源、新材料、生物医药、农业和科技园区等各领域。基地联盟是在市科委的倡导下，在承担国际科技合作任务、探索“项目—人才—基地”相结合的国际科技合作模式、促进北京国际科技合作水平提升等方面发挥重要作用，并具有进一步发展潜力和引导示范作用的机构，本着“自愿、平等、合作、共赢”的原则联合发起成立的新型组织。联盟旨在通过合作交流和资源共享，提升北京国际科技合作的条件和能力，促进北京利用全球科技资源，参与国际科技竞争与合作，推动建设具有全球影响力的国家创新中心。

（生产力中心）

【“科技工作基础专项——区县科技”2012年度投入2840万元科技支撑区县发展】 年内，2012年度科技工作基础专项——区县科技，投入财政经费共计2840万元，立项15项，支持领域以区域特色产业发展、科技惠民、科技创新服务体系建设等为主。东城区研发数字制地机工艺系统和智能异型花丝成型设备系统，促进景泰蓝传统手工艺与数字控制技术的融合，提升传统手工业的核心竞争力；朝阳区对典型功能区以及餐饮集中区、城市主干道进行连续监测及数据分析，为提升北京市PM2.5监测管理水平、减排PM2.5做积极的探索和实践；西城区组织开展“西城区区域经济与社会建设指标体系及特色功能区评价标准研究”，为客观、科学和综合地反映经济社会领域的变化，及时监测发展过程并预测未来发展趋势，为政府决策服务，推动区域经济社会健康发展提供有力的科技支撑；大兴区科委研究制定区内企业研发中心认定标准，提出区级、市级以及国家级的三级企业研发中心提升计划，为提升大兴区企业研发创新能力提供良好的示范作用。15 个课题的实施将全面提升区县科委的科技创新服务能力，有效促进地区域创新环境建设，有力地支撑引领经济社会发展。

（生产力中心）

【成功研制出国内首台太赫兹安检仪产品样机】 年内，在北京市科技计划项目支持下，首都师范大学联合北京理工大学、北京维泰凯信新技术公司研制出太赫兹安检仪产品样机并通过专家验收。该安检仪可以每秒 3—5 帧的速度对人体进行 1 米 ×2 米大尺寸被动成像，分辨率达到 2 厘米，能够与当前安检技术形成有效互补，可广泛应用于机场、地铁、重要活动和会议等场所。目前，市科委电装处和生产力中心正积极推动该项成果在京落地转化。

（生产力中心）

【“中国移动杯”暨第七届北京发明创新大赛取得成功有效推进全民创新】 年内，“中国移动杯”暨第七届北京发明创新大赛以“弘扬北京精神 科技改变生活”为主题，收到来自全国 28 个省市地区 176 个城市的 1072 项发明项目。其中北京地区项目 331 项，占 31%；个人参赛项目 969 项，占 90%；单位参赛项目 102 项，占 10%。本届大赛项目经初赛、复赛、决赛三个环节，由专家评审最终评选出发明创新奖 200 项，其中特等奖 1 项、金奖 29 项、银奖 70 项、铜奖 100 项，同时评出鼓励奖 328 项。本届大赛呈现以下亮点：①参赛项目数量显著增加，参赛者覆盖地域更加广阔。本届大赛参赛项目比上届增加 187 项，增长幅度约为 17%；参赛者所在地区包括京、津、沪、渝四个直辖市，广东、山东、江苏、浙江等经济发达地区，也包括新疆、贵州、广西、云南等偏远地区。大赛还首次接受了来自法国、韩国、波黑等国的 28 个报名项目，为今后走向国际化敞开了大门。同时中科院的项目在大赛中首次出现，标志着专业研发团队也登上了大赛舞台。②老少上阵，全民创新，青壮年成为大赛主力军，非职务发明成为大赛项目主流。参赛者中年龄最大的 88 岁，年龄最小的 9 岁。参赛者年龄方面，23 岁以下学生发明的项目为 196 项，约占项目总数的 19%；24—60 岁成年人发明的项目为 619 项，约占项目总数的 60%；60 岁以上退休人员发明的项目为 220 项，约占项目总数的 21%。同时，大赛非职务发明项目 968 项，占项目总数的 90% 以上。③大赛各项组织管理工作广泛利用社会力量。大赛首次利用中国移动平台进行宣传，首次由中国网络电视台（CNTV）作为大赛的网络支持媒体，对项目进行网络视频宣传展示。同时，大赛吸引了众多机构设立专项奖，中国发明协会、北京市总工会、北京电视台、投资机构、企业等分别设立专项奖，专项奖种类达到历届之最。大赛汇聚各方力量，已形成科技部门牵头、社会各界助力的喜人局面，意味着大赛已成为政府部门鼓励民众创新的平台，并逐步成为投资机构遴选项目的平台。

（高新处 技术交易中心 北京发明协会）

【2012 年首都科技条件平台工作硕果累累】 年内，首都科技条件平台全年共撬动开放的科技资源达 15 亿元，使得开放总量达到 166 亿元；促进了近 130 个国家级、北京市级的重点实验室和工程中心向社会开放共享，使开放实验室总量达 562 个。全年服务合同额达到 21.1 亿元，共有 10855 家企业享受到了首都科技条件平台的研发实验服务。市科委通过优化资源配置推动协同创新，初步形成了激发在京科技资源创新活力的研发创新服务体系。

（条财处）

计划实施

【北京市重点实验室和工程技术研究中心认定评审工作完成】 2 月 26 日，北京市重点实验室和工程技术研究中心认定评审工作正式开始。历时2个月,在312个申报单位中共认定69个重点实验室和58个工程技术研究中心。截至年底,市科委已认定196个重点实验室和143个工程技术研究中心。已认定的196个重点实验室中,高校66个(居首位),科研院所55个,企业37个,医院32个;领域分布前五名的是医疗卫生、新一代信息技术、节能环保、生物医药和新材料,合计137个,占认定实验室总数的69.80%。已认定的143个工程技术研究中心中,企业97个(居首位),高校22个,科研院所17个,医院7个;领域分布前五名的是新一代信息技术、新材料、生物医药、节能环保、高端装备制造,合计104个,占认定工程技术研究中心总数的72.8%。

(政策法规处　技术交易中心)

【"科技信贷专家"征集工作】 年内,市科委与市银监局开展了"科技信贷专家"的征集工作,全年共有226名科技信贷专家纳入科技信贷平台。

(条财处)

【北京市高新技术成果转化项目认定】 年内,市科委、市发改委、市财政局、市经信委、中关村管委会印发了《北京市高新技术成果转化项目认定办法》(京科发〔2012〕329号)。经专家评审和认定小组审定,2012年共认定成果转化项目140项,支持资金2.2亿元。其中:新一代信息技术领域认定60项,占认定项目总数量的43%;生物医药领域10项,占总数的7%;节能环保领域20项,占总数的14%;新材料领域20项,占总数的14%;新能源及新能源汽车领域10项,占总数的7%;高端装备制造及航空航天领域20项,占总数的14%。为贯彻落实《北京市人民政府关于进一步促进科技成果转化和产业化的指导意见》(京政发〔2011〕12号)和《北京市关于加快培育和发展战略性新兴产业的实施意见》(京政发〔2011〕38号)的精神,在本市战略性新兴产业领域内建设和认定一批科技成果转化基地,加快形成战略性新兴产业聚集发展的态势,市科委制定了《北京市战略性新兴产业科技成果转化基地认定管理办法》(京科发〔2012〕381号)。经过评审,大兴生物医药基地、北京亦庄生物医药园、北京石龙经济开发区、北京经济技术开发区数字电视产业园、北京石化新材料科技产业基地、中关村软件园、石景山新媒体产业基地、北京科技成果转化(密云)基地、北京航空产业园、北京纳米科技产业园被认定为2012年北京市战略性新兴产业科技成果转化基地。市科委安排2000万元,支持基地运营单位提出的公共技术服务能力建设项目10项,支持基地入驻企业提出的共性关键技术研发和产业化项目14项。

(创业中心)

【推荐国家火炬计划项目131项】 年内,北京创业服务中心配合市科委组织项目申报、专家评审等工作。最终从135个申报项目中筛选出131项推荐为2012年国家火炬计划备选项目,最终通过国家认定的火炬计划项目为120项。

(创业中心)

【认定高新技术企业1404家】 年内,本市共认定了1404家企业为高新技术企业。其中,中关村国家自主创新示范区内企业949家,各区县455家。为帮助企业更深入地理解和运用国家高新技术企业认定政策,本市动员和组织各区县科委和中关村各园区管委会,对超过3000家企业进行了政策培训,并开设专门的辅导服务窗口和咨询电话,开展政策宣讲和讲解。截至年底,本市累计认定高新技术企业8016家。

(创业中心)

【全市高新技术企业数量达8000家】 年内,市科委、市财政局、市国税局、市地税局积极争取科技部、财政部、国家税务总局支持,大力推进全市高新技术企业认定工作。全年组织认定了1386家高新技术企业,完成了1906家高新技术企业的资格复审工作。全市高新技术企业总数量累计达到8000家,数量居全国首位。其中,中关村示范区内高新技术企业6295家,占全市总数的78.7%。

(高新处)

【全市技术先进型服务企业总数达到73家】 年内,为贯彻落实财政部、国家税务总局、商务部、科技部、国家发展改革委《关于技术先进型服务企业有关企业所得税政策问题的通知》（财税〔2010〕65 号）规定，进一步做好本市技术先进型服务企业认定管理工作，市科委、市财政局、市国税局、市地税局、市商委、市发展和改革委对 2010 年制定的《北京市技术先进型服务企业认定管理办法》进行了修订。按照修订后的《北京市技术先进型服务企业认定管理办法》，有 73 家企业被认定为北京市技术先进型服务企业，数量位居全国前列。

（高新处）

【399 项科技型中小企业技术创新项目获创新资金立项支持】 年内，北京市科技型中小企业技术创新资金对 399 个科技型中小企业技术创新项目进行立项支持，立项总金额 1.102 亿元。399 个项目的承担单位中，54% 以上为人员数量不足 50 人的小微企业，其中成立时间不足三年的初创期企业达到 37%，5% 的企业为归国留学人员及在校学生创办的企业。企业累计投入研发经费 3 亿元，将带动企业新增投资 6 亿元，带动社会投资 3 亿元。项目完成后，企业实现销售收入将达到 28 亿元。

（高新处）

【北京技术市场继续保持快速发展势头】 年内，市科委积极贯彻落实全国和北京科技创新大会精神，发挥首都科技资源优势，大力推进技术市场建设。设立“支持技术转移机构”专项，引导技术转移服务机构提升专业服务能力，探索特色服务模式，促进科技成果转化落地，推动科技服务业发展。2012 年北京输出技术合同 59969 份，成交额 2458.5 亿元，比上年增长 30.1%，技术合同成交额占全国的 38.2%，技术流向本市、外省市和出口的比例分别为 26.7%、56.3%、17%；吸纳全国技术合同 43515 份，成交额 974.4 亿元，增长 43.4%。7 月，市科委、市统计局联合发布 2011 年北京地区技术交易增加值占地区生产总值的比重为 9.2%，对首都经济发展的贡献进一步凸显。

（高新处）

【新技术新产品（服务）工作稳步推进】 年内，市科委、市发展和改革委、市住建委、市经信委、中关村科技园区管委会认定 366 家企业的 756 项产品为新技术新产品，政府采购新技术新产品近 80 亿元。累计认定 2029 家单位的 5437 项产品为新技术新产品（2011 年 6 月以前为自主创新产品），政府采购金额达 226.2 亿元。新技术新产品（服务）涵盖了电子信息、生物医药、新能源新材料、轨道交通等领域。新技术新产品（服务）工作的开展，为企业提高自主创新能力、开拓产品市场提供了有效平台，培育了一批具有较高技术含量和市场潜力的新产品（新服务），激发了企业的创新热情，引导企业进一步加大自主创新投入，为推动“科技北京”建设和中关村国家自主创新示范区建设做出重要贡献。

（高新处）

【全市科技企业孵化机构数量达 127 家】 年内，市科委发挥首都创新创业资源优势，大力推进科技企业孵化机构建设。全市科技企业孵化机构数量达 127 家。孵化机构中，科技企业孵化器 101 家，其中经科技部认定的国家级科技企业孵化器 28 家，经市科委认定的高新技术产业专业孵化基地 41 家；大学科技园 26 家，其中经科技部、教育部认定的国家级大学科技园 14 家，数量居全国首位。科技企业孵化机构总面积超过 400 万平方米，在孵企业超过 8000 家。为充分发挥科技企业孵化机构对战略性新兴产业源头企业的培育作用，以孵化机构为依托，市科委开展战略性新兴产业孵育基地建设，累计推动建设孵育基地 14 家，支持孵育基地内优秀企业项目 84 项，吸引、带动企业研发投入超亿元。

（高新处）

【北京产业技术创新战略联盟保持快速发展势头】 年内，市科委发挥首都科技资源优势，大力推进产业技术创新战略联盟建设。设立“产业技术创新战略联盟促进”专项资金，对业绩突出、示范带动效应明显的产业技术创新战略联盟进行支持。北京地区有各类较为活跃的产业联盟约 100 家，其中 49 家产业联盟成为科技部试点联盟，数量居全国首位。在科技部的产业技术创新战略联盟评估结果中，北京市半导体照明产业技术创新战略联盟、TD 产业技术创新战略联盟等16家联盟运行成效显著，评价结果为A，占A类联盟数量的60%，居全国首位。联盟在产学研合作促进、关键技术突破、技术标准制定、科技成果示范推广等方面起到了重要的作用，正在成为北京市科技创新体系中一支发展潜力巨大的生力军。

（高新处）

【启动“通航产品研发和运用的核心技术”科技项目】 年内，由市科委以科技项目形式支持平谷区联合北京航空航天大学，整合空军装备研究院、中航工业等首都科技资源，利用两年时间，重点对空域规划使用、通航运行安全性、全任务飞行模拟器工程化进行研究，着力打造通航全产业链科技支撑体系。已完成“北京地区发展通用航空产业基地空域需求总体分析报告”，计划2013底完成全部研究内容。

（生产力中心）

【“科技北京”行动计划完美收官】 年内，《“科技北京”行动计划（2009—2012）》——促进自主创新行动实施四年来，在市委、市政府领导下，建立了推进工作机制，在“人文北京、科技北京、绿色北京”建设中率先制定折子工程，由市科委牵头编制实施，纳入市委、市政府重点督查事项。市委、市政府主要领导十余次对折子工程专门指示或做出重要批示。2009年至2012年，“科技北京”行动计划折子工程累计实施重点任务450项，涉及市相关部门和区县共64个。各主责单位制订详细计划，认真组织，强化协调，扎实推进落实，很好地完成了各项任务。通过“科技北京”行动计划的实施，推动中关村国家自主创新示范区建设取得新进展，区域创新资源得到进一步聚集，示范带动效应不断显现；一批重大科技成果在京落地转化，有力提升首都自主创新能力和水平；八大科技振兴产业工程推动首都产业结构优化升级，促进经济增长质量显著提高；十二项科技支撑工程围绕百姓生活及首都可持续发展，部署应用技术研究，促进科技成果在民生领域推广应用，推动首都建设发展和社会环境不断完善。

（重大办　生产力中心）

【市科委深化实施首都科技条件平台建设专项】 年内，北京技术交易促进中心协助市科委深化实施首都科技条件平台建设专项，继续促进科技资源开放共享，全年共撬动开放的科技资源达15亿元，使得开放总量达到166亿元；促进了近130个国家级、北京市级的重点实验室和工程中心向社会开放共享，使开放实验室总量达562个。全年服务合同额达到21.1亿元，共有10855家企业享受到了首都科技条件平台的研发实验服务。市科委通过优化资源配置推动协同创新，初步形成了激发在京科教资源创新活力的研发创新服务体系。

（条财处　技术交易中心）

【市科委深入开展北京科技创新基地管理工作并取得重要进展】 年内，市科委新认定企业研发机构59家，复核企业研发机构55家；完成了296个重点实验室和工程技术研究中心的会议评审和现场评审工作，新认定69个重点实验室和58个工程技术研究中心。市科委实施了“阶梯计划”和“提升计划”专项管理工作，委托管理了5家在京的企业国家重点实验室。同时，市科委管理了北京科技创新基地中640家研发机构，包括301家北京科技研究开发机构、196家北京市重点实验室和143家北京市工程技术研究中心。这些机构拥有千人计划等高端人才600余人，集聚了100亿元仪器设备，专利、标准、新药证书等成果1.3万余项。目前，这些机构已成为北京科技创新的主力军，在创新产学研结合研发模式、推进战略性新兴产业发展、促进重大科技成果在京转化和产业化等方面发挥了主要作用。

（政策法规处　技术交易中心）

辅助决策

【市委书记郭金龙调研市科委支持的公共安全与应急救援成果转化示范应用项目】 7月12

日，市委书记、市长郭金龙就"落实市党代会精神，提高城市精细化管理水平"主题，到天安门地区运行调度中心调查研究。对市科委支持开展的智能全景监控、事件链预案链和"应急一张图"、重大活动保障和突发事件处置三维可视化运行调度和方案推演等公共安全应急关键技术研究及应用给予了充分肯定。他强调，要按照首善之区标准，不断创新体制机制，抓好城市精细化管理，首先要提高城市安全运行能力，提高城市运行安全监管能力，提高应对各类突发事件的能力，确保首都城市安全运行。

（重大办　生产力中心）

【市委书记郭金龙调研市科委与央企共建的北京应急救援科技创新园、产业园规划建设，并参观应急救援装备展】 10月13日，市委书记郭金龙调研大型央企新兴际华集团下属的三兴汽车有限公司，参观新兴际华集团应急救援装备展，察看北京应急救援科技创新园、产业园建设，并为集团救援队授旗，感谢他们对首都工作的支持，表示北京市愿意与央企进一步加强合作。

（重大办　生产力中心）

【北京市建立首个设计产业分类标准】 年内，市科委联合市统计局和国家统计局北京调查总队、北京工业设计促进中心成立课题组，研究制定了北京市设计产业分类标准，该分类标准具有以下三个主要特点：一是对设计活动的轨迹重新进行了组合，是国民经济行业分类的派生和延伸；二是横跨二、三产业，既包括第三产业中的专业设计服务活动，又包括第二产业中工业、建筑业企业内部的设计活动；三是既与国际接轨，又充分考虑了北京的具体特点。

（高新处）

【北京市成立"设计之都"协调推进委员会】 年内，联合国教科文组织批准北京市作为"设计之都"加入联合国教科文组织创意城市网络。北京市机构编制委员会批复成立北京"设计之都"协调推进委员会，由市长担任主任，由15家相关部门组成，办公室设在市科委。主要负责统筹领导、协调推进北京"设计之都"建设工作等。

（高新处）

【北京市国际科技合作基地建设——打造自主创新的"内核"】 年内，第一批北京市国际科技合作基地成立一年来，30家基地共与90余家国际知名大学及160余家国外企业或组织进行了合作。通过建立有效的基地管理机制，保障了合作的良好运行；通过引进海外高端人才，带动了技术创新；通过携手强强联合，深化了国际合作；通过搭建国际化专业服务平台，构筑了国际科技合作桥梁。基地建设取得良好成效，各基地在研的各类国家级国际科技合作项目及北京市国际科技合作项目总数为120余项，项目投资总额近4亿元；引进海外人才、聘请国外知名专家共计100余人，其中19人入选国家"千人计划"，12人入选北京市"海聚计划"；成立联合研发机构20个、合作联盟2个；承办各类型国际会议百余次。基地的建立拓宽了基地单位的国际科技合作渠道，提高了合作层次，通过塑造成功的国际化"外形"，提升了自主创新的"内核"。

（生产力中心）

科技条件

【市科委与海淀区在中关村西区共建"国际技术转移中心"】 3月26日，市科委与海淀区政府在国家会议中心签署了"国际技术转移中心"共建协议。国际技术转移中心定位于打造国际技术转移的标志性区域，促进北京成为全球创新资源链接和国际先进技术展示的重要枢纽和窗口，成为承接跨国技术转移最重要的目的地和栖息地，成为服务于战略性新兴产业和高端产业发展的跨国技术转移服务基地和对接平台，为推进北京成为具有全球影响力的创新中心和世界城市建设进程提供服务支撑。未来2—3年内，国际技术转移中心将形成超过2万平方米的国际技术转移集聚区，吸引约100家提供跨国技术转移服务的机构入驻，并将成为科技部和北京市共建的国家技术转移集聚区的标志性区域。

（高新处　技术交易中心）

【空间搭载生物实验技术取得重大技术突破】 11月22日，北京天辰生物公司等单位承担的"空间搭载生物实验装置研制"项目完成验收，该项目的技术特点：①围绕载人航天空间生物室要求，成功研制空间实验室的生物培养样机和植物培养样机。②突破了空间微重力条件下的流体输运、气液分离和气体成分控制等关键技术。③搭载"神舟"九号飞船进行了模块搭载实验，具备空间飞行控制要求，性能及主要参数达到国际先进水平。④拥有完全自主知识产权，为未来在轨全功能化植物培养、综合性生物培养及实验标准的确立提供了技术支撑。

（重大办　生产力中心）

【北京市首支科技成果转化创投基金正式成立】 12月31日，由北京市和中国航天科工集团共同成立的航天科工军民融合科技成果转化创业投资基金举行了成立仪式，北京市首支科技成果转化创投基金正式成立。该基金是在市委、市政府的支持下，由市科委和中国航天科工集团公司，联合国信弘盛创业投资等金融资本以及科技服务机构，共同发起设立的有限合伙制投资基金。基金规模10亿元，首期5亿元已经到位。该基金发挥产业集团、金融资本、科技服务机构的各自优势，对被投企业提供资金、市场、科技资源等多方面的服务，通过对北京市与航天科工集团主营业务相关的电子信息、高端装备制造等战略性新兴领域的投资，发挥产业集团对科技创新、产业集群和军民融合发展的牵引作用，推动相关的产业又好又快的发展。

（条财处）

【搭建北京公共安全与应急救援科技创新公共服务平台】 年内，围绕北京市应急救援科技创新和产业发展，市科委重大专项办公室委托生产力中心，联合国家发展改革委国防动员研究发展中心、国家行政学院应急管理培训中心、解放军后勤工程学院、丰台区中小企业服务中心等政府、军队、院校和社会力量，共同搭建北京公共安全与应急救援科技创新公共服务平台。围绕符合首都发展、产业和功能定位，开展产业基础和科技资源现状分析等工作，探索、研究科技支撑公共安全与应急救援重点产业环节发展的切入点。落实市科委、丰台区政府、新兴际华集团战略合作协议，支持北京应急救援科技创新园和产业园规划建设、促进应急救援产业技术创新战略联盟科技和产业优势融合，吸引企业入驻北京应急救援科技企业孵化中心。发挥各方优势，初步形成政策理论研究、产业调研分析、科技创新促进、政产学研军对接、产业发展推动的多位一体工作机制和服务体系，为促进公共安全与应急救援科技创新、产业布局和应急资源储备提供工作支撑。

（重大办　生产力中心）

【科技创新和成果转化项目贷款】 年内，共有23家银行向604家企业发放921笔科技创新和成果转化项目贷款，贷款金额近280亿元；6家担保和再担保公司，向科技型小微企业融资担保贷款285笔，新增担保贷款金额10.15亿元，推动科技创新与成果转化的项目要素纳入银行、担保公司的审贷、放贷流程中，进一步强化科技与金融的结合程度。北京市中资银行高新技术产业贷款余额（人民币，不含票据融资，下同）达到1388亿元，同比增长35.8%，全年累计发放贷款2165.3亿元，同比增长75.1%，比2011年全年多发放贷款928.6亿元。

（条财处）

【"金融激励"支撑生物医药G20跨越工程成效显著】 年内，"金融激励"支撑生物医药G20跨越工程成效显著，生物医药贷款42.3亿元，重点引导金融机构支持科技型中小微企业65家，贷款金额同比增长近70%，其中，支持小微企业达43家，提供贷款187笔，总额近10亿元，同比增长近70%，占贷款支持企业总数的47.3%。同时，带动了君联投资、德福资本、鼎辉投资等知名投资机构加大对万瑞飞鸿、贝瑞和康等一批科技创新型企业的直接投入，推动了以利德曼生物、博晖创新等为代表的生物科技创新企业在国内外资本市场登陆，使得"北京医药板块”上市企业增加到 21 家,其中创业板上市生物医药企业增至 7 家,居全国第二名。

(条财处)

【全国首家农业科技投资管理公司成立】 年内,在北京现代农科城领导小组联合办公室领导下,成立全国首家农业科技投资管理公司,公司实行国有资本与民营资本相结合的股权结构,建立现代企业制度。

(条财处)

科技服务

【2012 首都科技盛典圆满举行】 1 月 18 日,由市委宣传部和市科委共同主办,北京科技协作中心承办的主题为“推动北京创造的十大科技人物”的 2012 首都科技盛典在北京电视台演播厅举行。活动倡导科技服务与科技创新共同支撑经济社会发展,表彰了徐滨士、程京等 20 位从事科技研发、科技服务的一线科学工作者。

(高新处)

【举办 8 期北京市科委科技项目管理培训班】 1—7 月,与人事教育处一起针对市科委系统副处级干部、项目主管工程师、借调人员等不同层次人员开展了 8 期专题培训,既增加了市科委各层次干部对科技计划管理、科技经费审计等核心业务的综合了解程度,同时在各单位之间建立了沟通桥梁,加强了大家彼此间的沟通交流,为日后各部门间更好的合作奠定了基础。培训班日程安排紧凑,课程设置合理,学员交流充分,得到了参训人员的高度评价和认可,达到了预期的培训效果。

(人才中心)

【市科委召开 2012 年度立法工作会议】 2 月 8 日,市科委召开市科委 2012 年度立法工作会议。会上,市科委政策法规与体制改革处通报了市科委 2012 年立法工作的相关安排:一是拟成立科技立法工作领导小组,召开科技立法工作会议,部署在“十二五”期间重点推进《北京市科技成果转化和产业化促进条例》《北京市科技创新促进条例》的相关工作。二是围绕市政府 2012 年立法工作计划,根据相关处室“三定”职能,部署市科委各业务处室需要重点关注和跟进的行政法规、规章研究起草和制定的相关工作。三是通报《北京市人民政府办公厅关于健全市政府重大行政决策和行政规范性文件合法性审查工作机制的通知》的相关精神和具体要求。四是各处室根据中心工作的需要,尽快制订今年的立法工作计划。

(法规处)

【北京科技政策法规宣讲团“推动设备管理行业科技进步”政策专题宣讲会召开】 2 月 8 日,市科委和北京设备管理协会联合组织了北京科技政策法规宣讲团——“推动设备管理行业科技进步”政策专题宣讲会。来自北京设备管理行业的 150 余名企业负责人参会。会上,市科委政策法规与体制改革处、海淀区促进企业上市服务中心及北京设备管理协会金融部分别就企业所关注的北京市支持企业自主创新的科技政策、海淀区对拟上市企业的支持政策及海淀区企业可申报的各项基金的类型和特点等内容进行了讲解。会后,宣讲团就企业所关注的科技政策的要点、项目申报的时间及相关细节等问题与参会人员进行了交流。北京科技政策法规宣讲团和北京设备管理协会表示,会后将针对企业的个性需求开展进一步调研,根据企业实际情况为企业量身定制政策运用和实施方案,促进企业科技创新发展。

(法规处)

【市科委发布《北京市科学技术委员会关于进一步促进科技服务业发展的指导意见》】 2 月 13 日,市科委印发了《北京市科学技术委员会关于进一步促进科技服务业发展的指导意见》。《促进意见》在国内率先提出重点发展研发服务、设计服务、工程技术服务、科技中介服务四类科技服务,提出了首都科技服务业发展的目标与支持手段。6 月 29 日,市委书记刘淇在北京市第十一次党代会上的报告中明确提出:“加快科技服务业发展,培育研发、设计、工程技术和科技中介等服务业态，加快‘设计之都’建设。”确立了“十二五”期间北京市科技服务业的发展方向。

（高新处）

【北京科技政策法规宣讲团走进中关村科技园区电子城科技园】 2月20日，市科委联合中关村科技园区电子城科技园管委会举办了北京科技政策法规宣讲团大型系列宣讲活动——“走进中关村科技园区电子城科技园”政策专题宣讲会。电子城科技园区120余位主管研发及财务的企业负责人参加会议。会上，市科委政策法规与体制改革处介绍了北京科技政策法规宣讲团的成立背景，2011年开展的工作及2012年的工作重点。市科委政策法规与体制改革处、市地税局企业所得税处、北京高技术创业服务中心、北京技术市场管理办公室分别就企业所关注的北京市重点实验室、工程技术研究中心和企业研发机构认定，企业研发费用加计扣除，高新技术企业认定，北京市技术合同认定登记管理及税收优惠等政策进行了讲解。会后，宣讲团解答了企业代表在政策方面的相关问题。园区及企业负责人表示，本次宣讲会使企业进一步了解了北京市各项科技政策，掌握了政策咨询的渠道，希望宣讲团今后能深入重点企业调研，帮助企业学好政策、用好政策，促进科技创新推动企业持续发展。

（法规处）

【市科委召开2012年行政许可工作会议】 2月22日，市科委召开“2012年行政许可工作会议”，市科委系统涉及行政许可事项的相关业务部门负责人参加会议。会议要求各相关单位认真贯彻落实2011年第23次市科委主任办公会对行政许可工作的指示精神，在行政许可相关制度健全的基础上，严格按照流程、标准做好行政许可工作；要高度关注服务对象需求，严格依法办事，服务高效、便民，切实提高依法行政的意识和服务水平。与此同时，还要切实加强对行政许可、行政审批的监督检查工作，齐心协力共同树立市科委良好的政务形象，提高行政许可工作的公众满意度。会上，政策法规与体制改革处介绍了刚刚发布的《北京市科学技术委员会行政许可专用章适用管理办法》以及实施要求，与会人员对行政许可办法实施细节进行了交流。

（法规处）

【北京科技政策法规宣讲团对话中关村创业板上市企业董事长】 3月2日，市科委和中关村创业板董事长俱乐部联合举办北京科技政策法规系列宣讲会——“促进中关村上市企业创新发展”座谈会。业务领域涵盖新能源、新一代信息技术、节能环保、高端制造业、生物医药等战略性新兴产业的20多家中关村创业板上市企业的董事长参加了会议。针对创业板上市企业创新性强、研发投入大的特点，科技部和市科委分别就企业关注的国家科技计划、科技北京“十二五”发展建设规划、北京科技创新平台建设、促进高新技术企业发展的综合政策进行了讲解。北京科技政策法规宣讲团以定制“政策套餐”开展政策服务新模式的首次尝试，旨在通过实施政策“组合拳”实现国家和北京的科技政策的联动，科技成果转化前期、中期和后期的政策联动，为企业营造良好的创新发展环境。

（法规处）

【北京科技政策法规宣讲2012年工作会召开】 3月12—13日，市科委召开“北京科技政策法规宣讲2012年工作会”。来自市科委各处室、直属单位、区县科委及相关行业协会、孵化器、联盟、企业及高校院所代表100余人参会。会上，市科委总结了2011年北京科技政策法规宣讲工作成效，介绍了2012年工作计划安排。市科委在肯定了2011年北京科技政策法规宣讲工作的同时，指出2012年是政策宣讲工作的深化之年，应进一步强化宣讲团队建设，组织完善工作体系，狠抓政策落实，分行业、分类别、分层次围绕创新主体需求开展“政策套餐服务”，打造“宣讲政策—了解政策—用好政策—跟踪反馈政策—参与研究制定政策”的增值服务链，争取做到“两个有”——有政策需求的地方，就有宣讲团活跃的身影；有宣讲团参与的地方，科技政策的研究和贯彻落实就更加有效。会议就2012年科技政策法规宣讲工作进行了分组讨论，深入了解各相关主体的政策宣讲需求和工作建议,进一步增进共识,努力形成科技政策宣讲的工作合力,全面提升科技政策宣讲的工作成效。

(法规处)

【北京—内罗毕创意设计研究中心举行揭牌仪式举行】 3月27日,“北京—内罗毕创意设计研究中心”成立签约暨揭牌仪式在内罗毕大学举行。中共中央政治局委员、北京市委书记刘淇、中国驻肯尼亚大使刘光源,中联部副部长艾平,北京市副市长苟仲文,北京市科委主任闫傲霜及肯尼亚高等教育部副部长卡马玛等出席揭牌仪式。北京—内罗毕创意设计研究中心是北京与内罗毕在科技创新和文化创意领域的一项重要合作项目,由北京工业设计促进中心和内罗毕大学共同负责,旨在搭建中国与非洲设计交往和文化创意交流的平台。通过在北京、内罗毕互办作品展览、举办非洲青年设计师大赛和设立工作室等方式,鼓励肯尼亚年轻设计师进行创作,开发非洲文化元素,提升双方将科技成果转化为生产力的能力。

(高新处)

【联合国教科文组织创意城市网络研讨会在京召开】 4月6日,由中国联合国教科文组织全国委员会主办、北京市科委协办的“联合国教科文组织创意城市网络研讨会”召开。大会以“创意、设计、文化与城市可持续发展”为主题。会上,来自北京、上海、深圳、东阳、青岛、佛山等城市的代表发言。出席会议的还有中国联合国教科文组织全国委员会,亚太世界遗产研究与培训中心,上海、深圳、成都等创意城市网络会员城市,北京院校和企业的代表近百人。

(高新处)

【北京科技政策法规宣讲团召开首都科技人才政策专题宣讲会】 4月16日,市科委召开了“首都科技人才政策专题宣讲会”,旨在通过专题宣讲,使各类创新主体全面了解国家和北京市促进科技人才工作的相关政策和措施。来自科研院所、高校、北京市重点实验室、工程中心及企业的科技及人事部门的近300人参加了会议。会上,市科委介绍了北京科技政策法规宣讲团的成立背景、2011年开展的工作及2012年的工作重点。市科委人事教育处、北京市科学技术奖励工作办公室、中国技术交易所股权激励中心分别就参会人员关注的首都科技人才发展思路及相关政策,北京市科技新星计划、科技北京百名领军人才培养工程及2012年度申报工作,《北京市科学技术奖励办法》及实施细则、中关村国家自主创新示范区股权与分红激励试点政策等重点内容进行了讲解。宣讲团就参会人员关心的领军人才和科技新星的申报进行了答疑,并按照通过宣讲了解情况、发现政策实施问题、挖掘政策需求的工作要求,发放了相关调查问卷。

(法规处)

【中国设计产品首次登陆米兰国际家具展】 4月17—22日,由北京工业设计促进中心与意大利著名设计公司ALESSI合作的“止禁城”项目系列产品于米兰国际家具展主展场ALESSI公司永久展场正式开展。“止禁城”项目于2009年启动,北京工业设计促进中心与ALESSI公司邀请包括张志强、张永和、马岩松在内的8名中国当代建筑师,以“和”为主题,设计蕴含着开放、包容的中国精神的家居产品。“中国设计、意大利制造”是中国设计与国际企业接轨的成功模式探索。该项目产品于2011年北京国际设计周期间在北京全球首发,5月2日在香港同步上市,并受邀参加2013年威尼斯双年展。

(高新处)

【红星梦工厂亮相米兰】 4月18日,由中国设计红星奖与红星美凯龙家居集团共同发起的红星梦工厂全球发布会于米兰托尔托娜(Zona Tortona)地区ANSALDO中心召开。发布会全面介绍了红星梦工厂计划,面向国际招募设计师、供应商及商业合作伙伴,并表彰了ALESSI公司与北京工业设计促进中心合作的“止禁城”项目及澳珀家具、荣麟世佳、联邦家私、百强家具等11个支持原创设计的中国家居品牌。发布会上红星梦工厂携融合了中国传统与当代元素的50多位设计师的80余件产品,以“坐下来”为主题集体亮相米兰。

(高新处)

【北京科技政策法规宣讲团助力石景山区企业服务季活动】　4月24日,为推动石景山区非公经济健康成长,为企业提供政策、信息、资金、人才等服务,石景山区工商联拉开了“2012年石景山区企业服务季”活动的帷幕。在4月26日召开的“科技服务专场”中,北京科技政策法规宣讲团就企业关心的国家高新技术企业认定申报程序、北京市科技计划项目储备制度、北京市科技计划管理体系及申报要点、石景山区科学技术奖励政策、中小企业国际市场开拓资金项目申报和出口信用保险政策以及北京市中小企业创新资金申报等问题进行了讲解。会后,企业与宣讲团就政策执行中的问题进行了深入交流,并表示将进一步利用好首都的科技政策资源,加快科技创新成果转化和产业化,希望北京科技政策法规宣讲团继续参加“2012年石景山区企业服务季”的其他专场,为石景山区企业传播和解读科技政策,促进企业又好又快发展。

（法规处）

【北京科技政策法规宣讲团促进产业技术创新战略联盟发展】　4月24日,北京科技政策法规宣讲团召开了“促进产业技术创新战略联盟发展政策专题宣讲会”。来自百余家产业技术创新联盟的200余名项目管理及财务负责人参会,领域覆盖新一代信息技术、生物医药、高端装备制造、新能源、新材料、节能环保等战略性新兴产业。会上,市科委发展计划处、审计处、人事教育处及市科学技术奖励工作办公室分别就北京市科技计划项目储备制度、北京市科技计划管理体系及申报要点、北京市科技计划项目(课题)经费管理办法与审计要点、北京市科技人才培养与激励政策、《北京市科学技术奖励办法》及实施细则等重点内容进行了讲解。按照“现场咨询、近距离答疑”的要求,会后,宣讲团与参会人员就其关心的北京市科技计划项目申报、审计、科技人才培养和奖励等相关问题进行了交流。同时,为更好地了解政策执行的瓶颈,解决政策运用中的实际问题,进一步积累修改和制定政策的经验和依据,宣讲团发放了相关调查问卷,将通过后期问卷整理和研究,完善“宣讲政策—了解政策—用好政策—跟踪反馈政策—参与研究制定政策”的增值服务链。

（法规处）

【“中国设计交易市场交易促进平台的研发与应用”课题研发成果投入使用】　4月,“中国设计交易市场交易促进平台的研发与应用”课题以中国设计交易市场“设计服务交易对接撮合结算系统”为基础,针对当前电子商务发展现状,运用国家自然科学基金项目“双边市场环境下的精准营销与智能推荐技术”的相关算法,依托DRC基地设计技术联盟和渲染平台,围绕中国设计红星奖获奖精品、设计提升计划的设计新品和国际品牌设计产品的营销方式,研究开发了可360°显示的设计创新产品电子商务系统,建立了一个以设计创新产品为特色、以三维全息展示产品为特点、以精准推荐技术查询商品方式为特征的电子商务市场,属国内首创。目前,交易促进平台已通过评审,正式投入使用。

（高新处　工业设计中心）

【北京启动国内首个设计产业统计标准研究】　4月,市科委和市统计局以跨单位联合工作机制,启动国内首个设计产业统计标准研究工作,在国内率先建立设计产业数据年度发布制度。该研究首次打破原有第三产业的界限,建立了涵盖第二、三产业全部设计活动的统计标准;首次单独列示工业设计、展示设计、动漫游戏设计等领域,并补充集成电路设计、工艺美术设计等北京特色领域,形成了包括12个分支领域的设计产业分类标准;首次突破以企业法人为单位进行统计的惯例,根据设计产业典型存在于企业内部活动中的特点,将企业内部的设计活动作为设计产业的组成部分进行统计。

（高新处　工业设计中心）

【《北京市技术市场统计管理办法》发布】　5月4日,市科委以规范性文件的形式印发了《北京市技术市场统计管理办法》,于6月10日起施行。《办法》在技术市场统计管理方面进行了体制机制创新,一是明确了市科委、北京技术市场管理办公室、区(县)科委和技术合同登记机构的统计工作职责,建立覆盖全市的技术市场立体统计工作网络；二是采取技术合同网上登记系统与统计调查相结合的数据采集方式，通过组织实施技术市场统计调查，完善统计手段，全面收集技术市场统计信息；三是市科委发布技术市场统计年报和技术市场对本市经济发展贡献作用等统计数据，为政府决策和社会公众及时有效地提供技术市场统计信息；四是创新管理方式，建立技术市场统计信用档案，鼓励和引导技术交易买卖双方及中介服务机构准确提供技术市场统计信息。

（法规处）

【北京市加入联合国教科文组织创意城市网络“设计之都”】 5月7日，联合国教科文组织总干事伊莲娜·博科娃致函北京市市长郭金龙，批准北京市作为“设计之都”加入联合国教科文组织创意城市网络。从2010年北京市启动申报“设计之都”至今，历时两年，北京的“申都”工作取得圆满成功。鉴于北京设计产业的蓬勃发展，联合国教科文组织打破一个国家只授予两个城市的限制，使北京成为继深圳、上海之后我国第三个“设计之都”。目前，“设计之都”包括柏林、蒙特利尔、名古屋和北京等12个城市。

（高新处）

【第二次“促进产业技术创新战略联盟发展政策专题宣讲会”召开】 5月11日，市科委召开第二次“促进产业技术创新战略联盟发展”政策专题宣讲会。来自百余家产业技术创新联盟的250余名企业研发及财务部门负责人参会。会上，市科委政策法规与体制改革处、高新技术与产业化处、条件财务处及市地税局企业所得税处分别就北京市重点实验室、工程技术研究中心及科技研究开发机构认定政策、高新技术企业及技术先进性服务企业认定政策、首都科技条件平台政策及企业研发费用加计扣除政策等重点内容进行了讲解。

（法规处）

【北京科技政策法规宣讲团“促进生物医药产业发展”政策宣讲会召开】 5月15日，市科委与北京海外学人中心和中关村生物医药园共同召开“促进生物医药产业发展”政策宣讲会。50余名来自中关村生物医药园、海淀园的企业负责人参加会议。针对参会企业创新性强、留学创业人员较多的特点，市科委政策法规与体制改革处、北京高技术创业服务中心、北京海外学人中心分别就北京市支持中小企业发展的科技政策、科技型中小企业创新资金、北京市留学人员创业支持政策及“海聚工程”评审工作等企业关注的热点政策进行了详细解读，并在会后与企业负责人围绕政策执行的具体问题进行了讨论交流。中关村生物医药园是中关村国家自主创新示范区核心区建设的面向生物产业创新、医药产业创新的专业孵化器，总建筑面积3万平方米，营造了生物医药企业创业发展的专业化环境。此次宣讲会以园区和孵化器为载体，通过聚集政策资源并围绕企业特点进行解读，达到了政府与社会服务机构联合提供专业服务，为企业营造创新创业环境的效果。

（法规处）

【北京科技政策法规宣讲团走进中关村国家自主创新示范区雍和园】 5月17日，市科委联合雍和园管委会召开“中关村国家自主创新示范区雍和园”科技政策专题宣讲会。来自雍和园的50余位企业代表参加会议。中关村国家自主创新示范区雍和园是北京市乃至全国的数字内容产业重要集聚地之一。园区以知识产权、数字内容、文化旅游、中医药科技与文化为特色产业，聚集了多个国家重点基地、技术服务平台以及几十家文化创意产业知名企业。会后，园区及企业代表表示，本次宣讲会使企业进一步了解了北京市各项科技政策及相关细节，掌握了政策咨询、解决问题的渠道，希望宣讲团今后能深入重点企业调研，帮助企业学好政策、用好政策。

（法规处）

【“首都设计产业提升计划”项目亮相北京科技周】 5月19—25日，“首都设计产业提升计划”项目亮相北京科技周。此次展示的5项2011“首都设计产业提升计划”项目，包括：北京玫瑰坊时装定制有限责任公司的环保纸花礼服、北京缘成中视传媒广告有限公司的3D立体动画影片《猪八戒变形记》、北京智加问道科技有限公司的生态堡鲜藻机、北京龙和中科环境艺术设计有限公司的原创家具沙发组合系列及唐恩(北京)产品设计研发有限公司的磁悬浮洗手盆。

(工业设计中心)

【红星奖亮相全国科技活动周暨北京科技周】 5月19—25日,中国设计红星奖亮相全国科技活动周暨北京科技周。红星奖本次展出的产品有宜生无闪舒适灯、格兰仕UOVO智能微波烹饪炉、水魔方全自动洗衣机、突破办公环境电源分配单元、太阳能景观坐凳、Ideacentre A300一体电脑等历年获奖产品。此次展览彰显了设计在整合科学和文化资源中的重要性。向人们展示设计不但与百姓生活密切相关,而且占有举足轻重的地位,已成为服务人民生活、改变人民生活方式的重要手段。凸显了科技周的主题,展示了科技与文化融合的优秀设计。

(工业设计中心)

【中国设计交易市场亮相首届京交会,"设计之都"搭建国际设计服务交易平台】 5月28日,中国设计交易市场亮相首届京交会。本次京交会上,中国设计交易市场设计板块由市科委主办,中国工业设计协会、北京工业设计促进中心和北京技术市场管理办公室承办,主要包括中国设计交易市场设计专题展览、中国设计交易市场大会和交易协议签约三大内容。在本次京交会"中国设计交易市场设计专题展览"中,有来自中国、美国、非洲等国家和地区的33家设计机构参展,领域涉及汽车、建装、工业产品、品牌形象、数字艺术、服装家居等,开展设计服务外包,对接国际跨国企业。同时,组织了200余家国内外科研机构和设计公司参加场内和场外对接洽谈;邀请了来自德国、美国、韩国、肯尼亚的采购商、制造企业、政府部门采购交易。

(工业设计中心)

【北京科技政策法规宣讲团促进科技、金融、产业三要素融合发展】 5月31日,市科委联合中国人民银行营业管理部和北京市银监局共同举办"2012年金融机构生物医药产业培训"政策宣讲会。来自银行、担保机构及投资机构的百余名负责人参加会议。金融行业是科技政策服务的重点领域之一。本次会议是北京科技政策法规宣讲团服务金融行业,促进科技、金融、产业三者有机结合联动发展的首次尝试,旨在推动金融机构充分发挥促进生物医药产业等战略性新兴产业发展的作用。北京银行业协会秘书长赖恽表示,此次从国家到地方再到产业的"一条龙"式政策套餐服务,加深了金融机构对科技和产业的认识,为促进投资科技、投资战略性新兴产业奠定了基础。

(法规处)

【北京科技政策法规宣讲团推动"G20工程"深入实施】 5月,为深入实施北京生物医药产业跨越发展工程("G20工程"),帮助企业更好地开展"2012年高新技术企业认定及资格复审工作",北京科技政策法规宣讲团与生物医药中心联合组织"高新技术企业认定及复审"政策专题培训会,20余家"G20"企业的代表参加培训。会上,北京科技政策法规宣讲团围绕高新技术企业认定及复审工作,详细介绍了申报流程、申报条件、申报材料等内容,并解答了企业关心的重点问题。此次培训会是继"企业研发费用加计扣除"和"中关村新技术新产品认定"培训会后,第三次针对"G20"企业的专题培训会。宣讲团通过系列培训活动,帮助"G20"企业更好地了解和掌握科技创新政策,用好科技创新政策资源,推动北京生物医药产业跨越发展。

(法规处)

【推进北京中关村国家级文化和科技融合示范基地建设】 5月,生产力中心在市科委领导下,联合科技文化融合发展特色明显的海淀区、东城区、西城区、石景山区积极申报"北京中关村国家级文化和科技融合示范基地"并获科技部等五部委批复。此外,为落实科技部《关于进一步做好国家级文化和科技融合示范基地工作的通知》要求,市科委、市文化局、市广电局、市新闻出版局、中关村管委会、东城区政府、西城区政府、海淀区政府、石景山区政府等11家单位联合组建了北京中关村国家级文化和科技融合示范基地联席会议,生产力中心在联席会议的指导下组建示范基地建设工作组秘书处，联合各分基地共同制定了《北京中关村国家级文化和科技融合示范基地建设实施方案》。同时，中心积极组织科技文化融合骨干企业陆续申报科技部"2013 年国家文化科技创新工程"项目，新奥特（北京）视频技术有限公司等 4 家企业获科技部支持经费超过 3000 万元。

（生产力中心）

【北京科技政策法规宣讲团举办高层次人才专题培训班】 6 月 5 日，北京科技政策法规宣讲团举办"北京市高层次人才专题培训班"，50 余名来自企业、科技、卫生等领域，以及部分"海聚工程"的高层次人才参加培训。此次活动是宣讲团举行的第二场专门针对高层次人才的政策专题培训，旨在通过"抓高层"，切实提升科技政策的落实效果。

（法规处）

【联合国教科文组织副总干事格塔邱·安吉达访问北京】 6 月 13—16 日，联合国教科文组织副总干事格塔邱·安吉达访问北京，出席由中国联合国教科文组织全国委员会和北京市政府在北京饭店举行的联合国教科文组织创意城市网络北京"设计之都"揭牌仪式，并对北京创意产业进行考察。安吉达向市委常委、副市长鲁炜颁发"设计之都"批准函。市委副书记、市长郭金龙会见了联合国教科文组织副总干事安吉达一行。副市长苟仲文、市科委主任闫傲霜、市外办主任赵会民和教科文全委会秘书长杜越参加会见。

（高新处）

【北京举行联合国教科文组织创意城市网络"设计之都"揭牌仪式】 6 月 15 日，北京市举行联合国教科文组织创意城市网络"设计之都"揭牌仪式。全国政协副主席、台盟中央主席林文漪，中共北京市委副书记、市长郭金龙，教育部副部长、中国联合国教科文组织全国委员会主任郝平，科技部党组成员、科技日报社社长王志学，文化部党组成员、部长助理高树勋，中共北京市委常委、教育工委书记赵凤桐，中共北京市委常委、宣传部部长、副市长鲁炜等领导以及联合国教科文组织副总干事格塔丘·安吉达出席揭牌仪式。揭牌仪式由北京市副市长苟仲文主持。林文漪、郭金龙、郝平、王志学、高树勋等领导与格塔·安吉达共同为北京"设计之都"标识揭牌。中国联合国教科文组织全国委员会秘书长杜越，北京市委副秘书长傅华，市政府副秘书长戴卫，市科委主任闫傲霜，市委宣传部副部长张淼以及相关单位领导参加了揭牌仪式。

（高新处）

【中国设计红星奖亮相 2012 米兰·中国设计创新展】 6 月 15 日，中国设计红星奖携李宁 G－Shark篮球鞋、泰普森野餐包等多件历年获奖产品图片亮相意大利米兰"2012 米兰·中国设计创新展"。展览由科技部与意大利教育科研部联合主办、中意设计创新中心承办，主题为"桥"，由"设计未来"和"对话世博"两部分构成。"设计未来"展区展出了部分红星奖获奖产品，播放了关于中国设计产业的短片，片中采访了中国设计红星奖执行主席及北京幻想神州、上海和硕、深圳浪尖、浙江圣奥等获奖企业负责人，记录了中国设计产业发展状况及对未来的思考。

（高新处）

【首都科技条件平台试点工作启动】 6 月 15 日，首次启动首都科技条件平台试点工作，开展了医疗器械科研成果转化服务平台、利用首都科技条件平台支撑北京世界种子大会等 5 个试点项目，进一步探索首都科技条件平台的有效服务模式，提升整体服务能力，深度整合开放科技资源主动服务首都重大工程和项目，促进开放科技资源的有效供给。

（条财处）

【北京科技政策法规宣讲团支撑首都科技条件平台建设】 6 月 19 日，市科委与丰台区科委联合举办了"首都科技条件平台丰台工作站签约仪式暨政策宣讲"。来自丰台工作站成员单位的百余名科技工作负责人参加会议。会上，市科委发展计划处、政策法规与体制改革处及高新技术产业化处分别就北京市科技计划项目储备制度、北京市科技计划管理体系及申报要点，北京市重大科技成果转化和产业化政策、北京市重点实验室、工程技术研究中心及科技研究开发机构认定相关政策,企业税收优惠政策及科技型中小企业创新资金政策等重点内容进行了讲解。

(法规处)

【北京举办“世界工业设计日主题活动”】 6月29日,“世界工业设计日主题活动”在DRC基地举行,观众通过介绍“世界工业设计日”、观看“设计之都”视屏、参观DRC基地、“我眼中的工业设计”留言等多种形式参与到活动中,对于“世界工业设计日”的概念及工业设计有了进一步的认识。

(高新处)

【北京科技政策法规宣讲团促进航天产业创新发展】 6月,市科委和中国航天空气动力技术研究院联合组织了“促进航天产业创新发展”政策专题宣讲会,来自中国航天空气动力技术研究院及其下属公司的科技管理及财务负责人50余人参会。航空航天产业是本市重点发展的八大战略性新兴产业之一,同时也是推动军民融合发展的重要力量。近年来随着国防事业的发展,企业对军民融合的愿望越来越强,对科技创新的重视度越来越高,对科技政策的需求也越来越多。此次宣讲会通过针对企业需求进行个性化宣讲,有效加强了企业对科技政策的了解,对企业运用科技政策推动自身创新发展具有重要意义。

(法规处)

【北京科技界深入学习北京市第十一次党代会和全国科技创新大会精神】 7月12日,“北京科技界深入学习北京市第十一次党代会精神全面贯彻全国科技创新大会精神座谈会”举行。座谈会学习了北京市第十一次党代会和全国科技创新大会精神,并就如何推进北京市深化科技体制改革、加快首都创新体系建设展开了深入研讨。来自市政府专家咨询委员会的专家代表,部分企业、高校、院所负责人和市政府有关部门、区县主管科技工作的负责人参加了座谈。近年来,尤其是2009年“科技北京”行动计划实施以来,北京市以增强自主创新能力为核心,以促进科技与经济社会发展紧密结合为重点,以企业为主体、市场为导向、政产学研用相结合的技术创新体系建设为突破口,不断深化科技体制改革,积极创新工作路径,深化先行先试政策,在强化企业技术创新主体地位、促进首都创新资源融合发展、加快科技成果转化应用和产业化、激发科技人员积极性创造性方面都有新的作为。

(法规处)

【“新意大利设计2.0”展览在京开幕】 7月16日,“新意大利设计2.0”展览北京巡展在“设计之都”大厦开幕。这是北京成为联合国教科文组织“设计之都”后举办的首场国际设计展览。来自北京市科委、西城区政府、意大利驻华使馆以及企业、院校、媒体的300余人参加仪式。米兰市副市长博爱里发来贺信,表示此次“新意大利设计2.0”展览选择北京作为在亚洲的首次亮相,标志着中国和意大利、北京和米兰之间的设计交流日趋专业化和常态化。本次巡展展出了100位意大利设计师的300余件作品,涵盖了产品设计、平面设计、珠宝首饰设计、室内设计和食品设计等领域。

(高新处)

【红星奖博物馆正式对外开放】 7月16日,红星奖博物馆在“设计之都”大厦进行了预展,展出了海尔“08奥运风”空调、格兰仕UOVO智能微波烹饪炉、柿子沙发、智鲫鱼竿和交互感应机器人等近200件中国设计红星奖历年获奖精品。本次预展吸引了来自设计机构、企业、院校师生、媒体300余人前来参观,《北京日报》、人民网、搜狐、中国日报网等主流媒体进行了相关报道。红星奖博物馆作为“设计之都”大厦的常设展厅,7月17日起面向公众长期开放。

(高新处)

【D2C红星梦工厂创意体验中心正式开业】 7月16日,“D2C红星梦工厂创意体验中心”在“设计之都”大厦正式开业。体验中心以“设计以市场需求为源,创意产品引导生活”为经营理念,联手力拓、“观唐”景致家居、木马设计等国际家居创意品牌和王珂、石振宇、潘杰等数十位中国知名设计师,展出和销售创意家居、电子消费品、日用文具、户外用品、珠宝首饰、艺术品和艺术衍生品等八大类的百余种产品。D2C

红星梦工厂旨在开发出一批具有市场价值和商业潜力的产品，是一个帮助设计师将原创设计实现产业化的平台，提供创意产品版权合作开发、设计师版权代理、艺术衍生品定制、设计产品销售、设计交易合同登记、三维扫描与快速模型制造、线上线下商店运营、媒体宣传推广、展会交流、红星奖和“红星原创奖”推荐等系列服务，是“设计师的经纪人、企业的设计猎头、消费者的设计买手”。

（工业设计中心）

【“科普之夏”活动启动暨西城区“废品再设计”大赛收官】 7月18日，2012年西城区“科普之夏”活动启动仪式暨第二届西城区“废品再设计”创意大赛颁奖仪式在大观园举行。“废品再设计”创意大赛以“低碳环保、创新生活”为主题，历时四个月，共接收各街道选送作品328件，其中创意产品组269件，低碳纪实摄影组59件。通过科技与设计的手段变废为宝，用实际行动践行了爱国、创新、包容的“北京精神”，将低碳环保变成了一种生活态度。特等奖获奖者“环保乐队”使用由废旧礼品盒、塑料桶、水管等制成的乐器；获得一等奖的“环保服装”由生活中常见的废旧条幅制作而成。西城区“科普之夏”活动以“保障食品安全，服务公众健康”为主题，旨在使科普广泛惠及民生，丰富市民暑期生活，各街道将举办科普文化广场、食品安全知识趣味竞赛、健康运动科普大课堂、低碳竞赛等20个主题活动。

（工业设计中心）

【2012年市科委系统财务人员继续教育培训班圆满结束】 7月16—18日和23—25日，市科委条财处、审计处、人事处和市科委人才交流中心联合举办了两期2012年市科委系统财务人员继续教育培训班。科委系统直属单位和有关项目承担单位的财务人员279人参加了培训。培训班将政策法规的学习与实务操作相结合，既对财政部68号文的解读、政府采购范围案例分析、国有资产清查等政策性较强的内容进行了详细讲解，又针对科技项目的财政评审、项目审计过程中存在的问题分析、涉及税收方面等实操性强的内容提出了解决方案，还重点介绍了首都科技条件平台有关工作。培训班旨在不断拓展和提高财会人员的创新能力和专业技术水平，更新知识结构，提升职业道德素质，从而增强其履行本职工作的能力。

（人才中心）

【北京科技政策法规宣讲团首次走向国际舞台】 7月，全球影响最大的生物技术大会——“BIO 2012”在美国马萨诸塞州波士顿举行。北京生物技术和新医药产业促进中心组团参加。为进一步宣传“G20工程”、宣传北京促进科技创新和产业发展的政策环境，生物中心与美中医药协会（SAPA）共同举办“中国日”——“面向中国医疗创新”专题宣讲会，将其作为BIO 2012大会第一天“中国日”的主要活动。宣讲团首次走向国际舞台，标志着北京科技政策法规宣讲团工作范围的拓展和业务的深化。一是宣讲受众有突破，宣讲团从国内走向国际，百余名听众70%为国外公司人员；二是宣讲团队伍有突破，吸引优秀的企业家加入宣讲团，从而形成“政策制定者+政策受益者”的强大阵容；三是宣讲内容有突破，从宣讲科技政策拓宽到宣传北京科技政策营造的创新环境；四是工作模式有突破，开创了政策宣讲与国际合作及科技资源招商相结合的创新工作模式。

（法规处）

【市科委面向留学归国创业人员举办“北京市科技政策法规培训”】 7月，市科委联合北京海外学人中心共同举办“北京市科技政策法规培训”。来自30多家留学人员创业园以及留学人员企业的200余名高端人才参加会议。近几年，留学人员积极回国创业，已成为我国经济社会发展的重要力量，也是科技政策服务的重要对象。此次培训是北京科技政策法规宣讲团首次与留学高端人才面对面，旨在通过双方近距离地沟通交流，为留学人员营造良好的创新创业环境，在初创企业发展的关键时期给予有力支持。

（法规处）

【大学生服务平台工作稳步推进】 7月，市科委人才交流中心2012暑期大学生实习平台工作于7月底圆满完成，此次实习共安排北京工业大学48名大三学生进入9家企业实习，经过为期1个月的暑期实习，48名实习生均较好地完成了实习工作任务，其中10名学生经考核被评为优秀。今年，在保留历年合作较好的实习单位的同时，又筛选了专业对口、管理正规、发展前景良好的多家高新技术企业作为实习单位。本着双向选择的原则，将实习生分配到合适的岗位。通过这项工作，为学生和高新技术企业之间搭起了一座桥梁，促进了人才的良性流动。

（人才中心）

【红星梦工厂应邀参加第五届中国国际青年艺术周】　8月12—31日，红星梦工厂应邀作为2012年第五届中国国际青年艺术周活动之一，在北京翠微广场购物中心举行了创意市集。借助双方各自优势，结合各自品牌的内涵，此次展览开创了全新的艺术模式。通过此次活动，红星梦工厂首次面向社会大众宣传其作为“消费者的设计买手”的理念和价值；同时，通过展销直接与消费者互动交流，给供应商及设计师带来更大的市场信心。

（工业设计中心）

【首届红星原创奖评审在京举行】　8月29日，由中国设计红星奖设立的首届红星原创奖评审在京举行，来自北京、上海、广州、台湾、美国等地的7位专家对参评作品进行了评审。自4月16日开始征集以来，共征集到238家单位的559件作品，国内参评地域涵盖21个省、市及地区，韩国和意大利的企业、设计师参评。LG电子、中兴移动、曲美家具以及中央美术学院、清华大学美术学院等国内外著名企业、设计院校参评。北京共有90家单位的265件作品参评，在国内各省市中位居首位。

（高新处）

【科技金融1+4计划试点正式发布】　8月29日，市科委召开了促进科技与金融结合签约发布会，市科委开展的科技金融1+4计划试点正式向社会发布，政府通过引导一系列的制度安排和组织机制创新，引导金融资源加强对企业创新发展的支持。“1”是市科委与人行营业管理部签署了《科技金融战略合作协议》，通过建立风险备偿金与业务补助金机制，建立科技信贷综合服务平台，引导辖区内金融机构支持科技创新与成果转化。“4”是指4项计划试点：计划1是国开行与创业中心、担保公司等推出“中长期统贷统还融资计划”，解决企业科技创新中长期信贷需求；计划2是北京银行与科技服务机构推出“科技贷”计划，实现财政科技资金加银行资本共同投入国家和地方科技项目；计划3是科技型小微企业融资计划，以市区两级的政策性担保与再担保公司，统筹市区贴息、贴费和市科委的风险备偿金和业务补助金机制，解决科技型小微企业融资需求；计划4是面向战略新兴产业成立成果转化创投基金，统筹科技部与发改委的相关政策，以产业集团或科技服务机构作为发起人成立创投基金，发挥产业集团、金融资本、科技服务机构各自的优势，为企业提供资金、市场、政策多角度服务。

（条财处）

【北京科技政策法规宣讲团推动“4G工程”深入实施】　8月，市科委联合北京新一代移动通信产业创新联盟（北京4G联盟）召开“促进4G联盟自主创新”政策培训会。来自38家联盟会员单位的70余名负责人参会。会上，市科委政策法规与体制改革处、市地税局企业所得税处和北京高技术创业服务中心分别就北京市重点实验室、工程技术研究中心及科技研究开发机构认定相关政策，企业研发费用加计扣除政策，以及高新技术企业认定和复审政策等内容进行讲解，并与企业就相关问题进行了深入交流。新一代移动通信技术是我国战略性新兴产业的重要组成部分，市科委自2011年11月6日启动“4G工程”以来，以企业为主体，通过狠抓科技创新和资源整合，有力推动了产业关键技术的攻关、创新体系的建设、产业要素的集聚及科技成果的落地。本次政策宣讲会旨在进一步发挥科技政策在产业发展中的风向标和加速器作用，与“4G工程”和“4G联盟”共同努力构建新一代移动通信技术产业以企业为主体的创新驱动格局。

（法规处）

【首都科技条件平台技术转移领域中心专场政策宣讲会举行】 9月7日，市科委召开了第二场“首都科技条件平台技术转移领域中心政策宣讲会”。70余名来自首都科技条件平台研发实验服务基地、领域中心、区县工作站及技术转移领域中心成员单位的负责人参加会议。会上，市科委重大专项办公室、政策法规与体制改革处、高新技术产业化处及条件财务处分别就北京市重大科技成果转化和产业化统筹资金，北京市重点实验室、工程技术研究中心及科技研究开发机构认定，国际技术转移中心和国际技术转移专项，以及首都科技条件平台工作情况等重点内容进行讲解。

（法规处）

【北京DRC工业设计创意产业基地为企业积极营造良好孵化环境】 9月12日，由中国工业设计协会举办的“2012年中国工业设计十佳设计公司”评选活动揭晓。获奖的10家设计公司分别来自于北京、上海、深圳和青岛等6个城市。北京有3家设计公司获奖，其中北京宇朔创意工业设计公司和灏域联华科技（北京）有限公司来自于北京DRC工业设计创意产业基地。DRC基地自2005年成立以来，已协助近50家企业申报“中关村高新技术企业”“中小企业创新基金”及市科委“首都设计产业提升计划”等政府项目；组织企业对接活动10余次，涉及设计和制造业企业240余家；为近80家企业提供知识产权保护方面的服务；通过搭建以信息、技术、交流、培训为主要内容的公共服务平台，至今已孵化出洛可可设计、宇朔创意、灏域科技、心觉设计和光彩创意等一批优秀本土设计机构。目前，DRC基地在孵企业50余家，涉及产品设计、动漫设计、平面设计、咨询策划等领域，其中注册资金千万元及以上企业2家，年销售收入千万元及以上企业5家，基地上半年实现税收776万元。

（高新处）

【生产力促进中心二十周年座谈会在京举行】 9月18日，生产力促进中心二十周年座谈会暨2012全国“生产力促进奖”颁奖大会举行。来自全国各地有关国家级示范中心150余位代表参加了会议。在2012年度全国生产力促进奖评选中，北京地区4家单位获生产力促进发展成就奖、生产力中心服务业促进部陈立军等5人获服务精英奖、2家企业获企业进步奖。近年来，北京生产力促进服务体系建设不断完善，基本形成了“组织网络化、功能社会化、服务专业化”的科技服务矩阵，成为北京科技创新服务体系中的重要力量，服务效益明显，社会效益显著。

（高新处）

【北京工业大学深入贯彻落实全市科技创新大会精神科技政策专题宣讲会举行】 9月20日，市科委联合北京工业大学召开“深入贯彻落实全市科技创新大会精神科技政策专题宣讲会”。北京工业大学承担国家和北京市科技计划项目（课题）组成员，北京市各重点实验室和工程技术研究中心负责人及科研骨干，各学院副院长、科研秘书、校科技处及相关人员等100余人参加会议。会上，市科委政策法规与体制改革处宣讲了全市科技创新大会精神，政策法规与体制改革处和审计处分别就北京市重点实验室、工程技术研究中心认定及科技计划项目经费及审计管理等内容进行了讲解，并与参会人员进行了深入交流。

（法规处）

【北京科技政策法规宣讲团推动中关村数字内容产业发展】 9月25日，市科委联合中关村数字内容产业协会召开了第二场“深入贯彻落实全市科技创新大会精神，促进数字内容产业创新发展”政策专题宣讲会。协会会员单位的300余名企业负责人参会。参会企业表示，全国及本市科技创新大会进一步树立了企业的技术创新主体地位，并在相关政策上予以支持，是企业坚持自主创新，由“北京制造”向“北京创造”转变的坚实后盾。本次政策宣讲会通过对政策的深入解读，加深了企业对科技创新基地建设和科技成果转化相关政策的了解，使企业能够更好地利用北京创新型人才优势，开展技术创新，提升核心竞争力，进而促进首都数字内容产业及数字文化创意产业持续健康发展。

（法规处）

【北京工业设计促进中心与澳大利亚优秀设计协会签署合作备忘录】 9月26日,北京工业设计促进中心与澳大利亚优秀设计协会签署合作备忘录。澳大利亚优秀设计协会是一家国际设计促进机构,主要负责澳大利亚国际设计奖(AIDA)的运作与管理。该奖项是世界上久负盛名的设计奖项之一,为业界公认的澳大利亚顶级设计奖项。同时该协会还是国际工业设计协会联合会(Icsid)在澳大利亚的唯一会员。备忘录的签署将促进双方协同工作,使双方对各自设计奖项的评估流程及标准进行协调统一,在中国与澳大利亚两国相关标准之间建立起无缝连接。双方还就澳大利亚国际设计奖和红星奖的奖项互认、评委互换、设计促进经验等问题进行交流。

(工业设计中心)

【北京工业设计促进中心与荷兰设计会签署合作谅解备忘录】 9月27日,在"荷兰设计在北京国际设计周"展览的开幕式上,北京工业设计促进中心与荷兰设计会签署合作谅解备忘录。荷兰经济、农业及创新部副部长克里斯·博因克出席并见证签约仪式。荷兰设计会(DDWS)是一个孵化器项目,为在中国开展业务的荷兰设计公司提供包括即插即用的共享办公空间和特别项目的支持。荷兰设计会作为在中国的荷兰创意平台快速发展,已经建立新的合作关系和制定新的活动,在全球范围内支持和促进荷兰创意产业发展。合作谅解备忘录的签署,有利于拓展与荷兰创意产业界合作的平台,利用荷兰设计会孵化器的资源为中国设计交易市场等项目服务。

(工业设计中心)

【2012红星奖终评在京举行】 9月27日,2012中国设计红星奖终评在京举行。来自中国、韩国、澳大利亚、意大利、法国和土耳其等6个国家设计领域及行业协会的11位专家对参评产品进行了评审。今年红星奖共有1279家企业的5348件产品报名参评,首次出现非洲企业参评。在今年参评企业中,世界五百强企业17家;外资企业84家,同比2011年增长23.5%;北京企业145家,参评数量位居全国首位。经过终评,来自19家企业的19件产品分获至尊金奖、金奖及银奖,另有239件产品获得红星奖。

(工业设计中心)

【2012"设计之旅"带领公众走进设计】 9月28日至10月6日,由市科委主办,北京工业设计促进中心承办的2012北京国际设计周"设计之旅"活动举行。该活动是市科委推出的集设计体验、文化旅游、交流消费为一体的常设品牌活动。此次"设计之旅"在北京时尚设计广场、设计之都大厦、大栅栏、草场地等60个场所举行,在为期7天的活动中,共举办设计论坛、对接交易、国际合作洽谈、行业趋势发布、产品售卖、博物馆和实验室开放日等活动162场,参与人数超过150万人次,带动设计消费与合同交易额超过1.2亿元。首推包含朝阳区高碑店村、平谷区挂甲峪村、密云区太师屯、延庆县柳沟村等"美丽乡村"线路。首次应用电子地图及二维码扫描。公众通过登陆官网和手机客户端,实现活动签到、信息查询、微博评论、展览门票换领等功能。

(高新处)

【北京科技政策法规宣讲团推动首都医学科技创新发展】 9月,市科委联合首都医科大学召开"促进首都医科大学创新发展"政策专题宣讲会。来自首都医科大学各学院的科研人员,各医院主管科研的副院长、科研处长等80余人参会。首都医科大学是北京市唯一的重点医学院校,拥有16个附属医院和18个临床医学院,10个国家重点学科和17个北京市重点学科,5个国家级重点实验室和24个北京市重点实验室,2个国家级工程研究中心、6个北京市工程技术研究中心和1个北京市高等学校工程研究中心,并建立了全国首家"北京重大疾病临床数据和样本资源库",是首都医学科技创新体系的重要组成部分。此次宣讲会旨在推动首都医科大学用好用足科技政策,加快首都医学科技发展。

(法规处)

【北京工业设计促进中心被中国科协认定为"全国科普教育基地"】 10月,中国科学技术协会公布了2012年全国科普教育基地认定名单，北京工业设计促进中心和中国古动物馆、国家气象卫星中心、天津市规划展览馆等全国397家单位入选。北京工业设计促进中心建设的DRC基地、设计之都大厦、快速成型实验室以及红星奖博物馆，每年面向公众开放天数达200天以上，开放空间超过3000平方米。北京工业设计促进中心通过举办科普培训、“废品再设计”大赛、“设计我的生活”设计创意大赛、设计之旅等一系列活动，让市民走近设计、体验设计、了解设计。在潜移默化中，设计改变着人们的生活理念，使市民感受到设计为生活带来的便捷与舒适。

（高新处）

【北京工业设计促进中心被认定为第二批国家中小企业公共服务示范平台】 10月，工信部公布了第二批国家中小企业公共服务示范平台名单，北京工业设计促进中心通过审核，被认定为第二批国家中小企业公共服务示范平台。北京工业设计促进中心依托北京DRC工业设计创意产业基地建设，搭建科技条件平台、创办设计企业孵化器、开展设计企业人才培训，为企业提供服务。

（工业设计中心）

【北京科技政策法规宣讲团推动首都医疗器械行业中小企业发展】 11月1日，市科委联合北京市工商联医疗器械行业商会召开“中小企业创新融资及政府扶持政策培训会”。来自北京市医疗器械行业的50余名企业负责人参加会议。本次培训会是多部门联合面向中小企业讲解政策的一次有益尝试，有助于中小企业全面了解北京市相关部门的政策措施。今后北京科技政策法规宣讲团将进一步加强与北京市工商联医疗器械行业商会合作，创新宣讲方式，举办更多有针对性的政策服务活动，促进本市医疗器械行业中小企业创新、健康、持续、快速发展。

（法规处）

【北京市工程设计服务企业收入首次破百亿】 11月23日，中国《建筑时报》和美国《工程新闻记录》杂志联合发布了“2012中国承包商和工程设计企业双60强”企业名单，入选企业中国水电工程顾问集团有限公司首次实现了年收入突破100亿元。

（高新处）

【北京科技政策法规宣讲团与中科院京区院所全面对接】 11月，为贯彻落实党的十八大精神，促进创新驱动发展战略的全面实施，北京科技政策法规宣讲团与中科院北京分院联合面向中科院在京院所的近50余位科技处、合作处负责人，举办了科技政策法规宣讲。市科委政策法规与体制改革处首先与大家交流了学习十八大精神的体会，尤其是对创新驱动发展战略的理解与认识。然后结合贯彻落实全国科技创新大会精神，向大家介绍了《中共北京市委北京市人民政府关于深化科技体制改革建设首都创新体系的意见》的起草背景、主要内容。结合中科院北京分院促进科技成果转化与产业化等主要工作内容，处长杨仁全向大家介绍北京市促进科技成果转化和产业化的思路、做法、典型案例，并结合《北京市人民政府关于促进科技成果转化和产业化的指导意见》的主要政策突破，重点介绍科技计划项目管理、重大科技成果转化统筹资金、科技人才培养、科技创新平台等科技政策。

（法规处）

【北京科技政策法规宣讲团推动中关村高端人才发展】 11月，中关村管委会联合市科委举办的“中关村创新创业（海归）人才高级培训班”开班。作为本期高级培训班重点课程之一，市科委政策法规与体制改革处做了题为“全市科技创新大会精神及北京市支持企业自主创新的科技政策解读”的专题报告，并与学员展开互动交流。学员们表示，通过此次讲座，全面了解了北京市在深化科技体制改革中的方向和思路以及各项促进企业发展的科技政策，坚定了海归创业人员创新驱动发展的信心。

（法规处）

【首都科技条件平台宣讲北京科技政策成常态】 11月，市科委组织召开第三场针对首都科技条件平台的政策宣讲会——首都科技条件平台房山工作站科技政策宣讲会。来自房山区的企业及科技部门负责人近50余人参加会议。

本次活动是北京科技政策法规宣讲团为首都科技条件平台举办的第三次宣讲活动。随着北京科技政策法规宣讲团与首都科技条件平台联合开展工作模式的常态化,科技政策对首都创新体系建设的支撑作用也日趋加强。房山区科委副主任王批修表示,房山区是新能源、新材料、节能环保及生物医药等战略性新兴产业的重要聚集地之一,急需发挥科技政策的支持和引领作用。此次北京科技政策法规宣讲团与首都科技条件平台联合进区县、进企业的模式值得推广,应将其体系化、常态化、扩大化。北京科技政策法规宣讲团是政府深入基层近距离服务企业的重要载体和手段,希望今后能为基层带来更多样、更丰富的服务和资源。

(法规处)

【开展面向战略性新兴产业的生产力服务体系建设】 11月,由生产力中心承担的“面向战略性新兴产业的生产力促进服务体系建设”课题获科技部火炬计划支持。该课题以区县生产力服务机构为基础,建设点、线、面结合的科技创新服务网络,促进战略性新兴产业落地区县,深入服务基层科技;围绕若干重点产业,通过健全合作共赢机制整合科技服务资源,形成跨区域的产业服务完整链条,促进高端装备制造等重点产业提升发展,深入服务产业集群;围绕重点产业基地,大力发展工程技术服务业,开展工程总包、研发服务、工程技术服务等专业化配套服务,全面提升产业集群核心竞争力;整合北京科技信息服务资源,形成支撑战略性新兴产业发展的科技信息公共服务平台,为点、线、面多层次的科技创新服务网络提供业务互联手段,满足企业信息需求。

(高新处)

【北京科技政策法规宣讲团走进中关村软件园】 12月11日,市科委在中关村软件园召开“促进中关村软件企业创新发展科技政策法规宣讲会”。会上传达了十八大精神,并就科技创新平台政策、高新技术企业及技术先进性服务企业认定、企业研发费用加计扣除政策、技术市场合同认定登记、软件产品登记税收优惠政策等内容进行全面深入的讲解,帮助企业掌握好、运用好科技政策法规,形成持续的创新驱动力,促进企业的统筹发展,为推进社会经济发展做出贡献。

(检测中心)

【韩国设计振兴院首个海外办事处落户设计之都大厦】 12月14日,韩国设计振兴院中国办事处成立仪式在设计之都大厦(中国设计交易市场)举行。振兴院介绍了办事处未来主要业务和发展方向,正式发布了办事处装修方案。在论证选址的过程中,韩国设计振兴院反复比较了北京、上海、广州三个中国城市,看重北京优越的设计发展环境和中国设计交易市场提供的设计要素平台,韩方最终选择在这里设立首个海外办事处。办事处计划于2013年3月正式开业运营。

(高新处)

【2012中国设计红星奖颁奖典礼在京举行】 12月19日,2012中国设计红星奖颁奖典礼举行,来自全国各地以及英国、韩国等国获奖企业代表和设计师、创意园区代表、院校师生等500余人出席。2012年,有包括美国、荷兰、日本、英国等25个国家和地区的1279家企业的5348件产品角逐中国设计红星奖,其中包括世界五百强企业17家、外资企业84家,其数量超过德国红点奖的全球征集量,并首次出现非洲企业参评。共有154家企业获奖。今年红星奖获奖产品特点鲜明,突出反映设计在提升产业竞争力、提高人民生活品质、促进城市发展和生态文明建设方面发挥的积极作用。全国政协副主席林文漪、中国工业设计协会会长朱焘、北京市科委主任闫傲霜等领导出席了颁奖典礼并为获奖企业颁奖。

(高新处)

【第七届文博会设计创意展举行】 12月19日至23日,由市科委主办的第七届文博会“设计创意展”举行,蕴含科技、文化、创意的设计创意展是历届北京文博会的一大特色。本届文博会“设计创意展”的特点为提升设计实力、展示设计产业发展成果,以“科技、创新、设计”为主题,围绕中国设计红星奖、中国设计交易市场、红星梦工厂、3D打印世界、设计之旅、首都设计创新提升计划等重点项目在主题形象区进行展示。

（高新处）

【创新北软检测 东城科普随行】 12月21日，由北京软件质量检测检验中心和东城区科委举办的科技“走·转·改”活动——“学习宣传贯彻党的十八大精神 科普宣讲团进东城活动”在东城区图书馆启动。市科委、东城区科委、北京软件产品质量检测检验中心等单位的领导出席启动仪式，东城区街道社区的代表和学生共300余人参加活动。与会领导对科普宣讲团进东城活动进行了介绍。科普宣讲是科技“走·转·改”活动的一项重要工作内容，以十八大中反复提到的科技创新为主旨，推介和普及市区两级科委在人民群众衣食住用行方面支持的科技创新项目的相关成果，让东城区群众能直观的感受科技创新所带来的生活方式的革命和生活质量的提升。

（检测中心）

【中国设计交易市场正式开业】 12月27日，中国设计交易市场在京正式开业。建设筹备期间，交易数据库已收录1000余家设计公司、院所、企业的登记信息。经对20余家申请入驻机构进行筛选，韩国设计振兴院、北京上拓科技有限公司、叁迪网、中芬Living－Lab智慧设计联合实验室、红星梦工厂、红星原创公益基金、非常建筑设计事务所（张永和建筑事务所）及北京朗迪锋科技有限公司等8家机构当天签订了入驻协议。

（高新处）

【积极开展中关村现代服务业试点项目征集工作】 年内，生产力中心在市科委领导下，重点挖掘培育中关村国家自主创新示范区内科技服务业骨干企业和重点项目，推动现代服务业高端化发展、聚集和辐射，采取先行先试、集成政策、重点支持等方式积极探索加快现代服务业发展的新模式。市科委全年共推荐试点项目累计四批共15个，前三批共获试点经费6433万元，带动社会投资约7.48亿元。

（生产力中心）

【科技服务业成为首都经济发展的支柱产业】
年内，市科委发挥首都科技服务资源优势，整合资源大力推动首都科技服务业发展。开展行业基础研究，制定了首都科技服务业统计分类指标体系，推动科技服务业统计工作规范化发展。首都科技服务业促进工作稳步开展并取得一定成绩，据初步测算，2012年科技服务业实现增加值1240.5亿元，占地区生产总值7%。初步形成科技创新与科技服务共同支撑经济社会发展的格局，对首都产业升级、经济结构调整的重要作用逐步显现。

（高新处）

【市科委设立专项积极推动科技服务业发展】
年内，市科委设立“科技服务业促进”专项积极推动科技服务业发展，激活科技创新服务资源，提升科技型中小企业的服务能力和水平，挖掘和培育了一批具有鲜明特色和示范引导作用的科技服务机构。投入财政经费2406.5万元，带动企业投入科研经费6903.92万元，拉动其他社会资金投入379万元，实现新增销售收入7.57亿元，累计申请专利及登记软件著作权共193项，编制各类标准18个，有效地促进了产业结构优化升级，提升了首都自主创新能力，对加快实施“科技北京”发展战略，推动“十二五”时期北京市科技服务业和其他相关产业的协同健康发展具有重要意义。

（高新处　生产业中心）

【知识产权商城助力科技中介服务业发展】
年内，北京科技协作中心以首都科技成果产业化公共服务平台为依托，联合技术转移服务机构建设了“知识产权商城”。该商城通过提供信息服务、交易服务、技术服务与融资服务，促进科技成果的供需对接，积极探索实践以平台为主导、各类技术转移中介服务机构积极参与的科技成果转化服务模式。初步取得如下成果：搜集项目5000余件，需求1800余件；成功举办了韩国化学研究院产业化项目中国推介会（威海）；成功举办了韩国机械研究院产业化项目中国推介会（西安）；已完成专利权转让20余件；已完成商标权转让10余件等。

（高新处）

【市科委设立专项积极推动科技咨询业发展】 年内，市科委设立“科技咨询机构后补贴”专项重点推进科技咨询机构服务区县社会经济发展，为政府决策提供规划研制类、产业集聚类等各类咨询服务。通过设立专项，积极推动科技成果落地区县，加强特色产业集聚，促进了北京市战略性新兴产业及文化创意产业发展。涌现出了一批实力雄厚的骨干机构，如北大纵横管理咨询有限公司、零点市场调查与分析公司、北京理得斯普管理咨询有限公司等，实现了科技咨询业和相关产业的融合发展，为首都科技、经济和社会发展提供了重要支撑。

（高新处　生产力中心）

【市科委积极推进科技文化融合示范基地建设与产业培育】 年内，市科委广泛开展调研，了解基地内各区县文化产业发展布局，挖掘产业发展科技需求，在充分挖掘骨干企业和优质项目的基础上，设立“2013 年科技文化融合示范基地建设与产业培育”专项，支持区县围绕产业发展布局及科技需求开展公共关键技术攻关、搭建科技公共服务平台，引导带动企业及社会资金投入 2.1 亿元；积极组织基地及基地内骨干企业申报科技部“2013 年国家文化科技创新工程”项目，获得科技经费支持超过 3000 万元。

（高新处）

【2012 年度优秀人才培养资助工作圆满完成】 年内，共计接收申报材料 1442 份，提交评审会议 1029 份，最终获得资助 339 人。“北京市优秀人才培养资助工作”是北京市委、市政府支持优秀中青年人才的成长，推动各系统、地区人才工作，加强高层次人才队伍建设的一项重要措施。主要用于支持北京市重点行业、重点领域中已具有一定能力和水平的专业技术人才、技能人才，以及公共管理、经营管理等方面的中青年人才。

（人才中心）

【“北京市优秀人才培养资助工作效果评估的调查研究”结题】 年内，该课题主要针对北京市优秀人才培养资助工作实施十年来的整体情况进行效果评估，并结合评估进行系统深入的研究，在梳理资助工作发展的历史过程、总结十年来资助工作中的成功经验、归整十年来资助工作取得的成绩以及工作中出现的问题的同时，也对资助工作如何进一步发展、更加适应新时期新形势下的要求做出必要的理论研究与探索，以促进资助工作的进一步发展。在实地调研、资料汇总分析的基础上，完成了研究报告 1 份，并且顺利结题。

（人才中心）

研究与开发

基础研究

【资助自然科学基金项目 620 项】 12 月 14 日，市自然科学基金委员会发布《2013 年度北京市自然科学基金拟资助项目公告》。年内共受理 278 个依托单位的 2013 年度项目申请 6997 项，经三审一定，资助 620 项。其中重点项目 37 项、面上项目 507 项、预探索项目 76 项。数理科学 17 项、化学与材料科学 66 项、工程科学 42 项、信息科学 92 项、生物科学 36 项、农业科学 35 项、医药科学 259 项、城建与环境科学 53 项、管理科学 20 项。资助总金额 9762 万元。另有 35 项市教委科技发展计划重点项目列入市自然科学基金重点项目（B 类）。

（市基金办）

【资助对外合作交流活动 16 项】 年内，市自然科学基金共资助"第七届中国肿瘤学术大会暨第十一届海峡两岸肿瘤学术会议""国际阿尔茨海默病协会第 15 届亚太区会议——阿尔茨海默病神经生物学机制研究进展国际专题研讨会""第四届农药与环境安全国际学术研讨会"等对外合作交流活动 16 项，涉及医药、农业、生物、工程、城建与环境等领域。资助金额 70 万元。4251 名专家和学者参与了交流活动，国外 423 人，国内 3828 人。资助的对外合作交流活动，促进了基础研究的国际学术交流，营造了基础研究的氛围，扩大了市自然科学基金的影响力。

（市基金办）

【北京地下工程的长期稳定性预测与控制研究】 年内，北京交通大学王永红教授主持完成了"北京地下工程的长期稳定性预测与控制研究"项目。该项目采用试验研究、理论分析和数值计算相结合的方法，以北京等地的地下工程为依托，对地下岩体长期非线性力学和流变特性进行多时空系统研究，揭示了地下岩体长期失效和变形的影响因素及其失稳机制，探讨了其长期稳定性预测和控制机制。该项目研究成果在北京公主坟地铁车站进行了应用，将地下工程的使用寿命提高了 30% 以上，同时在国内一些同类工程中作为关键技术得以应用，累计产生经济效益 7600 多万元。依托该项目获得了科技部合作项目后续支持。课题组出版专著 1 部，发表 EI 检索论文 3 篇，培养硕士研究生 5 人。

（市基金办）

【北京市及周边地区大气污染源分级识别控制体系研究】 年内，北京工业大学陈东升教授主持完成了"北京市及周边地区大气污染源分级识别控制体系研究"项目。该项目结合三维气象、环境的观测资料和模式模拟数据，设计多种模拟情景，成功建立了相同环流背景下不同污染源强及其分布特征的敏感性模式识别方法和多因素分析技术体系；对北京及周边省市气象数据和污染物原始数据进行补充及整理，建立了基于 GIS 的经纬坐标投影分类源空间数据分布信息库。基于数据平台、模型模拟结果以及城市大气污染排放源的贡献率、排放率、单位排放贡献率等参数的分析，建立了城市敏感源分级筛选方法。利用气象—空气质量—源贡献（MM5 - CAMx - PSAT）耦合模型系统的来源分析结果，对北京市行业敏感源、地区敏感源、行业—地区综合敏感源进行了分级筛选分析，建立了城市敏感源分级筛选方法。通过对敏感源的分级筛选和控制，在大幅改善空气质量状况的同时提高减排效率，即通过对较少大气污染排放物的消减获得较大的空气质量改善空间。此方法将为城市大气环境质量控制和控制污染的决策及方案提供了科学、全面的依据和理论基础。

（市基金办）

【城市天然气供给体系安全防护与诊断关键技术研究】 年内，北京科技大学路民旭教授主持完成了"城市天然气供给体系安全防护与诊断关键技术研究"项目。该项目结合安全生产管理中对于管网安全隐患的检测、诊断、评价、控制的理论和技术需求，利用腐蚀电化学、断裂力学、结构力学、金属材料学、数值计算、地理信息系统等跨学科的理论和手段,调研了首都城市天然气埋地管网安全状况并与现有技术进行评估,形成了城市天然气埋地管网腐蚀损伤强度和趋势综合评估方法,以及含缺陷管道安全现状综合评价方法,为城市其他大型压力容器和基础设施的安全评估提供良好的借鉴。项目建立了城市天然气埋地管网阴极保护效果评估数值计算方法和阴极保护效果地理信息系统(GIS)信息管理模型,开发了城市天然气埋地管网区域性阴极保护系统软件,建立的城市天然气埋地管网杂散电流腐蚀预测方法,将实质性地提高北京燃气管网的安全状况和安全管理水平。项目研究成果可直接应用于北京燃气集团钢质管道安全事故的检测、诊断、预测、预防以及信息管理和预警,对于保障城市燃气管网安全运行和公共安全具有重要的推广应用价值,在保障首都经济建设和社会发展中将发挥重要作用。

(市基金办)

【高效低成本汽车排放控制技术及其关键材料研究】 年内,北京工业大学何洪教授主持完成了“高效低成本汽车排放控制技术及其关键材料研究”项目。该项目建立了贵金属纳米粒子合成新方法——超声膜扩散法,实现了贵金属纳米粒子、储氧材料和纳米三效催化剂的公斤级制备,采用该技术制备的新型催化剂比原催化剂节约成本20%以上。该项目研究的高性能催化剂关键材料应用于汽车生产中,可减少汽车尾气中氮氧化物(NOx)的排放量。项目的研究成果对于推动汽车环保技术发展,有效控制城市环境中PM2.5排放量等方面具有重要的意义。项目组发表论文7篇,并申请美国发明专利2项,中国专利8项。

(市基金办)

【基于Aβ淀粉样肽代谢和毒性的中药治疗阿尔茨海默病(AD)的策略研究】 年内,北京中医药大学田金洲教授主持完成了“基于Aβ淀粉样肽代谢和毒性的中药治疗阿尔茨海默病(AD)的策略研究”项目。该项目将AD发病机理的经典理论“Aβ级联反应学说”与中医传统阴阳平衡理论有机结合,研究具有补阳消阴作用的中药复方提取物“金思维”对APP转基因AD模型小鼠脑内Aβ生成和代谢的影响,进一步明确金思维提取物治疗AD的作用靶点,优化了防治AD的策略。项目分别采用Morris水迷宫、免疫组化、蛋白质印迹法(Western blot)、电镜及图像分析技术等现代研究技术手段,从行为学及细胞及分子水平开展了一系列的研究,观察金思维对AD的治疗作用,并对其机理进行了较系统的探讨。研究结果显示金思维提取物可能是通过补阳(脾肾之气)消阴(痰浊瘀血)调节遭破坏的Aβ生成与降解的动态平衡关系,在抑制-分泌酶活性,减少Aβ生成的同时,增强胰岛素降解酶(IDE)和脑啡肽酶(NEP)降解酶活性,加速Aβ清除,从而调节Aβ代谢平衡,降低Aβ在脑内沉积,保护突触结构和功能。本研究初步揭示了金思维提取物在防治AD方面多层次、多靶点以及调节阴阳平衡的作用特点,目前已获得国家发明专利,有望开发成为治疗AD的新药,同时也为进一步开发中医药治疗AD开辟了新的途径。该项研究获得北京市科技进步一等奖。

(市基金办)

【基于功能磁共振成像的针刺机理研究】 年内,中科院自动化研究所田捷研究员主持完成了“基于功能磁共振成像的针刺机理研究”项目。该项目以针刺效应的持续性为切入点,通过对国际针刺机理研究分析方法的回顾,指出针刺自身特点与目前国际普遍采用的基于模型的多组块分析方法相背离的事实以及产生结果假阳性的原因,对占国际针刺机理研究主导地位的负激活边缘系统理论提出质疑,并采用同步震荡脑网络的分析方法提出了针刺调节反相关脑网络的理论假说;从针刺的时变概念出发,通过提出适合针刺自身特点的实验设计模式以及时空编码脑网络理论假说,分别从针刺调节静息的功能网络以及因果网络两个方面,为国际针刺机理研究争议的核心穴位特异性问题提供了初步解答。研究取得的成果得到了同行专家的积极评价并促进了跟进研究。项目发表了SCI论文23篇;申请国家发明专利6项;培养博士15人,硕士9人;博士后出站1人,其中1人被评为北京市科技新星。

（市基金办）

【量子点在糖尿病伴发的老年痴呆症分子机理研究中的应用研究】 年内，解放军总医院叶玲研究员主持完成了“量子点在糖尿病伴发的老年痴呆症分子机理研究中的应用”项目。项目组在量子点/量子棒作为基因载体在基因表达和基因治疗方面进行了比较深入的研究。通过对双层核壳结构量子点硒化镉/硫化镉/硫化锌（CdSe/CdS/ZnS）在灵长类动物恒河猴体内的毒性实验研究，未发现静脉注入体内的量子点对灵长类动物全身系统、生化功能和组织病理造成异常，在国际上首次验证了长效荧光量子点在灵长类动物体内的生物相容性和低毒性。结果已发表在《自然·纳米技术》上。研究结果对新型纳米材料的研发及其在生物医学上的应用，如新型纳米材料在医学活体成像、癌症早期检测、纳米药物传输、基因传输和DNA测序等方面的应用研究具有开拓性意义。项目组发表论文14篇，其中SCI收录3篇，EI收录2篇，会议论文5篇；培养硕士生2名；学术交流访问17人次。

（市基金办）

【南水北调大型高扬程水泵机组水力激振及运行稳定性研究】 年内，中国农业大学王福军教授主持完成了“南水北调大型高扬程水泵机组水力激振及运行稳定性研究”项目。该项目以南水北调中线工程北京惠南庄泵站双吸离心泵为研究对象，以理论分析、数值计算和模型实验相结合的手段，开展了离心泵不稳定流场和结构动力学特性实验研究、离心泵内部非定常湍流计算方法研究、离心泵流固耦合算法研究、离心泵在不稳定流场作用下的结构动态响应分析，以及惠南庄泵站大型高扬程离心泵水力激振特性及疲劳特性预测，初步获得了双吸离心泵压力脉动规律及其诱导的水力振动规律；发展了针对旋转湍流的大涡模拟计算理论，提出了预测水泵分离流动的新模型及其算法，为准确评价及控制水泵非稳态特性提供了定量化的方法；建立了水泵非定常流固耦合计算的新方法，初步揭示了水泵压力脉动由流场向结构场传播的机理，为较准确预测结构动态响应奠定了基础；计算了惠南庄泵站大型双吸离心泵在典型运行工况下的压力脉动及其所诱导的结构瞬态应力、变形和振动情况。

（市基金办）

【生物质燃气焦油的高效催化转化机理研究】 年内，华北电力大学董长青教授主持完成了“生物质燃气焦油的高效催化转化机理研究”项目。该项目深入研究并揭示了生物质干馏气化过程中焦油的形成机理与分布特性，利用镍—炭复合催化剂实现了干馏焦油的高效催化转化，研制了生物质高效干馏气化以及焦油催化转化的成套装置。项目成功制备了镍—炭复合催化剂，采用X射线衍射（XRD）、比表面积测试法（BET）等手段表征了其微观结构，并利用该催化剂对稻壳高温热解焦油进行催化转化实验，证实了该催化剂具有很好的催化效果，可大幅减少轻质与重质焦油，同时还能增加H_2和CO_2的产率；制备了Ni/SBA－15及Ni－CeO_2/SBA－15催化剂，并证实了该催化剂对甲苯等焦油组分具有良好的催化转化能力。项目研制的内热多层式生物质干馏成套装置，实现了生物质的高效干馏气化，在空速为$3000h^{-1}$的工况下，经催化塔后燃气中焦油含量可降至12—20mg/m^3。项目组还研制了固定床下吸式生物质气化炉，实现了生物质的高效空气气化。项目发表论文15篇，其中SCI收录11篇、EI收录4篇；申请发明专利6项，已授权2项；培养博士2名、硕士5名。

（市基金办）

【西瓜果实品质形成的基因表达谱与品质改良分子设计研究】 年内，市农林科学院许勇研究员主持完成了“西瓜果实品质形成的基因表达谱与品质改良分子设计研究”项目。该项目通过采用“全基因组鸟枪法”测序策略，进行双末端测序，得到了总量约为46G的基因序列数据，完成了高质量的西瓜全基因组序列图谱，成功破译了西瓜的遗传“密码”。研究发现，拼接后的序列覆盖83.2%的西瓜基因组，共鉴定出约23440个基因，其中96.8%的基因已经精确定位到染色体上。进化分析表明，现代栽培西瓜11对染色体是由21对祖先染色体经过复杂的断裂和融合过程进化而来。这是中国主导完成的世界第一张西瓜基因组序列图谱,也是植物基因组研究领域的又一突破性重大进展,标志着我国西瓜基因组学研究取得了国际领先地位。研究成果将有助于挖掘利用野生种质资源中抗病、抗逆等优异基因的广度和深度,显著提高含糖量、瓤色、营养品质等复杂性状改良的可操作性和新品种的选育效率,对于西瓜品种改良创新和全面提升我国在世界西瓜产业的竞争力具有十分重要的意义。项目研究成果发表在《自然·遗传学》杂志上,申请专利2项。

(市基金办)

【新型定量肝组织弹性成像方法研究】 年内,清华大学白净教授主持完成了"新型定量肝组织弹性成像方法研究"项目。该项目建立了不同硬度肝组织的有限元弹性力学模型和声学模型;研究了新型定量肝组织弹性成像方法;研制开发了检测软件、关键部件及功能样机,并在中日友好医院对功能样机进行了临床试验,验证了其安全性、可靠性和有效性。临床试验结果表明,项目研制出的功能样机同国外目前的瞬时弹性成像设备相比具有很高的一致性;与肝穿活检结果对比,肝脏弹性值与肝穿活检纤维化分级结果在统计学意义上显著相关。项目发表相关论文16篇,其中SCI检索11篇,申请国内发明专利1项,国际PCT专利1项,形成肝脏弹性软件1套。培养博士后1名,博士1名,硕士3名。

(市基金办)

【新型化合物FLZ抗帕金森病(PD)的临床前药理和药学研究】 年内,中国医学科学院药物研究所谢平研究员等34人完成了刘耕陶院士承担的"新型化合物FLZ抗帕金森病(PD)的临床前药理和药学研究"项目。该项目从番荔枝中提取出的番荔枝酰胺(FLZ)衍生物经过化学结构改造,得到了国际首创的抗帕金森病全新化合物芬乐胺,拥有完全自主知识产权,且结构新颖、质量可控、安全性好,已申报临床试验。项目对芬乐胺化学结构处方及制备工艺、稳定性、治疗帕金森氏病模型的药效学等多方面进行了深入研究,发现芬乐胺可明显提高α-突触核蛋白(α-synuclein)转基因小鼠黑质多巴胺神经元的数量;并通过一般药理学、急性毒性试验、长期毒性试验、遗传毒性试验和生殖毒性试验(Ⅰ段、Ⅱ段)等研究,证明芬乐胺在上述安全性评价试验中均没有表现出任何明显的毒性。这一新型作用机制的发现不仅阐明了芬乐胺的作用特点,丰富了创制治疗帕金森氏病新药的新理论,为芬乐胺的成功研发做出了重要的贡献,而且是对"神经保护治疗"概念和"神经炎症抑制剂"概念在帕金森氏病治疗作用理论结合方面的成功实践,为未来帕金森氏病领域新药研发药物提供了新的思路和方向。该课题发表SCI期刊论文3篇,获得授权专利1项,培养博士生5名。

(市基金办)

【新型抗抑郁药胍丁胺的作用机制研究及药物发现】 年内,军事医学科学院毒物药物研究所苏瑞斌研究员主持完成了"新型抗抑郁药胍丁胺的作用机制研究及药物发现"项目。该项目对咪唑啉受体(I1-R)与抑郁症发病的关系进行了研究。研究表明,在慢性温和应激模型(CMS),大鼠海马I1-R mRNA水平显著下调,而在大鼠前额叶皮层无显著变化;大鼠海马内源性胍丁胺含量无显著变化,但前额叶皮层内源性胍丁胺含量显著降低。应用I-R拮抗剂依法克生抑制内源性胍丁胺,能诱导抑郁样行为。进一步研究表明,胍丁胺抗抑郁作用与神经营养通路及神经元保护作用和促神经元再生作用密切相关。项目从安全药理学、药理学和药代动力学等角度全面开展了比格犬的急性毒性和亚急性毒性研究,分析了比格犬的中毒特点,并进行了比格犬长期毒性研究以及药代和毒代动力学研究,在前期工作基础上,进一步分析了胍丁胺-咪唑啉受体系统在抑郁症发病过程中的作用及胍丁胺抗抑郁作用的可能机制,全面完成了胍丁胺抗抑郁作用的临床前研究,为阐明咪唑啉受体在抑郁症发病过程中的作用、研发新型抗抑郁药提供了新的依据。

(市基金办)

【新型石英基掺铥光纤及应用研究】 年内,北京交通大学裴丽教授主持完成了“新型石英基掺铥光纤及应用研究”项目。研究明确了掺铥光纤制备工艺参数及工艺实施，并优化了铥离子纤芯掺杂技术，提高了掺杂浓度及对应泵浦波长的最佳斜率效率；对改进的化学气相沉积（MCVD）设备进行重大改进，解决了光纤预制棒生产过程中的不均匀性问题，研制和改进了在线掺杂方法；有效地消除了光纤的偏振模色散，研制了不同元素共掺下的掺 Tm3 + 光纤；通过研究大功率激光器阵列与掺铥光纤的高效率耦合技术，研制了一体化光纤光栅谐振腔掺铥光纤激光器，研究为研制廉价光电子器件奠定了基础。廉价光电子器件的研究对未来面向细粒度光路交换信息安全网的发展具有重要的意义。

（市基金办）

社会发展科技

【北运河通州区城市段水环境改善研究与示范顺利通过专家验收】 年内，由通州区科委承担的“科技促进市民生活质量改善主题”重点项目通过了专家验收。该项目针对北运河通州段水环境存在的问题，开展了河流水环境改善技术的研发和工程示范，提出了改善北运河通州区城市段水环境的解决方案和技术途径，形成了通州新城水系水质水量联合调度总体方案和通惠河通州段水污染控制方案，构建了北运河通州城区段补水水质高效处理单元组合技术体系和 3 项适宜通州新城河东水系特点的生态治理技术体系，研发了北运河通州城区段富营养化防治技术，建设运行了 6 个示范工程，经过项目示范支流截污、干流污水口净化、河道生态治理等综合作用，研究区域主要断面水质在 2011 年基本达到考核指标的要求，为北运河通州区城市段水环境改善提供了技术支撑。该项目共形成专利 11 项，获得 3 项软件著作权，发表论文 18 篇。

（可持续中心）

【北京及近周边区域大气复合污染形成机制及防控措施研究示范顺利通过专家验收】 年内，由市环保护局承担的社会民生领域重点项目“北京及其近周边区域大气复合污染形成机制及防控措施研究示范”项目通过专家验收。该项目集中北京优势科技力量，在北京及近周边区域建立了污染物地面监测站、高塔梯度站，并结合卫星遥感和地面遥测，形成了研究型区域大气复合污染立体观测示范网，并对区域大气复合污染的来源进行了定量分析和进一步的源解析，为区域联防联控具体措施的制定提供了科学依据；开展了覆盖京津冀 42 个站点间歇式采样测定大气中挥发性有机物（VOCs），获取了区域 VOCs 近 100 种组分的时空间分布特征，识别了对臭氧和颗粒物生成起重要作用的活性物种，为区域大气臭氧防治提供了科学参考。利用 AP－42 排放系数和国内外研究成果对各类污染源的排放量进行了核算，建立了区域污染源清单，并研制出区域源清单的动态更新技术平台；研究建立了基于区县分辨率的源清单编制新技术。项目研究成果为“北京市清洁空气行动计划”与区域空气质量改善方案的制定提供了重要科技支撑。项目提出了京津冀大气环境质量管理合作框架建议和区域发展与污染物总量控制以及多项具体的大气污染控制政策建议，为区域大气环境质量管理制度和政策制定提供了决策支持。该项目向各级部门递交了多份大气 PM2.5 污染治理措施建议、机动车控制政策建议、“十二五”区域大气质量管理政策建议等。

（可持续中心）

【大型复杂高层建筑抗震关键技术研究与示范顺利通过专家验收】 年内，由市住房和城乡建设委员会主持承担的“大型复杂高层建筑抗震关键技术研究与示范”重点项目通过专家验收。项目研发了钢管混凝土叠合边框－钢桁架组合剪力墙及核心筒体系、钢管混凝土－钢板组合剪力墙及核心筒体系、多腔钢管混凝土巨型柱框架结构体系等五种抗震结构新体系，实现了不同抗侧力体系组合与不同性能材料组合的联合应用，具有高效、高性能和多道抗震防线的技术优势；项目还研发了铅－软钢复合阻尼器、铅－约束屈曲支撑复合耗能器、软钢－铅组合剪切耗能节点、端部带耗能铅盒的约束屈曲支撑、内藏钢桁架混凝土组合连梁等27种新型抗震和消能减震构件，具有良好的工作性能，形成了大型复杂高层建筑抗震关键理论与技术，并在标志性工程应用中取得了良好效果。取得了包括14项国家发明专利、24项实用新型专利、4项软件、80余篇（部）论著在内的系统性创造成果，研究成果综合达到国际先进水平，部分成果达到国际领先水平。

（可持续中心）

【食品加工业中的低品位能源和水资源综合利用技术研究与示范顺利通过专家验收】 年内，由市可持续发展科技促进中心主持承担的重点项目“食品加工业中的低品位能源和水资源综合利用技术研究与示范”项目通过专家验收。该项目选择北京食品加工业中的著名品牌企业，通过实地调研、测试分析等手段，摸清能源和水资源消耗基本情况，开展了节能与节水诊断与技术方案设计，研发了符合生产工艺的低品位能源综合回收利用技术和生产过程用水分质处理与回用技术，并组织示范工程建设。在此基础上，提出了4套能源和水资源综合利用技术方案，并在食品加工行业中进行了推广应用，实现节能节水20%以上，为企业节约成本达20%以上，为示范企业培养20余位资源综合利用技术人员。

（可持续中心）

【永定河生态构建与修复技术研究及示范顺利通过专家验收】 年内，由市水务局主持承担的“永定河生态构建与修复技术研究及示范”重点项目顺利通过专家验收。项目开展了永定河生态需水量和水资源配置、地下水入渗回补影响、再生水作为永定河生态用水的可行性及其环境影响等研究；针对永定河生态环境问题，量化了永定河流域生态退化的表征及机理，建立了北方缺水型河流生态服务价值指标体系及评估方法，实现了生态服务价值的时空动态评估，并围绕生态系统修复目标，在生态功能空间分区、生态修复目标体系建设等方面展开研究，诊断出永定河生态环境中的主要问题；针对北方缺水型河流生态水力模拟技术、河槽及河滨带生态修复技术、原位水质净化技术及河岸生态防护技术模式研究，通过技术攻关和工程示范，为河流生态修复提供了技术支撑。该项目自主研发了永定河多水源配置综合调控模型，优化提出了多水源—变尺度—面向生态的水资源配置方案，为面向生态的永定河水资源配置提供了技术支撑；首次提出了永定河影响范围内工程限制及环境条件限制下的地下水适宜水位，提出了平原段适宜减渗规模，为制定合理的生态减渗方案提供技术支撑；构建了一套适宜缺水型河流生态修复与水质净化的技术系统，并在永定河绿色生态发展带工程中得到应用。

（可持续中心）

【北京城市主要园林观赏植物种质资源多样性保护和创新研究顺利通过专家验收】 年内，由市公园管理中心主持承担的“北京城市主要园林观赏植物种质资源多样性保护和创新研究”重点项目通过专家验收。该项目紧密结合北京地域气候特点和绿化要求开展主要观赏植物种质资源的收集、评价、分类，以及种质创新研究工作。主要收集了北京城市园林绿化主要观赏植物：月季、海棠类、芍药属、观赏桃、丁香类、紫薇、观赏菊等种质资源，进行了种质分析和评价，以及种质保存方式方法的研究，并建立了资源圃；收集了重点种质特征数据，建立北京市月季、海棠类、芍药属、观赏桃、丁香类、紫薇、观赏菊等优良种质数据库；利用传统和现代育种技术与手段，广泛开展育种研究，培育了适宜北京地域特点的新品种（系）；探讨加快北京城市园林绿化主要观赏植物新品种推广与应用的方法与机制，并对新品种进行了示范公园建设；通过驯化国内野生资源品种，开展了自主知识产权花卉新品种的研发；通过与荷兰瑞恩公司等国外花卉企业的国际合作，进行了盆花高端产品和高校栽培技术的引进、消化、吸收，应用国际标准化生产技术，实现了优质盆花成品花的程序化、标准化、规模化生产。

（可持续中心）

【首都标准化战略及质监关键技术研究顺利通过专家验收】 年内，由市质监局主持承担的"首都标准化战略及质监关键技术研究"重点项目通过专家验收。该项目从标准化战略推进和质量技术监管需求出发，在市科委的大力支持下，充分发挥首都科研、人才、设备、资金等方面的资源优势，集中开展"首都标准化发展战略及推进机制研究""家具化学污染物释放标识体系构建与示范""大口径热量表标准装置研制及热计量应用实践"等关键技术支撑课题研究。该项目着力于从宏观上建立首都标准化发展战略及推进机制，立足于建立标准体系或标准装置，不仅是首都标准化战略实施的具体体现，更为控制和改善室内空气质量状况、推进首都供热体制改革提供了重要的技术保障，满足了迫切的监管需求。

（可持续中心）

【城乡结合部污水处理适用技术及运行模式研究与示范顺利通过专家验收】 年内，由市可持续发展促进会主持承担的"城乡结合部污水处理适用技术及运行模式研究与示范"重点项目通过专家验收。项目针对北京城乡结合部村庄排水系统的问题，从污水收集设计模式研究、适用处理技术研发集成与示范、运营管理模式研究三个方面，研究编制了《北京城乡结合部村庄的污水处理收集设计指导手册》；对实用处理工艺技术参数进行了优化和集成研究，研发并提出6种适用于城乡结合部的污水处理技术和2种工艺技术产品，并根据研究成果建立了示范工程，出水达到相应的国家或地方标准要求；从运营管理的主体确定、投资机制、运营服务支付保障、工程和运营保障四个方面，确定形成了城乡结合部污水运营管理模式。项目成果可为北京城乡结合部村庄污水处理工作提供技术支撑。

（可持续中心）

【提升北京轨道交通运行效率与轻轨关键技术研究通过专家验收】 年内，由市交通委主持，北京城建设计研究总院有限责任公司和北京市轨道交通建设管理有限公司承担的北京市科技计划重大项目"提升北京轨道交通运行效率与轻轨关键技术研究"通过专家验收。目前，验证城市轨道交通建设中系统可行性研究和初步设计阶段提出的运输能力指标，都是在系统建成完工之后，通过现场运行试验的方式来进行，一旦发现不满足运输能力指标，再去修改设计、更换设备，不但耗费了大量的人力物力，而且造成工期的延误，带来巨大的损失。该课题针对北京市轨道交通建设的实际需求，围绕提高轨道交通运行效率和突破轻轨关键技术的目标，对轨道交通运行效率影响因素、轨道交通运输能力分析验证方法、城市轨道交通新型道岔、轻轨运营模式、嵌地式接触轨供电系统实施方案、轻轨车辆系统集成等关键问题进行了深入研究，开发了城市轨道交通统一综合数据库、运输效率运行仿真和验证评价平台、新型道岔以及轻轨相关技术系统，并结合北京轨道交通工程建设，进行了验证。从北京轨道交通的规划来看，到2015年，建成561千米的线路，同时还将有后期的改造和更新，项目研究的成功实施，对提升轨道交通运行效率和轻轨技术的应用具有现实意义和指导作用。

（可持续中心）

【城市轨道交通全自动驾驶（FAO）系统关键技术研究与示范工程建设项目通过专家验收】 年内，由市轨道交通建设管理有限公司承担的北京市科技计划重大项目"城市轨道交通全自动驾驶（FAO）系统关键技术研究与示范工程建设"通过专家验收。列车全自动驾驶系统是目前只有少数国家掌握的复杂技术，综合最佳化的全自动驾驶系统更是极少国家刚刚开始研究的方向，存在很大的技术挑战，只有系统地进行研究探索，才能突破核心技术，填补国内空白，达到国际领先。该课题针对国际先进的列车全自动驾驶系统开展研究，提出了全自动驾驶系统的总体架构，设计了全自动驾驶系统的运营场景、故障和紧急情况的处理流程，形成了一套适用于我国城市轨道交通的全自动驾驶系统总体设计与集成方案；研制了全自动驾驶系统样机设备；首次搭建了全自动驾驶系统半实物仿真、测试与验证平台；国内首次在全自动驾驶系统中应用协同控制算法，突破了单车优化控制和多车协同控制相结合的节能技术；国内首次构建了适用于全自动驾驶系统的乘客信息发布和应急决策的预案库；国内首次提出了全自动驾驶系统综合运营管理的人机交互评价指标、评估和优化方法。截至年底，国内仅有2条引进的全自动（无人）驾驶线路，分别是北京机场快轨线和上海地铁10号线，但均未开通全自动驾驶运营。通过对列车运行综合优化控制技术的研究，在全国轨道交通系统领域取得了自主知识产权，打破了该领域的技术垄断和封锁，提升了我国在国际合作中的技术地位，并有效降低了城市轨道交通建设新建或改造项目的工程造价，为国家节约了大量的外汇和资金，建立了我国的技术标准体系，形成了一个可持续发展的产业链。

（可持续中心）

【基于土地修复的污泥处理及生态利用技术研究与示范工程建设项目通过专家验收】 年内，由北京城市排水集团有限责任公司承担的北京市科技计划重大项目“基于土地修复的污泥处理及生态利用技术研究与示范工程建设”通过专家验收。该项目针对我国城市污水污泥处理处置中存在的问题，立足于北京市2015年污泥处理处置规划，围绕污染治理、生态修复、资源再利用等北京市当前急需解决的重大科研方向，进行了“污泥制生物碳土技术集成优化与示范”“污泥生态利用技术研究”和“污泥土地修复利用政策及标准研究”，完成了污泥堆肥制生物碳土的企业标准和工艺运行手册、石灰钙化工艺运行手册，为其后续的生态利用提供保障；完成了《污泥制生物碳土生态利用手册》、建立了一整套生物碳土的品质评价方法，为污泥土地利用的推广提供了参考；提出了污泥土地利用政策建议、《污泥土地生态修复环境影响评价体系》（建议稿）《污泥土地生态修复管理规范》（建议稿），为北京市污泥土地利用决策提供了科技支撑。该项目建设了小红门污泥钙化示范工程（500吨/天）、庞各庄生物碳土制备示范工程（300吨/天），并完成了生物碳土林业利用、沙化土壤改良、矿山修复（各100亩，推广应用300亩）示范工程。根据规划，2015年后将有约47%的污泥制成生物碳土（约25万吨生物碳土），可为近20万亩废弃地或低质林地修复提供基质。该技术的实施应用，实现了污泥的安全处置，减少了污泥对环境的不良影响，而且提高了污泥资源化利用率，开辟了可利用的新资源，对保障北京生态环境的安全和可持续发展具有重要的社会效益。

（可持续中心）

【北京市水资源遥感动态监测研究与应用项目通过专家验收】 年内，由市水务局承担的北京市科技计划重大项目“北京市水资源遥感动态监测研究与应用”通过专家验收。项目立足于水务业务需求，研建北京市地表水资源动态遥感监测体系以及水资源管理方面的服务模式，对实现北京市水资源与水环境的可持续管理，提高水务管理部门业务能力具有重要意义。项目集成研究遥感数据监测技术和方法，利用高分遥感数据在地表水资源量、河道水文形态特征、流域污染源调查、水土流失及泥石流调查等方面开展了遥感对潮白河、永定河流域主要河道的监测，为市水务局实施针对性的治理、协调、规划等提供辅助资料，在小流域遥感综合监测和河道水文形态要素动态提取等方面取得创新性成果，具有重要的应用前景。项目开发的遥感专题信息生产平台和业务应用与发布系统，实现了应用示范成果的统一入库管理，并与业务数据库进行关联整合，为有关部门业务管理提供服务。

（可持续中心）

【北京地铁车站安全运营技术防范系统开发与安全运营管理平台项目通过专家验收】 年内，由市公安局承担的北京市科技计划重大项目“北京地铁车站安全运营技术防范系统开发与安全运营管理平台”通过专家验收。该项目从北京地铁运营的实际安全防范需求出发，在新的技术条件支持下，依据物联网安防的总体技术框架，研究开发了一套适合北京地铁运营的科学、长期、稳定的综合安全技术防范示范系统。该项目研究了视频智能识别和视频质量诊断技术、语音增强和异常声音检测技术、核化爆安检设备联网接口技术、人数统计和视频人流密度预警技术。该项目首次构建了地铁车站安全运营技术防范系统与安全运营管理平台，实现高清和标清图像在同一平台的调度控制，开发形成了视频智能分析仪、音频智能分析仪、X光机、化学监测、放射性物质监测设备联网接口三类硬件产品，已获得1项国家软件著作权登记及2项国家发明专利初审合格通知书。该项目成果已在地铁示范站建设综合管理应用平台并长期运行，具有良好的社会和经济效益。

（可持续中心）

【超高层建筑消防综合救援关键技术研究与示范项目通过专家验收】 年内，由市公安局消防局承担的北京市科技计划重大项目“超高层建筑消防综合救援关键技术研究与示范”通过专家验收。该项目紧密结合超高层建筑消防的实际需求，研究了人员定位和无线传感及其集成技术，研究了基于监测信息和反演模拟的建筑内火情估计和预测技术，研究了人员疏散疏导策略，为超高层建筑消防现场指挥救援提供可靠的现场信息和技术支撑；研究了双油缸活塞式泵送系统应用于超高层建筑灭火水源供给的压力流量匹配、高压安全保护、水源脉冲消除、多功能进出水管路等关键技术，研制了一款超高层建筑消防水源供给装备，能够将灭火水源提供到超大垂直距离（300米以上），实现了高压力、大流量的双重要求；研究了基于信息交汇与火情感知的消防现场指挥技术和基于数据库架构的超高层建筑消防辅助决策支持系统，为超高层建筑火灾救援提供可靠的现场指挥和辅助决策平台。

（可持续中心）

【三元低碳工业园建设重大项目通过专家验收】 年内，由北京三元食品股份有限公司、北京市可持续发展促进会和北京诚信能环科技有限公司承担的北京市科技计划重大项目“三元低碳工业园”通过专家验收。该项目针对北京市对农产品初级加工和精深加工的节能、降耗、循环利用等关键技术、设备和工艺提升开展工作。该项目综合应用了当前国际领先水平的奶制品生产工艺与设备，包括巴氏杀菌板式换热器、蒸汽引射器、稀奶油分离机等，建立了完整、高效、低碳奶制品加工系统，建立了三元低碳工业园区资源管理平台，为三元新建工业园辅助能源供应系统提出了节能减排方案，综合应用了锅炉烟气余热回收利用、建筑围护结构保温、高效制冷等多项节能技术，建成了宣传牛奶科普知识、生产展示、节能技术应用为一体的牛奶科普主题馆。该项目通过奶制品生产工艺低碳技术综合应用，使能效水平得到显著提升。三元低碳工业园2012年生产工艺能耗与2010年相比，节约能源合计3593.53吨标准煤/年；2012年生产工艺水耗与2010年相比，节约水资源合计314204.7立方米/年，取得了良好的节能、节水和经济效益。

（可持续中心）

【新一代智能交通技术研究及应用重大项目通过专家验收】 年内，由市公安局交管局承担的北京市科技计划重大项目“新一代智能交通技术研究及应用”通过专家验收。该项目针对新一代智能交通关键技术的研究，提出了基于综合检测技术的交通信号控制策略，建立了基于移动网络的交通流信息获取处理平台，完成了北京城市新一代交通管理技术综合应用与规划。研究成果结合交通管理实践工作进行了测试验证。该项目研究提出了兼容现金收费、手机短信收费两种方式的路侧停车管理方法，研制了基于手机支付的路侧停车场管理系统，开发了停车收费与停车管理设备，设计并实现了停车管理控制系统软件及短信平台，并进行了示范应用。项目面向交通运输管理数据采集，开发了基于手机数据的北京交通出行统计分析系统、轨道换乘枢纽客流检测系统，相关成果得到了实际应用。针对北京交通综合信息平台建设的应用需求，项目提出了北京市交通综合信息平台一体化功能架构设计方案、建设时序和实施保障措施，可为北京市综合交通信息平台建设提供指导和参考。该项目在新一代智能交通管理技术、交通综合信息平台建设方案、面向交通运输管理的数据采集新技术和基于手机收费的停车管理方法与关键技术等方面开展了研究，取得的研究成果已在北京市交通管理工作中得到了应用，示范应用效果良好，对智能交通建设具有重要的指导意义。

（可持续中心）

【生活垃圾综合利用循环经济园区关键技术研究与示范重大项目通过专家验收】 年内，由北京环卫集团环境研究发展有限公司承担的北京市科技计划重大项目“生活垃圾综合利用循环经济园区关键技术研究与示范”通过专家验收。该项目结合北京市生活垃圾特点，在研究综合处理工艺技术与研发分选处理设备的基础上，开展了生活垃圾能量与物质循环利用技术的工程试验，并综合上述研究成果，建成了处理规模600吨/天的生活垃圾综合处理示范工程。示范工程的运行结果表明，该系统分选效率达到90%以上，实现了生活垃圾中易燃组分和易生化组分的高效分选；能量利用效率较单一焚烧方式提高了20%以上；该系统稳定可靠，探索出了一条适合我国城市生活垃圾综合处理的技术路线。

（可持续中心）

【生物质资源在新农村应用中瓶颈技术研究与示范重大项目通过专家验收】 年内，由北京奥科瑞丰机电技术有限公司、北京金伟晖工程技术有限公司和北京德青源农业科技股份有限公司承担的北京市科技计划重大项目“生物质资源在新农村应用中瓶颈技术研究与示范”顺通过专家验收。“沼气纯化制取高纯度生物燃气工艺研究与示范”课题对大型沼气工程进行了沼气脱硫、脱水、脱二氧化碳等纯化技术研究。该项目通过生化联合脱硫技术、双模干式储气技术、干燥吸附脱水技术、变压吸附脱二氧化碳技术，将甲烷浓度从55%提高到95%，开发出沼气提纯装备1套。建成日处理沼气350立方米的沼气纯化示范工程一处。“秸秆气化过程中焦油处理工艺研究”课题采用改进的下吸式气化炉与新型脱焦油装置组合，形成了秸秆气化第二代装置系统，具有创新性，有利于北京市和国家秸秆气化工程技术的发展和产业化推广。“制气型生物质成型燃料的研发与推广”课题对国内现有的生物质成型设备进行改进和提高，开发出了模块寿命超过500吨、产能达到1.5～1.8吨/时的生物质成型设备，为制气型生物质成型燃料生产提供了技术装备和基础，并在北京市建成了一个年产能12000吨生物质成型燃料的加工示范基地，解决了秸秆气化站周边地区的燃料供应短缺问题。

（可持续中心）

农业科技

【第二届中国博鳌农业（种业）科技创新论坛召开】 2月11日，由科技部、农业部、国家林业局、教育部、海南省政府联合主办的第二届中国博鳌农业（种业）科技创新论坛在海口召开。本次论坛以“创新引领发展，做强做大种业”为主题，重点研讨新形势下我国种业科技创新体系、育种模式与产业发展态势及提高我国种业国际竞争力的措施。围绕论坛主题，北京国家现代农业科技城领导小组秘书长、北京市科委主任闫傲霜代表北京国家现代农业科技城领导小组联合办公室做主题发言。闫傲霜提出了关于新型种业体系建设的构想。通过加强政府引导和机制创新，调动各方积极性，集中要素，科学布局，从“良种创制、成果托管、技术交易、良种产业化”四个环节进行改革创新，率先探索建立新型种业体系。

（农村处　农村中心）

【北京德青源公司与美国史密斯·菲尔德食品公司签署战略合作协议】 2月16日，中美农业研讨会在美国艾奥瓦州得梅因市举行，习近平副主席出席会议并发表重要讲话。期间，在中美两国农业部长的共同见证下，北京国家现代农业科技城培育企业北京德青源农业科技股份有限公司与美国最大肉类供应商史密斯·菲尔德公司共同签署了战略合作协议：德青源集团旗下合力清源公司与史密斯·菲尔德集团旗下墨菲·布朗公司将进行合作，利用合力清源公司的核心技术在美国开展清洁能源业务，建设养猪场沼气工程。2012年，双方将共同成立生物质能源公司，合作建设1兆瓦的沼气示范工程，预计可年产沼气350万立方米，年发电700万千瓦时，年减排二氧化碳42000吨。双方还计划利用10年时间，合作解决史密斯·菲尔德公司所属2600多家猪场（存栏总量2000多万头）废弃物的资源化利用问题，预计每年可减排二氧化碳2100万吨，约相当于每年减少4个芝加哥市的二氧化碳排放量。德青源公司与史密斯·菲尔德公司的战略合作，是2012年北京国家现代农业科技城开展国际科技合作的重要突破，将有力促进中美两国在农业可持续发展领域的合作，推动"未来农场"模式的发展，为发展清洁能源、抑制全球变暖、保护地球环境做出良好的示范。

（农村处　农村中心）

【北京农科城玉米新品种研发联合体授牌】 2月16日，市政府召开全市种业工作会议。会上，副市长夏占义为北京农科城玉米新品种研发联合体授牌并讲话。夏占义指出：农业的根本出路在科技，北京农业要走在全国前列，科技工作、种子产业必须走在前列。各单位、各部门要紧紧围绕《关于加快推进北京种业发展方式转变的意见》和《北京种业发展规划》，把推进产学研相结合、育繁推一体化作为重要切入点，为农业科技工作创造条件，不断开创北京市种业工作新局面。

（农村处　农村中心）

【北京农科城研发的小麦走向巴基斯坦】 2月20日，由市农林科学院选育的京麦6号、7号杂交小麦种子在巴基斯坦试种成功，使当地小麦增产近50%。双方已签订政府间协议，京产杂交小麦有望于下月走出国门，在巴基斯坦开展大面积种植推广。

（农村处　农村中心）

【美国杜邦公司在京建设分子育种技术中心】
2月22日，美国杜邦公司与北京国际鲜花港签署租赁协议，将运用高产技术体系专有分子育种模型和尖端分子育种技术，研发新型高产玉米杂交品种，提升玉米育种水平。该技术中心面积2500平方米，总投资2000万元，聘用近50名研究员，计划年底投入使用。

（农村处　农村中心）

【"一城两区百园"工作会】 3月11日，"一城两区"农业科技协同创新战略结盟第一次联席会议召开，来自"一城两区"领导小组和督导小组成员，北京农科城、杨凌示范区、黄河三角洲示范区以及海南、新疆科技厅等单位的负责人参加会议。会上，通过了"一城两区"农业科技协同创新战略结盟工作领导小组名单、督导小组名单，形成了"一城两区"农业科技协同创新实施规则框架，讨论了"一城两区"农业科技协同创新战略结盟政策联动机制、种业科技特派员创业专项行动总体方案、海南南繁国家种业科技园区策划方案、第二次农业大赛基金方案和种业母基金方案，介绍了"一城两区"9+1项目重点任务落实进展情况并确定了2013—2015年"一城两区"联席会轮值主席单位。此次会议标志着"一城两区"农业科技协同创新战略结盟操作格局已形成。确定2013年轮值主席由北京农科城担任，北京农科城将行使职权，进行第一轮网联办公会议，协同落实"9+1"项目。

（农村处　农村中心）

【北京农科城通州国际种业科技园区与市农林科学院玉米研究中心在京签署合作协议】
3月14日，市农林科学院玉米研究中心与北京通州国际种业科技园区签署合作协议。双方确认了租赁园区内土地的位置、布局及用途，并深入探讨了土地承租期限、配套设施建设、大型农机具使用、育种材料安全、后勤服务等问题，为玉米研究中心进入园区后顺利进行科学试验打下了良好的基础。根据协议，玉米研究中心将在园区内建设占地200多亩的市农林科学院通州玉米科研基地，主要进行玉米育种、组合鉴定、品种展示。该基地的建成有利于更有效的选育、鉴定、筛选玉米新品种，有力促进品种培育、推出优质品种。

（农村处　农村中心）

【中农先飞（北京）农业工程技术有限公司与北京农科城通州国际种业科技园区举行了签约仪式】 4月5日，中农先飞（北京）农业工程技术有限公司与北京农科城通州国际种业科技园区举行了签约仪式，标志着中农先飞已正式入驻种业园区，成为首都新农村设施农业科技创新服务联盟的首位入住园区的成员单位。签约仪式上，中农先飞与种业园区表达了合作共进的意愿，入驻企业以种业园区为发展平台，种业园区以入驻企业为有力组成部分，相互促进，共同发展。中农先飞在种业园区主要进行先飞温室、先飞灌溉技术及设备的展示等项目，集中体现节能农业、环保农业、高效农业、科技农业的整合管理。计划以园区项目作为对外宣传及推广的一个窗口，使其成为公司科技成果转化及示范、专家科研及教育的示范基地。

（农村处　农村中心）

【北京农科城举办第五届国际生物技术与农业峰会】　4月25日，由北京国家现代农业科技城举办的“第五届国际生物技术与农业峰会”在京召开。科技部副部长张来武，农业部副部长、中国农科院院长李家洋，北京市委常委赵凤桐，科技部农村中心主任贾敬敦，北京市科委主任闫傲霜等出席了开幕式。本届峰会以“生物技术引领种业高端发展”为主题，以北京国家现代农业科技城建设为契机，搭建国内外创新主体的交流与合作平台，聚集全球生物技术领域人才，汇集国内外生物技术创新成果，推动首都生物农业和都市型现代农业的发展。峰会围绕新形势下种业面临的机遇和挑战，从政府、园区、联盟、企业、院校等多维度，针对作物种子、畜禽良种两大农业生物技术领域的热点话题进行了深入的讨论和交流，为如何构建新型种业创新体系、促进首都生物农业等战略新兴产业的发展献计献策。生物技术与农业峰会面向国际前沿，是北京农科城推进国际合作交流的重要平台。峰会开幕式上，举行了“北京农科城国际合作服务联盟”签约仪式和“首都农业安全投入品科技创新服务联盟”（包括生物农药科技创新服务联盟、生物饲料科技创新服务联盟、生物肥料科技创新服务联盟）揭牌仪式，标志着北京农科城通过联盟形式，进一步聚集科技资源，创新体制机制，引领现代农业高端发展。本届峰会吸引了500余位国内外代表参加，农业部种子局副局长廖西元、国务院发展研究中心农村经济研究部部长徐小青、中国农业大学戴景瑞院士、中国农科院作物所所长万建民，美国杜邦先锋全球副总裁威廉·倪博（William S. Niebur）、美国孟山都全球副总裁艾博文（Kelvin Eblen）、瑞士先正达总裁大卫·奥莱力（David O'Reilly）、德国拜耳作物大中华区总裁何远波（Rob Hulme）、巴西农牧研究院高级科学家弗朗西斯科·阿拉冈（Francisco Aragao）等专家应邀参加了会议。

（农村处　农村中心）

【19个农业科技项目精彩纷呈集中亮相科技周展区】　5月19—25日，全国科技活动周暨北京科技周在全国农业展览馆举行。本届科技周以“科技与文化融合、科技与生活同行”为主题，内容丰富多彩、活动方式新颖独特。按照市科委关于北京科技周活动的总体部署，农村处、农村中心积极组织19个国家现代农业科技城农业科技项目亮相北京科技周，展示了创意农业、智能农业、籽种农业、农产品深加工和食品安全等领域的科技成果，凸显“科技引领农业发展，成果惠及百姓生活”的主题。这19个项目分布在“衣”“食”“住”三个板块，吸引着广大市民驻足参观，极具人气。在“衣”展区，可以看到具有抗静电、抗辐射、防起球等特点的新型羊绒衫；在“食”展区，可以了解到由各种颜色、各种形状的番茄打造出一个番茄“联合国”，让市民尽情享受各种番茄美味的同时，了解番茄文化，体验创意农业；可以观摩机器人采摘草莓，无线温室娃娃测量空气温度、湿度等环境参数，感受精准智能农业的魅力；可以看到玉米、蔬菜等籽种和彩色花卉苗木，了解高端种业；可以免费品尝到三元宫廷奶酪、超高压果汁、蜂产品和豆制品，体会农产品深加工的价值提升；可以在食品安全快速检测车上体验农药残留检测、三聚氰胺检测，保障市民食品安全。在“住”展区，可以观摩阳台果园上的无土栽培、立体栽培和利用太阳能种蔬菜等，让市民体会到阳台果园是孩子的科普基地、主妇的菜篮子和老人的休闲场所。

（农村处　农村中心）

【北京农科城“三园七链”建设成果亮相科博会】　5月23—27日，以“凝聚创新智慧，做强实体经济”为主题的第十五届中国北京国际科技产业博览会在京举行。本届科博会上的“科技北京”展区重点展示“科技成果转化落地、技术转移”两大板块和以北京农科城“三园七链”为代表的现代农业产业链条。“三园”是指北京农科城昌平园、顺义园和通州国际种业科技园。昌平园立足设施农业、精准农业、低碳农业等农业先导技术示范，建设现代农业高新技术研发基地和农业先导技术示范基地，形成了草莓、园林苗木、农业智能装备等特色产业链。顺义园以现代服务引领花卉产业发展的理念，建立生物育种研发技术平台，举办各类花卉会展，发展农业会展经济，建立花卉连锁配送体系，形成了高端花卉服务产业链。通州国际种业科技园重点打造三大板块:综合服务区、新品种核心展示区和院士新品种中试基地，实现五大功能(研发、展示、示范、交易、服务)，形成了“育繁推一体化”种业产业链。“七链”是指北京农科城已经建成的七条特色产业链，涵盖草莓、花卉、种业、食品安全检测、农业智能装备、农业综合节水、农业安全投入品等七个领域。围绕“三园七链”展示主题，北京农科城遴选了22个农业科技项目参加科博会展览。通过观摩演示蔬菜自动嫁接机，可以感受到智能农业装备的研发应用加速了现代农业标准化进程。通过观看色彩艳丽、花团锦簇的花卉，可以感受到科技改善生活，让生活更加多姿多彩。通过种业产业链项目展示，可以感受到种业在现代农业中的龙头地位和种业创新发展的前景。北京农科城“三园七链”建设成果亮相科博会，一方面展示了农科城“一城多园五中心”建设取得的阶段性成效。另一方面彰显首都现代农业的魅力和科技给百姓带来的实惠，得到了社会各界的充分肯定。

(农村处　农村中心)

【北京农科城投资有限公司与中国农业大学新农村发展研究院签定战略合作框架协议】　7月3日，北京农科城投资有限公司与中国农业大学新农村发展研究院签署战略合作框架协议，双方将共同探索高等院校服务新农村建设的新机制、新模式，共同促进教育与科技金融资源融合共享，构建以大学为依托的农业科技推广服务体系，服务北京都市型现代农业发展和新农村建设。本次战略合作本着“资源共享、优势互补、互惠互利、合作共赢”原则，双方重点将在科研开发、成果转化、科技咨询、科技金融、科技培训、信息化建设等领域进行合作。

(农村处　农村中心)

【2012年农业科技创新发展论坛暨中国现代农业产业投融资峰会举行】　7月3日，为推动北京都市型现代农业发展，北京农科城新农村科技创新服务联盟联合中国农村科技杂志社、合众资本共同举办了2012年农业科技创新发展论坛暨中国现代农业产业投融资峰会。农业界、科技界、金融界的专家及企业代表共计600余人参加了论坛。此次论坛以“解读一号文件，规划中国农业科技未来”为主题，聚焦生物技术与现代种业、农产品加工与装备、休闲与旅游农业、现代农业科技园区发展等热点议题，专家们就农业高新技术创新、农业高效技术应用、农业金融投资、促进农民增收等问题进行了研讨交流。论坛的召开，将有力地促进各类创新要素向现代农业领域流动，引导基金、风险投资等机构参与农业科技创新，改善农业科技创新条件，积极投资现代农业产业，积极探索工业化、城镇化和农业现代化“三化”同步发展新路径。

(农村处　农村中心)

【北京国家现代农业科技城成果亮相高新技术产业开发区建设20年成就展】　7月5日，由科技部、国家发改委等部门主办的国家高新技术产业开发区建设20年成就展在北京开幕。全国政协副主席、科技部部长万钢，科技部党组书记、副部长王志刚，科技部副部长曹健林等出席了开幕式。成就展以“科学发展、创新驱动、铸就辉煌”为主题，以探索中国特色自主创新道路为主线，分为战略部署、改革创新、产业发展、面向未来、和谐园区、铸就辉煌、美好明天共7个展区，此次展览旨在全面展示国家高新区在辐射引领、支撑发展等方面取得的辉煌成就。

在产业发展展区，北京国家现代农业科技城重点展示了籽种产业、农业智能装备、农产品深加工、食品安全检测等领域的优秀科技成果，更加突出农业科技创新和应用，展现了科技产业高端化发展态势，加快推动现代农业高端、高效、高辐射发展。

（农村处　农村中心）

【中国农业大学试验站落户通州国际种业科技园】 7月7日，通州区政府与中国农业大学合作签约仪式暨国家现代农业科技城首届现代农业水肥高效管理技术高峰论坛在通州区国际种业科技园区举行。签约仪式上，中国农业大学与通州区政府共同确定了建设中国农业大学通州实验站。实验站重点围绕通州国际种业科技园区建设，开展农作物新品种、新技术、新产品、新装备的攻关研发、示范以及相关专业化服务。此次合作旨在整合各类资源，对接设施农业、智能装备等多领域项目，立足北京，辐射全国，将实验站打造成以农业科技创新、成果转化、技术推广服务及农民教育培训为主要建设内容的北京地区永久性农业科技创新与人才培养基地。此次活动开启了通州区政府与中国农业大学的全面合作之路，为通州国际种业科技园区与高等院校的合作奠定了基础，并进一步形成聚集效应，促进北京农科城通州国际种业科技园区跨越式发展。

（农村处　农村中心）

【科技部与北京市政府、山东省政府、陕西省政府在陕西杨凌签署“农业科技协同创新战略结盟协议”】 7月11日，科技部与北京市政府、山东省政府、陕西省政府在陕西省杨凌西北农林科技大学签署“农业科技协同创新战略结盟协议”。中共中央政治局委员、国务委员刘延东等领导出席仪式，北京市委常委牛有成代表北京市签署协议，科技部副部长张来武主持签约仪式。“一城两区”农业科技协同创新战略结盟协议的签署，将更好地发挥北京国家现代农业科技城、山东黄河三角洲国家现代农业科技示范区和陕西杨凌国家农业高新技术产业示范区的龙头带动作用，通过体制机制创新和政策联动，推进创新资源共享，建立协同创新机制，加快农业科技创新创业，以建设一批国家现代农业科技园区来破解城乡二元结构，推进工业化、城镇化和农业现代化同步发展。该协议的签署，是科技部、北京市、山东省、陕西省等以实际行动迅速贯彻落实中央一号文件精神和全国科技创新大会精神，促进产学研用深度结合，推动跨部门、跨领域、跨学科的科技创新体系建设的重要举措。

（农村处　农村中心）

【北京农科城良种创制中心北方良种创制基地在河北省邯郸市漳河经济开发区举行揭牌仪式】 9月19日，北京国家现代农业科技城良种创制中心北方良种创制基地在河北省邯郸市漳河经济开发区举行揭牌仪式。良种创制中心北方良种创制基地作为小麦和玉米核心技术研究及新品种实验基地，占地1000余亩。重点研究新一代作物杂交育种技术，把现代分子设计育种和传统杂交育种技术相结合，利用现代分子生物学技术手段制备小麦等作物的多个雄性不育系，然后通过传统杂交育种方法配制众多杂交组合，批量筛选广适性的高产、优质、抗逆作物新品种，加快农作物良种创制进程。

（农村处　农村中心）

【北京农科城通州国际种业科技园纳入中关村国家自主创新示范区】 10月13日，通州国际种业科技园区被正式纳入中关村国家自主创新示范区，这也成为“中关村”第一家种业类科技园。据了解，通州国际种业科技园区是国内第一家围绕种业全产业链打造的科技园区。它作为北京国家现代农业科技城“一城两区百园”的组成部分，目前规划面积3万亩的项目区和5000亩的核心区正在加快建设，现共引进近40家国内外优秀企业落户园区，现代农业育种创新服务平台和现代化种业景观展示园区的作用正在逐步形成。通州国际种业科技园区加入中关村国家自主创新示范区后，不仅会提高园区知名度，而且还能在很大程度上利用中关村智力和人才资源，把优秀人才吸引到通州，壮大种业园区人才队伍，为园区创造更多价值。

（农村处　农村中心）

【通州国际种业科技园举办秋季良种展示周】 10月20日，为提升种业企业科技创新能力，推进北京国家现代农业科技城建设，打造北京"种业之都"，通州国际种业科技园举办秋季良种展示周，现场展示了蔬菜、大田作物新品种、农业节水技术及农业机器人装备。科技部、农业部、北京市有关委办局领导，国内外农业科研院所、种业企业科技人员等3000多人参加了展示会。此次活动集中展示了国内外知名种子企业、科研院所、农业院校等单位的名优蔬菜新品种及特色作物品种4大类近4000个。同时展示了设施农业节水灌溉设施装备和果蔬采摘机器人、智能运输车、果树智能化分选机、苗间智能锄草机器人、低空旋翼无人驾驶施药机等农业装备领域的科技成果。

（农村处　农村中心）

【北京国家现代农业科技城亮相第十六届京港洽谈会】 11月6日，由北京市科委、香港贸易发展局共同主办的第十六届京港洽谈会"科技招商与投融资对接"研讨会在香港会展中心举行。来自京港两地的企业、投资机构、中介服务机构、高校、政府部门的代表及相关科技专家百余人参加会议。会上，北京市科委介绍了北京国家现代农业科技城建设目标、空间布局、管理模式以及北京农科城投资有限公司情况，重点发布了基金俱乐部招商需求，竭诚欢迎香港VC、PE加入北京农科城基金俱乐部，致力于投资现代农业高端产业，推动首都现代农业发展；发布了北京国家现代农业科技城项目招商需求，欢迎香港种业、农产品贸易、食品安全等领域的企业到北京国家现代农业科技城创业发展。在同期举行的专题活动现场中，展示的农科城信息化成果受到了香港投资机构的热烈关注，双方就信息服务合作确定了初步合作意向。

（农村处　农村中心）

【"一城两区"督导会召开】 12月13日，科技部副部长张来武在北京农科城联合办公室主持召开了"一城两区"工作督导会，科技部农村司、农村中心、一城两区（北京、山东黄河三角洲、陕西杨凌）相关部门负责人参加了会议。此次"一城两区"工作督导会是落实结盟协议的具体举措，北京农科城从管委会架构、办公条件及"9+1"（南繁基地、中国农业大学新农村发展研究院、种业科技成果托管平台建设）几个方面进行汇报。北京农科城作为农业科技管理体制改革的实践探索，在科技部和北京市委市政府的关心指导下，已经形成了管委会、投资管委会、投资公司"三位一体"高效运行管理机制，保障了北京农科城建设的顺利进行。北京农科城、山东黄河三角洲示范区、陕西杨凌农高区三地开通了网络视频办公会议系统，实现资源互联互通互享。推动农科城投资公司与中国农大新农村发展研究院签署战略合作协议，探索科技金融与科教资源融合发展服务新农村建设的新机制、新模式，支持新农村研究院构建新型农业科技推广体系，促进高校成果在京郊转化落地，新农村发展研究院已经与北京7个郊区县签署全面技术服务合作协议，实现先导技术进园区、产业技术进企业、实用技术进农村、科技成果近民生。支持北京市农林科学院、大北农集团等单位建设种业科技成果托管平台，探索科研院所、大学和企业之间的科技成果商业化转化新途径、新机制。

（农村处　农村中心）

高新技术及其产业

电子信息技术

【北京科技成果产业化情报系统使用培训会】 2月29日，市科委和市科技信息中心召开“科技资源搜索分析系统（科技立方）使用培训会”。来自北京新一代移动通信产业创新联盟（4G联盟）、长风开放标准平台软件联盟（长风联盟）等组织的62家单位83位代表参加培训。培训会介绍了情报系统整合资源、实现功能、特色服务等情况，并就系统使用功能进行了现场演示。与会代表对情报系统表示出浓厚的兴趣，在互动环节提出了数据来源、使用权限、需求对接等问题，均得到现场答复。

（信息中心）

【赴港参展“国际资讯科技博览2012”】 4月13—16日，由香港贸易发展局主办，科技部火炬中心等协办的“国际资讯科技博览2012”在香港会议展览中心举行。来自28个国家地区的3150家参展商，145个买家团、逾9000名来自59个国家和地区的经销商参观展览。北京市科技信息中心组织北京护航科技有限公司、北京飞舸益动科技有限公司、北京菲娜丽斯信息技术有限公司和北京安卓时代信息技术有限公司4家企业以“国家火炬计划北京软件产业基地”的名义参展。

（信息中心）

【大数据时代科技信息资源创新服务研讨会举行】 6月15日，由北京市科技信息中心主办，北京拓尔思信息技术股份有限公司、北京万方软件有限公司、北京大学协办的“2012大数据时代科技信息资源创新服务研讨会”在昆明举行。来自北京、上海、广东等全国7省市24家单位的40余位从事科技信息服务行业的代表参加了研讨会。上海科学技术情报研究所、南京大学信息管理学院、中科院科技政策与管理科学研究所、南方电网科学研究院技术情报研究所等单位的专家出席了研讨会并做了主题报告。研讨会上，既有理论探讨又有实际交流，与会代表就自身感兴趣的问题畅所欲言，无论是理论上的思考，还是实践中的经验，对于促进科技创新的发展，完善科技产业发展环境，都具有重要价值。

（信息中心）

【北京新一代移动通信产业创新联盟工作成果显著】 截至年底，4G联盟已有50家会员，涵盖中国移动研究院、工信部电信研究院、大唐移动、百度、联想、普天、北邮、中科院计算所等行业内龙头企业、高校和研究院所，覆盖了芯片、终端及操作系统、基站设备、测试仪器仪表、应用服务等4G产业链关键环节。4G联盟积极推动会员走向国际舞台，参与国际合作交流。8月，4G联盟组织工信部电信研究院、大唐移动、北京邮电大学、星河亮点、天地互连等会员单位，参加了第七届中国通信与网络国际会议（CHINACOM2012），并承办北京“4G工程”分论坛，通过专题演讲和对话座谈，就如何促进北京新一代移动通信产业发展及“4G工程”建设成果展开讨论交流，并达成了一系列技术合作的意向。

（信息中心）

先进制造技术

【国家“04重大科技专项”成果在京落地转化】 1月，由市科委支持的国家“04重大科技专项”成果——北京市电加工研究所研发出高效智能五轴联动精密数控电火花成形机床，打破了西方国家技术封锁，可广泛应用于航空航天、船舶、军工等领域发动机零部件制造。在市科委电装处和生产力中心的管理和督导协调下，目前项目成果已在首都航天机械公司进行示范应用，下一步将在房山窦店高端制造业基地实现产业化。

（电装处）

【新型三维显示技术达到国际先进水平】 2月,北京邮电大学信息光子学与光通信重点实验室在北京市科技计划项目支持下,成功构建了裸眼大尺寸、真彩色、高分辨率、动态三维光显示的实验验证系统。下一步,市科委生产力中心和电装处将推动该成果在京进行应用验证并推广。该成果的产品化将推动从内容制作、存储、传输到终端产品和用户的三维产业链发展。

(电装处)

【大尺寸LED电视技术产业化取得阶段性成果】 3月,市科委以市统筹项目方式支持利亚德公司突破小间距LED阵列、单点校正、3D显示等核心技术,自主研发出LED电视系列产品,在同等亮度条件下较主流液晶电视节能60%以上,填补了国内空白。目前,已完成产品定型,并通过专业机构检测。利亚德公司已在大兴区开始建设全自动化LED电视生产基地,开展产业化工作。

(电装处)

【启动"通航产品研发和运用的核心技术"科技项目】 3月,由市科委以科技项目形式支持平谷区联合北京航空航天大学,整合空军装备研究院、中航工业等首都科技资源,利用两年时间,重点对空域规划使用、通航运行安全性、全任务飞行模拟器工程化进行研究,着力打造通航全产业链科技支撑体系。目前,已完成《北京地区发展通用航空产业基地空域需求总体分析报告》,计划2013底完成全部研究内容。

(电装处)

【高档数控专用加工设备研发取得新进展】 3月,北一数控机床公司在北京市科技计划项目支持下,研制出"高速铁路关键零件高效双龙门专用加工中心",经中科院院士徐性初领衔的专家组鉴定,成果达"国际先进、国内领先"水平,可替代进口。该成果作为用户技改的重要组成部分,获得铁道部好评,已成功应用于北车集团高速铁路道岔轨件加工并稳定投产。电装处和生产力中心积极引导北一公司采用国产主轴单元、静压蜗杆等关键功能部件,并实现整机突破;作为"精机工程"实施以来研制出的第一个国产重大装备成功应用于高铁领域,完成了从装备到技术的交钥匙工程,凸显工程实施效果和北京的高端制造能力,产生了较好的经济效益和社会效益。

(电装处)

【市科委积极推动北大智能助残肢体技术产业化】 4月,市科委多种方式推动北大智能助残肢体技术产业化。一是以市统筹股权项目方式支持成立实体公司——北京工道风行智能技术有限公司,开展技术研发和产业化推进工作;二是认定北京市智能康复工程技术研究中心为市级工程技术研究中心,开展产品适用和验证推广。目前,"基于动态行走机理的大腿假肢和多关节智能动力脚研制"项目已完成多关节动力脚产业化样机试制和残疾人初步试用,正在组织产品样机的工业化设计和批量生产准备。

(电装处)

【市科委积极引进"精机工程"国际大客户】 6月,市科委电装处联合生产力中心开展"精机工程"国际合作。组织世界著名芯片检测和度量系统生产商美国KLA公司与北京市电加工研究所、北京航空制造工程研究所、北京京磁强磁材料有限公司等单位开展对接,就钛材料和陶瓷材料精密加工、磁材料等方面达成了合作意向。

(电装处)

【"精机工程"取得阶段性成果】 7月,在市科委电装处和生产力中心的联合推动下,"精机工程"取得阶段性成果:一是北一数控机床公司研制的"高速铁路关键零件高效双龙门专用加工中心"达到国际先进水平,已应用于高速铁路道岔轨件加工并稳定投产;二是北一数控机床公司研制的用于大型航天器加工的"超重型五轴联动加工机床"成功打破国外技术封锁;三是北二机床公司的精密磨削设备已完成样机研制,并获机床行业权威奖"春燕奖";四是电加工所的精密电火花机床完成关键部件研制,并在首都航天机械厂应用验证,用于航天器关键零部件加工。

(电装处)

【北京通用航空科技创新园12日揭牌】 9月

12 日,北京通用航空科技创新园正式揭牌。平谷区政府分别与宜通集团、滨奥航空投资集团、奥凯航空公司、中航空港场道工程技术有限公司签订合作协议,总签约金额 40 余亿元,5 年后达产,预计年实现产值 650 亿元,收入 800 亿元,培育 3 ~ 5 家龙头企业和 20 ~ 50 家规模较大、影响力较强的中型企业,形成独具特色的通用航空产业集聚区。

（电装处）

【北京数控装备创新联盟实体化取得实质进展】 10 月 18 日,北京数控装备创新联盟会员大会举行。市民政局社团办领导出席会议。经充分讨论,20 余家成员单位代表通过了《联盟章程》《会费管理办法》、常务理事会、监事会。数控联盟实体化后,在“精机工程”实施中将更好地调动和发挥各方优势和积极性,并在组织模式、运行机制、发挥行业作用、承担重大产业技术创新任务、落实国家自主创新政策等方面起到积极的作用。

（电装处）

【市科委与北京航空航天大学签订空天信领域科技合作协议】 10 月 25 日,市科委与北京航空航天大学签订空天信领域科技合作协议。双方围绕北京市战略性新兴产业,重点在航空航天(通用航空、航空发动机、适航技术)、新一代信息技术(云计算、移动互联网、智慧城市)、高端装备制造(机器人、先进加工技术与工艺、高档数控机床设计分析、高端医疗装备)等领域开展合作,共建技术创新平台,开展关键技术攻关,制定产业技术发展规划,推动北航科技成果技术转移和在京产业化。

（电装处）

【打印产业国内外发展情况及本市相关产业发展建议】 10 月,市委书记郭金龙、市长王安顺等就国务院发展研究中心调查研究报告《促进 3D 打印产业发展的建议》分别做出批示。为落实批示精神,市科委电装处联合生产力中心深入分析了国内外及本市 3D 打印产业发展的现状,以及本市数字化、人工智能化制造、新型材料研发与产业化发展前景,形成了工作建议,供领导参阅。

【北京数字化制造产业技术创新联盟成立】 11 月 15 日,市科委在全国率先组织成立 3D 打印领域联盟——“北京数字化制造产业技术创新联盟”,市委常委陈刚出席仪式。该联盟由中航天地激光科技有限公司、清华大学、中航工业北京航空制造工程研究所、太尔时代、北京航空航天大学等近 30 家单位发起成立,将进一步整合在京数字化制造优势资源,在技术研发、成果转化、应用推广、市场开拓等环节紧密合作,加速重大科技成果转化,打造首都数字化制造产业链,推进以 3D 打印为代表的数字化制造产业发展,力促北京高端制造业转型升级。

（电装处）

【“4G 工程”基于移动通信与互联网的应用服务创新和产业培育计划启动仪式】 11 月 30 日,市科委召开“4G 工程”——基于移动通信与互联网的应用服务创新和产业培育计划启动仪式。市委常委陈刚、市委副秘书长傅华、市政府副秘书长戴卫、市科委主任闫傲霜等出席了发布会。启动仪式上,闫傲霜总结了“4G 工程”产业链各环节的阶段性成果,提出了下一步市科委将以政府、行业和公众的需求为导向,以应用服务共性技术研发为支撑,引导各类平台基于移动通信与互联网应用服务建立相应的商业模式,加强企业间合作,实现各类平台间的资源共享和整合,提升北京市各类平台的整体水平,推动具有国际竞争力的应用服务平台和龙头企业的形成,培育应用服务市场,推动 4G 产业成为北京市的支柱产业。同时,市科委联合 4G 联盟会员单位百度、联想、北京移动、小米科技、北航等草签合作协议,引导“4G 工程”应用服务产业链各环节参与创新计划,共同推进基于移动通信与创新互联网的应用服务创新和产业培育计划。

（电装处）

【研制出国内首台太赫兹安检仪产品】 11 月,在北京市科技计划项目支持下,首都师范大学联合北京理工大学、北京维泰凯信新技术公司研制出太赫兹安检仪产品样机并通过专家验收。该安检仪以 3—5 帧/秒的速度对人体进行 1 米 ×2 米大尺寸被动成像,分辨率达到 2 厘米，能够与当前安检技术形成有效互补，可广泛应用于机场、地铁、重要活动和会议等场所。目前，市科委电装处和生产力中心正积极推动该项成果在京落地转化。

（电装处）

【市科委多举措推动3D打印产业发展】 年内，市科委多举措推动3D打印产业发展。一是启动一批重大科技项目，投入科技经费2000余万元，带动社会投资近亿元；二是建设3D打印教育、展示、服务中心，为企业提供材料应用、设计渲染等共性技术服务，目前已完成合同额1.1亿元；三是建设3D打印电子商务“叁迪网”，提供在线3D打印服务；四是组织成立“北京数字化制造产业技术创新联盟”，推动数字化制造产业发展；五是推动成立全国首家3D打印馆。

（电装处）

【市科委积极推动“精机工程”取得阶段性成果】 年内，“精机工程”实施以来，市科委累计投入科技经费2亿元，带动企业投资10亿元，积极对接国家“04科技重大专项”，带动产业链上下游协同发展。一是自主研制出高精度高速磨削技术及数控重型龙门机床等标志性设备；二是建设一批“精机工程”公共研发服务平台，涵盖数控系统、特种加工、检测评价等环节；三是与西门子等公司进行深层次合作，建设“航空制造技术及高端专用装备”等国际合作基地；四是在顺义、房山、石龙等地引导建设“精机工程”产业集群。

（电装处）

【研制出3D打印领域世界最大钛合金构件激光制造工程化装备】 年内，在北京市科技计划项目支持下，中航天地激光公司联合北航的北京市大型关键金属构件激光直接制造工程技术研究中心成功研制出世界最大钛合金构件激光制造工程化装备。成形能力达4米×3米×2米，直接解决制约大型飞机研制生产的瓶颈难题，节省材料80%以上，制造周期和成本大幅降低，使我国成为世界上唯一突破飞机钛合金大型主承力构件激光成形技术并实现工程应用的国家。该成果获2012年度国家技术发明一等奖，市科委电装处和生产力中心积极推动该项成果应用和产业化。

（电装处）

【智能电表芯片研发及产业化取得积极进展】 年内，市科委以市统筹项目方式支持电科院成功实现智能电表芯片的研发及产业化，成功研制适应我国国情的自主知识产权智能电表安全芯片，打破了国外技术垄断。截至年底，销量已突破1.3亿，完全占领国内智能电表芯片市场。

（电装处）

【“4G工程”积极对接国家政策，以龙头企业为牵引，推动产业发展】 年内，在“4G工程”实施过程中，市科委积极组织大唐、普天、联想、创毅视讯等龙头企业，通过联合承担科技专项等形式，与中国移动开展紧密合作，大大提升了在京企业在中国移动4G规模试验网建设采购中的市场份额。目前，大唐在中国移动一期规模试验网建设中中标北京和南京，在二期建设中中标南京和宁波，获得13%的市场份额。普天成功中标北京LTE政务物联专网，成为全球首个TD－LTE专网设备提供商。联想完成多款乐phone系列产品研发和产业化，乐phone系列智能手机累计实现销售近2000万台。创毅视讯在国内率先推出LTE商用终端基带芯片，其数据卡产品成功中标中国移动规模试验网和北京政务物联数据专网，约占1/3市场份额。

（电装处）

【依托国际合作基地，加快国际科技合作】 年内，2家“4G工程”国际科技合作基地通过认定，其中中科院计算所被认定为“移动计算与智能通信北京市国际科技合作基地”，北京邮电大学被认定为“新一代无线通信网络架构与通用平台北京市国际科技合作基地”。以国际合作基地为依托，推动国际合作环境的形成，加快推进TD－LTE的国际化进程，并通过国内外政府间的合作和交流，逐步建立国际合作和人才培养机制，目前市科委已与澳大利亚联邦科学与工业组织达成了签订合作备忘录的意向。

（电装处）

生物工程与新医药技术

【新型疫苗国家工程研究中心通过技术验收】 1月11日，由中国生物技术创新服务联盟（ABO）成员单位北京微谷生物医药有限公司承担建设的国家发改委“新型疫苗国家工程研究中心”项目，通过了由市发改委组织的技术验收。疫苗工程中心是国内唯一的国家级新型疫苗研发和产业化基地及服务平台，位于北京经济技术开发区东区，总建筑面积22749平方米，一期投资已达3.84亿元。目前已建成灭活病毒疫苗、减毒病毒疫苗、细菌性疫苗、昆虫杆状细胞、基因工程疫苗等5个工程技术平台及中试生产线；开展8个疫苗的研究开发，其中全球首批获准开展临床实验研究的手足口病EV71型灭活疫苗已在开展临床Ⅲ期研究。疫苗工程中心是G20工程2012年实施建设的关键技术平台，将极大巩固和加强北京在疫苗领域的优势，对于提升我国疫苗研发和生产水平，加强对疾病的预防，具有重要的意义。

（生物中心）

【河北神威、四川科创签约落地】 1月30日，国内著名中药企业河北神威药业和四川科创集团正式签约入驻大兴生物医药产业基地。神威药业将建设“神威药业（北京）药物创新与产业化基地”，项目占地100亩，投资10亿元，拟投产小儿清肺化痰颗粒等12个成熟品种，年产值达12.8亿元，目前已注册成立北京神威颂生物科技有限公司。科创集团将建设四川科创集团北京医药产业园，项目占地80亩，投资6.6亿元，生产并销售15个药剂类型，投产后，预计年产值近10亿元。市委书记刘淇，市长郭金龙、市委常委赵凤桐、副市长苟仲文等领导出席签约仪式。

（生物中心　生物医药处）

【美国杜邦先锋分子育种技术中心落户北京农业生物技术种业孵化器】 2月14日，全球最大农业生物技术公司美国杜邦先锋分子育种技术中心落户顺义北京国际鲜花港北京农业生物技术种业孵化器。该中心将建设成为全球最大的分子育种技术中心，其中在种业孵化器建设2500平方米研发实验室，在顺义张镇建设400亩种植隔离实验田，主要运用高产技术体系（AYTTM）专有分子育种模型和其他尖端分子育种技术，研发新型高产玉米杂交品种，预计今年6月正式运营。

（生物中心）

【生化诊断高新技术企业“利德曼”成功登陆创业板】 2月16日，北京利德曼生化股份公司创业板上市仪式在深圳证券交易所举行。利德曼（证券代码300289）本次向社会公开发行人民币普通股3840万股，发行价13元，募集资金4.99亿元，用于扩大体外诊断试剂生产规模、建设研发中心和参考实验室。上市当天，以开盘价16元，最高价17.09元，收盘价16.51元的不俗表现，取得了良好的融资效果。利德曼是北京第4家创业板上市的生物医药企业。市科委、市发改委、北京经济技术开发区等有关单位负责人参加了上市仪式。

（生物中心）

【京产“科泰复”助力肯尼亚政府抗击疟疾】 3月26日，北京市委书记刘淇向肯尼亚总理奥廷加赠送了价值50万元人民币的抗疟药“科泰复”。该产品是由北京华立科泰医药有限责任公司生产的具有自主知识产权的新一代复方抗疟药物。肯尼亚医疗服务部部长恩永戈、北京市委常委牛有成、市委秘书长李士祥、副市长苟仲文以及市科委主任闫傲霜等出席了捐赠仪式。

（生物中心）

【第十二届北京生命科学领域学术年会在京召开】 4月6日，由市科委主办，北京生物技术和新医药产业促进中心承办的“第十二届北京生命科学领域学术年会”在北京大学肿瘤医院召开。本届学术年会以“肿瘤个性化治疗与免疫基础调节”为主题，邀请到中国医学科学院肿瘤医院孙燕院士、国家自然基金委副主任沈岩院士等知名学者及中国医学科学院肿瘤研究所詹启敏院士、军事医学科学院张学敏院士等优秀青年科学家出席，京区生命科学研究机构、临床医院和企业代表共350余人参会。会上形成了诸多精彩观点：孙燕院士提出肿瘤个性化医疗要向前移，要更注重早期治疗、早期诊断、早期根治等防治工作，防治工作关键在于加强基础研究与临床的结合，加强肿瘤诊疗过程的规范化。沈岩院士表示国家将加大基础科学研究投入，2012年预计国家自然科学基金委员会将投入152亿元，其中很大比例用于医学卫生等热门研究，科研经费投入是历年最大的，并把肿瘤研究作为重点写入“十二五”规划。与会专家一致认为，肿瘤的个体化治疗是未来肿瘤防治的必由之路，而基因组学、蛋白质组学等分子生物水平上的基础研究是个体化治疗的主要瓶颈。

（生物中心）

【“北京生物医药创新孵化基地建设”通过现场验收】 5月15日，以北京经济技术开发区为主体承担的国家“十一五重大新药创制”专项“北京生物医药创新孵化基地建设”项目顺利通过专项办组织的专家现场验收，取得91.86分的好成绩。项目充分依托北京优势，整合资源，出台了多项政策和措施，共获得22个新药证书和生产批件，促成了34个创新成果落地，申请中国发明专利95项，推动了首都医药经济的快速发展，完成了专项任务。

（生物中心）

【G20工程亮相科技周、科博会】 5月22—27日，2012年全国科技活动周暨北京科技周、第十五届中国北京国际科技产业博览会相继在京举行。北京生物医药中心组织G20工程亮相科技周和科博会，集中展示了以G20企业为主体的重大创新成果，体现了北京生物医药产业蓬勃发展的良好态势。博奥生物、大基康明、泰德制药等7家京区优秀企业在健康驿站展区通过实物、展板、视频等形式展示了耳聋基因健康筛查、基因与人类健康、智能上肢康复机器人、现代凝胶膏剂产业化等9个项目，近500名参观者体验了智能的生物医药健康成果，获得一致好评，有效提升了G20工程代表产品的公众关注度。以岭药业、扬子江海燕等8家G20企业参加展览，汇集96环PET/PET－CT一体机、莲花清瘟胶囊、苏灵、泰欣生等20余个创新品种，全面提升了产业重点品种的关注度与影响力。

（生物中心）

【“博晖创新”登陆创业板】 5月23日，北京博晖创新光电技术股份有限公司创业板上市仪式在深圳证券交易所举行。博晖创新（证券代码300318）本次向社会公开发行人民币普通股2560万股，发行价15元，募集资金3.84亿元，用于综合研发基地建设，包括储备技术开发平台、测试平台、组装配置平台和培训平台等。上市当天，以开盘价19.18元的不俗表现，取得了良好的融资效果。至此，北京成功登陆创业板的生物医药企业增至5家，居全国第二名，累计从资本市场融资31亿元，市值达到245亿元。

（生物中心）

【中日韩签署“三小时创新合作圈”合作备忘录】 5月28日，北京生物技术和新医药产业促进中心代表团访问日本。全国工商联医药业商会与日本生物技术协会（JBA）、韩国生物技术协会（KoreaBio）签署了“三小时创新合作圈”合作备忘录，标志着“中日韩合作网络”正式成立。三方将共同推动中日韩三国生物医药企业开展信息交流、产业研究、技术和项目合作。2011年，北京生物医药中心提出构建“三小时创新合作网络”（即三地之间交通时长为三小时以内），得到日本和韩国生物技术协会的积极响应，并就实现区域资源共享、优势互补，以提高东北亚地区整体竞争力，共同面对日益增长的亚洲市场新机遇达成共识。按照工作计划，三方将于今年合作研究出版英文版中日韩生物医药产业年报，共同宣传三国生物医药产业；互相组织企业参加韩国生物技术大会（Bio-Korea）、日本生物中心大会（BioJapan）和北京国际生物医药产业发展论坛等知名会议，搭建三方企业交流与合作的平台。

（生物中心）

【诺思兰德公司生产基地在通州开工建设】 6月15日，北京诺思兰德生物技术股份有限公司药品生产基地开工奠基仪式在通州区西集举行。该项目总投资3.2亿元,总占地68亩,分三期建设。一期建设项目为符合美国FDA cGMP设计标准的滴眼液生产车间,主要生产透明质酸系列滴眼液,建筑面积8877平方米,投资6800万元,预计年产量可达4亿支,年产值10亿元。二、三期建设项目计划于2013年启动,将建设基因治疗和重组蛋白药物生产车间,主要生产公司自主研发的一类新药NL003、NL201等系列药物。市科委、中关村园区管委会、通州区政府等相关部门领导出席了本次活动。

(生物中心)

【对接BIO大会,建立国际合作工作平台】 6月18—21日,BIO2012大会在美国马萨诸塞州波士顿举行。中国因素成为BIO2012大会的重要主题之一,大会第一天被定为"中国日"。受组委会邀请,北京生物技术和新医药产业促进中心与美中医药开发协会(SAPA)合作举办了"面向中国的医药创新"专题会,会议邀请了美国辉瑞、北京康蒂尼、贝达药业、药明康德等在中国创新发展的杰出代表,围绕中国医药市场机遇与挑战、中国创新环境、新药开发、区域创新合作等内容进行了深入探讨。北京生物医药中心代表做了题为"区域创新合作"的主旨报告,全面介绍了北京建设创新环境及推动生物医药产业发展的思考和做法(G20工程),反响热烈。会后BIO大会主办方专门宴请了北京代表团一行,表示了进一步加强合作的意愿。

(生物中心)

【创新服务面向国际,ABO联盟连续六年参展BIO大会】 6月18—21日,北京生物医药中心组织康龙化成、昭衍、诺赛基因、民海生物等8家G20和ABO企业参加了在美国波士顿举行的生物技术大会(BIO2012)。这是自2007年以来,北京生物医药中心连续第6年推动ABO联盟参加BIO,拓展国际市场。ABO联盟成员至今达38家,"同一世界、同一标准"的理念得到国际上的广泛认可,已与辉瑞、默克、安进、罗氏、诺华等国际知名企业建立了稳固的合作关系,国际业务逐年增加,2011年服务收入达6.8亿元,积极支撑了全球创新,已成为中国创新服务面向国际的重要品牌。

(生物中心)

【G20企业仁和百奥药业与中科院共建研究中心】 8月16日,G20企业仁和百奥药业与中科院生物物理研究所合作成立的"中国科学院生物物理研究所仁和百奥健康研究中心"签约揭牌仪式在京举行。双方合作共建以蛋白质科学为基础的大健康产业研究平台,开展蚓激酶IV临床、"前列地尔"项目、多肽类高端保健产品等项目的研究,计划3年内培育出2个5亿元大品种,诞生一个新的10亿元级别的G20企业。常文瑞院士、陈润生院士以及市科委、北京生物医药中心、中科院生物物理研究所、仁和集团、百奥药业的相关人员出席了签约仪式。

(生物中心)

【ABO联盟推进北京、西安两地协同创新】 8月23日,中国生物技术创新服务联盟(ABO)西安合作交流会在西安高新区管委会召开。此次活动由ABO联盟与西安高新区管委会、第四军医大学、西北大学、西安交通大学联合举办,来自西安杨森、力邦制药、西安金花制药等机构的100多名专家和企业家出席。通过此次活动,西安生物医药界对ABO联盟"从创新需求出发、集成关键技术、协同创新支撑成果转化"的服务理念和机制反响强烈,纷纷表示应深入加强北京、西安两地间协同创新的工作,提升创新效率。ABO联盟与西安交通大学、西北大学达成多项合作共识,将共同开展手足口病EV71型鼻滴疫苗、人血液代用品等一批项目的开发;共同建设纳微米生物磁性分离纯化平台、细胞色素酶P450药物筛选平台等关键技术平台。

(生物中心)

【G20企业与高校院所共建协同创新中心】 8月29日,北京博奥生物有限公司、北京双鹭药业股份有限公司、北京义翘神州生物技术有限公司等G20企业与首都医科大学、卡罗林斯卡医学院、麻省理工学院等国内外知名高校院所合作成立的"脑重大疾病防治协同创新中心"签约揭牌仪式在京举行。以博奥生物等G20企业为技术创新主体,与国内外知名高校、院所在阿尔茨海默病等七大脑疾病领域建立深度合作,形成政产学研用一体化协同创新群体。同时揭牌的还有“北京脑重大疾病研究院”“国际转化神经科学联盟”。陈润生、陈霖、程京、Tomas Hokfelt 等国内外相关领域的14位院士以及卫生部、教育部、市政府、市教委、G20 企业、北京生物医药中心的相关负责人出席了签约仪式。

(生物中心)

【义翘神州携手全球最大试剂公司构筑国际竞争力】 8月30日,G20企业、ABO联盟成员北京义翘神州生物技术有限公司与美国 Life Technologies 签署全球战略合作协议。美国 Life Technologies 是全球最大试剂公司,2011年销售收入达到37亿美元;义翘神州成立于2007年,先后承担国家“十二五”重大新药创制科技重大专项——重组蛋白和抗体库研制平台、北京市科技计划重大项目——重组蛋白药物规模化制备技术等一批重大项目。此次签约双方将共同建设全球最大的蛋白、抗体库(3000种蛋白、3000种抗体),并共同开拓全球蛋白、抗体试剂市场。双方合作将打破中国高端生物试剂依赖进口的局面,同时将义翘神州的研发服务品牌在全球推广。

(生物中心)

【瑞士先正达生物技术北京研究中心投入运行】 10月11日,世界著名的生物技术集团瑞士先正达公司在京成立了生物技术北京研究中心。该研究中心经过近一年的运行,已形成了130名科学家的研发团队,专注于运用生物技术提高作物产量、抗旱性及抗病抗虫能力等领域的研究。据悉,该研究中心是先正达公司第六个全球研发中心。该研究中心位于中关村生命科学园,占地面积25000平方米,已投资1亿美元。北京市副市长苟仲文、先正达全球研发总裁 Rolf Furter 博士、先正达(中国)总裁 David O' Reilly 博士以及市科委、昌平区委区政府等部门的有关人员出席了开业仪式。

(生物中心)

【G20工程召开一期工程总结表彰会暨二期启动发布会】 10月30日,“北京生物医药产业跨越发展工程(G20工程)一期工程总结表彰会暨二期启动发布会”在京召开。北京市委常委陈刚、市政府副市长苟仲文、市政府副秘书长戴卫,市科委、市经信委、中关村管委会、市投促局等G20工作组单位负责人,市发改委、市统计局、市药监局等相关委办局的领导,企业、金融机构、临床医院代表等200余人出席会议。

(生物中心)

【部分G20企业捐助玉树灾区药品和医疗设备】 10月30日,在“G20工程一期工程总结表彰会暨二期启动发布会”上,为支持青海省玉树州人民医院灾后重建,举行了G20工程支援玉树爱心捐助仪式。悦康药业、谊安医疗、紫竹药业、泰德制药、北大维信等六家G20企业共捐赠了42种、总价值近110万元的急需药品及医疗设备,积极带头践行“北京精神”,体现了“北京生物医药人”强烈的社会责任感。市委常委陈刚、副市长苟仲文、市科委等相关委办局、捐助企业代表等有关负责人出席了捐助仪式。

(生物中心)

【五个重大创新药物落户北京】 10月30日,在“G20工程一期工程总结表彰会暨二期启动发布会”上,注射用凝血因子X激活剂、c-Met为靶点的小分子抗肿瘤药物(IDD-100)、重组人GM-CSF单纯疱疹病毒注射液(OrienX010)等5个具有自主知识产权的一类新药项目签约,在京研发并产业化,项目总计投资超过6亿元,主要治疗肝癌、胃癌、肾癌、肺癌和突发性传染病等疾病。创新驱动是G20工程推动产业跨越的核心理念,为培育重大创新药物,G20工程启动并实施创新产品产业化行动,以企业为主体,集成关键技术,加速重大创新药物转化并在京实施产业化。此次签约的5个项目皆为创新性强、市场前景广阔的重点品种,预计投产后新增产值40亿元以上。

(生物中心)

【三名生物医药企业家入选第二批“科技北京百名领军人才培养工程”】 10月30日,在“G20工程一期工程总结表彰会暨二期启动发布会”上,市科委公布了第二批“科技北京百名领军人才培养工程”生物医药领域入选企业家，双鹭药业董事长徐明波博士、凯悦宁科技董事长吴洪流博士和珅奥基科技董事长孟坤博士入选。自2010年“科技北京百名领军人才培养工程”启动以来，已有6名生物医药领域企业家入选。

（生物中心）

【G20工程重大成果转化项目“塞络通胶囊”国际多中心临床研究正式启动】 11月12日，神威药业有限公司、中国中医科学院、澳大利亚西悉尼大学共同签署中医药国际合作重大项目“塞络通胶囊国际多中心临床研究合作协议”，将联合在中国、澳大利亚、英国开展“塞络通胶囊”的国际多中心临床Ⅱ期试验。“塞络通胶囊”是G20工程重点招商引资企业神威药业开发的在京实施成果转化的重点项目，是我国第一个进行国际多中心临床研究的创新中药，并有望成为我国第一个在海外生产注册的创新中药。

（生物中心）

【北京科学家揭秘乙肝病毒受体，点燃肝病治疗新希望】 11月13日，北京生命科学研究所（NIBS）研究员李文辉博士领导的科研团队在“eLife”杂志上发表题为“钠离子－牛磺胆酸共转运多肽（NTCP）是乙型肝炎和丁型肝炎病毒的功能性受体”的论文，在世界上首次揭开了困扰人类40余年的乙肝病毒受体谜团，为乙肝及相关疾病提供了有效的治疗靶点和新药开发途径。“eLife”杂志的三位国际评审专家一致认为：该项研究成果有力地证明了NTCP是乙型肝炎病毒（HBV）及其卫星病毒丁型肝炎病毒（HDV）的受体，对于病毒性肝炎的基础与临床研究都将产生深远影响。

（生物中心）

【第十六届北京国际生物医药产业发展论坛召开】 11月28日，由北京市科委主办的“第十六届北京国际生物医药产业发展论坛”在京开幕。本次论坛以“挑战·机遇·模式”为主题，邀请到来自美国强生、辉瑞、安进，德国默克，丹麦诺和诺德等著名跨国公司高层，江苏恒瑞、北京同仁堂、河北以岭等国内优秀企业、科研院所及国家发改委、卫生部、科技部及北京市相关委办局的代表600余人参会。会上，市科委就“创新驱动，跨越发展——G20工程向支柱产业高速迈进”，普华永道就“全球生物医药2020展望”，江苏恒瑞医药股份有限公司就“中国医药企业新药开发的现状及发展趋势”，美国强生公司就“医药产业的创新与合作”分别做了大会报告。

（生物中心）

【北京生物医药产业跨越发展工程（G20）高峰论坛召开】 11月28日，北京生物医药产业跨越发展工程（G20）高峰论坛召开。纳通医疗、四环医药、甘李药业等41家G20企业及国家发改委高新司、卫生部科教司、科技部社发司、工信部消费品司及北京市相关委办局的代表100余人参会。会议就深化实施G20二期工程进行了深入探讨，科技部社会发展司建议北京应抓住中国生物医药“黄金十年”的发展机遇，重点关注个体化治疗、生物仿制药、新型医疗器械等热点领域；发改委高新司建议抓住“技术进步”“大健康”两个关键点，提高生物医药产业在国民经济中的影响力；卫生部科教司指出北京应加大对“重大产品、重大需求、重大问题”的分析研究，重大新药创制“十二五”的重点是基地建设，建议北京重点对接。双鹭药业、韩美药品、九强生物等企业建议，应加大政策统筹的力度，建议G20工作组增加发改委物价局、卫生局、药监局等行业管理部门；纳通医疗、甘李药业、万泰生物等企业认为北京作为创新中心，应利用好中关村国家自主创新示范区“先行先试”政策，加大对企业创新技术和产品的政策支持。

（生物医药处）

【第三届重大疾病防治科技创新高峰论坛召开】 12月1日，“第三届重大疾病防治科技创新高峰论坛”召开。本次论坛由市科委、市卫生局联合主办，以“创新与未来、科技打造健康城市”为主题，集中展示了“首都十大疾病科技攻关与管理”一期工作取得的主要成果并宣布二期工作启动。论坛首先回顾了“首都十大疾病科技攻关与管理”一期工作的发展历程，市科委主任闫傲霜就“首都十大疾病科技攻关”一期工作成效做了报告，《首都十大疾病科技攻关与管理实施方案》于2010年1月由北京市政府会议批准正式实施，于今年年底结束，市民对十大疾病健康知识知晓率由43%提高到73.7%；搭建十大疾病领域科技支撑体系；制定103项诊疗技术规范和标准；筛选“十大疾病”科技成果61项，在800家（次）医疗机构推广；17个中药品种列入“十病十药”进行深度开发。会上，由傅华、戴卫等领导宣读评选出的一期优秀成果，并由陈刚等10位领导为“十大惠民型科技成果”“十大创新型科技成果”颁奖；陈刚在会上做总结性讲话。

（生物医药处）

【美国方达公司落地G20工程创新成果转化基地】 12月7日，在市科委生物医药中心的全力推动下，国际著名生物医药研发服务（CRO）企业——美国方达公司（Frontage Laboratories, Inc.）正式决定在北京亦庄生物医药园（G20工程创新成果转化基地）注册“方达美迪药业发展有限公司”，注册资金1.5亿元，项目总投资5亿元。建设内容包括：药物合成、药代/药动实验、药物安全性评估及药效试验室、制剂及生产工艺中试线等。

（生物中心）

【北京市科委—清华大学创新成果产业化基地签约】 12月9日，“北京市科委—清华大学创新成果产业化基地”签约。为深入贯彻落实全国创新大会精神，把中央重大决策部署落到实处，促进科技与经济社会发展紧密结合，推动院所成为首都新一轮科学发展的重要依托。本次签约仪式在清华大学举行，将通过央地合作，积极探索系统化、市场化、多元化的成果转化工作新机制，集中支持一批市场需求大、创新性强的医疗仪器设备和医药品种，加快在京转化和产业化。北京将从政策、空间、资金等多层面为中央在京高校院所提供更好的服务，协调促进高校的科研优势、区县的空间和政策优势、企业的生产制造优势、投融资机构的资本优势，互惠互补、有机结合，加快推动院所科技活力走出围墙，共同推动创新成果更快地在经济社会发展中得到应用，使北京的科技资源优势真正转化为推动首都经济发展的引擎，为北京建设“创新型城市”和中国特色“世界城市”做出更大贡献。北京市科委主任闫傲霜与清华大学康克军签署了基地合作协议，北京市委常委陈刚做讲话。

（生物医药处）

【市科委与解放军总医院签订全方位战略合作协议】 12月10日，北京市科委与解放军总医院签署北京市科学技术委员会与中国人民解放军总医院关于共同推进北京医学科技发展战略合作协议，双方就科技体制改革、科学技术研究、学科人才培养、科技成果转化和共建产业化平台等方面展开全方位战略合作，共同推进“首都十大疾病科技攻关与管理工作”和“北京生物医药产业跨越发展工程”（G20工程）的实施。北京市委常委陈刚，副市长苟仲文、丁向阳等领导出席签约仪式。

（生物医药处）

【首款国产口腔CT获准上市】 年内，由市科委支持的，北京朗视仪器有限公司承担的我国自主研发的首款国产口腔CT近日获得医疗器械注册证，获准上市销售，填补了国内空白。项目团队采用产学研医一体化研发，成功突破高精度三维成像等口腔CT核心技术，在空间分辨率、重建速度、伪影控制等方面达到国际一流水平，并针对国内用户需求进行了大量本土化设计。

（生物医药处）

新材料与新能源技术

【市科委组织纯电动轿车交车仪式】 4月13日，市科委举行了北汽集团500辆自主品牌纯电动轿车规模化示范运营交车仪式，正式拉开了北京市新能源乘用车规模化运营的序幕。这批电动轿车交付使用是北京市新能源汽车示范运营计划的重要组成部分，标志着北京市自主品牌纯电动汽车产业化迈出了坚实的一步。

（新能源中心）

【科技部部长万钢率队考察并指导新能源电动汽车示范推广工作】 4月19日,全国政协副主席、科技部部长万钢来到北汽新能源汽车公司,出席了北京市纯电动出租车示范运营交车仪式,并对新能源汽车产业园区发展情况进行了专题调研。市委常委赵凤桐、市科委主任闫傲霜等领导陪同调研。

(新能源中心)

【北京市召开新能源汽车示范运营安全工作会】 6月12日,市科委召开北京市新能源汽车示范运营安全工作会。会议听取了北京理工大学关于北京市新能源汽车运营安全保障工作机制及平台建设情况的报告。有关部门对电动车辆和充电站运营安全保障措施进行了介绍。参会单位就新能源汽车的安全运营进行了深入交流。会议充分肯定了北京市在推广使用新能源汽车过程中在安全管理方面所取得的成绩和经验。会议强调做好北京新能源汽车安全运营工作的重要性和紧迫性,要求各单位加强安全工作。

(新能源中心)

【密云县50辆区域电动出租车投入示范运营】 7月10日,密云50辆区域电动出租车示范运营启动仪式在密云群众文化活动中心举行。市科委、市交通委等部门的领导出席了交车仪式。此次规模化示范运营由北京市新能源汽车联席会统筹部署,在交通委运输管理局直接组织及各相关单位的积极支持下,密云县政府、北京市电力公司及北汽集团积极开展密云电动出租车示范的各项准备工作,高效完成了出租车运营公司组建、人员招聘、充电站选址建设及车辆招标生产等各项任务。

(新能源中心)

【市委常委赵凤桐主持召开新能源汽车联席会研究部署示范运营工作】 7月19日,市委常委赵凤桐主持召开了北京市新能源汽车联席会,市委副秘书长傅华、市政府副秘书长戴卫出席了会议。市发改委、市科委、市财政局、市市政市容委、市交通委等联席会成员单位,相关区县、汽车企业的负责人参加了会议。与会人员就新能源汽车示范运营工作进行了交流讨论。会议充分肯定了新能源汽车工作整体进展,提出各单位要通力合作,坚定不移地做好新能源汽车研发、示范及产业化工作。会议对下一阶段的重点工作进行了安排部署,强调要加大力度推进相关工作,及时完成车辆交付,确保完成示范运行总体目标;提出开展电池租赁、电池保险、运营补贴等方案的测算和研究;要求充分利用高安屯充换电站的服务能力,加快推进小营、四惠、通州土桥充换电站的建设。

(新能源中心)

【组织开展动力电池租赁签约工作】 8月3日,北京市新能源汽车联席会办公室举行纯电动出租车、环卫车动力电池租赁签约仪式。电池租赁是新能源汽车商业模式的创新探索,用户只采购裸车,动力电池由电力公司统一采购,并向使用单位提供租赁和维修保养服务。由于目前电池成本较高,电池租赁模式可有效降低车辆的一次性投入,同时有利于对电池进行集约化管理,延长电池的使用寿命。此次动力电池租赁签约工作,既包括延庆、房山、密云、昌平、平谷和怀柔六个区县纯电动出租车,还涉及东城、海淀、朝阳、丰台四个区的纯电动环卫车。租赁协议的顺利签约,有力地推动全市纯电动汽车的示范运营工作,为圆满完成年底5000辆的示范运营目标提供保障。

(新能源中心)

【北京市新能源汽车集体亮相杭州展】 8月10—12日,2012中国(杭州)国际新能源汽车产业展览在杭州举行。在北京市新能源汽车联席会办公室统一组织下,市科委、市交通委、市商务委等有关部门和部分区县代表出席了系列活动。清华大学、北京理工大学、北汽新能源汽车公司、北汽福田汽车股份有限公司、长安汽车、精进电动科技(北京)有限公司、北京优科利尔能源设备有限公司、北京理工华创电动车技术有限公司、北大先行科技产业有限公司等十余家产学研单位也在展会上亮相,充分展示了北京市在新能源汽车的研发、示范和产业化等方面所取得的成绩。通过此次活动,增进了试点城市间的交流,推动了领域内产学研用合作,对新能源汽车发展起到重要的促进作用。

（新能源中心）

【北京纯电动汽车服务“环京赛”】 10月9日，2012年第二届环北京职业公路自行车赛在京举行。环京赛是国际自行车联盟最高级的比赛之一，北汽集团作为赛事首席合作伙伴，提供了184辆特装车作为赛事保障用车，其中包括11辆E150EV纯电动汽车。在市科委、市交通委及各相关单位的大力推动下，环京赛示范运营车辆的生产准备、指标申请、上牌、充电桩选址建设等工作高效完成。此次活动将电动汽车“零排放”的特点与环京赛大力倡导的“绿色出行”理念有机结合，也从侧面反映出北京新能源汽车发展取得的积极成果，车辆性能品质达到了高标准要求。E150EV是在市科委支持下，北汽集团研发的首款自主品牌纯电动轿车。目前已在北汽集团内部开展500辆规模化示范运营，并且在密云、平谷等区县的出租车领域推广应用。

（新能源中心）

【陈刚常委召开新能源汽车联席会推进示范运营工作】 10月18日，市委常委陈刚召开新能源汽车联席会议，研究解决电动环卫车接收及电池租赁协议签订、电动环卫车电池生产及交付、小营充换电站拆迁补偿等相关事宜。相关市政府部门、区县负责人、企业和高校代表参加了会议。会议肯定了市科委、市财政局、市电力公司等单位前期所做的工作，强调电动环卫车示范运营是北京市新能源汽车示范工作的重要组成部分，要求各区县务必高度重视，进一步落实电动环卫车运营资金，市电力公司要加快电池验收和资金支付，电池企业合理安排电池生产计划，加快电池交付进度。同时要狠抓落实，建立有效的工作推进机制，定期上报工作进展情况，确保年底前完成2060辆电动环卫车示范运营工作。

（新能源中心）

【采访十八大记者体验北京纯电动汽车】 11月7日，在中国共产党第十八次全国代表大会开幕前夕，十八大新闻中心组织来自俄罗斯、乌克兰、马来西亚、日本、香港等国家和地区的50余名媒体记者赴北汽新能源汽车公司进行参观采访。中外记者亲身体验了北汽研发的纯电动汽车，直观地感受到北京市近年来在新能源研究领域所取得的成果。记者们参观了北京新能源汽车体验中心，了解国内外新能源汽车发展的历史、现状和发展趋势；试乘试驾了北汽自主研发的E150EV、C70GB等纯电动汽车，对行驶平稳、噪声低、无污染、乘坐舒适的电动汽车给予了高度评价；参观了北汽新能源公司总装车间生产线。在市科委等部门的支持下，北汽新能源公司目前已建成单班2万辆产能的电动汽车生产线，构建了电池、电机等上下游协同配套的产业链。

（新能源中心）

【北汽纯电动轿车项目获国家新能源汽车创新工程支持】 12月3日，财政部、工信部、科技部对2012年度新能源汽车产业技术创新工程拟支持项目名单进行了公示，北汽股份旗下新能源汽车公司承担的“北京牌全新平台纯电动轿车产业化开发”项目成为纯电动乘用车五个支持项目之一。该项目曾被市科委推荐列入2012年北京市重大科技成果转化和产业化统筹项目，获3000万元经费支持。通过该项目的实施，有利于北汽自主品牌纯电动轿车产品的进一步提升，增强企业技术创新水平，加快北京新能源汽车产业发展。

（新能源中心）

【2012电动汽车全产业评选中北京市获奖数量位居榜首】 12月11日，由《中国汽车报》主办，中国汽车工业协会、中国汽车工程学会等单位协办的2012（第三届）中国电动汽车全产业盛典在上海举行。本届盛典以“汇聚正能量”为主题，汇集了国内近百家行业主流电动汽车生产厂家及相关零部件、配套企业。作为本次盛典的重头戏之一，电动汽车全产业评选活动也于同期举行。北京市共有10家企业及高校荣登榜单，在各省市获奖项数量最多，位居榜首。北汽新能源汽车公司获“年度优秀纯电动轿车企业”奖，普莱德、盟固利获“年度优秀动力电池供应商”奖，北京亿华通、理工华创获“年度优秀电动系统集成服务商”奖，精进电动

获"年度优秀驱动电机"奖，清华大学、北京理工大学获"年度优秀电动汽车动力系统平台技术"奖，普天新能源有限责任公司获"年度优秀基础设施供应商"奖，长安、福田凭借自己产品的实力，获"年度优秀纯电动汽车"奖，展示了近年来北京市在新能源汽车研发及示范运行方面取得的成绩。

（新能源中心）

【大兴区100辆纯电动出租车投入运营】 12月18日，大兴区100辆纯电动出租车投入运营。至此，大兴区成为北京市继延庆、房山、昌平、密云、平谷、怀柔之后，第七个开展区域纯电动出租车示范运营的远郊区县。此次投入运营的E150EV纯电动出租车由市科委立项支持，北汽自主研发，于2012年1月列入工信部汽车公告目录。大兴纯电动出租车采取公车公营方式经营，收费标准为8元/3千米，超过3千米，每千米收取2元。为方便出租车候客，新城内的主要街道和部分停车场已经设置了108个区域纯电动出租车专用停车位。另外，电召系统正在建设当中，未来还可实现电话预约服务的功能。首次投入运营的100辆纯电动出租车将分时段运营，保证每天早晚高峰时段，有60辆车在路上运营，午间闲时，有40辆车运营。纯电动出租车的投入使用，将丰富大兴交通出行方式，繁荣郊区出租车运营市场，为广大市民低碳出行提供了一条新的途径。

（新能源中心）

【北京市节能与新能源汽车示范工作成效显著】 12月26日，财政部、国家发改委、科技部、工信部四部委组织专家对北京市新能源汽车总体示范运行情况进行了验收，通过实地考察和资料验收，专家组一致认为总体示范情况良好，同意通过验收。按照国家四部委关于新能源汽车示范运行工作的总体部署，北京市统筹资源、创新机制，扎实推进新能源汽车试点工作。到年底，北京市建成4座大中型充换电站、49个充电群及1740个充电桩，示范车辆累计行驶1.7亿千米，减排二氧化碳8.53万吨。

（新能源中心）

【北汽新能源汽车与英飞凌联合实验室正式成立】 12月26日，北京汽车新能源汽车有限公司与英飞凌科技亚太有限公司在北京举行联合实验室签字挂牌仪式。双方拟通过建立联合实验室，加强协同创新，实现强强联手，英飞凌将为北汽新能源提供硬件芯片方案以及底层软件和开发工具支持，助力北京市新能源汽车的产业化进程。双方计划利用联合实验室，首先开展基于整车控制器平台的联合开发，特别是在英飞凌16位(32位)单片机(MCU)快速硬件平台开发、规范化底层软件的开发与基于控制模型的软件集成开发方面，探索更加高效的新能源汽车控制系统的集成开发流程。

（新能源中心）

知识产权

专利管理与服务

【在京央企集团专利信息检索及实用技能培训班成功举办】 3月28—29日,市知识产权局与国家知识产权局专利文献部联合举办在京重点央企集团专利信息检索及实用技能培训班。来自中石油股份有限公司、东方广视科技有限公司、北汽研究院、航天科工集团等部分在京央企的研发骨干与知识产权管理人员共计50余人参加了培训。培训后,举办了结业仪式。市知识产权局副局长周砚、国家知识产权局专利文献部副部长王强出席结业式并讲话。此次培训的主要课程主要有“善用专利信息提高企业核心竞争力”“企业专利业务与专利信息利用”“互联网中国专利检索平台的使用方法”“互联网国外专利资源检索平台的使用方法”“技术研发中的专利信息运用策略”“专利信息检索案例练习”等,既有实务工作经验介绍,又有专家理论解析;既有微观案例解读也有上机实践。在内容上,基本涉及专利信息利用的各个方面。授课专家精心准备、学员认真学习,此次培训取得了很好的学习效果。

(知识产权局)

【“4·26”世界知识产权日宣传活动启动仪式在北京经济技术开发区举行】 4月20日,市知识产权局与北京经济技术开发区共同推进2012年知识产权工作计划暨“4·26”世界知识产权日宣传活动启动仪式在开发区博大大厦举行,副市长洪峰出席会议并讲话。市知识产权局局长汪洪、副局长王淑贤,大兴区委书记、北京经济技术开发区工委书记林克庆,北京经济技术开发区管委会主任张伯旭、巡视员杜新安参加了会议。汪洪局长和张伯旭主任共同签署了“北京市知识产权局与北京经济技术开发区管委会2012年度知识产权战略推进计划”,此计划涵盖16项具体工作措施,为充分发挥开发区现代高端制造业和战略性新兴产业聚集区资源优势、建设知识产权产业化示范区提供了坚实的基础。

(知识产权局)

【2012年第四期知识产权发展沙龙活动圆满举办】 5月15日,由北京知识产权保护协会参与发起并支持的北京知识产权发展沙龙在圆山大酒店举行了2012年第四期沙龙活动。本次沙龙活动的主题是美国司法裁判中对专利权利要求的解释问题,来自美国摩根路易斯律师事务所知识产权团队的联合主席、资深律师罗伯特·盖伊布里克和加州硅谷分所知识产权法律事务部律师孙亚雷,通过最新的案例介绍了美国专利体系中对权利要求解释的趋势,并通过案例介绍了侵权分责抗辩及诉讼应对策略。来自方正集团、大唐移动、同方股份、汉王、方正电子、西门子(中国)等中外企业知识产权高管,以及北京航空航天大学的知识产权专家等共计40余人参加了本次沙龙活动。主讲嘉宾通过自己为国内客户服务的经验,对一些常见或共性问题及回复进行讲解。会上,沙龙成员围绕马克曼听证程序、法官在权利要求解释中的重要作用及内部和外部证据考虑、权利要求与说明书的书写要点与禁区等问题进行了热烈的讨论。

(知识产权局)

【五届中美知识产权模拟法庭在京成功举行】 6月20日,由北京市知识产权局、中国知识产权培训中心、北京大学国际知识产权研究中心、美国约翰·马歇尔法学院共同举办的第五届中美知识产权模拟法庭在京举行。国家知识产权局培训中心主任马放、北京市知识产权局副局长周砚、北京大学国际知识产权研究中心主任郑胜利以及美国约翰马歇尔法学院亚洲联盟主任 Dorothy Li 出席会议并致辞。本届中美知识产权模拟法庭采用情景教学方式,围绕“血液氧合器”发明专利的专利侵权纠纷这一模拟案件,分别由北京市第一中级人民法院、第二中级人民法院法官以及美国伊利诺伊北区美国联邦地区法院法官适用各自国家法律的模拟庭审以及中美双方律师的代理出庭,进而比较两国在专利侵权案件法庭审理程序及实体法上之异同，为参会的中美企业界和法律界人士搭建了一个基于比较法学方式的知识产权交流学习平台。

（知识产权局）

【第三届“中国国际知识产权论坛”在京召开】 7月9日，第三届“中国国际知识产权论坛”在京召开。本次论坛由英国《知识产权管理》杂志社主办，国际保护知识产权协会、中国专利保护协会和北京知识产权保护协会共同协办，吸引了来自国内外包括国家知识产权局、世界知识产权组织、欧洲专利局、美国专利商标局和日本专利局等350多位知识产权界官员和中国企业代表参加。本届论坛设立了主题演讲、各个国家专题讲座、圆桌会议、问题聚焦和代表提问等环节。会议议题包括在欧洲申请专利、在美国申请专利、在日本申请专利以及在非洲申请专利的指南、策略和法律体系的最新改革进展；专利合作条约（PCT）实用指南；美国国际贸易委员会（ITC）指南；知识产权管理策略、欧洲专利诉讼策略；专利信息搜索、专利拍卖等。参会代表围绕PCT申请、专利检索、海外知识产权保护等问题与来自国内外的知识产权专家、学者充分展开交流和讨论。

（知识产权局）

【中日韩知识产权远程教育十周年国际研讨会在京举行】 9月5日，由中国知识产权培训中心、日本工业所有权情报研修馆及韩国国际知识产权研修学院主办，市知识产权局承办的“中日韩远程教育十周年国际研讨会”在京举行。国家知识产权局培训中心副主任燕冲、日本工业所有权情报研修馆人才开发总监大熊雄治，韩国国际知识产权研修学院院长朴建洙以及市知识产权局副局长周砚出席会议并致辞。来自国家知识产权局、各地方知识产权局、地方法院知识产权庭、高校、企事业单位的近50位代表参加了此次会议。会上，日本独立行政法人所有权情报研修馆人才育成部主查正谷俊介、韩国国际知识产权研修学院职员课副课长鲁炯植和中国知识产权培训中心教务二处处长邓一凡分别介绍了日本、韩国和中国的知识产权远程教育情况。各参会代表纷纷就各自知识产权远程教育工作中遇到的问题与三位介绍人交流，共同探讨如何提高中日韩知识产权远程教育的水平。

（知识产权局）

专利保护

【知识产权工作为京交会保驾护航】 6月1日，首届京交会的圆满结束，京交会知识产权保护办公室的工作成为展会突出特色。展会期间，商务部部长助理仇红，北京市副市长程红、洪峰，国家知识产权局专利复审委副主任王霄蕙等领导先后到知识产权办公室检查指导，对知识产权保护工作给予了充分肯定，国内外多家媒体也进行了采访报道。在首届京交会上，由市知识产权局牵头，市工商局、市文化执法总队、国家专利复审委等单位参加的知识产权保护办公室，全程进驻展会，开展展会知识产权保护工作。展会期间，有7000余人次到知识产权办公室现场参观、走访，知识产权办公室发放知识产权书籍等宣传资料8000余份，接待解答知识产权咨询289人次，办理投诉举报案件5件，为京交会的顺利进行提供了有效保障。市知识产权局组织志愿者积极参加展会知识产权宣传和服务，先后共有42名大学生志愿者参加京交会知识产权宣传服务，他们对展会参展商进行了知识产权流动调查，发放并回收调查问卷125份，为今后京交会知识产权工作奠定了基础。

（知识产权局）

【市知识产权局成功调解一起世界500强企业专利侵权纠纷案件】 年内，罗伯特·博世有限公司就其“测试工作台”外观设计专利与北京某公司的专利侵权纠纷案经执法处审理后达成调解协议结案。2012年7月，罗伯特·博世有限公司就该外观设计专利与被请求人的专利侵权纠纷，向市知识产权局执法处提出了处理请求。市知识产权局受理后，依法组成合议组，

2012 年 11 月初,合议组对本案进行了口头审理。经过合议组的努力,双方当事人握手言和,于 11 月 20 日在市知识产权局签收了京知执字(2012)687—26 号专利侵权纠纷案件调解书。罗伯特·博世有限公司是世界 500 强企业,也是世界最大的汽车技术供应商。近年来该公司在中国设立了多个独资公司、合资公司、贸易公司及代表处。博世公司有步骤地通过行政途径维权,在市知识产权局执法处立案多起。执法处对此类涉外案件及时立案审理,既维护了专利权人的合法权益,又尽量减少了当地企业的损失。还有两起博世公司提出的专利侵权纠纷处理请求正在处理中。

(知识产权局)

知识产权统筹协调

【召开服务贸易知识产权研讨会】 3 月 13 日,为加强北京市服务贸易领域知识产权保护水平,确保中国(北京)国际服务贸易交易会(即京交会)的顺利进行,市知识产权局召开服务贸易知识产权研讨会,商务部条法司、中国政法大学、北京理工大学、北京经济管理职业学院以及中介服务机构的专家参加了研讨会。研讨会围绕服务贸易与知识产权的关系、服务贸易中展会知识产权保护工作的难点及重点进行了深入的讨论。与会专家普遍认为,服务贸易与货物贸易有着截然不同的表现形式,其中知识产权侵权纠纷的重点、具体形式与广交会等货物贸易类展会相比具有特殊性。按照服务贸易的特点开展工作,提前制定与服务贸易相适应的展会知识产权保护合同、纠纷处理程序、纠纷处理准则并组建专家团队十分重要。与会专家还对展会知识产权保护办公室开展相关工作提出了很多建议。

(知识产权局)

【北京知识产权运营管理有限公司挂牌成立】
5 月 3 日,我国首家由政府倡导并出资组建的知识产权商用化公司——北京知识产权运营管理有限公司挂牌成立。这是北京市落实国家知识产权事业发展“十二五”规划的一个重要举措,是北京市在知识产权商用化发展史上的一个里程碑。市委常委赵凤桐主持揭牌仪式。北京知识产权运营管理有限公司是由北京中关村发展集团股份有限公司、北京市海淀区国有资本经营管理中心、北京亦庄国际投资发展有限公司、中国技术交易所等四家公司共同出资成立的国有控股有限责任公司,注册资本为 1 亿元人民币。公司按照“政府引导、社会参与、专业运作”的工作原则和“致力于知识产权价值发现、服务于战略性新兴产业发展”的工作宗旨,以市场化的方式和专业化的思维进行运营。

(知识产权局)

【2012 年北京(中关村)审查员实践基地活动启动】 5 月 29 日,“2012 年北京(中关村)审查员实践基地活动启动会”在湖北大厦举行。国家知识产权局专利局人事教育部副部长赵喜元、市知识产权局周砚副局长、中关村科技园区管理委员会委员李翔出席会议。国家知识产权局专利局人事教育部教育一处处长张利首先宣读国家知识产权局副局长甘绍宁致本次会议的贺信。甘绍宁在贺信中指出,国家知识产权局高度关注北京,特别是中关村知识产权事业的发展。北京(中关村)审查员实践基地成立以来,各项工作卓富成效。希望北京(中关村)审查员实践基地继续做好实践基地的组织管理和服务工作,探索和创新更好的实践基地工作模式。中关村知识产权促进局负责人介绍了 2012 年北京(中关村)审查员实践基地活动,并提出 2012 年北京(中关村)审查员实践基地将在完善基地建设规制、突出活动特色、发挥专业优势和提升服务水平四方面着力做好工作,搭好促进审查员与企业多赢发展的平台纽带。

(知识产权局)

质量技术监督

【2012年度“质检邀您看企业·食品安全大家行”活动启动】 6月17日,2012年度“质检邀您看企业·食品安全大家行”活动在国家食品质量安全监督检验中心正式启动。国务院食品安全委员会办公室主任张勇、国家质检总局局长支树平、副局长蒲长城、北京市副市长洪峰等领导出席了启动仪式并视察中心的实验室。一些消费者代表、人大代表、政协委员和59余家媒体记者受邀参观了实验室,近距离了解了食品安全检测技术保障。

(市质监局)

【2项质检总局科研课题通过验收】 6月24日,海淀区产品质量监督检验所(国家食品质量安全监督检验中心)承担的“植物类化妆品中有机磷农药残留检测技术研究”和“发酵乳中活性双歧杆菌种类的快速识别及分子定量研究”2项质检总局科技计划项目通过鉴定验收。鉴定委员会专家一致认为2个项目研究目标明确,采用的技术路线和方法具有创新性,研究成果均达到国内领先水平,为国内开展对植物类化妆品中有机磷农药残留的监管、制定科学合理的双歧杆菌发酵乳制品生产规范、引导发酵乳行业健康发展和市场监管提供了可靠的技术支持。

(市质监局)

【1项国家应急标准发布实施】 6月,海淀区产品质量监督检验所制定的国家应急标准《化妆品中邻苯二甲酸酯类物质的测定》(GB/T 28599—2012)正式发布,并于12月1日起实施。该标准的完成对于保护消费者身体健康,提升我国化妆品质量安全科技保障能力,为政府部门进行化妆品质量安全监管提供必要的技术支撑等方面将发挥积极的作用。

(市质监局)

【全国政协主席贾庆林考察国家汽车质量监督检验中心(北京)碰撞实验室】 10月27日,国家质检总局局长支树平陪同中共中央政治局常委、全国政协主席贾庆林考察了国家汽车质量监督检验中心(北京)碰撞实验室。贾庆林仔细了解了汽车安全碰撞试验准备情况,详细询问了北京市建设第三方汽车专业检测研究机构、满足自主品牌汽车研发需求、政府监管需要以及促进首都汽车产业科学发展等情况,对加强质量安全监管和检验检测技术机构建设给予赞许和鼓励。

(市质监局)

【1项科研成果获质检总局“科技兴检奖”】 年内,海淀区产品质量监督检验所科研成果“食品用塑料包装容器工具等制品原辅材料质量安全评价相关方法建立研究”获得国家质量监督检验检疫总局“科技兴检奖”二等奖。项目立足食品用塑料包装容器工具等制品使用安全性现状,开展了食品用塑料包装容器工具等制品原辅材料质量安全框架体系建立的基础研究,针对食品包装安全潜在隐患及可能发生的食品包装安全突发事件开展系列方法研究。项目研究成果的应用为质检系统对食品包装实施有效监管提供了技术支撑,有力维护并提升了质检系统形象。

(市质监局)

【6项化妆品国家标准通过专家审定】 年内,海淀区产品质量监督检验所制定的《化妆品中双酚A残留的测定 液相色谱－串联质谱法》《化妆品中保泰松含量的测定方法 高效液相色谱法》《化妆品中苯扎氯铵及其同系物含量的测定》《化妆品中甲基丁香酚的测定 气相色谱/质谱法》《化妆品中苯扎氯铵含量的测定 高效液相色谱法》《化妆品中防腐剂脱氢醋酸及其盐类的检测方法 高效液相色谱法》和《化妆品中氯磺丙脲、氨磺丁脲、甲苯磺丁脲的测定 液相色谱/串联质谱法》6项国家标准通过了专家组的审定。专家组对6项国家标准的制定工作给予了充分肯定,认为6项标准的制定对于保护消费者身体健康,提升我国化妆品质量安全科技保障能力,为政府部门进行化妆品质量安全监管提供必要的技术支撑等方面发挥了积极的作用。

(市质监局)

标　准

【北京市公共就业服务规范标准建设启动会召开】　1月12日，市人力社保局召开北京市公共就业服务规范标准建设启动会暨北京市《公共职业介绍服务规范》框架研讨会，正式启动职业介绍服务的标准化建设工作。

（刘　虹）

【2012年地方标准和百项节能标准建设工程专项立项计划审议通过】　2月8日，市质监局审议通过2012年208项地方标准立项计划和北京市百项节能标准建设工程专项立项计划。通过立项的地方标准项目总体上满足本市的经济和社会发展要求，符合《首都标准化战略纲要》和《北京市"十二五"时期标准化发展规划》的总体部署，符合各行业当前的重点发展需求。标准制定后将在提升城乡一体化建设水平，提高城市精细化管理水平、创新社会服务与管理、保障公共安全、改善交通出行、促进北京都市型现代农业发展、促进现代服务业发展、建设智慧城市等方面发挥重要作用。百项节能标准建设专项工程是根据北京市"十二五"时期节能工作要求和重点耗能领域转移的特点，在对现有国家标准和行业标准系统梳理的基础上，按照"更新修订老旧标准，适度提升地方标准，新增填补空白标准"原则，筛选出百余项节能标准，以达到完善北京市节能标准体系，发挥节能标准引领作用的目的。本年度设立的百项节能标准化建设工程，将为本市建设"绿色北京"、创建宜居型城市提供重要的技术保障。

（钟铧章）

【《北京市地质灾害危险性评估技术规范》地方标准审查会议召开】　2月10日，市质监局召开地方标准《北京市地质灾害危险性评估技术规范》审查会议。市国土局地环处、科技合作处、财务处以及该规范的部分编写人员参加了会议。规范于2009年6月12日由市国土局委托中航勘察设计研究院作为主编单位，市水文地质工程地质大队和市地质研究所为副主编单位，组织市勘察设计研究院有限公司等9家单位负责编制。与会专家听取了《地灾评估规范》（送审稿）的编制情况汇报，并对标准送审稿进行了审查。最后，专家组一致同意《地灾评估规范》通过审查，建议本规范编制单位根据专家的意见进行修改后上报。《地灾评估规范》总结了本市多年来开展建设用地地质灾害危险性评估的实践经验，体现了北京市城市地质环境管理领域的研究成果，对促进地质危险性评估工作的科学化和规范化、落实防灾减灾具有重要的现实意义。

（王建华）

【网格化社会服务管理标准体系通过专家评审】　2月14日，东城区网格化社会服务管理标准体系通过了专家评审。东城区网格化社会服务管理标准化建设工作周期为2011年10月至2012年1月，它将网格化城市管理的理念和模式拓展到社会服务管理领域。标准体系以综合运行管理和社会公共服务保障为基础，以数字化信息管理为平台，建立了包括综合管理体系和专业工作体系的标准体系总体框架，从管理层级、网格划分、数据结构、管理方法、业务流程等方面进行了全方位的标准化设计，编写了网格化社会服务管理的系列规范，规范了社会服务管理过程中的办事程序、明确了社会服务管理过程中事件处理的权责，区、街道、社区网格在社会管理和公共服务中的职责更加明确，业务衔接更加紧密，工作重心更加下移，借助于科学的网格化信息系统，打破了原来部门之间的信息壁垒，实现了信息数据的共享。

（刘茹青　李凌松）

【WAPI产业联盟组织承办国际标准组织ISO/IECJTC1/SC6全会及工作组会议】　2月20—24日，国际标准化组织ISO/IECJTC1/SC6全会及工作组会议召开。本次会议由中国国家成员体（国标委）主办，WAPI产业联盟成员单位承办。来自中国、中国香港、美国、英国、法国、韩国、德国、瑞士、荷兰、西班牙、奥地利等国家和地区以及Ecma、IEEE等标准化组织的90余位专家及代表参加了会议。本次会议充分贯彻了国家关于“实质参与国际标准化活动,增强国际标准制定话语权”的指示精神,彰显了我国在数据通信领域与产业大国相适应的国际标准化地位和形象。

(刘 婷)

【网格化社会服务管理标准化工作研讨会召开】 3月1日,市质监局、市综治办召开网格化社会服务管理标准化工作研讨会,市质监局、市综治办领导出席了会议,与会人员就开展网络化社会服务管理标准化工作思路和方式等内容进行了交流。市质监局将积极发挥组织协调职能,在充分总结东城区城市公共服务标准化成功经验的基础上,搭建网格化社会服务管理标准体系,推动社会服务管理模式逐步完善,提升城市管理精细化水平,打造具有首都特色的社会管理创新品牌。市综治办副主任许继慧就总结推广网络化社会服务管理模式、全面提升城市管理工作水平等内容提出了要求。

(钟锌章)

【文化创意标准化工作研讨会召开】 3月12日,市质监局与市文化创意产业促进中心召开文化创意产业标准化工作研讨会。市质监局、市文创中心领导出席会议。市文化创意产业标准化技术委员会汇报了文化创意产业标准化工作的整体情况及2012年工作思路。市文创中心介绍了本市文化创意产业发展特点和标准化需求。会上,市质监局领导指出,要充分发挥标准化对文化创意产业的服务作用,通过标准化规范文化创意产业市场秩序,为企业提供统一的技术规范、培育有效的竞争环境;要充分发挥文化创意标准化工作中的企业主体作用和行业引领作用,重点依托行业性组织和龙头企业开展标准化工作,抢占行业制高点;要与相关部门联合,共同围绕文化创意产业开展相关标准化研究,支撑本市文化创意产业发展,服务首都科技创新与文化创新。

(钟锌章)

【2012年北京市城乡规划标准化工作会议召开】 3月13日,2012年北京市城乡规划标准化工作会议召开,住建部标准定额司、市规划委、市质监局、市民防局、市消防局、区县规划分局及标准主要起草单位的有关负责人参加会议。会议通报了2011年北京市城乡规划标准化工作总体情况,明确了2012年城乡规划标准化工作的总体思路,部署了2012年重点工作任务,市勘察测绘办等4家单位代表分别做典型发言。

(钟锌章)

【推进北京市人力资源服务标准化建设工作会议召开】 3月13日,市人力社保局召开“推进北京市人力资源服务标准化建设工作”局务会,到会局领导听取了北京人力资源服务行业协会关于《北京人力资源服务地方标准》修订工作设想和进展情况的汇报。汇报分为北京市人力资源服务机构基本情况、修订工作的进展情况两部分。会议决定:鉴于市质监局已将《北京人力资源服务地方标准》正式列为2012年修订一类项目,随即成立《北京人力资源服务地方标准》修订领导小组和起草小组,计划分四个阶段在年内修订完成并上报市质监局。

(康 群)

【“空间科学及其应用标准体系”评审会召开】 3月16日,市标准化研究所与全国空间科学及其应用标准化技术委员会共同召开了“空间科学及其应用标准体系”评审会。来自北京大学、中科院、北京理工大学、北京航天飞行控制中心、中国航天员科研训练中心等单位的专家组成了专家评审组,评审组听取了项目组做的“空间科学及其应用标准体系的研究报告”,专家认为该项研究深入分析了我国空间科学及其应用领域建立标准体系的需求和必要性,在综合考虑了本领域科学研究、技术、管理等各环节所需标准规范的基础上,提出了一个符合我国实际特点的空间科学及其应用标准体系,标准体系结构清晰、分类科学、构成合理,能够为我国空间科学及其应用领域标准化总体框架形成和未来标准制修订提供技术支撑。专家组一致通过对空间科学及其应用标准体系的评审。

(贾鑫哲)

【《北京市“十二五”交通标准化发展规划(2011—2015年)》正式印发】 3月19日,《北京市“十二五”交通标准化发展规划(2011—2015年)》印发。该《规划》分析了当前北京市交通标准化现状及问题,借鉴国内外交通标准化经验,明确“十二五”时期北京市交通标准化发展形势及需求;制定了北京市“十二五”交通标准化发展的指导思想、原则和目标,并明确“十二五”时期交通标准化工作重点;在总结《北京市交通标准发展规划(2008—2012年)》的基础上,结合“十二五”时期交通标准化工作重点,提出2013—2015年交通标准制修订项目表;完善、更新了交通标准体系表;提出建立健全北京市标准化工作机制的建议;提出了人才队伍、交通标准化技术委员会、标准化信息平台等标准化支撑体系建设建议。

(钟锌章 刘立勇)

【“城市集中商业区(商圈)运营及安全关键国家标准研究”项目启动会召开】 3月21日,“城市集中商业区(商圈)运营及安全关键国家标准研究”项目启动会在市标准化研究所召开,国标委服务业标准部、中国标准化研究院、中国物流与采购联合会、中国连锁经营学会、上海市标准化研究院、北京市标准化研究院等单位的领导和专家出席了会议。会议先由项目牵头单位做项目介绍,再由国标委领导对项目管理和研究进程做指示,专家对项目预期成果的定位和范围、实施路线和方案进行了研讨、论证。

(贾鑫哲)

【北京市交通标准化技术委员会成立大会召开】 3月22日,市交通标准化技术委员会召开成立大会。市交标委的职责定位是:紧紧围绕缓解交通拥堵、实现城乡统筹、确保交通安全运行、打造惠民工程等交通中心工作,更好地发挥标准化对“三个交通”的技术支撑作用,特别是发挥标准化在交通精细化管理方面的作用。

(钟锌章)

【《2012年中关村国家自主创新示范区标准创新试点工作方案》(科园发〔2012〕12号)印发】 3月26日,为进一步整合中关村示范区标准化工作力量,整体推进相关工作,按照中关村2012年整体工作部署及创新能力提升工程的有关要求,中关村管委会与市质监局联合印发《2012年中关村国家自主创新示范区标准创新试点工作方案》。该《方案》从工作思路、工作目标、工作内容和保障措施等四个方面对2012年中关村标准创新试点工作做了部署。

(郅斌伟 苏静梅)

【海淀区养老机构星级评定结果公布】 3月28日,海淀区养老机构星级评定结果公布。海淀区四季青镇敬老院等19家养老机构获评星级养老机构,其中包括1家四星级、1家三星级、14家二星级和3家一星级。星级评定工作提升了全区养老服务机构管理服务水平和服务质量,促进了养老机构管理服务规范化,使标准化工作成为服务民生的有力抓手。

(钟锌章)

【市政府常务会议审议通过《首都标准化战略纲要重点任务分解方案》】 3月29日,市长郭金龙主持召开市政府第119次常务会议,会议审议通过《首都标准化战略纲要重点任务分解方案》。方案包含任务91项,涉及市委、市政府47个部门和各区县政府。市质监局根据市政府常务会议的决策部署,组织协调《首都标准化战略纲要重点任务分解方案》的落实,在全面实施“人文北京、科技北京、绿色北京”战略、建设中国特色世界城市的工作大局中,进一步发挥标准化工作的重要作用。

(钟锌章)

【6家单位被确定为首批“全国旅游标准化示范单位”】 3月31日,根据国家旅游局《关于确定首批“全国旅游标准化示范单位”的通知》(旅办发〔2012〕47号)精神,本市6家单位被确定为首批“全国旅游标准化示范单位”:全国旅游标准化示范县——延庆县,全国旅游标准化示范单位——中国国际旅行社总社有限公司、中青旅控股股份有限公司、北京市天坛公园管理处、北京市昌平区十三陵特区办事处、圆明园管理处。本市6家示范单位的试点成绩体现了标准化工作在提高旅游业产品质量和服务水平及促进旅游业发展方式转变中的重要作用。

(王萌萌)

【5 家单位被确定为第二批“全国旅游标准化试点单位”】 4 月 1 日,国家旅游局发布了《关于印发第二批全面推进旅游标准化试点单位名单的通知》(旅办发〔2012〕112 号),共 50 家单位入选,本市 5 家单位被确定为第二批“全国旅游标准化试点单位”:首旅建国酒店管理有限公司、中国旅行社总社有限公司、海航旅业控股(集团)有限公司、北京八达岭特区办事处及颐和园管理处。

(钟锌章　王萌萌)

【气象标准资源共享网络平台建立】 4 月 16 日,市气象局综合管理信息系统增设“标准下载”栏目,提供现行气象标准目录以及部分标准电子文档的下载,方便业务人员学习和使用标准,加快了市气象局气象标准化、现代化的步伐。

(符　琳)

【2012 年北京市旅游标准化工作会议召开】 4 月 17 日,市质监局与市旅游委共同召开 2012 年北京市旅游标准化工作会议。国家旅游局监督管理司标准化处负责人、市质监局、市旅游委领导出席会议,16 个区县旅游局(委)和质监局负责人,各旅游标准化试点单位负责人参加会议。会议传达学习了 2012 年全国旅游标准化试点工作会议精神,总结了本市旅游标准化试点工作,部署了 2012 年本市旅游标准化工作。会议还通报了市首批全国旅游标准化示范单位和第二批全国旅游标准化试点单位。

(钟锌章)

【《关于健全完善食品企业自检体系建设的意见》出台】 4 月 18 日,市食品安全办出台了《关于健全完善食品企业自检体系建设的意见》。《意见》公布了被列为 2012 年北京市政府为民办实事的 150 家食品生产流通企业自检实验室的遴选标准和名单,同时明确了各食品安全监管部门的工作标准和各企业自检实验室的工作标准,提出要强化专业培训,提高企业自检室检测人员的技术水平,倡导建立以区县为单位的企业技术联盟,由牵头单位对辖区实验室开展技术指导。

(徐明　钟锌章)

【“奥林匹克·体育生活化社区”标准化建设方案研讨会召开】 4 月 18 日,东城区“奥林匹克·体育生活化社区”标准化建设方案研讨会在区体育局召开,国家体育总局群体司、《中国体育报》、市标准化研究所、东城区质监局、东四街道等多家单位的领导、专家和相关人员参加会议并进行了研讨。与会者从不同视角将“奥林匹克·体育生活化社区”建设与推动东城区标准化工作相结合,以科学严谨的态度对方案涉及的各个方面发表了自己的看法,使社区标准化建设工作更加贴近社区实际,更加贴近居民生活。

(刘茹青　李凌松)

【《北京市百项节能标准(工业产品能耗限额标准部分)》编制协调会召开】 4 月 19 日,市质监局、市经信委在市质监局召开北京市百项节能标准(工业产品能耗限额标准部分)编制协调会。市工业经济联合会和市标准化研究所的相关人员参加了会议。会议就落实《北京市百项节能标准建设实施方案(2012—2014 年)》(京发改〔2012〕37 号)中工业产品能耗限额标准编制进行了协调沟通。明确了标准编制的统筹单位、时间安排和资金申报等事项,为工业产品能耗限额标准的落地奠定了基础。

(贾鑫哲)

【闪联完成中国 3C 领域首个完整 ISO 国际标准体系】 4 月 24 日,国际标准化组织/国际电工委员会(ISO/IEC)通过其官方网站向全球正式发布了闪联《音视频应用框架》《基础应用》《服务类型》和《设备类型》等 4 项标准,加上 2010 年发布的《基础协议》《文件交互应用框架》和《设备验证》等 3 项国际标准,闪联 1.0 全部 7 项标准成为中国 3C 协同领域首个完整 ISO 国际标准体系,并在 ISO 官方网站发布。至此,任何国家、组织、公司甚至个人,都可以通过 ISO/IEC 获取并使用闪联标准,进行 3C 设备(计算机、消费电器、移动设备)协同互联及相关应用的开发。

(孙志勇　符　琳)

【电动汽车标准服务平台建立】 4 月,基于电动汽车及其电能供给与保障标准体系,结合首都标准网标准资源，市标准化研究所受市电动汽车产业标准化工作组委托建立电动汽车标准服务平台，对电动汽车最新技术与资讯进行及时跟踪，对电动汽车产业相关标准进行动态维护，对北京市电动汽车标准化技术资源进行集成展现，为电动汽车产业发展提供全面的标准服务和标准保障。

（李小兵　田丽芳）

【《房屋建筑安全评估技术规程》批准发布】　5月7日，由市房地产科学技术研究所制定的《房屋建筑安全评估技术规程》（DB11/T 882—2012）批准发布，《规程》适用于北京市行政区域内依法建造或登记的各类房屋建筑及其附属构筑物和配套设施设备及系统的安全评估。

（李　欣　王建明　郑玉洁　彭　宏）

【《建筑太阳能光伏系统设计规范》发布】　5月7日，市规划委组织编制的《建筑太阳能光伏系统设计规范》发布。《规范》充分总结了北京市建筑太阳能光伏系统应用的实际经验，提出了"太阳能光伏系统设计应与建筑工程设计统一规划、同步设计、同步施工、同步验收"的理念，具有较强的创新性和可操作性。该《规范》的实施将会有力地推动本市建筑太阳能光伏系统的应用，规范太阳能光伏系统设计，提高光伏系统与建筑的结合水平。

（韩　迪）

【《北京市水利工程施工技术资料管理规程》通过审查】　5月10日，《北京市水利工程施工技术资料管理规程》通过专家审核。该《规程》完成后，将在北京市辖区范围内的水利工程中推荐使用，使用率在95%以上。使用对象包括工程参建的建设、施工、监理、运行管理等单位，使用对象满意度90%以上。《水利工程施工资料管理规程》的制定，对加强水利工程施工技术资料管理、提高施工企业的资料管理水平起到了积极的作用。

（刘金瀚）

【"北京市综合节水技术标准体系及评价标准研究"课题验收】　5月11日，市水务局组织市水务局、市科委等单位的5位专家，对"城市节水理论与技术"研究团队承担的"北京市综合节水技术标准体系及评价标准研究"进行了验收。专家组听取了项目人员的汇报，审查了项目组提供的技术资料，经质询讨论，一致认为：该项目针对北京市综合节水技术标准体系及标准指标体系开展了理论与实践研究，形成了多项支撑北京市节水标准工作的创新性成果，研究成果在全国处于领先水平；该项目在全面分析北京市综合节水关键要素的基础上，构建了涵盖城市节水各环节的标准体系，为市节水标准的制定及修订工作提供了依据与指导；该项目结合市工业企业和居民小区节水工作实际，形成节水型工业企业和节水型居民小区评价标准。

（刘金瀚）

【市质监局批准发布43项地方标准】　5月18日，市质监局召开局长办公会，审定通过了43项地方标准，并向社会发布。按照《北京市地方标准管理办法》规定，市质监局批准发布包括《车用汽油》《车用柴油》《封闭式停车场安全技术防范通用要求》《电动汽车识别标志》等43项地方标准。其中，《房屋建筑安全评估技术规程》和《建筑弱电工程施工技术规范》由市质监局和市住建委共同发布；《建筑太阳能光伏系统设计规范》标准由市质监局和市规划委共同发布。此次发布的地方标准符合《首都标准化战略纲要》和《北京市"十二五"时期标准化发展规划》总体部署，符合各行业当前的重点发展需求，将在环境保护、公共安全、新能源汽车、社会管理与公共服务、现代服务业、农业与园林绿化、工程建设等领域，为首都经济和社会发展发挥技术支撑作用。

（钟锌章）

【"城市物业、养老服务重要技术标准研究"项目启动会召开】　5月22日，"城市物业、养老服务重要技术标准研究"项目启动会召开。中国标准化研究院、中国人民大学及市标准化研究所项目负责人参会。会议进一步明确了项目任务分配、资金分配使用要求和各项目进展的重要时间节点，明确了协调沟通机制。

（贾鑫哲）

【《城镇污水处理厂水污染物排放标准》（DB11/890—2012）正式发布】　5月28日，由市环保局承担的《城镇污水处理厂水污染物排放标准》(DB 11/890—2012)正式发布。《标准》明确了城镇污水处理厂排放污水中73项污染物的排放限值,同时也规定了相应的监控要求。标准大幅度严整了新(改、扩)建城镇污水处理厂水污染物排放限值,主要污染物限值指标达到地表水Ⅳ类功能区水质标准。污染物项目选择及限值确定符合北京水环境现状和水质保护目标,反映了我国城市污水处理技术的最新成果,主要控制指标达到国际先进水平。标准的实施使北京市水环境管理更加规范化,对本市实现水污染物减排目标、改善水环境质量及恢复水体功能等发挥重要作用,同时也为本市环境水体提供更多清洁水源。

(李丽娜)

【"中关村重点产业领域重点企业标准发展研究"课题结题】 5月28日,中关村标准创新服务中心承担的"中关村重点产业领域重点企业标准发展研究"课题结题。课题重点在新一代信息技术、节能环保和新材料等产业领域开展研究,概括了中关村重点产业发展与技术创新的总体情况,针对中关村各类企业标准化工作情况提出了国际引领模式、联盟创新模式、产学研结合模式和自主技术研发模式等四类适合不同阶段企业的标准化工作发展模式,并阐述了各模式的内涵、运行机理、发展路径、适用企业类型及典型案例分析。

(郅斌伟　苏静梅　钟锌章)

【ASTM国际标准组织考察中关村标准化工作】 5月30日,ASTM国际标准组织(ASTM International)副总裁沈睿莎(Teresa Cendrowska)一行拜访中关村科技园区管委会,并对中关村园区企业标准化工作进行了考察和调研。中关村管委会及中关村标准创新服务中心相关负责人分别就中关村科技园区整体情况及产业发展状况、中关村标准化工作基本情况、园区企业参与国内及国外标准化工作情况和给予企业的相关扶持政策做了介绍。双方就未来在新材料、节能及绿色建筑等领域开展相关合作,以及如何帮助中关村企业参与ASTM标准化工作进行了初步探讨。随后,中关村标准创新服务中心陪同ASTM国际标准组织一行对园区企业——北京振利高新技术有限公司走访和调研。北京振利高新技术有限公司是一家集科研、设计、生产、销售和施工一体化经营的建筑墙体节能企业。代表团实地参观了企业根据国内外相关标准设立的检测场地,了解了该企业在外墙外保温方面采用的检测方法、科研成果和近期参与ASTM相关标准制修订的工作计划,并对企业如何参与ASTM标准给予了指导。

(张若松　王瑛)

【两项燃油标准正式实施为北京率先实施机动车第五阶段标准提供保障】 5月31日,由市环保局承担的第五阶段《车用汽油》和《车用柴油》两项地方标准正式实施。这两项地方标准的实施,一方面为本市率先实施机动车第五阶段标准提供了油品保障,另一方面可减少在用车氮氧化物排放,这对本市大气环境质量改善会起到一定作用,并有助于本市大气环境的长远治理。

(李丽娜)

【2012年北京市技术标准制修订补助项目终审会召开】 6月4日,市质监局召开2012年北京市技术标准制修订补助项目终审会。来自国家质检总局、清华大学、北京大学、机械科学研究总院、国家林业局林产工业规划设计院、公安部检测中心、北京建工集团、市财政局、市科委、市经信委等单位的专家参加了会议。专家一致同意专业评审组的评审结果,对199项标准项目给予资金补助。

(贾鑫哲)

【"RFID鉴别与保护套件"国际标准获得立项】 6月4—9日,国际标准化组织ISO/IECJTC1/SC31全会及工作组会议在美国匹兹堡举行。本次会议上,WAPI产业联盟成员单位对提交的两个"RFID鉴别与保护套件"项目ISO/IEC29167-15及ISO/IEC29167-16的整体进展情况〔包括提交提案、新工作项目投票(NP)、评论决议会议(CRM)、工作草案(WD)〕进行了说明。会议要求中方项目编辑对ISO/IEC29167-15/16进行修改完善并形成正式

WD文本，在2012年9月20日前提交至WG7，进行为期60天的WD意见征集。这是我国在物联网通信安全国际标准化领域首次提出并成功立项的项目。

（刘　婷）

【机动车安全技术检验机构管理服务标准化体系建设方案论证会召开】 6月7日，市机动车检测机构服务标准体系建设项目汇报会在北京召开。市质监局、市车管所、市环保局、市质监局产品质量监督处、市标准化所的领导及来自北京市机动车检测企业的专家参加了会议。市标准化研究所项目人员就项目的前期研究，机动车检测机构服务标准体系建设方案进行了详细的汇报。与会领导与专家就机动车检测机构开展服务标准体系建设的必要性、建设方案的可行性，以及下一步对机动车检测机构进行服务标准体系建设试点，对标准体系进行评价等方面进行了充分探讨，提出了意见和建议并达成了共识。

（贾鑫哲）

【"首届中日专家联合无线/健康/医疗/体域网标准研讨会"召开】 6月11日，"首届中日专家联合无线/健康/医疗/体域网标准研讨会"召开。本次大会由中国无线个域网标准工作组（CWPAN）和日本生活质量感应网络协会共同主办，中关村标准创新服务中心、中关村物联网产业联盟和中国电子学会物联网专家委员会协办。中日双方专家共同探讨了国际体域网标准建立、融合以及标准设立与国际体域网产业发展的关系，并就中日医疗产业界和医疗服务界的合作进行了深入探讨。

（张若松　王　瑛）

【《居住建筑节能设计标准》发布】 6月14日，北京市规划委组织编制的《居住建筑节能设计标准》发布。该标准是国内首个将居住建筑的单位面积采暖能耗指标提高到节能75%水平的地方技术规范，实施后可使北京市居住建筑综合节能水平达到同气候条件发达国家的先进水平。

（韩　迪）

【《北京市网格化社会服务管理工作标准》编制工作会召开】 6月14日，首都综治办召开《北京市网格化社会服务管理工作标准》编制工作会，市委社工委、市规划委、市住建委、市市政市容委、市商务委、市教委、市信访办、市民政局、市司法局、市人力社保局、市卫生局、市工商局、市文化局、市体育局、市城管执法局、市公安局消防局、市公安局治安总队、市公安局人口管理总队、市安监局、市残联、市质监局（标准化所）、市综治研究所等单位相关人员参加会议。市标准化研究所对网格化社会服务管理标准体系编制工作做了说明，介绍了标准体系建设的重要性以及所达成的阶段性成果，并对标准体系框架、明细表等做了说明。

（贾鑫哲）

【《公路护栏设置规范》地方标准正式发布】 6月14日，《公路护栏设置规范》北京市地方标准发布，标准适用于新建、改建和扩建公路的护栏设置；规定了公路路基护栏、桥梁护栏及护栏过渡段的设置要求。该项标准的制定有利于提高北京市公路护栏设置的规范性和科学性，符合市公路交通特点，对降低交通事故伤害、保障交通安全起到重要作用。

（钟锌章　刘立勇）

【《高速公路命名和编号规则》地方标准批准发布】 6月14日，《高速公路命名和编号规则》地方标准获批准发布。该标准适用于高速公路的命名和编号，规定了高速公路路线的命名规则和编号规则。标准的编制对解决高速公路"一路多名、编号不一"的现状，发挥高速公路的路网功能，提高高速公路的服务水平具有重要意义。

（钟锌章　刘立勇）

【《综合客运枢纽智能化系统技术要求》正式发布】 6月14日，《综合客运枢纽智能化系统技术要求》发布。这意味着从2013年开始本市新建的综合交通枢纽都将安装"智能脑"，即具备枢纽运行监测、安全疏散与应急、乘客综合信息服务、协同管理与联动支持、车辆管理和综合运行信息管理与发布等多功能于一体的"智慧枢纽"管理系统。

（钟锌章　刘立勇）

【《绿色建筑设计标准》通过审查】 6月20日，市规划委组织编制的《绿色建筑设计标准》通过专家审查。该标准充分考虑了北京市在气候、资源、自然环境、经济社会发展水平等方面的实际情况，重点通过详细规划阶段低碳生态设计指标体系和建筑设计阶段绿色设计指标体系，在建筑全寿命周期内统筹考虑降低建筑行为对自然环境的影响，实现人、建筑与自然的和谐共生。

（韩　迪）

【"超高移动性载体的无线接入要求和测试方法(UHM)"标准项目组正式获批成立】 6月24日，中国宽带无线IP标准工作组秘书处正式发函（CBWIPS－N1044），批准成立"超高移动性载体的无线接入要求和测试方法（UHM）"标准项目组。UHM标准项目组由中关村标准创新试点企业——飞天联合公司牵头，成员单位包括飞天联合（北京）信息技术有限公司（项目组召集单位）、中国电子技术标准化研究院、中电科航空电子有限公司、国家无线电监测中心检测中心、中国泰尔实验室等14家单位。UHM标准项目组主要针对航空器和轨道交通等超高移动性载体场景，从安全性增强、电磁兼容性增强和对应的测试方法出发，研究制定对超高移动性载体的无线局域网设备的安全接入要求和测试方法相关技术标准，进一步规范超高移动性载体无线局域网的安全可运营性和可管理性。

（马馨睿　张欣）

【北京市规划委开展城乡规划地方标准复审工作】 7月2—3日，市规划委召开北京市城乡规划地方标准复审工作会议。会议对达到复审年限的《北京市住宅区及住宅安全防范设计标准》等25项城乡规划地方标准进行了复审。

（韩　迪）

【北京市新兴产业统计分类修订发布】 7月3日，市统计局印发了《关于执行新的现代制造业等新兴产业统计分类的通知》（京统办发〔2012〕43号）。修订后的产业分类在分类框架上保持了与原有分类的连续性，主要是根据《国民经济行业分类》（GB/T 4754—2011）和新兴产业发展变化情况对各类新兴产业涵盖的具体行业范围进行了调整，并根据《国民经济行业分类》对北京市现行的现代制造业、现代服务业、生产性服务业、信息服务业、会展及相关产业等统计分类进行了重新修订。

（陈海云）

【《北京市人防工程防护设备优选图集》编制工作启动】 7月4日，为加强本市人防工程防护设备的生产安装管理，提高防护设备生产和管理工作的标准化程度，方便工程平时使用，降低工程设计人员选用难度，市民防局正式启动了《北京市人防工程防护设备优选图集》编制工作。

（罗辉斌）

【"新鲜蔬菜初加工及配送操作规范"项目启动会召开】 7月10日，"新鲜蔬菜初加工及配送操作规范"项目启动会召开。中国农科院蔬菜花卉研究所（全国蔬菜标准化技术委员会TC467）、中国标准化研究院、市质监局、市标准化研究所、北京顺鑫农业股份有限公司、创新食品分公司、顺义区质监局等单位的代表出席了会议。会上，经讨论明确了项目的研究目标和任务，提出了项目验收和实施的要求。

（贾鑫哲　高　伟）

【首都标准文献馆建成并对外开放】 7月16日，首都标准文献馆正式对外开放。文献馆主要包括服务大厅、书店和标准文献管理平台。服务大厅主要提供标准编写、标准查新、标准有效性确认、标准翻译、标准托管、信息推送服务及定制服务的推广和咨询工作。书店划分为三个区域（标准区、图书区和汇编区），拥有现行有效的地方标准606种（49056本）、图书1665册，建立了以馆藏编目为基础，书目数据库、题录数据库及文本数据库三位一体的标准文献管理平台。

（李小兵）

【市规划委召开2012年城乡规划标准化工作联席会】 7月30日，市规划委召开北京市城乡规划标准化工作联席会议，对2012年上半年城乡规划标准化工作经验进行总结交流，研究讨论了2013年市城乡规划标准项目，并介绍了市规划委轨道交通无障碍设施设计建设评估情况。会议充分发挥了城乡规划标准化工作联席会议制度的作用，提高了多部门参与标准化工作的积极性，汲取各职能处室和分局已有的研究成果，立项编制了当前城乡规划工作中急需的标准，达到了标准为城乡规划中心工作服务的目的。

（韩 迪）

【"人员疏散掩蔽标识设计与设置研究"项目通过验收】 8月14日，"人员疏散掩蔽标识设计与设置研究"项目通过了市民防局组织的验收。专家组一致认为该项目各项考核指标符合项目任务书的要求，确定了人员疏散掩蔽符号、人员疏散掩蔽标识及其设置的原则与要求，较好地统筹了平时、战时背景下的人员疏散掩蔽标识，具有一定的创新性，为下一步制定北京市地方标准奠定了基础。该地方课题由市民防局组织研究。

（罗辉斌）

【我国首个证券单位安全防范行业标准征求意见工作会在京召开】 8月23日，公共安全行业标准《证券单位安全防范要求》（征求意见稿）讨论会在北京召开。证监会办公厅、市公安局、北京声迅电子股份有限公司、中金公司、中国人民公安大学以及各大证券公司等单位相关人员参加了会议。会上，中关村标准创新试点企业——声迅公司作为主编单位向大家详细讲解了该标准文本的编制说明和标准条款，各与会单位也对标准的主要内容进行了讨论，从不同角度提出了修改意见。该标准是国内首个证券单位安全防范的行业标准。

（季景林）

【2012年北京市旅游标准化试点工作会召开】 9月25日，市旅游委与市质监局联合召开2012年北京市旅游标准化试点工作会。市旅游委、市质监局主管领导出席会议，16个区县旅游局（委）、质监局负责人，各旅游标准化示范单位、试点单位负责人共120人参加会议。会议总结了本市首批旅游标准化试点单位终期评估验收工作，部署了第二批旅游标准化试点工作。全市首批88家旅游标准化试点单位中，有64家通过终期评估验收（其中，旅行社7家、旅游饭店18家、A级旅游景区23家、乡镇5个、旅游餐馆8家、旅游购物场所3家）。各试点单位旅游标准化意识普遍增强，建立了企业标准体系，形成了一套推进旅游标准化工作的基本经验，达到了预期的目标。为期2年的旅游标准化试点工作，有效提升了本市旅游企业的管理水平、服务质量、人员素质。会议还公布了本市首批64家旅游标准化示范单位和第二批6家旅游标准化试点单位名单。

（钟锌章）

【《外墙夹心保温设计规程》发布】 9月27日，市规划委组织编制的《外墙夹心保温设计规程》发布。该规程针对当前本市建筑外墙保温设计中存在的难题，提高了外墙夹心保温设计的适用高度、耐久性标准，规范了设计构造要求，对建筑外墙夹心保温设计进行了系统、详细的规定。该规程标准达到了国内领先水平。

（韩 迪）

【《旅行社等级划分与评定》地方标准重新修订发布】 9月27日，《旅行社等级划分与评定》（DB11/T 393—2012）标准发布。新《旅行社等级划分与评定》规定了旅行社等级划分的基本要求、划分方式、评定标准与程序、后续管理等内容，凡在北京市行政区域内设立的旅行社均可申请参加等级评定。旅行社等级划分与评定工作的展开，对本市旅游市场的持续繁荣和旅行社产业又好又快的发展产生促进作用，为旅游者提供清晰可见的消费决策依据，为旅游行政管理部门对旅行社的市场行为进行正向的引导提供了可操作的政策工具。

（王萌萌）

【《电梯主要部件判废技术要求》（DB11/T 892—2012）发布】 9月27日，市特种设备检测中心、市特种设备协会、上海三菱电梯有限公司、日立电梯工程技术有限公司、迅达（中国）电梯有限公司、蒂森克虏伯电梯有限公司、通力电梯有限公司、奥的斯电梯（中国）有限公司、西子奥的斯电梯有限公司、北京奥菱机电设备有限公司、北京市福安楼寓物业管理有限公司和河北东方机械厂共同起草的《电梯主要部件判废技术要求》(DB11/T892—2012)北京市地方性标准由市质监局批准发布。

(田丽芳)

【《地下管线信息分类、交换、共享技术规范 第1部分:数据分类与定义》地方标准发布】 9月27日,由市经信委和市市政市容委组织编写的《地下管线信息分类、交换、共享技术规范 第1部分:数据分类与定义》(DB11/T 894.1—2012)发布。该标准规定了北京市地下管线数据来源与应用关系、数据分类与编码、空间数据结构、属性数据结构以及数据质量要求等内容,可满足城市地下管线设施的规划、建设、运维和应急处置全生命周期管理过程中,地下管线管理各方对地下管线数据共享应用需求,以及各类地下管线业务系统的互联互通具有基础性的作用,能够支撑各部门地下管线管理的业务协同,对减少管线事故、提高城市运行管理水平具有积极作用。

(陶一瑾　余慧英)

【门头沟区质监局与区民政局组织养老服务机构星级评定和复评工作】 10月10日,门头沟区质监局与区民政局共同对4家申请星级养老服务机构的单位和2家星级养老服务机构星级资格已满三年的单位,分别开展了星级评定和复评工作。评定专家依据《养老服务机构服务质量星级评定检查细则》和星级评定程序及方法,听取了各养老服务机构领导星级评定陈述报告,现场审查了服务机构标准化体系文件、环境、设施设备、服务管理及原始记录等。经严格的审查,石龙老年护养院、永定镇社会福利中心及雁翅镇社会福利中心通过了二星级养老服务机构评定,龙泉镇社会福利中心通过了一星级养老服务机构评定。北京清颐敬老院和王平镇社会福利中心通过了二星和一星养老服务机构复评。

(郝　林　钟锌章)

【第43届世界标准日大会纪念活动举行】 10月12日,市质监局、北京标准化协会举行第43届世界标准日大会纪念活动。市质监局主管领导出席会议并讲话。北京市各相关委办局、区县质监局、市专业标准化技术委员会、市标准化协会会员单位代表参加了纪念大会。会上宣读了国际标准化组织2012年世界标准日祝词。市发改委、市经信委、市规划委相关负责人围绕世界标准日主题,分别介绍了落实《首都标准化战略纲要》及推进分管领域标准化工作的具体情况。会议公布了第六届北京标准化协会论文评比获奖名单,并向获得优秀组织奖和优秀论文奖的单位和个人颁发了荣誉证书,会上还进行了优秀论文成果交流。

(钟锌章)

【北京市首批五星级养老机构揭牌仪式举行】 10月23日,北京市首批五星级养老机构标牌揭牌仪式举行。市民政局、市质监局领导出席揭牌仪式并讲话。市质监局领导指出,养老服务产业要实现跨越式的发展,必须不断拓展养老服务标准化工作的深度和广度。要进一步完善养老服务标准化工作机制,牢牢把握全市养老服务发展的目标和定位,不断研究和分析本市养老服务业等相关福利事业的核心本质和发展策略,增强标准化工作的有效性,积极发挥其在引领产业发展中的战略作用,运用标准战略研究,做好产业发展的顶层设计,谋划全市养老服务系统性、全局性的优化和提升。要进一步加强标准实施及其评价工作,按照"政府部门指导、行业协会运作、企业共同参与"的基本原则,加强组织协调,有序推进养老服务标准实施。养老服务标准化建设及星级评定的开展,使全市养老服务环境得到改善,入住养老机构的老人满意度不断提高,有力推动首都养老服务行业的健康发展。

(钟锌章)

【《城市轨道交通工程设计规范》地方标准编制完成】 10月26日,市规划委组织编制的地方标准《城市轨道交通工程设计规范》通过审查。该标准在分析总结近年来北京市轨道交通工程设计与管理经验的基础上,提出了北京市应以区间高峰客流量为依据来确定轨道交通系统最小运行间隔和运行速度;在充分借鉴发达国家轨道交通建设发展经验的基础上,提出了北京市地铁车厢内站立乘客密度标准按4.5—5人/米^{2}进行设计，并与线路客流高峰时段分布情况进行统一规划，基本满足了北京市世界城市的发展要求。深入分析了北京市轨道交通网络化运行与管理过程中承载力问题，补充完善了未来北京市轨道交通发展网络资源共享与交通衔接管理的问题。

（韩　迪）

【欧盟正式发布公告将“平谷大桃”名称记入注册】 10月26日，欧盟委员会发布（欧盟）委员会实施条例第1041/2012号《关于“平谷大桃”的注册命名》公告，称已将中国注册“平谷大桃”（缩写为PDO）的申请公布于欧盟官方期刊上，此注册申请公布后未见反对声明，因此此名称已注册。

（张兴涛）

【两项防雷技术行业标准正式发布实施】 11月1日，市气象局主持起草的2项气象行业标准《地基GPS接收站防雷技术规范》（QX/T 161—2012）和《风廓线雷达站防雷技术规范》（QX/T 162—2012）正式实施。这标志着我国地基GPS接收站和风廓线雷达站防雷技术有了规范性标准，降低了地基GPS接收站和风廓线雷达站遭雷击损坏的概率。

（符　琳）

【北京市城市雨水系统规划设计暴雨径流计算标准编制完成】 11月6日，市规划委组织编制的地方标准《平战结合人民防空工程设计规范》通过审查。《规范》在总结国内外先进城市雨水规划设计与暴雨径流计算经验的基础上，针对“6·23”及“7·21”特大暴雨造成北京市内涝的“瓶颈”问题，修正了北京市暴雨强度公式、径流系数、汇流时间的折减系数，提高了雨水管渠设计重现期，增加了设计降雨雨型。

（韩　迪）

【中关村国家自主创新示范区标准创新试点第二批试点单位公布】 11月9日，按照《关于征集中关村国家自主创新示范区标准创新试点单位的通知》（京质监标发〔2011〕217号）的要求，中关村标准创新服务中心、各区县质监局与各园区管委会具体开展了筛选中关村国家自主创新示范区标准创新试点第二批试点单位的组织申报工作，经市质监局和中关村管委会研究决定，确定了3家联盟和68家企业作为第二批试点单位参与试点工作，本次公布的第二批试点单位涉及电子信息、高端装备制造、新能源和节能环保、新材料、文化创意、现代服务业、生物、航空航天等领域，包括海淀区32家企业和2家联盟、朝阳区11家企业、西城区1家企业、昌平区7家企业和1家联盟、丰台区9家企业、大兴区2家企业及石景山区6家企业。

（张若松　苏静梅）

【“封闭式农贸市场公平秤设置与管理规范地方标准”立项】 11月15日，“封闭式农贸市场公平秤设置与管理规范地方标准”以研究项目立项。作为本市“菜篮子”，也是我国北方地区的重要农产品集散地的丰台区岳各庄、新发地、京深等大型农贸批发市场，将为封闭式农贸市场计量管理地方标准的研究制定提供有效的调研数据。

（钟锌章）

【“北京市地震应急避难场所运行指南”通过二类项目专家审定会审定】 11月16日，市地震局召开“场所运行指南”（二类项目）专家审定会。中国地震局、全国地震标准化委会、市应急办、市质监局、市卫生局等单位相关领域的领导及专家参加了会议。与会专家一致同意“场所运行指南”通过二类项目审定，进一步修改后可申报2013年一类项目。

（王月龙）

【《企业知识产权管理规范》地方标准专家审查会召开】 11月20日，市质监局召开《企业知识产权管理规范》地方标准审查会，来自国家知识产权局、市质监局科技发展中心、北京标准化协会、北京科技大学等单位的专家参加了会议。与会专家听取了《企业知识产权管理规范》（送审稿）的编制情况汇报，并对标准送审稿进行了逐条审查，一致同意《企业知识产权管理规范》通过审查。

（段新梅　刘立棠）

【“家具化学污染物释放标识体系构建与示范”项目结题验收会召开】 11月22日，“家具化学污染物释放标识体系构建与示范”项目结题验收会召开，来自北京大学、北京盛大华源、中国疾控中心、中国林产业协会的专家听取了课题组的汇报。该项目的研究成果对于全面提升本市家具产品质量、保护消费者利益、提高家具化学污染释放测试技术研究和应用水平、提高政府机构监管效力具有非常重要的意义，与会专家一致同意该项目通过验收。

（钟锌章）

【“首都标准化战略及质监关键技术研究”项目通过市科委验收】 11月22日，市科委组织专家对“首都标准化战略及质监关键技术研究”项目进行了结题验收。市质监局总工喻红及项目承担单位负责人参加了会议。专家组分别听取了上述课题汇报，审阅了相关技术文件。经过质询答疑和充分讨论，专家组认为，该项目宏观上建立了首都标准化战略及推进机制，对引导行业健康发展具有重要的现实意义。专家组一致同意该项目通过验收。

（钟锌章）

【《地下有限空间作业安全技术规范 第1部分：通则》(DB 11/852.1—2012)地方标准正式公布】 12月1日，市安监局组织制定的《地下有限空间作业安全技术规范 第1部分：通则》(DB 11/852.1—2012)地方标准正式实施。市安监局根据城市运行的特点和规律，以《地下有限空间作业安全技术规范》为总规范，在其框架下逐步制定《地下有限空间气体检测与通风作业技术规范》《地下有限空间防护设备安全管理规范》《地下有限空间“打堵”和“沟头”作业安全规范》等系列配套标准，不断推进全市有限空间监管工作法制化、规范化、精细化发展。

（白晓鸣）

【2012年度中关村十大创新标准专家评审会召开】 12月5日，“2012年度十大创新标准专家评审会”召开。中关村管委会宣传处、创新处、监察处的相关负责人，品牌中国工作人员，以及来自中国标准化研究院、中国电力企业联合会、市卫生局信息中心、中国仪器仪表行业协会、北京化工大学等单位的10名行业领域专家参加了会议。会上，中标创负责人就标准项目征集情况及评审要求做了详细介绍。评审工作分为专家评审和复审两个阶段。首先，由电子信息、高端装备制造、生物、新材料、新能源与节能环保五个领域的专家组成三个专业评审组（生物、新材料、新能源与节能环保领域标准并为一组）对申报材料进行评审，由专业评审组集体评议，权衡各领域标准项目分布，确定专家推荐名单。随后，中关村管委会领导与各专家组组长就各领域专业分组评审结果进行商讨，确定入围名单。

（张若松　肖莹）

【《基础测绘成果检查验收技术规程》通过审查】 12月6日，市规划委组织编制的《基础测绘成果检查验收技术规程》通过专家审查。《规程》统一了本市基础测绘成果的质量检验要求，提出了基础测绘成果质量检验制度，细化了质量检验流程，同时对社会关注较多的居民地、道路、水系等信息进行了细化完善。《规程》对数据质量、资料质量、影像质量等元素都提出了明确的误差、错漏范围及质量检验技术要求，有效降低了测绘成果检验的质量错漏项，填补了测绘成果检查验收地方标准的空白，特别是对成果的二级检查、过程控制方面具有创新性，达到了国内领先水平，对于提高本市测绘成果质量具有重要的意义。

（韩　迪）

【《机动车维修场所职业卫生技术规范》通过专家审查】 12月6日，《机动车维修场所职业卫生技术规范》专家审查会召开。国家安全生产标准化技术委员会、中国疾病预防控制中心、市交通委、市劳动保护研究所等相关单位的专家参加了评审。专家组一致通过了对《机动车维修场所职业卫生技术规范》的审查，并一致认为《标准》按照机动车维修的工艺流程，对作业环节的职业卫生管理、工程防护和个体防护提出了科学合理的要求，并且切合机动车维修行业职业危害的实际，具有较强的针对性和操作性。《标准》的制定对于规范机动车维修行业职业卫生管理，提升企业职业卫生管理水平，保障作业人员健康权益具有重要意义。

（白晓鸣）

【《地下有限空间作业安全技术规范 第2部分：气体检测与通风》通过专家审查】 12月6日，《地下有限空间作业安全技术规范第2部分：气体检测与通风》标准审查会召开。中国安全生产科学研究院、市劳动保护科学研究所、市燃气集团有限公司等单位的专家对标准内容给予了肯定，专家组一致同意该标准通过审查。

（白晓鸣）

【《装配式剪力墙住宅建筑设计规程》通过审查】 12月11日，市规划委组织编制的《装配式剪力墙住宅建筑设计规程》通过专家审查。《规程》结合本市的实践经验，对建筑模数协调、平面设计、预制墙体设计、楼面设计、内装修设计、建筑设备管线设计做了明确规定，内容详实，可操作性强，对规范本市住宅产业化项目的建筑设计具有较强的指导意义。同时《规程》针对装配式剪力墙住宅建筑设计的特点，突出了与各专业的衔接和协调，有一定的创新性，达到了国内领先水平。

（韩　迪）

【《建筑、小区及北京市政雨水利用工程设计规范》编制完成】 12月12日，市规划委组织编制的《建筑、小区及北京市政雨水利用工程设计规范》地方标准通过审查。《规范》针对北京地区所有新建、改建、扩建的建筑小区、市政工程，提出建筑小区、市政雨水利用工程设计和计算标准，细化雨水利用工程设计指导参数，从技术上规范、指导本市雨水利用工程设计工作。

（韩　迪）

【北京市首个城乡规划地方标准编制完成】 12月12日，市规划委组织编制的《城乡规划用地分类标准》地方标准通过审查。《标准》结合首都特点，对城乡规划用地分类进行了深化、细化，基本解决了规划建设用地和土地利用现状分类标准的衔接问题，实现了城乡地域的全覆盖，便于北京城乡规划管理和社会监督。

（韩　迪）

【《儿童福利机构儿童日常生活照料技术规范》正式发布】 12月12日，《儿童福利机构儿童日常生活照料技术规范》正式发布。《规范》根据《北京市地方标准管理办法（试行）》的规定，2010年11月由行业主管部门市民政局申报，2011年3月北京市质监局下达制标任务，项目编号20111041。在市儿童福利院企业标准基础上，完成了《规范》编制。《规范》主要有五个部分，分别是卫生照料、饮食饮水照料、排泄照料、睡眠照料及与日常生活照料相关的环境卫生。

（刘颖丽）

【《儿童福利机构婴幼儿早期发展干预技术规范》正式发布】 12月12日，《儿童福利机构婴幼儿早期发展干预技术规范》正式发布。由市民政局申报，2011年3月市质监局下达制标任务，项目编号20111042。在市儿童福利院企业标准基础上，完成了标准编制。主要有3个部分，分别是总体要求（含环境要求、设施设备配置、人员要求、安全要求）、早期发展与干预技术要求（含流程、评估、训练计划、促进与干预）和附录。

（刘颖丽）

【北京市档案局《档案数字化规范》第五、六部分正式成为北京市地方标准】 12月12日，由市档案局起草的地方标准《档案数字化规范 第5部分：录音档案数字化加工》（DB11/T 765.5—2012）和《档案数字化规范 第6部分：录像档案数字化加工》（DB11/T 765.6—2012）正式发布。两个《规范》的出台，进一步完善了本市档案数字化地方标准体系，将有效规范并促进本市地区录音、录像档案的数字化加工工作，对推进音像档案资源开发利用，保证音像档案实体和信息安全具有重要意义。

（马秋影　胡姝丽）

【《温拌沥青路面施工及验收规程》批准发布】 12月12日，由北京市政路桥集团有限公司制定的《温拌沥青路面施工及验收规程》（DB11/T 939—2012）批准发布。此《规程》适用于各等级公路和城市道路、桥梁工程的新建、改扩建和维修养护工程路面中温拌沥青路面的设计、施工及验收。

（李欣　王建明　郑玉洁　彭宏）

【《无机纤维喷涂工程技术规程》批准发布】 12月12日,由北京城建科技促进会制定的《无机纤维喷涂工程技术规程》(DB 11/941—2012)批准发布,《规程》适用于新建、扩建和改建的工业与民用建筑工程中幕墙、地下工程顶棚、室内墙体的保温、防火及吸声工程,不适用于外墙外保温工程。

(李欣　王建明　郑玉洁　彭宏)

【《居住建筑供热计量施工质量验收规程》批准发布】 12月12日,由北京城建科技促进会制定的《居住建筑供热计量施工质量验收规程》(DB11/T 942—2012)批准发布。《规程》适用于本市行政区域内的集中供热居住建筑供热计量装置施工安装质量验收。

(李欣　王建明　郑玉洁　彭宏)

【《外墙外保温施工技术规程(复合酚醛保温板聚合物水泥砂浆做法)》批准发布】 12月12日,由北京建筑材料科学研究总院有限公司制定的《外墙外保温施工技术规程(复合酚醛保温板聚合物水泥砂浆做法)》(DB11/T 943—2012)批准发布。《规程》适用于各种新建、改建和扩建以及既有建筑节能改造的工业与民用建筑中以混凝土墙、砌体墙为基层墙体的复合酚醛板外墙保温工程施工和验收。

(李欣　王建明　郑玉洁　彭宏)

【《防滑地面工程施工及验收规程》批准发布】 12月12日,由北京城建科技促进会制定的《防滑地面工程施工及验收规程》(DB11/T 944—2012)批准发布。《规程》适用于室内外防滑地面工程的施工与验收。

(李欣　王建明　郑玉洁　彭宏)

【《建设工程施工现场安全防护、场容卫生及消防保卫标准》批准发布】 12月12日,由市住建委制定的《建设工程施工现场安全防护、场容卫生及消防保卫标准》(DB11/945—2012)批准发布。《标准》适用于从事建设工程新建、扩建、改建、拆除等有关活动的单位和个人。《标准》所称建设工程,是指土木工程、建筑工程、线路管道和设备安装工程。

(李欣　王建明　郑玉洁　彭宏)

【《平战结合人民防空工程设计规范》编制完成】 12月13日,市规划委组织编制的地方标准《平战结合人民防空工程设计规范》通过审查。《规范》以相关国家标准规范及人防工程建设领域的研究成果为基础,结合首都的重要战略地位和人防工程建设的需要,根据长期的实际工作经验,从建筑、结构、采暖通风与空气调节、给排水、电气等方面明确了市人防工程设计的技术要求,充分体现了人防工程平时功能与战时功能相结合的特点,对平战功能转换做出了具体规定。

(韩迪　罗辉斌)

【《北京人力资源服务地方标准》修订通过审查】 12月14日,市人力社保局召开《北京人力资源服务地方标准》专家论证会。中国劳动保障科学研究院副院长刘燕斌、人社部国际劳动保障研究所所长莫荣等14名专家一致同意该标准通过评审。市人力社保局根据专家意见修改完善后报市质监局批准。

(刘　虹)

【《北京市企业知识产权管理规范》正式发布】 12月14日,由市知识产权局主持制定的《北京市企业知识产权管理规范》正式批准发布。《北京市企业知识产权管理规范》是北京市第一个知识产权地方管理标准。《标准》共11部分,针对知识产权在企业经营不同阶段的体现,设置了固化的管理流程,规定了企业知识产权管理体系、管理职责、管理制度、管理机构及资源保障与知识产权的取得、维护、运用、知识产权管理体系的持续改进等八个方面的规范性要求,构建了企业知识产权管理标准的系统架构,适用于企业知识产权的管理工作。

(段新梅　刘立棠)

【"北京市的县以下至乡镇级行政区划代码标准研究"项目通过验收】 12月17日,中国标准化研究院召开会议,对市标准化研究所参与承担的"北京市的县以下至乡镇级行政区划代码标准研究"项目进行了验收。来自中国标准化研究院、市科研院和北京标准化协会等单位的专家听取汇报,经过充分讨论和分析,一致同意该项目通过验收。

（李小兵）

【《北京市"十二五"时期工程建设标准化（建筑施工部分）发展规划》通过审查】 12月，《北京市"十二五"时期工程建设标准化（建筑施工部分）发展规划》通过专家审查。本规划是工程建设标准化工作的第一步规划文件，指出了"十二五"期间工程建设标准化工作的发展方向，明确提出了"十二五"期间工程建设标准化工作的重点任务，是指导北京市工程建设标准化工作系统性、全面性发展的重要纲领性文件，将有力地推动地方标准化工作的展开与深入。

（李　欣　王建明　郑玉洁　彭　宏）

计　量

【举办"3·15"消费者权益日计量服务活动】 3月15日，市质监局举办2012年"3·15"国际消费者权益日计量宣传咨询服务活动，市计量检测科学研究院计量技术人员为参加活动的群众进行了医用计量器具现场检测和咨询服务。计量技术人员利用精心制作的展板和宣传材料，解答了电子血压计选购、使用和检测等各种问题，并为群众免费检测电子血压计50余台，测量血压100余人次，发放宣传材料200余份并开展了"计量实验室开放日"活动。

（市计量院）

【市质监局开展定量包装商品净含量和商品过度包装市级监督抽查工作】 3—11月，市质监局开展定量包装商品净含量和商品过度包装市级监督抽查。抽查36家生产企业的10类定量包装商品的净含量，共64批次，其中净含量检验合格63批次，合格率为98%。抽查32家生产企业的6类商品的包装，共107批次，合格91批次，合格率为85%。

（刘　勇）

【市质监局开展诚信计量监督检查活动】 3—11月，市质监系统开展重点计量场所监督检查活动，共检查大中型超市、加油站、集贸市场、眼镜制配单位、定量包装商品生产企业、餐饮业、医疗卫生单位、检测机构及实验室等单位共2734家次，检查在用计量器具49799台件，合格48769台件，合格率为97.9%。

（杨利民）

【全市医疗机构诚信计量会议北京召开】 4月20日，市质监局与市卫生局召开了推进医疗机构诚信计量启动会议。会议传达了市质监局和市卫生局联合下发的《关于进一步加强我市医疗机构计量管理的意见》文件，部署了关于推进医疗机构诚信计量的有关工作。北京天坛医院、北京大学第一医院的代表做典型发言。

（杨利民）

【全市大型商场能源计量工作会召开】 4月26日，市质监局与市发改委、市商务委、市统计局共同召开北京市部分大型商场能源计量工作审查和综合平衡测试服务工作启动会。会议宣贯了《节约能源法》《能源计量监督管理办法》《用能单位能源计量器具配备和管理通则》等法律法规和国家强制性标准，发放了《关于对北京市部分大型商场开展能源计量工作审查和综合平衡测试服务工作的通知》（京质监〔2012〕96号），部署了2012年能源计量工作审查和综合平衡测试服务工作。

（刘　勇）

【市质监局开展区县青年计量技术骨干培训工作】 4—7月，市质监局组织全市各区县选调11名区县青年技术骨干赴计量院参加为期3个月的计量培训。培训利用市计量院现有的科研、实验、检测条件和人才、设备优势，采取计量院集中理论学习、专业实验室专业技术学习和本单位自学相结合的方式进行。通过培训，营造了本市法定计量检测技术机构崇尚科学、注重学习的氛围，培养了区县基层计量检测技术骨干和学科带头人。

【市质监局开展计量认证检查工作】 4—9月，市质监局联合市水务局、农业局等部门，组织开展了全市计量认证获证实验室的监督检查，共检查174家，开展了63家实验室2个项目能力验证和60家实验室监督评审工作，进一步提升了实验室计量管理与检测水平。

（周宏伟）

【市质监局组织开展“计量走进中小企业活动”】 4—11月，市质监局开展“计量走进中小企业活动”。全系统计量管理人员和计量技术人员共计1000余人次，深入一线，了解企业计量需求，帮助企业完善计量检测体系、解决实际问题。

（刘　勇）

【北京市开展“计量与安全”主题宣传活动】 5月8—10日，在市质监局、市治超办、市交管局等部门的组织协调下，市计量检测科学研究院围绕“计量与安全”主题，在京津高速、石景山汉河口铁路桥以及院实验室等地点，开展治超治限汽车衡、公路管理速度监测仪以及呼出气体酒精含量探测器等与公路交通安全密切相关的计量器具检测宣传活动，北京电视台生活频道对计量器具的检定情况进行了现场采访和全程录制。开展“计量与安全”主题宣传活动，旨在充分展示计量在保障安全方面的支撑作用，通过对相关计量器具进行检定，保证其测量结果的准确可靠，有效地保障公共交通秩序和人员生命财产安全。

（市计量院）

【全市供热计量监督与管理的工作研讨会召开】 5月9日，市质监局召开2012年全市供热计量监督与管理的工作研讨会。市质监局、市市政市容委、市住建委供热计量工作负责人参加了会议。会议分析了本市供热计量改革综合工作方案实施和存在的问题，初步确立了“各部门协调配合、分阶段落实、多层面推进”的工作方法。进一步明确了2012年全市供热计量监督管理与政策宣传，落实本市居住建筑建设阶段各环节的主体责任，研究制定供热计量收费运营阶段的各项政策等项工作内容。

（刘　勇）

【市质监局召开“5·20”世界计量日活动新闻发布会】 5月16日，市质监局召开2012年“5·20”世界计量日活动新闻发布会。发布会上，市质监局计量监督处负责人介绍了2012年“5·20”世界计量日系列活动的具体安排，通报了近期12365计量举报投诉情况和市质监局近年来在能源计量、民生计量等方面开展的重点工作，并就市民普遍关心的加油机计量误区、电子计价秤统配统管等民生计量问题回答了现场记者的提问。

（杨利民）

【举办“5·20”世界计量日宣传活动】 5月17日，为纪念“5·20”世界计量日，市质监局在密云县穆家峪镇开展了“民生计量进乡村、结对共建促发展”以及“科普知识进校园”等公益宣传活动。在活动现场，市质监局为村民进行了计量知识宣讲和计量服务。此次“5·20”世界计量日纪念活动深入基层，全方位宣传计量在促进经济发展、保障民生等方面的重要地位和作用，让更多的群众了解了计量。此次活动深受村民和学生的欢迎和喜爱。

（市计量院）

【市质监局举办“民生计量进乡村、结对共建促发展”活动】 5月17日，市质监局在密云县穆家峪镇碱厂村开展“民生计量进乡村、结对共建促发展”公益宣传活动。在碱厂村村委会，市质监局向村民赠送了老花镜、玻璃体温计，向村社区卫生院赠送了心电图机、血糖仪、身高体重秤等计量仪器仪表。计量专家与村民进行了现场交流，全方位宣传计量在推动科技进步、促进经济发展、保障民生、节能减排等方面的重要地位和作用。在穆家峪镇中心小学，市质监局领导向学校赠送了计量文化书籍以及各种文化体育用品，市计量院的专家为200余名小学生讲解了计量科普知识。

（刘　勇）

【市质监局开展计量标准考评员培训考核工作】 5月24—26日，市质监局开展了省级计量标准考评员培训考核工作。来自市计量检测科学研究院、各区县计量检测所、市计量授权机构的32名专业技术人员参加了培训考核。通过考核的人员将取得计量标准考评员证，并成为市计量评审专家库成员。

（谭云超）

【市质监局开展计量宣传工作】 5月，市质监局抓住“世界计量日”契机，广泛开展宣传工作，质检系统共发放计量宣传材料10000余份，培训企业计量人员2000余人，召开商场超市、医院、餐饮、眼镜店等诚信计量大型现场会、推进会6次，主流新闻媒体宣传报道约38次。

（刘　勇）

【“大口径热能表标准装置”投入试运行】 6月24日，市计量检测科学研究院位于昌平区沙河试验基地的热能表标准装置建设取得了重大进展，开始试运行，这标志着本市供热体制改革和节能工作进入了一个新阶段。由该院负责筹建的热能表标准装置总投资约2000万元，实验室占地1800平方米，形成了包括一套大口径质量法装置、两套大口径热量表法装置、八套小口径标准表法热量表检测装置及配套的太阳能供热系统、配电系统的北京市热能表检定平台。该热能表检定平台从检定能力、自动化程度和装置的准确度等方面都在国内处于领先水平。建设热能表标准装置作为市计量院在本市供热体制改革工作中承担的重点工作，得到了市科委、市财政局、市质监局、市市政市容委的指导和大力支持。为保证工作的顺利完成，市计量院技术人员以科学严谨的态度策划了整体实施方案，在可借鉴的技术资料和经验非常有限的情况下，设计人员反复进行方案研究，克服了一系列困难，取得了多项重大技术突破，其中太阳能技术、称重系统设计、稳压系统设计等均属于国内首创。装置的运行为本市顺利实施供热体制改革奠定了坚实的基础，填补了本市无大口径热量表检定装置的空白，促进了本市供热体制改革的全面发展。

（市计量院）

【市质监局开展了计价秤专项整治活动】 7—9月，市质监局开展了计价秤专项整治活动。全市质监系统共出动执法人员和计量技术人员合计1800余人次，对全市电子计价秤进行了专项计量检查，检查农贸市场和餐饮店合计618家，检查在用计价秤（含公平秤）合计10717台，其中合格的10610台，不合格的107台；检查衡器销售点19个，获证的衡器修理单位1家；查处计量违法案件47件。执法人员依据相关文件对违规违法行为进行了处理。

（杨利民）

【市质监局召开能源计量评价技术规范宣贯会】 9月24日，市质监局召开能源计量评价技术规范宣贯会。会上，市质监局宣贯了开展能源计量评价工作的目的意义。北京市地方标准《用能单位能源计量评价技术规范》（DB11/T 858—2012）主要起草人讲解了规范的编写背景及相关知识，与会人员就评价技术规范中的相关条款进行了交流。

（刘　勇）

【市质监局宣贯《北京市能源计量评价技术规范》】 10月，市质监局在全市质监系统制发和宣贯了《北京市能源计量评价技术规范》，开展了国家《重点用能单位能源计量审查规范》（JJF 1356—2012）的试点审查工作，为开展能源计量审查评价奠定了基础。

（刘　勇）

【大口径热能表标准装置通过验收】 11月22日，市科委组织对市计量检测科学研究院承担的“大口径热能表标准装置的研制及热计量应用实践”课题进行验收。该课题是推动和保障本市供热体制改革和节能减排工作的重要组成部分，经过近两年的科研攻关，研制了大口径热能表标准装置，完成了大口径热能表标准装置关键技术的研究以及供热计量应用实践的研究，形成了《大口径热能表标准装置关键技术研究报告》《热计量收费试点研究报告》《用户热分摊技术选择数学模型研究报告》等成果，完成了任务书中规定的各项任务，达到了规定的技术指标。课题在国内首次建成最大流量达到600米^3/时，不确定度优于0.1%的热能表标准装置。在该装置中首次采用了稳压溢流水箱技术和称重罐上的气帘结构，提高了装置的准确度，填补了国内大口径热能表的检测空白，保障了本市供热计量改革工作顺利实施。验收专家组充分肯定了本课题的意义和研究成果，一致同意该课题通过验收,并建议尽快申报科技奖励。

(市计量院)

【"北斗卫星导航检测平台"获市科委立项】 11月23日,市计量检测科学研究院申报的"市长基金"项目"北斗卫星导航检测平台建设(一期)"通过了市科委组织的专家论证。该项目一期投资1000万元,其中财政资金500万元,将初步建成北斗导航产品室内检测平台。北斗卫星导航系统是国家重大战略工程,对国防和经济建设有重大支撑作用,在国防、测绘、海洋渔业、交通运输、林业、电信、水利、减灾、救灾等诸多领域有重要应用。本市是北斗产业聚集区,市政府已将北斗卫星导航产业作为战略性新兴产业列入"十二五"重点产业发展规划。北斗卫星导航产业是技术密集型的高新技术产业,研发、生产和使用等环节对计量检测有很高的技术要求,检测平台涉及时间频率计量、信息电子计量、几何量计量和环境性能实验等领域、跨学科的计量标准和检测技术。市计量院已联合国内相关科研单位对北斗卫星导航检测技术进行了多年的跟踪研究,并取得了一系列的研究成果。市计量院将以此项目为契机,在建成室内检测平台的基础上继续申报开展多产品、全生命周期和室外检测平台建设,争取用三年时间建成国际先进、国内一流的北斗导航产品检测平台。

(市计量院)

【多部门共同编写《北京市能源计量基础能力建设实施方案》】 11月,市质监局与市发改委、市财政局等部门编写了《北京市能源计量基础能力建设实施方案》(2013—2015年),为"十二五"时期本市能源计量基础能力建设做出具体部署。

(刘 勇)

【北京市参加全国计量知识竞赛决赛】 11月,全国计量知识竞赛决赛在北京举行,由市质监局组织,航天514所李晶晶、市计量院张昀、北京铁路局计量所刘会征组成的北京代表队取得竞赛优胜奖,其中李晶晶获得了个人三等奖。市质监局获得了全国计量知识竞赛优秀组织奖。

(杨利民)

【国家质检公益专项通过验收】 12月5日,国家质检总局组织专家对市计量院承担的质检公益性行业科研专项项目"非色散原子荧光激发光源检定用标准仪器的研制"进行了验收,专家组听取了项目组的项目执行情况报告、项目研究报告、测试报告、财务验收申请报告等,查阅了项目组提供的验收材料,考察了研制的"非色散原子荧光激发光源检定用标准仪器"样机运行情况。该项目首次建立了原子荧光激发光源标准谱图库,能够对常见的12种元素特征谱线相互之间的干扰进行有效识别,为光源的纯度分析奠定了基础。研制的激发光源检测装置,可以对高强度空心阴极灯干扰元素谱线进行分析与判定,为非色散原子荧光激发光源的性能评价提供技术支撑,对提高空心阴极灯的制备技术及原子荧光分析方法的制定具有积极的指导作用。项目集检测装置、谱图检索、检测方法于一体,技术路线科学合理,测量方法可靠,数据真实准确。经查新,该系统在国内外尚未见报道,综合技术处于国际先进水平。专家组充分肯定了项目的意义和研究成果,认为项目组完成了任务书规定的研究内容,经费使用合理,管理规范,一致同意该项目通过验收,并建议政府继续支持此项工作的进一步深入研究。

【国家质检总局科研项目通过验收】 12月11日,国家质检总局组织对市计量院承担的总局科技项目"遥测仪检定装置研制"(2011QK040)进行成果验收。来自中国计量科学研究院等单位的7位专家对该课题的科技成果进行了验收。验收组听取了课题组的技术报告和专家测试组的试验报告,审阅了技术资料,观看了检定装置的现场演示并进行了质询。验收组对于市计量院历时两年研制的遥测仪检定装置给予高度评价:课题组基于机动车排放遥测设备的工作原理及计量检定工作量值溯源的要求,创造性地研制出了遥测仪检定装置,并依此制定出一套科学有效的检定方法,填补了国内遥测仪检定的空白;研制的检定装置自动化程度高,整套检定装置充分利用了计算机无线局域网络技术，能通过无线进行控制并接收数据，具有操作方便、检定速度快的特点，具有良好的推广价值。验收组一致同意通过验收。

（市计量检测科学研究院）

【市质监局完成了国家质检总局部署的“诚信计量三年行动计划目标”】 12月，市质监局完成了国家质检总局部署的“诚信计量三年行动计划目标”。本市质量系统已有1751家单位（门店数）完成了诚信计量管理建设并向社会进行了公开自我承诺，其中236家单位通过验收成为全市诚信计量示范单位。

（杨利民）

【市质监局开展扭矩扳子检定计量比对工作】 12月，市质监局完成了2012年度扭矩扳子检定计量比对工作。计量比对工作围绕着高端制造产业和汽车维修行业等重点领域使用的计量器具，选取了扭矩扳子检定装置作为计量比对项目。本市建立扭矩扳子检定装置的11家法定计量检定机构全部参加了比对活动并完成了比对试验，计量比对结果全部为满意。

（谭云超）

特种设备

【市质监局召开交通领域电梯安全工作专题会议】 2月10日，市质监局组织市轨道交通建设管理公司、市地铁运营公司、京港地铁公司、相关电梯制造、维保单位及部分区县局，召开交通领域电梯安全工作座谈会议，专题研究如何贯彻落实国家质检总局关于加强地铁、车站、机场等交通领域电梯安全工作有关要求。一是落实运营使用单位电梯安全工作主体责任，加强对电梯的巡查、重点时段安排专人值守以及根据实际情况增加维保频次；二是建立全市交通领域电梯质量安全责任“终身制”制度，由电梯制造厂家负责本品牌电梯的维保工作，并对本品牌电梯质量安全终身负责；三是研究轨道交通电梯等特种设备按线路监察工作机制。

（市质监局）

【召开“2012年北京市特种设备安全监察工作会议”】 2月21—22日，北京市特种设备安全监察工作会议召开。全市特种设备安全监察机构、检验检测机构及行业协会负责人参加了会议。会议总结了2011年特种设备安全工作，并对2012年特种设备安全工作进行了部署。2012年特种设备安全工作的首要目标是做好十八大安全保障工作，完成市政府为民办实事的电梯物联网应用示范工程建设，突出电梯安全监察工作重点，强化大局意识、责任意识、风险意识，抓监管体系，抓隐患风险，抓检查考核，抓队伍建设，抓社会宣传，全面提升首都特种设备安全水平。

（市质监局）

【《北京市特种设备乡镇街道协助管理系统》试点运行】 3月14日，市质监局特设处召开系统试点运行培训会，区县5家特种设备监察机构及7个街道乡镇的相关负责人参加此次会议。会上，特设处对试点运行工作进行了动员部署，介绍系统试点测试工作方案，并由系统软件开发公司人员对《北京市特种设备乡镇街道协助管理系统》的功能、操作、具体实施方法进行了讲解培训。会议启动了北京市特种设备乡镇街道协助管理系统的测试运行，测试期间将收集系统试用问题以及改进建议，并进行完善，为下一步全市统一投用奠定基础。

（市质监局）

【市质监局与市环保局召开锅炉节能减排工作研讨会】 3月16日，市质监局与市环保局召开锅炉节能减排工作研讨会。市质监局特种设备安全监察处和市环保局大气环境管理处相关负责人参加会议。会上，市质监局特设处和市环保局大气处相互通报了今年锅炉节能减排工作的总体计划并在推进1200蒸吨燃煤锅炉清洁能源改造、实施重点用能单位锅炉能效监督检查和污染物排放达标监测、开展锅炉低氮燃烧器鉴定和锅炉脱硝技术改造、推广节能减排示范锅炉房建设等四个方面进行了深入研讨，细化了下一步具体工作方案。双方一致认为要进一步加大协调配合的力度，畅通信息沟通资源共享的渠道，创新相互合作的方式方法，共同做好今年锅炉节能减排工作，为全市节能减排整体工作贡献力量。

（市质监局）

【市质监局召开1200蒸吨燃煤锅炉清洁能源改造工作推进会】 4月10日，市质监局召开落实市政府折子工程——1200蒸吨燃煤锅炉清洁能源改造工作推进会。市质监局特设处和朝阳、海淀、丰台、石景山等区质监局有关负责人参加了会议。会议通报了今年燃煤锅炉清洁能源改造具体工作任务和工作背景，明确了四点要求：一是区县质监局要加强与辖区环保局的协调沟通，做好工作对接，掌握改造工作进度和锅炉能效基本状况；二是开展锅炉节能监察，督促责任单位进行锅炉能效测试；三是做好改造后锅炉节能效果评价；四是做好信息汇总上报，及时解决发现的问题，确保改造工作的顺利进行。

（市质监局）

【市政府为民办实事电梯物联网示范工程完成】 北京市电梯运行安全信息监测平台物联网示范工程项目是2012年市政府为群众办理的35项重要实事之一。截至11月30日，该项为民办实事工程圆满完成：一是2000台电梯前端采集设备安装全部完成；二是实时监测系统平台硬件设施安装、机房会商室配套工程施工及系统平台软件开发已经完成，目前正在进行调试完善；三是该实事形成的13项技术标准全部完成，并通过专家评审。电梯物联网技术的研究、应用与推广，将实现“科技创安”的首要目标，实现科技惠民的深远愿景，充分体现创新质量安全监管方式，综合运用经济、法律、科技以及必要的行政手段，全面提高电梯安全管理水平，为保障首都人民群众出行安全有着重要意义。

（市质监局）

【市质监局圆满完成党的十八大特种设备服务保障任务】 年内，市质监局按照市委、市政府服务保障工作部署，以高度的政治责任感精心组织、周密部署，严格落实严而又严、细而又细、准而又准、实而又实的工作要求，在特种设备安全监察部门、检验检测机构、会议驻地以及相关单位的共同努力下，圆满完成党的十八大特种设备服务保障任务，做到会议驻地特种设备零故障，社会面特种设备零事故，实现了党中央提出的“一丝不苟、滴水不漏、准确无误、万无一失”的保障标准，为十八大顺利召开做出了应有贡献。市质监局成立十八大特种设备服务保障工作领导小组，统筹、协调、指挥十八大特种设备服务保障工作。全面对发电厂、燃气、热力、地铁运营等重点单位、重点地区开展特种设备安全监察，对电梯、压力管道、流动式起重机、建材市场起重机械、客运索道、大型游乐设施及气瓶充装及检验单位的专项整治等工作贯穿全年工作部署。对会场和驻地涉及的518台特种设备逐台进行保障性检验检测，对“核心区”周边200米的特种设备进行了全面排查。与“核心区”单位建立“手拉手”对接机制，督促电梯维保现场储备充足备品备件，免费开展“核心区”专职电梯司机专场培训、考核。召开“十八大‘核心区’特种设备安全交底确认会”逐家逐项确认保障工作落实情况。

（市质监局）

高校科技

科技工作

【5所独立学院获批成为学士学位授予单位】 5月17日，第三届北京市学位委员会第五次会议在市政府北楼第一会议室召开。市学位委员会主任委员、副市长洪峰参加会议并做讲话。市学位委员会副主任委员、市教委主任姜沛民主持会议，市学位委员会27位委员出席会议。会议审议通过了北京市5所独立学院申请学士学位授予单位资格的评审结论，批准北京邮电大学世纪学院、北京工业大学耿丹学院、首都师范大学科德学院、北京工商大学嘉华学院、北京第二外国语学院中瑞酒店管理学院为学士学位授予单位，并授权北京市学位办公室继续对5所独立学院2012年度无毕业生的专业开展后续评审工作。

（科研处）

【进一步推进教育行业信息安全等级保护工作】 9月11日，市教委和市公安局共同召开2012年北京市教育行业信息安全等级保护工作部署培训会。会议传达贯彻市教委、市公安局联合下发的《关于进一步推进市属教育行业信息安全等级保护工作的通知》文件要求，巩固2011年市教育行业联合专项检查工作成果，全面部署了2012年市属教育行业信息系统定级和备案工作、等级测评和安全建设整改工作，培训了等级保护定级备案和建设整改的有关知识。

（科研处）

【市教委科研计划2013年度项目确定】 11月，市教委完成2013年科研计划项目审批。根据科技发展计划项目管理办法及人文社会科学研究计划项目管理办法，经过项目申请、学校初选推荐、市教委评审等程序，共批准来自29所高校的科研项目483个。其中，“科技发展计划”重点项目38个、面上项目243个，“人文社会科学研究计划”重点项目29个、面上项目173个。批准项目资助经费总额6557.5万元，其中“科技发展计划”项目经费5230万元，“人文社会科学研究计划”项目经费1327.5万元。

（科研处）

【市属高校入选教育部“创新团队发展计划”“新世纪优秀人才支持计划”取得新突破】 年内，教育部公布的2012年度“创新团队发展计划”和“新世纪优秀人才支持计划”入选名单中，北京市属高校取得历史性突破。“创新团队”入选2个团队，并有1个团队入选培育计划，“新世纪优秀人才”人选13人。两项均创造了市属高校最好成绩。

（科研处）

【特色教育资源库建设项目取得新进展】 年内，市属高校特色教育资源库建设项目按照“统筹建设、突出特色、优质创新、服务为本”的原则，重点提升主题资源包的建设质量和服务效益，继续开展主题资源包建设、更新北京高校特色资源编目工具，加强专家对项目的指导、加强项目管理等一系列新措施推进项目的进展，11月，此项目被列为教育部信息化专项试点项目。4月，承担2011年度北京市属高校特色教育资源库建设项目的10所高校通过专家验收。2011年共完成了49个特色鲜明的、可持续发展的主题资源包建设。整合了一批高校优质的人文艺术网络教育资源，共计图片30.4万张，音视频6442个，编写文字147.5余万字；网页设计11444个。其中数字平面媒体艺术（二期）、游戏结构性元素资源库、中国旗袍、方剂探秘等12个主题资源包被评为优秀主题资源包。8月，2013年度项目申报工作顺利完成。经审定，承担2013年特色教育资源库建设项目的高校有8所，包括北京第二外国语学院、北京工业大学、北京服装学院、北京电影学院、北京印刷学院、北京建筑工程学院、中国音乐学院和首都医科大学。预期建设主题资源包46个，其中二期建设主题资源包10个，新建主题资源包36个。

（科研处）

【科研情况概述】 年内，北京地区高校开展科研活动的单位共93个，北京地区高校及附属医院共有教学与科研人员100311人,其中科研活动人员69614人;科研经费总投入216.18亿元;承担研究项目73892项,发表学术论文112949篇、出版著作5824部,获省部级及以上奖励524项;现有研究机构778个,当年经费内部支出74.65亿元,年末固定资产原值133.60亿元。

(科研处)

【科技人员及投入】 年内,北京地区64所设有理工农医类高校(含24所附属医院)共有教学与科研人员68072人,具有高级职称人员25099人;研究与发展人员34370人;科技经费投入共198.32亿元,其中政府资金投入134.02亿元,企事业单位委托投入57.60亿元。市属34所设有理工农医类高校(含15所附属医院)共有教学与科研人员28083人,具有高级职称人员7524人;研究与发展人员11580人;科技经费投入共23.39亿元,其中政府资金投入16.29亿元,企事业单位委托投入6.23亿元。

(科研处)

【科技活动】 年内,北京地区64所设有理工农医类高校(含24所附属医院)共有科研活动机构518个;开展科技课题43250项,其中研究与发展课题38915项,R&D成果应用及科技服务课题4335项;派遣进修访问学者4705人次,接受进修访问学者5894人次;出席国际学术会议28805人次,交流论文15834篇。34所市属设有理工农医类高校(含15所附属医院)共有科研活动机构共94个;开展科技课题8338项,其中研究与发展课题8029项,R&D成果应用及科技服务课题309项;派遣进修访问学者472人次,接受进修访问学者577人次;出席国际学术会议6347人次,交流论文2961篇。

(科研处)

【科技产出】 年内,北京地区高校共出版科技专著518部,大专院校教科书495部,编著393部;发表学术论文78758篇,其中在国外学术刊物发表24147篇;SCI(科学引文索引)收录论文16988篇、EI(工程索引)18457篇、ISTP(科技会议索引)6046篇;鉴定成果233项,获奖成果446项,其中国家级奖75项,省部级奖371项。市属高校出版科技专著200部,大专院校教科书252部,编著124部;发表学术论文17257篇,其中国外学术刊物发表3753篇;SCI收录论文(科学引文索引)2061篇、EI(工程索引)2373篇、ISTP(科技会议索引)1213篇;鉴定成果15项,获奖成果项52项,其中国家级7项,省部级45项。

(科研处)

【科技推广】 年内,北京地区高校共签订技术转让合同950项,总金额9.0亿元,实际收入6.8亿元;专利出售147项,合同金额1.5亿元,实际收入1.3亿元;申请专利10285项,授权7059项,其中申请发明专利8749项,授权5662项。市属高校签订技术转让合同136项,总金额9418.2万元,实际收入5735.5万元;专利出售22项,合同金额3284.5万元,实际收入2889.5万元;申请专利1584项,授权1205项,其中申请发明专利1116项,授权639项。

(科研处)

【社科人员及投入】 年内,北京地区64所设有人文社科全日制普通本科高校共有人文社会科学活动人员32239人,其中研究与发展(R&D)人员35244人;市属高校人文社会科学活动人员11353人,其中研究与发展(R&D)人员11527人。北京地区高校共筹集人文社科研究经费17.87亿元,其中政府资金9.93亿元,企事业单位委托经费5.56亿元,其他资金经费2.38亿元;市属高校当年筹集社科研究经费3.23亿元,其中政府资金2.13亿元,企事业单位委托经费0.85亿元,其他资金经费0.25亿元。

(科研处)

【社科活动】 年内,北京地区64所设有人文社科全日制普通本科高校共有在研人文社科课题30642项,当年投入人员折合8330.1人年,拨入经费13.66亿元;举办学术会议1461个,参加学术会议29185人次,提交论文10236篇;受聘讲学派出3181人次,来校受聘讲学3887人次。进修学习派出5424人次,来校进修学习5932人次。合作研究课题843项。市属高校当年在研课题7346项,当年投入人员折合

2572.8人年，拨入经费1.91亿元；市属高校当年举办学术会议227个，参加学术会议5711人次，提交论文2255篇。受聘讲学派出523人次，来校讲学730人次；进修学习派出822人次，来校进修学习493人次；合作研究课题130项。

（科研处）

【人文社科研究成果】　年内，北京地区64所设有人文社科全日制普通本科高校共发表学术论文34191篇，出版著作4418部，获奖成果78项。市属高校发表学术论文9523篇，出版著作1279部，获奖成果5项。

（科研处）

【增列北京市哲学社会科学研究基地】　年内，市哲学社会科学规划办公室与市教委在高等学校批准建立了3个“北京市哲学社会科学研究基地”。截至12月底，在普通高等学校中市社科规划办和市教委已经联合建立了42个市哲学社会科学研究基地。

（科研处）

【市教委组织教育系统有关单位参加北京市第十二届哲学社会科学优秀成果评奖】　年内，市教委组织了包括高等学校、成人教育机构及中小学在内的有关单位参加了北京市第十二届哲学社会科学优秀成果评奖活动。教育系统本次评奖共收到72个单位申报参评成果476项。经市评奖委员会审定和批准，北京市第十二届哲学社会科学优秀成果奖共评出获奖成果210项，其中特等奖3项，一等奖45项，二等奖162项。高等学校获奖175项，其中特等奖2项、一等奖40项、二等奖133项，分别占获奖成果的66.67%、88.89%、80.61%，获奖成果总数占83.33%。

（科研处）

【4家实验室被认定为北京实验室】　年内，为贯彻落实国家和北京教育、科技中长期改革发展规划纲要有关精神，促进北京高校协同创新，从2011年底开始，市教委在北京地区高校有重点、有步骤地开展北京实验室建设工作。通过开放、联合、协同的运行机制，促进以需求为导向、高校为主体、产学研深度融合的科学技术创新体系建设。北京实验室以服务国家和北京经济社会发展为出发点，以提高高校科技自主创新能力和竞争力为宗旨，围绕科技进步和发展，整合创新资源和北京地区高校在前沿科学研究领域的优势，强化产学研结合，促进产学研协同创新，逐步发展成为北京地区高校联合共建、校企互赢、解决重大科技问题的、高水平的创新基地。其具体运作方式是学校牵头、校际合作、企业参与。建设原则是坚持协同创新、注重资源整合，坚持需求导向、侧重应用研究，坚持前沿引领、力争重点突破，坚持政府主导、鼓励多方参与。年内，经专家论证、现场考评等环节，共批准4所央属高校分别牵头建设北京实验室。

（科研处）

【“2011协同创新中心”建设工作有序推进】　年内，教育部、财政部下发《关于实施高等学校创新能力提升计划的意见》后，市教委积极组织开展了一系列工作。一是通过调研摸清情况，二是组织宣讲明确任务，三是深入沟通确定目标。根据“2011计划”精神和要求，结合学校发展特色和优势，指导9所市属院校牵头组建或联合组建了15个“协同创新中心”。“2011计划”的实施是推进高校创新能力提升、推进高校机制改革的一个重要契机。市教委按照教育部的有关要求，进一步细化方案，采取措施，通过机制改革，实现协同创新，通过协同创新，实现学科建设、科研创新、人才培养的协调发展和水平提升。

（科研处）

【《关于进一步提高北京高等学校科技创新能力的意见》印发】　年内，为深入贯彻落实国家和北京市中长期教育改革和发展规划纲要、科学和技术发展规划纲要，及高等学校创新能力提升计划（“2011计划”）的有关精神，进一步提高高校科技创新能力，持续增强科技教育优势，完善杰出创新型人才培养模式，促进高校科技与教育、经济、文化的有机结合，加快国家和北京创新体系建设，市教委就进一步提高高等学校科技创新能力印发了《关于进一步提高北京高等学校科技创新能力的意见》。《意见》提出了今后一段时期提高高校科技创新能力工作的指导方针：科学定位、需求导向、协同创新、人才优先、重点突破。提出了提高北京高等学校科技创新能力的目标要求：以科学发展为主题，以经济发展方式转变为主线，以科技创新能力提高为核心，坚持把推进科技创新与人才培养紧密结合作为根本任务，坚持把依靠科技创新推动文化传承作为主攻方向，坚持把通过协同创新提升人才培养水平和科技创新能力作为关键环节，坚持把完善高校科技创新服务经济社会发展作为本质要求，着力提高高校自主创新成果质量和水平，培养造就一大批拔尖科技创新人才，全面推进北京区域创新体系建设，形成有力支撑、服务国家和北京整体发展与建设的新局面。

（科研处）

研究生教育工作

【第五届北京市优秀博士学位论文评选出63篇优秀博士学位论文】　3月16日，《北京市教育委员会关于做好2012年北京市优秀博士学位论文评选工作的通知》（京教研〔2012〕2号）正式启动。经过学位授予单位初选、同行专家通讯评议、学科评选组专家会议评审、评选专家委员会评审，最后从申报的151篇博士学位论文中评选出63篇北京市优秀博士学位论文。在入选的63篇优秀博士学位论文中，人文社会科学类（含哲学、经济学、法学、文学、历史学、管理学）博士学位论文共13篇，占优博论文总数21%，自然科学类（含理学、工学、农学、医学）博士学位论文共50篇，占优博论文总数的79%。在入选的63篇优秀博士学位论文中，高校有57篇，占优博论文总数的90%，科研单位及军队院校共6篇，占优博论文总数的10%。在高等学校入选的57篇优秀博士学位论文中，中央在京高校为51篇，占优博论文总数的81%，市属高校为6篇，占优博论文总数的10%。

（科研处）

【同等学力人员申请硕士学位外国语水平和学科综合水平全国统一考试】　5月27日，市教委举办北京地区同等学力人员申请硕士学位外国语水平和学科综合水平全国统一考试。全市约3.7万人次考生分别参加了外国语和学科综合水平考试。本次考试北京市报名共计36327人次，比去年（28749人次）增加7578人次，增幅26.4%。报考外国语水平考试考生共18668人，比去年增加3823人，增幅25.8%；报考学科综合水平考试考生16661人，比去年增加2765人，增幅19.9%。其中，11个外国语语种中报名人数最多的为英语，共有考生17971人，比去年增加3778人，增幅26.6%。27个学科综合中报名人数最多的5个学科（与去年相同）分别为：经济学6132人，比去年增加1026人，增幅20%。工商管理学3940人，比去年增加683人，增幅21%。法学1722人，比去年增加310人，增幅22%。临床医学1050人，比去年减少73人，减幅6.5%。新闻传播学813人，与去年基本持平。报考人数不足10人的有7个学科，分别是：农林经济管理8人，信息与通信工程5人，作物学5人，电子科学与技术4人，机械工程4人，控制科学与工程3人，动力工程及工程热物理1人，建筑学无人报考。

（科研处）

【在职攻读硕士学位入学全国联考】　10月28日，市教委举办在职人员攻读硕士专业学位入学全国联考。北京地区报名考生为21957人，比去年的19093人增加了2864人，增幅15%。今年新增了中医师承（硕士）、中医师承（博士）2个专业类别。在16个专业类别中报名人数最多的5个类别（该数据与去年一致）分别是：工程硕士11588人，比去年增加976人，增幅9.2%；艺术硕士2319人，比去年增加326人，增幅16.4%；教育硕士2154人，比去年增加925人，增幅75.3%；公共管理硕士1030人，比去年增加27人，增幅2.7%；法律硕士1280人，比去年增加335人，增幅35.4%。新增加的2个专业类别报名人数最少：中医师承（博士）90

人,中医师承(硕士)37 人。全市共设 7 个考点,753 个考场,所有考生共参加了约 2.8 万科次的考试。七个考点分别为中国人民大学、北京师范大学、北京科技大学、中国地质大学、国际关系学院、北京工业大学及西城区教育考试中心。

(科研处)

【25 篇论文被评为全国百篇优秀博士学位论文】 12 月 28 日,教育部、国务院学位委员会印发了《关于批准 2012 年全国优秀博士学位论文的决定》(教研〔2012〕1 号),批准《资本流动视角下外部不平衡的原因和治理研究》等 90 篇学位论文为全国优秀博士学位论文,《清末民初小说内外的女学生》等 278 篇学位论文为全国优秀博士学位论文提名论文。北京地区共有 13 个博士学位授予单位的 25 篇博士学位论文被评为全国优秀博士学位论文,占全国优秀博士学位论文的 28%,其中有 15 篇是北京市优秀博士学位论文。另外,有 21 个博士学位授予单位的 62 篇博士学位论文获得全国优秀博士学位论文提名论文,占全国提名论文的 22%,其中 19 篇是北京市优秀博士学位论文。

(科研处)

【2012 年度北京地区学位授予单位研究生课程进修班组织备案工作完成】 年内,根据教育部有关文件精神,2012 年度市教委继续负责北京地区学位授予单位研究生课程进修班的组织备案工作。共有 34 个学位授予单位申报举办研究生课程进修班 378 个,经审核,34 个学位授予单位共 352 个研究生课程进修班(在京办班 287 个,在外省合作办班 65 个)通过审核。经公示,市教委将此情况报国务院学位委员会办公室备案。

(科研处)

合作与交流

国内合作与交流

【市科委组团参加 2012 赤峰·中国北方农业科技成果博览会】 3 月 29—31 日，由科技部、内蒙古自治区政府联合主办的 2012 赤峰·中国北方农业科技成果博览会在赤峰国际会展中心开幕。为发挥首都科技资源优势，促进京蒙两地对口支援与科技合作，受内蒙古方面邀请，市科委带队参会。北京技术交易促进中心精心组织相关科研院所和企业参展，结合内蒙古农牧业科技需求，全面展示首都农业科技成果。博览会期间，市科委与赤峰市政府签订了科技合作框架协议，为双方长期稳定地开展科技合作奠定了坚实的工作基础。同时，北京市科委与内蒙古自治区科技厅共同举办了"京蒙现代农业新技术成果供需对接(赤峰)洽谈会"。洽谈会上，中国农科院蔬菜花卉研究所等北京地区单位与赤峰和润农业高新科技产业开发有限公司等内蒙古地区单位签署了合作开发、技术转让、技术服务等各类合作协议和意向书共计 20 项。

(科委办公室　技术交易中心)

【北京市军民结合产业园(东升示范园)亮相重庆高交会暨军博会举行】 4 月 12—15 日，第十届中国重庆高新技术交易会暨第六届中国国际军民两用技术博览会在重庆国际会议展览中心举行。由首都科技成果产业化公共服务平台、首都科技服务业协会组织的北京市军民结合产业园(东升示范园)主题展区亮相此次展会。北京市军民结合产业园(东升示范园)主题展区集中展示了总后军需所、装甲兵工程学院 、中国航天空气动力技术研究院等 15 家单位的 66 个军民两用科技成果，展出展板 60 块，参展实物及模型达 80 余件(种)，集中展示了近年来中央在京军工科研单位的科技创新成果。

(协作中心)

【北京科技协作中心组织院所参加"百家院所校走进河北合作恳谈会"】 6 月 18 日，受河北省科技厅委托，北京科技协作中心组织 10 家中央在京科研院所参加了河北省举办的"百家院所校走进河北合作恳谈会"活动。会议期间，参会院所与河北省企业进行了充分的沟通与交流，有针对性的与企业迫切的需求进行了从技术输出到产品开发的对接，并达成 20 余项合作意向，共同推动中央在京科研院所科技成果在河北地区转化和产业化工作的进程。

(协作中心)

【红星奖赴大连巡展，亮相 2012 大连设计节】 8 月 2—4 日，应大连市工业设计协会邀请，北京工业设计促进中心组织 50 余件中国设计红星奖历年获奖产品参加 2012 大连设计节。2012 大连设计节由大连市政府、中国工业设计协会、北京光华设计发展基金会共同主办，主题为"广纳设计人才，集聚创意产业"。近百家国内外著名创意设计机构和企业以及 200 余位中国设计教育领域学者、专家、国际设计奖项负责人、境内外机构代表等专业人士参展参会，展出了 1500 余件各类设计创意产品。红星奖此次大连巡展，希望通过优秀获奖产品的展示，使大连设计节"设计立国"的理念更加深入人心，提升当地企业自主创新的积极性，进而对于引导政府重视工业设计及突出工业设计在经济转型中的重要地位方面起到了促进作用。

(工业设计中心)

【首都科技条件平台亮相慕尼黑分析生化展】 10 月 16—18 日，首都科技条件平台参加了在上海举办的"2012 年慕尼黑分析生化展"，集中展示了 2012 年首都科技条件平台的总体概况、服务体系及科技成果。

(条财处)

【首都科技条件平台检测与认证领域中心举办"2012 年移动实验室检测技术发展论坛"】 10 月 18 日，由首都科技条件平台检测与认证领域中心主办的"2012 年移动实验室检测技术发展论坛"在上海新国际博览中心举行。本次论坛为关注移动实验室发展的用户、科学仪器制造商、分销商、系统集成商和科技人员提供了一个了解市场动态和科技发展现状的平台。本次论坛介绍了当今我国移动实验室和检测技术发展的总体情况，提升了国产仪器厂商在分析测试行业的知名度，为外资仪器厂商进行先进经验交流提供了良好的机会，也为促进京沪两地科技资源的对接、交流与合作搭建了桥梁，是首都科技条件平台根植行业、服务行业的具体行动，也是寓平台宣传于行业交流活动中的一次重要实践。

（装备中心）

【2012首都科技成果产业化公共服务平台韩国机械研究院项目发布会召开】　11月6日，由西安市科技局、北京科技协作中心、西安高新区管委会、韩国机械研究院共同主办的2012年韩国机械研究院产业化项目中国推介会暨首都科技成果产业化公共服务平台项目发布会在西安科技大市场召开。本次推介会共吸引50多家企业，共计100余人参加。会议共发布韩国机械研究院研发的“利用等离子燃烧器的柴油烟气减少装置”“热回收型纯氧燃烧发电系统”“去除半导体Display污染物用等离子反应器”“微气泡发生技术”“超斥水产品技术”等多项产业化项目。韩国机械研究院针对会上推介的重点项目与相关企业代表进行了技术合作洽谈和技术转移签约。

（协作中心）

【赤峰科技局科技行政管理人员培训班举行】　11月26日至12月5日，作为本市对口帮扶内蒙古自治区区域合作项目之一，由市科委人才交流中心承办的赤峰科技局科技行政管理人员培训班举行。共有50余名来自赤峰市及其所属旗县科技局的业务骨干参加了培训。在课程设置上，针对学员特点，邀请了相关教授、专家讲授了“领导干部如何与媒体打交道”“压力管理”“科技人才队伍建设总体情况”等课程。还安排学员到中关村科技园区、北京现代汽车工厂、小汤山特菜基地等地进行了实地学习考察。通过培训班这一学习交流的平台，学员开阔了眼界、增长了见识、加强了交流，为进一步提升工作水平和创新能力，推进两地科技管理工作优势互补，共同发展提供了平台。

（人才中心）

国际合作与交流

【2012北京跨国技术转移大会在京开幕】　3月26日，“2012北京跨国技术转移大会”在国家会议中心正式开幕。科技部副部长曹健林、北京市委常委赵凤桐、多个国家科技主管部门高层与驻华使节、北京市相关委办局代表以及中外企业代表出席了开幕式。会议取得了以下成果。①为中外创新资源的对接搭建了高端平台。共有来自30多个国家和地区的177家海外机构的368位外方代表参会，其中包括世界五大跨国技术转移组织AUTM、KCA、EEN、TII以及PraxisUnico的总裁或高层代表，芬兰、瑞典、斯洛文尼亚、以色列等国家的国家科技与创新主管部门的负责人或驻华大使等重量级嘉宾。中方参会代表1600人，来自776家单位，其中北京地区684家，15个省市92家。大会征集了600多项企业技术需求和近1000家中国企业数据库，并以此为基础面向各国业务支持伙伴征集了近600项技术供给信息。②洽谈对接一批国际科技合作项目。大会实现跨国技术转移项目签约23项，涉及14个国家和地区，其中包括“中国—斯洛文尼亚双向投资促进合作”等5个载体平台签约，布鲁氏症疫苗与诊断试剂、中英草莓创新中心等14个技术转移项目签约，“中意中心平台”等3个平台协议签约，以及北京市科委与海淀区签署共建“国际技术转移中心”合作协议签约等，签约金额36亿元。大会现场B2B促成合作意向484项，涉及20个国家约100家机构。③深入探讨跨国技术转移经验与模式。大会邀请了中外跨国技术转移领域专家40余人并举办了14场大会主题发言，分别就跨国技术转移的实践与经验进行了探讨，与近2000名参会者分享了成功案例及经

验。④为培养跨国技术转移专业人才进行了专业培训。

（国际合作处　技术交易中心）

【ITTC2012 中意创新对接大会举行】 3 月 26—27 日，由市科委、中意技术转移中心、意大利创新技术推广署主办的“ITTC2012 中意创新对接大会”在京召开。对接会上，中方参会企业 113 家，参会代表总计 200 余人，与意方 30 多家参会企业进行了 B2B 对接洽谈，中意企业 B2B 洽谈场次 120 余次，达成近 10 项合作意向。

（国际合作处　技术交易中心）

【中国设计红星奖走进非洲】 3 月 27 日，中国设计红星奖小型图片展在肯尼亚内罗毕大学举行。这是红星奖自 2006 年创办以来在国内外 27 个城市进行的第 74 次展览，也是红星奖继欧洲和亚洲展览后首次亮相非洲。展览与“北京—内罗毕创意设计研究中心”揭牌同时举行。展出产品为 2011 年获奖产品中的精选产品，包括家电、大型装备、交通工具等产品，其中展示三一重工的产品获得了 2011 年中国设计红星奖金奖。

（工业设计中心　高新处）

【“北京—莫斯科”城市安全技术交流会在京举行】 3 月 27 日，由北京市政府外事办公室、北京市科委、莫斯科市政府对外经济与国际关系部牵头，北京科技协作中心组织承办的“北京—莫斯科友好城市”城市安全技术交流会在北京举行。莫斯科市政府代表团由莫斯科市政府地区安全部、莫斯科市政府交通部、莫斯科市对外经济与国际关系部等机构的九名官员组成。中方参加此次交流活动的单位由中国安全防范产品行业协会、北京安全防范行业协会、中科院高能物理研究所计算中心、中国航天空气动力技术研究院、中国航天科工集团第二研究院等单位组成。中俄双方分别就北京、莫斯科两市城市安全保障问题的综合解决方案、城市交通基础设施安全系统和城市视频监控系统管理模型、网络数字犯罪调查取证，以及太赫兹安检成像技术在安检领域的应用前景等议题做了报告。与会双方还就北京、莫斯科两市城市安全问题的共性特点、发展瓶颈及解决方案等问题进行充分交流和深入探讨。

（协作中心）

【第三届中意创新论坛助力中意技术转移发展】 11 月 19 日，第三届中意创新论坛暨第六届北京意大利经贸周活动在意大利那不勒斯举行。论坛由中国科技部、北京市政府和意大利大学科研部主办，北京市科委与北京市科协协办，中意技术转移中心与北京科技咨询中心共同承办。北京市委常委陈刚出席大会并致辞，同时对中意技术转移中心这一重要交流平台给予充分肯定。北京市科委就北京科技、创新资源情况及中意技术转移中心的建设成果做主题演讲，肯定了中意技术转移中心平台的工作成绩，提出将与意方继续深入开展中意技术转移工作。共有 200 余家中意企业的 300 名代表参加本次活动，其中中方参会代表 100 余人。双方洽谈项目涵盖节能环保、生物医药、电子信息、文化遗产保护、智能城市、知识产权、科学园区发展等战略性新兴产业相关领域。活动期间实现 280 场面对面对接，达成 120 项合作意向；通过前期洽谈与深入对接，有 7 个中意技术转移项目达成合作协议，并在大会开幕式上进行现场签约。中意双方与会嘉宾对论坛活动表示了认可，认为本次活动有效推动了中意企业之间的交流，增强了双方企业合作的信心，切实促进了一批合作项目落地，是中意企业对接交流的有效手段，也是两国创新合作的一次重要探索。

（国际合作处　技术交易中心）

科学技术普及

城乡科普

【北京市2012年“三下乡”活动启动】 1月13日，北京市2012年“三下乡”活动启动。来自北京市农业、文化、卫生、科技、新闻出版等系统的专家为到场的农民提供科技指导、健康体检、法律咨询等服务并向农民群众代表赠送“新农村生活文化馆”光盘、法制宣传连环画及宣传北京精神的图书，北京市文联和谐之声艺术团还为当地群众献上了精彩演出。

（市科委）

【开展《地震科普体验》巡展工作】 1月至5月，为贯彻落实《全民科学素质行动计划纲要》精神，充分发挥科普资源共建共享的平台作用，由北京科技咨询中心承办的《地震科普体验》巡展在吉林、汪清、满洲里等地区进行了巡回展览，受众约10万人次并得到各地科协的大力支持和好评。

（市科协）

【第十四届北京科普之春活动启动】 3月28日，以“科技支撑 惠农兴村”为主题的第十四届北京科普之春活动启动仪式在昌平区十三陵镇悼陵监村举行。启动仪式上为昌平区获得“科普惠农兴村计划”的农民专业合作组织、农村科普示范基地获奖代表颁发了奖牌。市科协向十三陵镇悼陵监村赠送了电脑、科普图书和50千克“张杂谷5号”种子，向昌平区的农技协和农村科普示范基地的代表赠送了《北方果树病虫害防治手册》，共同开通了“昌平科普惠民网站”。

（市科协）

【首届“北京市科普基地日”活动举办】 4月22日，由市科委主办，北京市可持续发展科技促进中心、各区县科委和北京市各科普基地承办的以“科普在基层 科技进万家”为主题的北京市科普基地日主场活动，在中国消防博物馆举行。全市50余家科普基地参与了主场活动。科技部政策法规司、市科委以及来自各科普基地、区县科委的领导与500多观众出席了启动仪式。市科委启动实施了“百家科普基地对接百家社区”活动，为科普基地与公众搭设起学习科学的新桥梁与服务平台，相继有128家次科普基地对接了93个街道、74个社区展开活动，举办科普讲座、科学兴趣小组、参观体验、科普表演活动3887项，参与人数达29万余人次。“百家科普基地对接百家社区”倡导科普活动形式与内容的多方面创新，产生了包括利用基地展示资源巡展、科普剧表演、举办科学读书会等13种科普活动类型。基地日活动则成为展示“百家科普基地对接百家社区”活动风采的窗口。“科普基地日”活动是市科委践行北京精神，体现政府服务于民，在全社会营造培育创新精神氛围的一项重要举措。

（市科委）

【北京市2012年科普工作联席会议召开】 4月23日，北京市2012年科普工作联席会议在市政府召开，副市长苟仲文和科技部、市科普工作联席会议成员单位的领导参加会议。会上下发了《北京市人民政府办公厅关于印发北京市全民科学素质行动计划纲要实施方案（2011—2015年）的通知》《关于印发〈北京市全民科学素质行动计划纲要实施方案（2011—2015年）〉2012年任务分工的通知》。副市长苟仲文肯定了2011年科学素质工作和科普工作取得的成绩，对2012年全市科普工作和科学素质工作提出要增强大局意识和责任意识，为党的十八大胜利召开营造良好的科学文化氛围；要围绕市委市政府中心工作，丰富科普工作的内涵和外延；要加强统筹协调、资源调配的力度，在做好以往工作的基础上，不断丰富工作内容，创新工作方法，增强吸引力和影响力，加大科技宣传力度，促进科技与文化融合发展。

（市科协）

【2012年“防灾减灾日”主题科普活动举行】 5月12日，以“弘扬防灾减灾文化，提高防灾减灾意识”为主题的“防灾减灾日”主题科普活动暨丰台区科技周启动仪式在丰台区莲花池公园举行。此次活动共有互动区、综合区、车辆展示区、器材展示区、演习区、展板区、主舞台7个功

能区。此次“防灾减灾日”主题科普活动，扩大了防灾减灾的社会关注度，营造了全民参与防灾减灾的文化氛围，提高了广大群众的防灾减灾意识和自救互救技能，对全社会参与防灾减灾事业起到了积极的促进作用。

（市科协）

【2012年第十七届北京商业科技周活动举行】 5月19日，2012年第十七届北京商业科技周启动。商业科技周以“树立绿色消费理念、倡导科技生活方式”为主题，在延续以往商业科普宣传的基础上，着力营造绿色消费环境，倡导科学健康的生活方式。活动组织了新光天地、利生体育商厦、崇文门菜市场、物美超市、西单商场、张一元、菜百、国华商场、超市发、甘家口大厦、资和信、同仁堂、京客隆、蓝岛大厦、海龙大厦、欧尚超市等传统商业企业及京东商城、凡客诚品、乐友网、千纸鹤、窝窝团、库巴科技、酷运动等电子商务企业42家，结合自身经营特点，通过设立科普宣传展板、科普柜台、安排专人讲解和设立专题页面等方式，向消费者宣传如何选购食品、药品、服装、首饰、数码电器等商品以及消费使用知识，推广绿色、低碳的消费理念。

（市商务委）

【2012年科技活动周】 5月19—25日，2012年科技活动周以“携手建设创新型国家”为主题在京举行。本次科技周突出了“科技与文化融合、科技与生活同行”的活动特色。活动期间对第五批科普基地进行了命名，对荣获科普工作先进集体、先进个人和《科学素质纲要》实施工作先进集体、先进个人以及优秀组织单位进行了表彰。全市共开展了大型标志性活动12项、重点活动66项、基层活动600多项，科技周期间广大市民积极参与，社会各界广泛关注，共有520万人次参加北京科技周的活动。

（市科协）

【举办首届科学传播人颁奖盛典】 5月20日，首届科学传播人颁奖盛典在农业展览馆新馆正式开幕。此次活动的主题是“科学与人”，旨在科学传播中树立以人为本、服务公众的理念，褒扬新时期科学传播人的奉献精神与社会责任，加大科学传播共同体的影响，为公众分享科学、参与科学倾力所有。力争让“科学传播人”，颁奖盛典成为科学传播创新与发展的风向标，史记科学传播进程中的年度人物。活动评审委员会由77位著名科学家、知名学者、资深媒体人、优秀科普专家及从业者组成，经过科学传播人的提名推荐、初审评选、终审评选，分别推荐评选出了“科学传播年度人物”“年度新锐科学传播人”“科学传播人终身成就奖”提名候选人共33人，推荐“年度公众最喜爱科学传播人”提名候选人16人。首届科学传播人颁奖盛典现场颁奖，北京天文馆馆长朱进获得“年度新锐科学传播人”，《中国国家地理》杂志社执行总编单之蔷获得“年度公众最喜爱科学传播人”，中科院院士欧阳自远、中国自然科学博物馆协会名誉理事长李象益、科普漫画家缪印堂、中国疾病预防控制中心营养与食品安全所研究员马冠生、科普出版社社长苏青获得“科学传播年度人物”，中科院王绶琯院士获得“科学传播人终身成就奖”。全国人大常委会副委员长、中国科协主席、九三学社中央主席、中国科学院院士韩启德，北京市副市长苟仲文以及十多位院士等100余人出席了本次活动。

（市科协）

【举办2012年首都大学生科普演讲比赛】 5月20日，由市科协、团市委共同主办，北京工商大学科协与北京工商大学团委承办的以“科技与文化融合，科技与生活同行”为主题的2012年首都大学生科普演讲比赛决赛在北京工商大学隆重举行。大赛共吸引了来自北京22所高校的79名选手报名参赛。大赛共评出一等奖2项，二等奖4项，三等奖8项以及优秀组织奖5项，优秀个人组织奖5项。人民网、千龙网、和讯网、中国教育新闻网等15家媒体对本次活动进行了报道。

（市科协）

【第十四届北京科普之夏活动启动】 7月14日，以“保障食品安全，服务公众健康”为主题的第十四届北京“科普之夏”活动，在朝阳区太阳宫公园正式启动。本届科普之夏活动围绕社区居民十分关心的健康生活、食品安全、绿色环保等热点问题，在全市16个区县开展各类科普活动3000余项,其中重点活动200余项。

（市科协）

【第四届首都创新论坛举行】 8月16日,由市科协与北京经济技术开发区管委会共同举办的以“推动科技创新服务业发展,支撑高技术产业升级”为主题的第四届首都创新论坛在北京经济技术开发区管委会举行。李京文院士做“创新服务与服务创新”主题演讲,科技部调研室副主任刘琦岩做“抓住科技体制改革机遇 做强做大科技创新服务业”主题演讲,侯云德院士做“生物医药产业生存与发展的关键——创新性平台技术”主题演讲,李幼平院士做“浮云化雨——全球网转化为个人库”主题演讲。来自《人民日报》《中国科学报》、北京电视台等媒体以及开发区企业代表、科研人员近300人参加了本次活动。

（市科协）

【开展北京市2013年社区科普益民计划、科普惠农兴村计划评审工作】 8月29日,市科协下发《关于开展2013年北京市社区科普益民计划、科普惠农兴村计划申报工作的通知》(京科协发〔2012〕号),10月10—11日,召开北京市2013年社区科普益民计划、科普惠农兴村计划评审会。各区县科协高度重视两项计划的申报工作,会同区县财政局,根据本区县的社区建设、新农村建设、城乡一体化的发展以及科普惠农益民两个计划的实施情况,认真组织基层申报,区县开展评审,公示后上报市科协。经过两天的答辩、评审,评审组认为大多数申报项目符合市科协、市财政局的相关要求和规定,对一些项目提出了申报整改意见,初步确定了北京市2013年社区科普益民计划和科普惠农兴村计划的奖补结果。

（市科协）

【2012中关村论坛年会第一专场“科技改变生活”分论坛召开】 9月13日,由市科协承办的2012中关村论坛年会第一分论坛——“科技改变生活”专场在国家会议中心隆重召开。本次专场论坛邀请了丁一汇院士、倪光南院士、孙宝国院士和美国南加州大学教授理查德·温伯格、英国爱丁堡国际科学节主席西蒙·盖奇、德国科技促进协会主席乔吉姆·乐其作为本次论坛主讲嘉宾。六位国内外嘉宾分别围绕科技改变生活、空气污染、科学与技术向公众传播的方法、移动互联网、电影高科技、食品工业等贴近生活、公众关注的热点领域进行专题演讲并与大家展开深入的交流和互动。200多名观众参加了本次专场论坛。

（市科协）

【2012年北京市全国科普日活动举行】 9月15—21日,北京市全国科普日活动以“节约能源资源、保护生态环境、保障安全健康、促进创新创造”为主题,在全市成功开展了各类丰富多彩的科普活动。举办了第二届北京科学嘉年华主场活动、第二届北京国际科技电影展、第十届北京科学传播创新与发展论坛暨2012北京科学节国际论坛,以及全市基层科普活动等。2012全国科普日首都群众系列活动以食品与健康科普宣传为重点,围绕食品从田间到餐桌的每一个环节,开展了生动活泼、富有实效的科普宣传,共有3万余公众参与了此项活动;在2012全国科普日北京主场高校开放日活动中,中国农业大学、北京航空航天大学等9所高校参与此次活动,吸引众多社区居民前来参观学习。第二届北京科学嘉年华主场活动有来自世界12个国家及我国港澳地区的20个科普组织与来自国内的82家机构共带来204个互动科普项目参与现场活动,受益公众达5.6万人次;电影展期间共有40部科技影片在中国科技馆、中国电影博物馆、北京天文馆进行三馆展映,在为期一个月的影展中总计放映500余场,吸引10万余人次前来观影;第十届北京科学传播创新与发展论坛暨2012北京科学节国际论坛邀请了来自中国、美国、德国、法国、新加坡五国的科学传播领域专家进行主旨演讲,来自社会各界的400余人参与活动;全市16个区县共举办193项基层活动,受益公众达40余万人次。

（市科协）

【“诺贝尔获奖者北京论坛”精品回顾展在大连巡展】 9月28日至10月30日,由市科协、北京科技咨询中心、1831流动科技馆和大连市科学技术协会等共同承办的“弘扬科学精神、感受创新本质”——诺贝尔奖获得者北京论坛主题展精品回顾展，在大连市科技馆展出。展期1个月，受众约25000人。

（市科协）

【百家科普基地对接百家社区总结表彰大会召开】 10月30日，市科委在北京汽车博物馆召开北京市百家科普基地对接百家社区活动（“双百对接”）总结表彰大会。开展“双百对接”活动的目的在于转变科普工作的常规思路，充分发挥科普教育基地的主阵地作用，促进科普基地与所在地单位、学校、社区建立固定的科普合作机制，鼓励基地利用自有资源，深入社区等基层单位开展贴近生活、贴近公众、贴近实际的科普活动，以达到丰富社区居民生活，提高公众科学素质的目的，为建设“科技北京”和中国特色世界城市发挥积极作用。“双百对接”活动是科普工作与成果的重要展示平台，是市民提高科学素质与创新理念的课堂。在市科委、区县科委、科普基地、街道和社区的共同努力下，“双百对接”活动逐渐成为首都科普工作的重要品牌，在提升全市科普能力建设与科普工作水平、提升全市公民科学素质、建设“三个北京”等方面，都发挥着重要作用。

（市科委）

【市科委首次组团参加香港创新科技嘉年华活动】 11月3—11日，市科委首次组团参加由香港特别行政区创新科技署在香港科学园举行的2012年香港创新科技嘉年华活动。活动开启了北京与香港科普工作交流与合作的新局面。市科委通过参与这次活动，推动了北京市科普工作多元化发展，为不断提升北京市科普能力建设和服务水平奠定了良好基础。

（市科委）

【第三届中意创新论坛暨第六届北京—意大利科技经贸周】 11月19—21日，第三届中意创新论坛暨第六届北京—意大利科技经贸周活动在意大利那不勒斯市主会场隆重开幕。本次活动展示了中国及北京的科技经济发展水平，宣传和推广了北京的科技创新成果和经贸发展机遇，为中意双方企业搭建了良好的合作平台，促成了中意两国百家企业的成功对接和9份合作协议的签订。中意两国100余家单位、300余位嘉宾参加活动。

（市科协）

【市科委召开北京市科普基地复查及2012年申报工作培训会】 11月27日，市科委召开“北京市科普基地复查及2012年申报工作培训会”，北京市科普工作联席会议各成员单位、16区县科委、已命名的212家基地及新申报的48家基地参会。市科普工作联席会议办公室针对已命名科普基地的复查内容和新科普基地申报所需提交的材料，以及科普教育基地、科普培训基地、科普传媒基地、科普研发基地的含义、区别与联系，申报书填报过程中须注意的事项等内容进行了培训并回答了与会人员提出的相关问题；技术支持单位就“北京市科普基地申报系统”和“推荐部门管理系统”的使用方法进行了详细讲解。

（市科委）

【首都大学生科技创新作品与专利成果博览会举行】 12月8—9日，由市科协、市教委、团市委、中关村管委会、市知识产权局、市工商联共同主办的首届“首都大学生科技创新作品与专利成果博览会”在北京工业大学奥林匹克体育馆热身馆举行。市委常委陈刚宣布博览会开幕。博览会期间，展示了35所高校大学生的172项专利成果、118件实物发明、101篇优秀论文以及47份创新创意作品；邀请中国工程院院士、政府领导、企业高管、知识产权专家就“创新教育与大学生创新精神培养”“企业创新与人才培养”“大学生科技创新与知识产权保护”等主题进行演讲、讲座；邀请10家全球知名投资机构的12名投资方代表出席大学生创新作品推介会，15名高校学生代表分别上台推介自己的创新作品，投资方代表与学生互动交流并对学生创新作品点评；活动现场还设立了高校学生创新成果申请专利的绿色通道，直接为大学生提供服务。博览会期间，13所高校的17个发明作品和专利成果与52家企业对接洽谈37次。专利申请绿色通道征集到12所参会高校的79项专利申请。

（市科协）

【市科委举办北京市创新型科普社区总结表彰交流活动】 12月28日,北京市创新型科普社区总结表彰交流活动举行。截至2012年,先后创建命名了141家创新型科普社区。新建科普标识牌1892个;科普标志340个;科普文化广场32个,总面积204326.6平方米;科普活动室253个,总面积16756平方米;科普宣传橱窗(画廊)共计383个(组),总长度5599.7米;图书共216428册;覆盖五十余万人。市科委投入科普专项经费累计达2300余万元,区县匹配经费820余万元。

(市科委)

【建立院士专家工作站】 年内,为充分利用丰厚的院士专家资源,为首都创新体系建设而努力,为首都经济发展贡献力量,市科协相继成立了中国建筑材料科学研究总院院士专家工作站、北京经济技术开发区驻区企业院士专家工作站、中关村科技园区丰台园院士专家工作站等9个院士专家工作站。

(市科协)

【2012年北京市科普示范社区建设】 年内,市科协在全市开展了科普示范社区创建工作。经评审,全市共有16个社区获得2012年北京市科普示范社区创建资格并给予400万元支持,用于科普资源配置。

(市科协)

【组织科普基地申报全国科普教育基地】 年内,市科协组织北京地区全国科普教育基地申报中国科协特色科普活动,动员北京科普教育基地申报中国科协2012年全国科普教育基地,14家单位被命名为全国科普教育基地;完成了北京地区全国科普教育基地的数字化试点工作。

(市科协)

【开展金桥工程】 年内,市科协系统48家单位共申报种子资金项目135项,其中33个项目获得种子资金支持,分别发放A、B、C三类资助项目1项、2项、30项;金桥工程考核表彰项目奖,共有27个单位申报77个项目,最终对38个项目、23个单位和25名个人进行表彰。

(市科协)

【举办诺贝尔获奖者北京论坛——创新与发展主题巡展】 年内,2001诺贝尔获奖者北京论坛——创新与发展主题展完成了3站巡展工作,它们分别是房山国家地质博物馆、北京工商大学巡展、西单科普画廊巡展,近86000人参观了展览。

(市科协)

【2011—2012年度北京市“讲理想、比贡献”活动评选】 年内,由市科协、市发改委、市科委、市国资委主办开展北京市“讲理想、比贡献”活动评选表彰工作在京举行。经过严格的评审,最终评选出10个北京市“讲理想、比贡献”活动先进集体、10名北京市“讲理想、比贡献”活动科技标兵、10名北京市“讲理想、比贡献”活动优秀组织者并对结果进行了公示;推荐全国“讲理想、比贡献”活动先进集体候选单位7个、企业院士专家工作站候选单位3个、科技标兵候选人6名、优秀组织者候选人7名。

(市科协)

【第二十一届北京优秀青年工程师评选活动】 年内,市科协组织开展了第二十一届北京优秀青年工程师评选活动。通过对资格审查的500余名候选人进行审查、评议,最终共评选出北京优秀青年工程师213名,其中北京优秀青年工程师标兵20名。

(市科协)

青少年科普工作

【第32届北京青少年科技创新大赛评审工作全面启动】 1月14—15日,第32届北京青少年科技创新大赛进行了为期两天的工程项目初评,选拔出入围终评答辩的作品。14日还进行了科学幻想绘画项目的评审,共评出一等奖82幅、二等奖192幅、三等奖300幅并按排名选出30幅优秀作品准备参加全国评审。15日进行了科技辅导员科技创新成果竞赛、科技辅导员和青少年优秀科技实践活动的评审,共评出10

名十佳科技辅导员;8名优秀科技辅导员;优秀科技实践活动一等奖10项、二等奖27项、三等奖36项。教师科技制作一等奖12项、二等奖12项、三等奖19项;教师发明一等奖9项、二等奖8项、三等奖8项;教师活动方案一等奖9项、二等奖25项、三等奖35项。

(市科协)

【第32届安捷伦北京青少年科技创新大赛落下帷幕】 3月25日,第32届安捷伦北京青少年科技创新大赛在北京育才学校落下帷幕。闭幕式为获奖选手颁发了十佳科技辅导员、科技创新优秀项目一、二等奖,国际参赛项目一、二等奖,安捷伦青少年科技英才奖等18项专项奖、优秀组织奖、特别贡献奖。创新大赛作为一项大型的具有示范意义的青少年科技教育活动,在推动创新精神和创新能力、提高科学素质、培养科技后备人才等方面发挥着越来越重要的作用。

(市科协)

【第三届全国青少年科学影像节活动在京启动】 6月25日,由中国科协青少年科技中心和中国青少年科技辅导员协会共同主办的第三届全国青少年科学影像节活动启动仪式举行。全国青少年科学影像节活动是适应网络和多媒体信息技术快速发展和广泛应用这一时代特征,面向青少年而开展的以新媒体为载体的科普活动,是我国青少年活动的一个创新形式。本次活动围绕"节约能源资源、保护生态环境、保障安全健康、促进创新创造"而开展,并将于10月向获奖作者颁奖。

(中国科协)

【北京学生科技文化节暨第30届北京学生科技节开幕】 8月9日,北京学生科技节暨第30届北京学生科技节开幕。本届科技文化节由市教委、市科委、市体育局、市科协共同主办,北京学生活动管理中心、朝阳区教委承办。旨在通过举办内容丰富、形式新颖的科技活动,在中小学生中弘扬科学精神,普及科学知识;通过参与式和体验式的科技教育方式,培养学生的团队合作和集体主义精神,从而充分发挥科技节在提升学生科学文化素质中的重要作用。为期3天的科技文化节是北京学生科技节系列科普活动的一个缩影,围绕"科技与文化融合,成长与快乐同行"的科技文化节主题,以宣传科学思想,传播科技文化为目的开展活动。活动期间还进行了开放式的科学游园活动以及参观考察、科学讲堂,科技沙龙、科普电影、科学实验及科普剧表演,多项富有创意的互动体验、科学游戏和文体娱乐活动。

(市教委)

【北京市中小学科技教师培训(专题班)开班】 8月27—29日,由市教委、市科协联合主办的北京市中小学科技教师培训(专题班)开班。此次培训以"拓展远郊区县科技教师视野,增强远郊区县科技教学能力"为主题,紧紧抓住农村科技教师信息量少、师资匮乏的实际情况,以集中各区县科技教师集体培训的形式,安排了学校科技教师活动的设计与实施、科技教育活动实景教学等课程。培训为郊区县中小学校搭建交流合作的平台,提供了业务咨询等方面的帮助,有效地推进了远郊区县科技教学工作的开展。培训结束后,科技教师们都表示希望今后能多组织此类的专题培训,为提升郊区县科技教师的教学能力,提供学习的平台。

(北京科技教育促进会)

【第十二届北京青少年科普短剧汇演闭幕】 12月7日,由市科委、团市委、市教委、市委宣传部等单位主办的"生态文明——我的低碳生活"第十二届北京青少年科普短剧汇演在北京市第十八中学落幕。本届活动共涌现出了400多个内容丰富、形式新颖、互动性强的科普短剧作品。本届活动极大地调动和提高了参与者的生态文明绿色意识,培养了他们善于观察、勤于动脑的能力,使他们亲身感受并加入到积极宣传普及生态文明和新能源知识的行列之中。

(团市委)

【第四届北京市中小学生科学建议论坛举行】 12月16日,由市教委主办的第四届北京市中小学生科学建议论坛暨颁奖仪式举行。来自10个区县的20多所中小学校的师生代表,水资源保护、环境保护相关的政府部门及高校和科研机构专家、公益事业志愿者、新闻媒体记者等近200人参加了活动。本次论坛的主题是

"关注社会热点 科学表达主张"。活动旨在通过互动方式共同讨论中小学生应该如何关注社会,探索如何用积极的方式参与"人文北京、科技北京、绿色北京"的建设,共同为北京美好的明天出谋划策。

(市教委)

重点科普活动

【《践行"北京精神"在全社会大力弘扬和培育创新精神的若干意见》和《首都创新精神培育工程实施方案(2012—2015)》正式发布】 1月16日,市政府新闻办召开发布会,发布《践行"北京精神"在全社会大力弘扬和培育创新精神的若干意见》和《首都创新精神培育工程实施方案(2012—2015)》。为践行北京精神,在市科教领导小组的指导下,市科委牵头起草了《意见》,细化出《实施方案》,并以折子工程的形式明确了各项工作的具体内容和实施主体。《意见》提出,通过弘扬和培育创新精神,到2020年,形成创新思想活跃、创新资源集聚、创新能力强劲、创新氛围浓郁的创新软环境;创新创业的服务体系更加成熟,创新人才的培养体系更加完善,创新文化的传播体系更加健全;自由探索、敢于创新的创新理念深入人心,宽容失败、开放包容的创新文化更加繁荣;关注创新、服务创新、支持创新、参与创新的良好社会风尚基本形成,全社会创新能力明显提升。结合当前北京经济社会发展的形势,《意见》提出了四项重点任务:一是把企业和高校院所的创新提高到一个新水平。二是坚持不懈地开展创新教育。三是积极推动创新文化的繁荣和发展。四是广泛深入开展市民创新精神培育工作。《实施方案》是对《意见》各项内容的细化,包括五大工程和保障措施,共计55条内容。针对《意见》中的四项重点任务,《实施方案》提出的五大工程包括:创新创业环境优化工程、创新教育促进工程、创新文化建设工程、创新活动品牌工程和创新资源服务工程。通过五大工程的实施,落实《意见》的四项任务,实现既定目标。

(市科委)

【我国首台"科技春晚"首播】 2月,我国首台"科技春晚"于2012龙年春节前首播。整场晚会以《IPAD之舞》开场,没有一件乐器,IPAD、IPHONE和大型触摸屏打碟机演奏起民族乐曲,展现高科技对艺术的全新表达;会记忆的金属书写"新年纳余庆,嘉节号长春"的名联;玉米糊糊上跳踢踏舞,它揭示的是非牛顿流体的特有属性;短剧《碘盐风波》《破腹产》和相声《说八道四》弘扬科学精神,揭露没有科学依据的非理性现象;歌舞《我们从小爱科学》、诗朗诵《科学的星座》和歌曲《中国的国风》,追寻科学巨匠的足迹,期盼"爱科学、学科学、用科学"的中国精神蔚然成风。本台春晚在中国科协的大力支持下,由北京市科委、北京市委宣传部、北京电视台、湖北广播电视台等单位主办,北京科技视频网、武汉电视台《科技之光》和文体中心承办。

(市科委)

【冷链与冷藏运输新技术发展座谈会召开】 3月1日,北京制冷学会在北京二商集团召开"促进冷链与冷藏运输新技术发展"座谈会。与会者就冷藏运输设备、制冷装置的研究;如何推进北京冷藏运输环节的发展;如何提高冷藏运行设备、设施的品质与科技水平;随着北京市冷链物流"十二五"规划的实施,冷藏运输如何发挥保障作用;冷藏运输过程中的食品安全和温度保证等相关的议题进行了讨论。会议强调了生产与使用企业的对接,科研与生产企业的结合。中科院理化技术研究所、国内贸易工程设计研究院、清华大学、北京科技大学、北京工业大学等高校的科研人员及冷藏运输设备、设施生产企业和各大冷链物流使用企业科技人员30余人参加会议。

(制冷学会)

【第二届钢材质量控制技术研讨会举行】 3月3—4日,北京机械工程学会和中国金属学会青年委员会主办,北京科技大学、北京机械工程学会压力加工分会承办的“第二届钢材质量控制技术——形状、组织、尺寸精度、表面质量控制与改善”学术研讨会在京召开。与会专家围绕推广应用新技术，提高产品质量，节能减排，促进环境保护，发展低碳经济等方面，集中开展学术与技术交流，共同探讨钢材质量控制新技术、新工艺、新装备、新仪器和新经验等。对钢铁产业发展态势、钢材质量控制技术、工艺、设备和仪器等进行主题和专题报告。国内外钢铁企业、工程设计单位、科研院所、高等院校负责人和有关专家、学者近百人出席。

（机械工程学会）

【举办防治肾脏病专题讲座】 3月10日，北京医学会举办了“权威专家健康教育大讲堂——肾脏病如何早发现、早治疗、防恶化”专题讲座。邀请学会肾脏病学分会名誉主任委员、北京大学第一医院章友康教授主持现场答疑。分会副主任委员、北京医院肾内科吴华教授，副主任委员、海军总医院肾内科周春华教授，委员、朝阳医院崔太根教授分别就“如何早期发现肾脏病”“如何防治肾脏病的发展和肾功能恶化”“如何应对末期肾衰尿毒症”等问题进行讲授。各区县的200多位市民，到活动现场聆听专家们的讲解，并结合自身关心的问题，与专家进行交流。

（医学会）

【举办研讨草莓生产研讨会】 3月13日，北京植物病理学会在昌平天润园草莓专业合作社举办草莓生产研讨会。中国农业大学、中国农科院、北京农学院、北京植保站的育种、病原鉴定、土壤营养、蔬菜病害及生物防治等方面的25位专家，针对草莓生产过程中存在的问题，研讨解决办法。昌平植保站技术人员介绍了近几年白粉病、灰霉病、根腐病、炭疽病和红蜘蛛、蓟马、蚜虫等草莓种植的主要病虫害及防治方法和使用农药出现的问题。张国珍、李兴红、虞国跃、刘正坪等专家介绍了可供草莓种植者借鉴的防控方法、消毒方法、施药方法，主要靶标病害的病原鉴定、发生规律、防治对策，以及草莓种植园土壤处理、育苗、移栽、生长和采收等环节的技术措施。北京植病学会现场发放了草莓生产及病虫害防治科普书籍。《人民日报》《经济日报》《科技日报》《农民日报》、北京人民广播电台等媒体进行的报道。

（植病学会）

【市科委召开“2012年度北京市科普项目社会征集指南”专家会】 3月14日，市科委召开了“2012年度北京市科普项目社会征集指南”专家讨论会。来自全国的科普管理、科技传播、场馆管理、科教影视、科普出版等方面的9位专家参加了讨论。截至2011年，共有1100个单位申报了1400个项目，经过专家评审，最终择优支持科普项目179项，资助科普经费5322万元，调动社会资金6000万元。其中，新建科普场馆和原有科普场所改陈51个，研发科普互动展品单件展品219件，编辑出版科普读物30本（套），开发科普栏目、多媒体作品、科普广播剧37项。实现了社会征集工作旨在广泛动员社会力量参与科普、培育新生科普队伍的工作目的，为提升北京市的科普能力、提升公众科学素质做出了积极贡献。“2012年度北京市科普项目社会征集指南”经市科委审核通过后将向社会正式发布。

（市科委）

【3月23日世界气象日】 3月23日是世界气象日，今年世界气象日的纪念主题是“天气、气候和水为未来增添动力”。在京气象部门向公众免费开放科普活动。中国气象局大院开放的单位包括公共气象服务中心（中国气象科技展厅）、华风集团电视天气预报模拟演播室等。北京市观象台是气象综合性的观测基地，参观者可以直观地看到观测天气的探测仪器和气象应急车，并有气象人员现场讲解。活动现场还设立专家志愿者咨询处，气象专家结合2012年世界气象日主题解答参观者提问。现场还有循环播放今年世界气象日专题片，展出灾害天气防御、气候变化、气象科普知识展板，科普资料、宣传品发送等多项活动。中国气象局开展天气预报主持人签名活动。同时，在观象台举行纪念世界气象日暨北京市第十届“走进科普的春天”系列活动启动仪式，相关科普馆和博物馆现场开展科普互动活动。

（市气象局）

【社会征集科普项目《爱问科学》丛书通过专家验收】　3月26日，市科委委托可持续中心召开了由北京易飞思信息技术有限公司承担的北京市科普专项经费资助的《爱问科学》丛书项目验收会。《爱问科学》丛书一套6本，包括：《爱问科学·樱桃树上的梦想》《爱问科学·写给外星人的"天书"》《爱问科学·人类最后的秘境》《爱问科学·我们将成为"电子人"吗》《爱问科学·先有植物还是先有动物》《爱问科学·世界末日如何来临》。与会专家给予这套丛书充分的肯定。一致认为这套丛书立意明确，从读者最感兴趣的问题出发，突出了新、奇、趣、美；将科学与人文相融合，讲述科学中的故事、故事中的科学；结构打破了传统的学科分类，从读者关注的角度设计内容；选材适当，科学知识基本准确；内容表达具有启发性、互动性。丛书语言通俗易懂，图片配置合理，具有较强的可读性和趣味性。

（市可持续发展科技促进中心）

【第五届中国北京国际食品安全高峰论坛举行】　3月27日，北京食品学会和北京食品协会主办的"第五届中国·北京国际食品安全高峰论坛"在北京国家会议中心举行。主题是"食品安全管理及国际技术合作"和"食品安全研究与最新进展"。会议设4个分论坛，主要议题有新形势下中国食品安全管理亟待解决的重要问题和手段；从源头抓起，强化过程主动应对管理创新模式；采用国际先进技术与方案来确保食品安全控制；分享食品安全管理经验建立国际接轨的安全控制。中国工程院院士孙宝国、美国食品药物管理局（FDA）驻华办公室 Cory Bryant 及国内外50余位专家、学者、企业家做了专题演讲。北京勤邦生物技术有限公司等55家知名企业参加产品展示会，并进行了技术交流。7个国家的700余名代表参加会议。

（食品学会）

【召开服务贸易年会】　3月30日，北京系统工程学会召开中国服务贸易与服务业年会。与会者就如何加快发展首都服务贸易、增强服务贸易国际竞争力、推进产业结构的调整和贸易自由化进程、推进服务业和服务贸易在"十二五"期间健康持续发展，如何结合地区经济形势错位发展现代服务业，如何帮助企业实施走出去战略，如何提高我国服务贸易国际竞争力等议题进行了大会报告、分组交流。300余位学会会员、有关产学研用领域专家学者参加了为期3天的会议研讨和交流。

（系统工程学会）

【市科委启动2012年科普项目社会征集】　3月，2012年度北京市科普项目社会征集工作于日前启动。今年征集项目类别主要有：科普作品创作项目，企业、高等院校和科研院所科普场馆建设项目，科普基地提升项目。项目重在打造通俗易懂，有助于启发、提高公众对科学的兴趣的文艺作品；在风格上鼓励原创或突出北京特色，在构思上和表现方式与手段上充分体现科技与文化融合，挖掘具有科学性、新颖性、独创性、超前性的优秀作品。今年科普作品创作项目的资助方向主要包括：原创科普图书、科普音像制品、国外优秀科普图书的出版、科普动漫与游戏软件的出版；支持科普广播剧、话剧、影视片的创作、拍摄、制作、播放、演出；重点鼓励并支持在广播电台、电视台、移动通信、知名大型综合网站、公共交通工具、地铁车站自办或企事业单位在上述媒体及公共空间开办的科技（普）栏目、制作的大型公益科普宣传广告等内容。

（市科委）

【第七届图像图形技术与应用学术会议举行】　4月12日，北京图像图形学会主办的第七届图像图形技术与应用学术会议召开。会议以多媒体交互，信息科技将继续引领人类文明为主题。中科院副秘书长、中科院自动化所模式识别国家重点实验室主任谭铁牛研究员做"信息科技的发展、现状、趋势与热点问题"主题报告。他提出，信息科技发展已经到了集成电路迈入纳米加工的新阶段；海量信息的智能处理日益成为信息技术发展的新瓶颈；信息技术推动服务行业的新变革；网络与通信技术的飞速发展，使信息安全日益成为国家安全的新挑战。基本趋势为泛在化、智能化、虚拟化、融合化、绿色化。信息科技值得关注的十个热点问题是:下一代互联网、物联网、网络安全、高性能计算、云计算、大数据与海量信息智能处理、生物识别、智慧地球、量子计算与量子通信和绿色IT。推动信息产业技术的发展是我国一项艰巨、长期的战略任务。与会专家就有关学术问题进行了研讨。

(市科协)

【市政府印发《北京市全民科学素质行动计划纲要实施方案(2011—2015年)》】 4月13日,市政府办公厅印发《北京市全民科学素质行动计划纲要实施方案(2011—2015年)》(京政办发〔2012〕17号)。对"十二五"期间首都全民科学素质工作的阶段目标、重点任务、组织实施等做了全面部署和安排。文件明确了北京市纲要实施工作至2015年,在"十一五"基础上科学普及工作不断深入开展,科学知识、科学方法、科学思想、科学精神广为传播,加快推动科技和文化的融合,形成科技创新与文化创新"双轮驱动"的发展模式,全民科学文化素质得到显著提升,继续位于全国前列,力争达到国际化高端城市的水平。一是全社会贯彻落实科学发展观的积极性明显提高;二是广大市民提高科学素质的主动性显著增强;三是公民科学素质建设的公共服务能力大幅提升;四是公民科学素质建设机制不断创新。文件中提出"十二五"期间开展针对五大重点人群的"五个行动",即未成年人科学素质行动、农民科学素质行动、城镇劳动者科学素质行动、社区居民科学素质行动、领导干部和公务员科学素质行动。全面促进首都公众科学素质的提高。实施"五项工程",即科学教育与培训基础工程、科普资源开发与共享工程、大众传媒科技传播能力建设工程、科普基础设施工程、首都科普资源集成与服务工程,全面推进首都的科普基础工程建设。《实施方案》在重点人群科学素质行动中增加了社区居民科学素质行动,在基础工程中增加了首都科普资源集成与服务工程,充分体现了首都特点和时代特征。文件中对每项重点工作的任务内容进行了详细阐述,制定了完成任务的具体措施,明确了任务的牵头单位和参加单位,并在政策法规、经费投入、队伍建设、组织实施、监测评估等方面提出了明确要求。2015年,将组织开展检查,对"十二五"期间北京市全民科学素质工作进行总结和评估,继续推进纲要实施工作。

(市科协)

【中英首都圈水务技术学术交流会举行】 4月17—18日,由北京水利学会主办,北京水战略研究中心承办,谢菲尔德大学流域科学中心协办的中英首都圈水务技术学术交流会在京召开。会议围绕中英首都圈水管理现状、问题、特点、经验及供水、排水和地下水管理等重要议题开展对比研究,为北京建设世界城市的水务发展及战略提供支撑。市水务局主要负责人、市水利规划设计研究院主要负责人、英国谢菲尔德大学教授索尔、伯克萨尔及英国水务监管局、英格兰公用事业局、国际环境模拟公司相关负责人分别做主题报告。中外专家还就中英水资源管理、供水系统、排水系统和地下水资源管理四个方面内容进行了问答互动,并就与会人员提出的公众参与问题、供水漏失和水质问题、北京新城用水问题,以及年代久远的供水管网维护等问题进行了交流。英国大使馆一等秘书威尔·海伦,英国谢菲尔德大学流域科学中心主任、英国皇家工程院院士大卫·尼古拉斯·勒纳到会并致辞。

(水利学会)

【第15届生物多样性保护科普宣传月系列活动开幕】 4月21日,由市园林绿化局、市公园管理中心、市科委、市科协主办的第十五届生物多样性保护科普宣传月活动开幕,主题是"保护生物多样性 弘扬生态园林文化"。生物多样性保护科普宣传充分发挥首都区域的资源优势、教育体系优势、人员素质优势,在各区县主要街道、绿地、公园开展丰富活动,全方位、多层次向群众宣传"蓝天绿地碧水,生态宜居生活"的环境理念,在全社会营造学科学、爱科学、讲科学、用科学的浓厚氛围。让市民在享受科学带来便利和高品质生活的同时掌握科学的思想方法,提升科学素质。

（市园林绿化局）

【2012 年科普工作联席会议召开】 4 月 23 日，北京市 2012 年科普工作联席会议在市政府会议室召开。市科普工作联席会议主席、副市长苟仲文出席会议并做讲话。联席会议 43 家成员单位的主管负责人参加了会议。会上，市科委对市科普工作联席会议成员单位增补情况及 2012 年北京市科学技术普及工作先进集体和先进个人评比表彰情况做了通报。根据科技部 2011 年度全国科普统计单位名单，新增市民委等 5 家单位为市科普工作联席会议成员单位，联席会议成员总数达 43 家。东城区南馆公园管理处等 50 个单位（集体）获得“2012 年北京市科学技术普及工作先进集体”荣誉称号，刘辰彬等 110 名个人获得“2012 年北京市科学技术普及工作先进个人”荣誉称号。市科协通报了市“十一五”《全民科学素质纲要》实施工作先进集体、先进个人、优秀组织者情况，共评选出 28 家先进集体，36 个先进个人和 25 个优秀组织者。2011 年，全市各项科普工作和全民科学素质纲要实施工作稳步发展。据统计，全年共开展市级大型科普活动 40 项，举办科普讲座 77982 场，听众约 785 万人次；放映科普影片、录像片 1.9 万场，观众约 450 万人次；发放科技宣传材料 2327 万份，出版科普图书 276 种；新增科普基地 29 家，市级科普基地达 212 家，实现了“十二五”时期科普工作与全民科学素质纲要实施工作的良好开端。

（北京市科普工作联席会议办公室）

【太阳能应用技术交流会召开】 4 月 26 日，市绿色建筑促进会与北京房地产业协会根据近期市住建委等 6 单位联合颁发了《北京市太阳能热水系统城镇建筑应用管理办法》的要求共同召开太阳能应用技术交流会。会议交流了绿色建筑的发展情况；《管理办法》的制定和解读；围绕《管理办法》的实施，开发商如何更好地利用太阳能技术等问题。与会者就太阳能技术在住宅小区的使用情况，如何在城市小高层、高层建筑中应用太阳能热水系统技术，通过太阳能技术在保障性住房的应用、太阳能光热利用系统解决方案、太阳能光热利用经济性分析、太阳能热水系统应用于民用建筑时需注意的问题及解决办法等进行了研讨。30 余位有关专家参加了交流。

（市绿色建筑促进会）

【“院士讲地灾”高峰论坛举行】 4 月 26 日，由北京地质学会和市地质矿产勘查开发局主办的“院士讲地灾”高峰论坛在北京大学举行。针对今年缅甸、印度、日本、印度尼西亚等国相继发生地震，以及公众对玛雅预言中 2012 世界末日的担忧，石耀霖、邓起东、赵文津 3 位中科院和中国工程院院士就地震预报与中国未来地震活动等做专题报告，提出“地震的发生是有周期的，与 2012 无关”“日本大地震后十余年内中国华北相对安全”“中国正致力于从经验预报到数值预报的转变，而对于地震的短临预报、群众预报和依靠地方经验预报仍然非常有效”等观点。学会理事长、市地勘局局长魏连伟针对随着地下空间快速发展，城市发生“地陷”的概率随之上升等问题做了发言。20 余个单位近 300 人参会。

（地质学会）

【第三届天然气藏高效开发技术研讨会举行】 5 月 18—22 日，北京石油学会与中国石油学会天然气专业委员会在张家界共同举办了第三届天然气藏高效开发技术研讨会。会议由中国石油大学（北京）等承办。大会共征集论文 56 篇，交流报告 28 个。与会专家、学者及有关代表广泛交流了相关技术、经验及面临的难点和问题，深入探讨了天然气藏高效开发技术的研究和发展方向，提出了许多真知灼见，为加速我国天然气藏高效开发技术的发展起到积极作用。国内从事天然气藏高效开发的科研、生产等 40 多家单位近 100 位科技工作者参会。

（石油学会）

【科普电影周——科技与文化融合的北京科普“亮点”】 5 月 19—25 日，市科委、市广电局、市科协共同主办，新影联承办，中国科学技术馆、北京天文馆协办的主题为“携手建设创新型国家——科技与文化融合 科技与生活同行”第十八届北京科普电影周举行。本届电影周呈现以下“亮点”：①力推原创新科普片。今年继续向影院院线推出由北京市科委科普专项经费资助的原创记录电影《天工开物》。②放映覆盖面进一步扩大。放映影院由2011年在新影联院线下的十几家影院扩展到首都、时代、百老汇、长虹、海航天宝影城、百丽宫金宝街影城、百丽宫国贸三期影城等二十多家影院。③知名科普基地加盟。中国科学技术馆、北京天文馆首次加盟本届科普电影周,并在活动期间在其馆内的全部影院,推出最新科技电影。④科普影视光盘为基层提供丰富活动内容。制作出版了包括20部近年来由北京市科委科普专项经费资助的优秀科普影视作品与北京科教电影制片厂制作的科教影视片《科普影视集萃》光盘资源包,向基层单位免费发放。⑤科普"一卡通"打造北京文化新产品。支持新影联公司在科普电影周及科技旅游季启动之时,在全国首次推出一款"科普电影 科技旅游"一卡通文化产品,让大众在"瞬息"之间便可遨游在影院与科技场馆的智慧海洋里;一枚小小的磁卡,即可引导大众在"感性直观"的视觉冲击下,进入到学习科学文化知识、学习科学方法,感受科学精神,享受和体验"科学最震撼人心的力量"的奇境。

（市科委　市广电局　市科协）

【北京旅游新"名片":10条"一日游"科技旅游新线鲜亮登场】 5月19日至8月31日,市科委与市旅游委主办,北京科普基地联盟承办,东城区、西城区等16个区县科委、旅游局协办的"2012北京科技旅游季"举行。2012科技旅游季以"创新之城 科技之旅"为主题,推出10条"一日游"科技旅游新线路。

（市科委　市旅游委）

【北京青年通信科技人员座谈会召开】 5月22日,为纪念"5·17"世界电信和信息社会日,北京通信学会召开了青年通信科技人员座谈会。中国联通研究院、北京邮电大学研究生院、大唐电信集团等十几家单位的青年专家参加座谈。与会者围绕宽带发展战略、移动互联网的发展、网络融合、物联网、云计算、创新技术业务应用、保障网络与信息安全、政策监管及科技人才培养等问题展开研讨。

（通信学会）

【文化创意与科技创新沙龙举行】 5月24日,北京纺织工程学会、北京纺织控股公司技术中心和北京纺织科学研究所共同举办"玩转'创享'魔方——文化创意与科技创新"主题沙龙活动。主办方代表分别做了"跨界——创新网络营销模式""无界——服装设计的永动机""全三维数字化京剧角色动作数据库"和"能有界 心无界"的报告。报告人介绍了他们在纺织服装或其他相关领域内跨界创新的实例,以及将"科学、文化、时尚"引入产品开发与品牌运作中所取得的成果。各会员单位专业技术人员60余人出席。

（支修宪）

【首届竞技体育心理咨询应用研讨会召开】 5月24—25日,由中国体育科学学会运动心理学分会、中国心理学会体育运动心理分会、北京体育科学学会主办的首届竞技体育心理咨询应用研讨会在市体育科学研究所举行。全国各高校和科研机构的近100名运动心理学领域的专家、学者,围绕当前医学和竞技体育中心理咨询研究与应用状况、当前竞技体育中心理咨询研究与应用的问题与难点、未来竞技体育心理咨询中的发展趋势和应用前景等进行了研讨。

（体育科学学会）

【第三届首都先进制造应用技术研讨会召开】 5月25日,北京光学学会、北京光机电一体化协会、北京机械工程学会、北京模具行业协会、北京工业大学科协在北京工业大学共同举办"第三届首都先进制造应用技术研讨会"。中国机床工具工业协会做"国内外精密机床现状及发展趋势"的报告;北京瑞派泰马激光科技有限公司做"激光加工技术应用——机械设备部件再制造"的报告;北京机械工程学会工业设计分会做"创新与工业设计"的报告;北京模具行业协会"模具是现代制造业中的重要工艺装备"的报告;北京工业大学激光工程院做"大功率激光技术在先进制造中的应用"的报告。80余位代表出席。

（北京机械工程学会）

【第七届体能训练专家论坛举行】 5月27日,由市体育局与北京体育科学学会共同主办的

"第七届体能训练专家论坛——外国人眼中的中国竞技体育"在市体育科学研究所举行。会议邀请了美国AP体能训练机构的专职体能教练Rett和Annemarie_Alf做专题讲座,介绍AP体能训练机构在国家队开展体能训练的经验,分享备战奥运的训练成果。他们和与会者进行了讨论交流。来自全国的近200名体能训练研究人员、教练员参加会议。

(体育科学学会)

【交互设计与工业设计特色专业建设国际研讨会召开】 5月27日,由北京邮电大学自动化学院主办,北京图学学会、北京工业设计促进会、北京机械工业学会、中国工业设计协会协办的"2012交互设计与工业设计专业特色建设国际研讨会暨首都高校工业设计周"在北京邮电大学召开。会议邀请清华美术学院鲁晓波教授、日本千叶大学小山慎一准教授、微软亚洲研究院曹翔研究员、中科院软件所田丰教授、洛可可设计公司董事长贾伟、创新工场用户体验总监吴卓浩、北京邮电大学侯文君教授、北京服装学院詹炳宏教授、北京印刷学院李一凡教授以及北京服装学院莱佛士平面设计与多媒体设计系主任Peter Wilkinson等知名专家、企业家做学术报告。报告多层次、多角度解读了交互设计的发展与趋势。国内外相关领域知名学者共同探讨交互设计和工业设计的未来发展方向,为从事交互设计的教师、学者、设计师以及在校学生提供一个学术交流的平台,促进相关技术和产业的进一步发展。20余家高校及科研院所60余位专家参加会议。研讨会后,首都各高校将在两周内,在各自校内举办2012年工业设计毕业生作品展。

(图学学会)

【数字设计与科技文化创意风暴沙龙举办】 5月28日,北京数字科普协会和北京中海投资管理公司在中关村国际数字设计中心举办"数字设计与科技文化创意风暴"沙龙活动。与会代表以数字设计为核心话题,结合自身优势,围绕物联网、新材料等领域畅谈如何塑造统一的、国际化的数字设计中心,如何在中关村电子卖场的中心区引领数字设计发展,带动中关村核心区的产业转型升级,如何寻找多赢的合作契合点创造共赢的模式,进行了交流研讨。

(数字科普协会)

【化妆品品质评价研讨会召开】 5月29日,北京日化协会在北京工商大学举办"2012年化妆品品质评价研讨会"。研讨会通过化妆品的品质评价为功效添加剂的开发、配方的优化以及添加剂的筛选提供理论支持,从原来的只凭肉眼观察、鼻闻、皮肤涂抹感受发展到科学的量化手段来衡量,使质量管理上了一个新台阶。上海、天津、广州、北京等地相关科技人员50余人参加会议。

(日化协会)

【第五届石油天然气管道安全国际会议召开】 5月29—31日,北京石油学会与中国石油管道学院联合举办第五届石油天然气管道安全国际会议暨第五届天然气管道技术研讨会。会议由中际油化(北京)信息中心、北京科技大学与中国石油大学(北京)承办。中国工程院钟群鹏院士应邀做"深化失效哲学理念,强化管道安全科学技术"的特邀报告。会议收到论文近90篇。与会人员还就管道完整性管理技术、管道运行管理技术、城市燃气管道完整性技术、管道地质灾害识别与控制技术、管道工程建设技术、油库安全技术、地下储气库运行与管理技术、LNG运行管理技术、原油流变性和安全性技术进行了广泛而深入的研讨和交流,24位专家做学术演讲。国内外的知名企业、设计研究院所与高校的石油天然气管道科技工作者130余人出席。

(石油学会)

【第八届钛白产业经济论坛举行】 6月2日,北京生产力学会和北京化工大学共同举办的"第八届钛白产业经济论坛"在北京化工大学召开。本届论坛会就钛白产业的原料资源、生产工艺、设备材料、产品进出口、产品市场应用与经济价值分析、钛白项目综合实施要点、钛白产业发展综述等产业链进行论述。采取老中青结合、经学会专家多次辅导、以青年为主演讲的方式,中间穿插互动,对钛白行业当前在产业结构调整及可持续发展积极建言献策;同时开展科技学术交流与科教实践相结合，将理论与实践，科研、科教与成果相结合的案例进行评论，取得了较好效果。中国化工信息中心、中石化北京化工研究院、中国科技发展战略研究院、商务部国际贸易研究院等多个单位及北京化工大学6个学院的师生150人参会。

（生产力学会）

【水文化遗产调查与保护研讨会召开】 6月7至8日，由北京水利学会、市第一次水务普查工作领导小组办公室主办，中国水利学会水利史研究会、中国水利学会城市水利专业委员会协办的水文化遗产调查与保护研讨会在京召开。与会者对永定河5处水文化遗产进行现场考察活动。日本中国水利史研究会理事、神户大学神吉和夫教授应邀在会上介绍了日本土木工程遗产保护和利用的经验。会议重点对永定河历史上著名的水利工程戾陵堰和车厢渠的遗址位置、隋唐大运河北京段的行迹问题，以及水文化遗产调查和保护问题进行了讨论。与会专家认为，应增强保护水文化遗产的意识，进一步深化对北京地区水文化遗产调查研究，发掘水文化遗产的价值，为弘扬古都文化和大运河申遗做贡献。中国水科院、市社科院、市城市规划设计研究院、市水利普查办公室以及有关区县水利普查办公室以及水管单位、文物部门、有关大学的专家学者近50人参加学术交流。

（杜春利）

【北京生殖医学学术年会召开】 6月8日，北京医学会生殖医学分会第二届生殖医学学术年会召开。北京大学人民医院沈浣教授做“子宫内膜异位症与不孕”的专题报告；海军总医院王霭明教授做“宫腔粘连的治疗”的报告；北京妇产医院王树玉教授做“辅助生育技术的遗传咨询”的报告；解放军总医院姚元庆教授做“胚胎生长和着床潜能的检测”的报告；国家人口计生所谷翊群教授做“梗阻性与非梗阻性无精子症的诊断与鉴别诊断”的报告；北京大学第三医院刘平教授做“如何防范ART配子和胚胎操作中的差错”的报告。大会还安排了疑难病例讨论，分别由北京大学第三医院、北京妇产医院、北京大学第一医院、北京大学人民医院、海军总医院5家医院提供病例。现场专家各抒己见，提出自己的疑问及建议。北京地区生殖医学专业的200余名医生参会。

（医学会）

【北京医学会儿科学分会召开学术年会】 6月9日，2012北京医学会儿科学分会学术年会在中国科技会堂召开。会上，重庆医科大学附属儿童医院赵晓东教授、北京协和医院儿科董梅教授分别做题为“儿童免疫缺陷病的早期识别和诊断”和“过敏原检测在儿科在临床的应用”的专题报告。小儿消化、新生儿、呼吸、血液等四个专业学组近30名儿科学专家做有关儿科学最新研究成果、临床治疗病案分析等儿科各领域专题报告。

（医学会）

【2012中国北京国际节能环保展览会暨节能宣传周举行】 6月10—13日，由国家发改委和北京市政府共同主办的2012中国北京国际节能环保展览会在北京展览馆举行。本届展览会展览总面积为21000平方米，首次突破20000平方米，比上届展会提高了22%。设置12个主题展区，举办21场主要活动，304家企业参展。展会的主题是“绿色产业，创新发展——绿色，让城市更宜居”。通过展会深入宣传国家和本市“十一五”以来节能减排重要进展和“十二五”节能减排重大政策措施，使公众进一步了解国家及本市节能减排工作动态。将集中展示前沿、高端的节能环保技术和系统解决方案，全方位、立体化宣传节能环保理念、技术和产品，注重市民参与互动，着力推动一批节能环保项目现场签约交易。

（市发改委）

【表面处理新技术学术交流会召开】 6月15日，北京表面工程学会与北航材料学院在北京航空航天大学举办表面处理新技术学术交流会。会上邀请美国西弗吉尼亚大学机械与航空工程学院张辉博士后做了学术报告。与会专家还进行了讨论交流。北京表面工程学会的会员代表、北航材料学院研究生等26人参加了此次交流。

（表面工程学会）

【桥梁与隧道工程技术论坛举行】 6月17日，由中国工程院、北京茅以升科技教育基金会共同主办的“桥梁与隧道工程技术论坛”在中南大学举行。国内7位院士出席，林元培、王梦恕、钱七虎3位院士分别做题为“中国桥梁的创新与发展”“真空轨道磁悬浮航天发射系统战略构想”“地下工程建设安全面临的挑战与对策”的主旨发言。11位专家在会上进行学术演讲，论坛就“促进我国桥隧工程的创新、安全与节能”等工程技术问题及桥隧发展的未来与展望进行研究与探讨。

（茅以升科技教育基金会）

【2012北京科技旅游季培训班暨我眼中的科技北京作品征集大赛启动仪式举行】 6月19—20日，由市科委、市旅游委共同主办，北京科普基地联盟承办的“2012北京科技旅游季培训班暨我眼中的科技北京作品征集大赛启动仪式”举行。此次培训旨在加强科技旅游从业人员与市级科普基地科普人员的科普传播能力，实现各科技旅游机构、科普基地与各区县的有效对接，推进“2012北京科技旅游季”及“我眼中的科技北京作品征集大赛”的开展。第三届大赛经过专家组评审，共评出青少年组文章一等奖1项、二等奖5项、三等奖43项，青少年组照片一等奖1项、二等奖4项、三等奖10项，成人组文章一等奖1项、二等奖4项，三等奖40项，成人组照片一等奖1项、二等奖5项、三等奖16项。2家单位获得特别参与奖，7家场馆及单位获得优秀组织奖。仪式现场举行了第三届大赛的颁奖典礼，同时由北京科普基地联盟理事长宣布了第四届“我眼中的科技北京”作品有奖征集大赛的启动。

（市科委）

【民生科技创新与和谐发展研讨会召开】 6月20日，北京技术经济和管理现代化研究会在对外经贸大学国际商学院举行“民生科技创新与和谐发展”研讨会。会上，吴建峰副教授讲述了对民生问题比较集中的医药卫生领域的技术创新联盟问题，探讨企业的网络地位、创业导向与联盟网络成分因素对探索性创新的影响机制与效果，进而分析了创新网络规模、异质性、依存度与凝聚力对产业技术创新联盟稳定性的影响。邢小强副教授则针对民生领域的包容性创新概念做介绍，指出包容性创新不同于以知识与经济产出最大化的传统创新模式，而是要通过创新为处于金字塔底层的低收入人群提供平等参与的机会。许晓娟博士系统梳理了北京市部分行业数据，建立了生产性服务业促进劳动生产率提高的分析框架，采用Granger因果检验和VAR模型，实证检验了1978—2008年金融服务和科技服务在北京市劳动生产率提高中的作用。来自对外经贸大学的30余位专家和在校研究生参加研讨。

（技术经济和管理现代化研究会）

【召开低碳社区建设研讨会】 6月20日，北京环境科学学会和西城区节能减排环保促进会在金融街街道办事处举行“低碳社区建设研讨会”。邀请北京工业大学环境与能源工程学院陈莎教授为大家介绍“建立西城区低碳社区研究与示范项目”课题的研究情况。西城区环保局、区发改委、区科委、区科协、金融街街道办事处等单位的领导与金融街街道民康社区居委会、东太平社区、丰汇园居委会的负责人，就政府、企业、居民参与低碳社区建设中的问题、难点进行了讨论，并提出建设性意见和建议。

（环境科学学会）

【药用植物与人类健康学术会议召开】 6月23日，北京植物学会主办、北京中医药大学基础医学院承办的药用植物与人类健康学术研讨会在北京中医药大学召开。中国食品药品检定研究院中药标本馆馆长张继主任药师、北京中医药大学胡素敏教授、北京师范大学刘全儒教授分别做“中药材市场”“中医传统食疗与健康”“怎样识别身边的药用植物”的学术报告。20余家单位的120余名专家和学生参会。

（植物学会）

【压缩天然气技术交流会召开】 6月25日，北京企业技术开发研究会召开“压缩天然气技术交流会”。清华大学核能与新能源研究院、清华大学机械系、国家压缩天然气气瓶质量监督检测中心等单位的专家介绍了近年来我国天然气技术装备发展情况，交流了加氢天然气技术和预应力钢丝、碳纤维缠绕、压缩机改进等新技术。与会专家认为，氢能技术和压缩天然气技术是当今世界许多发达国家格外重视的新技术，北京要发挥首都科技优势，重视这个领域技术的研究、开发。运用新技术成果，可以进一步改善北京市的空气质量，降低 PM 2.5 的指标。

（企业技术开发研究会）

【"北京科技视频网"上线发布暨研讨会成功举行】 6月26日，"北京科技视频网"上线发布暨专家研讨会召开。"北京科技视频网"由市科委支持，北京市可持续发展促进会主办，北京市可持续发展科技促进中心、武汉电视台《科技之光》协办。该网站于2012年4月正式取得国家广电总局颁发的网络视听服务许可证。北京科技视频网是中国第一家也是目前唯一一家科技视频网，网站基本定位是纯公益、纯科普、纯视频。网站目前拥有各类科技视频节目8000余条，2000多小时，每天新增节目不少于30条。会上，来自科技界、科普界、电视界、新闻界等领域的领导、专家对"北京市科技视频网"提出了很好的意见和建议，希望"北京科技视频网"越办越好，能够为中国的科技宣传事业开创一个新的局面，同时对中国科学技术的发展起到推动作用。

（市科委）

【电镀工业清洁生产及节能减排技术研讨会召开】 7月6日，北京表面工程学会在北京航空航天大学举行"电镀工业清洁生产及节能减排技术研讨会"。会上，中国钢研科技集团有限公司先进金属材料涂镀国家工程实验室江社明教授做"我国钢板连续热镀锌发展现状与趋势"的报告，从钢板连续热镀锌简介、钢板连续热镀锌生产现状、钢板连续热镀锌的应用、钢板连续热镀锌的技术发展趋势等四个方面来进行了阐述；北京卫星制造厂热表工程中心主任白晶莹以"航天表面处理技术现状及发展方向"为题做报告，从航天高科技企业的表面工程技术应用与节能减排技术的结合方面做了介绍。与会代表还进行了交流研讨。90余名理事及会员代表参加会议。

（表面工程学会）

【粘接技术在光伏电池领域中应用技术研讨会召开】 7月10—11日，北京粘接学会在北京化工大学召开第二届粘接技术在光伏电池领域中应用技术研讨会。大会邀请北京天山新材料技术有限公司研发经理郑妙生做"胶粘剂在光伏电池中的应用"的报告；特邀北京黏合剂厂原厂长、教授级高工吕凤亭做"太阳能工业和压敏胶制品工业"的报告；特邀北京郁懋科技有限责任公司经理刘真航做"太阳能光伏电池及材料的研究"的报告。名誉副理事长马启元研究员提出了"光伏夹层封边剂保护剂功能试验方法"的探讨。与会专家进行了研讨，专家认为环保节能是所有人关注的热门话题，也是各级政府积极倡导和扶植的领域。一种好的粘接技术可以延长光伏电池的使用寿命，降低成本。目前我国许多粘接企业为粘接技术在光伏电池领域中应用，积极研制更适合光伏电池的胶黏剂。参加本次会议的代表共计50余人。

（粘接学会）

【全国森林疾病发生现状及对策研讨会召开】 7月11日，由北京植物病理学会主办，林业老教协森保学组、中国林学会林病分会和植病学会北林大植病学组协办的"森林疾病发生现状及对策研讨会"在北京林业大学召开。国家林业局造林绿化管理司总工程师吴坚研究员做"森林病虫害发生现状及防治"主题报告，介绍了当前我国林业有害生物防控形势、工作重点、防治方针，特别是松材线虫病的防控对策及其应用推广。他认为我国在5年之内可以控制住松材线虫病的危害。张星耀研究员介绍了我国当前对松材线虫病的研究进展；田呈明教授认为，在防控松材线虫方面我们不仅应该总结自己的经验，还应该吸取日本的经验教训；沈瑞祥和杨旺教授对我国森林疾病发生的原因、发生面积、危害程度以及防控策略等方面发表了己见；邱守思、严静君、裘季燕、孙兴等研究员对松材线虫病的生防问题提出各自看法；陈昌杰、潘允中研究员通过亲身经验对于如何防控我国的森林疾病等问题发表了各自的体会和意见；黄小文司长对如何加强森保人才的培养、提高森保人员素质等问题提出了建议。与会专家就森林疾病发生的严重形势及原因、控制策略、防治范围、生物防治、人才培养、宣传教育、学科建设和科学研究等进行了广泛的讨论和交流。

（植病学会）

【耳鸣诊治研讨会举办】 7月12日，由北京同仁医院主办、北京听力协会等协办的2012年耳鸣诊治国际研讨会暨耳鸣国家科技支撑计划启动会在北京同仁医院召开，主题为“科学创新诊治耳鸣”。耳鸣习服治疗法创始人Jastreboff教授参加研讨。会议介绍了国内耳鸣诊治的重大进展以及该院刚刚获批的国家科技支撑计划耳鸣项目；加拿大听力学家蒋涛博士介绍其实验室在耳鸣诊断领域所取得的最新科研成果。国内著名耳鸣专家、听力学家和耳科医生也带来各自研究的最新成果。与会专家就介绍正确使用习服治疗法，有效地诊治耳鸣的技术和方法进行了交流。

（听力协会）

【绿色产业体系建设研讨会召开】 7月12日，北京实现碳强度目标中绿色产业体系建设研讨会在北京经贸大学召开。副会长邹昭烯教授做了主旨发言。他认为在北京市“绿色供给—绿色生产—绿色消费”的绿色产业链建设中，以生产性服务业为核心的现代服务业占据着极其重要的主力军地位，如何使现代化服务业以深度专业化为核心整合绿色产业链是北京市完善绿色产业体系建设的重要问题。与会代表对此展开了广泛的研讨。专家认为，研讨北京市实现碳强度目标进程中绿色产业体系建设是研究北京市转变经济发展方式的核心内容。北京市工业增加值能耗累计下降30%。然而北京制造业的发展还面临着许多需要研究的问题，如以老字号为核心、对资源环境负面影响最小的传统劳动密集型制造业以及以石油产业为代表的、科技含量很高，但对资源环境负面影响很大的重化工等产业的发展地、发展方向、发展途径问题都是北京市完善绿色产业体系不可回避的重大问题。有关院校、科研院所和在校研究生40余人参加研讨。

（技术经济和管理现代化研究会）

【召开麻醉学分会学术年会】 7月13—14日，2012年北京医学会麻醉学分会学术年会在京举行，首尔麻醉学会会长柳建熙教授、首尔麻醉学会前任会长具吉会教授、韩国麻醉学会会长朴忠民教授就产科、超声引导下疼痛治疗等内容做演讲。岳云教授对北京医学会麻醉学分会第十届麻醉专业委员会的工作进行了回顾和总结。年会设立了困难气道培训，培训教师由具有丰富困难气道处理经验的麻醉专家担任，近100名麻醉医生接受了系列困难气道的理论及临床技能训练。北京地区近1600名麻醉医生参加会议。

（医学会）

【华北五省市电子显微学研讨会召开】 7月13—17日，由华北五省市电镜学会和北京理化分析测试技术学会共同组织的“2012年第七次华北五省市电子显微学研讨会暨第九届全国实验室协作服务交流会”在江西省吉安市召开。与会专家分别做电子探针技术的最新进展及在科研的重要作用、GL－69离子减薄仪的最新进展、大鼠脊髓t3全横最后损伤相邻区域超微结构观察、EDS相分析算法的探讨、牛津仪器纳米分析技术的最新进展及应用、日立新一代全数字化透射电镜及应用、Gatan公司扫描电镜样品制备产品和附属设备介绍、农林业常见病虫的样品制备技术与科学电镜观察、日本电子电镜发展最新近况、国际标准ISO－25498－TEM选区电子衍射分析方法的特色、FEI电镜技术在生命科学的应用、介孔TiO_2的制备与研究、TESCAN扫描电镜的新技术与新发展、正确选择透射电镜上用的CCD及人耳平衡器官电镜超微结构研究及常见疾病的防护等20余个大会报告。介绍他们在研究领域中取得的成果并进行学术交流。相关领域专家120余人出席。

（理化分析测试技术学会）

【2012年第十四届北京科普之夏启动】 7月14日，第十四届北京科普之夏活动启动。以“保障食品安全，服务公众健康”为主题。科普之夏主场活动以科普展览的形式在朝阳区太阳宫公园举行，展示活动分设科技与生活、科技与

环保、科技与农业、科技与健康、科技与生命、科技与关爱动物、科技与水资源、科技与传媒、科技与现代农业、科技与青少年10个板块区。本次活动按照科普之夏的活动特点，集趣味性、参与性、普及性、互动性、实践性为一体，以吸引市民学习科技知识提高科学素质。

（市科协　朝阳区科协）

【全国天文教育研讨会举办】　7月16—18日，北京天文学会联合中国天文学会天文教育工作委员会等单位在密云召开2012年全国天文教育研讨会。会上，国家天文台副台长郝晋新研究员做“中国天文观测装备的发展战略”特邀报告。30余位专家围绕大学天文专业的本科和研究生培养，大学天文公选课的教学方法，天文实践教学和网络教学、天文科普作品创作等做了大会报告，并进行了交流与探讨。会议讨论了由本次会议科学委员会提出的《中国天文教育十年发展战略建议书（草案）》，并落实了《建议书》进一步完善的具体计划与措施。全国25个高等院校、科普单位的53名从事天文教育的教师参加会议。

（张　杰）

【第一届肝病·营养高峰论坛举办】　7月19至21日，北京医学会肠外肠内营养学分会举办了第一届肝病·营养高峰论坛暨重症肝病营养代谢研究新进展会议。全国知名肝病、危重症及营养学专家出席。会议以肝病营养为主题，就乙肝疫苗的研发、应用及乙型肝炎重症化的机制，肝移植术后的乙肝免疫重建，以及从代谢组学、基因组学、蛋白质组学等方面强调微生态与肠黏膜免疫屏障、机体代谢的重要关系，危重症患者的营养指南解读及干预，临床营养评价方法及应用等问题进行了研讨。孟庆华教授的课题组成员分别就多年来对不同病因、不同疾病程度的肝病患者的营养评价、营养代谢研究、营养干预的研究成果做专题报告。会议通过专题报告、专家讲座、病案分享、能量代谢测定演示等形式，展示了肝病诊疗的最新成果。甘肃、山西、云南、湖南、山东、四川、河北、河南及京津地区近200名医务人员参会。

（医学会）

【北京减灾协会《“7·21”洪灾的启示与建议》】　7月24日，北京减灾协会召开专家组会议，组织专家从应急管理、公众参与、社会减灾、应急预案、综合减灾等方面，研讨“7·21”大暴雨过程造成的损失和启示。协会常务副会长兼秘书长、市气象局局长谢璞提出了建议的要求，专家们从九个方面提出“从‘7·21’洪灾中反思什么”“应对‘7·21’暴雨灾害中大城市积水和内涝的启示与建议”“吸取教训，编制基层预案，提高全民应急能力”3条建议，经市科协总结后形成《“7·21”洪灾的启示与建议》，上报市委市政府，得到市委书记郭金龙和副市长夏占义的批示。他们对减灾协会的专家建议表示感谢并指示要搜集“7·21”洪灾的建议和意见，去吸收和转化。北京减灾协会将举办的“首都圈可持续发展与巨灾综合应对高峰论坛”，组织相关领域专家继续深入研讨“7·21”特大自然灾害各方面的问题。

（减灾协会）

【新材料技术合作会议召开】　7月25日，北京企业技术开发研究会在中国钢研科技集团新材料产业基地召开新材料技术合作会议。会上，中国钢研安泰公司和高纳公司重点介绍了适合企业需要的非晶微晶、粉末冶金、难熔金属、精细金属、高速工具钢等新材料。企业科技人员还参观了重点实验室和部分新材料生产车间。企业科技人员和中国钢研科技集团的专家交流、探讨了高温抗腐蚀材料、高温喷涂、永磁材料、加工刀具材料、轨道材料、金属过滤材料、高温高压密封材料等技术问题。

（企业技术开发研究会）

【北京都市型现代农业研讨会召开】　7月25日，北京老科总与市农委、北京都市农业研究院共同召开了“北京都市型现代农业研讨会”。市农委委员张洪图、北京农学院原院长王有年，中国农科院经济研究所主任蒋和平，中国农科院李应中研究员，中国农业大学李治民教授、张元恩教授，北京老科总副会长李如理等专家做专题发言。与会专家对北京都市型现代农业的发展及前景规划进行了广泛地讨论。会议认为，北京市自2003年正式提出“建设都市型现代农业”以来,经过多年的探索和实践,高效农业发展迅速,特色农产品不断涌现,主要表现在基础性农业生产稳步发展,特色农产品生产优势凸显,种业发展突飞猛进,农业观光园区建设卓有成效。专家对北京都市型现代农业发展提出了以下几点对策:第一,加大农业基础设施投入,提升农业科技含量;第二,优先扶植优势特色产业,推动主导产业规模化发展;第三,以国际种业园建设为契机,推动种业优势资源的聚集;第四,注入文化内涵,推动休闲农业的升级换代。

(老科总)

【海峡两岸湖沥青路用技术研讨会召开】 8月5日,北京公路学会、中国公路学会道路工程分会和台湾中华铺面工程学会共同举办的“海峡两岸湖沥青路用技术研讨会”召开。会议就湖沥青有关标准、湖沥青实际应用于高速公路路面的效果及路用性能、湖沥青实际应用于城市道路的铺装效果等内容进行了研讨交流。台湾湖沥青应用考察团一行27人,在机场高速和奥运村周边道路,实地查看湖沥青的应用效果。交通运输部公路研究院、市交通委、市路政局、首发集团、公联公司、市政路桥梁建材集团等单位的领导和专家和台湾中华铺面工程学会、高苑科技大学、建工工业股份公司、红石工业股份公司、亚新工程股份公司等单位组成的湖沥青应用考察团全体成员共80余人出席。

(公路学会)

【中美物理教育高层论坛举行】 8月5—7日,由北京物理学会协办的“中国物理学会第十届物理教学委员会第一次扩大会议暨中美物理教育高层论坛”在清华大学召开。国际物理教育委员会(IUPAP - ICPE)前秘书长 Dean Zollman、AAPT国际合作委员会主席 Lei Bao、哈佛大学物理教授 Eric Mazur 分别就美国物理教育与物理教育研究的相关内容做报告。北京大学赵凯华就新概念物理教材建设,卢德馨(南大)就物理课程研究型教学,清华大学葛惟昆就物理实验教学研究与改革,同济大学顾牧就大学物理教学改革分别做报告。论坛邀请杨振宁出席并就中美大学物理教育比较问题发表演讲。中外物理教育工作者就物理教育研究,主动交互式教学法在国内是否可行,如何创建物理教育的良好环境等进行了讨论。来自全国各高校的百余名物理界人士参加了论坛。

(物理学会)

【北京环境学会举办青年博士学术论坛】 8月10日,为促进青年的学术交流,推动首都环保青年科技人才的创新,北京环境科学学会召开青年博士学术论坛。樊守彬、王琪博士分别做题目为“北京奥运期间道路交通扬尘排放特征研究”“氯化镁—赤泥对染料废水的脱色研究”的学术报告;入选为北京科技新星计划的陈操操博士介绍了青年科技基金申报的体会。将参加北京市第十三届青年演讲复赛的赵文慧和王佳、汪浩汇报了参赛演讲准备情况。市环科院、市环保监测中心、市环保投诉举报中心及各有关科研单位的20余名博士、硕士及青年科技工作者参加会议。

(环境科学学会)

【全国第七届油气层序地层学大会召开】 8月14—18日,北京石油学会与中国石油学会石油地质专业委员会等单位在大庆共同举办以“陆相湖盆深水沉积砂体的沉积学与层序地层学”为主题的全国第七届油气层序地层学大会,会议由中国石油大庆油田和中国石油勘探开发研究院承办。中石油、中石化、中海油三大石油公司及其下属油田分公司、国土部及其下属单位、多家高等院校、中科院以及一些著名学术刊物编辑部的134位代表出席。大庆油田研究院副院长蒙启安教授做大会报告。大庆油田王玉华副总经理做主题发言。16位著名学者与30位专家分别做大会报告和分会报告。大会共收到128篇论文或论文摘要。

(石油学会)

【京台青年科学家论坛举行】 8月15—18日,由市委台湾工作办公室和市科协共同主办,市农委、市园林绿化局、台湾农民团体干部联合训练协会、台湾景观学会、台湾宜兰大学等共同举办的2012年“京台青年科学家论坛”在北京召开。与会领导和嘉宾参观了“京台青年科学家论坛回顾展”“精装农产品展”“测绘仪器展”等成果展览,并与京台两地参展代表进行了交流。论坛突出了创新与提高的主题,今年新增了“京台休闲观光农业培训”项目。两地专家围绕共同关注的“农产品物流和食品安全、测绘与地理信息技术、园林城市绿化可持续发展”等问题举行了报告会、分论坛研讨、专题培训。97 名来自台湾相关农会、企业、协会、学会、大专院校、研究机构和台商的代表与 300 多位来自北京农业、测绘、园林等相关单位的代表进行了充分交流。邀请台湾休闲观光农业专业人士,为 50 多名京郊园区已发展休闲农业或具备发展休闲农业条件的区县乡镇管理人员、农户进行了经营理念和技术创新等方面的指导和培训。

（市科协）

【科学与艺术研讨会举办】 8 月 15—16 日,以“科学与艺术——数字时代的科学与文化传播”为主题的“2012 年科学与艺术研讨会”在京举行。会议由市科协,中科院科学传播领导小组办公室,国家新媒体产业基地主办,北京数字科普协会、中科院计算机网络信息中心、国家新媒体产业基地北京新媒体联合实验室承办。会议由大会报告和三个分论坛组成。来自全国各地中科院 50 个院所从事科学传播的一线专家、清华大学、北京大学、中国人民大学、北京理工大学、北京航空航天大学、中国传媒大学、中国科学院大学、北京印刷学院、北京邮电大学、北京工业大学、北京数字科普协会、北京科普资源联盟、国家新媒体产业基地北京新媒体联合实验室、北京地区博物馆科技馆以及在京的部分科研院所、企事业单位的代表和上海、浙江、江西、湖北等地的大专院校的专家 230 余人参加研讨,50 多位专家做专题发言,60 多位专家提交了论文。会议认为,在科学技术高度发达、高速发展的今天,科学与艺术的交叉与融合,是数字时代的科学与文化传播的必然趋势,是推动经济发展的重要抓手,科学与艺术的发展能够在更广的范围与更深的层面服务国家、造福社会、惠及人民。

（数字科普协会）

【企业开拓海外市场研讨会举办】 8 月 17 日,北京民营科技实业家协会举办企业建立海外直销机构开拓海外市场专题研讨会。来自外投网、德国联邦贸易与投资署、华为技术有限公司、大成律师事务所等机构的专家就中国企业“走出去”的必要性和“走出去”前应做好的必要准备、投资德国情况以及国际化最成功的中国企业华为公司的经验和教训、中国企业“走出去”的法律风险与管控等进行了深入交流。近 40 名企业派代表参会。

（民协）

【举办 2012 年科技论坛】 8 月 24 日,由市政协科技委员会和市科协共同主办的以“加强协同联动,推进创新型人才培养”为主题的 2012 年科技论坛在北京科技活动中心召开。中国教育学会会长、北京师范大学资深教授顾明远,清华大学生命科学学院院长、第一批“千人计划”国家特聘专家施一公,国务院参事、人大附中校长、创新人才教育研究会会长刘彭芝,闪联信息技术工程中心有限公司总裁、中关村企业家顾问委员会委员孙育宁,北京汽车工程学会理事长、北京汽车股份有限公司总裁韩永贵等来自著名院校、科技企业、大型国企的专家学者,围绕论坛主题,从创新型人才的培育、成长使用和政策环境几个角度进行了论述,研讨建设世界城市背景下,如何进一步推动协同创新,完善创新人才培养的模式、路径和措施。市委常委陈刚、市政协副主席熊大新及有关委员、专家及各委办局领导出席。

（市科协）

【召开泌尿外科学术年会】 8 月 25 日,由北京医学会主办,为期两天的“北京 2012 泌尿外科学术年会”召开。会议共收到 430 余篇稿件,内容涵盖泌尿系肿瘤、结石、腔镜、尿控、男科学、感染、护理等泌尿外科及男科学领域的众多热点问题,充分反映了北京地区近年泌尿外科学基础研究和临床应用取得的进展。大会报告包括“尿路感染病原菌的变迁”“进展期肾癌诊疗现状”“经尿道等离子前列腺气化手术的经验介绍”“多中心法玛新标准灌注治疗膀胱癌的临床研究结果”“2012 前列腺癌内分泌治疗新进展”等。会议分为肿瘤、腔镜、结石移植男科、BPH 尿控护理四个分会场。20 余家医院的

60余名医生发言，汇报自己最新的基础和临床工作成果。全市约500名泌尿外科医生参会。大会对北医三院、解放军总医院的10余台内容涵盖机器人腹腔镜手术、腹腔镜手术、软性输尿管镜手术、经皮肾镜手术、红激光手术等进行了转播。

（医学会）

【北京生态环境建设学术研讨会召开】 8月28日，北京技术经济和管理现代化研究会、首都经济贸易大学课题组在首都经济贸易大学共同举办“北京生态环境建设学术研讨会”。与会专家认为，一是要推动以节能降耗为重点的现有产业结构的升级，形成节约资源能源和保护环境的产业结构；二是推进环保产业的发展，建立和完善环保产业体系；三是构建绿色供应、绿色生产、绿色消费为主线的绿色产业链，形成完整的绿色循环圈；四是遵循大自然的生态规律，形成大小企业共生、集聚和分散共存、“高端”与“低端”同在的协调发展的生态经济结构。相关科研院所、高校的专家学者、首都经济贸易大学的博士、硕士研究生40余人参加了研讨会。

（技术经济和管理现代化研究会）

【首都科教界全面深入推进科学道德和学风建设】 8月29日，市科协、市委教育工委、市教委共同召开北京市科学道德和学风建设宣讲教育工作会议。会上北京交通大学、北京工业大学、中国空间技术研究院做了典型发言。北京市科学道德和学风建设宣讲教育工作领导小组聘任中科院院士涂传诒、吴宏鑫、中国教育学会会长顾明远等22位院士专家为北京科学道德和学风建设宣讲专家。在京55所高校和28个研究生培养单位的有关领导、宣讲专家代表150余人出席。一年来，全市共开展宣讲教育活动700余场，参加研究生近12万人次，其中博士近3万人次，硕士近9万人次，基本覆盖2011级全部新入学研究生，受到了中国科协和教育部领导的充分肯定，得到了广大研究生、研究生导师的积极响应和社会各界的广泛好评。

（市科协）

【都市型现代农业研讨会召开】 8月29日，北京蔬菜学会、朝阳区种植业养殖业服务中心共同主办的“都市型现代农业研讨会”召开。会议围绕都市型现代农业，旨在总结北京在都市型现代农业发展中的经验，分析发展现状及存在的问题，探讨今后的发展方向。会议分为主题报告和自由讨论两部分。武占会研究员、张宝海研究员和吴建伟博士等分别做“无土栽培营养液的配制和管理”“都市农业蔬菜观光品种与栽培”和“都市农业信息技术解决方案探讨”的报告。各区县就各自的发展趋势和存在问题进行了交流探讨。中国农科院、市农林科学院、市农业技术推广站、北京农业职业学院、首农集团及各企业园区领导、专家50余人出席。

（蔬菜学会）

【中日草业交流会举行】 8月30日，北京植物学会邀请国际著名专家日本东京大学理学院生物学福田裕穗教授、远藤晓诗博士、桥本悟史博士；北京大学生命科学学院贺新强教授及部分学生，到市农林科学院草业与环境研究发展中心昌平基地参观、座谈。草业研究与发展中心的腾文军副研究员、能源草课题组负责人范希峰博士等专家，详细地向来宾介绍能源草和观赏草资源圃和粉碎、制炭等能源设备。中日专家就能源草的生态工作状态、北京的荒沙治理、沙化土地的绿化、能源设备的利用等议题进行了探讨交流。

（植物学会）

【举办中青年科技工作者学术研讨会】 8月31日，北京日化协会在北京工商大学举办“2012年中青年科技工作者学术研讨会”。会上，北京同仁堂麦尔海生物技术有限公司杜喜平做“植物功效成分的改性”演讲，北京服装学院龚龑博士做“鱼胶原蛋白复合纺丝纤维面膜的可行性研究”演讲，北京日化协会白刘娇做“浅谈化妆品行政许可配方、标签及说明书中需注意的问题”演讲，北京工商大学理学院、北京市植物资源研究开发重点实验室朱晨瑜做“苦瓜提取物健美功效评价及其安全性研究”演讲，新时代健康产业集团万洁做“浅谈经络养生与应时芳疗”演讲，北京信诺久恒科贸有限公司李莹莹演讲的题目是“皮克林乳化剂及其用于个人护理配方的应用研究”。还有 10 余篇论文进行了交流。日化行业领导、中青年科技人员等 50 余人参会。

（日化协会）

【举办第十三届北京青年学术演讲比赛】 8 月 31 日至 10 月 13 日，市科协主办的以“践行北京精神、传承科学文化”为主题第十三届北京青年学术演讲比赛在京举行。比赛分初赛、复赛、决赛三个阶段。来自 35 个科技社团、基层科协的 800 余名首都青年科技工作者参加了比赛。最终，评出一等奖 2 名、二等奖 3 名、三等奖 4 名。

（市科协）

【精准农业与植保技术国际研讨会召开】 9 月 4 日，2012 年精准农业与植保技术国际研讨会召开。会议由市科协、市农林科学院共同主办，国家农业信息化工程技术研究中心、北京农业信息化学会承办。会议共做了 10 个学术报告。雅典工会服务中心 Christina Theochari 教授介绍了欧盟在应对气候严重恶化时的相关农业政策与对策；匈牙利国家科学院 Ervin Balázs 院士介绍了利用植物病毒进行疫苗开发的方法；波兰国家研究院 Jolanta Kowalska 教授介绍了植物强化物的法律问题及其应用；市农林科学院植保所燕继晔博士介绍了利用生物防治方法开展植物保护研究；中国农科院农业资源与农业区划研究所邱建军博士介绍了农业非点源污染和温室气体排放的影响及解决措施；匈牙利潘诺尼亚大学拉斯洛·科奇什院士介绍了葡萄育种方法；希腊色萨利大学 Spyros Fountas 教授介绍了 ENORASIS 服务平台的研究背景、目标和内容；西匈牙利大学 Miklós Neményi 院士介绍了利用高光谱技术开展土壤和收获谷物参数及收益率的测量方法、精准作物生产和土壤管理等；孟志军博士介绍了中国开展精准农业技术研究的过程和进展；王秀博士介绍了开展精准施药技术研究情况。希腊技术协会、匈牙利国家科学院、波兰工程师协会联合会 3 个国外学术团体的 7 位院士及有关单位 50 余名科研人员参加研讨。

（农业信息化学会）

【第一届全国纳米粉体科技论坛举行】 9 月 6 日，由北京粉体技术协会主办的第一届全国纳米粉体科技论坛举行。会上，20 多位专家学者和技术人员做报告。上海理工大学蔡小舒教授讲解了在线颗粒测量方法的研究进展；马尔文公司中国区总经理秦和义做“干法样品分散技术的优化”的报告；国家纳米科学中心葛广路研究员介绍了密封胶用纳米碳酸钙国际标准研制的最新动态；丹东百特仪器有限公司范继来介绍了单光束双镜头全角度光学系统的激光粒度仪；厦门大学的姚军副教授做“颗粒形体因素影响静电发生的实验研究：三角形，梯形”的报告。

（粉体技术协会）

【北京天文学会举办学术年会】 9 月 7—9 日，“北京天文学会 2012 年学术年会暨第九届清华大学天体物理中心—中科院高能物理研究所研究生联合学术讨论会”召开。会议按研究方向共安排 8 场报告，分别就高能天文观测、空间天文、HXMT 研制、致密星、宇宙线、粒子天体物理、星系物理、星系团与宇宙学等内容做了 45 个学术报告。中科院高能物理研究所、清华大学、国家天文台等单位的 120 名师生参加了会议。

（天文学会）

【农药与环境安全国际研讨会召开】 9 月 15—20 日，北京农药学会、国际纯粹与应用化学组织、日本农药学会、农业部农药检定所与中国农业大学（CAU）在北京国际会议中心共同召开第四届“农药与环境安全”国际学术研讨会、第五届泛太平洋农药科学会议暨第八届“植物化学保护和全球法规一体化”国际研讨会。本次大会会议论文集收集了论文 306 篇，大会利用 3 天时间进行 8 个主题报告交流、6 个分会场共计 54 场 177 个专题报告交流及 150 个墙报展示。内容涉及农药的生产和使用、农药管理法律法规建设、食品农药残留及国际贸易标准、农药环境风险评估、农药施药技术、新农药创制与合成、农药的作用机理、代谢及抗性机制等问题。中国、美国、欧盟国家、巴西、澳大利亚、日本、韩国等30个国家和地区的农药科学家、企业家以及政府代表600余人出席了会议。

（农药学会）

【2012年(第15届)北京科技交流学术月举行】 9月15日至10月30日，市科协主办的以“北京精神与科学文化”为主题的第十五届北京科技交流学术月在京举行。期间，市科协及69个所属团体将围绕主题举办各类学术活动101项，其中包括7项由市科协主办的综合活动。针对首都经济社会发展中的关键问题举办的13项综合性论坛，5项大型国际会议，以及76项专业性活动，专业性活动围绕能源、水资源和土地资源，人口、医学和生物技术，交通运输、城市管理和建设，低碳经济、环境保护和垃圾处理，防灾减灾和公共安全，信息产业和现代制造业，都市型现代农业，基础和应用基础研究，交叉学科和新兴学科等不同领域开展。

（市科协）

【第十届北京科学传播创新与发展论坛暨2012北京科学节国际论坛举行】 9月16日，市科委、市科协主办的“第十届北京科学传播创新与发展论坛暨2012北京科学节国际论坛”在中国科技馆举行。论坛由科技魅影、世界纵览和北京声音三个部分组成，内容包括科技电影的展映和国内外知名“科技电影”“科学节”领域专家的演讲。论坛邀请了来自中国、美国、德国、法国、新加坡等国家的科学传播领域专家演讲。市科协副主席周立军以“无国界的科学传播”为题做了演讲。论坛演讲内容既有政府官员对科技与文化创新政策的解读，也有学者对科技电影前沿技术的介绍和分析，还有世界科学传播的最新动向的展现。

（科普发展中心）

【第八届能源及石油问题学术研讨会举行】 9月16日，北京石油学会与中国石油大学(北京)、瑞典乌普萨拉大学全球能源系统研究所、世界石油峰值研究会、加拿大埃德蒙顿公立格兰特·麦科文大学在昌平共同召开第八届能源及石油问题学术研讨会暨“中国·瑞典·加拿大”能源发展与合作研讨会2012。主题是：石油峰值的研究进展及其影响与中加能源合作、中瑞能源合作。10位中外学者做了大会报告。会议围绕当今世界最重要问题之一的能源问题，尤其是石油及能源峰值问题，如石油峰值来临的标志是什么、欧美学者及社会对石油峰值的态度和观点是什么、石油峰值的来临对气候变化谈判的影响是什么、石油峰值及能源峰值对碳排放有何影响、石油峰值对粮食安全、军事安全等有何影响、中国应对石油峰值是过于保守还是静候他国的行动、世界对中国的能源战略的评价、中国在应对石油峰值方面是做领导者还是反对者、油砂等非常规石油资源在石油峰值来临时有何作用、页岩气的开发利用对石油峰值有何影响等问题进行了深入研讨。世界能源峰值研究会主席、瑞典乌普萨拉大学能源系统研究所主任 Kjell Aleklett 教授，加拿大埃德蒙顿公立格兰特·麦科文大学管理学院高级副院长 Mike Henry 教授等7位外国学者和30余位中国学者及数十位学生代表参加会议。

（石油学会）

【第十七届京津沪渝科技期刊主编研讨会召开】 9月16日，由北京、天津、上海、重庆四个直辖市的科技期刊学会共同主办的“第十七届京津沪渝科技期刊主编/社长研讨会”召开。中宣部出版局副局长刘建生等领导和 Science 主编 Bruce Alberts 博士等知名专家做主题报告。任胜利总编辑做题为“国外科技期刊发展动态”的报告；赵大良主任做题为“体制改革的政策与选择”的报告；汪新红副社长做题为“出版体制改革下期刊多元化经营模式探析”的报告；彭金良副总经理做题为“体制改革促发展，规模经营出效益——卓众出版转制五年转型发展情况”的报告。此外，吴一迁主编的“探索科技期刊集团化之路”、陈敏教授的“浅谈期刊的会议品牌”、李玉坤的“打造品牌开拓市场”、吴茂郁的“以科技与服务为抓手，办出技术类期刊的特点”、高小玲的“修炼内功创品牌”等交流内容也为如何办好科技期刊提供了可供借鉴的经验。120余名代表参加会议。

（科技期刊学会）

【北京科学道德和学风建设宣讲报告会举行】 9月19日，市科协、市委教育工委、市教委、市科研院、市农林科学院、市社科院在清华大学共同举办北京科学道德和学风建设宣讲报告会。国家自然科学基金委原主任、北京大学原校长、中科院院士陈佳洱以“岁月印痕”为题、中国科协原副主席、清华大学环境模拟与污染控制国家重点联合实验室主任、中国工程院院士钱易以“诚信为人，严谨治学，为祖国和人类的光明未来不断奉献”为题做报告。北京地区10所高校和市科研院、市农林科学院、市社科院的600余名新入职青年教师、青年科技工作者，新上岗研究生导师和研究生代表参加会议。

（市科协）

【第十届WTO与中国国际学术年会召开】 9月20日，为探讨在经济全球化的背景下，我国入世十年以来的成功经验，北京系统工程学会召开第十届WTO与中国国际学术年会。会议围绕围绕“WTO法在中国的适用”“WTO货物贸易规则与中国”“WTO知识产权规则与中国”和“WTO争端解决与中国”四个专题进行了专题报告并展开对话与讨论。会议收到论文100余篇。美国、英国、澳大利亚、新西兰等国家和中国内地及台湾的有关研究机构、院校的专家、企业家等参加300余人参加了活动。

（系统工程学会）

【植物文化环境国际论坛举行】 9月20—23日，北京植物学会协办的“植物、文化、环境国际论坛”在河南师范大学召开。英国卡迪夫大学、印度加尔各答大学、美国自然历史博物馆等单位的学者和全国20多所高校、博物馆、自然保护区、风景名胜区的专家，共同探讨植物、文化、环境在不同时期的文化内涵与植物在不同年代的变化。在植物演化与资源保护和植物与文化在园林植物的分会场中，中科院植物所、地理所，中国农科院，中国地质大学，北京林业大学、首师大等50余位专家和学生做报告。报告涉及美国庞贝花园的恢复、现代城市建筑和园林设计、自然保护区的植物保护、风景区开发利用。与会者以植物和文化为主线，就植物、古植物、地理、环境、考古、城市建筑、园林设计、自然保护区、文物保护、宗教与植物文化、博物馆的收藏与保护等多学科的发展进行了交流。全国科研院所、高校、博物馆的专家200余人到会。

（植物学会）

【第四届北京森林论坛举行】 9月25—26日，由北京林学会、市园林绿化局（首都绿化办）、市科协共同主办的以“森林与低碳北京”为主题的第四届北京森林论坛在京举行。论坛下设四个分论坛，分别对“气候变化下的森林管理”“森林与都市饮用水源地保护”“森林景观恢复与生计改善”“森林生态服务市场化发展”等议题展开了深入讨论。来自82个不同组织260余位代表参加论坛。38位专家就全球气候变化、低碳城市、森林保护与流域服务、饮用水源地保护、流域补偿、森林经营、景观恢复、沟域经济、生物多样性保护、生态服务市场化等内容做报告。论坛第一次采用微博现场直播的形式，通过网络平台使关注气候变化和低碳北京建设的网友能及时获得相关信息。

（林学会）

【信息通信网技术业务发展研讨会召开】 9月26日，北京通信学会召开了“2012信息通信网技术业务发展研讨会”。主题是新一代信息技术及创新技术业务应用。工信部电信研究院副院长刘多，中国电信研究院副院长赵慧玲，国家广电总局广电研究院副院长周毅等专家分别做“新一代信息通信技术发展与展望”“信息通信创新技术应用与发展”“基于云计算的制播平台研究”的主题演讲，并就当前业界所关注的热点问题提出建议和意见。本次研讨会采取大会主题演讲和论文交流相结合的方式，从征集录入论文集的116篇论文作者中推荐4名论文作者在大会进行交流。200余名专家、科技人员参加会议。

（通信学会）

【2012京津冀晋蒙区域协作论坛召开】 9月27日，由京津冀晋蒙五地科协、社科联共同主办的2012京津冀晋蒙区域协作论坛在北京召开。论坛以“首都经济圈：内涵与路径”为主题，来自五地两界的12位专家在会上做了大会发言。与会百余位学者，围绕着理论内涵、发展

规划、发展路径、城市群发展、生态环保、能源建设、区域协作等诸多问题进行了深入的探讨和交流。

（市科协）

【专家研讨潜在风险污染物筛查甄别技术】
10月12日，为配合新颁布《北京市水污染防治条例》的有效实施，北京环境科学学会在市环科院召开"北京市潜在风险水污染物筛查甄别技术研讨会"。市环科院水生所所长孙长虹做主题报告。她详细剖析了国内外水污染事件典型案例，介绍了国外潜在风险水污染物的筛选、甄别、排序方法，对北京市潜在风险水污染物筛查甄别技术提出建议。环保部生态中心及市环境研究、水污染控制、固废污染控制、工业污染控制、科技管理、国际合作、法律法规等方面的专家出席会议，并提出了许多中肯意见。

（环境科学学会）

【科技情报服务模式创新博士论坛召开】 10月13日，"十二五"科技情报服务模式创新博士论坛在北京邮电大学举行。本次论坛以"十二五"科技情报服务模式创新为主题，以网络化环境下科技情报服务为范围。论坛邀请了肖明教授、宋美娜教授、聂华研究馆员分别做"基于知识图谱的国外信息检索研究进展""社会化互动阅读服务""CALIS机构知识库的建设与展望"的专题报告。与会者就现代科技竞争的分析、科研效率的提升、科技评价和科技政策的制定等方面进行了研讨。各高校、科研院所150余位代表参会。

（科技情报学会）

【从数字城市走向智慧城市论坛举行】 10月15日，从数字城市走向智慧城市论坛暨北京测绘学会2012年学术年会在京举行。会议由市科协主办、北京测绘学会和北京市测绘设计研究院承办。与会代表为推动智慧北京建设向城市信息化高级阶段持续迈进积极建言献策。中科院、中国工程院李德仁院士做"智慧地球时代测绘地理信息学的新使命"的学术报告；市测绘设计研究院院长温宗勇、中国测绘科学研究院李成名博士、北京林业大学冯仲科教授、国家基础地理信息中心蒋捷博士、北京苍穹数码测绘有限公司苏志伟等专家学者也分别为大会做专题学术报告。170余位北京测绘地理信息行业的专家学者、企业代表出席了会议。

（测绘学会）

【第八届北京核学会核应用学术交流会召开】
10月15—19日，第八届（2012）北京核学会核应用技术学术交流会召开。大会邀请海军医学研究所王月兴研究员、中国原子能科学研究院蔡善钰研究员、清华大学核能与新能源技术研究院邓长生研究员、中国原子能科学研究院姜山研究员、中国核科技信息与经济研究院王超副研究员做大会特邀报告。他们分别介绍了日本福岛核电站的核事故、航天技术中的放射性同位素能源、高温气冷堆示范电站（HTR－PM）概况、加速器质谱（AMS）技术及其在核能与核安全中的应用、核燃料循环产业发展综述等内容。会议共征集学术论文320篇，《原子能科学技术》择优发表157篇。会议设置了三个分会场，约50位专家学者做了会议报告并进行学术交流。同时，本届会议继续举办优秀青年科技论文的评选活动，大会收到28位代表的申请，经过专家组评议，来自中国原子能科学研究院、清华大学核能与新能源技术研究院、广西大学、中国核电工程有限公司、国家核电技术有限公司的6位青年科技人员提交的论文获奖。来自北京、上海、四川、山西、广西等地的112位代表出席会议。

（核学会）

【第二届首都气象论坛举行】 10月16日，以"2012气候变化、海洋"为主题的"第二届首都气象论坛"在北京大学举行。论坛由北京气象学会主办，北京大学大气科学学院承办，学会副理事长、北京大学张宏升教授主持论坛。中科院大气所高守亭研究员、国家卫星中心王劲松研究员、北京大学傅宗枚教授、总装备部航天中心周率高级工程师和北京市气象台总工程师孙继松等5位专家做报告，报告就当前热点问题，如气候变暖、极端天气事件、太阳风暴与世界末日、PM2.5、载人航天和"7·21"北京特大暴雨等进行了讲解，并进行现场互动交流。100余名会员出席。

（气象学会）

【专家研讨电子商务竞争力】　10月16日，北京系统工程学会召开电子商务竞争力研讨会。会议围绕如何用经济学方法分析企业信息化竞争优势形成机制，提出企业信息化提高竞争力机制模型的主题。会议探讨了信息技术的外溢效应和企业可变内在竞争要素的互动影响如何改变企业内在竞争要素的结构和形式，构成了企业竞争优势的基础，现代企业除了追求成本型、差异性、目标集聚型竞争优势之外，应致力于获得无边界扩张型竞争优势。60余位会员参加研讨。

（系统工程学会）

【第九届北京激光技术前沿论坛举行】　10月17日，北京光学学会与中国光学光电子行业协会、北京光机电一体化协会、中国光学学会激光加工专业委员会、生产力中心和北京华港展览服务公司六家单位在北京中国国际展览中心举办"第九届北京激光技术前沿论坛"。论坛主席、我国著名激光专家、北京光学学会理事长许祖彦院士做"全固态深紫外激光及应用"主旨报告；北京大学现代光学研究所肖云峰教授做"高品质微腔应用于光学与光子学研究"特邀报告；中科院半导体研究所全固体光源实验室主任林学春博士做"高功率全固态激光器研究"特邀报告。我国激光技术研究单位、知名企业的代表，武汉市法利莱激光切割设备有限公司技术部主任郭涟博士、山西飞虹激光科技公司北京分公司副总经理苏国强博士、国家半导体泵浦激光工程技术研究中心副主任余锦研究员，先后报告了高功率激光技术在现代汽车制造业中应用、高光束质量大功率半导体激光器在工业加工中应用、全固态脉冲激光器在微电子制造业中的应用等。这些报告的内容展示了我国激光科技工作者近年在瞄准国际激光技术前沿发展、开发研制具有自主知识产权的新型激光装置方面取得的骄人成就。德国Edge-Wave GmbH公司作为世界著名的激光公司，拥有InonSlab系列板条激光器在国际激光界享有盛誉，该公司总裁兼总经理杜可明博士与脉动科技公司项目经理Quentin Mocare博士与分别就新型短脉冲和超短脉冲板条激光器技术与应用、超快激光微纳加工技术在工业与科研中的应用等领域的最新发展做了介绍。300余位代表出席。

（光学学会）

【互联网科普网站发展趋势与推介标准沙龙举办】　10月18日，由中国互联网协会网络科普联盟主办，市科技情报研究所、北京数字科普协会联合承办的"互联网科普网站发展趋势与推介标准"沙龙举行。中国科协信息中心处长闫伟介绍了沙龙的背景，与会专家从各自领域出发，认真讨论了优秀科普网站推介指标。中国互联网协会李增海主任认为，要提高科普网站的互动性。首都博物馆祁庆国主任非常赞同北京数字科普协会秘书长刘英的观点，科普网站应该把人文学科包含在内。他说，从人文科学的角度来讲，世界观、人生观、历史观需要有科学的引导和传播。北京大学教授赖茂生提出，要集中资源建设少量的，功能性比较强的公益性科普网站。在这个基础上，鼓励发展一些特色科普网站。航天信息中心盛智龙研究员建议，可以通过利用社会资源来减少运行维护方面的人力和经费。中国科协信息中心处长闫伟认为，现在科技类博物馆讲历史文化的多，谈科学技术影响的少。科技类的博物馆应该能够导向科技与文化的结合，配合文化大发展的需要。互联网科普网站要利用政策和网站自身的改变来推进发展，研究网站的定位，利用传播规律，建立一个公众喜欢看的网站。

（数字科普协会）

【信息服务探索与创新高层论坛举行】　10月18—19日，北京科技情报学会高等院校科技情报专业委员会举办"信息服务探索与创新高层论坛"。8位教授分别做"消除误解，传承中华文化""林业生物质能源发展与信息服务""《孙子兵法》对图书馆管理的启示""二外图书馆的信息服务与创新""信息服务变革与创新——联合、品牌、服务、共赢""在信息服务中学科馆员的作用探讨""建立激励机制，激发创新潜能""文献保护技术与数字化"的报告。200余专家参加了论坛。

（科技情报学会）

【北京生态涵养发展区保护与开发论坛举行】 10月19日，由市科协和市农林科学院联合主办，北京农学会等承办的“北京生态涵养发展区保护与开发”在市农林科学院举行。论坛主题为“北京生态涵养发展区保护与开发对策”。中国农业大学资源与环境学院的宇振荣教授做“生态涵养发展区功能和建设方法”的报告，结合国外的实践经验，提出建立以农户为主体的农业生态环境管护制度；从宏观（区县）、中观（沟域、园区）到微观（河流、道路）三个层次上加强生态景观建设，在景观特征和文化保护的前提下，进行细致的战略规划；北京山区发展研究会周连第研究员在“北京沟域经济发展问题讨论”报告中，通过阐述沟域经济的发展背景和首都沟域经济的调研情况，介绍了沟域经济在明确产业定位和发展方向、提升环境质量、推动山区经济建设进程、改善山区经济建设软环境等方面取得的成效；延庆四海镇书记李凤云做“北京四季花海沟域经济建设模式”报告，介绍了四海镇在生态涵养的前提下，以花卉产业为主线大力发展沟域经济。与会专家进行了交流。

（农学会）

【北京工程爆破协会召开学术交流会】 10月19日，北京工程爆破协会举行了工程爆破学术交流会。会议由理事长戈鹤川主持。有关爆破专家对近来爆破前沿研究课题做学术报告：中科院力学研究所周家汉研究员的“爆破振动速度公式和参数”、北京理工大学陈鹏万教授的“爆炸与冲击制备新材料”、北京矿冶研究总院龚兵副研究员的“爆炸复合现场混装炸药技术”、中科力爆破技术工程有限公司刘永强高级工程师的“爆破挤淤筑堤机理新认识和技术改进”、北京京煤化工集团尹正芳高级工程师的“北京应用电子雷管爆破的技术总结”等。著名爆破专家霍永基教授对电子雷管爆破技术的发展发表了见解，认为这些学术报告对工程爆破理论和实践进行了有意义的探索。市公安局治安总队大队长张新宁就“爆破作业单位资质审批”问题进行了宣讲，强调了十八大期间的安保要求。来自高等院校、科研院所、企事业单位和政府机关的90余位代表出席。

（工程爆破协会）

【中医针灸北京论坛召开】 10月19—21日，由中国针灸学会文献专业委员会、市科协、市社科联主办，北京针灸学会、北京学习科学学会承办的“2012’中医针灸北京论坛——文献理论研究与针灸学科发展”学术论坛在京召开。国医大师、北京针灸学会名誉会长贺普仁等160余位代表出席。大会特邀北京师范大学古籍与传统文化研究院李修生教授，中国科学技术信息研究所张超中研究员、中国中医科学院黄龙祥研究员做主题发言。李修生教授在题为“《论语》论‘士’与‘仁’——兼述‘医乃仁术’”的报告中，详细解释了儒学“仁”的丰富含义。张超中研究员在“针灸理论中的哲学问题”演讲中，从文化战略角度阐述了对“中医原创思维”的认识，指出中医针灸理论中的核心理念，其根本区别在于尊重整体规律，希望中医人重建文化自信。黄龙祥研究员在“当针灸临床研究失去理论支撑”的演讲中，阐述了文献理论研究在指导临床研究和临床实践中的重要意义。来自全国中医针灸临床、教学、科研机构的专家在交流中，分别就创建针灸特色辨证体系，经络、腧穴文献研究与临床应用等如何建立现代针灸治疗理论及现代针灸文献和理论研究，以及针灸古典技法的操作和现代运用等热点问题的重点、难点进行了论述及研讨。

（针灸学会）

【首都圈巨灾应对高峰论坛举行】 10月25日，由市科协、市气象局主办，北京减灾协会、中国灾害防御协会承办的“首都圈巨灾应对高峰论坛——建设中国特色世界城市的安全保障”，在中国科技会堂举行。6位来自中国气象局、消防、防汛、气象、公共安全等领域的专家，以建设中国特色世界城市的安全保障为主题，分别从北京城市综合减灾问题再分析、公安消防部队在“7·21”暴雨灾害中抢险救援、全国山洪地质灾害防治气象保障工程、吸取“7·21”灾害的教训加强北京建设世界城市安全保障、北京“7·21”特大暴雨影响分析等方面做大会报告。大会论文集收录论文22篇。相关领域的专家学者、科技人员120余人参加了论坛。

（减灾协会）

【北京电子学会召开三网融合技术国际研讨会】 10月26日，北京电子学会主办的"2012三网融合技术国际研讨会"召开。安捷伦科技有限公司、北京歌华有线电视网络股份有限公司、大唐移动通信设备有限公司、北京先进视讯科技有限公司、北京牡丹视源电子有限责任公司、北京家人时代网络科技有限公司等7位代表，分别做题为"面向未来的通信系统""北京有线电视网络现状及三网融合未来发展展望""重新认识三网融合""三网融合助力广电腾飞""IPTV与实时音视频应用""深层数据包检测在广电网络运营商中的应用""基于三网融合下的贴近百姓生活的网络"的主题发言。会议演讲围绕首都"三网融合"这个持续十余年的热点话题，从三网融合重要意义回顾历史演变进程，展望未来产业、技术的发展，企业的机遇与挑战，产业的运营与服务，以及涉及人们的传统理念改变和全面实现三网融合的架构模式等方面做了多方位阐述。演讲与互动结合三网融合的理念、政策和网络的经营与运营模式等方面进行了深入浅出的解析和深层次的探讨。130余位代表出席。

（电子学会）

【图像图形高峰论坛举行】 10月27日，由北京图像图形学学会主办，北京博维恒信科技有限公司承办的"第五届北京图像图形高峰论坛"召开 。来自清华大学、北京师范大学、北京理工大学、首都师范大学、中国石油大学（北京）、中科院、中国测缓科学院的8位专家、学者，就本领域研究内容及相关技术的应用，分析了北京在应用图像图形高技术进行城市管理、物联网、医学、艺术等方面存在的问题并提出了相应的解决方案。几位理事还提出多项与学会合作的意向。

（图像图形学学会）

【城市公共安全与综合治理论坛举行】 10月27日，市科协主办、北京自然辩证法研究会和北京电机工程学会承办的"城市公共安全与综合治理"论坛在中国人民大学举行。丁辉、钱俊生、张粒子、赵阿兴、李欲晓、宋刚、王珣等专家从安全文化角度促进科技创新、北京水资源安全问题、电力安全、从法律角度关注个人信息安全以及个人权利、信息技术与互联网技术的发展等向大会作专题报告。3位荷兰专家就食品安全方面问题做了报告。在分论坛报告中，20余位专家分别围绕城市管理与创新、公共安全与风险应对、社会工程与安全感、食品安全与药品监管、文化安全与文化构建进行了论述。会议强调，中国城市化进程的快速推进，带来了环境、经济、社会、文化等方面的深刻变化。北京在水力、电力、交通、卫生、食品、药品、网络、环境污染等方面的问题日渐凸显，给城市管理和公共安全提出了严峻挑战。处于世界城市建设机遇期的北京，急需在科学发展的视野里，从理论与实践相结合的角度进行全方位、多维度、深层面的战略思考。150余位专家学者参加了论坛。

（自然辩证法研究会）

【美国专家到北京农业信息化学会交流】 11月2日，国际知名农业信息化专家、美国农业部黄岩波研究员到北京农业信息化学会做学术报告，介绍了航空遥感在杂草和病虫害信息提取方面的硬件实现、理论模型及解析方法。11月16日，美国俄克拉荷马州立大学汪宁教授、Marvin Stone教授到学会介绍了监测土壤水分的非接触式电容传感器研发及移动式土壤水分监测技术的发展前景。来访专家与参会者进行了交流。

（农业信息化学会）

【第六届石油化工节能环保新技术研讨会召开】 11月10日，"发展战略性新兴产业暨第六届（石油化工）节能环保新技术研讨会"在北京化工大学举行。中国科学技术发展战略研究院产业科技发展研究所副所长、生产力学会常务理事李哲博士做"战略性新兴产业分类与统计"的演讲；副理事长朱越生做"新能源、新材料是战略性新兴产业的先导"的演讲；北京化工大学生命科学与技术学院的博士、硕士生会员分别做"农业废弃物资源化利用分析报告"

"加强生物化工领域的开拓""生物质资源利用技术方法""生物质燃气的相关技术与应用""生物质丁醇——新生代生物能源"的演讲。与会者进行了交流。

（生产力学会）

【专家研讨依靠创新转变经济发展方式】 11月10日，北京技术经济和管理现代化研究会召开依靠创新转变经济发展的思路与对策研讨会。专家们认为，转变经济发展方式就是要调整经济结构。经济结构决定资源消耗结构、收入结构、人口结构，影响着城市功能、环境质量、生活品质。自主创新是推进结构调整和提高国家竞争力的中心环节，应加强集成创新，使各种相关技术有机融合，形成具有市场竞争力的产品和产业，加强以重大产品和新兴产业为中心的技术集成创新，向整体推进国家创新体系建设转变。40余位专家参加研讨。

（技术经济和管理现代化研究会）

【新能源产业表面处理技术应用研讨会召开】 11月13日，北京表面工程学会举办"新能源产业表面处理技术应用研讨会"，名誉理事长胡如南教授以及30多位专家出席。北京航空材料研究院汤智慧研究员做"航空航天表面处理新技术"的学术报告，介绍了钢表面、钛合金表面的电镀、喷涂新技术；北京蓝丽佳美化工科技中心李家柱研究员做"高效率三价铬硬铬电镀技术的研究"的学术报告，介绍了三价铬电镀所需要的实验方法和设备及实验结果；北京航空航天大学李卫平副教授做"电化学制备技术在新能源领域的应用"学术报告，介绍了新能源领域中的电化学制备技术的新应用。与会专家进行了交流。

（表面工程学会）

【北京电力电子学会举办第三次青年工程师沙龙】 11月16日，北京电力电子学会在怀柔举办第三次青年工程师学术沙龙活动，40多名青年技术人员参加了交流活动。秘书长周亚宁主持，理事长李崇坚讲话。冶金自动化研究设计院兰志明，金自天正公司段巍、杨琼涛，中科院电工所张波、于洋等6位科技工作者分别做题为"超大容量电力电子变换装备关键技术研究""变流器数字控制系统研究现状""五电平NPC—H桥变流器算法研究""关于三电平ANPC变流器的损耗研究""模块化多电平变流器（MMC）研究"的学术报告。与会者就相关技术问题进行了讨论和交流。

（电力电子学会）

【北京医学会召开风湿病学分会第十二届年会】 11月17日，北京医学会召开2012年风湿病学分会第十二届年会，北京医学会金大鹏会长出席会议并讲话。首都地区著名风湿专业的专家董怡、唐福林、吴东海、张奉春、栗占国向与会人员介绍该领域最新动态。5位德高望重的老专家，带领5位中青年专家，结合风湿诊疗过程中的难点，详细解答了各地参会代表的提问。与会专家们通过专题讲座、卫星会，针对风湿临床实践中涉及的关键问题进行了讨论和交流。

（医学会）

【北京体育科学学会举办第二届北京体能年会】 11月17—19日，由北京体育科学学会和市体育科研所联合举办的"第二届北京体能年会"召开。国家体育总局竞体司副司长刘爱杰教授做题为"转变运动训练方式，夯实运动能力基础"的讲座，宁波大学体育学院副院长陈小平教授讲座内容为"高水平运动员长期训练过程的力量素质发展"，北京体育大学博士生导师张英波教授讲授了"我国高水平运动员的功能动作训练实践"，河北师范大学博士生导师赵焕彬教授讲授了"北京体科所体能训练研究与实践"。其余几位专家从备战伦敦奥运会的实践角度进行了羽毛球、跆拳道、排球、网球、柔道等项目体能训练的讲座。美国体能训练大师J. C. Santana介绍了IHP混合训练体系和格斗运动员的功能性体能训练，并进行了现场演示。252名体能教练、研究人员参会。

（体育科学学会）

【第十九届集中式空调高级研讨会召开】 11月21日，北京制冷学会召开"第十九届集中式空调高级研讨会"。制冷空调专业委员会主任路宾主持。清华大学建筑学院李先庭教授做"基于地源的总线式中央空调与北方地源热泵系统的热平衡解决方案以及暖通空调设计规范中通风章节修订内容解读”的报告，中国建筑科学院国家空调设备质量监督检验中心曹阳研究员做“水蒸发冷却空调工程标准介绍”报告，中国建筑科学院研究院宋业辉教授级高级工程师做“变风量 VAV 空调系统调试技术”，清华大学建筑学院魏庆芃副教授做“既有建筑能耗现状与节能潜力分析”的报告 。50 余位专家参加会议。

（制冷学会）

【首届城市气象论坛举行】 11 月 24—25 日，中国气象学会城市气象学委员会和北京气象学会共同主办的“首届城市气象论坛”举行，主题为“城市与气候变化”。香港中文大学建筑学院吴恩融教授和北京大学物理学院大气科学系赵春生教授做报告。与会代表从城市气象观测、城市群大气环境污染、城市精细化天气预报、城市减缓和适应气候变化等方面进行了口头报告和墙报交流。期间，专家们围绕我国城市化发展过程中面临的热点问题，如生态文明建设中城市气象面临的机遇与挑战、城市气象观测系统的薄弱环节和数据质量控制等进行了研讨交流。

（气象学会）

【北京电子学会举办新材料及其加工技术研讨会】 11 月 25 日，由北京电子学会主办，生产技术委员会承办的“新材料及其加工技术研讨会”在北京工业大学召开。北京工业大学陈继民教授、北京理工大学区建昌教授、成都必控科技股份有限公司于技强、中科院电子研究所赵世柯研究员、中国电子科技集团公司第十五研究所 PCB 中心主任陈长生、北京联合大学实践教学中心主任寇玉民、北京工业大学王群教授、北京工业大学左国玉副教授，分别做“激光在电子行业中的应用”“贴片电容插损测试工装的研制”“铬基透波材料的固化工艺与电性能研究”“微波真空电子器件材料与工艺概论”“工程实践的发展趋势”“中国印刷电路技术现状及发展趋势”等主题演讲。专家们进行了广泛交流。

（电子学会）

【专家交流番茄黄化曲叶病毒病防控技术】 11 月 27 日，北京植物病理学会与市植物保护站共同召开番茄黄化曲叶病毒病防控技术交流会。两年多来，北京植物病理学会“番茄黄化曲叶病毒病调查监测及防控技术试验示范”项目组联合北京昆虫学会、北京蔬菜学会、市植保站和 6 个区县植保站的专家开展了大量技术试验，取得了显著的防控效果。农业部“蔬菜黄化曲叶病毒综合防控技术研究与示范”研究项目首席专家谢丙炎研究员做“蔬菜黄化曲叶病毒病发生与防控新技术”的报告；国家蔬菜工程育种中心柴敏研究员介绍了应对番茄黄化曲叶病毒病发生所做的工作；大兴区植保站副站长张桂娟推广研究员、房山区植保站副站长原锴高级农艺师和顺义区植保站副站长宋玉林高级农艺师分别汇报了各自辖区内番茄黄化曲叶病毒病和烟粉虱综合防控试验示范成效；中国农业大学周涛副教授介绍了研发的番茄 TY 病毒快速检测技术及综合防控试验效果；李明远研究员介绍了 4 个试验示范点综合防控工作的体会与问题；市植保站师迎春研究员介绍了京郊番茄 TY 病毒发生情况、无病虫育苗为核心的全程防控措施的现状与问题。与会专家进行了研讨。

（植物病理学会）

【现代结核病控制国际研讨会举办】 11 月 28 日，北京防痨协会、北京结核病控制研究所在北京会议中心举办现代结核病控制国际研讨会。中国疾病预防控制中心结核病控制中心主任王黎霞就“我国结核病防治工作的进展与展望”做专题报告；世界卫生组织驻华办事处结核病防治部主任 Fabio Scano 博士向大会报告了“全球结核病控制进展”；美国疾控中心新发再发传染病项目流行病室主任 Carol Rao 博士以及比利时达米恩基金会刘振天教授分别就美国结核病控制工作的经验教训及结核病的感染控制做学术报告。与会专家们进行了热烈的互动交流。洪峰理事长做总结发言。北京市结防系统及相关医疗机构的 91 名医务人员参加研讨。

（防痨协会）

【油库站技术装备与物联网应用研讨会召开】 11月28—29日，北京石油学会与解放军总后勤部油料研究所和中际油化（北京）信息中心在京共同举办油库站技术装备与物联网应用研讨会。大会征集论文36篇，设企业展示咨询台11个。北京科技大学王志良教授和北京石油学会理事董绍华等15位专家在大会上做报告。与会者围绕当今油库站技术装备与物联网应用的热点问题进行了深入研讨。全军油库站系统、中石油、中石化、中海油下属各油库站从事油库站技术装备与物联网专家、科技人员近百人出席。

（石油学会）

【第四届全国制冰产业链论坛举行】 11月29至30日，北京制冷学会召开“第四届全国制冰产业链论坛——2012年中国制冰年会”。主题是创造“冰”的价值。会议发表了2013年制冰产业形势分析报告。会议设“冰鲜技术在农副食品、水、海产品的应用与发展”“酒店、餐饮、超市等商业场所对食用冰、食品保鲜用冰的需求趋势”“制冰技术在暖通空调中的应用与趋势”“制冷技术在工业（矿业、水利工程、混凝土等）、冰雪旅游消费工程（冰雕艺术、人造冰、雪场等）上的应用趋势”“压缩机、控制系统、换热器等配套设备在制冰系统中的应用”等五个专题论坛。论坛采取台上台下互动方式，进行了讨论式研讨。

（制冷学会）

【第二届中国中医美容与体质养颜学术研讨会召开】 11月30日，由北京日化协会与北京日化协会中医体质与皮肤养生专业技术委员会主办，由新时代健康产业集团承办的“第二届中国中医美容与体质养颜学术研讨会”举行。研讨会交流了我国近年来对中医美容与体质养颜方面的研究和应用技术，通过对当前中医体质、皮肤养生、体质养颜、中医美容及中草药化妆品等方面学术问题展开深层次的探讨，促进国内化妆品行业理念创新、能力提高、科学发展。欧洲芳香疗法学会（亚太区）主席、新时代健康产业集团总经理、中医体质与皮肤养生专业技术委员会主任委员黄永刚和国内相关领域的权威专家、多家企业的技术专家200余人参加大会。

（日化协会）

【专家研讨友善用脑与提升学生学习力】 12月1日，市学习科学学会、北京针灸学会承办的“学习·认知·健脑——友善用脑健脑操与提升学生学习力研讨会”在北京市第十九中学举行。市社科联党组副书记陈之昌、市科协党组成员、副主席田文等领导出席。周之良、王麟鹏、李荐、黄毅4位专家分别做“学习科学发展走向”“脑健康、人健康与学习”“友善用脑健脑操的理论探索与课堂实践”“中医调神与健脑——友善用脑健脑操的构想”的报告，探讨了如何在学习科学的指导下，利用“友善用脑健脑操”帮助学生尊重规律，合理用脑，科学护脑，缓解因学习压力过大和学习方法不当而带给孩子大脑的危害，帮助孩子健康成长。参会教师纷纷表示，报告内容针对性强很受启发，对今后工作有指导意义。160余位中小学教师代表参会。

（市学习科学学会）

【2012年两界联席会议高峰论坛举行】 12月2日，以“科技创新、文化创新——双轮驱动战略”为主题的2012年两界高峰论坛举行。中国人民大学文化创意产业研究中心执行主任金元浦教授，北京建筑工程学院测绘学院院长王晏民教授，清华大学经济管理学院雷家骕教授，北京理工大学软件学院院长丁刚毅教授，中关村知识产权促进局局长徐正祥，北京服装学院计算机信息中心姜延副教授等6位专家分别发表主题演讲。与会专家围绕论坛主题发表意见和建议。两界的专家学者100余人参加论坛。

（市科协）

【专家研讨国际科技学术社团在北京城市发展中的作用】 12月4日，由北京自然辩证法研究会与韩国高等教育财团、亚太城市发展研究会、中国太平洋学会等共同组织的“国际科技学术社团在北京城市发展中的作用研讨会”在中国人民大学举行。中国人民大学哲学院科技教研室主任刘永谋阐述了研讨会的学理价值和实践意义；市委党校吴刚教授深入分析社会组织发展与政府购买社会组织服务中的问题；台湾元智大学詹海云教授详细介绍了台湾科学社团的状况;研究会理事长、中国人民大学王鸿生教授介绍了研究会的历史及发展状况;亚太城市发展研究会秘书长卞洪登、副秘书长陈泽卿,北京化工大学张明国教授,中科院大学人文学院孟建伟教授,北京工业大学李东松教授,解放军防化指挥工程学院王孝先教授,中国扶贫开发协会荣誉副会长彭令,韩国高等教育财团国际学术部部长康泰硕分别发表了学术观点。

(自然辩证法研究会)

【森林疾病的防控工作座谈会召开】 12月7日,北京植病学会北林大植病学组和林业老教协森保学组举办森林疾病防控工作座谈会。副理事长、市林保站站长陶万强介绍了北京市近年来森林疾病防控工作的进展情况,把好规划设计、苗木质量关,北京25万亩平原造林任务已完成,体现了科学发展观和生态文明理念的要求。专家们指出,对森林疾病不管化学、生物或其他防控措施都必须进行“生态评估”,全面评价这种措施对目前及长远的生态平衡影响,建议举办学习班、宣讲团、研讨会等提高林业工作者深入理解科学发展和生态文明建设的内涵,总结推广做好森林疾病防控工作的经验。

(植病学会)

【北京机械工程学会举办第六届青年科技论坛】 12月7日,由北京机械工程学会主办、北京信息科技大学和北京机械工程学会生产工程分会共同承办的“北京机械工程学会第六届青年科技论坛”在北京信息科技大学举行。主题是数字化设备检测、控制与决策。北京机械工程学会生产工程分会付文宇博士做“锅炉冷作部件CAPP系统框架及数据库设计”学术报告;北京信息科技大学朱春梅博士做“基于小波理论的旋转机械故障信号降噪技术研究”学术报告;北京信息科技大学在读研究生做“LTSA和SVM的故障诊断方法”研究报告。论坛采取互动交流的方式进行。80余名青年科技工作者和高校的大学生参会。

(机械工程学会)

【鲜切果蔬加工技术研讨会举行】 12月10日,北京蔬菜学会在北京首农香山会议中心举办鲜切果蔬加工技术研讨会。学会理事长李武主持。郑淑芳、常希光、李武做题为“国外鲜切蔬菜包装新技术”“鲜切蔬菜产品与市场发展”“鲜切水果新技术”的主题报告。与会代表就北京地区鲜切产品市场现状、未来发展趋势和企业市场定位发表了看法。与会者认为,未来5年随着快餐业的迅猛发展,鲜切产业将迎来一个快速发展阶段,各企业面临的鲜切产品目前没有归口管理部门,导致不能办理生产许可证、QS等手续,企业生产存在风险等问题。企业之间应建立业务联系,在未来市场开发方面增加彼此间的联系和协调。各鲜切果蔬生产加工单位20多人参会。

(蔬菜学会)

【2012无线及移动通信发展研讨会召开】 12月12日,北京通信学会主办,无线及移动通信专业委员会承办的“2012无线及移动通信发展研讨会”召开。北京美地森科技有限公司总裁游峰、工信部电信研究院标准所所长王志勤、华为终端公司总经理王涛分别做“云管端台上的移动互联网”“移动互联网发展展望”“移动互联网时代智能终端发展趋势交流”的主题演讲。主题演讲后进行了圆桌会议。来自北京联通、北京移动、北京电信的嘉宾及运营商从不同角度和侧面对移动互联网的发展及热点问题提出建议和意见。会议共录用论文64篇并编辑了论文集,颁发了论文证书。近200名代表参加会议。

(通信学会)

【“灾损评估及救助测评体系研究”项目鉴定会召开】 12月14日,受市民政局委托,由北京减灾协会承担完成的“灾损评估及救助测评体系研究”项目鉴定会在市民政局举行。鉴定会由民政局救灾处处长主持。鉴定专家组由民政部、市气象局、中国消防协会、北京师范大学等单位的专家组成。课题组从课题项目背景、研究成果、课题主要观点、创新点、对策与建议五个方面做了汇报。评审组专家一致认为,该课题历经3年时间,就北京市灾害损失评估方法和救助资金实时测算做了较系统的研究,探讨了北京市救灾物资储备体系发展思路及救灾物资储备的空间布局和分类管理方案，对农业、气象、地震、地质及城市生命线的灾损评估指标进行了归纳研究，完成了课题立项的目标。将间接经济损失转化为生产效益损失和社会生态效益损失的定量评估以及针对不同救助工作需求的多层次灾害救助测定模型等具有一定创新性，在国内率先开发一套便捷、实用、客观的灾害损失评估和救助测评体系，具有推广应用价值，对提高民政部门救灾工作科技水平具有重要意义。

（减灾协会）

【2012 学术前沿论坛学习科学学会专场举行】 12 月 16 日，2012 学术前沿论坛北京市学习科学学会专场在北京师范大学举行。教育部"十一五"规划项目友善用脑课题负责人、北京教育科学研究院院长时龙，北京市第二中学新鲜小学校长孙文燕，平谷区教育研修中心区本主任、中学高级教师张国弘，北京教育科学研究院教研员、中学高级教师朱传世分别做题为"科学学习 友善用脑""友善用脑穿越 创新学生学习方式""思维导图促进学生学习能力的提升""团队学习的机制与评价研究"的报告。从不同角度阐释了"友善用脑"理论和方法在促进学生科学学习、全面发展，推动教育民主方面的作用。

（学习科学学会）

【环保型建筑胶粘剂技术报告会召开】 12 月 18—19 日，北京粘接学会在北京化工大学召开了"第四届环保型建筑胶粘剂、密封剂技术报告会"。会议邀请了 3M 北方技术中心资深工程师丁钟做了"混凝土固化胶带介绍"的报告；特邀中冶集团建筑研究总院高性能混凝土研究院曹擎宇博士做了"生态型植生多孔混凝土的应用技术研究"的报告，与会代表对上述学术报告进行了热烈的讨论。

（粘接学会）

【专家研讨人才流动中的商业秘密保护】 12 月 20 日，"人才流动中的商业秘密保护"研讨会在中关村知识产权大厦召开。研讨会市科协主办、北京知识产权研究会承办。北京知识产权研究会副会长廖立全主持，会长王友彭做"人才流动中的商业秘密保护"专题讲座，对人才流动中产生的知识产权保护问题尤其是商业秘密的保护问题做了深刻的分析。会议围绕商业秘密被侵犯多发生在人才流动中、商业秘密的构成、商业秘密的鉴别与判定和企业如何保护商业秘密等方面进行了探讨。40 位来自企事业单位、高校、知识产权代理机构的代表参会。与会者就人才流动中产生的商业秘密保护问题发表了意见。

（知识产权研究会）

【第二届北京大学国际交通医学高峰论坛暨第五届北京创伤年会召开】 12 月 22—23 日，第二届北京大学国际交通医学高峰论坛暨第五届北京创伤年会在北京召开，大会以"道路交通伤的现状与未来"为主题，来自美国、德国以及中国内地、香港、台湾的 200 余名专家和学者参加了大会。中国工程院付小兵院士做"中国创面修复的防治与教育"专题演讲；北京大学交通医学中心主任姜保国教授做"严重创伤救治规范在中国各城市研究与实施"演讲；中国工程院王正国院士确定本次论坛主题为"道路交通伤的现状与未来"，由王天兵教授代为汇报演讲；美国专家介绍了"美国创伤救治流程"；德国专家介绍了"德国严重创伤救治的现状"；香港和台湾的代表也分别介绍了香港和台湾有关创伤救治的体系现状。在交通创伤分会场及骨与关节损伤分会场，香港及 15 个省市的 50 余名专家，分别就骨关节损伤的诊治，交通伤的流行病学研究，严重创伤救治的技术、方法、理念、规范等发言。

（医学会）

【非工业用能单位能源审计现状与对策报告会举行】 12 月 27 日，北京机械工程学会动力工程分会举办了"北京市非工业用能单位能源审计现状与对策"报告会。北京节能环保中心工业一部主管能源审计工作的朱益丹高级工程师做宣讲报告。报告讲述了能源审计概念，此概念主要依据《企业能源审计技术通则》（GB/T 17166—1997），《企业节能量计算方法》（GB/T 13234—2009）等 11 个国家相关标准。报告还讲述了《北京市用能单位能源审计推广实施方案(2012—2014)》以及2012审核工作实施方案。有关单位80余人参加。

(北京机械工程学会)

【核医学与分子影像学学科建设研讨会召开】 12月27日,核医学与分子影像学学科建设研讨会召开。李军博士、王哲博士分别介绍了大型医疗设备审批、采购的相关管理规定,市卫生局出台的相关政策及后续工作规划等。与会代表就核医学热点问题,如SPECT－CT、PET－CT、PET－MR的发展,PET－CT是否进入大病医保或普通医保、大型医疗器械使用标准、放射性药品使用许可证,医学物理师、化学师人才匮乏等问题进行了研讨,并就医改给核医学与分子影像学发展带来的机遇与挑战进行了深入交流。

(核学会)

【北京制冷学会举办第七届冷藏链高级研讨会】 12月28日,以"冷链物流城市配送·技术与革新·管理与规范"为主题的"第七届冷藏链高级研讨会"在北京二商集团有限责任公司西郊食品冷冻厂召开。期间,中国蔬菜流通协会副秘书长陈明均做"我国蔬菜流通现状及对策"的报告;市西郊食品冷冻厂厂长唐俊杰做"冷链物流城市配送与运营管理"的报告;中国人民大学农业与农村发展学院李江华副教授做"放心菜冷链物流规范的研究"的报告。40余位专家参加研讨。

(制冷学会)

【食品安全与食品伦理学术研讨会召开】 12月28日,由市社科联与市科协主办,北京伦理学会、北京食品学会承办的"食品安全与食品伦理"学术研讨会在京举行。北京伦理学会原理事长、中国社科院研究员陈瑛做"民以食为天"的主题发言,分析了食品安全事件所反映和暴露出来的在社会各层面上的利益与伦理之间的问题;北京食品学会副理事长、中国食品安全评估中心首席科学家刘秀梅研究员阐述了食品安全、食源性疾病专业知识概念,介绍了国内外食品安全风险评估体系,对食品安全事件进行了梳理和分析;北京稻香村食品有限公司副总经理池向东介绍了北京稻香村在食品安全方面的工作成绩;北京伦理学会副理事长、中国人民大学曹刚教授做"食品安全的伦理问题与对策"的专题演讲;北京食品学会监事长孙容芳归纳了提高我国食品安全水平的五点建议。与会者一致认为,把社会伦理与自然科学相结合的形式对探讨行业自律、社会风气等方面的问题作用更好。40余位专家参会。

(食品学会)

【市科委推荐的6部作品入选全国优秀科普作品】 年内,在科技部发布的《科技部关于公布2011—2012年全国优秀科普作品名单的通知》中,北京市科委推荐的6部科普作品名列其中,占全部入选科普作品的12%,居各省(直辖市)市推荐作品获奖数之首。近年来,市科委通过设立科普创作出版资金、在社会征集科普项目中设立科普作品创作出版类别、将科普作品列入市科学技术进步奖、建立科普创作出版工作室以及集聚中央在京出版资源优势、组织专家集中策划选题等方式,积极推进了一大批优秀科普作品的创作出版。在入选作品中,由市科委科普专项资助、电子工业出版社出版的《科学童话绘本馆》系列丛书荣获2011年度北京市科学技术进步奖;由市科委科普专项资助、北京理工大学出版社出版的《李元爷爷带你游星空》《保护环境随手可做的101件小事》2部作品,就是市科委通过建立科普出版工作室形式组织创作的2部科普图书。

(市科委)

区县科技

东城区

【**青少年机器人竞赛**】 2月19日，区科协、区教委在171中，举办第12届东城区青少年机器人竞赛，100多名中小学生参赛。在四个项目中，共有7个一等奖、3个二等奖、2个三等、2个专项奖、2个十佳优秀教练员奖、1个优秀组织奖。有3个项目获得第一名，于7月代表北京市参加在天津市举行的第12届中国青少年机器人竞赛。

（李海曼）

【**金桥工程**】 3月，在各学协会申报的基础上，推荐3个单位8个项目进行申报。9月，其中2个项目经市科协评审通过立项，获得种子资金支持。鼓楼中医医院“中医社区健康管理综合干预高胆固醇血症方案推广与应用”项目被评为C类项目，获得种子资金10000元，同仁医院“彩色多普勒超声对血液透析自体动静脉内瘘狭窄的监测”项目被评为C2类项目，获得种子资金5000元。

（李海曼）

【**东城心理健康科普大讲堂**】 4月10日，“和谐家庭、和谐东城——东城心理健康科普大讲堂系列活动”在北新桥街道民安社区启动。讲师团由来自北大、清华的心理学教授、国内知名的心理咨询师及台湾家庭治疗师组成，在12个街道普及居民如何处理社会矛盾和家庭矛盾等方面的心理健康知识，受益1000余人次。

（李海曼）

【**东城区科技周活动**】 5月19日，东城科技周主会场活动在龙潭公园举行，活动由东城科技周组委会主办，区科协、区园林局承办。活动的主题为“科技与文化融合 科技与生活同行”启动仪式上，展出展板300余块，发放宣传资料3万余份，5000余人受益。科技周期间，全区各相关单位面向社区居民、青少年和机关干部，开展科普活动300余项，30多万人受益。

（李海曼）

【**北京百万家庭数字生活技能大赛**】 5月，区科协、区信息办、区妇联、区教委以“我的数字智能生活”为主题，联合开展“2012年东城区数字生活技能竞赛”。在“数字东城”网站上建立2012年东城区数字生活技能大赛网站宣传专栏，与市“百万家庭数字生活技能大赛”主站连接。6月24日，在171中举行区级竞赛，比赛包括网上知识竞赛和网络低碳骑行游东城两个项目。“数字东城”网站对此次活动进行了全程在线图文直播。在市级竞赛中，东城区代表队取得第二名。

（李海曼）

【**第十八届北京市中小学生自然科学知识竞赛**】 7月6日，区科协、区教委在工体富国海底世界召开竞赛工作会，70多所中小学相关教师参会。东城区30多所中小学校组织学生以“网上答题、参观科普场馆、试卷答题、科普报告”等形式进行初赛，全区3万多中小学生参加竞赛活动。12月16日，在171中举行复赛，中小学生共300多人参加，设立9个考场。试卷以八个科普场馆科普知识及自然科学和生活常识为主的综合试题，选拔出成绩优秀者参加北京市团体决赛。

（李海曼）

【**科普之夏**】 7月20日，东城区科协在东四奥林匹克社区公园举行科普之夏启动仪式。在科普之夏活动中，通过科普展板、科普演出、有奖问答、科普咨询向社区居民普及食品安全知识。7—8月，在各街道开展食品安全、环境保护、节能减排、防灾减灾、健康健身等科普活动100余项，其中重点活动20项。

（李海曼）

【**东城区中医药养生保健学会成立**】 9月，东城区中医药养生保健学会成立。截至年底，东城区科协有基层学会（协会）33个，会员2万余人。

（李海曼）

【**印发科普读物**】 9月15日，区科协在全国科普日活动现场举行科普读物《舌尖上的科学》

首发式,向公众免费发放3000册,向各街道发放5000册。

（李海曼）

【全国科普日】 9月15—16日,“2012全国科普日——北新桥街道民安社区科普日”活动在南馆公园举行。活动由市科协、区政府主办,北京科普发展中心、区科协承办,区食品安全委员会办公室、区园林局和区园林绿化管理中心协办。活动融合中国科协、市科协、区科协三级科普资源,共有19家单位及200多名科普工作者参与,邀请于康等健康专家与公众面对面答疑释惑。社区居民6000余人参加,发放资料3万余份,展出展板300余块。活动被中国科协评为“2012年全国科普日活动优秀特色活动”。区科协被评为“2012年北京市全国科普日活动优秀组织单位”。

（李海曼）

【科技下乡活动】 11月,区科协到延庆县香营乡香营村,为当地农民送去科普读物《舌尖上的科学》和3万余元科普电教设备,用以支持香营村科普设施建设和提高农民的科学素质。

（李海曼）

【科普需求调查】 年内,区科协面向17个街道的128个社区开展社区居民科普需求调查,共收回问卷3087份,其中离退休人员994人,在职人员1633人,外来务工人员460人。前五位科普需求中医药健康、食品安全、节能环保、防灾避险等四项为三类人群共同的需求。另外一项需求离退休人员为科学养花、在职人员为心理培训、外来务工人员为心理培训和技能培训(并列)。

（李海曼）

【社区科普益民计划】 年内,区科协安定门街道五道营社区、交道口街道菊儿社区、东华门街道智德社区、东直门街道新中西里社区、北新桥街道民安社区、体育馆路街道长青园社区、永外街道天天家园社区、天坛街道永内东街西里社区、朝阳门街道内务社区,共9个社区评为优秀科普社区。天坛街道文体中心、景山宣教指挥中心安全教育基地评为优秀基层科普场馆。陈芃、马翠笠等25人获得优秀社区科普宣传员称号。以上项目及1个户外科普园地,共获北京市“社区科普益民计划”奖励资助资金122.5万元。年内,落实市奖补资金,实施户外科普园地建设。组织申报下年科普益民计划。完成上年社区科普益民总结,通过市科协验收、检查。

（李海曼）

【北京市青年优秀工程师】 年内,区科协推荐的东城区绿化队张波,东城区振动学会周鹏获得第二十一届北京市优秀青年工程师称号。

（李海曼）

【青年学术演讲】 年内,在市科协主办的“北京市第十三届青年学术演讲”活动中,同仁医院王伟在决赛中获得一等奖和最具创新奖,东城区医学会再次获得市科协颁发的优秀组织奖,成为获奖学会中唯一一个区级学会。

（李海曼）

【青少年创新大赛】 年内,参加第32届北京青少年创新大赛,2人获市长提名奖。在第27届全国青少年创新大赛中,东城区获得一等奖6项,二等奖4项,三等奖3项;荣获优秀辅导员科技创新项目三等奖1项,优秀实践活动二等奖。

（李海曼）

西城区

【区县科技专项通过验收】 2月24日,市科委组织专家对由西城区科委承担的2010年区县科技专项——科技促进民生建设与示范项目进行结题验收。该项目包括“西城区民生科技发展的关键领域选择与对策研究”“西城区生活垃圾处理现状研究及规划”及“西城区展览路街道楼门院长信息传递系统”三个子课题。经过专家质询,一致通过验收。课题成果对于推进西城区民生科技建设、优化生活垃圾处理、提升社区信息传递水平具有一定意义。

（闫　肃）

【北京青少年科技创新大赛】 3月23—25日，由北京市科协、教委、科委、知识产权局、西城区人民政府职工主办，北京青少年科技活动中心、西城区科协、教委、科委、北京育才学校联合承办的“第32届北京青少年科技创新大赛”在育才学校举行。各区县的20支代表队和美国、加拿大等10多个国家的代表队、700余人参赛。西城区代表队蝉联金牌总数第一，获得一等奖29项、二等奖16项，北师大附属实验中学姜江同学获得“市长奖”，8中董美麟同学获得“市长奖提名奖”，西城区被授予特殊贡献奖。

（樊士广）

【合同登记处通过市执法检查】 4月13日，北京市技术市场管理办公室对西城区科委两家技术合同登记处进行执法检查，检查组对工作规范执行情况、合同分类情况等进行了检查，认为无违规情况，一致通过检查。

（闫　肃）

【知识产权宣传周活动】 4月24日，区知识产权局联合区工商分局、区法院、区文委、北京12330工作站等单位，在普天德胜孵化器共同举办“北京12330——普天德胜开放日”活动，市二中院产权庭法官张剑向入孵企业讲解“软件商业秘密风险防范与内部管理”相关知识。活动当日，主办方向企业发放《知识产权百题问答》《中国企业出国参展知识产权保护指南》《工商商标注册建议书》等有关知识产权保护宣传材料1000多册。

（闫　肃）

【健康科普讲师培训】 4—5月，区科协会同健康教育所开展培训4期，区健康教育网络专兼职干部、一级以上医疗机构医务人员344人参加。培训主要内容有：社区健康教育、正确传播急救知识、健康教育人际沟通技巧应用、论文选材及数据分析。10月举办健康大课堂优秀讲师评选，区内二级医院及社区卫生服务中心的17人参加。11月选派3人参加“北京市第六届社区健康大课堂优秀师资评选”，获得2个二等奖，1个三等奖。12月举办科研项目设计及论文写作集中培训班。

（樊士广）

【南非科技代表团到西城考察】 5月10日，南非科技部代表团一行6人赴西城区考察，考察组实地参观了“什刹海水体保护与生态修复工程”后，与区科委、区环保局等单位就发展中国家开展可持续发展工作进行交流。此次交流活动是科技部为落实《中南政府间科技合作联委会第四次会议议定书》要求，加强中国与南非在环境与可持续发展领域的科技对话而举行的，旨在推动中非两地在可持续发展领域的进一步合作。

（闫　肃）

【西城区科技周活动】 5月19日，围绕“携手创建创新型国家——科技惠及民生，践行北京精神”主题的第十八届北京科技周西城区主场活动启动仪式在天桥市民广场举行。期间，区内各街道、学（协）会、科普教育基地及有关单位开展废品再设计创意作品征集、低碳环保大家谈、防灾减灾宣传、网络科普知识讲座、健康防病咨询等近60项科普活动。

（樊士广）

【组织开展科技周活动】 5月19—25日，在北京市科技周期间，区科委组织区内500名科普干部和社区居民参加科技周主会场活动，感受科技给百姓生活带来的便利。期间，区科委还组织了逛科博会看创新、参观农展馆体验生活中的科学、科普电影“连连看”等形式多样的科普活动。

（闫　肃）

【组织参加第十五届科博会】 5月22—27日，第十五届科技博览会在中国国际展览中心举行。区科委组织协调德胜园管委会等11家委办局和18家科技企业参加第15届科技博览会。展团以“智慧城市——科技改善民生、创新服务社会”和“德胜科技园——中关村国家自主创新示范区”两大主题为主要展示内容，展示高新科技产品、集成创新技术成果和科技示范工程50余项、产品设施设备100余件（套）。西城区展团获得科博会“优秀组织奖”和“最佳展示奖”。

（闫　肃）

【制定科技项目管理办法】 7月1日，区科委制定出台《北京市西城区科技计划项目管理办法》。原西城区与原宣武区合并后，为规范科技计划项目管理，依据《北京市科技计划项目(课题)管理办法(试行)》制定了本办法。为公开、公正、高效、科学地实施科技计划项目，提供了有效依据。

（闫　肃）

【与门头沟区科委开展工作交流】 7月4日，门头沟区科委一行12人到西城区开展工作交流。考察组首先到西城区城管监督指挥中心，参观科技在城市运行管理中的应用情况。随后与西城区科委进行座谈，双方就国家可持续发展实验区建设、高新技术企业发展、知识产权工作以及科普活动开展情况进行了深入的探讨。双方表示通过这次学习交流收获很大，希望今后建立长期合作交流机制，促进科技工作健康发展。

（闫　肃）

【召开科普工作联席会】 7月11日，区科委召开2012年科普工作联席会议暨全民科学素质建设工作会议。西城区主要委办局、街道和工青妇等社会团体的科技主管领导和工作人员80余人参加了会议。会议审议了西城区“十二五”时期科普事业发展重点任务方案，听取了西城区全民科学素质工作相关情况及西城区科普创优争先和第二批创新型科普社区评选工作的通报，并通过了增补区计生委为科普联席会议成员单位的提议。

（闫　肃）

【商业企业知识产权工作会】 7月16日，区知识产权局与区工商局、区商务委共同召开“2012年西城区商业企业知识产权工作会”。会议传达了北京市知识产权工作会议精神，并就无冒充专利商场专利商品管理、自查工作及无冒充专利商场执法检查工作实务和假冒商标识别等问题进行指导培训。29家无冒充专利、无假冒商标示范商场的主管及工作人员参加了培训。

（闫　肃）

【科普之夏】 7月18日，北京“科普之夏”西城区主场活动启动仪式在大观园举行。本届“科普之夏”以“保障食品安全，服务公众健康”为主题。7—9月，联合组织“食品安全科普知识竞答”活动，在《西城报》刊登竞赛试题，区内机关、街道30余个单位参与答题，收回答卷1万余份。设单位组织奖28项；个人一等奖10名、二等奖30名、三等奖60名、纪念奖200名。8月，举办“走上科普舞台 品味健康生活”主题文艺汇演，穿插食品安全知识问答和展板展示，营造科学消费良好氛围。

（樊士广）

【全国部分城区科协研讨】 9月3—5日，由中国科协主办，西城区科协承办，以“创新科普工作思路、提升全民科学素质”为主题的第二十二届全国部分城区科协工作研讨会召开。来自上海市黄浦区等12家科协的30余人出席。会议达到交流沟通、研究探讨、展示风采、互相借鉴的目的。

（樊士广）

【消防知识宣传月】 9月13日，会同中国消防博物馆举办“消防科普宣传月”活动启动仪式，与会领导向科普积极分子及有关群众赠送消防宣传资料和消防器材。与会人员参观了中国消防博物馆。区内有关单位和街道社区集中组织员工和居民参观体验。

（樊士广）

【创新方法专题培训会】 9月24—26日，由区科委、德胜科技园管委会主办，区生产力促进中心承办的西城区科技企业创新方法专题培训会举行。北京亿维讯高级培训师赵岩对技术创新方法理论(即TRIZ理论)进行了讲解，来自区域内科技企业的40多位高层领导、总工程师等参加培训会。

（闫　肃）

【知识产权维权行动】 12月6日，区内高新技术企业迪思杰(北京)数码技术有限公司知识产权维权案胜诉。这是西城区12330举报投诉分中心受理的因为商业秘密被侵犯，申请维权援助的第一起成功案例。2009年西城区12330分中心受理此案，经过多方调查取证，法院最终认定对方侵犯商业秘密罪名成立，此案件的判决结果对软件行业发展产生深远影响。

（闫　肃）

【与通辽市科技局签订合作协议】 12月11日,区科委与通辽市科技局在北京签订科技合作协议。双方就共同创造条件相互开放科研领域和科技攻关项目、共同推动两个地区高新技术及其产业化发展、加强科技人才交流、共同建立科技合作工作机制等方面进行了充分的交流,并达成一致意见。

(闫 肃)

【科技下乡】 12月13日,区科协组织区医学会、老卫协、二炮总医院、护国寺中医院、二龙路医院、展览路医院等单位的13位专家送科技下乡到顺义区河北村,开展常见病义诊、科学健身、健康饮食推广活动,受益村民群众数百人。

(樊士广)

【举办科技项目交流会】 12月13—14日,区科委召开学习贯彻北京市科技创新大会精神暨科技项目交流会,区内25个委办局及15个街道的主管领导和科技协调员共80余人参加了会议。市科委政策法规与体制改革处主管工程师李萍就《关于深化科技体制改革,加快首都创新体系建设的意见》进行了讲解,区城市管理监督指挥中心、广内街道分别就科技支撑西城区城市管理、科技支撑智慧社区建设做经验介绍。

(闫 肃)

【科技协调员队伍建设】 年内,区科委健全区域科技服务体系,促进各部门自觉运用科技手段解决问题,推出建立科技协调员队伍的新举措,形成灵活高效的科技需求与供给对接机制。截至年底,科技协调员成员单位达41家。

(闫 肃)

【技术合同成交总额实现增长】 年内,全区共成交技术合同8984项,成交总额250.18亿元,同比增长55.07%。其中输出技术成交额比上年同期增长17.88%。吸纳技术成交总额比上年同期增长102.43%。

(闫 肃)

【高新技术企业发展】 年内,区有国家高新技术企业312家,其中德胜园区181家,园区外131家。园区内规模以上高新技术企业实现总收入640.5亿元,同比增长253.2%。

(闫 肃)

【办理专利费用减缓】 年内,区知识产权局共办理专利费用减缓证明手续1074份,其中:发明专利522份,实用新型专利442份,外观设计专利110份;企业申请832份,占申请总数的77.47%。

(闫 肃)

【专利授权量实现增长】 年内,西城区共申请专利6592件,同比增长32.4%,其中:申请发明专利4004件,占申请总量的60.7%;企业申请4704件,占申请总量的71.4%。全年授权专利3313件,同比增长26.2%,其中:授权发明专利1261件,占授权总量的38.1%。

(闫 肃)

【新增3家专利示范单位】 年内,西城区驻区企业——国家核电技术有限公司、北京奇虎科技有限公司、北京因科瑞斯医药科技有限公司被认定为北京市第五批专利示范单位。

(闫 肃)

【企业信用及投融资体系建设】 年内,西城区28家企业通过中关村科技担保公司获得贷款担保,担保金额5.36亿元,较去年增长62.4%。中关村企业信用促进会会员企业达到285家,比上年增加45家。

(闫 肃)

【科技人才资助】 年内,西城区科委组织开展北京市及西城区优秀人才培养资助项目申报工作。经推荐评选,有3人获得北京市优秀人才资助,资金总额为10万元;16名科技人员获得西城区优秀人才项目资助,资金总额为69万元。

(闫 肃)

【2012年度区科技计划项目】 年内,区科委组织申报科技计划项目,共征集项目99项,涉及生物医药、电子信息技术、环保新能源、新材料、先进制造等技术领域,经过历时四个月的项目征集、专家评审、组织审查核准等工作程序,确定支持项目31项,支持金额420万元。

(闫 肃)

【2012年度可持续项目】 年内,西城区可持续项目围绕社会管理、公共卫生与健康促进、城市管理与公共安全等领域,确定35个项目立项,

支持金额1500万元。

（闫　肃）

【建筑节能改造示范项目】　年内，区科委承担科技部城镇公共建筑节能减排及关键技术改造示范工程1项，协助项目主持单位做好科技项目落地西城区的组织协调工作，推荐展览路第一小学参与学校建筑节能状况调查及评估，制定节能减排改造方案，建立节能降耗科技互动工作室。

（闫　肃）

【3家创新科普社区获市级优秀】　年内，市科委评出了18家“北京市优秀创新型科普社区”，西城区月坛街道三里河一区、牛街街道牛街东里社区和广内街道西便门东里社区3家创新型科普社区获得此荣誉。

（闫　肃）

【科技条件平台工作站建设】　年内，区生产力中心根据区政府与市科委签署的《联合共建首都科技条件平台西城区工作站的合作协议书》，被授权为西城区工作站的建设运行单位。生产力中心拟定了《首都科技条件平台西城工作站建设实施方案》，与30家驻区科研院所和高新技术企业签订了加盟协议，聚集了29台套、总价值2777万元的仪器设备资源入库，面向社会开放。

（闫　肃）

【科技企业培训会】　年内，区科委与区生产力促进中心主办两次“西城区科技企业培训会”。培训会对企业关心的设计产业发展态势及相关政策、《关于设计类技术合同认定登记的指导意见》及设计类技术合同登记、技术市场优惠政策、科技企业信用建设、企业知识产权维权援助政策等内容进行了深入讲解。来自区内科研院所及企业的管理人员和技术骨干300余人次参加了培训。

（闫　肃）

【组织建设与人才】　年内，区科协组织人员到街道、学协会和科普教育基地开展“完善基层组织、整合科普资源、提升科普能力”调研。调整席位制单位委员、全民科学素质建设工作领导小组成员单位，指导街道、社区调整和完善基层组织。调整区科技协作中心为差额拨款事业单位，落实人员定岗和职责区分。组织机关、街道、学协会等60名科普干部开展业务培训。区科协推荐的周又红获第五届全国优秀科技工作者、于敦波获第十五届茅以升北京青年科技奖、梁静等4名青年科技工作者被评为“北京市优秀青年工程师”、袁文等11名青年科技工作者为区青联委员。

（樊士广）

【社区科普益民计划】　年内，在获得北京市科普益民计划优秀科普社区基础上，区科协推荐西便门东里社区参加评审，获全国首批科普示范社区，获奖励资助20万元、北京市配套奖励资助65万元。区内9个社区、2个科普场馆和25名个人获北京市科协、北京市财政局年度社区科普益民计划奖，获奖励资助112.5万元。获奖社区为新风街1号社区、铁树斜街社区、先农坛社区、丰盛社区、香炉营社区、福州馆社区、阜外西社区、汽北社区和槐柏树北里社区；获奖科普场馆为北京大观园和中国钱币博物馆。

（樊士广）

【社区科普活动】　年内，区科协指导街道开展特色科普活动，提升民众科学素养，服务百姓健康生活。德胜街道依托社区教育学校举办为期一个月的科技节。什刹海街道举办阳光少年爱海科普夏令营。西长安街街道依托科普教育基地，举办急救、消防安全和环保知识讲座及走进科普场馆活动。大栅栏街道举办“魅力大栅栏”摄影比赛和“科技新生活 魅力老字号”风采展。天桥街道举办健康养生、安全避险、节能节水等专题讲座和科普电影展演。新街口街道以居家安全为主题，组织赴消防博物馆参观体验，开展火灾自救互救培训。金融街街道组织“激发科学兴趣 启迪创新潜能”青少年智力运动会。椿树街道以科普活动室为中心，开展“十五分钟科普服务圈”活动。陶然亭街道举办第二届“科技陶然”大赛，开展青少年科技实践活动。展览路街道牵手科普教育基地开展小达尔文俱乐部、“翠鸟的保护”摄影展、“我来观测星相”体验活动。月坛街道主办“弘扬防灾减灾文化 提高防灾减灾意识”主题巡展。广安门内街道开展“倡导低碳生活、保护生态环境、共建和谐广内”主题宣传画征集活动。牛街街道开展青少年科技冬令营和科技动手做大赛活动。白纸坊街道开展居民饮食健康保健讲座及青少年科普快乐征文活动。广外街道组织“星光自护小卫士”系列活动。

（樊士广）

【青少年科技活动】 年内，区科协组队参加北京市第十二届青少年机器人比赛，获得2个单项第一名，7个一等奖，有7个项目代表北京参加第十二届全国青少年机器人大赛，获一等奖3项、二等奖1项。组织开展以“科学教育的实践与探索”为主题的“第二十届全国科技辅导员论文征集活动”，共征集科技论文50余篇，推荐30篇参加北京市、全国评审，获全国一等奖4项、二等奖6项。参加第十二届“明天小小科学家”奖励活动，获一等奖1项、二等奖7项、三等奖3项。选拔优秀学生参加第十二期后备人才早期培训，推荐50余名高中生进入中科院、清华、北大、中国农大的国家重点实验室，在科学家具体指导下开展科学研究和科技实践活动。

（樊士广）

【学(协)会活动】 年内，区科协指导所属学(协)会加强自身建设，发挥专业优势，开展丰富多彩的群众性科普活动。区医学会开展社区孤寡老人心理健康服务。区老卫协继续举办健康运动科普大课堂。区文化产业协会组织“网络科普夕阳红——欢歌喜迎十八大”活动。区人力资源和社会保障学会举办法规政策大讲堂。区节能减排环保促进会联合组织“自然·环境·未来”摄影比赛。区图书馆管理协会组织银发悦读俱乐部。区人力资源管理协会举办“心理压力调节和情绪管理”专题讲座。什刹海研究会继续开展文化保护区人口疏解调查研究和历史文化挖掘。区土建学会继续组织古建民居园艺鉴赏俱乐部。区统计学会加强统计学术研究和统计科普知识宣传。区科技教育学会依托社区、学校和企业，为学生开辟第二课堂。区预防医学会开展食品标签相关知识培训。

（樊士广）

【废品创意再设计大赛】 年内，区科协以“低碳环保、创新生活”为主题，面向全区征集低碳生活和创意设计作品。活动于3月启动，共接收各街道选送作品328件，其中创意产品组269件，低碳纪实摄影组59件。6月截稿评审，共评出10个奖项、331名获奖者。7月18日在大观园举行颁奖仪式。活动在《中国环境报》《北京日报》《科技日报》《大众科技报》《科技潮》杂志、新华网、人民网、新浪网、凤凰网等多家媒体报道。8—11月，在DRC基地举办获奖作品展。

（樊士广）

【昆虫与生活科普活动】 年内，区科协以“蝶舞纷飞迎新春”为主题，在各街道和社区学校举办蝴蝶科学知识培训，通过领取蝶蛹、照料孵化、养护观察，开展羽化、摄影、标本制作和养殖心得作品征集，使居民感触蕴含在昆虫身上的科学与神奇。

（樊士广）

【科技协作】 年内，区科协开展高新技术推广应用，共完成“金桥工程”服务项目16项，促进技术交易额9300万元，获市科协“金桥工程”组织奖、二等奖、个人奖各1项，三等奖3项。

（樊士广）

海淀区

【海淀区科协2012年度专家建议工作会】 3月22日，“海淀区科协2012年专家建议工作会”召开，区科协系统专家建议工作紧紧围绕市、区工作重心，积极开展建言献策，取得了优异成绩。去年全年有2篇建议被市、区主要领导批示，有2篇建议荣获“2007—2011年度北京市科协系统优秀建议特等奖”，有1篇建议被北京市科协列为向市政协第十一届五次会议的团体提案。会议总结了2011年专家建议工作，同时部署2012年工作。同时对专家建议工作先进集体、专家建议工作优秀组织奖、专家建议工作先进个人进行了表彰。

（刘　传）

【海淀区2012年科普之春活动启动仪式】 3月27日，“海淀区2012年科普之春活动启动仪式”在温泉镇举行。市科协科普部、解放军302医院、区科协、温泉镇等单位的领导出席活动。温泉村被授予“海淀区科普示范项目”牌匾。海军总医院总护士长、护理学专家黄建萍为农民做题为“常见疾病的预防及家庭保健”的报告。在仪式现场，还有儿童伤害预防科普展板巡展、海淀公众科学素质有奖知识问答活动及“健康社区行，服务为人民”义诊等活动。

（刘　传）

【2012年北京科技周中关村土场活动】 5月19—20日，2012年北京科技周中关村主场活动在中关村国家自主创新示范区展示中心和海淀公园举行。市科协、中关村科技园区管委会、市商务委员会、市粮食局、市知识产权局以及海淀区的领导参观了中关村国家自主创新示范区展示中心，并参与在海淀公园举行的科普互动活动。展区汇聚科技周相关成员单位、学协会、科普教育基地等40余家单位的科普资源。

（刘　传）

【海淀区科协第三次“海淀院士”调查统计工作】 5月31日，海淀区科协第三次“海淀院士”调查统计工作完成。结果显示，在海淀区域内工作或居住的两院院士总数为532名。其中，中国科学院院士313名，中国工程院院士235名，海淀区域内两院院士数占全国两院院士总数的36.06%，占北京市两院院士总数的75.68%。在此次统计中，区域内现有荣获“两弹一星”功勋奖章院士7名，荣获国家最高科学技术奖的院士9名，双院士16名，女院士21名。

（刘　传）

【2012年海淀区家庭数字生活技能大赛选拔赛】 6月27日，“2012年海淀区家庭数字生活技能大赛选拔赛”在双榆树一小正式开赛。20组家庭代表队经过网上知识竞赛进入选拔赛。参赛家庭通过比赛现场的电脑连接网络完成网上答题等比赛项目。获第一名的家庭将代表海淀区参加北京百万家庭数字生活技能大赛的E家特训营及E家英雄会活动。市科协信息中心、区科协、区妇联、区信息办等单位领导出席，零时空培训部专家在赛前为参赛家庭做了主题为“互联网知识概述”的讲座。

（刘　传）

【2012年海淀区“科普之夏”活动启动仪式暨“保障食品安全 服务公众健康”主题活动】 7月11日，2012年海淀区“科普之夏”活动启动仪式暨“保障食品安全 服务公众健康”主题活动在玉渊潭公园举行。中国林科院、市科协、北京科普发展中心、解放军302医院、海淀区科协等单位的领导向羊坊店街道居民赠送了科普图书。

（刘　传）

【第27届全国青少年科技创新大赛】 8月10—15日，第27届全国青少年科技创新大赛在宁夏回族自治区银川市举行，海淀区共有11个青少年科技项目参加决赛，共获得金牌5项（北京市获得10项），银牌5项（北京市获得9项），各类专项奖12项（北京市获得18项）；北京市获得的英特尔英才奖4项和北京公益学会科技创新奖3项，由海淀区包揽。海淀区科协获得第27届全国青少年科技创新大赛优秀组织奖。

（刘　传）

【2012全国科普日首都群众系列活动】 9月15—16日，2012全国科普日首都群众系列活动之一的“物美（美廉美）超市科普日活动”在美廉美超市学清路店举行。此次全国科普日活动以“食品·健康”为主题，主场活动发挥了市科协各学协会的专家资源优势，同时积极引进企事业单位等社会资源，共同开展利民惠民的科普活动。

（刘　传）

【2012年海淀区科普工作者培训班】 10月26日，为加强海淀区科普人才队伍建设，促进“社区科普益民计划”的深入开展，举办了2012年海淀区科普工作者培训班。培训对象包括各街道、镇科协的主管领导、科室负责人及历年“社

区科普益民计划”中受资助的优秀科普社区、2013年申报优秀科普社区的负责人。培训包括两大部分内容:邀请了市科协负责人作主题为“公民科学素质与社区科普”业务培训;同时由北京千松科技发展有限公司和北京奥景邑阳科技发展有限公司进行数字科普产品展示。

(刘 传)

【科协系统学习贯彻党的十八大精神暨全区街道、镇科协科普工作培训会】 12月6—7日,区科协召开科协系统学习贯彻党的十八大精神暨全区街道、镇科协科普工作培训会,培训对象包括各街道、镇主管科普工作的副处级领导和相关科室的工作人员。培训邀请市科委科普工作顾问、中国科普研究所学术委员会委员翟立原研究员为学员们做主题为“社区科普与公民素质提升”的报告。北下关街道介绍了北下关街道科普工作的开展情况。

(刘 传)

【“钱学森科协文化思想与当代文化建设”座谈会】 12月13日,区科协召开“钱学森科协文化思想与当代文化建设”座谈会。邀请中国科协、国杰老教授科技咨询开发研究院、中国科普研究所、北京市社科院文化所、清华大学的多位专家与会,通过解读钱学森院士有关论述,研究了科协文化的起源与发展。与会者围绕科协文化与科学文化的区别与联系、科协文化的中国特色、科协文化在促进我国科技自主创新等议题发表了个人的看法。为在更广范围内研讨科协文化开创了先河。

(刘 传)

丰台区

【丰台区科委举办“全国科普工作统计”培训会】 1月11日,区科委举办了“全国科普工作统计”培训会,全区有关委办局、街乡镇、学校、医院和市级科普教育基地的科普工作统计负责人员共计50多人参加了培训会。市科普联席会议办公室高级工程师肖健对2011年度全国科普工作统计的6个表格、32项内容进行了细致讲解。

(丰台区科委)

【“科普乐活小屋”继续走俏莲花池庙会】 1月22—27日,区科委继续把科普活动融入传统的春节庙会中,精心打造的“科普乐活小屋”继续走俏莲花池庙会,成为北京人逛春节庙会的新时尚。“科普乐活小屋”由一座简易的活动板房搭建而成,屋内摆出全套科普“家什”,以及生活、消防等科普知识展览等内容。

(丰台区科委)

【丰台区生产力促进中心召开服务模式研究专家会】 2月10日,区生产力促进中心召开服务模式研究专家会,来自中国生产力促进协会、北京市生产力促进中心、皮革生产力促进中心、中机生产力促进中心的专家们对服务模式研究内容进行了交流,并提出了意见和建议。

(丰台区科委)

【区科委召开2012年科技工作会议】 2月20日,区科委召开2012年度丰台区科技工作会议,科委机关及系统中层以上干部参加了会议。会上对区科委2011年工作进行了总结,对2012年的工作任务进行了安排。区领导对区科委2011年的工作成绩及2012年的工作思路给予了肯定,并提出三点要求:一是科技工作定位要有适应性,二是科技工作方式要有主动性,三是科技工作范围要有创新性。

(丰台区科委)

【区科委党总支开展“清明护林防火”主题科普活动】 4月1日,区科委党总支50名党员到长辛店镇东河沿村,与该村党支部部分党员联合开展了“清明护林防火”主题科普活动。活动悬挂防火标语22条、发放宣传资料1200份、向村党支部赠送灭火器12台、对讲机5部、科普读物2000余册。

(丰台区科委)

【丰台区深入开展知识产权宣传】 4月26日,在世界知识产权日到来之时,区科委举办了全新的“四进”(进企业、进社区、进乡镇、进学校)

保护知识产权宣传教育活动。举办了科技企业知识产权知识有奖竞赛、专题培训、专家讲座、现场有奖互动问答等形式多样的科普宣传，直接受众达1100人。

（丰台区科委）

【区科委被评为市科普工作先进集体】 4月28日，市科委、市委宣传部、市人力资源和社会保障局、市科协联合发布通知，授予丰台区科委等单位“2012年北京市科学技术普及工作先进集体”荣誉称号。

（丰台区科委）

【丰台区在全市率先出台科技创新政策】 年内，区科委在全市率先出台了《关于加强丰台区科技创新能力建设的若干意见》。以进一步推进丰台区科技体制创新，促进科技与经济相结合，强化企业技术创新的主体地位，提高创新体系的整体效能，充分发挥科技在转变经济发展方式和调整经济结构中的引领和驱动作用。为建设繁荣、文明、幸福的新丰台提供强有力的科技支撑。

（丰台区科委）

【17个项目喜获北京市科学技术奖】 年内，在北京市科学技术奖励大会上，丰台区17个项目分获2010年度、2011年度北京市科学技术奖一、二、三等奖。项目领域涵盖生物医药、轨道交通、节能环保电子科技等。

（丰台区科委）

【“北京亚太种业展示交易中心建设科技支撑”课题顺利通过验收】 年内，区科委承担的“北京亚太种业展示交易中心建设科技支撑”课题通过市科委验收。该课题在王佐镇新建了日光温室26栋，总面积13034平方米，完成了350亩节水灌溉设施，在品种展示基地完成了道路、围栏、绿化等配套设施。展示了蔬菜、花卉等作物1695个品种。配合丰台区种子交易大会，开发了网上种子交易平台，设计了产品展示、展位预订、网上订购等功能。

（丰台区科委）

【“丰台区科技服务业发展现状的调查报告”顺利结题】 年内，区科委承担的“丰台区科技服务业发展现状的调查报告”顺利结题。该课题将科技服务业定义为运用现代科技知识和发展要素，为科技创新活动提供服务的产业。内容包括科技信息服务（支撑条件平台）、科技设施服务（实验室、工程技术中心）、科技贸易服务（技术转移与推广服务）、科技金融服务（科技投融资）和科技企业孵化器等五个方面。

（丰台区科委）

【区科委举办2012年科普工作者培训班】 年内，区科委举办三期科普工作者培训班，21个街乡镇、20个市区两级科普教育基地的科普工作者458人参加了培训。通过培训，学员不仅拓宽了知识视野，而且激发了工作热情。

（丰台区科委）

【中小企业贷款担保】 年内，区科委正式受理担保项目30个，金额5100万元；批准担保项目29个，金额4640万元；实际放贷项目24个，放贷金额3930万元；无代偿解除担保责任项目29个，金额4500万元。

（丰台区科委）

【技术合同登记】 年内，区科委为企业提供技术合同认定登记和办理免税核定技术性收入服务，认定技术合同登记270余份成交总金额53785.58万元，位居全市第二位。

（丰台区科委）

【专利奖励及转化资助稳步推进】 年内，区科委全年共受理专利授权奖励申请1018件，是2011年的1.6倍；受理专利转化资助项目申请57件。经过审核，共有164个单位、31名个人获得专利授权奖励资金435.5万元。经过专家评审、实地考察等环节，共有13个专利转化项目获得535万元资金支持。

（丰台区科委）

【丰台区新增两家市级科普教育基地、两家市级创新型科普社区、五家区级特色科普活动站】 年内，北京营养源研究所、电子工业出版社少儿科普分社两单位成为北京市科普教育基地。丰台区南苑街道机场社区以“太阳能利用与展示，点亮社区科普生活”为主题，西罗园街道洋桥北里社区以“水资源利用科普展示，打造社区水岸生活”为主题被市科委评为市级创新型科普社区，获市科委资金支持共计33万元，年底通过验收。新增5家区级特色科普活动站：卢沟桥街道望园社区、南苑街道西宏苑社区、大红门街道顶秀欣园社区、方庄街道芳群园一区社区和长辛店镇李家峪村。

（丰台区科委）

【首都科技条件平台丰台工作站建设再创佳绩】 年内，丰台工作站共聚集区内企业、高校、科研院所、金融机构等成员单位100余家，整合6亿多元仪器设备资源；汇集科技人才近200人，征集企业创新需求180多项，对接企业需求近百项。组织开展丰台区工作站试点建设，重点为ISTA实验室建设、2014年种子大会规划设计、种子交易所等区中心工作提供科技支撑。丰台工作站在全市12家工作站评比中名列第二位。

（丰台区科委）

【丰台区科技企业孵化器见成效】 年内，区科委制定《丰台区科技企业孵化器认定和管理办法》，认定区级科技企业孵化器2家（北京燕康科技有限公司、北京搜宝创展科技孵化器有限责任公司）。北京扶星达科技发展中心被认定为北京市高新技术产业专业孵化基地。搜宝商务中心将为丰台区增加科技企业孵化面积2万—3万平方米。目前，丰台区科技企业孵化器有20家，其中国家级孵化器4家，孵化总面积28万平方米，入户企业2000家，年收入700亿元，实现税费20亿元。

（丰台区科委）

【区科委组织申报的国家级、市级项目取得重大进展】 年内，区科委推荐并立项国家重点新产品项目5项，国家火炬计划项目5项；市科技项目2项，分别是“高新技术在第九届园博会中的研发与应用”“基于移动互联技术的‘园区综合信息服务平台’在‘智慧园区’中的应用”，共获得1300万元科技资金扶持。

（丰台区科委）

【区级科技项目成果显著】 年内，区科委共征集区级科技项目202项，通过实地考察、专家评审、网上公示、政府批准等规范程序，30个项目获得科技型中小企业创新基金资金扶持，扶持资金总额1160万元，带动企业新增研发投入9600余万元，同比增长36%。

（丰台区科委）

【高新技术企业认定】 年内，丰台区认定高新技术企业共计77家，其中园区外高新技术企业33家，园区内高新技术企业44家，截至年底，丰台区共有高新技术企业531家。

（丰台区科委）

【开展科普资源牵手工程活动】 “科普资源牵手工程”是区科委组织开展的科普惠民活动。年内，10家科普教育基地与6所学校、18个社区开展了牵手科普活动56场次。

（丰台区科委）

【举办丰台区中小学生网上天文竞赛】 年内，在学生科技节期间，区科技馆与区学生科技节办公室联合举办了“丰台区小学生网上天文竞赛”，参与学校达到48%，参与学生突破5000人次，呈现出竞赛活动参与率高、活动项目多、活动质量高的特点。

（丰台区科委）

石景山区

【签署《战略合作框架协议书》】 1月6日，石景山区与中煤地质工程总公司签署《战略合作框架协议书》，石景山区、中煤地质工程总公司及相关委办局领导参加签约仪式。中煤地质工程总公司是驻京大型央企之一，吸引央企等社会资本助力西部地区转型发展是石景山区实现跨越式发展的重要引擎。

（岳继华）

【获2011年度各级科学技术奖】 2月14日，在国家科学技术奖励大会上，北方工业大学的“大型矿山排土场安全控制关键技术”、首钢建设集团的“北京奥运会、残奥会开闭幕式关键技术研究与应用”项目获得国务院颁发的2011年度“国家科学技术进步二等奖”证书。4月

13日，北京市科学技术奖励大会暨2012年北京市科技工作会议在京召开。首钢总公司、中国科学院高能物理研究所、东土科技股份有限公司等13个项目获市科学技术奖。其中一等奖1项，二等奖8项，三等奖4项。

（石桂莲）

【获国家最高科学技术奖】 2月14—15日，石景山区国家可持续发展实验区代表北京市实验区出席2012全国科技工作大会会议。党和国家领导人胡锦涛向获得2011年度国家最高科学技术奖的谢家麟院士、吴良镛院士颁发奖励证书。驻区的中国科学院高能物理研究所的谢家麟院士为国家高能物理实验基地的建造做出卓越贡献。

（石桂莲）

【召开2012年科普工作会议】 3月21日，石景山区召开2012年科普工作会议。会上总结2011年科普工作，部署2012年重点工作。为中国瑞达系统装备公司、北京“863”科技孵化器有限公司等6家区内第三批创新科普工作室、中国华录北京研发和产业基地为北京市科普基地、区科技馆为产业科普基地举行揭牌和授牌仪式。区科普工作成员单位及区重点企业代表参加会议。

（裴菊芳）

【2012北京跨国技术转移大会】 3月26—27日，由石景山区科园园区、市科委、石景山区科委、区生产力促进中心承办，2012北京跨国技术转移大会“数字科技与4G技术”专场活动在北京国家会议中心举行。来自中国、美国、英国等10多个国家及国际组织的100余位嘉宾参加。东方信联、易华录等20多家数字媒体企业参加10余个项目对接活动。

（王　云）

【可持续发展实验区两课题通过验收】 3月29日，市科委组织专家对“国家可持续发展实验区（石景山）工作体系及创新服务平台建设”“可持续发展实验区建设——城市典型风险综合监测平台建设”课题进行结题验收。专家组认为课题的实施对推动石景山区实验区建设，促进区域可持续发展起到积极促进作用和示范带动作用，取得阶段性成果。

（崔海霞）

【区知识产权联席会议】 4月19日，区知识产权局召开石景山区2012年知识产权联席会议工作会。会议公布《关于表彰2011年度石景山区知识产权工作先进单位决定通知》和《石景山区2012年度“十大自主创新品牌”评选通知》。对获得“驰名商标”的冲击波公司和获得“专利成果转化”的暴风影音、合康亿盛等8家公司颁发奖励资金31万元，对获得2011年度知识产权工作先进单位的首钢总公司、趣游等10家单位颁发了奖励证书。会议上，区知识产权局联合区公安分局、区检察院、区法院、区司法局、区民政局共同签署司法保障助推中关村石景山园发展合作框架协议。

（曹　杰）

【市重点实验室和工程技术研究中心】 5月23日，市科委公布2011年度认定北京市重点实验室和工程技术研究中心名单，区内航天测控公司的高速交通工具智能诊断与健康管理实验室和北方工业大学的城市道路交通智能控制技术实验室被认定为北京市重点实验室，北方工业大学的变截面辊弯成形工程技术研究中心被认定为北京市工程技术研究中心。7月12日，园区企业东标电气被市发改委授予中压大功率变频技术北京市工程实验室。

（崔海霞）

【科技周活动】 5月，科技周活动期间，区科技素质纲要领导小组成员单位、各街道科协、区属学（协）会，科普联席会成员单位、科普志愿者法人单位以及驻区相关单位组织开展了10项标志性活动、28项重点科普活动和百余项基层社区活动。5月20日在古城公园举行以“打造民生科普，服务全区人民”为主题的石景山区第18届科技周开幕式。此次活动最大的亮点是面向全区9个街道发放石景山区科普益民服务卡。启动了石景山区第九届家庭数字生活技能大赛和提高全民信息能力培训活动。

（于　娜）

【参加联合国可持续发展大会】 6月20—22日，“里约+20”联合国可持续发展大会在巴西里约热内卢举行。科技部与联合国开发计划署在巴西里约会议中心运动员村的“中国角”联合主办“中国的科技创新与可持续发展”政府边会。石景山区作为国家可持续发展实验区代表,在会上做了题为“绿色经济 助推石景山转型发展”的交流发言。

(王 云)

【科普之夏活动】 7月16日至8月31日举办的科普之夏活动,全区共征集67项重点活动、145项社区科普活动、19项科普教育基地活动。开展各类科普讲座51场,放映科普电影13场,展出科普展板2600余块,板报110块,悬挂横幅45条,张贴科普宣传画20000余张,举办科普知识竞赛14场,开展健身比赛20场,开展科普夏令营9次,文艺演出47余场,累计发放各类材料16万余份,受益群众20余万人次。7月26日,在鲁谷社区服务中心举行“2012年石景山区科普之夏暨鲁谷社区科普益民服务宣传活动启动仪式”。

(于 娜)

【京西法治沙龙在石景山区举行】 7月20日,以“检察机关服务文化创意产业科学发展专题研讨会暨石景山区人民检察院司法保障助推园区科学发展签约仪式”为主题的第八期京西法治沙龙举行。该活动由市检察官协会、区政府、区检察院共同主办。会上,区检察院与石景山园区管委会共同签署“石景山区人民检察院司法保障助推园区科学发展合作协议”。

(曹 杰)

【举办科普工作者培训班】 9月6日,石景山区2012年第三期科普工作者培训班圆满结束。该培训班共分为3期,每期16课时,共计135名科普工作者参加。培训依托首都师范大学、市市政市容委的师资力量,旨在通过培训提升全区科普工作者的科学素质与业务水平。与以往相比,本次培训具有科普工作者群体分类明确、培训内容按需确定和参观选址有针对性三个特点。

(裴菊芳)

【对外交流】 9月14日,发展中国家知识产权培训班一行到石景山区参观考察。阿根廷、巴西、墨西哥、智利、越南、吉尔吉斯、蒙古、朝鲜等八个国家的专利审查员30余人到石景山区参观考察北京建筑材料科学研究总院有限公司。市知识产权局、北京金隅股份有限公司、北京建筑材料科学研究总院等相关部门领导陪同考察。

(曹 杰)

【科普日活动】 9月15—21日,在全国科普日活动期间,全区各相关单位围绕“食品安全与公众健康”活动主题,通过举办专题展览和讲座、发放宣传资料、现场科技咨询等形式开展有针对性的科普活动。9月17日在古城中学组织了科普日主题活动:科技专家进校园——马式曾科普报告会。同时邀请相关专家走进9中初中部、苹果园中学开展科普日主题系列活动。

(于 娜)

【北京设计产业高端论坛】 9月27日,石景山区召开北京设计产业高端论坛。来自政府、设计相关专业机构、企业和媒体代表300余人参加论坛。在论坛上,石景山区与相关设计企业分别签署“共建北京设计产业示范基地公共服务平台战略合作协议”和“企业入驻北京设计产业示范基地协议”。

(崔海霞)

【召开科技产业发展务虚会】 10月14日,石景山区科技产业发展务虚会在八大处公园召开。会议达成四点意向:一是共同探索区内农工商土地利用问题。二是在八大处文化风景区等重点项目的产业开发、管理模式等方面寻求创新合作。三引入清华科技园的成功经验,推进金融服务合作。四是全面推进投资促进合作。

(付 琦)

【校企互动对接,服务经济转型】 11月5日,由石景山科技园区、区教委共同举办的“石景山区职业教育与企业互动发展座谈会”在黄庄职业高中召开,北京工业职业技术学院、北京城市学院、石景山区业余大学、北京黄庄职业高中以及驻区高、中等院校,SOHU畅游、东土科技公司、金山网络等20家园区重点企业的代表参加。会上,院校与企业达成共建实习实训基地、开展定单式合作办学、互派挂职锻炼、开展产学研合作等四个方面的合作意向。

（陈　京）

【区生产力促进中心搭建合作桥梁】 11月5日，区生产力促进中心组织园区企业参加滑铁卢大学技术推介会。园区企业COMLAB（北京）通信系统设备有限公司、以色列SURF（北京）通信公司等优秀企业和北方工业大学参会。11月7日，区生产力促进中心和国际技术转移中心在中关村鼎好大厦联合举办马来西亚多媒体技术交流会。

（王　云）

【首都科技条件平台交流会召开】 11月24日，首都科技条件平台科技资源交流会在石景山区召开。会议由首都科技条件平台石景山工作站承办，首都科技条件平台电子信息领域中心、北方工业大学实验研发服务基地和趣游集团、游戏谷等30余家企业的代表参加。会议就企业在合作研发、技术转移、实验测试、科技人才等方面的科技需求交流讨论，并初步达成5项合作意向。工作站已对接与北方工业大学实验研发服务基地相关的科技需求20余项。

（何　源）

【区科技馆通过财政项目评审】 11月29日，区财政局举办的石景山区教科文事业单位项目评审工作培训会在区科技馆召开。全区教科文等事业单位约100余人参加。会上，区科技馆做题为"实施科普发展项目，搭建创新载体平台"的交流发言，结合项目申报实施工作及如何用好财政专项资金做经验介绍。

（裴菊芳）

【北京设计产业示范基地研讨会】 12月7日，北京设计产业示范基地建设暨规划研讨会在石景山区召开。中铁建设集团规划设计院、北京龙安华诚设计公司、中旭建筑设计公司、北京中环世纪设计公司等设计产业龙头企业以及咨询机构富达尔公司参加。与会单位就北京设计产业示范基地发展方向、培育设计产业发展的方法举措、吸引设计企业集聚的要素资源等方面进行深入研讨。与会专家认为，北京设计产业示范基地发展规划的制定，将加速石景山区设计产业发展的进程。

（崔海霞）

【区生产力促进中心获市科委支持】 12月14日，石景山区生产力促进中心被市科委认定为"2012年支持技术转移机构"，作为专项支持单位。近两年该中心服务企业达300多家，促进技术转移10项。

（王　云）

【授予区科技馆"全国科普教育基地"称号】 12月15日，中国科协办公厅发文，授予区科学技术馆"全国科普教育基地"称号，示范期为2012—2016年。区科学技术馆成为继中国第四纪冰川遗迹陈列馆之后石景山区的第二家国家级科普教育基地。

（孙爱强）

【航天测控公司建市重点实验室】 12月15日，高速交通工具智能诊断与健康管理北京市重点实验室在石景山园重点高新技术企业航天测控公司正式成立。至此，石景山区已有6个国家级重点实验室，4个北京市重点实验室和5个北京市工程技术研究中心。

（曹　杰）

【四项举措推进设计产业发展】 年内，区科委园区四项举措推进设计产业快速发展。①编制《北京设计产业示范基地规划》，建设北京设计产业示范基地。②丽贝亚大厦、首钢科教大厦、北方工业大学、首钢核心区现有厂房改造，形成巨大的设计产业发展空间，逐步吸引资源，形成设计产业集群。③出台《石景山区促进设计产业发展暂行办法》等产业政策。④建设北京设计产业示范基地公共服务平台，向中小企业开放资源，构建设计产业专家库。

（马海涛）

【贯彻落实科素纲要】 年内，区科学素质领导小组成员单位围绕全民科学素质纲要分解目标，全面推动地区精神文明建设。3月21日，区科协、区科委在区科技馆报告厅联合召开2012年石景山区科普工作会议，到会领导分别为第三批石景山区创新科普工作室、石景山区产业科普基地和北京市科普基地进行了颁牌。9月21日，召开了石景山区科学素质纲要工作研讨会。36个区科学素质领导小组成员单位的主管领导参加了会议。

（于 娜）

【打造石景山科学思想库】 年内，石景山区科协继续与区委组织部、研究室共同开展“打造石景山科学思想库”工作。一是先后组织了“科技创新文化创新双轮驱动”“‘7.21’特大水灾对市政影响调研”的专家调研、共编辑出刊两期《融智石景山》。二是年内完成了央地高级科技人员数据库(二)建设，收录区属高端人才756名。1月13日，在区政府召开石景山区央地高端科技人才工作交流会，20余家驻区单位人事主管领导到会并交流。

（于 娜）

【北京百万家庭数字生活技能大赛】 年内，区科协开展“2012年石景山区数字生活技能大赛”活动，获得北京市组织工作一等奖，答题人数名列全市第八，征集摄影作品近1000幅，超过历届，DV作品40余部。大赛宣传海报进社区收回145张照片。联勤部社区、苹三社区、依翠园北社区三个社区被评为北京市“数字魅力社区”。本区大赛组委会各项组织工作评分总分名列全市第二的历史好成绩。

（于 娜）

【青少年科技教育】 年内，继续办好北京青少年科技创新大赛、青少年机器人竞赛等品牌活动。大赛共征集中小学生科技创新作品600个，共评出了92幅优秀科幻画作品、41个中小学生创新项目、7个优秀实践活动和12个辅导员创新项目，表彰了24名石景山区优秀科技辅导员和10个石景山区优秀创新学校。评选出了152件作品，参加第32届安捷伦北京青少年科技创新大赛。石景山区有4个创新项目入围第27届全国青少年科技创新大赛。另有36幅优秀科幻画作品、18个中小学生创新项目、6个优秀实践活动和8个辅导员创新项目获得了北京市级奖项，其中一等奖5个，二等奖19个，三等奖69个。石景山区共有72名学生获奖，其中1名同学和1名教师分别获全国青少年科技创新大赛一等奖和三等奖，有6名同学获得市级奖。另外，为苹果园中学争取市级资金48万元用于增加学校科技设施，表彰23名区级优秀科技辅导员、84名学生和10所中小学创新学校。在古城教育集团组建区机器人工作室，为该集团捐赠10台机器人和场地。

（于 娜）

【社区科普益民计划】 年内，区科协继续实施北京市“社区科普益民计划”，推进以“一站、一栏、一员”为载体的基层科普建设。共选出6个科普社区，16名优秀社区科普宣传员，1个优秀基层科普场馆，1个户外科普园地，得到83万元市级专项奖励和资助。申报2013年科普益民项目，推荐8名优秀科普宣传员、9个优秀科普社区、1个户外科普园地。八角街道八角北路社区被评为2012年度“全国科普示范社区”和北京市第一批科普示范社区，并获得中央、市级财政资金奖励40万元。

（于 娜）

【各类科普项目立项申报】 年内，组织科普法人志愿者单位积极参与区内优秀科普设施项目建设申报工作。申报了《首都科普志愿者——行动指南》、24集中小学DVD科普教育教学片、科普志愿者服务管理体系建设工程、石景山区社区数字科普图书馆工程建设项目4个市级科普项目。获得市财政专项项目资金220万元。2月16日，“新兴创意功能区社工加油站”首站培训——广宁街道科普大讲堂在广宁街道举行。北京博爱动物医院在相关社区也开展专业科普讲座与培训。

（于 娜）

【社区科普志愿者建设】 年内，“石景山区社区科普志愿者长效服务机制与对策研究”课题报告结题。课题在全区2个街道，6个社区进行了科普志愿者服务组织试点。目前30余家第一批法人志愿者单位已经过审核、授牌。2月24日在八角街道举行“科普益民服务卡”发放启动仪式。11月23日在区政府召开石景山区社区科普志愿者试点工作专家点评会。12月27日召开全区科普志愿者工作总结表彰会，评选出8家先进单位、100个先进个人和10个社区科普志愿者之星。

（于 娜）

大兴区

【大兴区召开低碳节能农业科技示范观光园研讨会】 1月14日，中国产学研促进会、大兴区科委、大兴区农委共同召开“低碳节能农业科技示范观光园研讨会”。会议针对当前国际国内共同关注的“低碳节能环保、改善生存环境”等问题进行了研讨，示范基地与南京南洲新能源研究发展有限公司、扬州集福新能源科技有限公司、北京仁创科技集团等单位达成了科技合作意向。

（王丽华）

【北京首航艾启威节能技术股份有限公司成功上市】 3月27日，区内高新技术企业北京首航艾启威节能技术股份有限公司在深交所成功上市，该公司是一家以节能环保为宗旨，不断开发节能技术的股份制企业，主要产品是电站空冷系统，目前主要应用范围为“三北”地区的火电站。这也是继中化岩土工程股份有限公司成功上市后区内的第二家上市企业。

（王丽华）

【科技部长万钢参加纯电动出租汽车示范运营交车仪式】 4月19日，北京市纯电动出租汽车示范运营交车仪式在新能源汽车科技产业园举行，科技部部长万钢，市委常委赵凤桐，市科委主任闫傲霜，大兴区委副书记、副区长张伯旭等领导参加交车仪式。

（王丽华）

【知识产权宣传周活动丰富多彩】 4月，“4·26”世界知识产权日宣传周期间，区知识产权局召开了“2012年知识产权领导小组联席会议”，联合区工商分局、区文委、区法院、12330新媒体工作站等知识产权联席会议成员单位，在科普文化广场举办了“4·26”世界知识产权日现场咨询宣传活动。挂牌成立了“大兴区出版物反盗版协会”，会上选举了第一届理事长、秘书长、副会长，并通过了协会的章程和会员入会条例及会费管理办法。

（王丽华）

【大兴区第十八届科技周启动仪式在念坛公园举行】 5月19日，由区政府主办，区科协、区科委、国家新媒体产业基地承办的大兴区第十八届科技周启动仪式在念坛公园举行。与会领导为10家获得北京市农村科普示范基地、优秀科普社区的单位，11名优秀科普志愿者颁发了奖牌和荣誉证书。参加活动的23家企事业单位分别在6个展区开展30余项活动，全方位展示科技惠民的成果。参与群众达3000人次，发放宣传手册、书籍、环保袋等1万余份。

（王丽华）

【大兴新区科学技术奖励大会召开】 7月16日，大兴新区科学技术奖励大会在区政协活动中心举行。会上，北京以岭药业有限公司完成的“莲花清瘟颗粒治疗流行性感冒研究”等30项科技成果获得为大兴区科学技术奖技术进步奖；区人民医院完成的“嗜酸性粒细胞相关性疾病”等30项科技成果获得大兴区科学技术奖软科学奖。

（王丽华）

【百万家庭培训会在黄村西里开讲】 7月20日，以“我的数字智能生活”为主题的2012年大兴区百万家庭数字生活大赛培训活动在黄村西里社区举行。50余名社区居民参加了本次培训。培训以食品安全为主题，向社区居民讲解了日常生活中与人们息息相关的科普知识。

（王丽华）

【“2012全国科普日大兴区主场活动”举行】 9月15—16日，全国科普日大兴区主场活动启动仪式在团河社区举行。主场活动分别在三元食品公司和团河社区两个场地进行。2012全国科普日活动主题是“食品与健康”。社区居民参观了三元乳品全自动生产流水线和牛奶文化科普展厅。在团河社区活动现场举行了4场科普日有奖知识问答，免费发放科普书籍及区科协制作的5万个宣传纸杯。

（王丽华）

【区域电动出租车上路运营】 12月18日，大兴区新能源区域电动出租车示范运营启动仪式在黄村火车站广场举行。在启动仪式上，驾驶员代表及综合执法队代表分别发言，居民代表宣读倡议书，倡导广大群众要争做低碳出行的宣传者和践行者。首次投入运营的电动出租车100辆，运营范围是新区行政辖区内，区域电动车起步价为8元，超过3公里，每公里收取2元。

（王丽华）

【高新技术企业整体发展态势良好】 年内，据统计，区内173家高新技术企业全年实现工业总产值157.07亿元，总收入179.18亿元，其中主营产品销售收入155.5亿元，进出口总额1.41亿美元，净利润12.76亿元，实际上缴税费总额9.943亿元。另外，企业享受高新技术企业所得税减免1.142亿元，研发加计扣除所得税减免2018万元，企业内部用于科技活动的非政府经费支出10.8亿元，企业内部用于科技活动的非政府经费当年形成的固定资产9840万元；年末从业人员数23338人，其中大专以上学历科技人员数为12811人，占总数的54.9%，企业办科技机构数109个。

（王丽华）

【科技创新成效显著】 年内，共组织征集区级科技计划项目186项，筛选出科技创新、企业研发服务能力建设等8大类15个专项，共97个课题，安排科技三项费785万元；组织申报国家重点新产品、国家火炬计划、国家级星火计划、市级科技专项等各类项目34项，全年争取科技资金8200万元。全年专利申请4332件，其中发明1713件，实用新型专利2150件，外观设计专利469件；专利授权2766件，其中发明专利675件，实用新型专利1746件，外观设计专利345件。全年技术合同输出1399项，成交额57.2亿元，比上年增长21.7%。

（王丽华）

【知识产权保护工作成果突出】 年内，全年办理专利费用减缓1011件，其中发明专利515件，实用新型专利408件，外观设计专利88件，为企业创新主体节约资金350余万元；申报市级专利试点单位31家，验收合格市级专利试点单位126家；申报市级专利示范单位4家，“北京市专利示范单位”8家；对符合奖励条件的40家单位、227项专利（含发明38项、实用新型189项），给予25.47万元的资金支持。

（王丽华）

【为9家“工业科技旅游示范企业”颁牌】 年内，区旅游委、区科委、区科协召开2012年工业科技旅游示范企业颁牌暨总结交流会，区旅游委、区科委、区科协的主要领导，中国影视大乐园等9家工业科技旅游景区企业的主管负责人参加了此次会议。会上，区旅游委、区科委先后为北京三元食品股份有限公司、中国影视大乐园、北京雪莲羊绒股份有限公司等9家“工业科技旅游示范企业”颁牌。

（王丽华）

【中国农技协北京大兴都市现代农业技术交流中心成立】 年内，在中国农村专业技术协会2012年理事年会上，长子营镇农艺协会申报的中国农技协北京大兴都市现代农业技术交流中心经会议讨论通过，获准成立。这是中国农技协在全国首家以都市农业为特色产业的技术交流中心。技术交流中心的成立，将进一步推动都市现代农业的发展。

（王丽华）

房山区

【建设全媒体科普视窗示范工程】 1月16日，区科协投资10万元在拱辰街道梅花庄社区开展多媒体数字化科普视窗工程示范工作。科普视窗通过网络宽带、无线宽带、无线3G技术每天定时播放各类科普知识讲座、农业生产或家居生活中的科学常识。在科普视窗下方设有书刊架，观看人员可以通过视频、音频、图片、动漫、文本、字幕等形式学习科技知识。

（韩　歌）

【在北京市科协第八次代表大会上获荣誉称号】 2月8日—10日，北京市科学技术协会第八次代表大会在北京会议中心举行。在闭幕式上举行了颁奖仪式,房山区林学会荣获了“北京市科协先进集体”称号,区科协刘敏、侯冬梅荣获“北京市科协先进工作者”称号。

(陈　双)

【中国科技馆到昊天学校开展赠书活动】 11月14日,中国科技馆的领导和技术人员到昊天学校开展了“科普献爱心,好书赠学子”赠书活动,为学生们捐赠了1000册科普图书,1000本记事本,受到了广大学生的热烈欢迎。

(陈　双)

【举办2012年北京市中小学生智能控制(单片机)竞赛复赛】 11月26日,2012年北京市中小学生智能控制(单片机)竞赛房山区复赛在区少年宫举行。来自良乡二中、电业中学、房山五中等学校的50名学生参加了比赛,比赛项目分为现场编程和智能车接力赛。在区科协、区教委等单位的监督下,比赛圆满完成,最终有12名选手入围市级现场编程比赛,4名选手入围市级智能车接力比赛。

(陈　双)

门头沟区

【实施2012年度科技创新项目】 3月,本年度共有32家区内企事业单位申报了门头沟区科技创新项目,最终立项15家。其中,农业类5项,生物医药类2项,节能环保类4项,新产品和传统工业改造4项,共投入科技资金458.39万元。为保证各个项目顺利实施,建立了每月项目进展汇报制度。

(王亚娟)

【高新技术企业统计工作】 3月,完成2011年度区内高新技术企业统计工作。44家高新技术企业工业总产值再创新高(其中驻区企业12家),技工贸总收入达到37.63亿元(500万元以上企业39家),与去年相比,增91.1%;工业增加值9.42亿元,增73%;利税总额达到8.11亿元,增66%(其中税收3.24亿元,增67%);企业研发投入3.25亿元,增132%。企业人员总数达到6448人,大专以上学历人员达到5810人,其中博士30人,硕士221人;总收入亿元以上的企业有7家,其中北京精雕科技有限公司总收入达到13.26亿元。

(王亚娟)

【组织校外科普实践活动】 4月5日,区科委组织“走进科普场馆,畅游多彩科技”科普实践活动,大峪中学近390名师生参加了活动。活动以具有国内外科技馆最高水平的中国科技馆新馆为活动基地,学生们通过对展品的参观、展项互动体验、多媒体专题知识竞答、参与科学实验表演等形式感受现代科技的发展和未来社会的变化。

(王亚娟)

【开展“桃花谷景区”环境资源考察活动】 4月6日,生态人类——环境资源考察志愿者徒步行动第六期“赏桃花,识鬼谷”生态人类王平行活动在门头沟区王平镇韭园村桃花谷景区正式启动。活动通过陆续对桃花谷地区史料的收集与考察数据的整理,进一步细化梳理桃花谷地区的变迁始末,深入展现桃花谷由一片煤矿废弃地成为如今的生态修复技术示范园、鬼谷文化传承人文园、休闲娱乐军事拓展园的变化历程。

(王亚娟)

【组织北京市科普基地日活动】 4月22日,区科委组织来自科普社区、科普教育基地近50人参加了由市科委在中国消防博物馆开展的“2012年北京市科普基地日主场活动”。本活动以“科普在基层,科技进万家”为主题,50余家市级科普教育基地整体亮相,为公众提供科普服务。活动以知识迷宫、科普文艺表演、科普展品展示、科普车等形式,向公众集中展示了北京市着力打造科普基地取得的成就。

(王亚娟)

【百家基地对接百家科普社区活动】 4月22日,区科委积极响应“科普基地日活动”,组织区内市级科普教育基地“北京山地生态科技研究所”人员走进龙泉镇龙泉雾社区，开展了以“低碳生活与低碳经济”为主题的科普大讨论活动。与30余名社区居民分享了低碳科技成果及低碳生活常识。科普基地工作人员邀请社区居民共同表演了低碳生活三句半，通过生动活泼的文艺形式，向社区居民普及了低碳知识与理念。

（王亚娟）

【召开科普联席会议】 4月25日，召开2012年度第一次科普联席会议，27家科普联席会成员单位共促区科普事业发展。会议对区2011年科普工作进行了总结，部署了2012年重点科普工作任务。为第四批“北京市创新型科普社区”龙泉镇龙泉雾社区举行了授牌仪式，对2012年北京科技周活动进行动员。

（王亚娟）

【开展世界知识产权日宣传活动】 4月26日，第十二个世界知识产权日之际，区科委联合区工商分局、北京科龙寰宇知识产权有限公司开展上街宣传活动。本活动旨在进一步向全区社会公众宣传知识产权知识。活动累计为过往群众发放知识产权漫画读本、宣传折页、《中国知识产权报》《实施商标战略指导手册》等宣传品1200份，解答群众知识产权问题22项。

（王亚娟）

【开展科普电影巡映活动】 5月19—25日，第十八届北京科普电影周期间，区科委组织开展了以“携手建设创新型国家，科技与文化融合科技与生活同行”为主题的科普电影巡映活动。将《月球探秘》《变暖的地球》《超级视觉之时光魅影》等由市科委精选的20部科普电影光盘送进了中小学校、科普社区、科普教育基地，各单位积极组织群众观看。活动期间影片放映受众近3000人次。

（王亚娟）

【组织参观北京科技周主会场】 5月24日，区科委组织区科技工作者、科学教师、镇村大学生村官代表、社区居民代表以及雁翅中学学生近200人参观北京科技周主会场。北京科技周主场以“携手建设创新型国家”为主题，突出“科技与文化融合，科技与生活同行”的特色，以大型科普博览的活动形式向公众进行展示。

（王亚娟）

【组织高新企业参与第十五届中国北京国际科技产业博览会】 5月，门头沟区科委推荐北京精雕科技有限公司、北京利德衡环保工程有限公司、北京威尔创业科技发展有限公司的“精雕数控雕刻机Carver400V_AL”“基于WFGD系统的同时脱硫脱硝技术及一体化装置、城镇燃气”“给水管网聚乙烯PE管道全自动热熔焊设备”项目纳入第十五届中国北京国际科技产业博览会项目汇编。通过积极动员区内44家高新技术企业参观并经报纸、网络等媒体向社会公众公布展会信息，截至5月18日，发放门票700余张。

（王亚娟）

【完成2011年度科技奖励评审工作】 6月1日，区科委召开了2011年度门头沟区科学技术进步奖、科技成果推广奖评审会。参选项目涉及化工、生态、医药卫生、种植、文教、地震等多个领域。经专家组审核，从46个门头沟区科学技术进步奖候选项目及13个门头沟区科技成果推广奖候选项目中，评选出科学技术进步一等奖3项、二等奖8项、三等奖12项；科技成果推广二等奖3项、三等奖3项。

（王亚娟）

【完成科技奖励办法修订】 7月，区科委重新修订了《门头沟区科学技术进步奖奖励办法》和《科技推广转化工作实施方案意见》，奖金由原来一等奖1万元、二等奖0.6万元、三等奖0.3万元，提高到了一等奖5万元，二等奖3万元，三等奖2万元；门头沟区科技推广专项经费额度由每年20万元增加到每年100万元，大幅提高了奖励金额和科技推广专项经费。

（王亚娟）

【开展科普知识进军营主题活动】 7月，八一建军节临近之际，区科委邀请了中国运载火箭技术研究院和钱学森青少年航天科学院的专家到山区基层部队开展了“飞向太空——神舟与天宫”，“中国载人航天”系列科普讲座。本次活动为驻区部队的青年战士们与现代航天领域的前沿科技提供了一次亲密接触的机会。北京卫戍区民兵仓库和61416部队的近200名官兵参加了本次活动。活动期间，区科委还向战士们赠送了科普图书。

（王亚娟）

【完成生态修复集成与支撑体系建设项目】 8月15日，区科委组织专家对“门头沟区生态修复技术集成与产业化支撑体系建设”项目进行验收。该项目从生态修复技术、技术理论创新、综合基地示范、产业能力专项四个方面进行深入研究。筛选出三种门头沟区最为有效的生态修复技术：山地石灰窑遗址阶梯式人造公园、公路边坡绿化笼砖和灌浆技术。整个项目生态修复面积约2平方千米，煤矿废弃地修复种植金银花6000平方米。项目区域地下水系修复效果良好，生态房屋整体生态能源、资源高效利用等生态修复效果显著。

（王亚娟）

【对获奖社区进行授牌表彰】 8月24日，区科委针对挂牌一年以上的市级创新型科普社区进行“北京市创新型科普社区考评工作”，通过自评报告及专家评审等方式，评选出王平镇西苑社区、大峪街道承泽苑社区为2012年度区级优秀创新型科普社区，并授牌；推荐大峪街道承泽苑社区和龙泉镇龙泉务社区参加市级评优。

（王亚娟）

【举行门头沟生态旅游文化景观沙盘启用仪式】 8月27日，区科委在龙泉宾馆举行生态旅游文化景观沙盘启用仪式。生态旅游文化景观沙盘长14米，宽9米，高1.3米，由21块独立沙盘组合而成，长安街西延线、潭柘寺、定都阁、爨底下村等地区标志性建筑和景观分布其中。年内，共接待参观4000人次。全方位立体展示了门头沟区地形地貌山川河流、道路交通、名胜古迹等丰富资源。

（王亚娟）

【门头沟区被列为北京市可持续发展实验区】 9月17日，市科委组织专家对“门头沟区申报北京市可持续发展实验区”进行评审，专家组一致同意推荐门头沟区为北京市可持续发展实验区。专家组经过现场考察和质询，一致认为：成立了门头沟区可持续发展实验区协调领导小组和办公室，为实验区建设提供了组织保障；完成的《门头沟区可持续发展实验区建设规划（2013—2018）》，符合北京市可持续发展实验区建设规划的编制要求。

（王亚娟）

【召开定都阁道路边坡修复课题2012年度总结暨道路边坡修复研讨会】 10月17日，门头沟科委通过了“定都阁公路边坡生态修复技术集成示范项目专家咨询意见书”，对定都阁边坡修复项目前期工作进行了充分肯定，并为全区公路边坡修复工作提出了宝贵意见。专家结合实地考察情况，对定都阁工程的基部拦挡工作、坡体排水工作给予了高度肯定，高度赞扬了修复方法中使用人工土壤基质的创新方法，并指出修复植被应增加灌木的种植，力争让修复的边坡与自然山体融为一体。

（王亚娟）

【成功认定北京市战略性新兴产业科技成果转化基地】 10月24日，北京门头沟区石龙经济开发区被市科委认定为北京市战略性新兴产业科技成果转化基地，完成“共性技术研究”类3个项目立项，争取到市级资金255万元，并将连续五年获得市级项目支持。

（王亚娟）

【实施绿色生态产业升级与示范】 10月24日，区科委承担的“门头沟区绿色生态产业升级改造与发展示范”课题通过验收，通过课题实施，开展农村科技协调员专业技术培训23次，培训1000多人次；组织协调员外出考察学习1次，提升了协调员科技服务能力。

（王亚娟）

【举办科普工作者培训班】 10月27日，门头沟区科委举办的全区科普工作者培训正式启动。培训包括开班仪式和科学传播的相关课程。此次培训请到北京大学哲学系教授、博士生导师吴国盛为大家讲授“北京市科普发展战略问题”，清华大学科学技术与社会研究所教授、博士生导师刘兵讲授“国外的公众理解科学”与“科学、艺术与科学素养”。参加培训的有区内科普联席会议成员单位、镇街办事处、创新型科普社区等多家单位的科普工作者50余人。

（王亚娟）

【区内两个市级创新型科普社区通过验收】 11月13日，市科委组织专家到王平镇南涧村和妙峰山镇水峪嘴村进行创新型科普社区验收。经专家组研讨后，一致同意水峪嘴村和南涧村创新型科普社区通过验收，使区内市级创新型科普社区总数达到7家。南涧村通过创建创新型科普社区建设，增强了村民环保意识，对推行垃圾分类起到了积极的促进作用。水峪嘴村通过创建创新型科普社区建设，打造了皮影制作体验室，实现了文化和科技的融合。

（王亚娟）

【门头沟区政府与市科委共建产业孵化基地】 12月5日，区政府与市科委就联合投资共建密集型产业集合及高新技术企业孵化基地相关情况进行了讨论。会议指出：区旅游委、区科委要高度重视密集型产业集合及高新技术企业孵化基地的共建工作，充分结合全区旅游、文化、健康等产业，积极做好合作框架协议，建立市、区联动机制，推进高新技术企业孵化基地落地门头沟。

（王亚娟）

【2012年门头沟区科技创新暨科技奖励大会召开】 12月14日，区科委召开2012年门头沟区科技创新暨科技奖励大会。市科委、区政府、中国农大、北京林大、北京农学院等院所领导，以及区有关部门的主要领导，驻区部分高新技术企业的负责人以及2011年度科学技术进步奖和科技成果推广奖的获得者参加会议。

（王亚娟）

【完成北京市创新型科普社区考评工作】 12月28日，龙泉镇龙泉务社区被评为北京市优秀创新型科普社区，大峪街道承泽苑社区获鼓励奖，门头沟区科委获优秀组织奖。以创建“创新型科普社区”为契机，树立典型，真正起到示范带动与“窗口”作用，更好地推进全区社区科普工作的开展。

（王亚娟）

【组织“2012年北京市专利试点单位”申报工作】 年内，为提高全区申请专利的数量和质量，增加企业核心竞争力，根据北京市专利试点单位申报文件要求，组织“2012年北京市专利试点单位”申报工作。获得“北京市专利试点单位”称号的企业，可以享受专利申请相关资助政策和免费专题培训。本年度有北京诚田恒业煤矿设备有限公司和北京隆科兴非开挖工程有限公司两家企业申报，审核期为期1年。

（王亚娟）

【实施各类科技项目】 年内，全区共实施科技计划项目18项。市级科技计划项目16项，其中区级科技计划项目2项，通过科技计划项目的实施，共引进科技经费3932.34万元。

（王亚娟）

【搭建首都科技条件平台门头沟工作站】 年内，首都科技条件平台门头沟工作站经市科委、区政府和区科委授权，设立于门头沟区科技开发实验基地。工作站以“整合科技资源，聚集研发要素，促进成果转化，推动产业形成，服务企业需求，促进社会发展”为宗旨，以支撑科技研发和成果转化项目为主线，现共发展成员单位19家，其中，现代农业类企业4家，装备制造类3家，生物医药类6家，电子信息技术类2家，能源环保类4家；登记开放仪器设备183套；登记共享科技人才99名。

（王亚娟）

【开展白灵菇引种研究】 年内，由市科技专项支持的白灵菇中农1号引种项目在妙峰山镇丁家滩村共进行了8500棒实验，经过精心培育，年产量达10万千克，实现总收入80万元。与其他菇类相比，白灵菇对环境的适应性较强，特别适合温差较大的山区培育。中农1号引种的成功，进一步带动全区食用菌产业发展。

（王亚娟）

【开展果树实用技术培训】 年内，区科委邀请北京农学院果树专家张铁强教授在担礼村京白梨园和黄台村樱桃园，就果树水肥管理技术、病虫害监测预报及其防治、春季果树修剪技术及其对果树优质、高产、稳产的意义等方面对参会人员开展了理论讲解与田间指导。

果农、果树生产管理技术员和科技协调员100余人参加。

（王亚娟）

【市级科技专项正式立项】 年内，“门头沟区特色农产品生产、加工技术提升与示范”课题采取科研院所+企业+基地的产学研、产加销一体化模式，依托当地特色产业资源，开发绿色农产品，提高农业附加值，从而有效推动门头沟区农业产业结构调整，带动农民增收。围绕区域功能定位的进一步深化，进行无公害蔬菜种植与加工技术示范推广，野猪驯养及肉产品加工，玫瑰酒、特色柴鸡蛋、功能性食用油等产品的开发。

（王亚娟）

【实施特色精品果树产业化开发】 年内，门头沟区特色精品果树产业化开发项目启动项目旨在实现传统特色果业的升级与改造，开辟北京山区生态农业新途径，为北京山区生态修复产业化和可持续发展提供科技支撑、人才和技术储备。该项目以龙泉务香白杏、火村红杏和核桃等特色精品果树产业化开发为主要研究内容，在保护北京特色果品资源的基础上，通过特色精品果树的高产优质高效栽培、果品保鲜和储藏等产业化关键技术试验与示范，建立门头沟区特色精品果树优质高产高效栽培技术体系及技术规程，提升特色果业科技水平。

（王亚娟）

【定都阁公路生态修复技术集成与示范效果明显】 年内，定都阁公路生态修复技术集成与示范项目6月份完成主体施工。7月份雨水较多，遇到了北京市61年以来的强降水，各试验区未受到降水影响，边坡稳定性得到了良好的检验，各试验区植物长势良好，生长高度为110—130厘米；码砌植生袋技术示范区域灌木类植物长势良好，插播的紫色槐、山桃、山杏等成活率大于在90%以上，生长高度为70—80厘米。

（王亚娟）

【全区的高新技术企业总数达到55家】 年内，区科委共开展高新技术企业申报政策培训2期，参训企业100余家，开展一对一政策指导服务20家。全区共15家企业申报高新技术企业，其中年收入亿元以上企业1家。截至年底，全区高新技术企业总数达到55家，其中亿元以上企业将达到9家。

（王亚娟）

【实施香白杏优质栽培关键技术研究】 年内，区科委联合中国农业大学，经过2年的香白杏优质栽培关键技术实验研究，初步摸清了盛花期和花束状果枝的坐果率最高；筛选出适宜的授粉品种和适宜的花期营养液；通过改造树形，树冠内光照条件等到了改善，试验园产量得到了明显的提高。今年总产量比2010年总产量提高了88.5%。下一步将深入研究香白杏开花坐果机制，研究香白杏营养需求特点，制定香白杏优质果品生产规程。

（王亚娟）

【开展新疆特色保健植物引种及示范推广】 年内，以援疆工作为桥梁，搭建了科技交流平台，充分结合门头沟区与和田地区的区域特色与地域相似性，将和田地区最具特色的保健植物昆仑雪菊、鹰嘴豆和红花引种到门头沟区。完成昆仑雪菊、鹰嘴豆、红花等品种引种，成功建立小龙门、黄安坨等三个试验示范点，种植面积7亩。下一步将对特色植物进行药用疗效的对比检测及产品包装的开发等工作，进一步推动门头沟区旅游文化休闲产业发展。

（王亚娟）

【实施可持续类科技项目】 年内，市科委组织专家对“浅层采空区综合探测及灾害风险评价关键技术示范研究”课题实施方案进行了论证。该课题是在门头沟区获批北京市可持续发展实验区后第一次申请的可持续类科技项目。专家组一致认为该课题立项理由充分，目标明确，方案及技术路线可行，同意课题立项。该课题研究具有显著的社会意义和经济效益。

（王亚娟）

【组织区内高新技术企业申报科技类项目】 年内，区科委遴选、申报国家重点新产品项目5项；组织征集装备制造领域储备项目5项、成果转化储备项目2项；成功举荐国家火炬计划重点高新技术企业1家；推荐国家火炬计划项目申报2项，其中获国家火炬计划产业化示范项目证书1项；成功申报市科委科技文化融合项目立项1项；协助企业争取中小企业创新基金项目1项。

（王亚娟）

【开通门头沟区知识产权保护网（北京市门头沟区知识产权保护协会）】 年内，门头沟区知识产权保护网开通。网站通过门头沟区知识产权保护协会介绍、知识产权相关政策法规、政策支持方向、专利申报流程、知识产权工作取得的成效等重点内容为区政府、院校、企业在知识产权保护方面提供了有效的信息平台和交流载体。

（王亚娟）

【结对帮扶工作】 年内，区科委与清水镇黄安村签定帮扶工作责任书，根据清水镇黄安村实际情况，将该村作为帮扶对象。组织专家帮助该村进行杏树、核桃树整形修剪、肥水调控和病虫害防治等管理关键技术指导。在该村试验区开展肥水调控和病虫害防治等管理关键技术试验、示范和辐射工作，为村里购买有机肥，切实帮助解决黄安村实际难题。

（王亚娟）

密云县

【高新技术企业政策培训】 2月15日，县科委召开高新技术企业政策宣讲培训会，详细讲解了高新技术企业政策的支持范围、支持条件和支持方式等内容，15家高新技术企业负责人参加培训。

（宋立荣）

【启动“双百对接”活动】 2月18日，县科委积极落实市科委“双百对接”（百家科普基地对接百家社区）活动，促成鼓楼街道檀州家园社区与青少年宫对接，组织双方进行签约。县科委在科普活动组织、居民科学素质提升和科普基础设施建设等方面给予双方支持。

（马红霞）

【开展农业特色产业科普培训】 2月28日，县科委组织市农林科学院蔬菜种植专家到太师屯镇太师庄村开展农业特色产业科技培训，专家就蔬菜栽培、病虫害防治等方面进行了讲解，30余户蔬菜大棚种植户参加了培训。

（赵红霞）

【科技创新基地建设政策宣讲会】 3月7日，县科委举办“科技创新基地建设政策宣讲会——密云专场”，对北京市科技创新基地培育与发展工程体系建设、市级研发机构认定等科技创新政策进行了宣讲，40家科技企业的70名负责人参加了培训。

（亓建强）

【专家为樱桃“把脉问诊”】 3月10日，县科委聘请专家为穆家峪镇水漳村和巨各庄镇蔡家洼村樱桃种植进行技术指导，解决了两个村樱桃产量低、品质差等难题，并实地开展了樱桃修剪技术培训。

（李树新）

【引进“移动蔬菜专家”】 3月21日，县科委将引进的120个“U农蔬菜通——移动蔬菜专家”发放到各镇全科农技员手中。通过“U农蔬菜通”，全科农技员足不出户就可以推广蔬菜种植技术、与专家在线交流。

（赵红霞）

【举办战略性新兴产业科技政策培训】 3月22日，县科委举办“密云县战略性新兴产业科技政策培训会”，邀请市科委科技政策宣讲团专家为全县“一区七基地”和70余家企业及研发部门的100余名负责人进行政策讲解。

（亓建强）

【早实薄壳良种核桃的推广与示范课题通过验收】 3月27日，“早实薄壳良种核桃的推广与示范”课题通过专家组验收。课题实施期间引进早实薄壳良种核桃新品种7个，建立良种核桃生产示范基地3150亩，建成良种繁育基地80亩，年产优质良种核桃苗木11万株。举办培训班49期，培训1670人次。

（魏长山）

【参加"北京市科普基地日"活动】 4月22日，县科委组织科普社区、科普基地的50名科普工作者参加"北京市科普基地日"活动。

（马红霞）

【召开科技成果转化示范基地项目工作会】 4月24日，北京科技成果转化（密云）示范基地建设项目工作会召开。会议要求5月10日前完成规划编制，将有限的土地资源用于研发和生产，研究制定合理的招商用地模式，5月中旬完成基地围挡建设，完善《北京科技成果转化（密云）示范基地招商管理办法（试行）》，确保完成4亿元投资和8000万元税收。

（亓建强）

【举办知识产权日宣传活动】 4月26日，县知识产权局联合县工商分局、县技术合同登记处等部门举办知识产权及法律知识宣传活动，发放《知识产权法律法规选编》《北京市场行政执法实施方法》等宣传资料8000余份。

（景　姗）

【密云科技园规划通过论证】 5月16日，国家现代农业科技城密云国际休闲生态产业科技园建设规划顺利通过专家论证。

（魏长山）

【国家重点新产品计划"项目培训会】 5月23日，县科委举办"国家重点新产品计划"项目培训会，北京科学技术开发交流中心和北京"国家重点新产品计划"评审专家讲课。8家科技企业负责人和研发高管参加培训。

（任雪娇）

【建成新型农村综合科技服务平台】 5月，县科委建成新型农村综合科技服务平台，平台包括"一站两库三平台"，即农村科技协调员总站，科技协调员和农业科技成果2个数据库，农村科技协调员服务、综合科技信息服务网络和科技成果转化3个子平台。录入农业新品种、新技术等信息1.48万条，推广农业实用技术10余项，解决农户产业发展中的关键技术问题100余项。

（赵红霞）

【4项科技成果列入国家重点新产品计划】 5月，建生药业的"金龙胶囊"等4项科技成果被列入国家重点新产品计划，数量位居五个生态涵养发展区首位。

（宋立荣）

【科普两日游】 6月1—2日，县科委联合蔡家洼休闲观光工业园和张裕爱斐堡国际酒庄两家市级科普教育基地开展"科普两日游"活动。两家基地分别以"农业科技成果"和"红酒文化"展示与体验为主要游览内容，吸引游客3700人，实现旅游消费收入21.4万元。

（马红霞）

【举办高新企业及高新成果项目认定培训】 6月13日，县科委联合密云县经济开发区共同举办密云县高新企业及高新成果项目认定培训，40家高新技术企业、40家科技型企业和7个基地的120名负责人参加了培训。

（宋立荣）

【密云科技园获批】 6月18日，密云国际休闲生态产业科技园获得国家现代农业科技城领导小组联合办公室批复，被正式纳入国家现代农业科技城"一城多园"体系。

（杜景龙）

【首批纯电动出租车正式运营】 7月10日，县科委向市科委争取1000万元资金购入的首批50辆纯电动出租车正式运营。

（亓建强）

【新型科技服务体系及特色农业科技示范基地建设通过验收】 7月26日，"密云县新型科技服务体系及特色农业科技示范基地建设"项目顺利通过专家组验收。项目实施期间，建成特色农业科技示范基地8家，建设双向远程视频系统示范点54个，引进蔬菜、柴蛋鸡、板栗、葡萄和核桃等新品种，推广实用新技术10项，培训农民1732人次。

（张宝忠）

【农村中学科技馆项目启动】 8月26日，全国首家"农村中学科技馆"落户密云高岭中学。项目计划投资30万元，打造一座60平方米的微型科技馆。建成后，将有益于密云县山区中学开展科普展教活动，提升中学生的科学素养。

（苑光前　马红霞）

【召开科技创新大会】 9月25日，密云县贯彻落实北京市科技创新大会精神会议在县会议中心召开，会议要求今后一个时期的科技创新工作要围绕农林水、围绕生态保护等生态建设，围绕环境友好型工业、休闲旅游产业、都市型现代农业、生态商务区为载体的总部经济四大主导产业发展，围绕重大产业项目和重大工程实施，围绕龙头企业影响力提升，围绕科技人才培养等工作开展。会议还对全县科技创新优秀企业进行了表彰。

（焦 扬）

【科技成果转化示范基地揭牌】 9月25日，北京科技成果转化（密云）示范基地正式揭牌，成为北京市第一批战略性新兴产业科技成果转化基地。

（李 岩）

【葡萄——高端红酒文化产业聚集区项目通过论证】 9月28日，“葡萄——高端红酒文化产业聚集区生态循环模式建设”项目通过专家论证。项目实施期间，将建设优质酿酒葡萄生态种植基地2000亩，研发高端且具有地区特色的优质葡萄酒2种，集成利用3—10种废弃物高效无害化处理技术，举办葡萄酒品尝与鉴赏等主题活动15场。

（杜景龙）

【科普培训班开班】 10月22日，市科委科普工作管理者培训班在北京市科普教育基地开班，县科普联席会议成员单位、镇街主管科普工作的负责人共计40余人参加了此次培训。县委常委、副县长杨珊出席培训班开班仪式。培训班就如何推进基层科普教育和科普活动开展进行了讲解，并开展了拓展训练。

（董 敏）

【蔡家洼村被评为优秀创新型科普社区】 12月5日，巨各庄镇蔡家洼村被市科委评为“北京市优秀创新型科普社区”。该社区根据自身优势，不断完善科普基础设施建设，积极开展科普活动，形成了独特的社区科普特色，为北京市提供了试点和示范。

（董 敏）

【组织演讲比赛】 12月7日，县科技馆举办“知密云 爱家乡 立足岗位 争做服务标兵”演讲比赛，县科技馆职工参加，比赛选出一等奖1名，二等奖2名，三等奖3名。

（苑光前）

【可持续发展试验区认定】 12月，穆家峪镇被市科委认定为北京市可持续发展实验区，实验区建设期限为三年。建成后该区域人才、科技、机制等创新要素的支撑效应将进一步显现，实现经济富裕、环境优美、设施完善、生活便捷，为北京市生态涵养地区乡镇经济社会深度转型发展提供宝贵经验。

（亓建强）

【3G全国基层农技推广信息化平台效果显著】 年内，该平台累计推广设施蔬菜品种30余种，双季葡萄栽培等实用技术60余项，解决农户生产中的难题20余件，上传工作日志4.7万条，上报农业灾情210余件。

（赵红霞）

【科学技术奖】 年内，“沙漠硅砂生态透水与防水材料研制及城市与农村雨洪利用成套技术”等4项科技成果获得北京市科学技术奖，其中一等奖1项，二等奖1项，三等奖2项。

（任雪娇）

【科技成果转化项目认定】 年内，2项高新技术成果转化项目通过项目认定，并获得市科委专项支持。全县已有33项高新技术成果转化项目通过此项认定。

（宋立荣）

【科技研发成果鉴定】 年内，县科委组织建生药业等8家企业的37项研究开发项目通过市科委鉴定，将享受税收加计扣除政策。全县已有70余个项目通过此项鉴定。

（宋立荣）

【高新技术企业】 年内，认定高新技术企业15家，全县高新技术企业达56家，数量位居生态涵养发展区第二位。56家高新技术企业年度研究开发费用总额达4.2亿元，同比增长50%；实现总收入64.1亿元，同比增长8.5%；上缴税金3.8亿元，同比增长26.7%；企业净利润总额4.9亿元，同比增长6.5%。

（任雪娇）

【市级专利试点企业认定】 年内，北京绿润食品有限公司等9家企业被市知识产权局认定为北京市专利试点企业，全县北京市专利试点企业达到43家。

（景 姗）

【市级科普教育基地认定】 年内，北京张裕爱斐堡国际酒庄等4家单位被市科委认定为北京市科普教育基地。另外组织密云县青少年宫等3家单位申报北京市科普教育基地。

（马红霞）

【商标注册】 年内，挖掘全县具有地域特色的知识产权资源，递交"白河湾""清凉谷"等保护性商标注册申请65件，累计递交区域保护性商标221件，获得授权140件，17件商标已转让或许可给县内相关企业使用。

（景 姗）

【专利申请】 年内，新申请专利364件，同比增长93.62%，增幅位于全市首位；申请发明专利106件，同比增长77.3%，增幅位于全市首位。

（景 姗）

【新品种新技术引进转化推广】 年内，引进自主创新成果、新技术和新品种149项，其中自主创新成果42项、新技术25项、新品种82项；转化和推广应用137项，其中自主创新成果转化41项，转化率达97.6%；新技术应用25项、新品种推广71项，新技术、新品种推广应用率89.7%。

（胡凤霞）

平谷区

【首都科技条件平台推介会】 2月24日，区科委召开"首都科技条件平台——平谷推介会"，34家高新技术企业的负责人参会。会上，介绍了首都科技平台"整合科技资源，聚集研发要素，促进成果转化，推动产业形成，服务企业需求"的服务宗旨，鼓励区内企业加盟首都科技条件平台，积极与首都科技资源对接，依托科技信息系统，解决各类需求，畅通发展渠道，服务区内企业发展。

（李 征）

【召开农业科技示范园研讨会】 3月8日，区科委召开"平谷生态品牌农业科技示范园区规划研讨会"，研讨了规划中的"一区三园两中心"的空间布局及功能定位，剖析了区内农产品安全检测体系建设、物流基地运作标准化、绿色果蔬产业生产模式、安全种禽产业研发推广及农业信息化中存在的瓶颈问题，并提出了具体解决措施，进一步完善平谷安全品牌农业科技示范园区建设规划。

（李 征）

【通航课题启动】 3月22日，平谷区"通航产品研发和运用的核心技术"课题举行启动揭牌仪式。市科委和平谷区领导出席仪式并揭牌，北京航空航天大学、中国航空综合技术研究所、中国民航科普基金会等单位参加活动。该课题全面整合北京航空航天大学等科研院所的科技资源，着力打造北京市通航全产业链科技支撑体系。

（李 征）

【邀请专家服务企业】 4月10日，区知识产权局邀请了北京众和诚成知识产权代理公司的专家到华通恒盛、森沃鑫达等企业进行咨询和服务，挖掘专利20余项，为区内部分高新技术企业申报打下了良好基础。

（马 旺）

【开展知识产权"进校园"活动】 4月23日，区知识产权局、区教委、平谷四中联合开展"平谷区中学知识产权进校园"活动，以"知识产权与我们的未来"为题为平谷四中的400名初一学生上了一次生动的知识产权公开课，发放知识产权知识教育读本500册。

（马 旺）

【申报科技与文化融合专项】 10月22日，区科委与区委宣传部共同申报了"中国乐谷音乐产业公共服务平台开发"项目，以打造"中国乐谷"为突破口，集聚优质音乐文化产业要素资源,提升中国乐谷的整体文化形象,传承和发扬音乐文化。市科委对该项目进行了专家论证。

(李　征)

【实施2012年科技发展计划】 年内,区科委规划并组织实施了平谷区2012年科技发展计划,本计划共50项科技项目(延续13项),其中科技攻关计划项目45项,涉及工业13项、农业产业化15项、信息化2项、软课题研究1项、医疗卫生7项、其他7项;科学技术普及计划5项。通过广大科技工作者和承担单位的共同努力,所有计划项目均顺利实施,取得显著成效。

(李　征)

【科技支撑医疗卫生业发展】 年内,区科委组织实施了“模拟医院各种疾病动物模型及手术技术培训的建立”课题,该课题已完成了消化道息肉、消化道出血、主动脉瘤、脑出血、胃穿孔5个动物模型制作,开始用于临床培训,培训总人数300余人;胆管、胆囊结石、泌尿系结石模型初步完成,用于临床技能培训。

(李　征)

【引进生物肥料科技创新服务平台】 年内,区科委引进北京市高新技术企业“北京世纪阿姆斯生物股份技术有限公司”落户兴谷开发区。该企业承担的“生物肥料创新平台建设及耐盐高活性微生物菌剂的开发”项目,被批准为北京市重大科技项目给予立项支持。目前该企业研发的生物菌种已被广泛用于全军餐厨垃圾的处理和25个省市的秸秆还田处理,今年在新疆哈密瓜、甘肃葡萄、平谷大桃的小试中产品品质得到明显提升。

(李　征)

【研发京粉2号蛋鸡品种】 年内,市科委立项支持的北京华都峪口禽业有限公司研发京粉2号蛋鸡品种——“优质高产特色蛋鸡(京粉2号)新品种的选育”课题顺利通过验收。该项目完成了父母代和商品代配合力测定工作,确定京粉2号的最佳配套组合,培育出优质高效蛋鸡品种“京粉2号”;引进先进技术、设备改良了鸡蛋品质;开发出了一套适用于现场的蛋鸡育种数据管理软件;研究形成了鸡淋巴白血病和鸡白痢全面有效的净化技术。

(李　征)

【桃增甜关键技术研究与示范】 年内,区科委组织实施北京市科技计划课题“平谷桃增甜关键技术研究与示范”通过验收。该项目建成了优质水蜜桃示范园50亩,从国内外引进优新水蜜桃品种10个;建立了软溶质水蜜桃品种改接换优示范基地600亩;重点开展了大桃营养平衡施肥、高光能树体结构改造、高培垄覆膜条沟灌排控水等技术研究;建成了桃增甜关键技术示范园1500亩,示范推广了5万亩,获得直接经济效益1.26亿元;探索了桃菌间种的循环模式,建立桃菌间种示范基地200亩。

(李　征)

【承担区县科技基础专项】 年内,区科委承担了区县科技基础专项“优质特色农业产业科技示范基地建设”项目,该项目在夏各庄镇建设新型甘薯产业化示范基地3000亩;在黄松峪建立麻核桃休闲观光园150亩,在熊儿寨建立以四座楼“闷尖狮子头”为主的文玩核桃基地50亩;在大华山建立富硒桃示范基地300亩;搭建了平谷区农业产品的产销平台。

(李　征)

【北斗卫星导航系统立项】 年内,平谷区“北斗卫星导航系统在通用航空器的应用技术研究”项目由市科委正式立项。9月12日,通航产业基地被市科委正式批准为“北京通用航空科技创新园”,标志着通用航空产业被正式纳入北京市科技创新体系。

(李　征)

【普析承担国家重大科技专项】 年内,区内普析公司与清华大学、中国计量科学研究院等单位共同承担的“动态多谱分析仪的开发与应用研究”项目,被科技部正式批准为“国家重大科学仪器设备开发”专项。该项目研制与开发基于动态多谱分析技术的动态多谱分析仪,为食品的掺伪鉴别、真假鉴别、非法添加物检测等提供可靠的技术手段,为解决我国食品安全领域有着重大需求的样品检验鉴别技术瓶颈和难题提供技术支撑。

(李　征)

【高新技术企业发展迅猛】 年内,区内新增高新技术企业11家,高新技术企业发展迅猛,截至年底已达46家,同比增长27%。实现工业总产值41.1亿元,同比增长94%;研发投入达3亿元,同比增长87.5%;完成销售收入44.14亿元,同比增长85%;缴税总额2.01亿元,同比增长26%;区内企业向技术密集型、创新型迅速发展。

(李 征)

【科普工作成绩显著】 年内,结合"幸福平谷"建设,区科委组织实施了平谷区科普能力建设和科普人才建设等5项科普计划项目;创建了东鹿角村创新型科普社区;举办了2012年度区、镇、村三级科普工作者培训班;开展了内容丰富、形式多样、喜闻乐见的科普电影周、"科技与健康同行""大型科普博览""北京市科普基地日""科技下乡"等科普活动5次,受益人数达5000人次;推荐表彰了市级科普先进集体1个,科普先进个人2名。

(李 征)

【行政许可与执法工作】 年内,登记技术合同53份,技术合同成交总额达5747万元,同比去年增长80.7%;组织执法人员对区内30余家重点药店及商场进行了10次执法检查,累计出动执法人员40人次,整改不规范标注专利标识商品10件。

(李 征)

【"护航"行动成效显著】 年内,开展平谷区知识产权"护航"专项行动。在"护航"行动中,累计出动执法人员70人次,检查40家商场,检查商品达4400余件,整改不规范标注专利标识商品10件,有效地维护了平谷区市场秩序,保护了专利权人和消费者的合法权益。

(马 旺)

【宣传活动有声有色】 年内,充分利用世界知识产权日、知识产权宣传周、平谷科技周等平台,开展知识产权"五进"活动,累计开展大型宣传活动6次,发放知识产权宣传资料5000余份,展示知识产权知识展板200余块次。

(马 旺)

【专利补助落实政策】 年内,根据《平谷区科学技术创新资金管理使用暂行办法》,发放国家专利申请补助和国际专利补助186项,补助金额达246000元;根据《专利费用减缓办法》,为企业开具专利减缓证明137件。

(马 旺)

【专利工作稳步推进】 年内,区内企业与个人共申请国家专利272件,其中发明专利56件,实用新型专利152件,外观设计专利64件;共授权专利159件,其中发明专利13件,实用新型专利116件,外观设计专利30件。新增专利试点企业3家,累计达38家,专利示范企业1家。

(马 旺)

【业务培训】 年内,对全区36名宣传员、18名助理员和50名社区志愿者进行了地震基础知识和避震、震后自救互救知识的业务培训。

(张艳辉)

【宣传工作】 年内,"两会""防灾减灾日"宣传周、安全生产月、唐山地震36周年、科技周、"国际减灾日"等活动期间,区科委进行形式多样宣传活动,累计发放宣传材料3万余份。开展了防震减灾科普知识试题答卷进社区活动,居民踊跃参与,完成答卷300余份。

(张艳辉)

【地震监测预报】 年内,区地震局制定了《平谷区2012年度震情跟踪工作方案》;完成了2012年度地震趋势会商报告;及时落实马昌营镇前芮营村水浑浊、大兴庄镇管庄子村路面2处隆起和平谷镇滨河小区水泥路面隆起宏观异常,三次宏观异常现象均与地震前兆异常无关;完成了"平谷区地震前兆监测台站的管理"和"平谷区地震宏观观测点的管理"两个课题的上报及验收;更换了茅山后观测点供电设施,有效解决了前兆观测数据质量较差、观测系统故障率高等问题;召开了全区地震观测点监测预报综合评比工作会议;地震观测资料在全市质量评比中赵各庄台水位测项获得第二名。

(张艳辉)

【地震应急工作】 年内,制定了《平谷区加强地震灾情速报工作方案》,并下发给区防震抗震工作领导小组成员单位。联合区应急办、区消防支队、区红十字会、区教委等部门，积极组织应急演练，在峪口中学开展地震应急避险演练；在滨河街道金海社区举行了防灾减灾应急联动演练，提高市民地震应急反应能力。发展灾情速报员累计330人。党的“十八大”期间制定了《平谷区地震应急保障方案》，成立了地震安全保障工作领导小组。

（张艳辉）

顺义区

【在北京青少年科技创新大赛中再创佳绩】 3月，在第32届安捷伦北京青少年科技创新大赛中，顺义区共有16名学生参加了10个项目的决赛，获得一等奖5个、二等奖5个，5个项目获得6个专项奖。同时，顺义区获得了第33届北京市青少年科技创新大赛主办权。

（闫兆东）

【年科技周工作启动】 5月18日，2012年顺义区科技周工作部署会议在区科委举行，副区长燕瑛到会并讲话。本届科技周活动以“携手建设创新型国家”为主题，区科委、区科协会同各镇及街道办事处、区旅游局、汉石桥湿地公园、国际鲜花港、七彩蝶园等单位组织开展参观全国科技周展览，创新之城、科技之旅系列科普展览，汉石桥湿地观鸟文化之旅，北京国际鲜花港百合文化节，七彩蝶园亲子游园会，我眼中的科技北京作品有奖征集大赛等丰富多彩的活动。

（闫兆东）

【推进北京顺义国家农业科技园区建设】 11月2日，加快北京顺义国家农业科技园区建设工作协调会在鲜花港召开。会上鲜花港、三高区汇报了园区建设进展情况，区科委、区农委汇报了支持园区建设相关工作开展情况。区领导指出，顺义国家农业科技园区是科技部2010年批准的全国第三批27家国家农业科技园区之一，一定要按照实施方案推进“一园两区”建设，树立顺义都市型农业发展新形象。

（闫兆东）

【部署2012年度专利执法集中行动工作】 12月7日，顺义区2012年度专利执法集中行动工作部署会在区知识产权局召开。区政府，区科委、区商务委、区药监局、区广电中心、区信息中心的领导参会。会议部署2012年12月10日至2013年1月10日期间开展专利执法集中行动，对区内大型商场、超市、药店进行专利侵权、假冒专利等违法行为进行检查。

（闫兆东）

【高新技术企业承担的市级非晶新材料产业化项目通过验收】 12月13日，市科委组织专家对区内北京冶科磁性材料有限公司承担的市级科技项目“高频高温磁性FeCo基纳米晶软磁合金的开发及应用”进行了验收。该项目实施过程中开发出了低剩磁铁芯、宽恒导磁铁芯、EMI/EMC滤波电感铁芯等产品，广泛应用于航空航天、轨道交通、光伏逆变电源、高频静电除尘电源、大功率开关电源等领域，并且打入国际市场。

（闫兆东）

【市科委科普宣讲团走进顺义巡展活动启动】 12月25日，市科委科普宣讲团走进顺义巡展活动启动仪式在顺义区科委多功能厅举行。市科委农村中心、区科委、区科协的领导和各镇、街道、科普基地的科普宣传员200余人参会。本次巡展活动由市科委农村发展中心和区科委、区科协联合举办。活动历时半年左右，期间以科普进农村、进社区、进基地、进学校为主题，举办展览、讲座、培训、论坛等形式多样的科普宣传活动。

（闫兆东）

【北京航空产业园获批北京市战略性新兴产业科技成果转化基地】 年内，北京航空产业园获得2012年度北京市战略性新兴产业科技成果转化基地认定，成为首批通过认定的10家基地之一。北京航空产业园成立于2009年，总面积2000亩，总投资160亿元，以航空航天、高端装备制造为主导产业。该基地通过认定及项目立项将进一步推动顺义区战略性新兴产业集聚发展。

（闫兆东）

【科技项目运作取得新成效】 年内，区科委根据"科技北京"行动计划的支持重点，围绕临空经济区建设、北京重点新城建设、浅山区建设等重点领域的科技需求，着力整合区域科技资源，积极运作各级各类科技项目，加大区域主导产业和重点行业的科技支撑力度。1—12月，完成创新基金、绿色通道等各类科技项目申报60项，"精机工程"等项目获得上级科技资金6143万元。

（闫兆东）

【扎实推进"百家创新型科技企业培育计划"】 年内，按照"百家创新型科技企业培育计划"实施进度要求，继续深入开展国家级高新技术企业认定工作，不断壮大区域自主创新主体规模。通过集中培训和深入企业一对一辅导，提高服务质量和水平。年内，顺义区获得科技部认定的国家级高新技术企业达到95家。

（闫兆东）

【扎实开展农民实用技术培训】 年内，区科委充分发挥基层科技组织、农民专业合作社、农村科技协调员的作用，通过集中授课、播放课件、邀请农业专家深入田间地头实地指导等多种形式，扎实开展农民实用技术培训。1—12月，完成农民培训12000人次。

（闫兆东）

【积极推动知识产权工作】 年内，顺义区深入开展专利试点示范工作。1—12月，新发展专利试点企业2家，专利示范企业1家。加强企业知识产权申报工作的服务和管理，全区申请专利995件，授权专利777件，均创历史新高。

（闫兆东）

【广泛开展科普宣传】 年内，全区围绕"科普之春""科技周"活动主题，积极协调各镇、街道及各学会，成功举办"2012年全国科普日""顺义区科普进社区""顺义区2012年家庭数字生活技能大赛"等科普宣传活动32场，科普展览3次，发放科学健身、低碳生活等宣传资料40000份，光盘200张。

（闫兆东）

【科研机构建设取得新突破】 年内，区科委组织区内科技企业积极向市科委申报市级研发机构，获批4家，累计发展20家；累计发展北京市工程技术研究中心4家，北京市重点实验室2家。

（闫兆东）

【5家企业入选2012年度首都设计产业提升项目】 年内，区内雅昌、维益埃电气等5家企业入选2012年度首都设计产业提升项目。该项目2011年启动，由市科委组织实施，旨在促进科技与文化融合发展，提升首都设计产业科技创新能力和水平。2012年度首都设计产业提升计划全市共立项70项。

（闫兆东）

通州区

【首个数字科普服务亭正式启用】 2月24日，通州区首个数字科普服务亭在北苑街道中山街社区居委会正式启用。数字科普服务亭是区科协与专业信息技术公司共同研发的新型科普设施，它实现了数字科普信息资源和传统科普资源的有机结合，是区科协创新科普工作手段和方式的一种积极尝试。

（马振英）

【区代表队参加第12届北京青少年机器人竞赛】 3月3—4日，区科协组织潞河中学5个代表队参加了第12届"未来伙伴"北京青少年机器人竞赛，荣获2个项目的二等奖，3个项目的三等奖。

（马振英）

【在第32届安捷伦北京青少年科技创新大赛中获佳绩】 3月23—25日，区科协组织通州区师生参加了第32届安捷伦北京青少年科技创新大赛。潞河中学的"潞河中学教学楼疏散方案的设计与分析”项目荣获科技创新优秀项目一等奖、潞河中学的“基于特斯拉线圈的臭氧发生装置设计”项目荣获科技创新优秀项目二等奖及两个专项奖。同时，龙旺庄学校刘开江老师荣获“十佳科技辅导员”荣誉称号，区科协荣获“优秀组织奖”。

（马振英）

【建立通州区首家院士专家工作站】 4月9日，保罗生物园科技股份有限公司科学技术协会成立大会暨院士专家工作站授牌仪式在保罗生物园科技股份有限公司举行。进站院士和专家与保罗生物园科技股份有限公司在食品发酵、功能性微生物菌种培育、公司发展战略咨询等方面开展联合研发。

（马振英）

【建立12330工作站】 4月20日，北京市保护知识产权举报投诉服务中心、通州区知识产权局与宋庄文化创意产业集聚区管委会就共建宋庄文化创意产业集聚区知识产权保护服务工作站签署合作协议，进一步加强文化创意产业集聚区知识产权保护，为集聚区自主创新营造良好环境。

（陈　娟）

【“4·26”知识产权宣传周活动】 4月20日，区知识产权局在通州经济开发区西区管委会开展知识产权宣传进园区现场宣传活动；23日，在通州新三中开展知识产权宣传进校园活动，在京东运乔建材城开展知识产权宣传进商场活动；24日，在玉桥街道玉桥南里社区开展了知识产权宣传进社区活动；26日，在北京天宇朗通通信设备股份有限公司举行“4·26世界知识产权日主题宣传日暨知识产权进企业”活动。4月20—26日期间，在通州电视台播放了“培育知识产权文化，促进社会创新发展”及“热烈庆祝‘4·26’世界知识产权日”宣传字幕。宣传周期间，展板宣传6次，电子屏幕宣传5处，发放各种宣传材料10000余份，现场解答问题咨询30余人次。

（陈　娟）

【参与2012年通州区科技周】 5月18—20日，在“2012年通州区科技周”活动中，区知识产权局设立宣传展台，摆放宣传展板，向社会公众发放各种宣传材料2000余份。

（陈　娟）

【举办2012年通州区科技周活动】 5月18日，由区政府主办，区科协承办，区财政局、区委社会工委、区知识产权服务中心、北京新城基业投资发展有限公司、区永乐店镇政府等单位协办的2012年通州区科技周启动仪式暨主会场活动在通州区永乐店镇与通州区运河文化广场同时举行。本届科技周以提高全民科学素质为工作主线，以“打造公众科普文化平台 建设创意活力和谐通州”为主题，在全区范围内开展系列科普宣传活动21项。

（马振英）

【举办通州区“三下乡”科协专场活动】 8月22日，区科协联合区委宣传部及区“三下乡”成员单位在漷县镇徐官屯村举办“科普农业富裕农家——通州区科技、文化、卫生‘三下乡’科协专场活动”。本次活动向群众发放各种科普图书、挂图等宣传资料500余份。

（马振英）

【举办2012年北京·通州全国科普日活动】 9月14—16日，由市科协、区政府主办，北京科普发展中心、区科协承办的2012年北京·通州全国科普日活动在金福艺农农业科普基地举行。本次活动为2012全国科普日首都群众系列活动之一。国家农业信息化工程技术研究中心、市农林科学院农业科技信息研究所、市农业机械研究所、北京通州国际种业科技园区等17家单位参加了活动。活动期间，发放科普光盘、科普折页、科普图书等科普宣传材料近3000份。

（马振英）

【认真学习贯彻党的十八大精神】 11月8日，区科协组织全体干部职工认真收看了中国共产党第十八次全国代表大会开幕式。随后举办了“区科协学习贯彻十八大精神专题辅导培训班”“枢纽型社会组织学习宣传贯彻党的十八大精神培训会”等培训活动。充分利用区科协全媒体科普视窗、通州科普网、科普画廊等各种科普资源，认真学习、宣传并贯彻落实党的十八大精神。

（马振英）

【开展“12·4”普法宣传活动】 12月4日，区知识产权局深入乡镇，设立知识产权宣传展台，摆放宣传展板，开展现场宣传活动，向群众发放各种宣传材料1000余份。

（陈 娟）

【签署合作框架协议】 12月12日，区知识产权局与市知识产权服务中心正式签署了知识产权合作框架协议，合作协议的签署使通州区在知识产权信息的共享与交流上获得更大的平台。通过借助市知识产权服务中心的信息优势、资源优势、人才优势，在知识产权的培训、储备、管理和利用上不断提升工作水平，打造符合首都城市副中心需求的知识产权管理平台和服务体系。

（陈 娟）

【高新技术企业】 年内，区科委组织人员深入园区、企业开展高新技术企业认定培训10次，并有针对性地进行一对一辅导。组织开展高新技术企业信息备案、新认定和复审工作。截至12月，全区高新技术企业超过200家。

（张永浩 李 牧）

【科技企业孵化器建设】 年内，建立了通州区第三家科技企业孵化器——北京联东益远恒通孵化器科技有限公司，通过孵化器软硬环境建设，基本搭建起共享区、孵化区及管理区各部分机构，形成孵化服务体系框架，能够为入驻企业提供商务、生活、物业管理等服务。

（张永浩 李 牧）

【国家重点新产品计划】 年内，北京展辰化工有限公司的A－3XX型固化剂、北京壹人壹本信息科技有限公司的E人E本原笔迹手写平板电脑－T4列入2012年度国家重点新产品计划项目。

（郭华杰 李 牧）

【首都科技条件平台通州工作站】 年内，区科委推进首都科技条件平台通州工作站建设，新增成员单位11家、企业技术中心1家、仪器设备价值199万元、科技人才5人，为成员企业提供政策咨询30余次，促成成交科技金融合同金额200万元、技术开发合同金额113.8万元、技术转移合同金额120万元。

（王军燕 李 牧）

【“一核五区”专家顾问团】 年内，区科委根据“一核五区”各功能区提出的需求，与市科委进行对接，建立了由41名专家组成的“一核五区”专家顾问团。“组建‘一核五区’专家顾问团工作”获区人才工作创新项目奖三等奖。

（康连元 李 牧）

【科技政策法规宣传培训】 年内，区科委组织人员深入园区、企业广泛开展科技政策法规宣传、培训活动，组织科技政策培训12次，参加人员500余人。

（康连元 李 牧）

【科技人才工作】 年内，区科委协同区委组织部，利用电视台、《通州时讯》等新闻媒体大力宣传优秀科技创新人才的典型事迹。在区“人才活动宣传月”中，协助区人才工作领导小组开展优秀科技创新人才专题宣传。组织起草了《通州区扶持科技创新人才实施办法》，由区政府印发。

（康连元 李 牧）

【技术合同认定登记】 年内，区科委开展通州区技术交易单位营业税改征增值税试点改革辅导工作，开展技术合同认定登记培训10次。全区认定登记技术合同263项，合同成交额27.14亿元，同比增长17.8%。

（邬奇洋 李 牧）

【“以高端服务为引领的种业科技园区建设发展模式的构建与示范”课题结题】 年内，科技部关于国家现代农业科技城集成创新与示范专项“以高端服务为引领的种业科技园区建设发展模式的构建与示范”课题经论证立项后，快速推进实施，完成了各项考核指标，形成了以高端服务为引领的现代种业科技园区建设发展模式构建研究报告，准备结题验收。

（张春兰 李 牧）

【“通州蔬菜新品种繁育技术研究及展示基地建设”项目结题】 年内，市科委“绿色通道”项目“通州蔬菜新品种繁育技术研究及展示基地建设”项目完成。该项目建设了1200平方米的蔬菜组培快繁车间,50 栋日光温室、200 个钢架大棚、2 座 5068 平方米连栋温室,展示了企业推荐的名优品种和航天品种,发挥了展示新品种的作用,取得了明显的经济效益和社会效益,项目通过了结题审计及课题验收并结题。

(张春兰 李 牧)

【"通州区低碳现代农业示范园建设"项目结题】 年内,市科委项目"通州区低碳现代农业示范区建设"顺利实施,为节能减排、促进循环农业、探索低碳农业、提供了技术途径、项目管理规范,完成了各项考核指标,通过了结题审计及课题验收并结题。

(张春兰 李 牧)

【"葡萄新品种展示及体验式酿酒文化基地建设"项目结题】 年内,市区两级"绿色通道"项目"葡萄新品种展示及体验式酿酒文化基地建设"通过了结题审计及课题验收。该项目完成了葡萄新品种展示及酿酒文化基地,总面积 350 亩;建成了日光温室 64 栋、大棚 12 栋,连栋温室 1 栋;引进了 108 个葡萄品种,从中筛选出适栽品种共 52 个;建成面积 2600 平方米的红酒作坊 1 个,购置生产线 1 套,年生产葡萄酒能力 200 吨,制定了葡萄酒酿造技术规程,并形成葡萄酒产品 4 种;繁育种苗 37.4 万余株。

(张春兰 李 牧)

【"设施蔬菜生物防控先导技术的应用"项目结题】

年内,市重大科技成果转化落地项目"设施蔬菜生物防控先导技术的应用"通过了结题审计及课题验收。该项目建立了先进的系统管理、安全体系、监管系统、清洁系统的"4S"绿色防控技术体系,示范推广了天敌释放、臭氧消毒、高压除雾等 26 项先进的农业技术;建立了基于物联网技术的"病虫害监测、预警平台",实现了对 102 个日光温室环境参数的自动采集和专家决策支持。

(张春兰 李 牧)

【"通州区观赏鱼良种繁育体系建设"项目结题】 年内,市重大科技项目"通州区观赏鱼良种繁育体系建设"通过了结题审计及课题验收。该项目建立了 7 个金鱼、锦鲤养殖核心示范区,累计繁育优质苗种 3.5 亿尾,实现增收 5000 多万元,辐射带动周边养殖面积 5 万亩;推广应用了观赏鱼养殖新技术 8 项,新模式 2 种;取得科研成果 8 项,发表论文作 43 篇,专利 3 项。

(张春兰 李 牧)

【生物提取猪肝金属硫蛋白技术的引进与产业化开发项目结题】 年内,市区两级政府重大科技需求专项"生物提取猪肝金属硫蛋白技术的引进与产业化开发"通过了结题审计及课题验收。该项目建成 600 平方米 10 万洁净级别生产提取操作车间和相应功能区域,建成诱导车间厂房 200 余平方米。实现每批加工猪肝投料达到 20—25 千克,年产金属硫蛋白粗品(60%)3 千克的能力;形成产品检测规程,制定了 4 项企业标准。

(张春兰 李 牧)

【"全面提升科技服务能力,扶持特色产业建设"项目结题】 年内,区县科技专项"全面提升科技服务能力,扶持特色产业建设"项目通过了结题审计及课题验收。该项目完成金福艺农园区建成数字化农业园区示范基地,引进 7 项先进技术;扶持东升方圆园区引进荷兰芽苗菜生产关键技术 9 项,引进豌豆等芽苗菜新品种 9 个,试验筛选出优良品种 6 个;在科技协调员总部基地开展"太阳风"温室低碳采暖空调系统示范研究;引进 4 大类蔬菜品种,示范展示品种 20 个,推广种植面积达 600 亩;举办农业科技培训 10 期,培训 600 人次;在社区建成科普活动室 1 个,创办科普图书室 2 个,新建科普画廊 12 米,更新科普画廊及展板 200 余块。

(鲁新龙 李 牧)

【"通州国际种业科技园区建设"项目完成年度指标】 年内,国家现代农业科技城产业培育项目"通州国际种业科技园区建设"年度财政资金拨付到位,完成各项年度考核指标。

(张春兰 李 牧)

【"航天工程育种新品种展示与产业化开发"项目完成年度指标】 年内,国家现代农业科技城产业培育项目"航天工程育种新品种展示与产业化开发”完成各项年度考核指标。

（张春兰　李　牧）

【“通州种业园区物联网技术集成与应用”项目】 年内，国家现代农业科技城成果惠民科技示范工程项目“通州种业园区物联网技术集成与应用”正式通过市科委立项，财政资金已按时拨付到位，项目各项工作进展顺利，已完成网络中心控制室建设、基本完成网络铺设，还完成了相关软件模块的研发，部分设备投入使用。

（张春兰　李　牧）

【“新型生物转化器靶向生产昆虫功能产品的研究与示范”项目】 年内，国家现代农业科技城成果惠民科技示范工程项目“新型生物转化器靶向生产昆虫功能产品的研究与示范”项目按照预定的任务指标实施，已完成用于工业化生产生物转化的昆虫养殖方法和基于大麦虫生物特性研究的养殖工艺条件的确定；实现了白灵菇废弃菌棒的生物转化率达到90%。

（张春兰　李　牧）

【“中医药防治高血压、糖尿病和脑血管病适宜技术社区推广研究”项目】 年内，2012年市科委储备项目“中医药防治高血压、糖尿病和脑血管病适宜技术社区推广研究”正式通过市科委立项，资金已按时拨付到位，项目实施方案已制定完成。项目将建立适宜农村人口、城镇人口和流动人口的推广管理模式；应用临床流行病学方法，定期开展社区医师的培训和慢病人群的健康宣教，评估方案成效，建立评估体系；借鉴国际慢病社区管理模式，探索防治慢病中医药适宜技术在社区的推广管理模式。

（鲁新龙　李　牧）

【“基于物联框架智能博物馆艺术品管理平台的建设”项目】 年内，2012年市科委储备项目“基于物联框架智能博物馆艺术品管理平台的建设”正式通过市科委立项，资金已按时拨付到位，项目实施方案已制定完成。项目将基于物联框架的智能博物馆艺术品管理平台，解决博物馆在对艺术品管理中存在的各类技术问题，从而更好地为艺术品市场交易服务。

（鲁新龙　李　牧）

【“高硬度环保纳米陶瓷涂料研制”项目】 年内，“高硬度环保纳米陶瓷涂料研制”项目列入市科委“重大科技成果转化落地培育”专项，资金已拨付到位，项目进展顺利。项目将在前期产品中试基础上，完善水性纳米涂料的稳定生产工艺，开发无需板材表面前处理的配套底漆，改进施工工艺，制订不同基材的施工配套方案。产品完全具备规模化生产条件，将推动水性纳米硅铝陶瓷涂料广泛应用，促进首都涂料行业、下游板材应用行业向更加节能环保的方向发展。

（鲁新龙　李　牧）

【北京通州国际种业科技园区建设初具规模】 年内，区科委积极推进北京通州国际种业科技园区建设，正式纳入中关村国家自主创新示范区体系，享受中关村各项优惠政策。立项并完成了科技部关于国家现代农业科技城集成创新与示范专项1项，已通过验收；落实了国家现代农业科技城产业培育项目2项；立项并实施了国家现代农业科技城成果惠民科技示范工程项目1项，为园区建设提供了科技支撑。发挥科技桥梁作用，积极为园区推荐种业企业及科研院所，现入园企业及科研院所已达到40家。

（张春兰　李　牧）

【科技文化融合，双轮驱动】 年内，组织起草了《通州区关于促进科技与文化融合的实施意见》；完成“通州区科技文化融合发展战略研究”课题，并已编纂成册；“宋庄文化创意产业聚集区战略规划课题研究”项目在运作中。申报首都设计产业提升计划项目，“北京通州彩虹之门规划设计方案”成功立项。申报宋庄文化创意集聚区“基于物联框架智能博物馆艺术品管理平台的建设”项目，得到市科委审批和立项支持。在市科委科技文化融合储备项目征集中，选出“互动演播室及新媒体云服务平台建设”项目等6个科技项目推荐申报。

（鲁新龙　李　牧）

【科技卫生融合，关注民生】 年内，区科委全力助推国际医疗服务区建设发展，对园区进行科技项目立项支持。积极申报，通州区成为科技部科技惠民计划项目选取的3个“北京十大疾病防治科技成果推广应用”实施示范区之一。组织申报了“中医药防止高血压、糖尿病和脑血栓病适应技术社区推广研究”课题，得到市科委立项和资金支持。在区县科技专项中，设立区级医疗科研课题5项，进行医疗重点学科建设探索研究。

（鲁新龙　李　牧）

【科学技术奖】　年内，区科委推荐“抗心脑血管疾病药物马来酸桂哌齐特注射液的技术开发与产业化”等4个项目申报北京市科学技术奖。颁布2010年度、2011年度通州区科学技术奖励决定，授予由北京通美晶体技术有限公司完成的“新型晶片干燥工艺开发”等11项科技成果为通州区科学技术奖一等奖；授予由北京市通州区农机服务中心完成的“土壤深松和玉米机械化秸秆还田技术推广与应用”等13项科技成果为通州区科学技术奖二等奖；授予由北京市通州区潞河医院完成的“颈动脉狭窄的介入治疗与观察”等16项科技成果为通州区科学技术奖三等奖。

（鲁新龙　李　牧）

【创新型科普社区】　年内，区科委完成了中仓街道西营社区“北京市创新型科普社区”的创建工作，截至年底，通州区市级创新型科普社区达到9个。在年底市科委开展的北京市优秀创新型科普社区的考评工作中，中仓街道星河社区和于家务乡北辛店村荣获优秀奖，新华街道天桥湾社区获鼓励奖，区科委获优秀组织奖。

（毕　铮　李　牧）

【科普统计】　年内，区科委完成通州区2011年科普统计工作。涉及39个部门，共计73家单位。在科普工作联席会议各成员单位的配合下，实际发放统计表73份，回收率与有效率均达到100%。

（毕　铮　李　牧）

【科普设施建设】　年内，区科委共完成科普设施建设立项3个，完成后新增科普画廊30个，科普展板80块，以草莓为主题的现代农业科普乐园1个。

（毕　铮　李　牧）

【科普培训】　年内，区科委举办通州区科普工作者培训班3期。培训主要针对130余名来自区科普工作联席会议成员单位、乡镇、街道、社区、科普基地的科普工作者，按照不同的工作性质分别进行了理论基础、科普业务及科普知识的培训。

（毕　铮　李　牧）

【特色科普活动】　年内，区科委与通州区疾控中心合作拍摄了慢性病防治主题科普动漫片10集。与北苑街道合作举办了以“科技文化融合、驱动新城发展”为主题的科普文艺作品征集及汇演活动。

（毕　铮　李　牧）

【知识产权工作】　年内，区知识产权工作紧紧围绕首都城市副中心建设，认真贯彻执行《首都知识产权战略纲要》和《通州区“十二五”知识产权发展规划》，完善政策、加大投入，创新服务、加强引导，依法行政、加强保护，宣传培训、营造氛围，深入推进知识产权战略实施，促进全区知识产权工作再上新台阶。知识产权创造能力进一步增强，全区发明专利申请量与授权量大幅提高。

（陈　娟）

【专利申请与授权】　年内，据北京市知识产权局统计，通州区申请国内专利2035件，同比增长37.31%。其中发明专利585件、实用新型专利1093件、外观设计专利357件。发明专利申请同比增长37.65%。累计PCT国际专利申请26件，较2011年增长100%。国内专利授权量1202件，同比增长32.96%。其中发明专利100件、实用新型专利881件、外观设计专利221件。

（陈　娟）

【鼓励和支持发明创造】　年内，出台了《通州区专利资助暂行办法》，区财政专项资金155万元用于专利资助和奖励。对60家单位和2名个人的291件专利进行专利授权资助，其中发明专利39件，PCT专利1件，实用新型专利212件，外观设计专利39件。对16家企业的专利实施项目给予资助。严格执行国家专利申请减缓政策，为120家企业的877件专利申请审核出具专利申请费用减缓证明，其中发明专利301件，实用新型专利498件，外观设计专利78件。

（陈　娟）

【知识产权服务】 年内,区知识产权服务工作成果显著。一是建立重点企业跟踪机制,携专业人员深入企业50余家次开展知识产权服务,指导企业建立健全知识产权管理制度,开展专利信息的利用与挖掘,开展专利战略研究与专利预警工作,提高企业专利创造、运用、管理与保护能力。二是不断完善与更新通州区知识产权服务网、专利信息检索服务系统。针对重点企业,支持开展“甘李药业专利战略”课题研究工作,建立企业专利专题数据库。

(陈　娟)

【企业知识产权培训】 年内,区知识产权局分别在园区、科技企业孵化器内组织开展科技与知识产权专题培训讲座6期,共有150余家企业的200余人参加了培训。11月27日和12月12日分别举行了“实施知识产权战略与提高自主创新能力”“企业专利工作实务”两期全区性的知识产权培训班,共有380人参加了培训。培训主要内容是知识产权战略、企业专利实务、专利信息利用与挖掘及专利相关政策等。

(陈　娟)

【知识产权保护】 年内,知识产权保护工作取得成果显著。一是开展无假冒、冒充专利示范单位日常执法检查。完成了一季度和四季度执法检查工作,共检查专利商场24家次,检查专利商品160余件,纠正问题专利商品6件。二是开展专利商品集中检查工作。分别于年初和年底开展两次集中检查行动,共检查商业企业12家,检查专利商品90件,经检查均符合要求。三是开展“护航”专项行动。召开了“2012年通州区无冒充专利示范单位商业企业知识产权工作会”。

(陈　娟)

【开展企业专利试点工作】 年内,区内北京红狮漆业有限公司、北京壹人壹本信息科技有限公司、北京达博长城锡焊料有限公司、北京泰拓精密清洗设备有限公司、乐通(北京)化学有限公司、保罗生物园科技股份有限公司、北京韬盛科技发展有限公司、北京北玻安全玻璃有限公司、莱恩斯建材(北京)有限公司、奥利通起重机(北京)有限公司、中际联合工业技术(北京)有限公司、北京丰隆温室科技有限公司、北京物资学院13家企业和单位被纳入北京市专利试点单位,并通过了市知识产权局检查验收。

(陈　娟)

【知识产权软课题研究】 年内,完成“通州区知识产权管理保护服务体系建设”项目。完成了通州区知识产权保护服务体系建设调研报告,项目通过结题和验收。完成了通州区高新技术企业知识产权(专利)管理与保护现状调研报告。完成了甘李药业知识产权战略研究报告。

(陈　娟)

【发挥科协界别在政协中的作用】 年内,区科协加强自身建设,组织界别委员积极开展调研和建言献策活动,发挥界别在参政议政中的独特作用,行使职责,努力提高为经济社会发展服务,为提高全民科学素质服务,为科学技术工作者服务的能力。

(马振英)

【为老科技工作者发挥作用搭建平台】 年内,区科协与通州老科协组织老科技工作者开展了送医下乡、科普进社区等活动,协助北京老科学技术工作者总会开展了都市型现代农业发展情况调研,组织会员编印了10种共计5万份医疗知识宣传折页,为通州老科技工作者发挥作用搭建平台,服务通州首都城市副中心建设。

(马振英)

【开创帮扶工作新模式】 年内,区科协发挥单位的职能优势,积极在永乐店镇三垡村开展帮扶工作。针对帮扶村的实际需求,组织动员相关科技人员和专家,积极开展实用技术培训、技术咨询等科普活动,帮助当地农民致富增收。

(马振英)

【数字科普建设】 年内,区科协在通州区内建有1个科普网站、73个数字科普图书馆和60个全媒体科普视窗、3个数字科普服务亭。增加新功能的全媒体科普视窗参加了2012年北京科技周、北京嘉年华、全国科普日等大型市级、国家级科普活动,代表北京市数字科普产品参加了第五届中国(芜湖)科普产品博览交易会。

(马振英)

【社区科普益民计划】 年内,区科协联合区财政局继续实施“社区科普益民计划”项目。2012年度,北苑街道锦园社区、北苑街道五里店社区、中仓街道运河园社区、玉桥街道玉桥北里社区、新华街道如意社区、梨园镇颐瑞东里社区被评为“优秀科普社区”;通州鑫森水产总公司金鱼博物馆被评为“优秀基层科普场馆”;北苑街道后南仓社区李雅静、新华街道天桥湾社区米妍等10人被评为“优秀社区科普宣传员”,获得北京市“社区科普益民计划”项目奖励。北苑街道新华联家园北区社区获得中国科协、财政部“全国科普示范社区”项目奖励,同时被市科协、市财政追加为“北京市科普示范社区”。

(马振英)

【科普惠农兴村计划】 年内,区科协联合区财政局继续实施“科普惠农兴村计划”项目。2012年度,北京市科普惠农兴村计划奖补对象中,区肉羊产业协会、区食用菌协会被评为“农民专业合作组织”;区鑫森观赏鱼养殖科普示范基地、区敖凤乌鸡养殖科普示范基地被评为“农村科普示范基地”;通州区鑫森观赏鱼养殖科普示范基地任宝昆被评为“农村科普致富带头人”;区农业技术推广站周永香、区果树产业协会刘德双被评为“专业技术指导员”,获得北京市“科普惠农兴村计划”项目奖励;北苑街道新华联家园北区社区被评为全国基层科普行动先进单位;李世清被评为全国基层科普行动先进个人,获得中国科协、财政部“科普惠农兴村计划”项目奖励。

(马振英)

【加强“枢纽型”社会组织建设】 年内,区科协在组织并指导所属学会、协会积极开展工作的基础上,健全了社会组织工作责任制,制定了科技类社会组织发展指导性意见,探索了加强社会组织党建工作新模式,建立了秘书长工作例会制度和信息工作体系,初步形成了枢纽型组织的管理体制。

(马振英)

【加强与外省市科协的科普交流合作】 年内,区科协在市科协的支持下与河北省大厂回族自治县科协开展了广泛的业务交流和深入合作。全国科普日期间,区科协与大厂回族自治县科协联合在县内开展科普日活动。邀请专家和学者进行调研。

(马振英)

昌平区

【第十二届未来伙伴北京青少年机器人竞赛在昌平区开幕】 3月3日,第十二届未来伙伴北京青少年机器人竞赛在昌平二中开幕。中国科协副主席冯长根,副市长苟仲文以及中科院、市科协、市教委、市科委、昌平区委区政府、区科协等部门的领导出席开幕式。本届竞赛有来自16个区县的138支代表队、400名参赛选手。昌平区共有13支代表队,35名参赛选手参加比赛。

(李扶摇)

【“2012年昌平区中小学生走进科普场馆活动”启动】 3月21日,2012年昌平区中小学生走进科普场馆活动在中国科技馆启动。市科协、区委区政府、区科协、区科委、区知识产权局、区教委等部门的领导,城北中心小学600名师生及100名学生家长参加了此次活动。

(李扶摇)

【“第7届昌平区青少年科技创新大赛”颁奖典礼在百善学校举行】 4月21日,由区科协、区教委、区人口计生委、区科委、区地震局、石油大学理学院、区校外教育协会等单位联合主办的“第7届昌平区青少年科技创新大赛”颁奖典礼在百善学校报告厅举行。本次大赛共收到作品155件。王府学校、昌平二中、前锋学校、昌盛园小学、马池口中心小学等校的学生分别获奖。区青少年中活动心王秀莲等10人获人口与科学专项奖;中国石油大学张万松等51名教师获优秀科技辅导教师奖。

(叶向东)

【区科协举办北京科技周昌平区主会场活动】 5月19日，由区政府主办，区科协承办，相关委办局，企事业单位参与的北京科技周昌平区主会场活动在城北街道亢山广场举行。主会场活动有北京科技周昌平区活动开幕式、主题科普文艺演出、主题科普展板展览、青少年科普互动、相关委办局及企事业单位科普宣传、高新企业科技产品展示、"应急避险"科普互动、书写"北京精神"等活动板块。参与单位32个，发放宣传材料50000多份，受众3000多人次。

（魏路平）

【全国科普日昌平区活动启动】 9月15日，区科协主办的以"食品安全与公众健康"为主题的全国科普日昌平区活动启动仪式在小汤山镇洼里乡居楼举行。来自昌平区相关委办局、镇街道、社区的领导和居民、农民300多人参加了活动，现场参与公众1000多人。

（魏路平）

延庆县

【申报市级科普先进集体和个人】 3月12日，市科委完成北京市科普工作先进集体与个人的评选工作。延庆县职业技术教育中心获得北京市科普工作先进集体；李红、刘颖获得北京市科普工作先进个人。

（温富彪）

【县内6家企业被认定为北京市专利试点单位】 4月，县内北京三吉利新材料有限公司、北京玻钢院复合材料有限公司、北京天立成信机械电子设备有限公司、北京士兴钢结构有限公司、北京京仪绿能电力系统工程有限公司、浩华科技实业有限公司六家企业被市知识产权局认定为北京市专利试点单位。

（温富彪）

【延庆县利用广播电台宣传知识产权】 4月26—27日，县知识产权局在第十二个世界知识产权日来临之际，通过县广播电台《生活导航栏目》进行了为期两天的知识产权宣传。每天播出4次，共8次，每次播出时长12分钟。

（温富彪）

【科技政策法规宣讲】 5月18日、24日，在县职业技术教育中心举办"2012年科技政策法规宣讲会"，重点培训国家重点新产品计划项目申报、高新技术企业认定、科技型中小企业创新资金申报等科技政策，共有40多家企业参加了培训。

（温富彪）

【2012年延庆科技周活动举行】 5月22日，2012年延庆科技周开幕式在延庆五中举行。全县15个乡镇、3个街道、6个委办局主管科协工作的负责人及延庆五中师生共计600余人参加了科技周开幕式。县科协、县科技馆联合在延庆康安、永安小区、温泉东里南区等26个社区和延庆五中、延庆八中等多所学校开展了"科技进万家、百万家庭数字生活"海报巡展进社区、进学校活动，发放宣传材料500多分、张贴海报100余张。

（郝合奎）

【科技下乡活动】 5月24日，县科协联合市科协学联办、八达岭镇卫生院，聘请天坛医院胡长梅、吴升平、王素秋、卞宗方、袁方，北郊医院王翠平等知名专家在八达岭镇营城子村为当地百姓进行义诊。

（郝合奎）

【防灾减灾科普知识宣传活动举行】 8月31日，县科协、香水园街道办事处联合在香水苑公园举办以"积极行动，科学防范，提高公众应对自然灾害能力"为主题的防灾减灾科普知识宣传活动。

（郝合奎）

【科普工作者培训】 9月21日，"延庆县科普工作者培训班"在县职业技术教育中心开班。此次培训班共分2期，80余人次参加培训，通过培训进一步提升了全县科普工作的水平和质量。

（温富彪）

【举办全国科普日专家讲座进校园省城】 9月

26 日，由县科协和县科技馆举办的延庆“全国科普日”专家讲座进校园活动走进延庆四中、小丰营中心小学。

（郝合奎）

【县科协与东城区科协送科技下乡活动】 10月19日，延庆县科协与东城区科协开展了2012年送科技下乡活动，为延庆县香营村赠送了价值3万元的电教设备和科普图书。

（郝合奎）

【双百对接活动表彰会】 10月30日，市科委在汽车博物馆举办的科普基与社区双百对接表彰会。八达岭镇小浮坨村、詹天佑纪念馆、长城博物馆、北京市水生野生动物救治中心受到表彰。

（温富彪）

【延庆县开展专利执法检查】 11月23日至12月17日，县知识产权局对人民商场、中踏商场、京客隆商场、双信商场、国美电器商场、大中电器商场、沃尔玛商场、明和堂药店、全友家具城等14家商业企业开展专利执法检查，共检查专利产品19件。县知识产权局执法人员对涉及的专利商品及相关信息进行查验，并经国家知识产权局网站专利检索，未发现侵权假冒专利违法行为。

（温富彪）

【创新型科普社区表彰交流大会】 12月28日，市科委在天文博物馆举办的创新型科普社区表彰交流大会。八达岭镇小浮坨村获得市级优秀社区称号，张山营镇前黑龙庙村获得鼓励奖。

（温富彪）

【高新技术企业认定工作】 年内，依据科技部、财政部、国家税务总局联合印发的《高新技术企业认定管理办法》和《高新技术企业认定管理工作指引》，经市科委、市财政局、市国税局、市地税局组织专家评审，北京合力清源科技有限公司、北京三磊建筑设计有限公司、北京华泰润达节能科技有限公司3家企业，在市科委网站进行拟认定高新技术企业公示。

（温富彪）

【北京市科技进步奖申报工作】 年内，申报了由北京士兴钢结构有限公司承担的金属复合墙面系统及应用和北京雪莲时尚纺织有限公司承担的物理变性聚脂、铜离子络合导电等纤维在毛针织类服装中的应用研究两个项目，并在6月29日和7月6日进行了答辩。

（温富彪）

【科技成果转化】 年内，县科委为不断提升“延庆·有机农业”的品牌影响力，重点引进和推广了东方百合、彩色马蹄莲等特色花卉种植技术10余项。

（温富彪）

【科技资源调查】 年内，县科委对延庆县的财政科技拨款、科技人才、科技服务机构、科技普及、知识产权、科技企业、科学技术奖和科学技术成果推广等八个方面进行了调查，并形成了调查报告。

（温富彪）

【科技人才培养体系建设】 年内，县科委承担了县委组织部组织实施的“延庆县精品人才项目”中的“科技人才培养体系建设”子项目。根据项目要求制订了“科技之星”评选办法和农村科技协调员调查摸底工作方案，组织调查摸底和数据汇总分析。

（温富彪）

【科技项目通过验收】 年内，“优质葡萄酒产业带关键技术开发与示范工程”“优质种猪引进繁育及配套技术的研究与应用”“延庆循环农业技术服务平台建设”“天敌昆虫工厂化繁育与应用”等七个科技项目通过市科委组织专家的验收。

（温富彪）

【县科技项目列入第一批、第二批市级储备项目】 年内，“新能源科普展示中心建设”“葡萄优新品种引进及产业化开发”“高端葡萄酒产品开发及产业科技服务体系建设”项目列入2012年市科委第一批市级科技储备项目，“马铃薯新品种选育及微型种薯产业化开发”“延庆世界地质公园地质博物馆建设”项目列入2012年市科委第二批市级科技储备项目。

（温富彪）

【2012年延庆专利情况】 年内，据市知识产权

产权局统计，2012 年，延庆新增专利申请 70 件。其中，发明专利申请 36 件，实用新型专利申请 27 件，外观设计专利申请 7 件；新增授权专利 43 件。其中，发明专利权 13 件，实用新型专利 26 件，外观设计专利 4 件。

（温富彪）

【科技培训工作】 年内，县科协组织了多次农业科技培训活动。2 月 24 日，县科协、县果品服务中心技术管理站协同大榆树镇科协，为新宝庄村果农举办了杏树冬季修剪培训班。3 月 1 日县果品服务中心、县科协，在张山营镇下营村果树田间学校举办冬季修剪培训班。3 月 12 日县科协、县果树学会聘请国家葡萄产业体系北京综合试验站站长、市农林科学院林业果树研究所的张国军研究员，为香营乡香营村的果农送来了葡萄管理的新理念，新技术。4 月 11 日，县科协通过市蔬菜学会，聘请北京蔬菜研究中心高级农艺师陈春秀到八达岭镇小浮坨村为该村大棚种植菜农授课培训。

（郝合奎）

【科技进校园活动】 年内，县科协多次举办科技进校园活动。2 月 17 日，县科协、县科技馆联合在第四小学举办“科普图书进校园活动”启动仪式。3 月 29 日，由县科协、县科技馆主办的“体验科技北京，畅想世界城市”——科普大讲堂启动仪式在第四小学举行。4 月 13 日，由市科协青少年工作部出资近 30 万元建设的延庆县首个机器人工作室，在延庆四中举行了验收交接仪式。4 月 20 日，由县科协、县科技馆联合中国地质博物馆主办的“体验科技北京，畅想世界城市”——地质科普走进校园科普大讲堂活动启动仪式在县四海镇四海中心小学举行。5 月 23 日，县科协、县科技馆在延庆二中、延庆五中和十一学校举办了科技进万家“百万家庭数字生活技能大赛”科普讲座进校园活动。7 月 24 日，科技馆与中国电影博物馆、县科协和延庆五中共同举办了“电影伴随我长大”中国电影博物馆“社会大课堂——电影课堂”进校园活动。7 月 25 日，县科技馆与市科协、延庆县科协、县五中共同主办了“科学家科普讲座进校园”活动。10 月 26 日，县科协和县科技馆举办了“延庆县第三十届学生科技节”系列活动——健康科普进校园活动。11 月 14 日，由县科协和县科技馆举办的“延庆县第三十届学生科技节”系列活动——专家科普讲座走进延庆县第四小学、沈家营小学和二道河小学。

（郝合奎）

【科技大赛活动】 年内，县科协组织了多次科技大赛活动。3 月 2—4 日，延庆四中学生祁家政等 4 名同学在延庆科协、科技馆的组织下，参加第 12 届未来伙伴北京青少年机器人竞赛，均获得“未来技术精英奖”。9 月 28 日，组织村民和居民开展了“创建绿色北京 从你我做起”科普知识竞赛活动。县科协、县科技馆组织参加了北京市“2012 年北京青少年动手做科技竞赛”活动。

（郝合奎）

政策法规选

北京市人民政府办公厅印发《关于落实促进物流业健康发展政策措施实施意见》的通知

京政办发〔2012〕5号

（2012年3月14日）

各区、县人民政府，市政府各委、办、局，各市属机构：

《关于落实促进物流业健康发展政策措施的实施意见》已经市政府同意，现印发给你们，请认真贯彻落实。

北京市人民政府办公厅

二〇一二年三月十四日

附件：

关于落实促进物流业健康发展政策措施的实施意见

物流业是生产性服务业的重要组成部分。大力发展现代物流业，对于降低流通成本、保障和改善民生、普遍提高经济运行的质量和效益、优化提升城市综合发展环境，具有十分重要的意义。在首都推进中国特色世界城市建设和打造国际商贸中心的进程中，物流业承担着服务全国、辐射世界的产业支撑功能，同时也发挥着保障特大型城市正常运行、提升居民生活品质和便利程度的社会服务功能。

近年来，北京物流基础设施日益完善，行业规模迅速增长，运行效率不断提高，服务保障能力明显提升，总体上呈现平稳较快发展态势。但也应看到，与首都经济社会发展和服务改善民生的目标要求相比，物流业在发展政策环境、要素资源投入、服务水平和能力建设等方面仍需进一步完善和提高。为贯彻落实国务院办公厅《关于促进物流业健康发展政策措施的意见》（国办发〔2011〕38号）精神，进一步加快本市物流业发展，提出如下实施意见：

一、优化物流业发展环境

（一）全面贯彻落实国家关于物流企业的税收支持政策。做好增值税改革试点和落实大宗商品仓储设施土地使用税政策、企业重组改制中资产处置和人员安置等扶持政策的相关工作，切实减轻物流企业税收和经营成本负担。

（二）采取多种方式加大物流业土地政策支持力度，保障全市物流用地规模。积极争取将本市发展基础较好的物流园区纳入国家物流园区发展专项规划，在用地上给予重点保障。对于纳入

《北京市"十二五"时期物流业发展规划》的重点物流项目用地,在全市土地利用总体规划修编时统筹安排,涉及农用地转用的,可在土地利用年度计划中优先安排,未经批准不得擅自改变物流用地性质。积极支持利用工业企业旧厂房、仓库和存量土地资源建设物流设施或提供物流服务,涉及原划拨土地使用权转让或租赁的,应按规定办理土地有偿使用手续,经批准可采取协议方式出让。鼓励建设现代化立体仓库,集约利用土地资源,提高土地使用效率。

(三)切实促进物流车辆便利通行。按照有关规定,进一步加强收费公路管理,不断完善本市收费公路政策,努力降低物流运输成本。推行不停车收费系统,提高车辆通行效率。继续严格执行并完善鲜活农产品"绿色通道"政策,对鲜活农产品运输车辆进城通行提供便利。新、改、扩建大中型商业设施时,应同步配建商品装卸、存储等配套设施,并纳入交通影响评价审查,有效解决配送车辆停靠难、卸货难等问题。倡导商场、超市夜间收货。加大物流集散枢纽周边道路基础设施投资建设力度。

规范道路交通管理和超限超载治理行为。研究本市城市配送管理办法,对进入城区的货车实施规范管理,促进符合条件的物流配送企业向规模化、组织化、专业化发展。

(四)完善政府公共服务。将天竺综合保税区二期、空港物流基地东区、平谷国际陆港二期、亦庄保税物流中心(B型)、通州马驹桥口岸、新机场口岸等重点基础设施建设和全市性大型综合型农产品批发市场、大型农产品物流配送中心项目纳入"绿色审批"通道,加快建设进程,加大扶持力度,尽早投入使用。全面执行国家关于物流企业总部非法人分支机构设立的有关规定,为物流企业开展跨区域网络化经营提供便利。加强区域口岸合作,推进海关区域通关和检验检疫直通放行模式的实施。在首都机场等口岸创新监管模式,优化监管流程,实行快速、便捷的通关、通检措施,推动电子口岸建设,提高货物通关效率。在现有货运通行证审批程序的基础上,进一步提高办事及系统审核效率,缩短证件办理时间。加强物流统计基础工作,修订现行报表制度,不断完善统计核算制度,继续做好物流业统计监测工作。

二、加快物流业重点领域发展

(五)优先发展农产品物流。明确农产品批发市场和社区菜市场的公益性,统筹研究相关支持政策。在符合土地利用总体规划和城市规划的前提下,在土地供应计划中优先保障新建市场用地。落实国家关于农产品批发市场、社区菜市场的用地政策和农产品批发市场房产税政策。积极争取纳入国家农产品增值税抵扣政策调整试点。实行批发市场、社区菜市场水电气热价格与工业企业同价。规范和降低农产品批发市场、社区菜市场的摊位费等相关收费。在全市范围内形成2个全市性综合型农产品批发市场,各远郊区县确保形成1个区域性综合型农产品批发市场,建立起"2+15"的农产品批发市场体系。

加快农产品物流体系和相关设施建设。提高农产品配送中心的检测、加工、包装、仓储、配送等设施条件和水平,试点推行农产品物流全程跟踪、监控。加快冷链物流设施建设,逐步建立食品冷链物流全程追溯系统和肉类产品全程信息系统,保障食品安全。

加强农资连锁配送中心设施设备建设。促进农业标准化工作,进一步完善农业地方标准,强化一批农业标准化基地建设与管理,扩大可追溯农产品的数量和范围。提高农产品物流配送的组织化、规模化程度,开展农产品共同配送示范工程。大力发展"农超对接""农餐对接""农校对接""农企对接""场店对接"等流通新模式,在新建城市居住区严格按照相关规定,配套建设社区菜市场或相应的商业设施,不得随意改变用途。加强粮油仓储设施建设,建立和完善重要粮油物流节点,促进第三方粮油物流企业发展,推动仓储设施的社会化和运输服务的市场化,提高粮食储、运、装、卸"四散化"水平。

(六)整合资源发展专业物流。服务首都优势产业和战略性新兴产业发展,以汽车、电子、医药行业为重点,运用供应链管理和信息技术,促进制造业与物流业联动发展。推动现代物流与电子商务的集成发展,积极发展快递物流。提高社区配送站点覆盖率,解决"最后一公里"配送难题,便利居民生活,促进"一刻钟社区服务圈"建设。围绕优势企业,加大重组力度,打造服务水平高、核心竞争力强的龙头物流企业,鼓励中小物流企业加强联盟合作。鼓励生产制造型企业和商贸流通企业按照专业化分工原则,剥离或外包物流业务,提高物流发展的社会化程度。支持第三方物流企业发展,逐步提高行业集中度,促进集约化发展。发挥首都区位优势,强化与周边省市的深度合作,整合区域资源,优化首都经济圈物流产业空间布局,服务区域经济发展。加强国际航空港、铁路集装箱中转站、公路货运场站等枢纽建设,推广多式联运,积极发展集装箱运输、甩挂运输等现代运输方式。引导国际货代、报关、报检、船运公司等服务企业规范发展,引进拥有全球经营网络供应链管理能力的物流企业,推动国际物流发展,增强首都物流的国际影响力和辐射力。

三、强化物流发展的科技人才支撑

(七)推进物流技术创新和推广应用。依托国家及本市现代服务业综合改革试点和中关村国家自主创新示范区发展现代服务业试点工作,开展现代物流领域的科技创新和推广应用。鼓励符合条件的物流企业及为物流业提供技术服务的企业申请高新技术企业认定。推动物流发展的信息化、自动化、智能化、标准化,促进物流业从外延式增长向内涵式发展转变。加快物流服务标准体系研究,组织开展标准化应用示范项目,强化标准化工作对物流发展的支撑作用。

依托首都信息化水平高、科技资源丰富的优势,积极推进"两化融合",加大对物联网技术、货物快速分拣技术、无线射频识别技术(RFID)等先进适用技术的推广力度。推进公共物流信息服务平台建设。强化节能环保导向,开展新能源汽车在城市物流配送中的试点应用,推进绿色物流体系建设。

(八)加强物流人才队伍建设。发挥首都教育资源优势,加大不同层次物流人才培养和培训力度,大力推行校企合作办学的培养模式,普遍提高全行业的劳动者素质。完善人才激励政策,积极引进国内外优秀物流人才,特别是具有国际视野和全球网络运作能力的高端物流人才,为物流业的持续发展提供人力资源保障。

四、保障措施

(九)加强对物流业发展的组织协调。发挥本市现代物流工作联席会议的作用,按照部门职责细化政策措施,分解落实任务,及时研究解决本实施意见落实过程中出现的新情况和新问题。发挥行业中介组织的作用,加强自律,促进规范发展。

(十)多渠道加大对物流业发展的投入。高度重视物流业对产业发展的支撑作用和服务保障民生的基础性作用,以物流公共基础设施、直接关系民生的重点物流建设项目、信息化提升和先进技术应用示范项目等为重点,加大政府支持力度。拓宽投融资渠道,鼓励社会资金投向物流行业。支持金融、担保机构为物流企业发展提供融资服务,改善物流企业融资环境。支持符合条件的物流企业改制上市,利用资本市场做大做强。

北京市人民政府办公厅关于印发《北京市全民科学素质行动计划纲要实施方案（2011—2015年）》的通知

京政办发〔2012〕17号

（2012年4月9日）

各区、县人民政府，市政府各委、办、局，各市属机构：

《北京市全民科学素质行动计划纲要实施方案（2011—2015年）》已经市政府同意，现印发给你们，请认真贯彻执行。

北京市人民政府办公厅

二〇一二年四月九日

附件：

北京市全民科学素质行动计划纲要实施方案（2011—2015年）

根据《国务院关于印发全民科学素质行动计划纲要2006—2010—2020年》的通知（国发〔2006〕7号，以下简称《科学素质纲要》）、《国务院办公厅关于印发全民科学素质行动计划纲要实施方案（2011—2015年）的通知》（国办发〔2011〕29号）和《北京市国民经济和社会发展“十二五”规划纲要》，为实现本市全民科学素质工作2020年的目标，进一步安排“十二五”期间全民科学素质工作的阶段目标、重点任务和保障措施等，制定本实施方案。

一、背景和意义

自2006年国务院颁布实施《科学素质纲要》以来，本市大力开展全民科学素质建设工作，积极推动四类重点人群科学素质行动、奥运科普行动和四项基础工程建设，公民科学素质建设取得了显著成绩，全面实现了《科学素质纲要》确定的“十一五”期间的主要目标，为“十二五”开局和实现2020年长远目标奠定了坚实基础。2010年本市公民具备基本科学素质的比例达到10.0%，明显高于全国3.27%的平均水平，首都公民科学素质稳步提高并位居全国前列。

但是，应该清醒地看到，虽然本市全民科学素质建设成效显著，但也存在一些薄弱环节。比如，本市丰富的科技、科普资源有待充分发掘利用，全民科学素质建设的各方面力量有待进一步整合，本市全民科学素质建设的水平还需进一步提升。“十二五”时期是推动首都科学发展的关键时期，也是本市实施“人文北京、科技北京、绿色北京”发展战略，加快建设中国特色世界城市步伐，全力推进科技创新和文化创新“双轮驱动”，推动首都文化大发展大繁荣的重要时期。进一步加强公民科学素质建设，对于建设创新驱动的发展格局，加快转变经济发展方式，推动首都经济平稳较快发展，切实保障和改善民生等，具有重要战略意义。

二、方针和目标

（一）指导方针

深入贯彻落实科学发展观，按照“政府推动、全民参与、提升素质、促进和谐”的工作方针，立足于“人文北京、科技北京、绿色北京”发展战略和建设中国特色世界城市目标，紧紧围绕首都工作大局，服务科技创新、文化创新“双轮驱动”发展要求，弘扬“爱国、创新、包容、厚德”的北京精神，建设繁荣、文明、和谐、宜居的首善之区，提升首都自主创新能力，加强首都全民科学素质建设，在全社会倡导以科学的思想观察问题、以科学的态度看待问题、以科学的方法处理问题，形成“讲科学、爱科学、学科学、用科学”的良好风尚，促进首都经济社会和人的全面发展。

（二）发展目标

充分发挥首都科技、教育和人才资源优势，到2015年，科学技术教育、传播和普及在“十一五”基础上有显著发展。科学普及工作深入开展，科学知识、科学方法、科学思想、科学精神广为传播，不断推动科技和文化的融合，加快形成科技创新与文化创新“双轮驱动”的发展模式，全民科学文化素质得到显著提升，继续位于全国前列，力争达到国际化高端城市的水平。

1. 全社会贯彻落实科学发展观的积极性明显提高。围绕“节约能源资源、保护生态环境、保障安全健康、促进创新创造”的工作主题，加强对节能减排、防灾减灾、公共安全、健康生活等观念和知识的宣传普及。加快推进学习型城市建设，构建全民学习和终身学习的现代化教育体系，努力形成宽松和谐、健康向上的创新文化氛围，全社会的创造活力进一步增强，创新型人才大量涌现。

2. 广大市民提高科学素质的主动性显著增强。公众了解科学技术知识，掌握科学方法，树立科学思想）崇尚科学精神的愿望不断提高，运用科学知识和方法处理实际问题和参与公共事务的能力进一步增强。结合国家有关中长期科学和技术发展、教育改革发展和人才发展等规划纲要中提出的目标、任务和要求，继续推动未成年人、农民、城镇劳动者、领导干部和公务员科学素质行动，大力推动社区居民科学素质行动，以上述重点人群科学素质行动带动全民科学素质的整体提高。

3. 公民科学素质建设的公共服务能力大幅提升。全民科学素质建设的组织实施、基础设施、条件保障和监测评估等体系进一步完善。继续推进科学教育与培训基础工程、科普资源开发与共享工程、大众传媒科技传播能力建设工程、科普基础设施工程，尤其是要加快社区科普设施建设，利用信息技术等高新技术构建科普新模式，大力推进首都特有的科普资源集成与服务工程建设，使首都丰富的科普资源得到高效集成利用，使北京成为全国科普资源的研发基地、集散中心和国际交流平台。

4. 公民科学素质建设机制不断创新。政府加强领导，加大投入，完善法规政策，鼓励企业、社会组织和个人积极捐助或参与兴办公益性科普事业。制定优惠政策，设立示范、扶持+奖励项目，支持科普创意产业，引导企业兴办经营性科普产业。开发科普文化产品、科普动漫产品，逐步形成公益性科普事业与经营性科普产业并举的体制。

三、重点任务

“十二五”期间，本市的全民科学素质建设应站在新的历史起点上，不断开创新局面，继续大力推动全民科学素质建设，以促进经济社会和人的全面发展。一方面要通过全民科学素质建设，围绕推动科学发展、加快城乡一体化建设、加强民主政治建设、推动首都文化建设、促进社会和谐、着力改善民生等全市中心工作,使全民科学素质建设的步伐与建设中国特色世界城市的进程相一致;另一方面,要通过完善全民科学素质建设的政策法规和体制机制、创新科学教育与科学普及的内容与方法、推动重点人群科学素质行动和基础工程建设,为公众提供更多获取科技知识、享受科技福祉的机会,顺应人民群众过上更好生活的新期待,使全民科学素质在整体上有大幅度的提高。

根据指导方针和目标,"十二五"期间重点开展以下工作:

(一)未成年人科学素质行动

1. 任务

宣传科学发展观。结合首都"人文北京、科技北京、绿色北京"建设,宣传节约能源资源、保护生态环境、保障安全健康、促进创新创造等重点内容,使未成年人不断提高对科学的理解和对科学与社会相互作用的认知水平,从小树立人与自然和谐相处和可持续发展的意识。

完善基础教育阶段的科学教育。结合贯彻《国家中长期教育改革和发展规划纲要(2010—2020年)》,以学校(幼儿园)科学教育为基础,以提高课堂教学质量和丰富课外校外活动内容为手段,充分发挥学校(幼儿园)、家庭和社会三方的综合教育作用,开展形式多样的科技教育实践活动,激发未成年人学习科学知识的兴趣,从小培养科学的思维方式和行为习惯,使他们的创新精神、实践能力和整体科学素质明显得到提高,继续保持全国领先水平。

促进首都科学教育和科普活动的均衡发展。继续加强农村地区的科学教育质量,提高城区科学教育较薄弱学校的科学教育质量,关注未成年人中特殊群体的教育公平,为他们提供更多接受良好科学教育和参与科普活动的机会,培养他们独立学习和自我发展的能力。

2. 措施

在全市幼儿园开展学龄前科学启蒙教育。鼓励幼儿园、社区和家庭积极开展亲子活动,结合幼儿的特点,利用身边的事物与现象,激发幼儿的好奇心,启发幼儿的观察力、想象力和认知能力。

注重培养中小学生对科学的兴趣和爱好。推行启发式和探究式教学方法,把义务教育阶段科学教育的目标渗透到中小学教育的各门课程和各个环节,特别要提高综合性科学课程、分科的物理化学生物和地理等科学课程、劳动技术课程、安全教育课程、综合实践活动课程以及其它与科学相关的校本课程的教学效果,帮助学生在中小学阶段掌握初步的科学知识与技能。

加强高中阶段的科学教育。要引导高中阶段学生树立终身学习的理念,初步掌握学习科学知识的基本方法,使他们能够结合科学课程的学习进行自主探究,结合通用技术课程的学习尝试技术设计,并积极开展与科学相关的研究性学习、社区服务和其它社会实践,促进自身科学素质比义务教育阶段有较大提高。

大力营造崇尚科学的校园文化氛围。进一步缩小城乡、区域和校际之间科学教育的差距,大力推动全市中小学"科技教育示范校"创建活动,使基础教育阶段的科学教育均衡发展。

形成学校(幼儿园)、家庭和社会相结合的综合教育体系。全面整合校外科学教育资源,建立校外科技活动场所与学校科学课程相衔接的有效机制。全市要建设青少年科技活动中心等专门的科普活动场所,促进首都地区的科研院所、教育基地向青少年开放,利用科技类博物馆、科研院所等科普基地和其它青少年科技教育基地的资源,为校外科学教育服务。要充分利用首都雄厚的科技专家资源、大众传媒资源等,推进以未成年人为对象的科学传播活动。组织中科院老科学家科普演讲团、北京老科技工作者总会等智力资源,在全市中小学普遍开展科普讲座。

组织和引导未成年人参与各类科普教育活动。精心举办北京市青少年科技创新大赛,进一步提高参与率,并在全国青少年科技创新大赛上继续保持领先水平,使之成为有国际影响力的知名品牌。实施青少年科技后备人才早期培养计划和青少年科技创新"雏鹰计划""翱翔计划",发挥北京金鹏科技团的示范引领作用,办好北京学生科技节、首都"挑战杯"等活动。积极组织和引导未成年人参与"北京科技周""全国科普日"和"社会科学普及周"等主题活动,以及其他的国际+国内或区域性的科普教育活动。

积极创造条件,扩大科学教育的覆盖面。全面加强农村中小学生、残疾儿童少年、来京务工人员子女、社会弱势群体家庭子女、特殊家庭子女的科学教育。有针对性地为其提供更多参与科学教育、传播和普及活动的机会,保障未成年人中特殊群体的科学教育、传播和普及的权益。

3. 分工

由市教委、团市委牵头,市委宣传部、首都精神文明办、市科委、市经济信息化委、市司法局、市人力社保局、市环保局、市文化局、市卫生局、市广电局、市新闻出版局、市文物局、市体育局、市知识产权局、市妇联、市残联、市气象局、市科协、市社科联参加。

(二)农民科学素质行动

1. 任务

提高农民运用科技发展农业生产的能力。围绕首都城乡一体化发展的整体部署,结合郊区产业需要,将普及先进适用技术与提高农民科学素质结合起来,大幅提升农民保护生态环境,依靠科技发展生产+改善生活和增收致富的能力。

提高农民的健康意识和科学生活的能力。结合首都新农村建设的规划和农民自身需求,加强与农民健康、生活、文明相关的科学教育、传播和普及,促进他们在运用科学方法建设新型农村社区的同时,升华自身的科学思想和科学精神,使首都农民科学素质明显高于全国平均水平。

提高农村科普服务能力。加强农村科普示范体系建设,引导各类社会力量多元投入,促进科普资源向农村聚集,为促进首都农业加快发展,推进现代化农业建设做出贡献。

2. 措施

改进服务方式,加大对"三农"的科普服务力度。围绕农业科学生产和增效增收,以及农村劳动力转移的职业技能需求,依托农村科学教育、传播与普及的服务组织网络,为农村经济发展和农民科技致富服务。鼓励各类农业科技教育机构、组织、企业和其他社会力量参与多元化的农技推广服务,提高农民获取科技知识、技术技能和发展生产的能力,形成为"三农"服务的有效机制。完善农民教育培训体系,深入开展新型来京务工人员培养工程,采用农业科技入户、骨干农民研修、农民田间学校、乡土专家培训、农民致富科技服务套餐配送和专项技能培训等有效模式,开展现代农业实用技术和经营管理等方面的就业培训以及各类非农就业的技能培训,着力培养有文化、懂技术、会经营的新型农民。

发挥农业科技教育机构、社会组织和媒体作用,加强对农民科普宣传教育。继续实施百万农民健康工程、农村数字电影放映工程,普及卫生防病知识和科学健身知识,引导农民建立良好的卫生习惯和科学的生活方式。深入开展保护生态环境、节约水资源、保护耕地、防灾减灾和安全生产等相关科学理念、知识和技能的普及活动,倡导建立科学、文明、健康、环保的新型农村社区。加大对移风易俗和反对愚昧迷信、陈规陋习等内容的宣传教育,重点传播科学的思维方法,努力提高农民的基本科学素质,全面促进社会主义新农村建设。

促进科普资源向农村聚集,完善农村科普基础设施建设。以创建全国科技进步示范区(县)和全国科普示范区(县)为目标,大力实施农业科技入户示范工程,加强农业先进适用技术推广普及。大力发展农村科技、科普示范基地。继续推进光缆入村、网络入户工程,以信息化促进农村的科学教育、传播与普及。统筹利用、挖掘潜力,拓展和提升农村公共设施资源的科普服务能力,改建、扩建和新建相结合,形成各类科普基础设施优势互补、协同发展的良好格局。

加强农村科普示范体系建设,引导各类社会力量多元投入。继续做好"科普惠农兴村计划"的评选和奖补工作，不断加大奖补力度和奖补范围，扩大"科普惠农兴村计划"助力新农村建设的示范带动作用。进一步深化"双学双比"活动，引领广大妇女依靠科技创新创业－引导和鼓励各类科教机构、城乡社会组织、企业和其他社会力量，通过多元化的投入方式，开展科普惠农活动，为促进农业发展方式转变、加快推进现代化农业建设做出贡献。

3. 分工

由市农委、市科协、市妇联牵头，市委组织部、市委宣传部、首都精神文明办、市教委、市科委、市经济信息化委、市人力社保局、市环保局、市卫生局、市安全监管局、市广电局、市文物局、市体育局、市园林绿化局、团市委、市总工会、市气象局、市社科联参加。

（三）城镇劳动者科学素质行动

1. 任务

努力提升城镇企业从业人员的学习能力、职业技能和整体科学素质。结合首都转变经济发展方式和建设创新型、学习型城市，通过坚持学校教育与继续教育相结合，完善社会教育体系，开展多种形式的职业技能培训，培养大批具有良好素质的劳动者大军。

提高城镇企业科技人员的创新精神和创造能力。通过政策引导、企业扶持、科普培训、营造创新文化氛围等多元途径，培养一支首都城镇企业发展所急需的科技创新人才队伍。

围绕首都建设中国特色世界城市的要求，进一步提升来京务工人员的职业技能水平，增强其适应城市生活的能力。

2. 措施

加强科学教育培训。坚持学校教育与继续教育相结合，完善社会教育体系，不断提高科学素质。以首都职工素质建设工程为主要载体，引导企事业单位参与建立工学结合的职工教育和培训体系，尤其是促进社会组织、非公有制经济组织发挥自身优势，加强创新方法的宣传普及，提高职工的科学素质，充分发挥网络资源的作用，开展技术交流和技能竞赛活动，鼓励倡导群众性技术创新和发明。制定劳动者应具备的基本科学素质标准，将科学教育内容纳入各级各类职业教育和成人教育的课程和培训教材。倡导和普及低碳经济、节能降耗、保护环境、安全生产、健康生活等观念和知识，激发提高科学素质的愿望，培养获取知识改变生活方式的能力。

加大创新人才培养力度。实施"促进青年科技人才成长计划"，开展"北京优秀青年工程师"评选活动和"讲理想、比贡献"活动，加强"院士专家工作站"建设，影响和带动企业科技人员开展创新活动。探索提升企业自主创新能力的模式，举办"首都创新论坛"和创新理论培训系列活动，实施按专业、定方向的梯次深度培训，服务在京企业的创新需求。

开展多种形式的职业技能培训。实施"五年五万"新技师和"五年二十五万"高级工培养等技能型人才培养工程。各区县、各有关部门根据区域经济和行业发展需要，制定本地区和行业技能型人才培养规划。加快培养生产、服务一线急需的技能型人才，特别是培养现代服务业技能型紧缺人才。根据建设中国特色世界城市和首都转变经济发展方式对技能人才的需求，以及大力发展家庭服务业和企业岗位用工的实际需要，进一步完善职业培训政策，充分用好首都优质培训资源，完善政府购买培训成果机制。以提高城镇失业人员技能水平和就业能力为目标，开展多层次、多形式的职业技能培训。围绕企业自主创新和现代服务业发展需求以学习能力、职业技术能力和技术创新能力为重点，提高二、三产业从业人员科学素质。实施科技助残工程，提高残疾人获取科学知识、掌握劳动技能和改善自我生存环境的意识和能力。

提升来京务工人员的科学素质。强化来京务工人员的技能培训和知识普及，针对新生代来京务工人员的需求和特点，广泛开展科普进工地等活动。建立来京务工人员和用工单位、劳务输出组织共同开展职业培训的机制。继续实施来京务工人员培训计划，在家政服务、护理行业免费为来京务工人员提供职业技能培训服务。

3. 分工

由市人力社保局、市总工会、市安全监管局牵头，市委宣传部、市委社会工委、首都精神文明办、市教委、市科委、市经济信息化委、市民政局、市卫生局、市广电局、市文物局、市体育局、市知识产权局、团市委、市妇联、市残联、市气象局、市科协、市社科联参加。

(四)社区居民科学素质行动

1. 任务

宣传科学发展观，普及节约资源、保护环境、节能减排、健康生活等知识，促进社区居民树立科学精神、掌握科学方法，形成科学、文明、健康的生活方式。

提升社区居民应用科学知识解决实际问题、改善生活质量、应对突发事件和防灾减灾的能力，激发社区居民提升自身素质的主动性和积极性。

围绕建设社会主义和谐社会首善之区，提升社区科普服务能力，完善社区公共服务体系，营造有益于每个居民提升科学素质的社会环境。

2. 措施

建立健全社区居民科学素质工作体系。加强各级政府和相关部门对社区居民科学素质工作的协调与服务。根据社区的实际状况与需求，明确责任主体，配备专(兼)职人员，建立必要的工作队伍，将科学素质工作列入年度工作计划，落实经费预算，切实把社区居民科学素质工作落到实处。

大力开展社区科学素质教育活动。围绕安全健康、节能环保、防灾减灾等内容，开展北京科技周、全国科普日、科普之夏、首都科学讲堂、绿色北京大讲堂、周末社区大讲堂等活动。发挥北京市社区服务信息网和社区宣传设施的科普作用，推动社区教育在提高居民科学素质、服务民生和促进社会和谐方面的作用。面向社区老年人、妇女、少年儿童开展科学、安全、健康等宣传和教育活动，引导未成年人正确使用网络资源，获得有益知识，拒绝不良信息。面向来京务工人员开展提升自身素质、适应城市生活的宣传教育活动。

提高社区科普服务能力。继续组织实施“社区科普益民计划”，扩大覆盖面，使受到奖补的社区达到全市社区总数的30%。重点建设一批科普示范社区发挥示范引领作用。编写《社区居民科学素质读本》《社区科普工作手册》。推动社区数字科普视窗建设。结合社区地域、文化等不同特点，建设一批具有时代气息、体现高新技术特点、满足不同人群需要的科普设施。组织和动员社区学校、科普学会(协会、研究会)、科普俱乐部、科普志愿者，为社区居民的科学素质建设服务。实施高校科协与社区科普组织对接工程，组织有志于社区科普教育的学者、科研工作者、实用技术专家和在校学生为社区科普服务。

创新社区科普工作模式。搭建社会化的社区科普工作平台，充分利用和整合社区内外科普资源，在科普产品、信息资源、人力资源等多方面建立共建共享机制。鼓励社区内外的各种组织和单位积极参与社区科普活动，拓宽社区科普工作范围。

3. 分工

由市科协牵头，市委宣传部、市委社会工委、首都精神文明办、市教委、市科委、市经济信息化委、市民政局、市环保局、市文化局、市卫生局、市安全监管局、市广电局、市新闻出版局、市文物局、市体育局、团市委、市妇联、市残联、市气象局、市红十字会、市社科联参加。

(五)领导干部和公务员科学素质行动

1. 任务

通过科学教育培训、宣传普及等途径，使各级领导干部和公务员掌握科技发展动态，充分认识科技对于国民经济和社会发展的支撑和引领作用，提高贯彻落实科学发展观的自觉性，增强科学决策、科学管理能力，为提升全社会的科学素质发挥示范作用。

2. 措施

加强领导干部和公务员科技教育培训的组织工作。依据《中共中央办公厅关于印发2010—2020年干部教育培训改革纲要的通知》（中办发〔2010〕8号）、《国务院办公厅关于转发人力资源社会保障部国家公务员局2011—2015年行政机关公务员培训纲要的通知》（国办发〔2011〕14号），将提高机关干部、公务员和事业单位、国有企业负责人科学素质的内容列入各级干部教育计划。各级党校、行政学院、干部学院和各类干部培训机构要将科学素质教育内容列入教学计划。办好北京市公务员科学素质大讲堂，举办公务员科学素质知识竞赛，组织参观科研单位和科普场所。

提高领导干部和公务员学习科学知识的自觉性和主动性。集中配发《领导干部和公务员科学素质读本》，在市属主要媒体创办有关提高领导干部和公务员科学素质的栏目和节目，在北京市领导干部"在线学习"课件开发建设过程中进一步加大"科技知识及其应用"等相关内容的比重，鼓励领导干部和公务员自主学习科学知识。

将提高科学素质作为学习型机关建设的重要内容。各级党委（党组）中心组将科学发展观、创新型国家建设等战略思想以及我国科技发展规划作为理论学习的重要内容。

在选拔录用、竞争上岗、考察任命、综合评价工作中体现对领导干部和公务员科学素质的要求。

围绕"科技北京"行动计划的实施，领导干部要率先了解主要内容和项目进展，学习必要的科技知识，推动各项工程的落实，提升决策能力和领导水平，充分发挥领导干部和公务员在"科技北京"行动计划中的示范、引领作用。

3. 分工

由市委组织部、市人力社保局牵头，市委宣传部、首都精神文明办、市科委、市经济信息化委、市环保局、市文化局、市卫生局、市广电局、市文物局、团市委、市妇联、市气象局、市科协参加。

（六）科学教育与培训基础工程

1. 任务

加强科技教育教师队伍建设，提高教育培训质量；加强科学教育教材开发，创新教育培训方法；加强教学基础设施建设，改善科学教育与培训的基础条件。

2. 措施

拓宽科技教育教师科学素质培训渠道，提高教师能力水平。实施"北京科技教育名师十百千工程"，培养在全国具有影响力的科技教育名师。实施首席科技教育名师培养计划，为每个区县培养具有较高科技教育能力与水平的首席科技教育名师。

提高面向社会大众科学素质培训的教材质量。根据青少年、农民、城镇劳动者、社区居民、领导干部和公务员的特点和需求，以科学发展观、先进适用技术、职业技能、现代科技知识为主要内容编写科学教育培训教材。提高职业教育、成人教育以及各种科学素质教育与培训的教材质量。

进一步改善科学教育基础设施。充分利用现有的教育培训场所、基地，配备必要的教学仪器和设备，为开展科学教育与培训提供基础条件支持。加强中小学特别是农村中小学科学教育基础设施建设、建立健全实验室、图书室，充实实验仪器、教具、音像设备、计算机等教学器材，并面向社会提供服务。

引导社会力量参与科学教育。建立科技界、企业界和教育界合作推进科学教育发展的有效机制，扩大和提高青少年科技辅导员队伍－强化各级党校、行政学院、高等院校、科研机构、职业学校、函授学校、广播电视学校等机构的科学教育和培训功能，鼓励和支持科普场馆、市民学校、社区教育学院、成人文化技术学校等开展科学教育与培训，建立不同职业、不同工种、布局合理的职业技能培训基地。

3. 分工

由市教委、市人力社保局牵头,市委组织部、市委宣传部、市发展改革委、市科委、市民政局、市农委、市文化局、市卫生局、市文物局、市体育局、市知识产权局、团市委、市总工会、市妇联、市残联、市科协、市社科联参加。

(七)科普资源开发与共享工程

1. 任务

加强科普资源开发,丰富科普文化产品,推动首都文化的大发展、大繁荣;加强优质科普资源整合,建立科普资源共享和交流机制;将首都科技、人才优势转化为科普优势,大幅提升科普能力。

2. 措施

加大科普资源开发力度。继续资助自然科学科普图书与音像制品的创作出版,打造北京科普创作品牌。鼓励、扶持科普剧、科普动漫、科普网络游戏等科普文化作品的开发创作,带动科普书刊和科普玩具等衍生产品的开发生产,继续办好北京科普动漫创意大赛。重视报刊、电视、网络和手机等媒体科普资源开发。鼓励将科学、文化、艺术融为一体的科普资源开发。建设北京科普资源共享服务平台,确立全国科普资源研发共享中心,鼓励和吸引更多的社会力量参与科普资源开发。

加速科普资源整合。以科普超市、科普资源库等方式收集科普产品,拓展科普资源的服务范围,促进各区域、各部门彼此分离的资源相互补充、相互协调、优化配置。建立科普图库、科普动漫作品库、科普报告库、科普音像库、科普图书库等多种类的科普资源数据库。集成科普人才资源,进一步充实、完善包含科技工作者、科普工作者、科普志愿者在内的科普人才队伍。发挥网络和数据库集成信息资源的作用,用好"蝌蚪五线谱""科学松鼠会"等科普专业门户网站,推进"网上社科普及园"建设,通过科普信息发布、资源导航、资源搜索、资源展示以及论坛、博客、网上调查等功能,为公众和科普工作者提供资源发现、使用、分享的途径,提供信息交流和沟通的渠道。

加强科普资源共享。把科学研究和科学普及有机结合,逐步推进科研机构、高校、大型国有企业的实验室面向社会开放,实行科普场馆免费等。推动科技创新与文化创新的有机结合,发挥科普在首都文化大发展、大繁荣中的重要作用,在全国科普日和北京科技周、社会科学普及周、商业科技周等重大活动中,集中向公众展示丰富的科普资源。组织科普产品博览会、交易会,促进资源的交流。以中国科技馆等大型科普场馆为科普资源共享中心,以巡展、交换、重点支持等方式,促进科普资源利用。成立北京科普资源联盟,积极创新科普资源共享模式。

加强国际合作与交流。积极引进国外优秀科普作品、借鉴国际先进科普创作理念和方法、促进首都科普创作整体水平的提高。

3. 分工

由市科协牵头,市委宣传部、首都精神文明办、市教委、市科委、市经济信息化委、市民政局、市环保局、市市政市容委、市农委、市文化局、市安全监管局、市广电局、市新闻出版局、市文物局、市体育局、市知识产权局、团市委、市总工会、市气象局、市社科联参加。

(八)大众传媒科技传播能力建设工程

1. 任务

进一步加强大众传媒科技传播力度,提升科技传播质量;充分发挥新兴媒体的科技传播作用;加强大众传媒突发事件应急科普能力建设。

2. 措施

进一步提升媒体科技传播质量和效果。坚持媒体科技传播的严肃性,揭露伪科学;提升大众传媒从业者的科学素质和科学传播能力,践行"北京精神"。北京日报、北京人民广播电台、北京电视台、北广传媒、北京科技报、全民科学素质行动专刊等有关在京媒体要发挥科技传播主渠道作用,为提高公民科学素质做贡献。把握媒体“分众化”“对象化”的新趋势,加强科技传播的针对性。贴近生活,服务受众,拉近科技与群众的距离。开展科技记者与编辑的培训,提升科技传媒工作者的能力和水平。进一步探讨大众传媒科技传播理论体系,研究大众传媒科技传播新模式,开发大众传媒科技传播高效资源,发展大众传媒科技传播创意产业发展。

充分发挥新兴媒体的科技传播功能。加强互联网新技术在科技传播服务中的应用和网络科普原创资源开发,发挥博客、论坛、在线通讯、IP电视、数字电视、手机等新兴媒体的科学传播功能。依托相关媒体,开设科普电视栏目,开发适合的科技传播内容和方式。

建立大众传媒应急科学传播体系。发挥电视广播受众广泛的优势,针对受众的不同心理和层次需求提供多样化的科学抗灾信息服务。发挥互联网交互性、时效性优势,推出专题网页,加强与网民的即时互动交流。发挥移动媒体方便快捷优势,加强抗灾期间移动媒体的科技传播规划,形成规模辐射效应。

3. 分工

由市委宣传部牵头,市教委、市科委、市经济信息化委、市民政局、市环保局、市市政市容委、市农委、市文化局、市广电局、市新闻出版局、市文物局、市体育局、团市委、市总工会、市妇联、市气象局、市科协、市社科联参加。

(九)科普基础设施工程

1. 任务

提升现有科普基础设施的科普能力;拓展社会设施资源的科普功能;推进基层科普设施建设,优化科普基础设施布局;实现科普资源服务公平普惠。

2. 措施

增强科普基础设施的科普教育功能和服务能力。加快建设北京科学中心。对中国科技馆、自然博物馆、北京天文馆等国家和市级科普基地,要强化需求导向,完善运行机制,创新服务方式,)加强展示教育内容的互动性、展出形式的多样性和展示教育资源的时效性,增强科普基础设施的吸引力和服务效果。通过科普基地联盟,实现科普基地互惠、互利、合作,进一步提升科普基地联合服务的能力。

挖掘科技项目和社会设施的科普教育功能,增加科普基础设施数量。配合重大科技项目和工程的实施,建立现代科技和创新成果展示基地。支持产业科技馆或博物馆建设-引导公园、商店、书店、医院、影剧院、图书馆、体育场所等公共场所逐步增加科普设施,开展科普宣传活动。逐步提升科普主题公园以及观光农业园、动植物园、地质公园、矿山公园、自然保护区、湿地保护区、风景名胜区等场所科普能力,增加旅游业尤其是工业旅游的科普元素。

加强社区、乡村科普设施建设。“社区科普益民计划”和“科普惠农兴村计划”的奖补资金主要用于科普设施建设。支持农业科技产业园配备科普宣传设施和实验仪器设备,支持乡村配备农业实验和农产品检测设施,支持户外科普设施建设。继续开展创新型科普社区创建活动。盘活存量与发展增量相结合,统筹区域、城乡不同类型科普设施的发展,在新城建设和城南计划中注重科普场馆建设。

3. 分工

由市科委牵头,市委宣传部、首都精神文明办、市委社会工委、市发展改革委、市教委、市民政局、市财政局、市规划委、市市政市容委、市农委、市文化局、市卫生局、市文物局、市体育局、市园林绿化局、团市委、市总工会、市妇联、市残联、市科协参加。

（十）首都科普资源集成与服务工程

1. 任务

加强与中央单位合作，动员中央在京单位特别是国家科技、教育、文化机构的科普资源为首都科普事业发展服务；为在京社会组织参与首都科普公共服务搭建平台；以科普资源联盟为依托，利用外国驻京使馆、跨国公司和大型企业的科普资源为全民科学素质建设服务。

2. 措施

积极探索中央在京单位科普资源为首都公众的服务模式。倡导包括两院院士在内的中央单位科技工作者更加广泛而深入地参与科普工作，充分发挥中央科研教育单位退休老同志的智力优势，服务首都市民科学素质工作。整合中央在京科技、教育、文化以及企业的科技资源，形成具有高端水平、独具特色的科普项目。建立国家实验室“社会开放日”活动机制，鼓励科研创新成果转化为科普资源。鼓励中央企业建立专业性博物馆、科技馆。鼓励高校师生面向社会广泛开展科普志愿服务。

拓宽社会组织参与首都科普事业的渠道。鼓励和支持全国性社会团体、民办非企业单位、基金会等组织从事科普公益事业，通过招标、奖励、补贴等形式培育科普服务市场主体，搭建社会组织参与科普公共服务的平台。积极培育科普领域的社会组织，形成科普类社会组织的合理结构。

加强与外国驻京使馆、跨国公司和大型企业科普资源的合作交流。积极动员外国驻京使馆、跨国公司和大型企业发挥自身优势，参与北京的科普活动，为首都市民提供多元化的科普服务。

3. 分工

由市科委、市科协牵头，市委宣传部、首都精神文明办、市教委、市经济信息化委、市环保局、市市政市容委、市农委、市文化局、市文物局、市广电局、市新闻出版局、市体育局、市知识产权局、团市委、市总工会、市妇联、市残联、市气象局、市社科联参加。

四、保障和实施

（一）政策法规

建立和完善全民科学素质建设的政策法规体系。进一步明确政府机关、社会组织、企事业单位及公民个人在公民科学素质建设中的权利、责任和义务。适时对《北京市科学技术普及工作条例》进行修订。继续将全民科学素质建设工作纳入北京市国民经济和社会发展总体规划体系及北京市中长期科技发展规划，统筹安排，深入推动。完善奖励、激励制度。制定和完善相关政策法规，严格北京市科学技术普及工作先进集体、先进个人评选标准和程序，奖励在科普工作中做出突出贡献的科技工作者、教师、管理人员、企业家和社会各界人士及单位。制定相关的认定标准和表彰奖励办法，鼓励和吸引企事业单位、社会组织、个人兴办非营利的公益性科技教育、传播与普及机构。重点扶持科普设施开发和科普网络游戏及科普动漫等产业的发展。

（二）经费投入

加大财政资金投入力度。各级政府要认真贯彻落实《中华人民共和国科学技术普及法》和《北京市科学技术普及条例》，将科普经费列入同级财政预算，结合社会经济发展和全民科学素质建设发展的实际需要，逐步提高科普投入水平，保障科普工作顺利开展。进一步加大对社会科学普及工作的投入力度。

落实各相关部门实施经费。各有关党政部门、事业单位和人民团体根据所承担的任务，按照预算管理的规定和现行资金渠道，统筹考虑和落实所需经费，纳入部门预算。拓宽社会资金投入渠道。切实执行《国务院办公厅转发财政部中宣部关于进一步支持文化事业发展若干经济政策的通知》（国办发〔2006〕43号）、《财政部国家税务总局海关总署科学技术部新闻出版总署关于印发鼓励科普事业发展税收政策问题的通知》（财税〔2003〕55 号）和《科学技术部财政部国家税务总局海关总署新闻出版总署关于印发科普税收优惠政策实施办法的通知》（国科发证字〔2003〕号）中有关对公益性科普事业的捐赠税收优惠政策，并依据《全民科学素质行动规划（2011—2015 年）》，鼓励捐赠，广辟社会资金投入渠道。落实完善捐赠公益性科普事业税收政策，广泛吸纳境内外机构。个人的资金，支持首都全民科学素质建设。

落实职工科学教育培训经费。切实执行《国务院关于大力推进职业教育改革与发展的决定》（国发〔2002〕16 号）中有关"一般企业按照职工工资总额的 1.5% 足额提取教育培训经费，从业人员技术要求高、培训任务重、经济效益好的企业可按 2.5% 提取，列入成本开支"的规定，足额提取职工教育培训经费，并将其中主要部分用于职工科学素质建设。

（三）队伍建设

加强专职科普工作者队伍的建设。建立科普工作者教育和职业培训体系，开展多种形式培训和进修活动，全面提升在职科学技术教育、传播与普及人员的科学素质和业务水平，有计划地做好各项目的主要操作人员的培训工作。鼓励高等院校、研究机构和科普场馆联合设置相关专业或研究教学中心、博士后流动工作站，培养科学技术教育、传播与普及的专门人才。

加强科普志愿者队伍的建设。建立有效机制，充分调动在职科技工作者、科技教育教师、科技记者与编辑，以及离退休的科技、教育、传媒工作者参加公民科学素质建设的积极性，形成相对稳定的科普志愿者队伍。采取高校科协与区县科协、企业科协共建方式，组织大学生、研究生开展科普志愿服务。加强管理，完善考核与激励机制，切实将科普志愿服务落到实处。

（四）组织实施

市政府领导全市《科学素质纲要》的实施工作，定期听取工作汇报并对全民科学素质实施工作进行督促检查。在北京市科普联席会议制度下，设立北京市全民科学素质纲要实施工作办公室，负责制定工作规划，提出总结任务安排，协调各成员单位共同推动任务落实，指导各区县科学素质工作。

各有关部门要充分履行相关工作职责，将有关任务纳入相应工作规划和计划，发挥各自优势）密切配合，形成合力。

各区（县）在区县科普工作联席会议制度下推进《全民科学素质纲要》实施工作，将公民科学素质建设纳入当地国民经济和社会发展的总体规划，将本规划的重点任务列入年度工作计划，纳入目标管理考核。

（五）监测评估

依据《中国公民科学素质基本标准》开展北京全民科学素质调查，为《科学素质纲要》的实施提供依据。

按照"人文北京、科技北京、绿色北京"战略和建设中国特色世界城市的总体要求，建立《科学素质纲要》的实施和检测指标体系。

2015 年，组织开展检查，对"十二五"期间北京市全民科学素质工作进行总结和评估，继续推进组织实施工作。

北京市人民政府办公厅关于印发《首都标准化战略纲要重点任务分解方案》的通知

京政办发〔2012〕22号

（2012年4月27日）

各区、县人民政府，市政府各委、办、局，各市属机构：

《首都标准化战略纲要重点任务分解方案》已经市政府同意，现印发给你们，请结合实际认真贯彻落实。

北京市人民政府办公厅

二〇一二年四月二十七日

附件：

首都标准化战略纲要重点任务分解方案

一、任务分解

（一）大力实施中关村标准创新试点示范工程，提升企业的标准创制和应用能力

1. 围绕战略性新兴产业、涉及综合竞争力的重大科技领域和首都重点建设项目、中关村现代服务业试点，超前部署一批重点标准研制项目，大力开展标准研究、标准创制和标准实施，形成一批具有自主知识产权和市场应用前景的先进标准，支撑中关村国家自主创新示范区建设。

主责单位：中关村管委会、市科委、市质监局、市发展改革委、市金融局、市经济信息化委等相关单位

2. 支持企业开展标准研究和制定，构建企业标准体系。

主责单位：市科委、中关村管委会、市质监局

3. 鼓励企业将拥有自主知识产权的关键技术与专利纳入企业标准，促进科技研发、标准创制和成果产业化协调发展。支持企业承担国际标准、国家标准、行业标准和地方标准的制定工作。

主责单位：市知识产权局、市质监局、市科委、中关村管委会、市经济信息化委

4. 在本市重点发展领域，支持、引导形成以大中型骨干企业和行业龙头企业为核心，以标准为纽带的产、学、研一体化标准联盟。

主责单位：市科委、中关村管委会、市经济信息化委、市教委、市质监局

5. 鼓励联盟企业自主研发和联合攻关，支持跨行业、跨领域集成创新，形成一批有核心技术、有

广阔市场前景、产业链上下游企业广泛认同并积极遵守的联盟标准，实现联盟企业间技术互补和兼容。

主责单位：市科委、中关村管委会、市质监局、市经济信息化委

6. 鼓励已有的标准联盟发挥整体优势，促进技术标准产业化，不断提升产业整体竞争力。

主责单位：市经济信息化委、中关村管委会、市质监局

(二)加强重点产业标准化，提升产业发展水平

1. 发挥本市科研和标准化资源优势，以关键技术标准创制为切入点，大力推进战略性新兴产业标准化，强化战略高技术和优势技术标准化。

(1)新一代信息技术

结合国家重大专项，围绕本市物联网重点应用需求和应用试点工程，积极参与、跟进国家物联网标准相关工作，推动具有自主知识产权的科研成果转化为标准。制定全市总体物联网设备编码赋码、信息接入和共享交换等各类基础标准。制定各行业、各领域物联网应用建设相关标准。结合国家发展改革委、工业和信息化部云计算试点，开展云计算技术标准、服务标准和安全管理标准的研究制定，探索构建适合我国国情的云计算标准体系。基于IPv6(下一代互联网协议)、移动互联网等下一代互联网应用方面的自主创新成果建立标准体系。

引导LTE/4G关键技术的标准创制及产业化，加大在LTE(长期演进趋势)关键技术多用户协同领域的研究及其标准化推进力度。推动建立具有自主知识产权的新一代移动通信标准体系。重点开展新一代数字电视传输和信源技术等关键技术标准研制。

对接国家重大科技专项，在极大规模集成电路关键技术标准研发方面实现突破，通过标准化提升重点工艺技术、研发关键设备，推动极大规模集成电路工艺技术和关键装备产业化。

(2)生物医药

加强新型疫苗、诊断试剂、抗体药物等领域标准的研发和创制，建设符合国家GMP(良好作业规范)标准的原料车间和制剂车间。

推进实验动物质量相关产品标准化，开展大型实验动物微生物、寄生虫、遗传、营养、环境控制标准体系研究。推动实验动物饮用水、笼器具等地方标准制定。

(3)高端装备制造

开展高档、专用数控装备，大型、高性能工程施工基础设备，高速铁路建设作业设备，中低速磁浮列车等设备领域标准研发。

大力推动绿色印刷、数控机床、集成电路专用装备、电站设备、自控系统等本市优势行业技术标准制定与推广应用。推动形成超超临界火电机组关键阀门设计制造技术标准。

(4)新能源

在锂离子电池、太阳能电池、高效太阳能产品、风电设备、生物质能和浅层地能、核能发电、沼气利用、储能系统等领域，开展从设备制造到应用的相关标准研发和创制。推动高压电力系统安全技术和抗电磁干扰标准制定。

(5)新材料

研究制定电子信息材料、生物医用材料、环境材料和新能源材料、高性能结构材料、建筑行业及建材用新材料等方面的标准。

加强纳米材料绿色印刷制版产业技术和以光电子、光伏材料为主的电子信息材料技术标准创制及产业化推广应用。

(6)新能源汽车

研究制定纯电动轿车、环卫车、客车电驱动系统标准，整车匹配及集成标准，电动汽车安全相关

标准,高压电力系统安全技术和抗电磁干扰标准,高性能锂离子动力电池标准和充电机、充电站、充电桩、相关通讯接口等关键技术标准,并加强实施。

(7)节约能源

支持节能新技术、新工艺、新设备、新材料标准的研究工作,重点开展LED(绿色照明)、建筑节能、节油及石油替代、节能动力设备、节能减排改造等方面标准制定,深入开展能效评估标准研究。

(8)航空航天

开展发动机、系统控制等航空航天核心技术相关标准研发,推广民用航天相关产品及运营服务等相关标准的应用,形成相关产品制造、铸造、加工、检测技术标准,以及大型焊接设备技术标准。

建立空间科学与应用标准体系,进行空间站重要技术和未来国际合作等方面的标准研制,开展空间物理、空间天文、微重力、探月工程、空间生命科学、航天医学等相关标准研究。

研制遥感卫星平台、传感仪器、测绘及遥感应用标准,推动面向应用需求的卫星遥感产业发展。

主责单位:市科委、市经济信息化委、中关村管委会、市药监局、市发展改革委、市规划委、市质监局、市公安局

2. 鼓励企业加大对新一代信息技术、生物医药、新能源、节能环保、新能源汽车、新材料、高端装备制造和航空航天等战略性新兴产业的投入,加强对具有自主知识产权、可形成产业或增强产业竞争力的技术标准研究、制定和实施。

主责单位:市发展改革委、市科委、中关村管委会、市经济信息化委、市知识产权局、市质监局、市药监局

协办单位:市财政局

3. 配合物联网、云计算、电动汽车等战略性新兴产业领域重点项目的实施,着力推进相关技术标准研制,加速科技成果产业化。

主责单位:市经济信息化委、市科委、中关村管委会、市质监局

4. 引导企业利用高新技术和先进适用技术,加快企业标准技术内容更新和提高,促进本市工业发展方式转变和产业结构优化升级。

主责单位:市经济信息化委、市科委、市质监局

5. 围绕拓展提升城市服务功能,加强支撑六大高端产业功能区和四大高端产业新区发展的标准研制,提高服务标准的市场适应性。

主责单位:市科委、市发展改革委、市质监局、中关村管委会

6. 重点选择金融服务、流通服务、商务服务、信息服务和科技服务、法律服务等生产性服务业进行创新性标准化工作,促进生产性服务业精细化管理。

主责单位:市发展改革委、市金融局、市商务委、市经济信息化委、市科委

协办单位:市司法局、市财政局、市工商局、市知识产权局、市人力社保局、市旅游委、市公安局、各有关区县政府

7. 深化旅游、商贸等传统服务行业标准化。完善本市旅游标准体系,每年对全市旅游标准体系开展研究评估。做好旅游标准化试点工作。

主责单位:市旅游委

协办单位:市质监局、各区县政府

8. 开展服务机构等级划分和评价工作,推进餐饮、洗染、照相、美容美发等生活性服务业标准化。加强废旧物品回收、利用标准化工作,加大报废机动车拆解、二手物品交易管理等方面标准实施力度,促进废旧物品资源化、处置处理无害化。

主责单位:市商务委、市发展改革委、市环保局

协办单位:市旅游委、市卫生局等相关单位

9. 大力推进服务业企业标准化试点示范工作,提升企业服务品质,打造“北京服务”品牌,促进本市现代服务业发展。

主责单位:市发展改革委、市商务委等相关单位、各区县政府

10. 鼓励在文化艺术、出版发行和版权贸易、影视节目制作和交易、动漫和网络游戏研发制作、广告会展、古玩艺术品交易、设计服务、文化旅游、体育休闲等领域开展标准创新和创制。

主责单位:市委宣传部、市科委、中关村管委会、市质监局、市发展改革委、市经济信息化委、市文化局、市体育局、市文物局、市市政市容委、市知识产权局、市版权局

协办单位:市统计局

11. 鼓励对动漫、网络游戏等产品进行标准化生产,支持完善和实施地面(移动)数字电视、IPTV(交互式网络电视)、手机电视等新媒体标准,研究构建具有首都特色的文化创意产业标准体系。规范文化创意产业健康、有序发展,有效支撑30个市级文化创意产业集聚区建设,巩固和提升首都文化创意产业发展品质和优势地位。开展文化创意领域内标准实施情况调查、分析和评估,进一步提升标准适用性。

主责单位:市委宣传部、市文化局协办单位:市科委、中关村管委会、市质监局、市发展改革委、市知识产权局、市经济信息化委、市新闻出版局、市广电局

12. 以都市型现代农业发展、农产品质量安全、重大动植物疫病防控、农业生产安全为重点,按照《北京市“十二五”时期标准化发展规划》确定的重要项目,加强农业投入品、农产品生产过程与农产品供应,种苗、果树花卉产品,质量等级、设施标准以及蜂产业、沙产业标准制定与实施,尽快建立都市型现代农业标准体系。

主责单位:市农业局、市园林绿化局、市质监局

13. 优势主导农产品全面实现标准化生产,编制农业标准化基地建设指南,实施农业标准化基地分级动态管理,创建优级标准化基地,实现标准化基地的持续建设与发展提升。在农产品生产环节,积极探索农产品分级、包装标识等标准实施。开展多功能农业标准化试点示范,支持农业与服务业相融合,打造农业高端产业。

主责单位:市农委、市农业局、市园林绿化局、市旅游委、市质监局

(三)强化城市管理标准化,提升政府管理水平

1. 开展百项节能标准建设工程,建设高效的能源利用标准体系,大幅提高本市节能水平。

主责单位:市发展改革委、市质监局、市经济信息化委、市规划委、市住房城乡建设委、市市政市容委、市交通委、市教委、市农委、市水务局、市商务委、市旅游委、市文化局、市卫生局、市体育局、市统计局

协办单位:市财政局、市科委

2. 严格实施国家相关能效标准,加大绿色建筑和低碳城市建设标准化力度,推进建筑节能和可再生能源应用。

主责单位:市住房城乡建设委、市规划委、市发展改革委

3. 加强与城市能源供应相关的设施设备、工程设计施工、管理运行等方面标准化。大力推动太阳能、生物质能、地热能、风能等新能源及可再生能源利用标准研制和实施。

主责单位:市发展改革委、市住房城乡建设委、市规划委、市市政市容委

协办单位:市农业局

4. 推进城市循环水综合利用标准建设,继续编制主要行业用水定额,制定特殊行业用水管理规范和雨水利用工程设计标准,强化水资源管理。实施严格的行业取水定额标准和用水器具、设施设

备节水规范。

主责单位:市水务局

协办单位:市规划委

5. 完善本市地方环保标准体系,积极发挥环保标准在经济与环境协调发展中的引导、调控作用。继续以改善环境质量为中心,研究制定更加严格的大气、水、固体废弃物、噪声和电磁辐射等排放控制标准,减少污染排放,提升环境质量。

主责单位:市环保局

6. 推动郊区生态修复、生态保护和自然保护区相关标准建设,规范评价指标体系,促进生态环境质量提升。

主责单位:市园林绿化局

7. 进一步健全本市园林绿化标准体系建设,强化城市绿化建设中规划、养护和保养等基础性标准研制和实施,提高绿化美化技术水平。

主责单位:市园林绿化局

8. 加强园林绿化地方标准制定,按照《北京市"十二五"时期标准化发展规划》确定的重要项目,重点开展林业生态、森林碳汇、高保护价值森林判定、有机果品、生物质能源、园林绿化废弃物资源化利用、园林设计、施工、养护以及公园与自然保护区、湿地可持续控制等方面标准的研制工作。

主责单位:市园林绿化局

9. 围绕新城建设、旧城保护和城乡一体化,完善城市规划、旧城保护、建筑安全和住宅产业化等相关标准,打造高水准城市建筑。

(1)加强村镇建设标准及标准体系的研究制定。加强村镇基础设施规划建设,重点在产业布局、给排水基础设施规划配置、消防安全、旧房节能改造、再生能源利用、农村住宅节能材料开发与利用等方面加强标准研制。建立村镇工程建设标准体系,重点在农村住房质量与安全防护、抗震与节能改造、危房改造、公共浴室建设等方面加强标准研制与实施。加强农村建筑从业人员的标准化培训。

(2)强化建筑工程施工现场安全操作与管理,物业服务与房屋管理、维修、安全使用等方面标准研制,抓好以加强结构和质量安全为重点的标准制(修)订及贯彻实施。

(3)开展建筑节能领域标准研制,出台适合本市居住建筑节能和公共建筑节能要求的设计、施工、验收标准,并抓好实施。抓紧研制太阳能光伏建筑一体化、新型节能保温墙体技术、建筑节能改造技术等方面标准。出台绿色建筑设计、施工验收、等级划分与评价标准,推动绿色建筑示范和认证。

(4)建立住宅产业化标准体系。加强住宅规划、住宅设计、部品生产、物流、安装施工、验收、一次装修等环节标准研究。

主责单位:市住房城乡建设委、市规划委、市农委

协办单位:市科委、市发展改革委、市市政市容委

10. 围绕国土资源的有效利用,建立国土资源标准体系,开展土地资源调查、地籍管理、地质灾害防治等标准制定和实施。

主责单位:市国土局

11. 加大涉及城市热力、电力、燃气等基础设施建设相关标准研制和实施力度,建立协调统一的市政基础设施建设与运行管理标准。

主责单位:市市政市容委、市发展改革委

12. 建立城乡建设中规划设计、施工验收标准体系,确保设计标准和施工标准合理对接。

主责单位:市规划委、市住房城乡建设委

13. 紧密结合首都城市环境建设和精细化管理需求,加快研制和完善数字市政建设、网格化管理等领域的技术标准,通过标准化、规范化管理进一步提高城市运行效率。以垃圾处理关键技术、市政公用事业服务、城市环境建设与改善、市政市容管理绩效评价等为重点,进一步提高城市市容环境建设标准化水平。

主责单位:市市政市容委

协办单位:市环保局、市科委、市质监局、市经济信息化委

14. 围绕推进城市轨道交通建设和交通快速通勤网络建设,研究制定轨道交通工程设计、施工、监理、验收等规范,指导轨道交通建设。优化公共交通布局,加快推进城市枢纽型、功能性、网络化重大基础设施建设标准化和公共交通服务标准化。

主责单位:市重大办、市规划委、市住房城乡建设委、市交通委

15. 加强具有首都特色的现代化城市综合交通体系相关标准研究。加大对城市公共交通图形标识、停车系统基础设施等标准的推广实施力度,提升交通通行能力和服务水平。

主责单位:市交通委、市公安局、市规划委

16. 围绕智慧北京建设,进一步完善信息化标准体系。

主责单位:市经济信息化委、市质监局

17. 推进泛在、智能、可信的基础设施和公共基础平台建设标准化,强化各类信息共享、智能监测和智能服务专项平台建设标准化。

主责单位:市经济信息化委、市广电局、市通信管理局

18. 加强无线网络、电视网络等信息基础设施建设,制定出台通信和有线广播电视基础设施设计、施工及验收规范,推进三网融合。

主责单位:市通信管理局、市广电局、市经济信息化委、市住房城乡建设委

协办单位:市规划委

19. 加快推进世界文化遗产、文物保护单位、地下文物埋藏区、重点历史建筑、旧城整体保护和博物馆建设相关标准研究、创制,着力构建与文物保护和旧城改造相适应的标准体系。试点对文物保护单位服务水平开展评价。

主责单位:市文物局、市住房城乡建设委、市规划委、市市政市容委、市民防局

20. 在人防工程详细规划、地铁沿线及车站周边区域人防工程与地下空间相结合规划编制工作中,加强地下空间开发设计、施工、安全监控、风险评估、持续利用等关键技术领域标准研制及应用,形成地下空间建设与利用标准体系。

主责单位:市规划委、市住房城乡建设委、市民防局

21. 加快对有限空间作业、职业卫生防护、重大危险源监控等城市运行领域的标准研制,加大对危险化学品、烟花爆竹和非煤矿山等传统高危行业领域标准化的支持力度,建立重大危险源标准化评价、管理、监控体系的建设技术规范,增强对全市重大危险源的标准化管理水平,形成科学合理的安全生产标准体系。成立安全生产标准化专家委员会,建立健全安全生产标准实施和监督机制。

主责单位:市安全监管局、市公安局

协办单位:市经济信息化委、市质监局

22. 研究建立流通环节食品安全技术标准体系。重点在食品冷链运输及销售、主食厨房安全操作、不合格食品无害化处理、食品供应链追溯、超市企业自检等方面开展标准研制。按照标准体系要求,组织标准的制定、实施及监督检查,定期开展效果评价。

主责单位:市卫生局、市食品办及市食品安全委员会相关成员单位

23. 开展治安管理、消防安全、突发事件应急指挥等领域标准化探索,加强和完善科技创安建设配套规范和标准研究,完善首都公共安全标准体系,制定社会信息采集及管理标准,建立符合首都特色的基层应急标准体系。

主责单位:市公安局、市经济信息化委

(四)推进公共服务标准化,提升民生保障能力

1. 通过标准手段,重点推进各类社会保障制度整合衔接。

主责单位:市人力社保局

2. 针对老龄化问题,加强城乡养老服务标准化工作,推进养老服务基础设施建设和服务水平提升。

主责单位:市民政局

3. 加强社区管理和服务、社会福利和保障等公共服务标准制定,促进社会公益事业发展。

主责单位:市社会办、市民政局

4. 实施居民健康标准工程,构建市民健康标准体系,全面提高市民健康水平。

主责单位:市卫生局、市体育局

5. 加强社区体育基础设施建设,推动全民健身事业发展。

主责单位:市体育局、市社会办

6. 加快体育场馆等级划分、服务管理、公共安全和场所开放条件、基础术语、信息符号、使用要求及检验方法等方面标准制(修)订。推进全民健身一卡通、社区体育基础设施等相关标准研制和体育竞赛表演、培训、中介、体育休闲、彩票、社区体育等方面标准化工作。

主责单位:市体育局、市社会办

7. 推行医疗服务标准化,开展基本医疗服务标准调研。依据国家关于落实人人享有基本医疗卫生服务工作部署和要求,参照国际医疗服务理念,借鉴国际医疗服务管理经验,结合本市经济社会发展水平、常住人群数量与构成、疾病风险、基本医疗服务需求、医疗卫生资源配置、服务能力和管理水平,建立基本医疗服务标准体系框架。

主责单位:市卫生局

协办单位:市财政局、市人力社保局

8. 重点加强医院服务流程标准化和社区卫生服务标准化。加快推进本市医疗信息化和管理服务标准化,实现医疗信息电子化,提高医疗机构服务效率和水平。

主责单位:市卫生局

协办单位:市经济信息化委、市发展改革委、市财政局、市人力社保局

9. 建立公共卫生事件应急机制标准体系及重大传染病防控标准体系,提升本市应对公共卫生突发事件能力。

主责单位:市卫生局、市药监局

10. 更新完善中小学办学条件标准,探索建立义务教育阶段不同学段教师基本标准。

主责单位:市教委

11. 重视校园治安、校舍安全、食品安全和出行安全等关键标准的制(修)订和实施,提升全市校园和幼儿园环境安全水平。

主责单位:市教委、市公安局

协办单位:市规划委、市交通委、市卫生局

12. 以提升素质为着眼点,尝试用标准化手段推动义务教育资源均等化。探索包括高等教育、职业教育在内的教育标准体系。

主责单位：市教委

13. 推进"六型社区"建设，在社区环境整洁、社区管理规范、社区服务完善、社区安全稳定、社区健康幸福，社区文明祥和等方面推进规范化、标准化建设，建立健全社区基本公共服务标准体系，推动"一刻钟社区服务圈"建设，提升社区服务管理水平。

主责单位：市民政局、市社会办、市质监局

14. 逐步建立人力资源服务标准体系，推行劳动力就业、人才流动一站式服务标准化，提高岗位对接能力。推动标准化人才队伍能力评价，促进人才合理使用。

主责单位：市人力社保局

协办单位：市质监局

（五）加强交流与合作，提升城市国际影响力

1. 推动中关村与国外先进标准组织的战略合作，探索建立双边信息沟通机制和资源共享机制。吸引国际标准组织及其技术机构入驻本市开展服务。

主责单位：中关村管委会、市质监局

协办单位：市政府外办、市经济信息化委

2. 支持建设中关村国际标准认证大厦和中关村标准检测认证公共服务平台，充分利用本市科技资源优势，集聚中央在京标准化研究机构和大专院校，构建央地标准化战略合作机制，挖掘、策划、遴选重大标准化合作项目，开展项目攻关，共享标准化成果，共同服务首都发展。

主责单位：市质监局、中关村管委会

协办单位：市科委、市教委

3. 以京津冀都市圈建设为契机，进一步加强京津冀地区标准化合作与交流，加强协调联动，搭建资源共享、信息互通、技术合作、人才培养的互动平台。围绕京津冀城市发展的共同需求，开展标准化联合攻关。选择具有共性的领域开展标准一体化试点，促进区域经济发展。

主责单位：市质监局、市科委、市经济信息化委

协办单位：市交通委、市环保局、市旅游委等相关单位

4. 推动本市优势技术进入国际标准化领域。引导和支持产、学、研联合攻关，促进优势特色技术、战略产品和关键技术转化为国际标准。支持企业积极参与国外技术标准制定。

主责单位：中关村管委会、市质监局

协办单位：市科委、市教委、市经济信息化委

5. 鼓励本市企业在国外推广应用首都特色标准，促进其主导制定的技术标准走向国际，占领国际市场。

主责单位：中关村管委会、市经济信息化委

协办单位：市质监局、市商务委

6. 支持出口型企业按照国际标准或进口国标准与技术法规组织生产，鼓励企业积极消化吸收国外先进技术，推动产业优化升级，提升产品国际竞争力。

主责单位：市商务委、市经济信息化委

协办单位：北京出入境检验检疫局、市质监局

7. 为企业搭建参与国际标准化活动的桥梁，探索与国际、区域标准化组织合作新模式。引导企业实质参与国际标准化活动，积极承办国际标准化会议、举办国际标准化论坛。加强与主要贸易伙伴在标准化领域的交流与合作，提高国际交流合作工作水平。

主责单位：中关村管委会、市质监局、市经济信息化委、市政府外办

协办单位：北京出入境检验检疫局、市商务委等相关单位

8. 加强对国际标准和主要贸易国标准的研究，及时收集、整理、分析大宗出口产品进口国和目标市场的技术性贸易措施，开设技术性贸易措施信息资讯平台，加强 WTO（世界贸易组织）专业知识普及，维护本市经济安全和产业利益。

主责单位：市商务委、北京出入境检验检疫局、市质监局

协办单位：市经济信息化委

二、措施分解

（一）创新首都标准化工作机制

1. 建立统一推进全市标准化工作的统筹机制。

主责单位：市质监局、市编办等相关单位

2. 实施重大项目带动机制。围绕科技创新、产业结构调整、公共服务、城市管理和民生保障等领域，以重大工程、重大需求为引导，集中优势力量和优质资源，推动实施一批重大标准化项目。

主责单位：市科委、市经济信息化委、中关村管委会、市发展改革委等相关单位

协办单位：市质监局

3. 建立政府引导、中介机构为主体的标准、检测和认证一体化推进机制。引导和鼓励中介机构开展标准符合性评定、检测和认证工作，强化政府对检测、认证结果的采信。

主责单位：市质监局、中关村管委会

协办单位：市科委、市发展改革委

4. 建立标准创新奖励制度，奖励具有重大影响的优秀标准项目，以及在标准化领域做出突出贡献的行业组织、企事业单位、标准化专业技术组织和个人。

主责单位：市质监局、市科委、市人力社保局、中关村管委会

协办单位：市财政局

（二）完善地方标准化法律法规和政策环境

1. 研究地方立法推进本市标准化战略实施的具体方式，研究、完善与标准化战略实施相适应、符合本市标准化事业发展实际的配套地方性法规、规章。

主责单位：市质监局

协办单位：市政府法制办

2. 完善本市技术标准制（修）订专项补助资金管理办法，进一步加大对本市企事业单位参与制（修）订技术标准的支持力度。支持企业承担国际标准、国家标准、行业标准、地方标准的制（修）订工作。重点对涉及可能主导产业未来技术发展方向和市场份额争夺的标准制定予以支持。

主责单位：市质监局

协办单位：市财政局

3. 研究制定引进国际国内标准组织机构的支持政策。

主责单位：中关村管委会、市质监局

协办单位：市财政局

4. 进一步鼓励承担科技计划项目的单位，在科研的同时开展技术标准研究创制，将形成技术标准草案作为科研项目验收、项目评定指标的组成内容之一。

主责单位：市科委、市质监局

5. 对具有引领、规范作用和市场应用前景的标准，作为各项成果认定、评奖指标的重要内容。对已经形成国家标准、行业标准、地方标准的技术成果，明确为重要支撑材料，技术成果单位可到市科学技术奖励工作办公室申请进行成果登记。

主责单位:市科委、市质监局

6. 研究并制定企业及联盟承担国际国内标准化技术委员会秘书处的鼓励政策。积极参与国际标准化活动,增强话语权。鼓励本市企业在国外进行首都特色标准的推广应用。

主责单位:中关村管委会、市质监局

协办单位:市财政局

7. 研究制定知识产权纳入企业标准的政策。

主责单位:市知识产权局、市质监局

协办单位:中关村管委会、市财政局

8. 研究制定培育标准化咨询服务业的扶持政策。

主责单位:市质监局

协办单位:中关村管委会、市财政局

9. 完善政府采购政策,鼓励采购按照新技术生产且质量符合标准要求的新产品。

主责单位:市财政局

协办单位:市质监局、中关村管委会等相关单位

10. 研究建立标准化统计制度。探索在中关村国家自主创新示范区统计报表制度中设置标准化统计指标。

主责单位:市统计局、中关村管委会、市质监局等相关单位

(三)加快标准化人才队伍建设

1. 重点引进一批本市重点发展领域急需的国际型、复合型的标准化领军人才。

主责单位:市人力社保局、中关村管委会、市经济信息化委等相关单位

2. 汇聚一批既掌握标准化专业知识,又熟悉专业技术、精通外语、了解国际规则、懂得国家政策和产业发展规划的标准化专家人才。建立标准化专家智库。组织科研机构、政府部门、院校及相关领域专家参与标准评审、论证和咨询工作。

主责单位:市质监局

3. 对技术人员进行标准化基础知识和概念培训,培育一批标准化业务骨干。开展标准化专业技能考评,提高基层队伍工作水平。

主责单位:市质监局、市人力社保局、市教委等相关单位

(四)健全经费保障机制

1. 加大政府对标准化经费的投入力度。增加社会公益性标准化工作经费,重点保障社会公益性事业方面重要标准的研究、制定、推广、实施。

主责单位:市财政局、市科委、中关村管委会、市经济信息化委、市发展改革委、市质监局等相关单位、各区县政府

2. 加强对重大标准化项目的经费支持,重点保障战略性新兴产业和影响产业未来发展方向的重要标准研究、制定、推广、实施。

主责单位:市科委、市财政局、市经济信息化委、市发展改革委

协办单位:中关村管委会、市质监局、各区县政府

3. 引导和鼓励企业、社会加大标准化活动投入。逐步建立政府、行业、企业等多方投入、共同支持标准化建设的经费保障机制。

主责单位:相关单位、各区县政府

4. 加大对标准化资金的统筹力度。建立标准化经费统筹机制。结合各部门职责分工和项目需求,建立由相关部门组成的市级标准化资金联合工作组,协调、指导全市标准化资金统筹使用。

主责单位:市财政局、市质监局、市科委、中关村管委会、市经济信息化委、市发展改革委、市知识产权局等相关单位

(五)加强标准化基础建设

1. 根据本市产业发展和城市管理需要,加快标准化服务体系建设。

主责单位:市质监局、中关村管委会、市科委、市经济信息化委、市发展改革委等相关单位

2. 以首都标准网为依托,形成国内领先的标准数据库,提升标准信息服务水平。

主责单位:市质监局

协办单位:市科委、中关村管委会、市经济信息化委、市发展改革委等相关单位

3. 加快培育和发展标准研究、咨询、服务、合格评定等标准化中介服务组织,探索建立标准化中介服务市场运行机制。

主责单位:市质监局、市科委、中关村管委会、市发展改革委等相关单位

协办单位:市财政局

(六)加强标准化宣传培训

1. 建立市、区(县)、街(乡)标准化宣传网络。

主责单位:市委宣传部、各区县政府

2. 推进标准化培训、教育、研究进高校。

主责单位:市教委、市质监局

协办单位:市人力社保局

3. 加强标准化岗位培训和继续教育,培育标准化意识。

主责单位:市质监局、市人力社保局、市教委等相关单位

关于印发《践行"北京精神"在全社会大力弘扬和培育创新精神的若干意见》的通知

京科教组发〔2012〕1 号

(2012 年 1 月 10 日)

北京市科技教育领导小组各成员单位,各区、县科技教育领导小组:

为进一步践行"北京精神",在全社会大力弘扬和培育创新精神,经北京市科技教育领导小组同意,现将《践行"北京精神"在全社会大力弘扬和培育创新精神的若干意见》印发给你们,请结合实际,认真贯彻落实。

附件:践行"北京精神"在全社会大力弘扬和培育创新精神的若干意见

北京市科技教育领导小组

二〇一二年一月十日

附件：

践行“北京精神”在全社会大力弘扬和培育创新精神的若干意见

以“爱国、创新、包容、厚德”为主要内容的“北京精神”是首都人民长期发展建设实践的概括和总结，体现了社会主义核心价值体系的要求，体现了首都历史文化的特征，体现了首都群众的精神文化追求，其中，“创新”是“北京精神”的精髓。创新是民族进步的灵魂，是国家兴旺发达的不竭动力，是时代精神的核心。为进一步践行“北京精神”，在全社会大力弘扬和培育创新精神，现提出如下意见。

一、充分认识弘扬和培育创新精神的重要性

（一）一个国家和民族的创新能力，直接关系到国家前途和民族命运。在全社会大力弘扬和培育创新精神，是提高首都创新能力的重要举措，是构建科技创新和文化创新“双轮驱动”发展格局的基础工作，是建设国家创新中心和全国文化中心的必然要求，是实施“人文北京、科技北京、绿色北京”战略、建设中国特色世界城市和全力推动首都文化大发展大繁荣的重要途径。充分认识弘扬和培育创新精神的重要性，要从首都科学发展的高度出发，在巩固已有成果的基础上，采取有效措施、扎实推进，积极营造有利于创新的良好社会风尚。

二、弘扬和培育创新精神的指导思想、基本原则和目标

（二）当前和今后一段时期，弘扬和培育创新精神的指导思想是：以马克思列宁主义、毛泽东思想、邓小平理论和“三个代表”重要思想为指导，深入贯彻落实科学发展观，充分整合首都科技、教育、文化资源，在全社会大力弘扬和培育创新精神，加快建设先进创新文化，提升创新创业的服务能力，促进创新人才培养，激发全社会创新活力，夯实首都创新发展的社会基础，为实施“人文北京、科技北京、绿色北京”战略和建设中国特色世界城市做出积极贡献。

（三）弘扬和培育创新精神要遵循以下原则：1. 坚持以人为本的原则。以促进人的全面发展为核心，逐步完善有利于创新精神培育的政策、制度、设施和环境，不断提高社会公众的创新精神、创新意识和创新能力。2. 坚持整体把握、循序渐进的原则。对我市创新精神培育工作进行总体把握，针对不同人群与重点任务，采取有效措施，循序渐进、持之以恒，实现从量变到质变的飞跃。3. 坚持政府引导、全社会参与的原则。以政策为杠杆，密切与在京中央机关、高等院校、科研院所、企业、文化机构等之间的联系，动员社会力量，积极主动参与到弘扬和培育创新精神的事业中来。4. 坚持注重实效与着眼长远相结合的原则。着眼我市长远发展，提早部署全社会创新精神培育的相关工作，将创新精神的培育与实际工作相结合，采取有效措施，确保各项工作扎实推进。

（四）弘扬和培育创新精神的目标是：到 2020 年，为建成国家创新中心和全国文化中心，形成创新思想活跃、创新资源集聚、创新能力强劲、创新氛围浓郁的创新软环境；创新创业的服务体系更加成熟，创新人才的培养体系更加完善，创新文化的传播体系更加健全；自由探索、敢于创新的创新理念深入人心，宽容失败、开放包容的创新文化更加繁荣；关注创新、服务创新、支持创新、参与创新的良好社会风尚基本形成，全社会创新能力明显提升。

三、把企业和高校院所的创新提高到一个新水平

（五）加快建设政府推动、市场主导、社会参与的创新创业服务体系，支撑企业家创新需求。推动企业创新平台、创新创业基地建设；提升科技孵化器、大学科技园、留学人员创业园、科技成果产业化基地等创新载体和各类中介机构、社会组织的专业服务能力；推进各类技术交易市场建设，加强知识产权保护，促进企业快速成长。

（六）构建有利于创新创业的体制机制。充分发挥中关村先行先试政策优势，进一步优化有区域特色的政策环境。在股权激励、科技金融、知识产权等方面大胆创新，研究制定引导企业加大研发投入、加强创新的政策措施。各有关单位要积极深入基层开展政策宣讲和创新帮扶，加快创新方法推广普及，激发企业创新活力。

（七）建立有利于创新的评价、激励机制，推动高等院校、科研院所大力弘扬创新精神，进一步加强对科研人员的创新精神培育；健全科研诚信制度，形成鼓励探索、崇尚创新、宽容失败的良好科研环境。大力推进股权激励和创业帮扶等措施，探索更加有效的投入激励机制、专利保护机制和科研成果转移转化机制，鼓励科研人员创新创业。

（八）健全和完善创新人才的发现和培养体系，按照“及早选苗、重点扶持、跟踪培养”的工作要求，加大对具有创新潜质的优秀人才资源的开发力度。支持高等院校、科研院所与企业联合培养创新人才；支持“未来科技城”等重点人才培养基地建设，扶持北京生命科学研究所等一批新型科研机构发展；在创新人才的发现评价、教育培养、流动配置、激励保障等方面，不断创新体制机制，加快推进中关村人才特区建设。

四、坚持不懈地开展创新教育

（九）切实推进素质教育，加大创新教育力度。要不断探索创新教育的方法和途径，将培育创新意识、创新思维和创新能力渗透到各级各类教育教学中。鼓励青少年积极参与各类科技发明、创新创意活动，着重培育学生独立思考和解决问题的能力。

（十）逐步构建以学校教育机构为主体，继续教育、社会培训等社会教育机构为补充，各方力量共同推动的创新教育体系，探索联合培养创新后备人才的工作机制。各科研教育机构应积极配合素质教育改革，搭建创新教育平台，试点建设后备人才培养基地。

（十一）要加大对教师队伍的培训力度，结合先进创新教育理念，不断提升教师的创新意识，提高教学水平与能力。鼓励科研工作者参与创新教育，形成一支专兼结合、素质较高、人数众多、覆盖面广的创新教育工作队伍。

五、积极推动创新文化的繁荣和发展

（十二）从推进社会主义核心价值体系建设的高度出发，深化文化体制改革，大力发展首都创新文化。鼓励科技与文化相结合，以文化创意产业等为载体，发展和推出一批反映创新成就、倡导创新思维的高质量、有影响力、群众喜闻乐见的图书、动漫、影视剧、公益广告和展览等，营造有利于创新的浓厚社会氛围。

（十三）充分发挥报刊、广播、电视、网络等媒体的主渠道作用，努力拓宽传播渠道，多层次、多角度阐释和弘扬创新精神。打造若干有影响力的创新文化建设精品栏目，大力弘扬宣传企业家的创新精神，树立一批创新人物、创新企业和创新团队典型，推进公众对创新的理解与支持，形成“各行各业支持创新、各个方面服务创新”的强大合力。

（十四）各单位、各部门应结合各自工作实际，树立创新观念、建立创新制度、鼓励创新行为，大

力倡导敢于担当、敢于碰硬、敢于创新和宽容失败的创新理念，推动形成单位、部门创新文化。

六、广泛深入开展市民创新精神培育工作

（十五）完善创新教育网络，提升市民创新意识。将学习型组织建设与创新教育相结合，完善涵盖职工、农民、领导干部和公务员等各类人群的创新教育网络，系统深入地开展面向社会的创新教育培训。不断探索实践，深入社区、农村等基层开展创新精神宣传活动。

（十六）加快青年创业园和见习基地等建设，完善有利于青年人员创新创业的网络平台。加大对全社会创新创业的政策宣讲和培训力度，鼓励科研人员、企业家等深入基层讲述创新创业的亲身经历，充分发挥科技服务机构等社会组织在社会创新中的服务作用，逐步提升全社会创新创业能力。

（十七）全市各相关部门应积极探索，将创新文化的宣传教育与实际工作有效结合起来，组织开展丰富多彩的创新文化活动。充分尊重群众的首创精神，鼓励市民进行发明创造、技术革新，广泛开展群众性创新创业活动，搭建市民创新平台，激发广大市民的创新创业热情。

（十八）高等院校、科研院所、企业、文化创意产业园区等应建立开放共享机制，利用自身资源，面向社会开展内容丰富、形式多样的创新教育活动。积极推进科技资源科普化，打造首都科技成果展示平台，推动创新成果在全社会进行展示，让公众更真切地感受创新魅力，体验创新成果，提升市民的创新意识和创新能力。

七、切实加强对弘扬和培育创新精神工作的领导

（十九）各级党委和政府要把弘扬和培育创新精神作为一项事关全局的战略任务，列入重要议事日程，切实加强领导。市科教领导小组要充分发挥组织领导作用，加强统筹协调和资源整合；各部门、各区县要密切配合，建立分工负责、齐抓共管的工作机制，推动形成党委领导、政府负责、部门联动、社会协同、全民参与的工作格局。

（二十）要建立健全全社会共同参与的创新精神培育体系，整合利用各种科技、教育和文化资源。高等院校、科研院所、媒体和社会组织要切实担负起弘扬和培育创新精神的责任，相互配合、相互促进，既要加强自身的创新文化建设工作，又要积极参与到全社会的创新精神培育工作中来。

（二十一）要进一步研究弘扬和培育创新精神的新途径和新渠道。各有关单位要专题研究创新精神的内涵、培育模式、发展途径及国内外在创新精神培育、创新文化建设和创新人才培养等方面的相关理论与实践，夯实创新精神培育的理论基础。深入研究创新精神培育与科技、教育、文化等工作之间的内在联系，探索开展创新精神培育的有效模式。要加强交流和学习，借鉴国内外在创新精神培育中的突出成果和先进经验，为进一步弘扬和培育创新精神提供有效支撑。

（二十二）要对在弘扬和培育创新精神中做出突出贡献的集体和个人进行表彰和奖励。各区县、各部门要结合实际，研究制定弘扬和培育创新精神的激励机制，建立科学合理的测评体系，开展定期评价。充分发挥政府奖励的导向、示范作用，在全市范围内定期评选创新精神培育工作先进个人和优秀团队，给予表彰奖励。

在全社会大力弘扬和培育创新精神，是践行“北京精神”的重要举措。各有关部门和社会各有关方面，要以高度的责任感、使命感，根据各自担负的职责和任务，采取有效措施，狠抓贯彻落实，勇于开拓创新，注重工作实效，切实把弘扬和培育创新精神的各项工作落到实处。

关于印发《首都创新精神培育工程实施方案(2012—2015年)》的通知

京科教组发〔2012〕2号

(2012年1月10日)

北京市科技教育领导小组各成员单位:

为做好《践行“北京精神”在全社会大力弘扬和培育创新精神的若干意见》贯彻实施工作,经北京市科技教育领导小组同意,特制定《首都创新精神培育工程实施方案(2012—2015年)》。现予印发,请遵照执行。

附件:首都创新精神培育工程实施方案(2012—2015年)

北京市科技教育领导小组

二〇一二年一月十日

附件:

首都创新精神培育工程实施方案(2012—2015年)

为贯彻落实《践行“北京精神”在全社会大力弘扬和培育创新精神的若干意见》,全力构建创新创业的服务体系、创新人才的培养体系和创新文化的传播体系,进一步培育全社会的创新精神,营造良好的创新氛围,加快建设创新文化,特制定本方案。

一、实施创新创业环境优化工程

(一)加强企业创新环境建设

1. 充分发挥中关村先行先试政策优势,加强引导,强化服务,完善创新创业扶持政策,推动我市企业创新文化培育,支撑企业家创新需求,激发企业的创新活力和创业热情。

牵头单位:市科委、中关村管委会

配合单位:市发展改革委、市经济信息化委

2. 加快推进企业研发机构、重点实验室、工程技术研究中心等、院士专家工作站等科技创新基地建设,组织开展“创新方法企业行”等活动,推广普及创新方法,鼓励企业持续开展创新研发,增强企业核心竞争力。

牵头单位:市科委

配合单位:市发展改革委、市经济信息化委、中关村管委会、市科协

3. 进一步加大知识产权保护力度,为创新主体营造良好环境。

牵头单位:市知识产权局

配合单位:市工商局、市新闻出版局、市文化执法总队

4. 加快推进国家统一监管下的全国场外交易市场建设,加快技术转移、技术交易、版权交易、设计交易等平台建设,促进科技资源优化配置,为企业创新提供资源与途径,推动企业成为技术创新主体。

牵头单位:市科委

配合单位:市经济信息化委、市发展改革委、市新闻出版局、市知识产权局、中关村管委会

5. 强化科技型中小企业创新资金、各级各类科技计划和科技政策的引导作用,完善科技孵化器、大学科技园、留学生创业园等平台建设,加大对科技型中小企业的培育和扶持力度。

牵头单位:市发展改革委

配合单位:市经济信息化委、市财政局、市知识产权局、中关村管委会

6. 在股权激励、科技金融、知识产权等方面大胆创新,完善创业扶持政策。进一步创建具有国际水平的产业环境,在中关村布局和优先支持一批国家和北京市的战略性新兴产业项目,推进"十百千工程"和重点"瞪羚"企业,做强做大一批创新型企业。

牵头单位:市科委、中关村管委会

配合单位:市经济信息化委、市财政局、市知识产权局

(二)优化科研创新环境

7. 进一步推进高校院所的科技管理体制改革,完善人事、经费管理、激励考核等制度,营造有利于发挥自主性、创造性、潜心研究的创新环境,激发科研人员的创新创业热情。

牵头单位:市科委

配合单位:市教委、市人力社保局、市科研院

8. 充分发挥我市自然科学基金、科技奖励和科技计划项目等政策措施的导向作用,鼓励科研人员开展基础性研究和前沿性探索。尊重科研人员的研究和学术自主权,健全科研诚信制度,从严治理学术不端行为。

牵头单位:市科委

配合单位:市教委

9. 落实中央和我市关于中关村人才特区建设的各项政策,贯彻落实国家"千人计划",深入实施北京海外人才聚集工程、"科技北京"百名领军人才培养工程、中关村高端领军人才聚集工程、长城学者计划、科技新星计划等项目,加强创新型人才的引进和培养;鼓励跨国、跨地区、跨行业、跨部门、跨单位的产学研创新团队培养,推动人才的合理流动和合作共享。

牵头单位:市委组织部

配合单位:市教委、市科委、市人力社保局、中关村管委会

10. 大力推进股权激励和创业帮扶等措施,探索新形势下科研成果转移转化机制和创业激励机制,鼓励科研人员开展创业。

牵头单位:市科委

配合单位:市发展改革委、中关村管委会、市经济信息化委、市人力社保局

(三)营造创新创业的社会环境

11. 加强创新创业政策宣传贯彻工作,通过"科技北京"讲堂、科技政策法规宣讲团等形式,加大创新创业政策的宣讲力度和创新理论、专利技术等的培训,推动企业、高等院校、科研院所的科研人员和全社会公众理解、掌握和运用创新政策。

牵头单位:市科委

配合单位:市科协、市科研院、市总工会

12. 深入落实税收优惠、低息贷款、创业贷款、创业培训等政策措施,加强对全社会创业的服务,逐步提升全社会创新创业能力。

牵头单位:市财政局、市地税局、市国税局

配合单位:市科委、市发展改革委、中关村管委会

13. 深化见习基地和青年创业园建设,构建覆盖全市的见习和孵化网络,营造青年创业的良好氛围,引导更多青年参与创业和提高创业层次。

牵头单位:团市委

配合单位:市科委、市科研院、市科协、中关村管委会、市财政局

二、实施创新教育促进工程

(一)探索创新教育的方法和途径

14. 贯彻落实《首都中长期人才发展规划纲要》和《北京市中长期教育改革和发展规划纲要》,结合教育教学改革,大力倡导创新教育,不断丰富创新教育内容,促进不同教育阶段创新教育的有效衔接。积极探索创新教育方式方法,将创新意识、创新思维和创新能力培育融入到教育全过程之中,强化培养学生独立思考能力和质疑精神。

牵头单位:市教委

配合单位:市科委、市科协、团市委

15. 利用首都丰富的科技资源,创新教育教学内容,不断完善科学探究实验室、科普教育基地等校内外创新教育场所建设,鼓励学生参与北京学生科技节、北京青少年科技创新大赛、北京青少年科技博览会等各类科技发明活动,满足学生参与探究学习的热情,着力培养创新意识和科学精神。加强教师队伍建设,树立教师创新责任意识,强化创新教育理念,提升教学创新能力。

牵头单位:市科委

配合单位:市教委、市科协、市科研院

(二)开展创新人才的早期培养

16. 深化科教合作机制,探索青少年拔尖创新人才培养模式。建立和完善创新型后备人才的发现培育体系,按照"及早选苗、重点扶持、跟踪培养"的总体要求,加大对具有创新潜质后备人才的发现、教育、跟踪指导与服务力度。

牵头单位:市教委、市科委

配合单位:市委组织部、市人力社保局、团市委

17. 开展创新人才培养基地建设试点,搭建科技后备人才培育平台。加大对"雏鹰计划""翱翔计划"、青少年科技后备人才培养计划、青少年科技俱乐部等项目的支持力度,完善具有首都特色的"在科学家身边成长"等创新人才培养机制,鼓励青少年直接参与科学前沿的探索活动。鼓励各机构积极配合素质教育改革,发挥科研资源优势,探索联合培养创新后备人才的工作机制。

牵头单位:市教委

配合单位:市委组织部、市科委、市人力社保局、市科协、团市委、市科研院

(三)加强面向社会公众的创新教育

18. 结合学习型城市建设,将学习型组织建设与创新教育相结合,加大对社会公众的创新教育力度。组织专家学者和有关单位编制创新教育的指导读本、手册等,依托有条件的机构承担面向社会的创新教育培训任务。

牵头单位:市教委

配合单位:市委组织部、市科委、市人力社保局、市科协

19. 落实《首都职工素质工程五年规划》,以服务北京产业结构调整为重点,加强城镇职工的创新教育;开展北京优秀青年工程师评选活动、北京市职工职业技能大赛、职工创新工作室、职工创新成果评选展示及交流推广和职工技能培训等工作,提升职工技术技能水平和创新能力,提高生产效率,促进创新成果的推广应用,促进企业科技进步。

牵头单位:市总工会

配合单位:市教委、市人力社保局、市科协

20. 围绕首都城乡一体化发展和新农村建设整体部署,探索农民创新教育模式;发挥农民专业合作社、全科农技员、农村实用人才、林果乡土专家、农村科技协调员、农村科技服务港、田间学校等作用,提升农民依靠科技发展生产、改善生活和创新创业能力。

牵头单位:市农委

配合单位:市教委、市科委、市人力社保局、市科协

21. 加强各级党校、行政学院干部创新教育培训力度,着力培养领导干部的创新意识、创新思维和国际视野,提高其科学决策的水平和管理创新能力。

牵头单位:市委组织部

配合单位:市教委、市科委、市人力社保局、市科协

三、实施创新文化建设工程

(一)推进全社会创新文化建设

22. 以社会主义核心价值体系为根本,将创新文化建设作为全市精神文明建设的重要内容,研究创新文化的内涵,建设渠道与途径,形成具有首都特色的创新精神和创新文化,为全市的经济社会发展提供良好文化条件。

牵头单位:市委宣传部

配合单位:首都文明办、市文化局、市教委、市科委

23. 以创新的观念和价值取向为核心,大力推进各单位、各部门的创新文化建设;鼓励各单位、各部门结合实际树立创新观念、建立创新制度,完善创新教育、鼓励创新行为。

牵头单位:市委宣传部

配合单位:首都文明办、市教委、市科委、市文化局

24. 加强企业、高等院校、科研院所等重点单位的创新文化在全社会的传播,推进全社会对创新的认同和支持。

牵头单位:市委宣传部

配合单位:市教委、市科委、市文化局

(二)推出一批创新文化精品

25. 推进弘扬创新精神的优秀作品创作。加快中国北京出版创意产业园区建设,打造创作基地,培育和扶持若干出版创意工作室,为北京创新文化作品搭建出版资源配置平台。发挥北京科普创作出版资金的作用,组织和支持各类传媒及科普作家,策划优秀选题,面向社会推出一批反映创新成就、倡导创新思维、培育创新意识、弘扬创新精神的优秀原创作品,多层次、多角度宣传重大创新成果、创新方法,阐释和弘扬创新精神。

牵头单位:市委宣传部

配合单位:市新闻出版局、市科委、市文化局、市科协

26. 激发企事业单位和自由创作人的创造力,以创新人物、创新团队、创新案例为主题创作一批高质量、有影响的优秀剧目、影视片、音乐作品以及创新公益广告。鼓励与支持数字科教影视作品的制作,扶持一批适用于3D、4D、环幕、球幕、穹幕的科普影视产品。鼓励科普与文艺的结合,支持科普话剧、科普广播剧、科普情景剧、科普音乐剧等文艺作品的创作与演出。

牵头单位:市委宣传部

配合单位:市科委、市文化局、市广电局、市科协

27. 利用北京地区各类文化创意、科技资源,培育一批科普动漫工作室,鼓励动漫企业与科研机构联手,将科技成果、科研历程、科学家事迹等科技素材转化为公众喜闻乐见的动漫题材。推动卡酷卫视等电视频道设立科普专栏,鼓励电视台、门户网站及各类新媒体播放高水准的原创科普动漫作品。推动形成科普动漫创作、发行、播出的产业链,满足公众特别是未成年人的创新文化需求。

牵头单位:市委宣传部

配合单位:市文化局、市广电局

28. 扶持一批具有较强开发创作能力的科普互动产品(展教具)研发机构和科普研发基地,鼓励其积极探索科普展示的新方法、新形式、新技术、新内容。通过中国设计交易市场等平台,开展需求对接,吸引更多社会资源开展科普互动产品研发工作。

牵头单位:市科委

配合单位:市科协、市科研院

(三)加大创新精神的宣传力度

29. 充分发挥报刊、广播、电视、网络等传媒在创新精神宣传中的主渠道作用,努力拓宽传播渠道,引导公共场所增加创新文化宣传内容,将创新文化的宣传教育与全市的各项工作结合起来。

牵头单位:市委宣传部

配合单位:市文化局、市广电局、市新闻出版局、市科委、市科协

30. 积极发挥新媒体的传播作用,结合"三网"融合,发挥网络等新媒体在创新文化传播中的重要作用,通过论坛、博客、微博等功能,为公众提供网上学习与交流创新文化的新途径。

牵头单位:市委宣传部

配合单位:市文化局、市广电局、市新闻出版局、市科委、市科协

31. 推进科技界与传媒界建立定期联系对话机制和科学顾问制度,鼓励科研院所和社会机构加强面向公众的科技文化信息服务,推动传媒与科学家共同解读有关创新文化的热点事件,引导社会公众正确理解创新文化内涵。

牵头单位:市委宣传部

配合单位:市科研院、市科委、市科协

32. 加大对"人文北京、科技北京、绿色北京"战略、中关村国家自主创新示范区建设等重点创新工作的报道力度,打造若干有影响力的创新宣传精品栏目,大力弘扬宣传企业家的创新精神,树立一批创新人物、创新企业、创新团队典型,宣传和推广他们的先进经验,促进公众对科技创新的理解与支持。

牵头单位:市委宣传部

配合单位:市文化局、市广电局、市新闻出版局、市科委、市科协、中关村管委会

四、实施创新活动品牌工程

(一)打造综合性创新创业活动品牌

33. 利用北京创新资源密集的优势,组织开展留学人员创新创业大赛、中国创新设计红星奖、大

学生创业设计竞赛、创业青年首都贡献奖评选等创新创业竞赛活动，创设“北京创新大赛”，逐步将其打造成北京市创新活动品牌。

牵头单位：市科委

配合单位：市教委、市总工会、团市委、市科协、中关村管委会

34. 鼓励社会机构组织开展企业商业计划大赛、创业项目选拔大赛等，为社会各类专业人员创新创业提供更广泛的渠道选择。积极组织力量，促进国际交流，参与或承办国际创新竞赛活动，提升北京创新创业活动品牌的国际影响力。

牵头单位：市科委

配合单位：市教委、市总工会、团市委、市科协、中关村管委会

（二）组织开展系列丰富多彩的创新文化活动

35. 发挥首都优势，打造一批具有权威性、知名度、号召力和公信力的群众性创新活动品牌。建立和完善支持民间创新的服务体系，激发民间创新意愿，鼓励民间创新行为，提高社会公众的创新意识和创新能力。举办北京发明创新大赛、青少年科技创新大赛、首都大学生挑战杯竞赛、新农村青年科技创意作品大赛、设计动漫大赛等面向社会各界的群众性创新活动，开展企业创新型班组、职工创新型队伍、巧娘工作室等建设工作。

牵头单位：市科委、市科协

配合单位：市农委、市总工会、团市委、市妇联

36. 充分尊重群众的首创精神，广泛开展群众性科技创新创业活动，鼓励市民开展小发明、小革新、小改进、小创造，激发全社会的创新创业热情，夯实推动创新发展的社会基础。

牵头单位：市科委

配合单位：市发展改革委、市科协、市总工会

37. 激发市民创新热情，鼓励开展市民学科学品牌活动。重点围绕安全健康、节能环保等领域，创办北京科学嘉年华、北京国际科教电影周等有国际影响力的创新活动品牌。通过科普基地和社会各类组织利用资源优势创建市民学科学中心，为培养市民创新精神提供学科齐全的品牌活动平台，进而提升市民的创新意识和创新能力。

牵头单位：市科委

配合单位：各成员单位

（三）打造专业性创新活动品牌

38. 将创新精神宣传作为北京科技周、社会科学普及周、科普日、科博会、软博会、文博会、创博会、玩博会等一批市级大型科技文化活动的重点内容。

牵头单位：市科委

配合单位：各成员单位

39. 以科技北京大讲堂、首都科学讲堂、创新大讲堂、中关村创业讲坛、市民文化大讲堂、首图大讲堂、博物馆大讲堂、96156社区“大课堂”、读书月等活动为载体，大力宣传本市科技事业和创新文化成就。

牵头单位：市委宣传部

配合单位：市教委、市科协、市文化局、市科委、中关村管委会、市民政局

40. 组织开展文化科技卫生“三下乡”、农村数字电影放映工程、农家女双学双比、科普进社区等系列丰富多彩的创新文化活动，进一步提高科技文化惠及民生的服务能力。

牵头单位：市委宣传部

配合单位：市文化局、市广电局、市新闻出版局、市科委、市卫生局、市科协、市妇联、中关村管

委会

41. 实施百家基地进社区、进学校、科普基地服务日等活动，鼓励科普基地利用自有资源，深入社区、学校等基层单位提供科普服务，激发公众的创新活力。

牵头单位：市科委

配合单位：市科协、市教委

五、实施创新资源服务工程

（一）推动创新机构向社会开放

42. 推动我市高等院校、科研院所以及国家重点实验室、市重点实验室、工程技术研究中心、文化创意企业、园区等建立“社会开放日”活动机制，鼓励各机构利用科技资源开展内容丰富、形式多样的创新活动。

牵头单位：市科委

配合单位：市发展改革委、市经济信息化委、中关村管委会、市科研院

43. 引导和支持企业、高等院校、科研院所、文化创意产业园区、设计室等创新机构逐步增加展示设施，创造条件向社会开放。加强对央属单位创新资源的开发和利用，促进央地科技、教育、人才资源的一体化发展，鼓励央属高校、科研院所向社会开放创新资源。

牵头单位：市科委

配合单位：市教委、市发展改革委、市经济信息化委、市文化局、中关村管委会、市科研院

44. 充分利用首都丰富的科技、文化、教育资源，按主题重点打造现代制造之旅、现代设计之旅、现代农业之旅等若干条旅游线路，开展科技旅游，让公众在休闲娱乐中学习科学知识，体验“科技北京”的建设成果，感受创新魅力。

牵头单位：市科委

配合单位：市旅游委、市文化局、市农委、市园林绿化局、市科协、市科研院

45. 加强公共场所的创新宣传功能，营造良好创新氛围。建立公共场所创新宣传设施的标准与规范，引导社区广场、公园、自然保护区、文物保护单位、博物馆、医院、大型商场等公共场所逐步增加创新文化内容，加大创新精神宣传，努力将创新理念融入市民生活。

牵头单位：市科委

配合单位：市园林绿化局、市卫生局、市文物局、市商务委、市科研院

（二）推进创新成果展览展示

46. 依托新一代信息技术、生物、节能环保、新能源、新材料、新能源汽车、航空航天、高端装备制造等战略性新兴产业基地，结合中关村科学城、未来科技城、国家现代农业科技城等项目发展，建设北京生物医药产业跨越发展工程科技成果展示平台等首都科技成果展示平台。

牵头单位：市科委

配合单位：市发展改革委、市经济信息化委、市农委、中关村管委会

47. 加强创新成果面向广大公众的宣传普及，积极推进科技计划项目的科技资源科普化开发工作，鼓励非涉密的国家级和市级科技计划项目承担单位，及时向社会发布研究进展，将科研成果以公众通俗易懂的方式和喜闻乐见的形式进行展示。

牵头单位：市科委

配合单位：市科协、市科研院

48. 拓展科技项目在中小学创新教育中应用的广度和深度，建立科技资源与学科教学、地方课程相衔接的有效模式，提升中小学创新课程教学水平。

牵头单位:市教委

配合单位:市科委、市发展改革委、市科协

(三)鼓励创新人员服务社会公众

49.鼓励科学家、科技工作者等,特别是科技新星和科技领军人才参与创新教育,组织创新精神宣讲团;鼓励有创新创业经验的成功人士积极向社会宣传创新创业经历;鼓励科研人员分享研究开发经验,启迪公众不断创新。

牵头单位:市科委

配合单位:市社会办、市科协

50.开展院士专家校园行、企业行、社区行、京郊行等系列活动,支持科研工作者将最新研究成果转化为科普产品,鼓励科学家担任导师、传媒科学顾问,参与创新教育工作。

牵头单位:市科研院

配合单位:市教委、市科委、市科协

51.加强创新志愿者队伍建设,鼓励其深入企业、学校、社区、农村等开展政策宣讲和创新帮扶,提升公众的创新创业能力。

牵头单位:团市委

配合单位:市科委、市社会办、市科协

六、保障措施

52.加强统筹协调

在市科教领导小组的组织领导下,市委组织部、市委宣传部、首都文明办、市发展改革委、市教委、市科委、市经济信息化委、市民政局、市财政局、市人力社保局、市农委、市商务委、市旅游委、市文化局、市卫生局、市社会办、市广电局、市新闻出版局、市文物局、市园林绿化局、市知识产权局、中关村管委会、市总工会、团市委、市妇联、市科协、市科研院等市属相关部门要明确职责分工,制定实施方案,落实工作内容。市科委作为市科教领导小组办公室,要加强统筹协调和资源整合的力度,组织推动各部门贯彻落实市委市政府创新精神培育工作的总体部署。

牵头单位:市科委

配合单位:各成员单位

53.建立多元投入机制

创新精神作为创新型城市建设的重要组成部分,市、区(县)两级财政应确保对创新工作投入的稳定性、连续性,将创新精神培育的有关工作纳入各部门和区县工作计划并给予重点支持,着力发挥企业在创新活动开展中的主体作用,多渠道、多层次引导社会资金增加在创新活动领域的投入,形成政府、企业、社会多元化的经费保障机制,进一步拓宽资金来源渠道,鼓励社会积极投入,促进创新经费投入的多元化,推动形成政府引导、社会参与、多元投入、注重实效的工作格局。

牵头单位:市财政局

配合单位:市科委、市发展改革委、市经济信息化委

54.加强考核和激励

根据培育创新精神的意见,抓紧制定本项工作的考核指标,加强指导、监督和检查,切实做好相关统计、监测和考核工作。及时跟进各项工作的进展情况,总结典型,交流经验,推动创新精神培育工作不断深入,确保各项工作落到实处、取得实效。研究制定创新精神培育的激励机制,建立科学合理的测评体系,开展定期评价。充分发挥政府奖励的导向、示范作用,加大对创新创业的奖励,在全市范围内评选创新创业先进个人和创新创业优秀团队,对在创新精神培育中做出突出贡献的集

体和个人予以表彰奖励。

牵头单位:市科委

配合单位:各成员单位

55. 加强理论研究与交流

各有关单位要专题研究创新精神的内涵、培育模式,以及国内外在创新精神培育、创新文化建设和创新人才培养等方面的相关理论与实践,夯实创新精神培育的理论基础。深入研究创新精神培育与科技、教育、文化、宣传等工作之间的内在联系,探索开展创新精神培育的有效模式。定期开展交流活动,学习借鉴国内外先进国家和地区创新精神培育和创新文化建设的突出成果和先进经验,为不断培育全市创新精神提供有效支撑。

牵头单位:市科委

配合单位:各成员单位

关于印发《北京市科学技术委员会关于进一步促进科技服务业发展的指导意见》的通知

京科发〔2012〕44 号

(2012 年 2 月 13 日)

各有关单位:

为加快发展科技服务业,发挥北京丰富的科技智力资源优势,强化科技对经济社会发展的支撑引领作用,特制定《北京市科学技术委员会关于进一步促进科技服务业发展的指导意见》。现予印发,请遵照执行。

附件:关于进一步促进科技服务业发展的指导意见

北京市科学技术委员会

二〇一二年二月十三日

附件:

关于进一步促进科技服务业发展的指导意见

科技服务业运用科学知识、科学方法和技术手段,为科学技术的产生、传播和应用提供各项服务,是现代服务业的重要组成部分。加快发展科技服务业,有利于充分发挥北京丰富的科技智力资源优势,提升首都自主创新能力,强化科技对经济社会发展的支撑引领作用,促进产业结构优化升级,做强“北京创造”和“北京服务”品牌,率先构建创新驱动的发展格局,对加快实施“科技北京”发展战略和建设中国特色世界城市具有重要意义。现就进一步促进科技服务业发展提出以下指导意见:

一、指导思想、基本原则和工作目标

(一)指导思想。以科学发展观为指导,依托首都科技智力资源优势,以支撑经济发展方式转变为主线,以体制机制创新为动力,以发挥企业、科研院所和高校等科技服务机构作用为抓手,培育、规范科技服务市场,发展和壮大科技服务业新兴业态,努力形成产业布局合理、服务能力强大、市场环境优化、支撑作用凸显的良好局面,推动首都科技服务业实现跨越发展,为形成科技创新和文化创新“双轮驱动”发展格局提供有力支撑。

(二)基本原则。坚持政府引导与市场配置相结合,营造健康有序的行业发展环境;坚持整体推进与重点突破相结合,全面提升科技服务业主体的服务能力;坚持资源整合与开放合作相结合,充分挖掘国内外科技服务市场的供需潜力;坚持调整供给结构与扩大有效需求相结合,不断扩大科技服务业的总体规模。

(三)工作目标。发挥科技资源优势和服务功能,促进经济结构调整和产业高端化发展,促进战略性新兴产业发展,促进科技对传统产业的提升、融合和共生发展。“十二五”期间,重点促进研发服务、设计服务、工程技术服务和科技中介服务快速发展,培育一批有规模的重点企业、一批拥有特色专有技术的中小企业和一批有市场能力的科技服务机构。优化完善科技服务业空间布局,建立一个资源充分利用、服务规范高效、增值效果突出的产业支撑体系,进一步增强科技服务业在经济社会发展中的支柱地位,把北京打造成为具有全球影响力的科技创新中心和科技服务中心。

二、明确发展重点,引领科技服务业快速发展

(四)研发服务业领先化发展。重点围绕战略性新兴产业发展,组织实施研发服务项目。发挥技术研发创新平台作用,鼓励、引导和支持企业、科研院所和高校通过产学研合作等方式攻克关键技术,提升研发服务水平。推进各类研发机构、重点实验室、工程技术研究中心等方面的建设,支持开展行业共性技术研究和服务。实施研发服务企业培育计划,重点培育一批创新能力强、技术实力突出、具有一定行业影响力的研发服务企业。支持各类专业的分析检测、认证咨询机构延伸服务内容,利用各类人才、科研仪器设备、科技文献、科学数据、自然科技资源等为社会各方提供分析检测、认证咨询、标准制定等服务。

(五)设计服务业规模化发展。落实《北京市促进设计产业发展的指导意见》,实施首都设计产业提升计划,大力发展工业设计、建筑设计、电脑动漫设计等行业,加强传统产业、产品和服务中的设计融入,提升“北京设计”的国际影响力。重点推进企业成长、市场建设、人才建设、国际对接、品牌塑造、产业融合等六大工程,用5至10年时间,推出5至10名具有国际影响力的设计大师,培育设计产业100强企业及一批优秀中小设计企业,建设一批设计产业集聚区。加快中国设计交易市场建设,促进设计要素聚集和市场交易规范。提升“中国创新设计红星奖”的国际影响力。

(六)工程技术服务业高端化发展。实施工程技术服务百强企业培育计划,5年内培育5家年营业收入100亿元以上的龙头企业、30家年营业收入10亿元以上的骨干企业和一批年营业收入亿元以上的潜力企业。鼓励工程技术服务企业开展工程总包和系统成套技术研发,促进从提供产品向提供工程整体解决方案转变。鼓励工程技术服务企业通过兼并、重组和上市等途径做强做大。

(七)科技中介服务业专业化发展。发挥技术转移、科技孵化、生产力促进、咨询服务等科技中介力量,推进科技咨询、知识产权服务、技术集成、标准服务等机构发展,促进专业服务贯穿科技创

新全过程。完善技术市场服务环境，充分利用国内外技术交易市场，促进技术交易规模快速增长，实施技术转移服务规范，培养技术经纪人队伍，进一步提高技术市场对经济发展的贡献率。提升科技企业孵化器、大学科技园等科技孵化机构的专业化、市场化能力。鼓励引导生产力促进机构围绕产业集群和基层科技提供创新创业支撑服务。

三、提升服务能力，发挥科技服务业支撑作用

（八）提高科技服务机构的集成服务能力。进一步完善科技成果转化平台，提供成果筛选、技术评估、中试孵化、技术融资、技术转移、推广应用等服务。推进新型产业组织建设，鼓励以龙头企业或研发机构为核心，组建行业联盟或产业技术联盟，为行业或产业提供共性服务。围绕北京市产业发展特点，规划、布局和建设一批具有专业特色的科技服务业集聚区，引导和支持各类科技资源服务于园区和产业化基地建设。加快国际技术转移服务集聚区建设，推动跨国技术转移服务和技术集成服务业务的发展，不断强化科技服务的集成能力和提高综合服务水平。

（九）发挥科技服务资源效能。促进科技金融发展，利用多层次的资本市场进一步释放科技资源效能。完善首都科技条件平台运行机制，重点支持科技服务资源的开放应用，探索第三方托管模式，实现资源盘活。鼓励有条件的科技研发机构、重点实验室和工程技术研究中心建立开放运行机制，提供市场化科技服务。

（十）提升科技服务机构的国际竞争力。组建面向国际市场的服务联盟，发挥国际技术转移协作网络和国际技术转移中心的作用，开展国际科技服务。支持企业、科研院所和高校在京举办科技服务业专业性高端国际会议和国际交流活动，面向国际市场开展研发、设计等科技服务。鼓励境内外科技服务机构在京设立分支机构或独立机构，服务首都创新。推进各类科技服务机构组建技术、专利、标准联盟，提升产业的国际影响力。吸引国内外研发中心落户北京，增强研发产业新一轮国际分工转移的承载能力。

（十一）增强科技服务业的持续发展能力。鼓励企业、科研院所和高校以无形资产出资、联合共建等多种形式组建具有独立法人资格的科技服务机构。鼓励科技服务机构以产业发展为主线，开展商业模式创新、服务流程创新与科技创新。完善阶梯式人才培养工作体系和多层次人才培养制度，加强科技服务业创新团队建设，积极引进行业发展急需的高端人才，推进技术经纪人等专业人才培养工作，探索科技服务机构与高校联合培养科技服务专业人才，培养和造就结构合理、素质优秀的科技服务人才队伍。

四、优化市场环境，挖掘产业发展潜力

（十二）强化市场培育。鼓励具备条件的企业、科研院所和高校优化内部业务流程，外包采购科技服务。实施科技服务体验计划，对产生良好效果的科技服务项目给予支持，提升企业对科技服务的应用水平。实施科技服务全国路演，促进科技服务机构开拓市场。发挥政府采购培育科技服务市场的作用。

（十三）建设服务品牌。推进科技服务业示范工程，培育一批科技服务示范项目、示范机构和示范基地，打造一批科技服务业优秀品牌，树立服务标杆。加强服务品牌宣传推广，提升“北京服务”的辐射力和影响力。

（十四）完善信息平台。整合现有科技服务平台功能和资源，提供品牌推介、资源共享、人才培训、政策咨询等公共信息服务。提升基于网络技术的信息服务水平，逐步分领域编制科技服务目录，发布科技服务供需信息，探索新的科技服务管理模式和经营模式。

（十五）加强行业自律。以行业组织建设推动科技服务的市场规范和行业促进。鼓励和支持首都科技服务业协会及重点领域行业协会建设。支持行业协会建立行业规范、行业标准、行业统计和信息发布制度，开展信用评定、品牌建设工作，促进行业规范自律。深化专家咨询委员会建设，为跨领域、跨行业的科技服务项目提供咨询。

五、加强统筹协调，构建组织保障体系

（十六）加强政府统筹与支持。发挥市科技行政部门的协调作用，加强与市相关部门的沟通协作，加强科技服务业的组织协调和发展规划，统筹做好行业发展顶层设计和布局。统筹集成政策资源，发挥财政资金的杠杆作用，支持科技服务业示范项目的开展、科技服务业示范机构和示范基地的建设，扶持一批主要服务于中小型科技服务企业的创业投资机构、担保机构等，引导社会资金加大对科技服务业的投入。

（十七）进一步完善政策环境。鼓励符合条件的科技服务业企业参与高新技术企业认定或技术先进型服务企业认定。参照中关村先行先试政策，推动科技服务机构在高新技术企业认定、税收、股权激励等方面享受相关政策。进一步加强技术合同认定登记工作，落实相关支持政策。强化激励机制，调动科技人员从事科技服务业的积极性、主动性。研究科技服务业分类指导和发展的相关措施，推动科技服务业健康快速发展。

（十八）加强宣传与统计工作。加强科技服务业宣传与交流，充分利用各类媒体，大力推介科技服务示范项目、示范机构、示范基地以及产生重大影响的科技服务成果和案例，提高社会认知度。研究科技服务业指标体系，探索符合首都特点的科技服务业统计目录和统计办法，为政策制定提供科学依据。

本意见自2012年3月15日起施行。

关于印发《北京市技术先进型服务企业认定管理办法》（2012年修订）的通知

京科发〔2012〕166号

（2012年3月23日）

各区县科委、商务委、财政局、国家税务局、地方税务局、发展改革委，市地方税务局直属分局，各有关单位：

为贯彻落实财政部、国家税务总局、商务部、科技部、国家发展改革委《关于技术先进型服务企业有关企业所得税政策问题的通知》（财税〔2010〕65号）的规定，进一步做好本市技术先进型服务企业认定管理工作，市科委、市商务委、市财政局、市国税局、市地税局、市发展改革委对2010年制定的《北京市技术先进型服务企业认定管理办法》进行了修订。现将修订后的《北京市技术先进型服务企业认定管理办法》印发给你们，请遵照执行。

特此通知。

附件:北京市技术先进型服务企业认定管理办法(2012 年修订)

北京市科学技术委员会　北京市商务委员会
北京市财政局　北京市国家税务局
北京市地方税务局　北京市发展和改革委员会
二〇一二年三月二十三日

附件:

北京市技术先进型服务企业认定管理办法
(2012 年修订)

第一章　总　　则

第一条　为贯彻落实财政部、国家税务总局、商务部、科技部、国家发展改革委《关于技术先进型服务企业有关企业所得税政策问题的通知》(财税〔2010〕65 号,以下简称 65 号文件)的规定,做好本市技术先进型服务企业认定管理工作,制定本办法。

第二章　组织与实施

第二条　市科委、市商务委、市财政局、市国税局、市地税局、市发展改革委共同组成北京市技术先进型服务企业认定小组(以下简称"认定小组"),主要职责是:

(一)负责本市行政区域内的技术先进型服务企业认定工作。

(二)负责对已认定的技术先进型服务企业进行监督、管理,受理、核实并处理有关举报。

(三)建立认定信用制度,对在认定工作中出现违规行为的企业、专家及相关人员予以相应处理。

第三条　认定小组下设北京市技术先进型服务企业认定小组办公室(以下简称"认定办公室"),认定办公室设在市科委。认定办公室的主要职责是:

(一)负责组织专家对技术先进型服务企业认定材料进行评审。

(二)负责提供经专家评审的技术先进型服务企业材料,组织召开技术先进型服务企业认定会。

(三)承办认定小组交办的其他工作。

第三章　条件与程序

第四条　企业申请认定技术先进型服务企业,必须同时符合以下条件:

(一)从事《技术先进型服务业务认定范围(试行)》(附件 1)中的一种或多种技术先进型服务业务,采用先进技术或具备较强的研发能力。

(二)企业的注册地及生产经营地在本市行政区域内。

（三）企业具有法人资格，近两年在进出口业务管理、财务管理、税收管理、外汇管理、海关管理等方面无违法行为。

（四）具有大专以上学历的员工占企业职工总数的50%以上。

（五）从事《技术先进型服务业务认定范围（试行）》中的技术先进型服务业务取得的收入占企业当年总收入的50%以上。

（六）从事离岸服务外包业务取得的收入不低于企业当年总收入的50%。

从事离岸服务外包业务取得的收入，是指企业根据境外单位与其签订的委托合同，由本企业或其直接转包的企业为境外单位提供信息技术外包服务（ITO）、技术性业务流程外包服务（BPO）和技术性知识流程外包服务（KPO），而从上述境外单位取得的收入。

第五条 符合本办法第四条规定条件的企业，申请认定时应提供以下材料：

（一）《技术先进型服务企业认定申请表》（附件2）。

（二）企业营业执照副本（复印件）、税务登记证书（复印件）、近一个月（季）度的《企业所得税月（季）度预缴纳税申报表》（复印件）。

（三）企业技术实力或研发能力证明材料，包括知识产权证书、独占许可协议、新产品或新技术证明（查新）材料、获本市或国家科技计划立项证明、获本市或国家科技奖励证明等，以及用户使用报告等来自于客户或其他市场主体的评价或证明材料（复印件，可选报）。

（四）企业员工花名册（注明员工学历结构、从事离岸服务外包人员情况），企业就业人员社会保险缴费单复印件（加盖企业公章）。

（五）经具有资质的会计师事务所审计的企业上一会计年度的财务报表（含资产负债表、利润及利润分配表、现金流量表）。

（六）企业上一会计年度技术先进型服务业务收入及离岸服务外包业务收入明细表（注明服务项目名称、收入来源〔离岸/在岸〕、合同签订时间、合同标的金额、实际收入金额，离岸服务外包业务收入应按银行结汇日汇率折算为人民币）、市商务主管部门出具的企业上一会计年度国际（离岸）外包服务业务合同执行额登记证明和市技术合同登记管理部门出具的企业上一会计年度技术先进型服务业务收入证明。

上述材料一式五份（同时提供《技术先进型服务企业认定申请表》电子版光盘一份），用A4纸打印或复印，左侧胶装成册，在材料右侧骑缝处加盖企业公章，交至认定办公室。

第六条 技术先进型服务企业认定工作每年组织一次。企业需在每年4月中旬前申请认定，逾期不予受理。

第七条 认定办公室组织专家对企业的申报材料进行评审，认定小组根据专家评审意见确定技术先进型服务企业认定名单。经认定的技术先进型服务企业，在市科委网站（网址：www.bjkw.gov.cn）上公示5个工作日。公示有异议的，由认定小组对有关问题进行查实处理，属实的取消技术先进型服务企业资格；公示无异议的，由认定小组发文认定并在市科委网站上公布认定结果。认定企业名单报科技部、商务部、财政部、国家税务总局和国家发展改革委备案。按本办法认定的技术先进型服务企业资格有效期自认定当年至2013年12月31日。

第八条 经认定的技术先进型服务企业，持相关认定文件向主管税务机关办理65号文件规定的企业所得税优惠政策事宜。享受企业所得税收优惠的技术先进型服务企业条件发生变化的，应当自发生变化之日起15日内向主管税务机关报告；不再符合享受税收优惠条件的，应当依法履行纳税义务。主管税务机关在执行税收优惠政策过程中，发现企业不具备技术先进型服务企业资格的，应填写《技术先进型服务企业资格复核表》（附件3），由市国税局或市地税局交送认定办公室。复核期间，暂停企业享受相关税收优惠。

第九条 技术先进型服务企业变更经营范围、合并、分立、转业、迁移的，应在十五日内向认定办公室报告；变化后不符合本办法规定条件的，应自当年起终止其技术先进型服务企业资格。

第十条 认定小组每年对技术先进型服务企业进行检查，对不符合认定条件的企业，及时取消其享受税收优惠政策的资格。

第十一条 对在申请认定中提供虚假信息的企业，取消其资格，3 年内不再受理该企业的认定申请。

第四章 附 则

第十二条 本办法自发布之日起 30 日后施行。

关于印发《北京市技术市场统计管理办法》的通知

京科发〔2012〕246 号

（2012 年 5 月 4 日）

各相关单位：

根据《北京市技术市场条例》和《北京市统计管理条例》，为进一步加强和规范本市技术市场统计工作，特制定《北京市技术市场统计管理办法》。现印发给你们，请遵照执行。

附件：北京市技术市场统计管理办法

北京市科学技术委员会

二〇一二年五月四日

附件：

北京市技术市场统计管理办法

第一条 为进一步加强和规范本市技术市场统计工作，根据《北京市技术市场条例》和《北京市统计管理条例》，制定本办法。

第二条 从事技术市场管理及技术交易活动的自然人、法人和其他组织在本市行政区域内开展的与技术市场统计相关的活动，适用本办法。

第三条 北京市科学技术委员会是本市技术市场的主管部门，负责依法发布技术市场统计年报和技术市场对本市经济社会发展贡献作用等统计信息。

第四条 北京技术市场管理办公室在北京市科学技术委员会的领导下，具体负责技术市场统计工作的管理和监督。主要职责包括：

（一）制定和修订技术市场统计指标体系；

（二）组织技术市场统计调查、监督和检查；

（三）对技术市场进行统计和分析，定期公布技术市场运行监测信息；

（四）指导区、县科学技术委员会和技术合同登记机构开展技术市场统计工作；

（五）对技术市场统计人员开展统计法律、法规和职业道德教育，加强专业培训；

（六）技术市场统计的其他相关工作。

第五条 区、县科学技术委员会具体负责本行政区域内的技术市场统计工作，协助北京技术市场管理办公室开展技术市场统计调查、统计分析及其他相关工作。

第六条 技术合同登记机构应当做好技术市场的统计工作，主要职责包括：

（一）收集和审核技术合同及交易信息；

（二）定期对技术合同及交易信息进行统计和分析；

（三）定期报送统计月报和年报等相关统计信息；

（四）管理技术合同统计资料；

（五）其他技术交易信息的统计工作。

第七条 技术交易买卖双方及中介服务机构应当按要求提供技术市场统计信息：

（一）在申请技术合同认定登记时，如实填写技术合同相关信息；

（二）作为技术市场统计调查对象，真实、准确、完整、及时地提供技术交易信息。

第八条 从事技术市场统计工作的人员应当取得相应的从业资格证书。

第九条 建立技术市场统计信用档案，对技术交易买卖双方及中介服务机构提供统计信息的情况进行记录。

第十条 技术市场统计工作应当遵守国家及本市相关的保密规定。

第十一条 本办法自2012年6月10日起施行。

关于印发《北京市高新技术成果转化项目认定办法》的通知

京科发〔2012〕329号

（2012年6月20日）

各有关单位：

为贯彻落实《北京市人民政府关于进一步加大统筹力度支持高技术产业发展的若干意见》（京政发〔2011〕73号），做好本市高新技术成果转化项目认定工作，促进高新技术成果在京转化，带动战略性新兴产业发展，市科委、市发展改革委、市财政局、市经济信息化委、中关村管委会制定了《北京市高新技术成果转化项目认定办法》。现印发给你们，请遵照执行。

特此通知。

附件:北京市高新技术成果转化项目认定办法

北京市科学技术委员会　北京市发展和改革委员会
北京市财政局　北京市经济和信息化委员会
中关村科技园区管理委员会
二〇一二年六月十二日

附件:

北京市高新技术成果转化项目认定办法

第一条　为贯彻落实《北京市人民政府关于进一步加大统筹力度支持高技术产业发展的若干意见》(京政发〔2011〕73号),做好本市高新技术成果转化项目认定工作,促进高新技术成果在京转化,带动战略性新兴产业发展,制定本办法。

第二条　本办法适用于在本市行政区域内实施的高新技术成果转化项目,不受企业所有制和项目技术发源地的限制。

第三条　本办法所称高新技术成果转化项目是指经科学研究与技术开发产生、具有实用价值的高新技术成果的后续转化和产业化项目。

第四条　本市实行高新技术成果转化项目认定制度。成立北京市高新技术成果转化项目认定小组(以下简称"认定小组"),由北京市科学技术委员会(以下简称"市科委")、北京市发展和改革委员会、北京市财政局、北京市经济和信息化委员会、中关村科技园区管理委员会组成,负责本市高新技术成果转化项目的认定工作。

由北京市高新技术成果转化服务中心为认定工作提供"一站式"服务。

第五条　高新技术成果转化项目认定工作遵循科学、公正、高效的原则。

第六条　设立高新技术成果转化专项资金(以下简称"专项资金"),从本市重大科技成果转化和产业项目统筹资金中安排。经认定的高新技术成果转化项目,根据项目的技术水平、市场前景和经济社会效益,由专项资金分类、定额给予后补助支持。其中:

(一)技术水平特别突出、市场前景特别广阔、经济社会效益特别显著的项目可以认定为一类项目,支持额度一般为300万元至500万元;

(二)技术水平突出、市场前景广阔、经济社会效益显著的项目可以认定为二类项目,支持额度一般为100万元至300万元;

(三)技术水平较为突出、市场前景较为广阔、经济社会效益较为显著的项目可以认定为三类项目,支持额度一般不超过100万元。

第七条　符合以下条件的企业,可以申请高新技术成果转化项目认定:

(一)本市行政区域内注册、具有独立法人资格的企业;

(二)企业注册资本不低于1000万元。

第八条　申请高新技术成果转化项目认定的项目应当具备以下条件:

(一)项目具有国内先进及以上技术水平,知识产权明晰;

（二）项目属于新一代信息技术、生物、节能环保、新材料、新能源汽车、新能源、航空航天、高端装备制造等战略性新兴产业领域范围；

（三）项目实际投资额在500万元以上，近三个会计年度（企业成立时间不足三年的，以实际年度计算，下同）的年均销售收入在500万元以上。

第九条 企业每年只能申请认定一个高新技术成果转化项目。同一项目不得多头、重复申请本市财政资金支持。

第十条 高新技术成果转化项目每年认定一次，申请认定的企业应提交以下材料：

（一）《北京市高新技术成果转化项目认定申请书》；

（二）关于企业历史沿革以及主营业务、人员构成、技术创新、市场销售等方面情况的简介材料（不超过3000字）；

（三）企业营业执照副本（复印件）、组织机构代码证书（复印件）、税务登记证书（复印件）；

（四）经具有资质的会计师事务所审计的企业近三个会计年度的财务报表（含资产负债表、利润及利润分配表、现金流量表）；

（五）经具有资质的会计师事务所出具的高新技术成果转化项目专项审计报告。审计报告应当体现项目实际投资额、近三个会计年度的项目销售收入，并列明项目实际投资及销售明细；

（六）项目实施应具备的固定资产证明、房屋产权或租赁证明（复印件）；

（七）项目知识产权证书、技术查新报告、产品检测报告、用户使用报告等其他与项目相关的证明材料（复印件）；

（八）对于特殊行业的项目应当符合国家的相关行业管理规定，符合国家和本市环境保护要求，并提供相应的行业许可证明（复印件）。

第十一条 市科委按照申报条件查验申请材料。申请材料符合条件的，予以受理，向企业出具受理决定书。申请材料不符合条件但可以现场更正的，允许企业现场更正；不能现场更正的，10个工作日内向企业出具材料补正通知，一次性告知需要补正的全部内容。

第十二条 市科委在受理工作结束后15个工作日内组织专家对项目进行评审，提出评审意见。

第十三条 认定小组根据专家评审意见和当年专项资金预算规模，提出拟认定的高新技术成果转化项目名单，在市科委网站公示10日。公示期间有异议的，由认定小组核实处理。公示期满无异议的，由市科委按照科技计划专项管理程序办理资金拨付手续。

第十四条 本办法自发布之日起三十日后施行。2001年11月19日颁布施行的《北京市高新技术成果转化项目认定办法》（京科政发〔2001〕657号）同时废止。

关于印发《北京市战略性新兴产业科技成果转化基地认定管理办法》的通知

京科发〔2012〕381号

（2012年7月19日）

各区县科委，各有关单位：

为贯彻落实《北京市人民政府关于进一步促进科技成果转化和产业化的指导意见》（京政发〔2011〕12号）和《北京市关于加快培育和发展战略性新兴产业的实施意见》（京政发〔2011〕38号）的精神，在本市战略性新兴产业领域内建设和认定一批科技成果转化基地，加快形成战略性新兴产业聚集发展的态势，市科委制定了《北京市战略性新兴产业科技成果转化基地认定管理办法》。现印发给你们，请遵照执行。

特此通知。

附件：北京市战略性新兴产业科技成果转化基地认定管理办法

北京市科学技术委员会

二〇一二年七月十九日

附件：

北京市战略性新兴产业科技成果转化基地认定管理办法

第一章　总　　则

第一条　为贯彻落实《北京市人民政府关于进一步促进科技成果转化和产业化的指导意见》（京政发〔2011〕12号）和《北京市关于加快培育和发展战略性新兴产业的实施意见》（京政发〔2011〕38号）的精神，在本市战略性新兴产业领域内建设和认定一批科技成果转化基地，加快形成战略性新兴产业聚集发展的态势，制定本办法。

第二条　本办法所称战略性新兴产业科技成果转化基地（以下简称“基地”）是指本市行政区域内，主要承接新一代信息技术、生物、节能环保、新材料、新能源汽车、新能源、航空航天、高端装备制造等战略性新兴产业领域科技成果转化和产业化的产业聚集区。

第三条　北京市科学技术委员会（以下简称“市科委”）负责本市基地认定和管理工作。

第四条　基地认定工作遵循科学高效、统筹兼顾、合理布局、注重示范的原则。

第二章　认定条件

第五条　符合以下条件的基地,可申请认定:

(一)基地建设符合土地、规划等相关法律法规的规定;

(二)符合本市产业空间布局,与所在区域的优势产业结合度高;

(三)具有科学可行的基地发展规划,中长期发展目标明确,并有配套政策措施;

(四)已成立专门的基地运营单位并配备专业管理团队,运营单位组织架构健全,管理制度完善;

(五)主导产业突出,产业链较为完善;

(六)能够为入驻企业提供科技条件、技术转移、投融资、科技咨询等公共技术服务。

第六条　对处在建设阶段的基地,符合本办法第五条(一)、(二)、(三)规定条件的可适当放宽认定标准。

第三章　认定程序

第七条　基地认定应由运营单位提出申请,提交如下材料:

(一)《北京市战略性新兴产业科技成果转化基地认定申请书》;

(二)运营单位营业执照副本或事业法人登记证书副本(复印件)、组织机构代码证书(复印件);

(三)土地权属证明(复印件),属租赁性质的提供出租方权属证明及双方签署的租赁协议(复印件);

(四)基地发展规划及配套政策文件。

第八条　市科委组织专家对申报材料进行评审,形成专家评审意见。必要时可要求基地运营单位补充提交证明材料或参加答辩,也可视情况对基地进行实地考察和现场查验。

第九条　市科委根据专家评审意见提出拟认定的基地名单,在市科委网站对外公示10日。公示期间有异议的,由市科委核实处理。公示期满无异议的,由市科委授予"北京市战略性新兴产业科技成果转化基地"牌匾。

第四章　扶持政策

第十条　市科委安排财政科技资金,对基地的公共技术服务能力建设项目及基地牵头组织开展的共性关键技术研发和产业化项目择优予以支持。

第十一条　支持基地建设科技企业孵化器等创业孵化服务机构,为中小企业提供专业化的创业孵化服务。符合条件的孵化器可申请本市高新技术产业专业孵化基地认定并享受相关优惠政策。

第十二条　支持基地入驻企业建设各类技术研发平台,符合条件的可申请国家级及市级重点实验室、工程技术研究中心认定。

第十三条　支持基地入驻企业加入各类产业技术创新战略联盟,加强与联盟各成员单位在技术研发、标准制定、市场推广等方面的交流与合作。

第十四条　支持基地及入驻企业申请国家和本市各项科技政策支持。中关村国家自主创新示范区内的基地及入驻企业,可申请享受示范区各项试点政策。

第五章　管理与考核

第十五条　经认定的基地每年应上报上年度技术创新、生产经营等方面的信息。

第十六条　市科委建立考核评价制度。经认定的基地,资格有效期为五年,资格期满后由市科委组织进行考核评价,重点考核基地在企业聚集、产业培育以及公共技术服务能力建设等方面的进展情况。考核评价工作由市科委组织专家或委托评估机构实施。考核评价合格的,继续认定为"北京市战略性新兴产业科技成果转化基地"。不参加考核评价或考核评价不合格的,"北京市战略性新兴产业科技成果转化基地"资格自行失效。

第六章　附　　则

第十七条　本办法自2012年9月1日起施行。

关于印发《北京市自然科学基金项目管理办法》的通知

京科发〔2012〕422号

(2012年7月27日)

各有关单位:

为规范北京市自然科学基金项目的管理,我们组织制定了《北京市自然科学基金项目管理办法》。经2012年第11次市科委主任办公会审议通过,现予印发,请遵照执行。

附件:北京市自然科学基金项目管理办法

北京市科学技术委员会

二〇一二年七月二十七日

附件：

北京市自然科学基金项目管理办法

第一章　总　　则

第一条　为规范本市自然科学基金项目（以下简称“项目”）管理工作，依据《北京市自然科学基金管理办法》（以下简称“管理办法”），制定本办法。

第二条　北京市自然科学基金（以下简称“自然科学基金”）项目的申请、评审、立项、实施、验收等管理工作适用于本办法。

第三条　北京市科学技术委员会（以下简称“市科委”）主管自然科学基金工作，负责研究制订自然科学基金管理政策，统筹协调相关工作。

北京市自然科学基金委员会（以下简称“基金委”）负责编制自然科学基金项目指南，审定自然科学基金资助项目，审议自然科学基金项目管理的重大事项等工作。

北京市自然科学基金委员会办公室（以下简称“基金办”）承担基金委的日常工作，负责自然科学基金资助工作的具体实施和管理。

第二章　组织与申请

第四条　基金办应当在每年5月中旬发布申请通知和申报要求。

第五条　项目类型包括重点项目、面上项目、预探索项目等。项目类型的调整应当经基金委审议通过。

重点项目研究期限一般为4年，主要资助：

（一）具有重要科学意义，有望取得重要突破，达到或接近国际先进水平的基础研究和应用基础研究项目；

（二）针对已有较好研究基础的研究方向或学科生长点，开展深入、系统的创新性研究，促进学科发展，推动相关领域取得突破性进展的项目；

（三）围绕本市社会经济发展中存在的关键科学技术问题，有望形成较大经济效益或社会效益的项目。

面上项目研究期限一般为3年，主要资助科学技术人员在项目指南范围内自主选题，开展创新性的科学技术研究。

预探索项目研究期限一般为18个月，主要资助科学技术人员运用新思想、新观点、新方法或新途径进行探索性研究。

第六条　符合管理办法第十二条规定条件的本市行政区域内的高等院校、科学研究机构、企业以及从事科学研究的其他组织，可以向基金办申请注册为依托单位。

基金办应当自收到注册申请之日起15日内做出审查决定。予以注册的依托单位名单在市科委网站和市自然科学基金网站上公布；不予注册的，应当说明理由。

依托单位注册信息发生变化的，应当在发生变化之日起 30 日内向基金办提出变更申请，基金办应当在接到变更申请之日起 15 日内作出审查决定并告知依托单位。

第七条 依托单位应当按照管理办法第十一条规定履行相关职责。

第八条 符合管理办法第十三条规定的科学技术人员可以申请项目。申请人需对《北京市自然科学基金申请书》[附件 1(略)]（以下简称“申请书”）填写内容的真实性负责。

申请人应当是申请项目的负责人。

第九条 申请人与参与人不是同一法人单位的，参与人所在单位视为合作研究单位（以下简称“合作单位”）。

第三章 评审与立项

第十条 基金办应当按照管理办法第五条的规定聘请评审专家。

评审专家应当具有高级专业技术职务（职称），熟悉相关学科领域发展情况，学术造诣较深，办事公正。

评审专家应当按照管理办法第五条的规定对项目进行独立判断和评价。

第十一条 项目评审按照“三审一定”的程序进行，即初步审查、通讯评审、会议评审和基金委审定。

第十二条 基金办应当按照管理办法第十六条规定对申请材料进行初步审查，主要为形式审查。符合受理条件的，予以受理。

第十三条 基金办决定不予受理的项目，应当通过依托单位告知申请人，并说明理由。

申请人对不予受理决定有异议的，可以自收到决定之日起 15 日内，通过依托单位以书面形式向基金办提出复审申请。基金办应当自收到复审申请之日起 15 日内完成复审。认为项目属于不予受理情形的，予以维持，并通过依托单位书面告知申请人；认为项目符合受理条件的，撤销原决定。

第十四条 对已受理的项目，基金办根据申请书内容和有关评审要求进行分组，依据项目申请的学科代码，从同行专家库中随机选择专家进行通讯评审。

评审专家对评审的项目认为难以做出学术判断或者不能参加评审的，应当及时告知基金办；基金办应当依照本办法规定，选择其他评审专家进行评审。

每个项目的有效评审意见不得少于 3 份。

第十五条 基金办汇总专家通讯评审意见，按照定性、定量评审意见对通讯评审的项目进行排序，经基金委审议后确定进入会议评审的项目名单。

第十六条 基金办根据进入会议评审的项目数量及学科分类等，形成会议评审方案，报请基金委审定后，组建学科评审组进行会议评审。

会议评审专家应当充分考虑通讯评审意见和资助计划，以记名投票方式确定建议资助项目名单。建议资助的重点项目得票数应当不低于所在学科评审组全体专家的 2/3；建议资助的面上项目、预探索项目得票数应当不低于所在学科评审组全体专家的 1/2。

第十七条 基金委召开全体委员会议，听取基金办关于项目申请和评审工作的汇报，听取建议资助的重点项目申请人的答辩。

基金委委员以记名投票方式确定拟资助项目名单。拟资助项目得票数应当不低于全体委员的 1/2。

第十八条 项目评审工作中，基金委委员、基金办工作人员、评审专家是申请人或参与人的近亲属,或者与申请人、参与人有其他关系可能影响公正评审的,应当回避。

申请人和参与人不得作为评审专家。

申请人可以向基金办提供3名以内不适宜评审其项目的评审专家名单,基金办在选择评审专家时应当根据实际情况决定其是否回避。

第十九条 基金委委员、基金办工作人员和评审专家应当遵守保密法律、法规和评审保密规定。

第二十条 自然科学基金资助项目(以下简称"资助项目")实行公告异议制度。基金办应当将基金委确定的拟资助项目名称、项目申请人基本情况、依托单位名称、资助的经费数额等情况,在市科委网站和市自然科学基金网站上公告,公告期为30日。认为拟资助项目有弄虚作假等情形的,可以在公告期内向基金委提出异议,基金委应当在60日内核查处理。

第二十一条 基金办应当在公告结束后15日内将评审结果告知依托单位和申请人。对决定不予资助的,应当说明理由。

基金办应当向申请人反馈专家评审意见。

第二十二条 申请人对不予资助的决定有异议的,可以自收到决定之日起15日内通过依托单位以书面形式向基金委提出复审申请。对评审专家的学术判断有不同意见,不得作为提出复审申请的理由。

基金委应当自收到复审申请之日起60日内组织专家完成审查。原决定符合评审规定的,予以维持,并书面告知申请人;原决定不符合评审规定的,撤销原决定,重新组织评审,并将评审结果书面告知依托单位和申请人。

第二十三条 依托单位应当按照以下要求组织项目负责人填写《北京市自然科学基金资助项目任务书》[附件2(略)](以下简称"任务书"):

(一)项目负责人应当按照资助通知的要求填写任务书并提交依托单位审核,不得对其他内容进行变更;

(二)依托单位在收到资助通知之日起30日内完成任务书审核并提交基金办核准。

基金办、依托单位、项目负责人签订的任务书将作为资助项目实施、经费拨付、中期检查和验收的依据。

第二十四条 基金办、依托单位应当依据国家科学技术档案管理规定,建立项目的档案。

第四章 实施与验收

第二十五条 项目负责人应当按照任务书组织开展研究工作,并于立项后次年起,在资助期内每年1月15日前通过依托单位向基金办提交《北京市自然科学基金资助项目年度进展报告》(附件3(略))(以下简称"年度进展报告")。

依托单位应当审核年度进展报告,查看资助项目实施情况的原始记录,并向基金办提交年度管理报告。

第二十六条 基金办根据年度进展报告的审查结果或实地调研和检查的结果,确定资助项目后续经费的拨付。

第二十七条 资助项目产生的研究成果(论文、著作等)应当标注"北京市自然科学基金资助"(英文:Supported by Beijing Natural Science Foundation)及项目编号。

第二十八条 资助项目实施过程中,不得擅自变更项目负责人和依托单位。

确需变更项目负责人的,依托单位应当及时提出变更项目负责人的书面申请,并报基金办批准;变更后的项目负责人应当来自资助项目依托单位的项目组主要成员。

确需变更依托单位的,经原依托单位与拟变更依托单位协商一致,由原依托单位提出变更依托单位的申请,报基金办批准后,后续经费拨入变更后的依托单位。

第二十九条 项目负责人和依托单位不得擅自变更任务书的内容。实施中出现影响资助项目进展问题的,项目负责人和依托单位应当及时采取处理措施并向基金办报告;研究内容或研究目标等任务书内容因客观原因确需变更的,项目负责人或者依托单位应当及时向基金办提交书面申请。基金办应当自收到书面申请之日起60日内完成核查,做出处理决定。

第三十条 由于客观原因不能按期完成研究计划的,项目负责人可以通过依托单位向基金办申请延期一次,延期申请最迟在资助项目期满前30日提交。基金办应当自收到延期申请之日起30日内做出处理决定。

重点项目和面上项目申请延长的期限不得超过12个月,预探索项目申请延长的期限不得超过6个月。

第三十一条 由于客观因素造成资助项目暂时不能实施的,项目负责人或者依托单位应当向基金办提出书面中止申请。基金办审核通过后予以中止,待资助项目实施条件恢复后继续实施。

第三十二条 资助项目有下列情形之一的予以终止,不再继续实施,停止资助项目经费支出,并办理相关手续:

(一)项目负责人或者依托单位在资助项目执行过程中发现或发生不能解决的重大问题,导致资助项目无法完成原定任务的;

(二)由于客观不可抗力因素造成资助项目不能继续实施的。

基金办应当将决定终止的资助项目在市科委网站和市自然科学基金网站公布。

第三十三条 基金办负责组织资助项目的验收工作,依托单位应当协助基金办开展相关工作。在资助项目期满前60日内,基金办应当会同依托单位开展资助项目的验收准备工作。

第三十四条 项目负责人应当在资助项目期满之日起60日内通过依托单位向基金办提交验收申请材料,验收申请材料包括:

(一)《北京市自然科学基金资助项目验收申请表》[附件4(略)];

(二)《北京市自然科学基金资助项目研究工作总结报告》[附件5(略)];

(三)《北京市自然科学基金资助项目经费决算表》[附件6(略)];

(四)资助项目成果有关的重要数据、技术资料,标注有“北京市自然科学基金资助”和项目编号的专著和论文,专利等能够表现实物成果特征的图片、多媒体资料等;

(五)重点项目应当提交审计报告;

(六)基金办要求资助项目验收应提交的其他材料。

第三十五条 资助项目验收采用会议验收、通讯验收等方式。

重点项目采用会议验收;面上项目和预探索项目可以采用通讯验收,也可以采用会议验收。

第三十六条 会议验收由基金办主持。会议验收应当遵循以下程序:

(一)基金办将资助项目验收材料提供给验收专家;

(二)项目负责人介绍任务书规定的研究内容、目标和资助项目执行情况;

(三)验收专家针对资助项目执行情况进行质询;

(四)验收专家组依据资助项目完成情况给出验收意见,并填写《北京市自然科学基金资助项目会议验收意见》[附件7(略)](以下简称“会议验收意见”)。

第三十七条 通讯验收应当遵循以下程序:

(一)依托单位将资助项目验收材料以通讯方式送达验收专家;

（二）验收专家在审阅验收材料后，填写《北京市自然科学基金资助项目通讯验收意见》［附件8（略）］（以下简称"通讯验收意见"）中的《北京市自然科学基金资助项目通讯验收专家意见表》；

（三）依托单位结合验收专家的意见，填写《北京市自然科学基金资助项目通讯验收依托单位综合意见表》。

第三十八条　验收专家由资助项目相关研究领域的专家组成。会议验收专家组由5名以上单数专家组成，设组长1人；通讯验收专家由3名专家组成。验收专家由基金办统一聘请。

验收专家遴选时，资助项目依托单位和合作单位的专家及有其他关系可能影响资助项目验收的专家，应当回避。

验收专家对资助项目的技术内容负有保密责任，对被评定的各种材料，不得擅自使用或对外公开。基金办可以与验收专家签订保密协议，规定保密内容和期限。

第三十九条　验收专家、依托单位根据资助项目研究内容和考核指标的完成情况，给出"验收通过"或"验收不通过"的意见。

第四十条　依托单位自收到项目负责人提交的验收申请材料之日起45日内，协助基金办组织专家完成验收相关工作，并向基金办提交后续验收材料，包括：

（一）会议验收的资助项目，应当提交会议验收意见；

（二）通讯验收的资助项目，应当提交通讯验收意见。

第四十一条　基金办自收到资助项目验收材料之日起45日内，根据专家的验收意见及基金资助经费的使用情况，形成《北京市自然科学基金资助项目验收意见书》（附件9（略）），告知依托单位和项目负责人。

基金办应当在市自然科学基金网站公布资助项目验收意见。

第四十二条　资助项目验收后，基金办应当开展资助项目研究成果追踪管理。对于取得突破性创新研究成果、具有重要科学价值或重大应用前景，有必要继续资助深入研究的，应当优先予以资助，或者由基金办推荐其申请其他科技计划项目。

第四十三条　原始记录能够证明承担探索性强、风险高的资助项目的项目负责人已经履行了勤勉尽责义务，仍不能完成该资助项目的，基金办可以做出资助项目终止决定。

项目负责人有前款规定的情形不影响其继续申请项目。

第五章　附　　则

第四十四条　基金项目的监督与管理按照管理办法的有关规定执行。

第四十五条　本办法自发布之日起30日后施行，2000年11月14日颁布的《北京市自然科学基金资助项目申请、评审与管理办法》同时废止。

关于印发《北京市现代服务业科技发展专项工作意见》的通知

京科发〔2012〕399 号

（2012 年 7 月 31 日）

各有关单位：

为贯彻落实《国务院关于加快发展服务业的若干意见》（国发〔2007〕7 号）和《现代服务业科技发展"十二五"专项规划》（国科发计〔2012〕70 号），推动"十二五"时期北京市现代服务业科技发展，我们制定了《北京市现代服务业科技发展专项工作意见》。现印发给你们，请遵照执行。

附件：北京市现代服务业科技发展专项工作意见

北京市科学技术委员会

二〇一二年七月三十一日

附件：

北京市现代服务业科技发展专项工作意见

现代服务业是以现代科学技术特别是信息网络技术为主要支撑，建立在新的商业模式、服务方式和管理方法基础上的服务产业。它既包括随着技术发展而产生的新兴服务业态，也包括运用现代技术对传统服务业的改造和提升。加快发展现代服务业是北京市进一步提升创新能力，形成创新驱动发展模式，成为有世界影响力的科技文化创新之城的关键，是加快转变经济发展方式、调整优化经济结构、实现科学发展的有效途径，也是全力打造"北京服务""北京创造"品牌，构建科技创新、文化创新"双轮驱动"发展格局的重要举措。为了落实《国务院关于加快发展服务业的若干意见》和科技部《现代服务业科技发展"十二五"专项规划》，推动"十二五"时期北京市现代服务业科技发展，现提出《北京市现代服务业科技发展专项工作意见》。本工作意见实施期限为 2012—2015 年。

一、发展基础和优势

（一）北京市率先在全国建立了服务经济主导的产业结构，以信息网络技术为主要支撑的现代服务业已成为北京经济新的增长点。2011 年，北京市服务业实现地区生产总值 12119.8 亿元，占全市地区生产总值比重为 75.7%，基本达到发达国家平均水平；其中，信息传输、计算机服务和软件业实现地区生产总值 1492.6 亿元，金融业实现地区生产总值 2055 亿元，科学研究、技术服务和地质勘查业实现地区生产总值1130亿元;服务业增量达到1519亿元,占全市地区生产总值新增量1886.8亿元的80.5%;2011年,北京市现代服务业规模以上企业实现总收入约29563.1亿元。

(二)北京市现代服务业科技创新取得新进展。2011年,北京市全社会研究与试验发展经费支出932.5亿元,相当于地区生产总值的5.8%;专利申请量与授权量分别为7.8万件和4.1万件,分别增长36.1%和22%;全市技术合同成交额1890.3亿元,占全国总额的40%,其中落地北京的技术合同成交额985亿元,比上年增长74.5%;全市技术交易额1267.8亿元,占技术合同成交额的67.1%。截至2011年底,北京地区国家级重点实验室、工程(技术)研究中心、企业技术中心等286家,占全国的30%以上;累计认定市级重点实验室、工程技术研究中心等632家,企业研发机构262家。

(三)北京市持续引领全国现代服务业科技创新的发展方向。依托丰富的科技智力资源、全国领先的电子信息产业和高新技术产业优势,北京市现代服务业及其科技发展的引领和示范作用日益突出。全国首个现代服务业综合试点区域落户中关村国家自主创新示范区。北京市加快推进了石景山区国家服务业综合改革试点区以及三网融合、云计算、电子商务等三个试点示范城市建设,实施了物联网、智能交通系统、新能源汽车、智能电网、太阳能、轨道交通装备等六个示范应用工程。现代服务业的快速细分不断催生出新的服务业态和新的服务模式。在市场机制的推动下,现代服务业对其他产业的带动作用更加明显,呈现出专业化、国际化、数字化的特点和融合发展的态势。

(四)促进现代服务业科技发展的创新环境持续优化。北京市政府发布实施"十二五"时期科技北京发展建设规划、《关于进一步促进科技成果转化和产业化的指导意见》《北京市促进设计产业发展的指导意见》《关于促进首都知识产权服务业发展的意见》等政策文件,市科委制定了《关于进一步促进科技服务业发展的指导意见》等文件,引导现代服务业各行业科技发展的方向,不断优化现代服务业创新环境。

二、指导思想、基本原则和发展目标

(一)北京市现代服务业科技发展的指导思想

以科学发展观为指导,践行"北京精神",密切结合全球服务业发展的新趋势和转变经济发展方式、调整产业结构的战略任务,发挥现代服务业对实体经济的支撑引领作用,立足自身优势,服务全国市场,从用户端拉动科技成果转化应用,以技术创新和模式创新为引擎,加快培育新业态,创新体制机制,优化产业结构,完善发展环境,打造"北京服务""北京创造"品牌,做强科技服务业,做大基于信息技术的新兴服务业,优化生产性服务业,全面提升现代服务业竞争力,带动一二三产业融合发展。

(二)北京市现代服务业科技发展将坚持以下基本原则

1. 坚持政府引导与市场培育相结合的原则:通过制定政策引导现代服务业发展方向,培育新业态,促进跨行业合作,扶持创业;以市场机制为主导,对接北京现代服务业供给能力与全国服务业市场,提升全市现代服务业总量。

2. 坚持以企业为主体与产学研用相结合的原则:支持以企业为主体的科技创新体系建设,加快提升企业的创新能力和集成服务能力;加快重点领域的技术应用,通过产学研用合作,带动创新能力全面提升。

3. 坚持扶优扶强与整体推进相结合的原则:既要注重现代服务业做大做强,重点扶持经济效益高、具有领先优势和发展潜力的细分行业以及优秀企业;又要注重现代服务业的全面发展,建立相对完善的产业服务体系。

4. 坚持科技与文化融合发展的原则:既要强调科技对文化产业的支撑和引领作用,全面提升文化科技创新能力;又要把握文化大发展大繁荣的历史机遇,探索建立科技和文化融合路径,带动文化产业领域的科技创新。

(三)到2015年,将实现以下发展目标

1.服务业的主导地位进一步加强,服务业占地区生产总值比重达到78%以上,其中生产性服务业增加值占全市GDP比重达到53%左右,高技术产业、信息服务业和科技服务业增加值总额超过3500亿元。

2.企业研发经费支出总额达到450亿元。技术交易额突破1800亿元,向全国辐射与扩散能力显著提高。每万人发明专利申请数(件)超过22件,万人发明专利授权数达到8件。

3.支持建设一批市级重点实验室和市级工程技术研究中心。在战略性新兴产业领域扶持一批产业技术创新联盟。

4.在现代服务业领域突破和应用一批关键技术,探索一系列新型商业模式,拥有一批核心知识产权,培育一批知名企业和品牌,推出一批创新型产品和服务,培养集聚一批高端创新型人才和专业化人才,支持一批北京市现代服务业科技创新基地,形成一批北京市现代服务业科技人才培养基地,建设一批示范试点工程。

5.现代服务业领域的科技成果转化应用能力不断提高,品牌效应不断彰显,空间布局不断优化。进一步增强现代服务业在经济社会发展中的支柱地位,把北京打造成为具有全球影响力的科技创新中心和科技服务中心。

三、立足三大领域,以科技创新提升现代服务业整体优势

结合北京市现代服务业的特点和优势,将大力发展科技服务业、基于信息技术的新兴服务业、生产性服务业等三大领域,强化科技创新在科技服务业中的决定性作用,在基于信息技术的新兴服务业中的引领性作用,在生产性服务业中的支撑性作用。

(一)依托特色优势,做强科技服务业

围绕基础研究、技术研发、成果转化、辐射发展等创新链,加快落实《关于进一步促进科技服务业发展的指导意见》,结合企业技术创新和公共科技服务需求,大力发展研发服务、设计服务、工程技术服务和科技中介服务,提高科技服务能力,促进科技服务产业化。

1.推动研发服务业领先化发展。瞄准战略性新兴产业的发展需求,促进科技创新和战略性新兴产业发展的全过程融合,组织实施研发服务类项目,推动由技术驱动向需求驱动转型。发挥技术研发创新平台作用,支持企业、高等院校和科研院所通过产学研用合作等方式攻克关键技术、开展技术集成,提升研发服务水平。

2.推动设计服务业规模化发展。全面落实《北京市促进设计产业发展的指导意见》《全面推进北京设计产业发展的工作方案》,加快实施首都设计产业提升计划,大力发展工业设计、建筑设计、动漫设计、环境设计等行业,扩大产业规模,全面推进"设计之都"建设,提升"北京设计"的国际影响力。

3.推动工程技术服务业高端化发展。探索以关键技术、核心装备和前端设计为依托的工程技术服务业集成化发展模式,鼓励工程技术服务企业开展工程总包和系统成套技术研发,促进从提供产品向提供工程整体解决方案转变。鼓励工程技术服务企业通过兼并、重组和上市等途径做强做大。

4.推动科技中介服务业专业化发展。发挥技术转移、科技孵化、咨询服务、检验测试等科技中介力量,推进科技咨询、知识产权服务、技术集成与中试、标准服务等机构发展,促进专业服务贯穿科技创新全过程。

（二）加强服务模式创新，做大基于信息技术的新兴服务业

以云计算、物联网为重点，加强以信息网络技术为代表的现代科学技术在现代服务业领域的融合应用，大力开展服务模式创新，积极发展科技文化融合、社会化公共服务、新兴消费服务，增加产业竞争力，提升产业规模。

1. 推动科技文化融合发展。深入了解文化科技需求，全方位、多渠道推动科技与文化的融合发展；积极培育创意产业等科技与文化紧密结合的服务业态，促进科技文化融合产业的聚集；积极探索以科技创新推动文化发展的工作模式，支持开展科技研发和成果转化应用，创新文化生产方式和传播手段。

2. 推动社会化公共服务全面发展。加强以信息网络技术为代表的现代科学技术在健康服务、教育、社会保障、城市公共安全等社会化公共服务领域的应用，支持新产品和新技术的研发应用，创新服务模式，形成城市应急、安检、储备物资等物联网典型应用解决方案，提升社会化公共服务水平。

3. 推动新兴消费服务快速发展。重点围绕数字社区（家庭）服务、移动生活服务、智能家庭应用服务、空间位置综合信息服务等数字生活服务领域，加强信息网络技术推广与新模式研究，引领新兴数字生活消费服务产业快速发展。

（三）加强新技术集成应用，优化生产性服务业

围绕生产性服务业共性需求及关键环节，加强信息网络技术的融合应用，推动制造业向制造服务化转变，大力改造提升生产性服务业，重点推进金融服务、商务服务、现代物流等发展，提升服务效率，增加服务附加值。

1. 创新发展金融服务业。加快推进金融业的科技创新能力建设，提升金融服务的质量和水平；积极培育第三方支付、电子银行等新兴业态发展。

2. 培育壮大商务服务业。提高传统优势行业的电子商务应用水平，鼓励和扶持移动电子商务等新兴业态发展；搭建商务服务业公共服务平台，培育一批本土高端商务服务品牌，形成功能完善、服务规范、与国际接轨的商务服务体系。

3. 优化提升现代物流业。加快物流基础设施与物流配送体系建设，广泛推动物联网、车联网等技术的应用，提高现代物流的信息化普及程度和集成化管理水平，提供高附加值的物流服务和综合性解决方案。

四、实施四大工程，全面推动现代服务业科技发展

（一）实施科技创新工程

以提高现代服务业创新能力为目的，健全科技发展支撑体系，推动技术、模式、管理、组织创新，持续开展理论、政策、创新路径研究，逐步提高现代服务业科技创新能力。

1. 加强技术支撑体系建设。面向现代服务业科技发展重点方向和共性问题，开展共性技术工程化和集成化应用研究，支持一批重点实验室、工程技术研究中心、企业技术中心、公共服务平台等的建设，为现代服务业领域的科技创新提供支持；加快科技企业孵化器、大学科技园、留学人员创业园、生产力促进中心等创新创业服务载体建设；发挥首都科技服务业协会等行业组织的作用，为企业提供政策咨询、信息咨询、投融资、人力资源等服务，指导企业建立完善的知识产权管理机制，从源头上维护公平竞争环境；逐步完善覆盖现代服务业重点领域技术创新和产业发展全过程的金融服务体系。

2. 加强核心技术的研发和应用。实施新一代移动通信技术及产品突破工程（4G 工程），培育基于4G 技术的新型应用服务与产业；实施北京高端数控装备产业技术跨越发展工程（精机工程），

提高相关行业的关键技术与新产品的研发能力;加快实施北京生物医药产业跨越发展工程(G20 工程),搭建医药创新支撑公共服务平台,加快建设北京国家级生物医药孵化和产业化基地。推进移动互联网、物联网、空间信息等技术在快递物流、医疗健康等领域的集成与应用;推进数字内容版权保护、存储、分发及传输等技术在文化领域的应用;加强新能源、新能源汽车、城市安全等领域的技术研发和应用,提高核电领域工程设计和技术服务水平;加快推进国家城市安全生产研发服务平台、新一代平安城市建设运维保障及公共安全平台、首都食品安全科技检测服务平台等公共服务平台建设。

3. 加快完善产学研用合作与技术转移机制。采取积极措施激励各类创新主体开展集成创新和模式创新,鼓励现代服务业领域的科研成果和专利在北京落地转化,提升全市现代服务业企业的科技创新能力;加快实施《技术转移服务规范》,进一步推进技术市场、创新驿站、技术转移示范机构等建设,重点建设国际技术转移中心、中意技术转移中心等;重点推进设计产业科技成果转化平台建设,大力推进中国设计交易市场建设。

4. 积极培育新兴业态、做强服务业品牌。做强"北京服务"和"北京创造"品牌,重点发展由科技进步催生的新兴业态和从制造业分离的服务业态,以新技术提升传统服务业发展水平。鼓励面向全球市场的软件服务外包、生物技术研发外包等先进服务贸易,建设国际研发转移交付平台,提升北京品牌的国际影响力;依托北京市节能低碳发展创新平台建设,积极鼓励节能服务公司推行合同能源管理模式,鼓励提供合同能源管理服务的企业积极参与政府采购,以融资促进的方式拓展市场,形成标准,树立品牌;加快第三方支付的专业化发展,加快推进产业价值链协同电子商务开放服务等平台建设;积极培育科研仪器设备租赁等科技服务新兴业态。

(二)实施企业成长工程

以促进企业快速发展为目的,推动企业依托科技创新、模式创新拓展新兴领域,实现专业化发展,进一步树立品牌,通过产业技术联盟等整合优质资源,提升可持续发展能力。

1. 支持重点企业发展壮大,形成创新发展动力源。支持一批具备一定规模、自主创新能力强、成长性好的重点企业,通过科技创新、模式创新和新技术的应用快速发展,促进重点企业由提供产品向提供系统解决方案和集成服务转变,将其培育成为具有较强影响力和竞争力的品牌企业。加快实施工程技术服务百强企业培育计划、研发服务企业培育计划、设计百强企业计划,完善生物医药研发服务业企业库,带动重点细分行业创新发展。

2. 扶持全产业链中小企业的发展,提升创业活力。扶持创新型人才在数字出版、研发服务、数字医疗和健康管理等新兴领域开展创业,培育中小企业和高成长企业,提升创业活力。支持中小企业的技术研发、应用与创新发展,形成围绕在重点企业上下游环节、相对完善的产业链。

3. 支持产业联盟建设,提高产业竞争力。鼓励以龙头企业为核心,以产业链为基础组建产业技术联盟、知识产权联盟等新型产业组织,充分发挥其在推进技术创新、标准制定、成果转化、交流合作等方面的作用,整合国内外产业链发展要素,提高产业竞争力。

(三)实施集群发展工程

以集群化发展为目的,充分发挥龙头企业的带动作用,围绕重点领域形成贯穿产业链上下游的产业集群,加快形成优势互补的现代服务业科技发展格局。

1. 加快推进技术转移集聚区的建设,打造技术转移标志性核心区。集聚一批国内外知名的技术转移机构,成为具有全球影响力的国际技术转移中心、技术交易中心和区域合作中心,充分利用中国(北京)国际服务贸易交易会、中国北京国际科技产业博览会、中国北京国际文化创意产业博览会、北京国际生物医药产业发展论坛等重要会展活动,突出技术转移功能,体现示范效应。

2. 推动一批科技文化融合发展集聚区建设。推进中国北京出版创意产业园区、国家动漫游戏产业基地、大兴区国家新媒体产业基地、北京设计创意产业基地等文化产业集聚区建设，加强文化产业的科技内涵，完善服务功能，促进科技与文化相结合的重大项目落地北京。

3. 推动一批北京现代服务业科技创新基地建设。推进北京科技成果转化（密云）示范基地、未来科技城科研成果转化基地、大兴区农业成果转化基地等一批成果转化基地建设；推进战略性新兴产业孵育基地建设，完善科技孵化服务体系，培育一批战略性新兴产业源头企业；推进国家集成电路设计北京产业化基地、国家数字媒体技术产业化（北京）基地、北京中关村国家现代服务业产业化基地、北京纳米科技产业园等一批产业化基地建设。

（四）实施示范试点工程

以树立科技发展标杆为目的，充分发挥示范带动作用，推广先进模式，扩大优势领域的影响力，进一步提升北京市在国家现代服务业科技发展中的战略地位。

1. 积极推动财政部等四部委与北京市联合开展的中关村现代服务业综合试点工作。加强对示范企业、示范机构和示范基地的支持，逐步建立促进现代服务业发展的有效机制，进一步探索服务业与高新技术产业和战略性新兴产业融合发展模式，推动北京服务经济做大做强。

2. 积极推进石景山区国家服务业综合改革试点区建设。把握国家服务业综合改革试点区建设的重要契机，支持现代服务业综合体、商务楼宇等新兴功能载体建设，完善交易市场、投融资平台等专业服务平台，创新服务业管理体制与工作机制，加大政策扶持、资源统筹力度，为区域经济转型升级提供有力支撑。

3. 加快建设中关村国家级文化和科技融合示范基地。深入贯彻国家文化科技创新工程，以海淀园为核心建设软件、网络和计算机服务业示范基地，打造石景山园数字娱乐产业示范基地、雍和园新闻出版与版权交易示范基地、德胜园创意设计产业示范基地，成为科技和文化融合创新能力强、辐射带动作用明显的全国文化产业发展标杆。

五、落实六项措施，加大政策扶持力度

（一）形成协同联动的工作机制

1. 发挥北京市人民政府与相关部委建立的部市工作会商制度的优势，加强与国家相关部委沟通，密切衔接国家现代服务业发展战略部署，争取现代服务业重大项目和资金在北京落地。

2. 北京市相关委办局联合部署，共同研究制定北京现代服务业科技发展的相关政策，形成突出重点、分类指导的工作体系；支持有条件的区县发展现代服务业优势领域，加快形成互通互动的工作机制。

（二）积极争取财税金融政策的支持

1. 进一步争取国家各项扶持政策、中关村国家自主创新示范区先行先试政策的支持，支持符合条件的现代服务业企业申请高新技术企业、技术先进型服务企业等认定，鼓励符合条件的技术、产品、服务申请中关村国家自主创新示范区新技术新产品（服务）认定，享受相关政策。

2. 鼓励企业、高等院校、科研院所等联合申请国家高技术研究发展计划（863 计划）、科技支撑计划等科技计划项目；鼓励符合条件的机构申请国家农业科技成果转化专项等；对于承担国家现代服务业科技发展重大项目的企业和机构给予优先支持。

3. 建立科技成果转化引导基金试点，引导有产学研实体背景的社会资本共同成立创投引导子基金；鼓励符合条件的机构申请北京市现代服务业领域重大项目、北京市重大科技成果转化和产业化项目等；鼓励符合条件的机构申请北京市高新技术成果转化项目资金、北京市科技型中小企业技术创新资金等的支持。

（三）加快培育市场环境

1. 积极培育市场，支持商业模式创新和完善市场准入制度。创新消费模式，推动现代服务业与其他产业的融合发展，积极推进电子商务、合同能源管理、新能源汽车租赁等新型商业模式。完善新能源汽车的项目和产品准入标准。

2. 发挥政府采购培育现代服务市场的作用。鼓励具备条件的企业、高等院校和科研院所优化内部业务流程，采购外包服务。

3. 依托中国（北京）国际服务贸易交易会、京港洽谈会等平台，加大现代服务业各类成果的市场推广力度，帮助企业开拓国际国内市场。

（四）加强人才培养和引进

1. 依托国家“千人计划”“海聚工程”“科技北京”百名领军人才培养工程、科技新星计划、“高聚工程”等人才计划，围绕现代服务业科技发展重点领域绘制世界人才地图，采用定向引入、团队整体引入等多种方式，吸引和集聚一批现代服务业领域的创新人才。

2. 创新现代服务业科技人才的培养模式，引导有条件的高等院校和培训机构，建设若干科技人才培养基地，为产业发展提供更多的高层次专业技术人才；鼓励高等院校、科研院所、企业、产业技术联盟联合培养科技创新人才，提高从业人员的科技创新能力。

3. 推进建设技术经纪人、创业导师、天使投资人等现代服务业创新型人才资源库。

（五）加快推进国际化发展

1. 加强领域国际间合作，推动国际技术转移中心、北京农业科技城国际合作交流平台等一批平台的建设，积极组织与发达国家和地区开展交流促进活动。

2. 引进国外知名企业、机构和高端人才，吸取先进的管理经验，提升现代服务业科技发展的管理能力；支持本土吸引外资、拓展海外市场和开展对外合作，提升企业竞争能力。

（六）加强监督、统计监测和宣传工作

1. 加强对重点工程实施，尤其是示范试点工作的绩效评估，加大对项目实施和资金使用的监督考核力度，严格按照国家和北京市预算、财务管理制度的有关规定进行管理。

2. 加快研究科技支撑现代服务业的统计指标体系，加快研究现代服务业企业盈利模式，推进现代服务业科技发展最佳实践案例、科技资源等知识库建设。

3. 加强对北京市现代服务业科技发展的宣传，充分利用各类媒体，增强对典型案例的宣传力度，提高社会认知度。

北京市工商行政管理局贯彻北京市人民政府办公厅转发市工商局关于进一步支持产业优化升级加强业态调整促进经济发展方式转变工作意见文件的通知

京工商发〔2012〕11号

（2012年1月20日）

各区县分局、专业分局，市局机关各处室、执法大队，各事业单位、各协会、学会：

现将《北京市人民政府办公厅转发市工商局关于进一步支持产业优化升级加强业态调整促进经济发展方式转变工作意见的通知》[京政办发〔2011〕62号，见附件1（略）]印发给你们，并提出以下意见，请一并认真贯彻执行：

一、充分发挥市场准入的调控作用

“十二五”时期，面对国内外产业变革和调整加快，首都面临发展动力转换、产业结构深度调整升级的紧迫任务，工商部门要紧紧围绕市委、市政府确定的“加快转变经济发展方式，大力促进产业结构优化升级”的工作目标，充分发挥市场准入作为政府经济调节基础手段的职能作用，为调整产业结构、优化投资环境、发展地方经济和规范市场秩序服务。要充分认识到强化市场准入工作，是新时期工商行政管理部门服务科学发展、加快经济发展方式转变的重要责任，是转变政府职能、提升市场监管水平的重要途径，深入挖掘各项服务功能，进一步拓展工商服务的方式和渠道，加强协调联动形成工作合力，进一步提升服务首都产业优化升级的水平和效能，全面深入地开展服务经济发展大局的工作。

二、贯彻落实《工作意见》提出的支持企业发展的工作措施

1. 支持属地街乡镇政府在社区内确定一个登记注册的法人企业开展便民服务活动。该法人企业在当地政府规划的地点可以申请设置便民网点，从事与社区居民生活相关的经营活动。法人企业申请在设置的便民网点开展经营活动，应向当地工商所进行备案。备案时提交以下材料：(1)《经营网点备案申请书》[见附件2（略）]；(2)当地街乡镇政府网点设置批准文件；(3)涉及许可项目的应提交许可主管部门的同意文件。街乡镇政府的批准文件应明确便民网点的地点、面积、已征求当地居委会同意的情况。经备案的便民网点在法人企业的经营范围内以法人企业的名义开展经营活动，企业法定代表人负责便民网点的日常管理工作。工商所应主动与当地政府沟通，详细了解便民网点的规划和经营情况。

2. 扩大年检印章加盖页面，减少企业换照频次。营业执照“年度检验情况”栏内年检印章盖满后，可在营业执照“年度检验情况”栏下方空白处自左至右有序加盖年检印章。营业执照年检印章加盖页面空白处全部盖满的，要求企业更换营业执照。

3. 实行动产抵押登记电话预约制度，提供网上服务和指导。企业可通过电话预约登记时间，即时为其办理登记。利用网站将动产抵押登记的程序和登记表格向社会公开，供企业下载使用，方便

企业及时顺利地办理抵押登记手续。

4. 开通动产抵押登记网上申请查询系统，提高行政办事效率。建立动产抵押登记“外网申请、内网审核、现场提交、一次办结”的工作模式，减少申请人往返次数，方便企业和社会公众及时查询动产抵押登记情况，避免重复抵押引发的权益损失。

5. 积极搭建融资服务平台，为企业融资提供服务。组织企业与金融机构融资推介，强化企业运用动产抵押进行融资的意识。加强金融机构与企业间的沟通，了解企业融资需求，针对不同行业企业的金融需求，创新产品体系，完善产品组合，提高产品的适应性。主动做好咨询服务工作，为企业提供合同法律咨询服务，帮助企业顺利融资。

三、严格审查投资人身份材料，全面开展身份信息核查工作

6. 使用企业登记注册自然人身份信息核查系统，对内、外资企业及分支机构登记申请材料中的国内自然人投资人、法定代表人（负责人、执行事务合伙人委派代表）、公司高级管理人员（董事、经理、监事）、被指定（委托）人、企业秘书（联系人）以及个体工商户经营者、农民专业合作社成员的身份信息的有效性全面开展即时在线核查工作。

对于经核查确认身份信息与核对信息不一致的，核查人员应将该企业或申请人提交的材料建档留存，已经设立的企业归入登记档案副卷，新设企业参照登记档案的留存方式单独建档留存并建立台账[见附件3（略）]。

7. 规范外地来京人员办理个体工商户登记的身份证明材料。

外地来京人员办理个体工商户登记的，除按照《个体工商户条例》和《个体工商户登记管理办法》的规定提交文件证件外，还应符合我市有关居住证制度的相关规定，提交在本市居住的证明，登记机关根据居住证明记载期限核定营业执照的有效期。已经登记的外地来京人员开办的个体工商户，申请变更、延期登记的，经营者应按上述要求提交有关材料。

经营者申请登记时提交的居住证明记载的有效期限不足30日的，应先办理居住证明的延期手续，再向登记机关申请登记。营业执照有效期届满后30日内，经营者仍不能按要求提交延期后的居住证明的，不予办理登记注册。

个体工商户因居住证到期申请变更营业执照有效期的，在填写换照申请表，并提交延期后的居住证后，登记机关予以换发营业执照。

四、严格审查住所（经营场所）材料，分类实施经营地址确认工作

8. 各分局应遵照执行《工作意见》第三条第（二）款对住所（经营场所）合法性审查的规定，本《通知》印发前，已经各分局确认并备案的属合法建设的房屋权属出证形式可继续执行，不溯及既往。

除《工作意见》第三条第（二）款中已列明的几类特殊房产的出证规定外，其他几类情况的房产按照以下规定执行：

（1）使用军队房产作为住所（经营场所）的，提交《军队房地产租赁许可证》副本原件。

（2）使用武警部队房地产作为住所（经营场所）的，应提交武警部队后勤部基建营房部核发的《武警部队房地产租赁许可证》复印件；武警部队房产承租人转租房产的，新承租人应提交武警部队后勤部基建营房部核发给承租人的《武警部队房地产租赁许可证》复印件，以及武警房屋出租管理部门的证明。

（3）属于铁路系统的，由北京铁路局的房屋管理部门出具证明文件，文件中应明确所用房屋不在铁路两侧100米范围内。

(4)属于宗教系统的,应出具北京市落实私房政策领导小组办公室颁发的宗教房产《确权通知书》,或由该宗教团体业务主管部门出具证明。

(5)使用宾馆、饭店(酒店)作为住所(经营场所)的,提交加盖公章的宾馆、饭店(酒店)的营业执照复印件作为住所(经营场所)使用证明。

(6)房屋提供单位系已经工商部门核准登记的具有出租房屋经营项目的,即经营范围含有"出租商业用房""出租办公用房""出租商业设施"项目的,由该企业提交加盖公章的营业执照复印件、房屋产权证明复印件、产权人出具的同意出租的文件作为住所(经营场所)使用证明,登记机关应按照本通知第9条的规定审查其用途。

(7)申请从事报刊零售亭经营的,《企业住所(经营场所)证明》页中"产权人证明"栏应由市邮政管理局盖章,并提交市或区县市政市容委出具的备案证明复印件。

(8)在已经登记注册的商品交易市场内设立企业或个体工商户,住所(经营场所)证明由市场服务管理机构出具,并提交加盖该市场服务管理机构公章的营业执照复印件。市场服务管理机构出具的证明文件应明确该住所(经营场所)不属于违法建设。

(9)使用人防工程或普通地下室作为住所(经营场所)的,应符合《北京市人民防空工程和普通地下室安全使用管理办法》(市政府令236号)的规定,并提交人民防空工程使用许可文件或区县建设(房屋)行政主管部门的备案证明。

9. 各分局应遵照执行《工作意见》第三条第(三)款对住所(经营场所)经营用途审查的规定,对房屋的规划批准材料为2009年10月1日《北京市城乡规划条例》(以下简称《条例》)实施前取得的,其房产证记载的用途为"商业、金融、信息、科研、文化、娱乐、体育、办公、综合、交通、仓储"以及与上述用途在表述形式上类似的,在不改变产权权属的情况下,可按照互通适用的原则,作为企业、个体工商户的住所(经营场所)办理登记注册。对在《条例》实施后取得房屋的规划批准材料的,登记机关严格按照规定审查经营用途是否与规划用途相一致,不一致的不予办理登记注册。在对经营场所房屋用途加强审查的工作中,各分局应建立与规划、房屋管理部门、国土等部门的沟通、协调机制,协商解决登记中出现的问题。

10. 企业、个体工商户申请登记"出租商业用房""出租办公用房"经营项目的,分为两种情况:(1)房屋为申请人自有房产的,应提交加盖公章或产权人签字的房产证复印件;(2)房屋并非自有房产的,应提交产权单位(人)提供的房产证复印件及产权单位(人)盖章(签字)的委托租赁证明文件。对不能提交房产证的,应参照本《通知》第8条的有关规定执行。同时,登记机关在认定其房产证记载用途符合本《通知》第9条规定的,可予核定"出租商业用房"或"出租办公用房"。

11. 将住宅改变为经营性用房的,登记机关应告知申请人向规划行政管理部门申请变更房屋规划用途,申请人应向登记机关提交房屋用途已变更的房屋所有权证复印件,以及按照国家工商总局规定提交的文件、证件。

12. 各分局可以结合辖区经济发展的实际需要,有重点、分行业类型地开展对企业及个体工商户设立、变更登记所申报的住所(经营场所)的地址确认工作。地址确认工作应按以下程序办理:

(1)申请人办理名称预先核准时,应在《名称(变更)预先核准申请书》"住所或地址"栏内填写拟登记住所(经营场所)的详细地址。需要对申报的住所(经营场所)进行地址确认的,登记部门在核发《名称预先核准通知书》或受理变更登记申请时,应向申请人发放《住所(经营场所)地址确认告知书》[见附件4(略)],告知申请人应到住所(经营场所)所在地工商所申请办理地址确认手续,并填写《住所(经营场所)地址确认材料存根》[见附件5(略)]备查。

(2)工商所受理地址确认申请之日起5个工作日内,应安排两名工作人员共同完成对住所(经营场所)地址的确认工作。

确认住所(经营场所)地址应符合以下要求:

①实际地址与申报的地址一致;

②住所(经营场所)证明文件是否符合《工作意见》第三条第(二)、(三)款以及本《通知》的规定;

③发现建筑物的墙体经过改建("拆墙打洞")的,应要求申请人提交区县以上房屋建设管理部门的批准材料;不能提交上述批准材料的,应告知申请人住所(经营场所)不符合要求,工商所应及时将有关情况报送分局企业监督部门,企监部门定期向本辖区同级房屋行政管理部门通报。

(3)地址确认工作完成后,工作人员应根据情况填写《住所(经营场所)地址确认审批表》[见附件6(略)]报主管所长批准并存档。经主管所长同意后,工商所出具《住所(经营场所)地址确认通知书》[以下简称《通知书》,见附件7(略)],申请人持《通知书》到登记部门办理登记注册手续。

(4)登记部门根据住所(经营场所)证明材料以及工商所出具的《通知书》,做出是否同意申报的地址作为住所(经营场所)登记注册的决定,《通知书》一并归入登记档案。

13. 专业分局管辖企业、个体工商户的住所(经营场所)的地址确认工作,由各专业分局按管辖权负责。

五、有重点地开展到登记机关签字、签章工作

14. 各分局结合实际登记工作中因签字、签章出现的问题,可以有重点地开展内资企业有关人员到登记机关签署有关申请材料的工作。登记机关对有关人员签署的申请材料进行法定形式审查,签署材料的有关人员对所签材料的实质内容真实性负责。提交的材料齐全、符合法定形式的,登记机关按照法律规定做出有关的决定。

对有关人员签署材料的审查,应本着便民、高效的原则,一般情况下对其内容不作实质性核实。需要核实的,应按照《行政许可法》及其他有关法律法规规定的条件和程序开展实质内容核实工作。

15. 内资企业申请登记时有下列情形之一的,可以要求有关股东(投资人)、董(理)事、监事、法定代表人到登记机关签署申请材料:

(1)内资企业设立登记、变更股东(投资人)、变更法定代表人的;

(2)利害关系人[股东(投资人)、董(理)事、监事、高级管理人员、债权人等]对登记材料中签字、签章的真实性提出异议,并提供书面材料告知登记机关的;

(3)受理人员经审查,对登记材料中签字、签章存在合理疑问的;

(4)企业或被指定(委托)人曾因提交虚假登记文件、证件被登记机关警告、处罚,信用状况存在瑕疵,且已记录在企业信用信息系统的。

16. 有关人员因特殊原因不能到登记机关签署有关材料的,可以提供公证机关出具的公证文件或者律师事务所出具的法律意见书确认其签字、签章。公证文件、法律意见书存入登记档案。

六、严格后置行政许可和备案经营项目登记注册管理

17. 编印《北京市行政许可和备案项目目录》(以下简称《目录》),登记机关按照《目录》项目办理前置、后置许可和后置备案项目登记注册。以下行政许可项目和备案项目纳入《目录》:

(1)法律、法规规定的前置、后置行政许可审批项目;

(2)法律、法规、规章规定的后置备案项目;

(3)市政府有关部门依法规定的后置备案经营项目;

(4)外商投资产业指导目录限制类。

《目录》将根据每年前置、后置行政审批许可项目和后置备案项目以及外商投资产业指导目录的变化进行修订。《目录》将向社会公示，告知申请人应依法依规办理有关前置、后置许可审批和后置备案项目，帮助企业、个体工商户依法依规开展经营活动。

后置行政许可和后置备案项目应在行政许可和备案管理部门提出要求后列入《目录》。

18. 从严核定后置行政许可和后置备案经营项目。

（1）法律法规规章规定后置行政许可或后置备案经营项目应在取得工商登记注册并办理后置行政许可或后置备案手续后方可开展经营活动的，企业、个体工商户申请经营该后置行政许可或后置备案项目，在其未取得有关行政管理部门的后置行政许可或后置备案手续前，核定其后置行政许可或后置备案项目时应在该后置行政许可或后置备案项下括号注明“该经营项目应取得×××部门行政许可（备案）手续，未办理行政许可（备案）手续不能开展该项目的经营活动”。企业、个体工商户取得后置行政许可或后置备案手续后，登记部门应按照有关审批部门批准内容对该项目表述用语进行规范，并取消该项下括号标注的内容。

（2）法律、法规、规章、市政府有关部门的规定未规定后置备案经营项目应在办理备案手续后方可开展经营活动的，核定该后置备案项目时应在后置备案项下括号注明“经营该项目应到×××部门办理备案手续”，申请人取得项目备案后，登记机关可根据企业申请取消括号内注明的内容。

19. 自本《通知》实施之日起，登记机关在受理企业、个体工商户设立或增加经营项目变更登记时，遇有其申请的经营项目中涉及前置、后置行政许可经营项目或后置备案经营项目的，审批、备案机关对前置、后置行政许可经营项目和后置备案经营项目设有经营期限的，登记机关应当将经营期限在营业执照该经营项目项下予以载明。多个许可部门对同一许可或备案经营项目设有经营期限的，应在该经营项目项下逐一记载。

经营范围中包含行政许可项目的企业、个体工商户在申请变更登记时，行政许可的经营期限逾期的，应提交延期后审批文件或许可证件，不能提交的，变更登记时应核减该行政许可项目。

企业、个体工商户仅申请行政许可或备案项目经营期限延期的，只需提交企业法定代表人、个体工商户经营者签署的换照登记申请书及有效行政许可文件即可办理。

20. 前置、后置行政许可项目、后置备案项目经营期限届满前60日，市场主体网格监管系统自动提示工商所网格责任人，网格责任人应督促企业、个体工商户办理相关延期手续。

21. 全市各登记机关应按照市局下发的《经营范围核定规范》（以下称《规范》）具体核定经营项目；对《规范》中没有表述的项目，应确定是否可以归并入《规范》中的已有项目；《规范》的用语不能表述的项目，应予以积极研究确定具有唯一解释的用语核定其项目，并及时报告市局完善《规范》。

七、依法办理注销登记，严格规范市场主体退出程序

22. 企业、个体工商户申请办理注销登记时，除按相关法律法规的规定提交文件证件外，还应提交税务机关出具的注销税务登记证明。

23. 企业、个体工商户申请注销时有以下情形的，登记部门不予办理注销登记或在实质核查注销申请材料后决定是否予以办理注销登记：

（1）司法机关、行政管理部门依职权函告工商行政管理机关有关企业的债务未清理完结的；

（2）利害关系人函告登记机关，并有证据证明该企业注销后可能对公共利益或第三人权益造成损害的。

八、严格证照管理，规范个体工商户登记档案的管理

24. 登记机关应加强对各类市场主体登记证照的管理，在履行证照核发工作时，应将核发的营业执照的正本、登记证复印，在复印件上标注“此为现有效营业执照复印件”，并将复印件与企业或个体工商户的设立、变更登记材料一并归档。

25. 工商所应严格按照《北京市工商行政管理机关个体工商户登记档案管理办法》（京工商发〔2008〕47 号）和《北京市工商局北京市档案局关于修订北京市工商行政管理机关关于修订专业档案管理办法的通知》的文件要求，做好个体工商户登记档案的管理工作。

个体工商户转型为企业，原有个体工商户登记档案全部转为企业档案管理，原个体工商户开业档案作为转型后企业档案的开业卷，转型登记材料单独作为一次变更卷，转型后企业档案按照《北京市工商行政管理机关企业登记档案管理办法》严格管理。

九、依法办理人民法院等有关部门依职权请求协助的事宜

26. 登记部门应设置正式工作人员专人承办协助人民法院等有关部门依职权请求协助的事宜。承办人员应认真查验人民法院等有关部门提请协助的相关文件、证件，严格履行审查、批准程序。

登记部门接到人民法院等有关部门协助请求限制企业、个体工商户登记的文件后，应当在签收前查询数据状态，并于签收当日及时根据请求协助的事项在“金网”登记系统中进行相应限制性操作，签收相关法律文件时应注明签收时间的年、月、日、时、分。

十、严格执行党政机关不得投资办企业的规定

27. 严格执行党中央国务院、市委市政府关于禁止党政机关办企业和党政机关与所办企业脱钩的有关规定。除下列情形外，其他党政机关、司法机关所属的事业单位无论是否具有行政管理职能，无论其经费来源属于何种性质一律不予登记注册为投资人。

（1）所属事业单位属于新闻、出版、科研、设计、医院、院校、图书馆、博物馆、公园、影剧院、演出团体类性质的可以投资办企业；

（2）国务院各委办所属机关后勤服务中心，可作为为本系统提供相关后勤服务企业的投资人。该类企业的经营范围核定为“为×××系统内部单位、人员提供×××服务”（禁止成为企业的投资人）；

（3）本市各区县所设乡镇集体资产运营中心可以投资办企业。

28. 党政机关、司法行政部门以及党政机关主办的社会团体不得投资办企业。但属于我市非党政机关主办的社会团体申请投资设立公司的，应按照《北京市民政局、北京市工商行政管理局关于北京市社会团体投资设立公司有关问题的通知》（京民社发〔2005〕392 号）的规定，由市（区、县）民政社团管理部门出具《非党政机关所办社会团体证明》并提交《社会团体法人证书》（副本）复印件后，可依据《公司法》的规定设立公司。

属于国务院社会团体管理部门登记的社会团体法人单位申请投资设立企业的，应查验该社会团体设立时的出资人性质，出资人为会员的可以投资登记注册企业。不能提供社会团体设立时出资人性质材料的，应查验该社会团体的章程，章程中明确规定资金来源包含会员提供的，可以投资登记注册企业。

十一、附则

29. 市局将根据本《通知》和今后有关住所（经营场所）的规定并结合我市的具体情况，制定《住

所(经营场所)使用说明》[以下称《说明》,见附件8(略)],登记注册部门据《说明》办理企业、个体工商户住所(经营场所)的登记注册工作。

30.执行本《通知》中遇有问题,应及时向市局报告。原有规范性文件与本《通知》不符的,以本《通知》为准。

北京市工商行政管理局

二〇一二年一月二十日

关于印发《北京创造·战略性新兴产业创业投资引导基金管理暂行办法》的通知

京发改〔2012〕694号

(2012年5月12日)

各有关单位:

为加快培育和发展战略性新兴产业,转变政府投入方式,完善产业发展环境,根据国家创业投资基金工作安排及相关管理办法规定,我们制定了《北京创造 战略性新兴产业创业投资引导基金管理暂行办法》,经报市政府同意,现印发给你们,请遵照执行。

特此通知

附件:北京创造·战略性新兴产业创业投资引导基金管理暂行办法

北京市发展改革委

二〇一二年五月十二日

附件:

北京创造·战略性新兴产业创业投资引导基金管理暂行办法

第一章 总 则

第一条 为贯彻落实国务院《关于加快培育和发展战略性新兴产业的决定》(国发〔2010〕32号)和市政府《关于印发加快培育和发展战略性新兴产业实施意见的通知》(京政发〔2011〕38号),转变政府投入方式,完善产业发展环境,加快培育和发展战略性新兴产业,根据《创业投资企业管理暂行办法》(国家发展改革委2005年第39号令)、《国务院办公厅转发发展改革委等部门关于创业投资引导基金规范设立与运作指导意见的通知》（国办发〔2008〕116 号）、国家发展改革委、财政部《关于实施新兴产业创业投资计划、开展产业技术研究与开发资金参股设立创业投资基金试点工作的通知》（发改高技〔2009〕2743 号）、《关于印发新兴产业创投计划参股创业投资基金管理暂行办法的通知》（财建〔2011〕668 号）及市发展改革委《关于印发市政府固定资产投资设立基金资金管理办法的通知》（京发改〔2011〕1067 号）的有关规定，结合本市实际情况，设立北京创造·战略性新兴产业创业投资引导基金（以下简称“引导基金”），并制定本办法。

第二条 本办法适用于引导基金，以及按照《创业投资企业管理暂行办法》规定在创业投资备案管理部门备案，并申请引导基金的各类创业投资机构。

第三条 引导基金是指市政府设立并按照市场化方式运作的专项用于支持战略性新兴产业的政策性基金，其宗旨在于充分发挥政府财政资金的杠杆放大效应，增加创业投资资本供给，培育壮大战略性新兴产业规模，引导社会资金主要投向北京市战略性新兴产业中处于创业早中期阶段的非上市企业，推进北京市经济结构调整和产业升级。

创业早中期阶段企业应当同时符合职工人数不超过 500 人、年销售（营业额）不超过 2 亿元、资产总额不超过 2 亿元条件。上述条件按照初始投资行为发生时被投资企业的规模确定。

第四条 引导基金遵循政府引导、市场运作、科学决策、控制风险的原则进行投资运作，优先支持国家新兴产业创投计划与北京市共同参股设立的创业投资企业。

第二章　引导基金的组织机构及其职责

第五条 市发展改革委、市财政局负责引导基金使用的决策、监督和管理。引导基金设在北京市工程咨询公司，由其作为名义出资代表对外行使引导基金的权益，承担相应义务与责任。

第六条 引导基金设理事会作为决策机构，行使引导基金的指导、决策、督促、协调和管理职责。理事会由市发展改革委、市财政局主管领导以及业务管理部门负责人等人员组成。国家发展改革委、财政部相关机构可作为理事会列席单位。

第七条 引导基金委托专业机构作为日常管理机构，负责落实理事会的决策事项以及引导基金的日常管理运作事务。理事会办公室设在日常管理机构。日常管理机构的委托管理费用和业绩奖励由市政府固定资产投资设立基金资金按照相关管理办法支付。

第八条 引导基金设评审委员会作为引导基金的决策支撑机构，承担引导基金投资方案的评审工作。评审委员会由理事会聘请政府有关部门、战略性新兴产业专家及投资专家组成。评审委员会成员人数为单数，其中战略性新兴产业专家及投资专家不得少于半数。引导基金申请机构人员不得作为评审委员会成员参与评审。

第九条 引导基金选定境内商业银行作为资金托管银行，负责资金保管、拨付、结算等日常工作。名义出资代表应开设托管专户，用于引导基金的拨付及回收。

第十条 理事会具体职责如下：

1. 制定引导基金投资方向、投资原则、年度工作计划和执行情况报告，并报市发展改革委、市财政局审议；

2. 审定引导基金申报指南；

3. 审定评审委员会组建方案及评审规程，并根据评审委员会的评审意见，确定引导资金合作创业投资机构及跟进投资战略性新兴产业企业；

4. 审定引导基金参股设立创业投资企业及跟进投资方案，审定引导基金股权退出方案；

5. 审定引导基金资金托管银行；

6. 指导和监督日常管理机构的引导基金管理工作，定期向市发展改革委、市财政局报告运作情况，引导基金运作过程中的重大事件应及时报告；

7. 批准日常管理机构拟向参股设立创业投资企业委派的董事、监事或合伙委员会成员等人选；

8. 引导基金其他相关决策事项。

第十一条 日常管理机构具体职责如下：

1. 承担理事会办公室工作，组织召开理事会会议，发布引导基金申报指南，组织评审委员会会议，执行理事会审定的参股设立创业投资企业方案、跟进投资方案及股权退出方案等；

2. 拟定引导基金申报指南、评审委员会组建方案及评审规程；

3. 受理创业投资机构参股设立创业投资企业或跟进投资申报，完成尽职调查报告，拟定投资方案；

4. 对引导基金投资形成的股权进行管理，适时提出股权退出方案；

5. 提出拟向参股设立创业投资企业委派的董事、监事或合伙委员会成员等人选；

6. 编制引导基金年度执行情况报告，定期向理事会汇报引导基金的运作情况和效果，发现引导基金出现异常情况随时报告；

7. 理事会委托的其他事项。

第十二条 评审委员会具体职责如下：

1. 根据评审规程，对申请引导基金的创业投资机构提交的参股设立创业投资企业或跟进投资方案，以及日常管理机构完成的尽职调查报告进行独立评审；

2. 根据评审结果，向理事会提交评审意见。

第十三条 托管银行具体职责如下：

1. 负责引导基金的资金保管、拨付、结算等日常工作；

2. 建立引导基金监控、预警机制，对引导基金的投资进行动态监管，并及时对监管结果提出处理建议；

3. 定期向理事会出具托管报告，发现引导基金出现异常情况随时报告。

第三章 引导基金规模、来源及支持方法

第十四条 引导基金总规模30亿元，首期规模10亿元，资金根据引导基金运作情况逐步到位，引导基金未列入承诺出资计划的闲置资金原则上不超过20%。首期10亿元包括本市配合国家新兴产业计划参股设立创业投资基金已确定的3亿元地方配套资金。

第十五条 引导基金资金来源为本市固定资产投资资金，同时纳入本市重大科技成果转化和产业项目统筹资金管理。引导基金运行收回的本金和投资收益可作为引导基金资金滚动使用。

第十六条 市政府配合国家新兴产业创投计划设立创业投资企业的已出资资金以及后续出资资金纳入本办法管理。国家出资资金按照国家有关管理办法执行。

第十七条 引导基金投资运作主要采用参股方式，在适当的时候可以跟进投资。其中参股方式占引导基金总规模不低于80%。

1. 参股。引导基金通过参股方式，与国家资金、区级资金以及社会资金共同发起设立创业投资企业。

2. 跟进投资。引导基金在创业投资机构投资战略性新兴产业企业后，按创业投资机构实际投资额的一定比例，以同等条件共同对战略性新兴产业企业进行投资，并将形成的股权委托被跟进投资创业投资机构管理。

第四章　参股创业投资企业

第十八条　满足以下条件的创业投资机构发起设立创业投资企业时，可以申请引导基金：

1. 机构主要从事创业投资或创业投资管理活动，实收资本金应在1亿元人民币（或等值外币，下同）以上或受托管理的创业投资资金不低于1亿元，且所有投资者均以货币形式出资；

2. 除国家、引导基金和区级政府出资外的其他出资人数量应多于3个（含），不超过15个（含），且其他单个出资人出资不低于1000万元；

3. 至少有3名具备5年以上创业投资或相关业务经验的专职高级管理人员。原则上高级管理人员应管理过经备案主管部门备案的创业投资企业，且管理业绩优良；

4. 高级管理人员至少有3个对战略性新兴产业企业成功投资案例，投资所形成的股权年平均收益率不低于10%，或股权转让收入高于原始投资20%以上；

5. 管理和运作规范，具有严格合理的投资决策程序和风险控制机制，已建立健全业绩激励机制；

6. 按照国家企业财务、会计制度规定，有健全的内部财务管理制度和会计核算办法；

7. 没有受过行政主管机关或者司法机关重大处罚的不良记录。

第十九条　引导基金参股设立创业投资企业根据公司发起人协议、章程或合伙协议规范运作，应遵循以下原则：

1. 创业投资企业须按有关规定经工商行政管理部门登记，在备案主管部门备案，并接受监督；

2. 引导基金可采取承诺注资的方式分期到位，不先于社会资本到位，对单个创业投资企业出资额不超过1亿元，参股比例不超过30%，原则上不成为最大出资机构；

3. 投资于明确战略性新兴产业领域的资金额度不低于基金可投资规模的80%，投资于北京地区的资金额度不低于基金可投资规模的70%，投资于创业早中期阶段企业的资金额度不低于基金总规模的60%，对单个企业的累计投资不得超过基金总规模的20%；

4. 不得对已上市企业进行股权投资，但是所投资的企业上市后，创业投资企业所持股份的未转让部分及其配售部分不在此限；

5. 不得投资于其他创业投资企业，不得从事吸收或变相吸收存款、贷款、拆借，期货及金融衍生品交易，抵押和担保业务，房地产投资，赞助和捐赠以及创业投资管理部门禁止从事的其他业务。

对未按以上规定开展投资业务的创业投资企业，日常管理机构有权要求其进行调整。协调无效的，报请理事会同意后，名义出资代表将引导基金从创业投资企业中退出。

第二十条　引导基金参股设立创业投资企业的流程如下：

1. 确定方案。理事会依据本市战略性新兴产业重点领域发展需求，提出引导基金年度工作方案，报市发展改革委、市财政局审议通过后实施。

2. 公开征集。受理事会委托，日常管理机构面向社会公开征集引导基金合作创业投资机构。

3. 专家评审。评审委员会对日常管理机构初步筛选合格的机构申报材料进行评审，提出推荐意见。

4. 尽职调查。日常管理机构对评审通过的投资机构进行尽职调查，完成尽职调查报告，提出投资建议，上报理事会。

5. 社会公示。理事会根据评审委员会意见、尽职调查报告以及日常管理机构商业谈判结果，确定引导基金合作创业投资机构，并在相关媒体上予以公示。

6. 最终决策。理事会综合公开征集、尽职调查、专家评审和社会公示结果和实际情况，对引导基金参股设立创业投资企业方案进行最终决策，并上报市发展改革委、市财政局。

第二十一条　市发展改革委、市财政局委托名义出资代表与合作创业投资机构签署相关法律文件，履行工商登记手续。经理事会批准后，日常管理机构向创业投资企业派驻董事、监事或合伙委员会成员。

第二十二条　引导基金与国家以及区级政府资金共同参股设立创业投资企业中，政府资金合计出资比例不得高于创业投资企业资金总规模的40%。

第五章　跟进投资

第二十三条　满足以下条件的创业投资机构投资于战略性新兴产业企业后，可以申请引导基金跟进投资：

1. 满足本办法第十八条规定；

2. 引导基金跟进投资的战略性新兴产业企业必须为注册于北京地区的创业早中期企业，且创业投资机构投资资金已到位。

第二十四条　引导基金跟进投资须遵守以下原则：

1. 引导基金参股与跟进投资两种引导方式对同一战略性新兴产业企业原则上不重复支持；

2. 引导基金跟进投资价格不高于创业投资机构投资价格，且不超过创业投资机构实际现金出资额的50%，单笔跟进投资的额度最高为3000万元；

3. 引导基金在被投资企业的全部股权委托被跟进投资创业投资机构代理行使，但股权转让权（处置权）、参加清算权、分红取回权除外，且上述委托不得转委托；

4. 引导基金可将不超过投资收益的50%作为被跟进投资创业投资机构的效益奖励，剩余投资收益由引导基金收回；

5. 引导基金跟进投资工作流程参照参股设立创业投资企业流程，但不进行媒体公示。

第六章　引导基金的退出

第二十五条　引导基金投资形成的股权可采取以下方式退出：

1. 将股权优先转让给其他股东、合伙人或被跟进投资创业投资机构；

2. 公开转让股份；

3. 参股设立创业投资企业到期清算或破产清算；

4. 引导基金跟进投资形成的股权，可与被跟进投资创业投资机构约定回购。

第二十六条　引导基金投资形成的股权应兼顾公共财政原则和市场化运作要求，确定退出方式及退出价格。对投资于天使期和初创期项目，在退出时予以适当让利。

第二十七条　引导基金参股设立创业投资企业或跟进投资的战略性新兴产业企业，应当在公司发起人协议、章程或合伙协议中明确下列事项：

1. 在有受让方的情况下，引导基金可以随时退出；

2. 创业投资企业主要发起人或被跟进投资创业投资机构不先于引导基金退出；

3. 引导基金参股设立创业投资企业或跟进投资的战略性新兴产业企业发生破产清算，按照法律程序清偿债权人的债权后，剩余财产首先清偿引导基金。

第七章　基金的风险控制及监督管理

第二十八条　引导基金参股设立创业投资企业的经营期限经营期满后可适当延长，最长为10年。跟进投资的最长期限为5年。

第二十九条　引导基金的闲置资金只能存放银行或购买国债。

第三十条　在符合相关法律法规规定的前提下，引导基金在参股设立创业投资企业时，应事先通过公司发起人协议、章程或合伙协议约定告知创业投资企业托管银行取消支付指令的权利，以最大限度控制引导基金的资产风险。

第三十一条　引导基金不得作为创业投资企业普通合伙人，在不干预参股设立创业投资企业正常运作前提下，应通过公司发起人协议、章程或合伙协议约定，对创业投资企业违反法律法规、偏离政策导向和违反公司发起人协议、章程或合伙协议的行为，行使一票否决权。

第三十二条　市发展改革委会同市财政局对引导基金实施监管和指导，建立完善的风险控制制度，从引导基金参股投资和参股创业投资企业项目投资两个层面构建风险防范措施，确保引导基金的规范运作和有效使用；建立绩效目标管理机制和绩效评价体系，按照公共性原则，定期对引导基金政策目标、政策效果及其资产情况进行评估；日常管理机构应接受市发展改革委、市财政局委托的第三方中介机构对引导基金日常管理与运作事务的审计检查。

第三十三条　引导基金参股设立创业投资企业和跟进投资的战略性新兴产业企业应根据业务开展情况向日常管理机构报送投资项目材料，包括项目报告、季度报告、年度报告和重大事件报告等。

第八章　附　　则

第三十四条　本办法由市发展改革委、市财政局负责解释。

第三十五条　本办法自发布之日起实施。

关于印发《关于金融促进首都文化创意产业发展意见》的通知

京金融〔2012〕270号

（2012年7月17日）

各相关单位：

根据市委十届十次会议精神和《中共北京市委关于发挥文化中心作用加快建设中国特色社会主义先进文化之都的意见》（京发〔2011〕28号），市金融局会同市委宣传部等部门研究制定了《关于金融促进首都文化创意产业发展的意见》，并报经市政府批准。现印发你们，请认真贯彻落实。

特此通知。

附件:关于金融促进首都文化创意产业发展的意见

北京市金融工作局　中共北京市委宣传部

二〇一二年七月十七日

附件:

关于金融促进首都文化创意产业发展的意见

在市委、市政府领导下,根据《中共北京市委关于发挥文化中心作用加快建设中国特色社会主义先进文化之都的意见》,依据中宣部、人民银行等九部门联合印发的《关于金融支持文化产业振兴和发展繁荣的指导意见》,针对文化创意产业的特点,大力促进首都文化资源与金融资源的全面对接,形成覆盖文化创意企业和文化产品全生命周期、文化创意产业全链条、文化市场全交易环节的金融创新体系。

一、充分认识金融支持文化创意产业发展的重要性、紧迫性,推动首都文化大发展、大繁荣

(一)首都文化金融发展初具成效。文化越来越成为民族凝聚力和创造力的主要源泉、综合国力竞争的重要因素、经济社会发展的重要支撑、我国人民的热切愿望。近年来,首都金融业不断加大对文化创意产业的支持力度,在机构创新、产品创新、市场创新等方面取得突破,初步形成了支持文化创意企业持续健康发展的文化金融产业链条。首都文化创意产业的融资规模快速增长,社会投资得到拓展,资源配置效率得到提升,出现了首都金融与文化创意产业日益融合发展的大好局面,金融支持北京文化中心建设力度日益增强。

(二)金融是文化创意产业持续增长的强大动力。实现文化创意产业和金融的有效对接,充分发挥金融资源配置的先导作用,满足文化创意产业发展的融资、投资、交易、风险管理等需求,是首都实施"双轮驱动"战略、打造中国特色社会主义先进文化之都、推进中国特色世界城市建设的需要,是推动文化创意产业跨越式发展,提升首都文化软实力、国际影响力的需要,是首都文化创意产业市场化运作、加快产业升级的需要,是形成公有制为主体,多种所有制共同发展的文化创意产业格局的需要。

(三)各类金融组织应肩负起推动文化大发展的历史使命。首都各类金融组织要把积极推动文化创意产业发展作为重点发展战略,实现社会效益和经济效益的统一;要把文化金融业务作为拓展业务的新领域,创造新的营利模式的重要举措,加强适合新时期文化创意产业体制机制需要的金融产品和金融服务创新,重点在构建文化创意产业体系和文化创意产业格局、推进文化科技创新和扩大文化消费等方面加大金融支持力度,在文化创意企业投融资、文化重点项目建设、大型文化创意企业兼并重组、优秀文化资源汇聚开发、新兴文化创意产业创新发展等方面发挥积极作用,促进首都文化金融大发展、大繁荣。

二、坚持发展具有首都特色的文化金融体系,打造具有国际影响力的文化中心城市

(四)指导思想。以邓小平理论和"三个代表"重要思想为指导,深入贯彻落实科学发展观,紧

紧围绕党的十七届六中全会提出的“发挥首都作为全国文化中心的示范作用”重要要求，完善文化金融服务体系，加强文化金融创新，促进文化与金融有机结合，全面推进“人文北京、科技北京、绿色北京”建设。

（五）基本原则。坚持首都文化发展定位和方向，坚持中央统一部署与首都文化现状相结合，坚持政府引导推动与市场运作发展相结合，坚持文化创意产业特性与金融运行规律相结合，通过积极提升政策环境，创新文化金融产品，健全文化金融市场，聚集文化金融机构，吸引文化金融人才，完善文化金融政策，加强文化金融科技合作，构建全国文化中心城市。

（六）工作目标。构建涵盖“文化信贷”“文化保险”“文企上市”“文化要素市场”“文化股权投资基金”“文化投融资体制改革”“文化金融综合试验区”“文化信用增进”“文化金融人才”的“九文”文化金融服务体系。健全文化金融政策体系，构建文化创意产业政策性引导体系、担保体系、风险补偿体系，完善文化金融监管体系，推进文化创意产业与金融产业的共赢发展。

三、加快完善文化创意产业信贷支持体系

（七）鼓励银行机构通过多样化金融方式助推文化创意企业发展。大力支持银行机构通过信用贷款、并购贷款、银团贷款等多种信贷产品支持首都文化“航母”的建设工程。在风险可控前提下，对处于成熟期、经营模式稳定、经济效益好的首都文化创意企业给予信用贷款支持。对首都文化类重大融资项目，积极组织银团贷款对接具体项目。对重点文化集团发放并购贷款。设立特色机构，从风险共担机制等角度给予支持，提升特色化经营水平。鼓励银行机构加强对首都中小微型文化创意企业的金融产品创新。鼓励银行大力开发收益权质押贷款、知识产权质押贷款等符合政策导向的信贷产品。推动银行尽快形成适合文化创意企业特点的信用评级机制、贷款审批机制和利率定价机制。

（八）鼓励银行机构努力拓展文化消费信贷产品。鼓励银行机构拓展文化消费类信贷产品的创新工作，通过文化类消费信贷产品有效撬动首都文化市场的繁荣与发展。鼓励银行机构加强文化类消费信贷产品研发，结合文化领域特点，深入进行可行性研究，拓展文化类消费信贷的新产品。积极做好文化消费支付结算服务。

（九）鼓励银行机构深入拓展金融支持文化创意企业融资的相关服务。积极落实相关支持政策，鼓励银行业金融机构进一步增加为文化创意产业服务的特色支行、信贷专营机构、文化金融事业部等机构，并实施单独的考核和奖励政策，优化贷款审批流程，提高审批效率和放款速度。

（十）进一步提高小额贷款公司支持中小微型文化创意企业力度。鼓励小额贷款公司创新适应文化创意产业发展的产品和服务，设计开发适合文化创意产业特色的信贷产品和模式。引导小额贷款公司加大文化创意产业贷款投放。

（十一）加大融资性担保支持水平。通过财政奖励、风险补偿等方式引导在京融资性担保机构开展文化创意产业融资性担保业务。鼓励银行机构加强与融资性担保机构、保险公司及相关组织合作，分散银行机构风险。按照国家政策导向，积极引导融资性担保机构在控制风险前提下，在影视、版权等领域加深研究，通过银担合作，不断推进担保类新产品对文化创意企业支持力度，提升文化创意企业资源整合能力。

四、加快创新文化创意产业直接融资体系

（十二）支持文化创意企业上市。建立上市企业储备库，加强券商与文化企业对接，对入库企业实施定期培训辅导，建立企业上市协调机制，争取到“十二五”末，北京新增文化创意上市公司50家，形成“北京文化”板块。重点推动市属国有文化创意企业上市。大力培育文化艺术、新闻出版、

广播、电视、电影、广告会展、艺术品交易、设计服务、旅游、休闲娱乐、其他辅助服务等类别的文化创意上市公司。支持有条件的文化创意产业园区组建市场化的运营主体并发行债券或股票融资，重点培育2－3个综合收入超千亿元的功能区，形成地标性的“文化航母”，建设5－8个综合收入过百亿元的“文化金融试验区”。

（十三）支持注册在中关村国家自主创新示范区的文化创意企业在中关村代办股份转让系统挂牌交易。配合国家有关部门完善中关村代办股份转让系统相关制度，增强市场活力以及市场功能，增强文化市场吸引力。促进文化与科技的融合，争取中关村代办股份转让系统挂牌企业范围扩大到文化创意产业园区。

（十四）支持文化创意企业发行债务工具融资。支持文化创意企业独立发行或集合发行企业债券以及超短期融资券、短期融资券、中期票据等债务融资工具。政府相关部门要加大对发行中小文化创意企业集合债务工具的组织和协调。对于中小企业集合发行债务融资工具，给予一定的担保费补贴或利息补贴。支持具备条件的文化创意企业在香港发行人民币债券。

（十五）支持文化创意企业实施并购重组。通过改革、改组、改造，推进文化资源整合，推进市属文化资源和中央文化资源强强合作，推进跨地区、跨行业、跨所有制兼并重组。支持文化创意上市公司利用资本市场平台，实现并购重组，做优做强，增强核心竞争力和影响力。支持文化创意企业通过并购重组实现上市。

（十六）支持文化创意企业运用保险资金、信托资金以及金融租赁等方式融资。在文化创意产业基础设施建设中，积极探索引入保险资金和信托资金。支持文化创意产业投资基金引入保险资金，扩大基金规模。支持文化创意企业运用金融租赁解决大型设备所需资金。探索保险资金与信贷资金、债券、信托资金、基金等结合支持文化创意企业发展的新途径。鼓励设立艺术品、版权投资信托计划，促进艺术品、版权投资。

五、加快发展文化股权投资体系

（十七）支持发展文化创意产业投资基金。支持设立首都文化创意产业投资基金，进一步完善文化股权投资体系。支持一批专注于图书报刊、演出娱乐、电视剧、动漫游戏等文化创意产业的市场化股权投资基金在京发展，逐步形成立足首都、辐射全国的文化股权投资基金中心。鼓励文化股权投资机构进行新媒体、版权、影视等项目投资。鼓励有实力的股权投资机构支持优秀文化创意企业提升行业整合能力，实现兼并重组。鼓励有经验的股权投资机构帮助文化创意企业扩展国际市场和渠道，实施“走出去”战略。

（十八）发展多元化股权投资主体。鼓励创投引导基金投资文化创意类创投企业，引导保险资金、券商资金、信托资金、合格机构投资者和成熟民间资本等作为文化股权投资基金的投资者。吸引一批优秀的外资股权投资机构在京发起设立股权投资基金，对投资于鼓励类文化创意产业的外资股权投资基金在资本金结汇等方面争取先行先试的政策支持。鼓励在京文化股权投资管理机构优化专业能力，提升管理水平，加强团队建设。推动境内文化股权投资机构与外资进行合作，提升股权投资管理的国际化水平和国际竞争力。

（十九）发展股权投资中介服务。加强文化股权投资基金与相关金融机构的合作，在基金设立募集、中介服务、项目退出等环节提升专业化服务水平。加强市与区县联动，发挥北京股权投资基金协会和各类文化要素市场作用，建立健全股权投资服务体系。市金融局和相关部门加大对文化股权投资机构的支持力度，制定有利于文化股权投资在京注册、发展的激励机制；区县政府做好落地服务工作；北京股权投资基金协会加强对会员的跟踪服务与自律管理。

六、加快培养和发展文化创意产业保险创新体系

(二十)创新完善文化创意产业保险产品。鼓励保险机构努力开发适合文化创意企业特点和文化创意产业需要的保险产品,不断扩大文化创意产业保险公司试点范围,加大文化创意产业险种创新试点力度,积极推进文化创意产业保险的创新发展。在现有保险产品的基础上,进一步探索研究开展知识产权侵权保险,艺术品保险,演艺、会展、动漫、游戏、各类出版物、印刷、复制、发行和广播影视产品完工险、损失险,适合剧场演出活动、电影院等文化公共场所的公众责任保险,演艺人员、动漫游戏等文化创意企业高管和关键人员的意外与健康保险,与人才激励配套的养老和医疗保险等适合文化创意企业特点和文化创意产业需要的专属险种和各种保险业务。

(二十一)完善创新文化创意企业保险服务模式。创新保险对文化创意企业的服务模式,鼓励保险机构为文化创意企业制订一揽子保险计划,提供专业化服务,将保险服务拓展到文化创意企业成长的各个阶段。切实加强保险机构对文化创意企业的服务意识,提升保险从业人员文化知识水平,支持保险公司深入进行文化创意产业风险研究,提高保险公司对文化创意企业的服务能力。鼓励保险机构协助文化创意企业制定风险管理措施,提升风险预防水平,减少事故发生频率和损失程度,建立文化创意产业保险承保和理赔的便捷通道。对于信誉好、风险低的文化创意企业和文化创意产业项目,适当降低保险费率。

(二十二)充分发挥文化创意企业出口信用保险作用。鼓励中国出口信用保险公司加大对文化创意企业的支持力度,扩大信用保险在文化创意产业领域的综合性服务。在信用风险管理、融资支持和企业信用体系建设等方面,加强为文化创意企业提供信用保险、资信调查、商账追收、保单融资等多方面的保障服务。加快出口信用保险和海外投资保险服务创新,对于符合《文化产品和服务出口指导目录》条件,文化主管部门重点扶持的文化创意企业和文化创意产业项目,积极创新服务模式,提供有力的出口信用保险服务,防范化解企业风险,按本市规定对投保企业给予保费补贴,鼓励和促进文化创意企业参与国际竞争,不断发展壮大。

七、积极发展文化要素市场

(二十三)发展文化要素市场。构建服务文化创意产业对接金融机构,具有市场交易发展中枢作用的文化要素市场体系,打造全国文化要素市场中心。加快推进设立中国北京文化产权交易所,将其打造成为规范全国文化产权交易的国家级平台,为全国文化类资产有序流转提供公开、公正、公平的市场服务,推动各类资本有序进入文化创意产业相关领域。支持以版权交易为核心,综合利用多种金融工具,在无形文化资产的确权、评估、质押、托管、流转、变现等环节发挥市场中介作用,创新中小文化创意企业融资产品。支持首都艺术品、信息类要素市场规范发展。

(二十四)鼓励要素市场创新支持文化创意产业。鼓励各要素市场针对文化创意企业和文化产品的特点,开展业务创新和产品创新。在国家金融管理部门监管原则指导下,重点支持北京金融资产交易所开展金融创新业务,重点支持国际版权交易中心开展版权金融创新服务,鼓励文化创意企业参与其未上市企业股权询价系统,获得股权支持型金融服务。

(二十五)大力发展要素市场中介服务。完善文化经纪代理、评估鉴定、拍卖、律师、会计师等要素市场中介服务机构,为要素市场有序发展创造提供全产业链支持。构建文化类无形资产流转评估体系。探索建立文化创意产业专利权、商标权、著作权、版权等无形资产评估确权体系。鼓励资产评估协会组织力量开展文化资产评估专业研究,在现有实力较强的评估机构中培育发展若干文化资产评估权威机构。鼓励发展其他第三方专业评估机构,推动不同文化创意产业相关产品统一评估标准的建立。

八、完善金融支持文化创意产业的公共服务体系

（二十六）推进文化创意产业投融资体制改革。完善现有财政资金的投资方式，建立北京文化创新发展专项资金，在整合资源的基础上，每年统筹资金100亿元，用于支持首都文化发展。充分发挥财政资金的引导作用，采取专项奖励、贷款贴息、风险补偿、专项补贴等方式引导金融机构扶持重点文化产业园区等具有示范性、导向性的文化产业项目，支持国有经营性文化事业单位转企改制，支持大宗文化产品和服务的出口，提升金融机构服务中小文化企业的积极性。创新融资模式，拓展融资渠道，吸引更多的社会资本投入文化创意产业，形成多元化融资格局。

（二十七）建设文化金融综合试验区。以现有各类文化创意产业集聚区为基础，加快聚集金融机构和中介机构，不断拓展辐射范围，形成文化金融机构聚集效应。增强现有各类文化创意产业集聚区的文化金融服务功能，配套建设面向文化金融服务机构的公共服务设施，为文化金融服务机构入驻服务提供场所。

（二十八）推进文化创意企业建立现代企业制度。在全国率先全面完成经营性文化单位转企改制，加快推进一般国有文艺院团和非时政类报刊出版单位转企改制。推动已转制文化创意企业面向资本市场融资，建立健全现代企业制度和现代企业财务会计制度，提高信息披露透明度，进一步做大做强，成为有实力、有竞争力、与首都“国家文化中心”地位相称的文化创意企业和企业集团。支持有条件的文化创意产业园区组建市场化的运营主体。

（二十九）加快发展文化创意企业信用增强体系。加大融资性担保支持；将文化创意企业信用信息纳入全市统一的企业信用信息系统，促进文化创意企业信用信息的采集、使用和共享，推动统一征信平台建设；政府部门、金融机构、信用评级机构、会计师事务所等共同开展对文化创意企业的综合信用评定，充分发挥信用自律组织作用，建立完善的文化创意企业信用评价体系；创新信用增进模式，采取企业集合增信、担保公司联合增信、再担保公司放大增信规模、投保信用保险增信的方式，为文化创意企业融资提供信用增进服务。

（三十）完善知识产权法律体系。依法加强对文化创意产业发展的规范管理，严厉打击各类盗版侵权行为；完善打击知识产权侵权违法行为的工作机制，整合知识产权执法力量，提高行政执法透明度；加强知识产权的行政服务，积极提供相关的法律援助，降低企业维护知识产权的成本，对通过诉讼方式维护知识产权的知识产权所有人予以支持；建立知识产权质押贷款质权处置周转金制度，解决知识产权质押贷款处置难的问题。健全知识产权登记、转让和质押登记制度，建立权属登记系统，为知识产权的确权、交易、质押、取证、维权等提供全方位的支持，使版权公共服务体系成为文化金融创新的重要支撑平台。

九、充分发挥文化金融人才的引领作用

（三十一）大力引进和培养文化金融领域高层次人才。结合实施“北京海外人才聚集工程”，加快引进一批了解文化创意产业发展特点、熟悉国际金融运行规则的高层次人才和外国专家，在创办文化领军企业、推动金融资源与文化资源对接等方面发挥引领作用。依托《首都中长期人才发展规划纲要（2010—2020年）》中提出的“人文北京名家大师培养造就工程”，着力加强文化创意产业领军人才培养水平，带动文化资源聚集和开发，有效衔接金融产品和金融服务的创新。注重找准文化人才与金融人才发展的契合点，大力开发文化金融人才资源，针对文化创意产业发展特点，加快培养一批天使投资、股权投资方面的领军人才，支持由高端人才创办的文化创意企业做大做强。

（三十二）利用文化金融合作产业链开发和用好人才资源。充分发挥文化国有资产监督管理委员会的职能作用，加强对文化经营管理及文化金融专业人才的培养，打造一支懂经营、会管理、国

际视野开阔、熟悉金融业务的市属国有文化企业高端人才队伍。鼓励大型金融机构引进和培养文化金融产品开发、定价、风险管理等领域的高级经济学家、风险评估及预测专家、高级金融分析家等高层次人才,针对文化创意产业的发展特点,着力培养一批基金经理、风险管理、市场开发、保险精算、投行业务、高级财务等方面的急需紧缺人才,为产业发展提供智力支撑。

(三十三)建设文化人才管理改革试验区。借鉴中关村人才特区的建设经验,以创新文化金融人才发展体制机制为着力点和突破口,依托综合收入过百亿元、超千亿元的文化金融试验区、文化产业功能区,率先探索促进文化人才全面发展的有效措施,打造文化人才管理改革试验区,引领文化创新。抓住与人才发展紧密相关的体制机制问题,集成现有政策资源,探索新的扶持措施,优化文化人才管理服务体系,构建完善文化金融合作体系。

(三十四)强化文化金融人才培养力度。建立文化创意企业和金融机构定期的、常态化的交流沟通机制。金融机构运用多种手段加大文化创意产业投融资专门人才的培养力度;金融机构和文化创意企业充分利用自有人才资源加强对对方的业务培训,形成金融机构和文化创意企业业务培训长效机制。探索建立文化创意企业与金融机构人才交流制度。有计划地选拔文化创意企业与金融机构中层及以上干部相互交叉挂职任职。

十、加强组织领导和协调保障

(三十五)完善领导体制和协调机制。在市委、市政府领导下,充分发挥文化创意产业领导小组的作用,将文化金融作为专项工作,统筹协调,研究重大决策,部署重点工作,强化督促检查,金融机构共同支持首都文化创意产业发展,形成央地联动、部市协同的共建格局,形成推动首都文化创意产业发展的强大合力。

(三十六)搭建多层次信息沟通机制。进一步发挥"政金企"沟通交流机制作用,搭建首都金融管理等有关部门和宣传文化系统、文化创意企业、金融机构之间的多层次信息沟通机制,建立文化创意企业和金融机构信息交流平台,建设文化创意企业信息数据库,定期发布文化创意产业发展规划、投资指导目录、文化创意产业园区、重点企业名录、文化创意产业投融资优质项目数据库、金融机构的创新产品、业务发展动态等信息,引导金融机构有重点地支持文化创意产业,引导文化创意企业有目标地选择金融服务。

(三十七)加强政策落实监测评估。建立和完善金融支持文化创意产业发展的专项统计制度,加强对金融支持文化创意产业的统计和监测分析。及时总结和推广金融支持文化创意产业发展的有效方式和途径。结合首都实际,建立金融支持文化创意产业发展的专项政策导向效果评估制度,强化金融机构对金融支持文化创意产业政策的认识水平和执行力度。

关于印发《关于支持文化产业创新发展的工作意见》的通知

京工商发〔2012〕139 号

（2012 年 10 月 17 日）

各区县分局、市局机关各处室、各专业分局，各事业单位、各协会、学会：

现将《北京市工商行政管理局关于支持文化产业创新发展的工作意见》印发给你们，请认真贯彻落实并遵照执行。

附件：关于支持文化产业创新发展的工作意见

北京市工商行政管理局
二〇一二年十月十七日

附件：

关于支持文化产业创新发展的工作意见

为贯彻落实中央十七届六中全会关于深化文化体制改革的要求和市委提出的加快先进文化之都建设的意见，充分发挥工商行政管理部门服务经济发展的职能作用，推动首都文化中心建设，支持首都文化事业改革，促进首都文化产业发展，提升首都文化市场的竞争力，提出以下工作意见：

一、支持文化企业集团化发展，提升首都文化企业竞争力

1. 加快文化企业集团化进程，积极推进文化企业登记注册为集团。支持成长性好、竞争力强的文化企业以资本为纽带强强联合，做大做强优势文化企业。母公司注册资本达到 3000 万元人民币，具有 3 个（含）以上控股子公司，母子公司注册资本之和达到 5000 万元人民币的，可以依法办理企业集团登记。

2. 加强对集团化文化企业名称保护。文化企业集团母公司经营项目以文化产业为主营业务，且其他经营项目分别属于国民经济行业 3 个（含）以上大类的，允许集团母公司的名称中不使用行业用语，并对核准的名称实行全行业保护。

3. 支持文化企业集团发展连锁企业。集团全资直营连锁企业经营书籍、报刊、音像制品等文化类产品业务的，由集团连锁企业总部向审批机关申请办理有关许可证，总部取得许可证后，连锁门店不再办理相应许可证。连锁门店达到 10 家（含）以上的，集团连锁企业总部可持加盖总部印章的许可证复印件，统一向市工商局申请办理各门店的登记注册。

二、支持文化事业单位改制重组,放宽设立文化企业的出资方式

4. 支持文化事业单位以全部净资产出资改制重组为企业。文化事业单位改制重组为全民所有制或公司制企业时,可以其全部净资产作为注册资本(金)。全部净资产数额以市、区、县政府资产管理部门认定的数值为准,经过会计师事务所验证即予以登记注册。

5. 支持文化事业单位以股权出资组建公司。改制重组时文化事业单位需要引进股权作为注册资本的,股权持有人可以股权投入到公司,该股权应经过评估。涉及国有股权的应经过国有资产管理部门确认。改制重组过程中股权所占注册资本的比例由股东在公司章程中约定。

6. 支持文化事业单位以债权出资组建公司。文化事业单位改制重组为公司的,以下经过审计的债权可以作为出资登记注册为公司的注册资本:

(1)债权人与事业单位之间产生的不违反法律、行政法规、国务院决定禁止性规定的债权;

(2)经人民法院生效裁判确认转为事业单位权益的债权;

(3)列入经人民法院批准的重整计划或者裁定认可的和解协议中明确转为事业单位权益的债权。

法律、行政法规或者国务院决定规定债权转股权须经批准的,应当依法经过批准。

三、加强服务,积极支持各类文化市场主体发展

7. 支持文化股份有限公司上市。对非上市文化股份有限公司准备上市的,全程跟踪,做好上市前的工商登记指导工作,在上市前的资产重组、股权变更等方面予以支持;充分加强与上市公司管理部门和服务于上市公司中介机构的沟通,积极协商解决文化公司上市过程中遇到的问题。

8. 鼓励发展新兴文化业态和经营形式。鼓励发展数字出版、移动多媒体、动漫设计、艺术创作等科技与文化融合的新兴业态,在企业名称和经营范围中体现行业特点,允许使用体现文化企业特点的各类新兴行业作为行业用语表述。

9. 支持文化企业实施股权激励。支持文化企业对文化领域专门人才、企业经营管理人才、核心创意人员以及科技人员等实施股权激励。积极做好股权激励的登记工作,维护激励对象的合法权益,推动文化创新成果和科技创新成果在文化产业领域的转化和应用。

10. 支持文化基金企业发展。支持社会资本投资设立各类文化产业企业。符合基金规模要求的文化产业企业可以在名称中使用"基金"或"投资基金";基金类企业可以依法采取公司制、合伙制等企业组织形式;符合我市基金规模要求的管理型基金和投资型基金,其注册资本(资金数额)可以分期缴付,全体投资人的首次出资额应不低于注册资本(资金数额)的20%,管理型基金的注册资本(资金数额)自基金成立之日起2年内缴足,投资型基金的注册资本(资金数额)自基金成立之日起5年内缴足。

11. 实施广告战略,促进广告业发展。支持设立广告行业发展专项资金,提高广告行业的技术创新能力和综合竞争能力。加强广告公共服务体系建设,指导北京国家广告产业园发展。

四、支持文化品牌建设,保护文化企业驰著名商标

12. 支持企业商标品牌建设。积极引导文化企业将本企业的品牌注册为注册商标,申请认定为驰名商标、著名商标。支持区县政府奖励本区域内获得驰名商标、著名商标品牌的企业。对获得驰名商标、著名商标企业的商标专用权予以积极地保护,企业可以申请将驰名商标、著名商标的文字部分在全市范围内予以全行业保护,依法批准予以保护的,驰名商标、著名商标的文字部分自批准之日起,新申请的企业、个体工商户名称未经授权不可与其相同或近似。

13. 支持历史传承悠久、民族特色鲜明、文化底蕴深厚的“老字号”企业和知名文化企业、事业单位的发展。积极保护经市级以上商业、文化管理部门确认的“老字号”企业、知名文化企业、知名文化事业单位的名称，企业可以申请对其商号在全市范围内予以全行业保护，依法批准予以保护的，自批准之日起，新申请的企业、个体工商户名称未经授权不可与其相同或近似。

14. 支持名家名人推出名家名人品牌。支持经市级以上文化管理部门确认的文化名家、文化名人使用自己的姓名、名或授权他人使用自己的姓名、名登记注册文化企业。文化名家、文化名人为保护自身的姓名形成的商业价值，可以申请对其姓名、名在全市范围内予以全行业保护，批准予以保护的，自批准之日起，新申请的企业、个体工商户名称未经授权不可与其相同或近似。

15. 支持大专院校保护院校名称。积极支持大专院校名校品牌建设，支持校办企业的发展，促进大专院校科研成果转化为生产力。大专院校可以申请对其名称和简称在全市范围内予以全行业保护，批准予以保护的，自批准之日起，新申请的企业、个体工商户名称未经授权不可与其相同或近似。

16. 积极保护历史上已经形成品牌的文化事业单位的名称及其简称。文化事业单位以设立形式转企改制为公司的，允许保留原名称，仅在其原有名称上缀以“有限(责任)公司”或“股份(有限)公司”字样。原名称中没有行政区划的转企改制事业单位，如申请在名称中使用行政区划的，参照上述规定办理。报社、杂志社名称为刊物名称的，在企业名称中可不使用书名号。

17. 支持北京特色旅游文化项目。经市级旅游管理部门批准的“北京礼物”旅游商品品牌特许运营商可以在本企业和分公司(分支机构)的名称中使用“北京礼物”字样，运营商及其分公司(分支机构)持市级旅游管理部门批准的特许文件办理工商登记；特许经营期限到期的，由市级旅游管理部门决定是否延期；未批准延期的，市级旅游管理部门责成其办理名称变更登记。

18. 加强对公共历史文化资源的保护。积极与政府相关行业主管部门协作，引导公共历史文化资源企业走品牌发展之路，加强对公共历史文化资源防御性商标的注册和保护。对经注册的公共历史文化资源性商标的文字部分，商标持有人可以申请对其商标在全市范围内予以全行业保护，批准予以保护的，自批准之日起新申请的企业、个体工商户名称未经授权不可与其相同或近似。

五、引导文化中介专业经营，规范有形文化市场发展

19. 支持文化经纪企业专营发展。引导从事文化经纪活动的各类经济组织，依法注册为经纪人；制定并推广文化经纪合同示范文本，保障各方当事人的合法权益；完善文化经纪执业人员的备案制度，会同相关行业协会建立以经纪执业人员信用管理为主要内容的经纪人信用管理体系，进一步整合和共享文化经纪人的信用信息。

20. 支持文物艺术品拍卖企业专营发展。从事文物艺术品拍卖的企业在取得相关部门审批后，及时办理经营范围的变更登记手续；加强与相关部门协作，积极引导和鼓励艺术品拍卖企业使用艺术品委托拍卖合同示范文本，通过合同约定，明确拍卖各方当事人之间的权利义务，促进文物艺术品拍卖企业规范经营。

21. 制定并引导展览展销会各方使用有关合同示范文本签订合同。通过合同约定，明确展会场地与举办单位之间、举办单位与参展单位之间、主办单位与承办单位之间的权利义务，强化展会各方管理责任，预防和及时化解展会活动中的交易纠纷。

22. 支持展览展销行业组织制定行业服务规范，建立展览评估体系，充分发挥服务、维权和组织协调作用，推动展览展销相关经营主体诚信经营，规范经营行为，提高行业水平。

23. 鼓励文化产品市场的开办。促进书画、工艺品、文体用品等有形文化产品市场的发展，充分发挥职能做好准入前的服务工作，研究制订文化市场行业行为自律规则，促进该类企业的规范

发展。

本意见自2012年11月19日起正式施行。

关于印发《北京市推进北斗导航与位置服务产业发展实施方案》的通知

京经信委发〔2012〕130号

（2012年11月7日）

各有关单位：

为加快推进我市北斗导航与位置产业发展，我委在国家及我市相关单位的指导和支持下，组织编制了《北京市推进北斗导航与位置服务产业发展实施方案》，现印发你们，请结合实际，组织实施。

附件：北京市推进北斗导航与位置服务产业发展实施方案

北京市经济和信息化委员会

二〇一二年十一月七日

附件：

北京市推进北斗导航与位置服务产业发展实施方案（2012—2015）

根据《北京市关于加快培育和发展战略性新兴产业的实施意见》《智慧北京行动纲要》和《北京市软件和信息服务业“十二五”发展规划》，为加快推进本市北斗应用产业化进程，建成国际领先的导航与位置服务综合应用示范城市，结合北京实际，特制定本实施方案。

一、指导思想与发展原则

（一）指导思想

深入贯彻落实科学发展观，从建设中国特色世界城市的高度谋划布局，紧抓军民融合发展的重大契机，面向北京经济社会发展的重大需求，坚持创新驱动、加强统筹协调、突出要素聚集、积极先行先试、加快成果惠民，充分发挥北斗作为战略性新兴产业的突破尖兵作用，打造自主创新的导航与位置服务产业集群，促进和引领本市产业转型升级，为北京率先形成创新驱动的发展格局做出贡献。

（二）发展原则

创新引领，兼容并举。加强技术创新、应用创新和商业模式创新，采用以北斗为核心的兼容技术路线，带动软件、硬件和位置信息服务融合发展，推进军民融合式发展。

聚焦两头，协同推进。围绕导航与位置服务产业链关键环节，“抓两头带中间”，即优先发展核心芯片和应用服务，带动元器件、终端、基础软件、导航地图、运营平台等环节的发展。深化产学研用合作，加强上下游企业协同，整体推进导航与位置服务产业的发展。

培育龙头，集群发展。优先支持具有一定产业基础、以北斗导航与位置服务为核心业务的龙头企业，强化对产业链重点企业的“一企一策、一事一策”服务，聚集创新资源，加强业务合作，打造产业集群。

示范引领，深化应用。按照“智慧北京”建设总体要求，推动北斗导航位置服务的普及，提升城市管理服务能力和水平。

二、发展目标

保持北京导航与位置服务产业在全国的领先优势。到2015年，全市导航与位置服务产业实现营收超过500亿元，开展行业典型应用示范超过100个，培育形成50亿级营收规模的企业，将北京打造成为全国最具影响的北斗产业聚集区，建成国际水平的导航与位置服务应用示范城市，为2020年形成千亿元量级的产业打好基础。

三、主要任务

（一）加强自主创新，突破关键技术

依托国家重大科学研究计划和国家重大科技专项，加快北斗关键技术研发，解决制约产业发展的技术瓶颈问题。重点突破高集成度、小体积、低功耗的卫星导航芯片及系列模块，服务规模化应用；突破室内外融合无缝导航技术，实现位置导航的全方位自由切换；攻克全息位置地图获取与更新技术，适应更精确、更智能的服务要求；发展大数据、物联网、云计算、下一代互联网、移动互联网等技术与导航位置服务的融合，满足海量用户智能化、个性化服务需求。

（二）壮大优势产品，健全产业链条

依托重点骨干企业，加速北斗科技成果转化与产业化，提高本市优势产品的产能与市场份额。重点发展“两芯两端一件”，即高精度高性能系统级芯片和通用导航芯片，导航终端和授时终端，3S（遥感技术、地理信息系统、全球定位系统）软件，带动产业链整体发展。加快芯片及相关的天线、板卡的产业化步伐，显著缩短与国外产品的差距。推进终端制造企业加大技术改造力度，增强产品生产能力，建成全国重要的终端生产和系统集成产业基地。进一步支持3S软件企业扩大规模，丰富产品，积极向服务一体化方向转型，并加强向海外市场的拓展。

（三）发展运营平台，打造新型业态

发展一批以云计算技术为支撑，以新型智能终端为载体，集成导航定位、通信、信息增值服务的位置运营服务平台。优先支持基于自主地图搜索引擎的移动互联网位置平台，丰富信息内容，创新业务模式，突出特色服务。重点面向交通管理、物流、渔业、农业等领域，建设一批服务全国的行业性位置运营平台。加快建设和完善车联网运营平台。

（四）推广典型应用，提升城市智能

发展和推广北斗导航与位置服务行业解决方案，重点在城市运行保障、智能交通、现代物流、重要系统授时、环境资源管理、精准农业等六大领域开展行业位置服务应用，在公众出行、社会网络、旅游娱乐等开展公众位置服务应用，在智能搜救、灾害救援及重大活动等开展区域位置服务应用，整体提升北斗应用水平，支持重点企业综合北斗导航技术和信息技术提升企业两化融合水平，支撑智慧北京。

（五）建设特色园区，促进产业聚集

以中关村国家自主创新示范区为核心，推进“一城两园”（中关村科学城，国家北斗产业园、国家地理信息科技产业园）的产业发展格局。中关村科学城依托特色产业园丰富的创新资源，加强体制机制创新，形成北斗技术创新和标准创制中心，辐射带动全国北斗产业的发展。国家北斗产业园和国家地理信息科技产业园围绕国家重大信息基础设施建设，聚集国内外优势创新资源，完善基础服务和增值服务，强化创新创业孵化功能，培养创新型领军人才，建成中关村国家自主创新示范区知名专业化基地。

四、重点工程

（一）应用示范工程

围绕北京特大型城市数字化、智能化、精细化管理需求，以地理位置和时间信息为纽带，开展基于北斗的试点示范，并重点建设一批面向全国服务的示范项目，促进城市运行服务水平和应急能力的提升。政府投资的相关项目优先采用北斗系统，鼓励和引导社会用户积极应用北斗系统，推广超过 10 万个北斗行业应用终端，每年实施超过 20 个北斗导航与位置服务示范应用项目。在试点示范中探索形成行业应用规范，推动形成行业应用标准。

（二）知识产权工程

开展北斗导航与位置服务产业的专利研究，大力推进北斗产业知识产权的创造、运用、保护和管理。加强专利和软件著作权申请资助，提高北斗企业申请专利和软件著作权的数量和质量。依托现有产业联盟，组建北斗知识产权联盟，探索北斗专利池建设。

（三）公共平台工程

积极吸引和支持国家级导航与位置服务公共平台落地北京，面向全国提供基于空间、位置、导航、时间的一系列公共数据和技术支撑服务。鼓励产业联盟等机构建立面向中小软件开发者的开放平台，通过提供创新创业孵化服务，营造开放共赢的产业生态环境，促进新型服务业态健康可持续发展。根据国家总体部署，建设提高导航与定位精度的地面信息基础设施，增强高精度位置服务的能力。

五、保障措施

（一）加强组织协调服务

成立本市北斗导航与位置服务产业协调机制，由主管市领导牵头，相关委办局参加，负责制订促进北斗导航与位置服务产业的相关政策，协调北斗应用与产业化重大事项，加强与国家部委和部队等北斗相关单位的对接服务。

（二）加大政府支持力度

建立北京市导航与位置服务项目库，将北斗导航与位置服务产业重大技术研发与产业化项目纳入本市重大科技成果转化和产业化项目统筹资金支持范畴，将北斗项目纳入中关村现代服务业试点支持范畴，并积极争取国家相关资金的支持。将北斗相关技术和产品纳入中关村新技术新产品（服务）认定目录。对于进行北斗试点示范的项目，探索推行对基础元器件的集中采购。将北斗企业优先纳入“四个一批”工程，集中资源扶持大企业、新型企业和快速成长企业。

（三）拓宽投资融资渠道

完善科技金融服务，鼓励面向创新创业型企业提供“投资 + 全方位孵化”等产业培育服务，支持基于打通北斗产业链的集群投资。引导北斗产业链上下游企业之间的合作,推动企业资源整合和兼并重组,促进北斗产业做大做强。

(四)完善创新联盟建设

支持建立企业、科研院所和高等院校相结合的北斗产业创新联盟,加强关键技术和共性技术的联合攻关,推动高水平的企业研发中心建设,形成完整的产业技术创新链。支持产业创新联盟以项目为纽带,以解决方案和技术标准为支撑,以开放协作为标志,推进北京资源向全国的辐射。

(五)加快人才培养与引进

鼓励企业与高校建立企业实践实训基地,加强实用型人才的培养。鼓励北斗企业参加计算机信息系统集成高级项目经理培训,推荐企业高管参加"科技北京"领军人才和科技新星的评选。建立北斗专家库,为北京智慧城市建设和产业发展提供咨询服务。运用中央"千人计划"、本市"海聚工程"等人才政策,加快高端芯片设计、位置运营平台体系构架设计、地理位置海量数据分析等方面高层次人才的引进。

(六)做好新闻宣传与推广

利用中国(北京)国际软件博览会、智慧城市高层论坛等会议活动,加强北斗政策法规、技术创新、解决方案、典型应用、商业模式等方面的宣传力度,营造良好的产业发展环境。加大对北斗应用的宣传推广,增强公众对北斗的认知。征集、遴选北斗应用最佳实践并进行推广。

统计资料

北京地区 2012 年度 R&D 活动情况

北京地区科技活动表主要数据来源为科技部《独立科技机构及有关科技活动单位统计调查》、国家教委《普通高等学校科技统计年报》、国家统计局《工业企业科技活动情况》等。执行部门中的科研院所指国有县级以上未转制科研院所,高等院校中含医学院校附属医院,其他指政府部门内设的非独立研究机构、综合技术服务业(包括气象、地震、测绘、环保等)、社会团体、体育、文化艺术等有 R&D 活动的事业单位。转制科研院所分为企业和非企业两类,转为企业或进入企业集团的科研院所按企业汇总,转为非企业的科研院所按其他汇总。

一、北京地区 2012 年度 R&D 活动汇总表

表 1　北京地区 R&D 人员情况

	R&D 人员				R&D 人员折合	
	合计（人）	1. 博士毕业	2. 硕士毕业	3. 本科毕业	全时人员（人年）	研究人员
总　计	**322417**	**57048**	**77370**	**83885**	**235493**	**132246**
一、按执行部门分组						
科研院所	103017	26467	32892	29380	92577	61557
高等院校	69615	25070	21358	17733	31239	26016
企　业	138601	4158	20883	35057	105506	41177
工业企业	75543	1034	7150	18475	53510	16242
其　他	11184	1353	2237	1715	6171	3496
二、按单位隶属关系分组						
中　央	193523	49640	54819	49339	146005	98131
地　方	128894	7408	22551	34546	89489	34115
三、按活动类型分组						
基础研究					34603	
应用研究					57825	
试验发展					143067	
四、按从事的国民经济行业分组						
农、林、牧、渔业	420	15	33	32	130	43
采矿业	4344	40	191	395	3337	789
制造业	70458	977	6907	18041	49616	15132
电力、燃气及水的生产和供应业	741	17	52	39	558	321
建筑业	10808	248	1495	2830	7727	4715

续表

	R&D 人员合计（人）	1. 博士毕业	2. 硕士毕业	3. 本科毕业	R&D 人员折合全时人员（人年）	研究人员
交通运输、仓储和邮政业	1353	69	361	394	952	558
信息传输、计算机服务和软件业	30944	671	5952	5550	27032	12279
批发和零售业						
住宿和餐饮业						
金融业	1060	10	20	24	149	61
房地产业						
租赁和商务服务业	4267	78	923	2422	3858	976
科学研究、技术服务和地质勘查业	121502	29470	39520	36092	108027	69714
水利、环境和公共设施管理业	384	7	27	41	155	62
居民服务和其他服务业						
教育	69951	25297	21431	17765	31438	26193
卫生、社会保障和社会福利业	4964	134	418	209	1908	1051
文化、体育和娱乐业	1221	15	40	51	607	352
公共管理和社会组织						
国际组织						

资料来源：北京市统计局、北京市科学技术委员会、北京市教育委员会、北京市经济和信息化委员会

表2　北京地区 R&D 经费情况

	R&D 经费内部支出合计（万元）	1. 日常性支出	人员劳务费	2. 资产性支出	仪器和设备	R&D 经费外部支出合计（万元）
总　计	**10633640**	**8967244**	**2806947**	**1666396**	**1239552**	**946236**
一、按执行部门分组						
科研院所	4885351	3879542	882732	1005809	642531	371765
高等院校	1369404	1150016	170283	219388	189532	228940
企　业	4213920	3797012	1705844	416909	383855	317615
工业企业	1973442	1870499	729277	102943	102007	217942
其　他	164965	140675	48089	24290	23634	27917
二、按单位隶属关系分组						
中　央	7592953	6210491	1492357	1382462	960681	813708
地　方	3040687	2756753	1314590	283935	278870	132528
三、按资金来源分组						
政府资金	5659922					
企业资金	3686332					
国外资金	478995					
其他资金	808394					

续表

	R&D经费内部支出合计（万元）	1. 日常性支出	人员劳务费	2. 资产性支出	仪器和设备	R&D经费外部支出合计（万元）
四、按活动类型分组						
基础研究	1258201					
应用研究	2418132					
试验发展	6957307					
五、按从事的国民经济行业分组						
农、林、牧、渔业	5299	4739	1487	560	219	206
采矿业	83709	80193	22003	3516	3479	10658
制造业	1880965	1782478	702954	98487	97613	206169
电力、燃气及水的生产和供应业	8768	7828	4321	940	915	1114
建筑业	227662	182541	60900	45122	40232	5183
交通运输、仓储和邮政业	32447	25839	11102	6608	4854	1179
信息传输、计算机服务和软件业	1117841	972056	587117	145786	145315	35580
批发和零售业						
住宿和餐饮业						
金融业	3276	2156	1581	1120	1110	1341
房地产业						
租赁和商务服务业	109540	103383	59450	6157	5962	8004
科学研究、技术服务和地质勘查业	5753870	4618021	1167692	1135849	747487	444936
水利、环境和公共设施管理业	3454	3110	989	344	344	21
居民服务和其他服务业						
教育	1375309	1155921	171487	219388	189532	2904
卫生、社会保障和社会福利业	22083	20593	11533	1490	1469	
文化、体育和娱乐业	9417	8387	4332	1030	1021	
公共管理和社会组织						
国际组织						

表3 北京地区R&D项目(课题)情况

	项目(课题)数 (项)	项目(课题)人员折合全时当量 (人年)	项目(课题)经费支出 (万元)
总 计	**109514**	**217963**	**8427519**
一、按执行部门分组			
科研院所	24462	86225	3938345
高等院校	69557	31219	1134831
企 业	13307	95060	3269719
其 他	2188	5459	84624
二、按活动类型分组			
基础研究	35704	32564	927333
应用研究	52504	54608	1813321
试验发展	21305	130792	5686863
三、按项目来源分组			
国家科技项目	48100	99000	4553968
地方科技项目	9743	9790	167292
企业委托科技项目	24731	16463	574382
自选科技项目	21991	71691	2030674
来自国外的科技项目	2050	9982	585921
其他科技项目	2901	11039	515281
四、按项目的合作形式分组			
与境外机构合作	1618	6961	325759
与国内高校合作	5843	14703	582328
与国内独立研究机构合作	7921	19050	779987
与境内注册外商独资企业合作	231	584	43102
与境内注册其他企业合作	6124	13413	460438
独立完成	84992	157505	6026612
其 他	2785	5750	209290

表 4　北京地区 R&D 活动产出情况

	专利申请数（件）	发明专利	有效发明专利数（件）	发表科技论文（篇）	出版科技著作（种）
总　计	**52963**	**37282**	**61392**	**182670**	**7688**
一、按执行部门分组					
科研院所	9049	7672	13911	50563	1710
高等院校	10327	8755	21859	112949	5431
企　业	33319	20630	25448	11713	142
工业企业	20189	10318	14051	2458	
其他	268	225	174	7445	405
二、按单位隶属关系分组					
中　央	28770	22615	44591	147740	5759
地　方	24193	14667	16801	34930	1929
三、按从事的国民经济行业分组					
农、林、牧、渔业	4	4	13	295	21
采矿业	552	301	438	226	
制造业	17596	9177	12838	2062	0
电力、燃气及水的生产和供应业	2041	840	775	170	0
建筑业	604	192	233	1757	50
交通运输、仓储和邮政业	103	39	38	493	10
信息传输、计算机服务和软件业	8310	6997	4961	946	1
批发和零售业					
住宿和餐饮业					
金融业	65	52	61	27	0
房地产业					
租赁和商务服务业	1097	714	485	396	6
科学研究、技术服务和地质勘查业	12187	10156	19650	59236	2038
水利、环境和公共设施管理业	15	5	5	70	8
居民服务和其他服务业					
教育	10359	8785	21891	113396	5465
卫生、社会保障和社会福利业	22	15	4	3261	57
文化、体育和娱乐业	8	5		335	32
公共管理和社会组织					
国际组织					

二、科研院所汇总表

表5 科研院所 R&D 人员情况

	R&D 人员 合计 (人)	1. 博士毕业	2. 硕士毕业	3. 本科毕业	R&D 人员折合 全时人员 (人年)	研究人员
总　计	**62517**	**23247**	**16950**	**15446**	**52829**	**33160**
一、按执行部门分组						
科研院所	62517	23247	16950	15446	52829	33160
高等院校						
企　业						
其　他						
二、按单位隶属关系分组						
中　央	59164	22407	15992	14367	49836	31690
地　方	3353	840	958	1079	2993	1470
三、按活动类型分组						
基础研究					17966	
应用研究					21958	
试验发展					12905	
四、按服务的国民经济行业分组						
农、林、牧、渔业	4784	1455	1034	1619	4463	1910
采矿业	0	0	0	0	0	0
制造业	2799	829	879	872	2469	1098
电力、燃气及水的生产和供应业	464	283	81	70	380	212
建筑业	114	16	45	46	79	53
交通运输、仓储和邮政业	0	0	0	0	0	0
信息传输、计算机服务和软件业	754	132	331	252	698	572
批发和零售业	0	0	0	0	0	0
住宿和餐饮业	2218	373	916	843	1588	988
金融业	0	0	0	0	0	0
房地产业	0	0	0	0	0	0
租赁和商务服务业	0	0	0	0	0	0
科学研究、技术服务和地质勘查业	40990	16988	10661	8736	33729	22441
水利、环境和公共设施管理业	2593	1149	899	429	2376	1564
居民服务和其他服务业	26	3	17	6	23	5
教育	225	70	70	53	165	109
卫生、社会保障和社会福利业	5424	1554	1419	1663	4946	2921
文化、体育和娱乐业	418	63	118	171	368	310
公共管理和社会组织	1708	332	480	686	1545	977
国际组织	0	0	0	0	0	0

注:统计范围为政府部门属独立科研院所(民口)

表6 科研院所 R&D 经费情况

	R&D 经费内部支出合计（万元）	1. 日常性支出	人员劳务费	2. 资产性支出	仪器和设备	R&D 经费外部支出合计（万元）
总　计	**2220185**	**1696677**	**536678**	**523508**	**381948**	**102467**
一、按执行部门分组						
科研院所	2220185	1696677	536678	523508	381948	102467
高等院校						
企　业						
其　他						
二、按单位隶属关系分组						
中　央	2115245	1612201	506731	503044	361887	98149
地　方	104940	84475	29947	20464	20061	4317
三、按资金来源						
政府资金	1925936					
企业资金	64822					
国外资金	15298					
其他资金	214129					
四、按活动类型分组						
基础研究	651455					
应用研究	920117					
试验发展	648613					
五、按服务的国民经济行业分组						
农、林、牧、渔业	184743	153563	35234	31181	23130	10070
采矿业	0	0	0	0	0	0
制造业	96985	69864	20159	27122	26888	11996
电力、燃气及水的生产和供应业	16629	15091	2916	1538	1178	0
建筑业	3733	3678	1369	55	55	423
交通运输、仓储和邮政业	0	0	0	0	0	0
信息传输、计算机服务和软件业	45702	36884	11784	8819	6985	3718
批发和零售业	0	0	0	0	0	0
住宿和餐饮业	104733	75246	25928	29487	21660	0
金融业	0	0	0	0	0	0
房地产业	0	0	0	0	0	0
租赁和商务服务业	0	0	0	0	0	0
科学研究、技术服务和地质勘查业	1457138	1078702	341401	378436	259663	54632
水利、环境和公共设施管理业	93964	83470	23688	10493	9573	1550
居民服务和其他服务业	812	512	173	300	300	0
教育	4020	3661	2259	359	359	0
卫生、社会保障和社会福利业	146238	119647	49729	26591	24180	16948
文化、体育和娱乐业	14315	13086	4104	1230	1218	243
公共管理和社会组织	51173	43276	17935	7897	6762	2889
国际组织	0	0	0	0	0	0

表7 科研院所R&D项目(课题)情况

	项目(课题)数 (项)	项目(课题)人员折合全时当量 (人年)	研究人员	项目(课题)经费支出 (万元)
总 计	**22842**	**48687**	**25464**	**1426660**
一、按执行部门分组				
科研院所	22842	48687	25464	1426660
高等院校				
企 业				
其 他				
二、按活动类型分组				
基础研究	8573	16224	8440	449502
应用研究	9963	19906	10236	602251
试验发展	4306	12558	6787	374908
三、按项目来源分组				
国家科技项目	15746	36155	18587	1018298
地方科技项目	1413	2463	1350	49523
企业委托科技项目	1449	2008	1045	51812
自选科技项目	1936	2737	1864	80086
来自国外的科技项目	386	662	358	20416
其它科技项目	1912	4663	2258	206526
四、按项目的合作形式分组				
与境外机构合作	323	818	410	21623
与国内高校合作	963	2786	1278	85240
与国内独立研究机构合作	2487	7347	3810	243589
与境内注册外商独资企业合作	16	24	11	319
与境内注册其他企业合作	663	1443	675	51838
独立完成	17714	34097	18203	953610
其 他	676	2174	1077	70440

表8　科研院所R&D活动产出情况

	专利申请数（件）	发明专利	有效发明专利数（件）	发表科技论文（篇）	出版科技著作（种）
总　计	**5456**	**4798**	**3251**	**44218**	**1670**
一、按执行部门分组					
科研院所	5456	4798	3251	44218	1670
高等院校					
企　业					
其　他					
二、按单位隶属关系分组					
中　央	5154	4622	3013	40741	1535
地　方	302	176	238	3477	135
三、按服务的国民经济行业分组					
农、林、牧、渔业	541	393	385	3876	161
采矿业	0	0	0	0	0
制造业	1131	1060	282	2140	38
电力、燃气及水的生产和供应业	51	21	80	885	56
建筑业	12	7	7	45	4
交通运输、仓储和邮政业	0	0	0	0	0
信息传输、计算机服务和软件业	23	4	65	987	38
批发和零售业	0	0	0	0	0
住宿和餐饮业	197	193	180	773	4
金融业	0	0	0	0	0
房地产业	0	0	0	0	0
租赁和商务服务业	0	0	0	0	0
科学研究、技术服务和地质勘查业	3120	2853	2020	24370	872
水利、环境和公共设施管理业	212	144	112	1902	108
居民服务和其他服务业	3	2	3	7	1
教育	0	0	0	531	52
卫生、社会保障和社会福利业	104	85	71	6434	124
文化、体育和娱乐业	13	6	13	254	16
公共管理和社会组织	49	30	33	2014	196
国际组织	0	0	0	0	0

三、转制科研院所汇总表

表9　转制科研院所 R&D 人员情况

	R&D 人员合计(人)	1. 博士毕业	2. 硕士毕业	3. 本科毕业	R&D 人员折合全时人员(人年)	研究人员
总　　计	**14527**	**2033**	**5473**	**5165**	**13101**	**6649**
一、按转制方向分组						
转为企业或进入企业集团	13893	1953	5251	4915	12564	6400
工业企业	4222	441	1775	1513	3851	1578
非工业企业	9671	1512	3476	3402	8713	4822
转为非企业单位	634	80	222	250	537	249
其中:并入高校	3	0	2	1	2	1
二、按单位隶属关系分组						
中　央	13506	1956	5119	4770	12188	6222
地　方	1021	77	354	395	913	427
三、按活动类型分组						
基础研究					290	
应用研究					1849	
试验发展					10962	
四、按服务的国民经济行业分组						
农、林、牧、渔业	88	22	24	40	76	44
采矿业	2910	740	1132	798	2778	1674
制造业	6316	826	2168	2310	5671	2699
电力、燃气及水的生产和供应业	1179	140	524	338	1064	451
建筑业	1468	80	495	689	1304	743
交通运输、仓储和邮政业	0	0	0	0	0	0
信息传输、计算机服务和软件业	1346	119	568	547	1227	560
批发和零售业	0	0	0	0	0	0
住宿和餐饮业	334	27	171	117	286	106
金融业	97	10	24	51	89	47
房地产业	0	0	0	0	0	0
租赁和商务服务业	0	0	0	0	0	0
科学研究、技术服务和地质勘查业	609	45	302	214	445	247
水利、环境和公共设施管理业	83	11	40	20	83	32
居民服务和其他服务业	0	0	0	0	0	0
教育	0	0	0	0	0	0
卫生、社会保障和社会福利业	17	0	9	6	16	2
文化、体育和娱乐业	80	13	16	35	62	44
公共管理和社会组织	0	0	0	0	0	0
国际组织	0	0	0	0	0	0

注:统计范围为民口已转制的县以上独立核算的研究机构及科技信息与文献机构,不包括已转制的工程勘察设计单位及转制后重组或分解的研究机构

表10　转制科研院所R&D经费情况

	R&D经费内部支出合计（万元）	1. 日常性支出	人员劳务费	2. 资产性支出	仪器和设备	R&D经费外部支出合计（万元）
总　计	**753845**	**625352**	**254295**	**128492**	**104372**	**24510**
一、按转制方向分组						
转为企业或进入企业集团	735122	610809	249189	124312	100486	22688
工业企业	188276	158471	57641	29805	21056	1112
非工业企业	546846	452338	191548	94508	79430	21576
转为非企业单位	18723	14543	5106	4180	3886	1822
其中:并入高校	73	67	16	6	6	0
二、按单位隶属关系分组						
中　央	730957	605891	245929	125066	100971	23927
地　方	22887	19461	8366	3426	3401	584
三、按资金来源						
政府资金	180241					
企业资金	478283					
国外资金	2682					
其他资金	92639					
四、按活动类型分组						
基础研究	16122					
应用研究	108358					
试验发展	629365					
五、按服务的国民经济行业分组						
农、林、牧、渔业	2200	1789	632	411	359	729
采矿业	209105	175896	68619	33209	27266	17798
制造业	289757	223381	94052	66380	55089	2906
电力、燃气及水的生产和供应业	77816	74389	26499	3427	1331	313
建筑业	53317	49985	14577	3333	556	490
交通运输、仓储和邮政业	0	0	0	0	0	0
信息传输、计算机服务和软件业	86945	71357	38559	15589	13996	712
批发和零售业	0	0	0	0	0	0
住宿和餐饮业	9173	7617	4354	1554	1384	45
金融业	5910	3576	1308	2335	2335	0
房地产业	0	0	0	0	0	0
租赁和商务服务业	0	0	0	0	0	0
科学研究、技术服务和地质勘查业	15194	13698	4405	1496	1298	934
水利、环境和公共设施管理业	3179	2607	796	572	572	584
居民服务和其他服务业	0	0	0	0	0	0
教育	0	0	0	0	0	0
卫生、社会保障和社会福利业	164	124	121	40	40	0
文化、体育和娱乐业	1085	936	378	150	150	0
公共管理和社会组织	0	0	0	0	0	0
国际组织	0	0	0	0	0	0

表11　转制科研院所R&D项目(课题)情况

	项目(课题)数 (项)	项目(课题)人员折合全时当量 (人年)	研究人员	项目(课题)经费支出 (万元)
总　　计	**2746**	**12793**	**6540**	**433108**
一、按转制方向分组				
转为企业或进入企业集团	2585	12294	6304	423440
工业企业	629	3799	1554	112821
非工业企业	1956	8495	4750	310619
转为非企业单位	161	499	236	9668
其中:并入高校	1	2	1	30
二、按活动类型分组				
基础研究	51	287	224	6117
应用研究	499	1819	1038	60320
试验发展	2196	10686	5278	366670
三、按项目来源分组				
国家科技项目	972	4992	2604	139286
地方科技项目	104	534	252	15143
企业委托科技项目	570	3504	1721	138110
自选科技项目	673	2441	1110	68233
来自国外的科技项目	25	212	100	3921
其它科技项目	402	1110	753	68414
四、按项目的合作形式分组				
与境外机构合作	27	239	113	4669
与国内高校合作	154	1123	524	22751
与国内独立研究机构合作	125	487	247	14366
与境内注册外商独资企业合作	3	11	10	216
与境内注册其他企业合作	350	2310	1210	76984
独立完成	1989	8320	4282	289205
其　他	98	303	155	24915

表 12 转制科研院所 R&D 活动产出情况

	专利申请数（件）	发明专利	有效发明专利数（件）	发表科技论文（篇）	出版科技著作（种）
总　　计	**4336**	**3246**	**7078**	**7707**	**190**
一、按转制方向分组					
转为企业或进入企业集团	4253	3174	7048	7152	172
工业企业	1599	1052	1714	2399	88
非工业企业	2654	2122	5334	4753	84
转为非企业单位	83	72	30	555	18
其中:并入高校	0	0	0	0	0
二、按单位隶属关系分组					
中　央	4189	3166	6919	7445	185
地　方	147	80	159	262	5
三、按服务的国民经济行业分组					
农、林、牧、渔业	5	5	12	61	0
采矿业	730	521	1113	2115	51
制造业	2337	1873	5109	2392	25
电力、燃气及水的生产和供应业	820	573	373	1052	63
建筑业	170	82	181	951	31
交通运输、仓储和邮政业	0	0	0	0	0
信息传输、计算机服务和软件业	162	87	190	532	5
批发和零售业	0	0	0	0	0
住宿和餐饮业	70	70	18	168	1
金融业	19	19	49	0	0
房地产业	0	0	0	0	0
租赁和商务服务业	0	0	0	0	0
科学研究、技术服务和地质勘查业	18	15	32	387	13
水利、环境和公共设施管理业	5	1	1	25	1
居民服务和其他服务业	0	0	0	0	0
教育	0	0	0	0	0
卫生、社会保障和社会福利业	0	0	0	5	0
文化、体育和娱乐业	0	0	0	19	0
公共管理和社会组织	0	0	0	0	0
国际组织	0	0	0	0	0

2012年度北京市获国家科学技术奖(通用项目)一览表

2012年度北京主持完成的获奖项目共计90项。其中:国家自然科学奖二等奖15项;国家技术发明奖一等奖2项,二等奖20项;国家科技进步奖特等奖1项,一等奖6项,二等奖46项。2名国家最高科技奖的获奖者均出自北京。

国家自然科学奖

序号	奖种	等级	项目名称	主要完成人	推荐单位
1	国家自然科学奖	二等	纳米材料若干新功能的发现及应用	阎锡蕴(中国科学院生物物理研究所) 梁伟(中国科学院生物物理研究所) 汪尔康(中国科学院长春应用化学研究所) 顾宁(东南大学) 杨东玲(中国科学院生物物理研究所)	北京市
2	国家自然科学奖	二等	TGF－β/Smad信号通路维持组织稳态的生理功能和机制	杨晓(中国人民解放军军事医学科学院生物工程研究所) 滕艳(中国人民解放军军事医学科学院生物工程研究所) 王剑(中国人民解放军军事医学科学院生物工程研究所) 兰雨(中国人民解放军军事医学科学院生物工程研究所) 孙强(中国人民解放军军事医学科学院生物工程研究所)	北京市
3	国家自然科学奖	二等	模空间退化和向量丛的稳定性	孙笑涛(中国科学院数学与系统科学研究院)	中国科学院
4	国家自然科学奖	二等	低维强关联电子系统中的奇异自旋性质理论研究	王玉鹏(中国科学院物理研究所) 曹俊鹏(中国科学院物理研究所) 张平(北京应用物理与计算数学研究所) 陈澍(中国科学院物理研究所) 戴建辉(浙江大学)	中国科学院
5	国家自然科学奖	二等	纳米材料的安全性研究	赵宇亮(中国科学院高能物理研究所) 陈春英(国家纳米科学中心) 王海芳(北京大学) 丰伟悦(中国科学院高能物理研究所) 柴之芳(中国科学院高能物理研究所)	中国科学院
6	国家自然科学奖	二等	中亚增生造山作用及其环境效应	肖文交(中国科学院地质与地球物理研究所),孙继敏(中国科学院地质与地球物理研究所) 高 俊(中国科学院地质与地球物理研究所)	中国科学院

续表

序号	奖种	等级	项目名称	主要完成人	推荐单位
7	国家自然科学奖	二等	过去2000年中国气候变化研究	葛全胜(中国科学院地理科学与资源研究所) 王绍武(北京大学) 邵雪梅(中国科学院地理科学与资源研究所) 郑景云(中国科学院地理科学与资源研究所) 杨　保(中国科学院寒区旱区环境与工程研究所)	中国科学院
8	国家自然科学奖	二等	凹耳蛙声通讯行为与听觉基础研究	沈钧贤(中国科学院生物物理研究所) 徐智敏(中国科学院生物物理研究所) 余祖林(中国科学院生物物理研究所)	中国科学院
9	国家自然科学奖	二等	小檗碱纠正高血脂的分子机理,化学基础及临床特点	蒋建东(中国医学科学院医药生物技术研究所) 宋丹青(中国医学科学院医药生物技术研究所) 魏　敬(南京医科大学南京第一医院) 孔维佳(中国医学科学院医药生物技术研究所) 潘淮宁(南京医科大学南京第一医院)	卫生部
10	国家自然科学奖	二等	无线多媒体协同通信模型及性能优化	陆建华(清华大学) 朱文武(微软亚洲研究院) 张　黔(微软亚洲研究院) 殷柳国(清华大学) 陶晓明(清华大学)	工业和信息化部
11	国家自然科学奖	二等	控制系统实时故障检测、分离与估计理论和方法	周东华(清华大学) 叶　昊(清华大学) 钟麦英(清华大学) 方崇智(清华大学) 王桂增(清华大学)	中国科协
12	国家自然科学奖	二等	全生命周期软件体系结构建模理论与方法	梅　宏(北京大学) 黄　罡(北京大学) 张　路(北京大学) 张　伟(北京大学)	教育部
13	国家自然科学奖	二等	若干新型非线性电路与系统的基础理论及其应用	吕金虎(中国科学院数学与系统科学研究院) 陈关荣(香港城市大学) 禹思敏(广东工业大学)	中国科学院
14	国家自然科学奖	二等	氧化锌薄膜微结构与性能调控中的若干基础问题	潘峰(清华大学) 曾　飞(清华大学) 宋　成(清华大学) 杨玉超(清华大学) 刘雪敬(清华大学)	教育部
15	国家自然科学奖	二等	新型磁热效应材料的发现和相关科学问题研究	沈保根(中国科学院物理研究所) 胡凤霞(中国科学院物理研究所) 孙继荣(中国科学院物理研究所) 张西祥(香港科技大学) 吴光恒(中国科学院物理研究所)	中国科学院

国家技术发明奖

序号	奖种	等级	项目名称	主要完成人	推荐单位
1	国家技术发明奖	一等	立体视频重建与显示技术及装置	戴琼海（清华大学） 季向阳（清华大学） 刘烨斌（清华大学） 曹　汛（清华大学） 戈　张（深圳超多维光电子有限公司） 杨　艺（北京凌云光视数字图像技术有限公司）	教育部
2	国家技术发明奖	一等	大跨建筑钢－混凝土组合结构新技术及其应用	聂建国（清华大学） 樊健生（清华大学） 陶慕轩（清华大学） 张振学（天津城建设计院） 温凌燕（清华大学） 卜凡民（清华大学）	中国建筑工程总公司
3	国家技术发明奖	二等	轻小型组合宽角航空相机研制及低空UAV航测应用	林宗坚（中国测绘科学研究院） 苏国中（中国测绘科学研究院） 洪志刚（中国测绘科学研究院） 杨伯钢（北京测绘设计研究院） 陈天恩（北京测科空间信息技术有限公司） 尹金宽（北京测科空间信息技术有限公司）	北京市
4	国家技术发明奖	二等	旋转填充床反应器强化新技术	陈建峰（北京化工大学） 邹海魁（北京化工大学） 丁建生（烟台万华聚氨酯股份有限公司） 初广文（北京化工大学） 华卫琦（宁波万华聚氨酯有限公司） 郑　冲（北京化工大学）	北京市
5	国家技术发明奖	二等	交流电机系统的多回路分析技术及应用	王祥珩（清华大学） 王维俭（清华大学） 王善铭（清华大学） 桂　林（清华大学） 孙宇光（清华大学） 毕大强（清华大学）	北京市
6	国家技术发明奖	二等	复杂工况下磁性液体密封关键技术与应用	李德才（北京交通大学） 李　建（西南大学） 何新智（北京交通大学） 张志力（北京交通大学） 蔡玉强（北京市神然磁性流体技术有限公司） 杨文明（北京交通大学）	北京市
7	国家技术发明奖	二等	面向海量用户的新型视频分发网络	尹　浩（清华大学） 邱　锋（清华大学） 林　闯（清华大学） 张焕强（北京蓝汛通信技术有限责任公司） 许会荃（蓝汛网络科技（北京）有限公司） 王　松（北京蓝汛通信技术有限责任公司）	北京市

续表

序号	奖种	等级	项目名称	主要完成人	推荐单位
8	国家技术发明奖	二等	先进空间光学姿态敏感器技术	尤　政(清华大学) 邢　飞(清华大学) 张高飞(清华大学) 陈非凡(清华大学) 丁天怀(清华大学)	北京市
9	国家技术发明奖	二等	猪产肉性状相关重要基因发掘、分子标记开发及其育种应用	李　奎(中国农业科学院北京畜牧兽医研究所) 刘　榜(华中农业大学) 赵书红(华中农业大学) 唐中林(中国农业科学院北京畜牧兽医研究所) 樊　斌(华中农业大学) 余　梅(华中农业大学)	农业部
10	国家技术发明奖	二等	基于胺鲜酯的玉米大豆新调节剂研制与应用	段留生(中国农业大学) 李召虎(中国农业大学) 吴少宁(福建浩伦农业科技集团有限公司) 何钟佩(中国农业大学) 董学会(中国农业大学) 张明才(中国农业大学)	中国农学会
11	国家技术发明奖	二等	异种(猪)皮肤替代物的研发与临床应用	柴家科(中国人民解放军总医院第一附属医院) 杨红明(中国人民解放军总医院第一附属医院) 梁黎明(中国人民解放军总医院第一附属医院) 潘银根(启东市人民医院) 陈　炯(温州医学院附属第三医院) 冯祥生(佛山市第一人民医院)	中华医学会
12	国家技术发明奖	二等	水力喷砂射孔与分段压裂联作技术及工业化应用	李根生(中国石油大学(北京)) 黄中伟(中国石油大学(北京)) 牛继磊(中国石油大学(华东)) 张士诚(中国石油大学(北京)) 沈忠厚(中国石油大学(北京)) 田守嶒(中国石油大学(北京))	中国石油和化学工业联合会
13	国家技术发明奖	二等	复极感应电化学水处理技术	曲久辉(中国科学院生态环境研究中心) 刘会娟(中国科学院生态环境研究中心) 赵　旭(中国科学院生态环境研究中心) 胡承志(中国科学院生态环境研究中心) 王万寿(杭州回水科技有限公司) 肖　东(北京京润新技术发展有限责任公司)	中国科学院

续表

序号	奖种	等级	项目名称	主要完成人	推荐单位
14	国家技术发明奖	二等	微结构化工传质设备及其工业应用	骆广生(清华大学) 吕阳成(清华大学) 王玉军(清华大学) 王　凯(清华大学) 徐建鸿(清华大学) 陈祥芝(山东盛大科技(集团)股份有限公司)	中国石油和化学工业联合会
15	国家技术发明奖	二等	聚丙烯分子链结构调控新技术及应用	宋文波(中国石油化工股份有限公司北京化工研究院) 乔金樑(中国石油化工股份有限公司北京化工研究院) 郭梅芳(中国石油化工股份有限公司北京化工研究院) 周汉学(中国石油化工股份有限公司镇海炼化分公司) 俞仁明(中国石油化工股份有限公司镇海炼化分公司) 戴宝华(中国石油化工股份有限公司镇海炼化分公司)	中国石油化工集团公司
16	国家技术发明奖	二等	非皂化萃取分离稀土新工艺	黄小卫(北京有色金属研究总院) 龙志奇(北京有色金属研究总院) 彭新林(北京有色金属研究总院) 李红卫(北京有色金属研究总院) 崔大立(北京有色金属研究总院) 杨桂林(北京有色金属研究总院)	中国有色金属工业协会
17	国家技术发明奖	二等	光电交叉联动与跨层灵活疏导的光传送技术及设备	纪越峰(北京邮电大学) 张　杰(北京邮电大学) 赵　勇(中兴通讯股份有限公司) 陈　雪(北京邮电大学) 涂　勇(中兴通讯股份有限公司) 赵志勇(中兴通讯股份有限公司)	中国通信学会
18	国家技术发明奖	二等	基于大形变和低质量的指纹加密方法与应用	田　捷(中国科学院自动化研究所) 杨　鑫(中国科学院自动化研究所) 梁继民(西安电子科技大学) 庞辽军(西安电子科技大学) 曹　凯(西安电子科技大学) 杨春林(北京天诚盛业科技有限公司)	中国科学院
19	国家技术发明奖	二等	星载微处理器系统验证－测试－恢复技术及应用	李晓维(中国科学院计算技术研究所) 李华伟(中国科学院计算技术研究所) 韩银和(中国科学院计算技术研究所) 华更新(北京控制工程研究所) 严晓浪(浙江大学) 刘　波(北京控制工程研究所)	中国质量协会

续表

序号	奖种	等级	项目名称	主要完成人	推荐单位
20	国家技术发明奖	二等	高精度高动态视觉测量技术与系统	张广军(北京航空航天大学) 魏振忠(北京航空航天大学) 孙军华(北京航空航天大学) 刘　震(北京航空航天大学) 刘谦哲(北京航空航天大学) 谢光辉(中国空空导弹研究院)	教育部
21	国家技术发明奖	二等	高速分布反馈半导体激光器及其与电吸收调制器单片集成光源	罗毅(清华大学) 孙长征(清华大学) 熊　兵(清华大学) 王任凡(武汉电信器件有限公司) 柴广跃(深圳市恒宝通光电子有限公司) 阳红涛(武汉电信器件有限公司)	工业和信息化部
22	国家技术发明奖	二等	高性能沥青路面新材料及制备技术	曹东伟(交通运输部公路科学研究所) 王仕峰(上海交通大学) 刘清泉(交通运输部公路科学研究所) 王国清(河北省高速公路管理局) 唐国奇(交通运输部公路科学研究所) 杨志峰(交通运输部公路科学研究所)	交通运输部

国家科学技术进步奖

序号	奖种	等级	项目名称	主要完成人	主要完成单位	推荐单位
1	国家科技进步奖	特等	特高压交流输电关键技术、成套设备及工程应用	刘振亚 陈维江 宓传龙 林集明 舒印彪 张喜乐 孙 昕 钟俊涛 郑宝森 印永华 张 猛 韩先才 王绍武 孙永恒 彭开军 丁 扬 韩书谟 汪建平 姚斯立 张建坤 袁 骏 周孝信 刘泽洪 万启发 张西元 宿志一 李光范 伍志荣 王景朝 邬 雄 李 正 胡 毅 党镇平 何 民 梁 琮 赵连岐 任春阳 张国良 李瑞生 王永刚 廖俊德 杨 林 杨 雯 孙竹森 刘开俊 郭剑波 马 斌 李明节 刘洪涛 刘 鹏	国家电网公司 中国西电电气股份有限公司 中国电力工程顾问集团公司 中国电力科学研究院 特变电工沈阳变压器集团有限公司 国网电力科学研究院 保定天威保变电气股份有限公司 国网交流工程建设有限公司 西安西电变压器有限责任公司 西安高压电器研究院有限责任公司 西安西电开关电气有限公司 河南平高电气股份有限公司 新东北电气（沈阳）高压开关有限公司 特变电工衡阳变压器有限公司 中国电力工程顾问集团华北电力设计院工程有限公司 中国电力工程顾问集团华东电力设计院 中国电力工程顾问集团中南电力设计院 中国电力工程顾问集团东北电力设计院 中国电力工程顾问集团西南电力设计院 中国电力工程顾问集团西北电力设计院 国网运行有限公司 清华大学 西安交通大学 山西省电力公司 河南省电力公司 湖北省电力公司 桂林电力电容器有限责任公司 许继集团有限公司 西安西电高压电瓷有限责任公司 大连电瓷集团股份有限公司	中国电机工程学会
2	国家科技进步奖	一等	广适高产优质大豆新品种中黄13的选育与应用	王连铮 赵荣娟 王 岚 付玉清 胡献忠 夏英萍 李 强 孙君明 陈应志 毛景英 马志强 廖 琴 谢 辉 曲辉英 石敬彩	中国农业科学院作物科学研究所	农业部

续表

序号	奖种	等级	项目名称	主要完成人	主要完成单位	推荐单位
3	国家科技进步奖	一等	水平井钻完井多段压裂增产关键技术及规模化工业应用	刘乃震　刘玉章　兰中孝 汪海阁　王　峰　王金云 张守良　丁云宏　余　雷 王文军　王　辉　王志明 向瑜章　安文华　宋朝晖	中国石油天然气股份有限公司勘探开发研究院 中国石油集团长城钻探工程有限公司 大庆油田有限责任公司 中国石油集团钻井工程技术研究院 中国石油集团西部钻探工程有限公司 中国石油天然气股份有限公司吉林油田分公司 中国石油集团川庆钻探工程有限公司 中国石油天然气股份有限公司辽河油田分公司 中国石油新疆油田分公司 油气钻井技术国家工程实验室	中国石油天然气集团公司
4	国家科技进步奖	一等	中国生态系统研究网络的创建及其观测研究和试验示范	孙鸿烈　陈宜瑜　沈善敏 赵士洞　赵剑平　韩兴国 张佳宝　于贵瑞　刘国彬 秦伯强　赵新全　马克平 欧阳竹　杨林章　李　彦	中国科学院地理科学与资源研究所 中国科学院沈阳应用生态研究所 中国科学院南京土壤研究所 中国科学院植物研究所 中国科学院水生生物研究所 中国科学院寒区旱区环境与工程研究所 中国科学院水利部水土保持研究所 中国科学院东北地理与农业生态研究所 中国科学院华南植物园 中国科学院水利部成都山地灾害与环境研究所	中国科学院
5	国家科技进步奖	一等	TD－SCDMA关键工程技术研究及产业化应用	真才基　李　跃　曹淑敏 陈山枝　王晓云　杨家军 周建明　王志勤　刘迪军 王溪澄　张　平　张韶井 赵先明　王　远　杨　骅	中国移动通信集团公司 电信科学技术研究院 工业和信息化部电信研究院 中兴通讯股份有限公司 华为技术有限公司 展讯通信(上海)有限公司 北京邮电大学 北京时分移动通信产业协会 中国普天信息产业股份有限公司 联想移动通信科技有限公司	工业和信息化部

续表

序号	奖种	等级	项目名称	主要完成人	主要完成单位	推荐单位
6	国家科技进步奖	一等	新一代电视台网络化制播系统及重大应用	丁文华 宋宜纯 刘万铭 崔建伟 陈 欣 史 强 王 炜 蔡常军 骆萧萧 王云川 蔡 贺 余 军 谢超平 王杰中 何宇飞	中央电视台 成都索贝数码科技股份有限公司 新奥特(北京)视频技术有限公司 北京中科大洋科技发展股份有限公司 北京传视数码科技有限公司	国家广播电影电视总局 吴正斌 蔡常军 何宇飞 张大勇 曹志强 王堃越
7	国家科技进步奖	一等	中国小麦条锈病菌源基地综合治理技术体系的构建与应用	陈万权 康振生 马占鸿 徐世昌 金社林 姜玉英 蒲崇建 沈 丽 宋建荣 王保通 张忠军 赵中华 彭云良 张跃进 刘太国	中国农业科学院植物保护研究所 西北农林科技大学 中国农业大学 全国农业技术推广服务中心 甘肃省农业科学院植物保护研究所 四川省农业科学院植物保护研究所 天水市农业科学研究所 甘肃省植保植检站 四川省农业厅植物保护站 甘肃省农业科学院小麦研究所	农业部
8	国家科技进步奖	二等	高应力强水敏深层井筒稳定关键技术及工业化应用	曾义金 陈 勉 金 衍 刘汝山 张来斌 刘四海 林永学 李光泉 闫 铁 李 军	中国石油化工股份有限公司石油工程技术研究院 中国石油大学(北京) 中国科学院武汉岩土力学研究所 东北石油大学	北京市
9	国家科技进步奖	二等	地下工程开挖诱发灾害防控关键技术开发及应用	吴顺川 张怀静 高永涛 戚承志 姜福兴 黄昌富 王艳辉 张晓峰 杨慧林 李崇智	北京建筑工程学院 北京科技大学 中铁十六局集团有限公司 北京交通大学 北京安科兴业科技有限公司 浙江勤业建工集团有限公司	北京市
10	国家科技进步奖	二等	国家体育场(鸟巢)工程建造技术创新与应用	李久林 范 重 徐贱云 陈以一 刘中华 石荣金 许立新 钱稼茹 邱德隆 任庆英	北京城建集团有限责任公司 中国建筑设计研究院 江苏沪宁钢机股份有限公司 清华大学 浙江精工钢结构有限公司 同济大学 上海宝冶集团有限公司	北京市
11	国家科技进步奖	二等	补肾化痰法治疗阿尔茨海默病及其应用技术	田金洲 时 晶 毕 齐 马 辛 张新卿 苗迎春 张立苹 王蓬文 刘铜华 盛树力	北京中医药大学 首都医科大学附属北京安贞医院 首都医科大学附属北京安定医院 首都医科大学宣武医院	北京市

续表

序号	奖种	等级	项目名称	主要完成人	主要完成单位	推荐单位
12	国家科技进步奖	二等	都市型现代农业高效用水原理与集成技术研究	刘洪禄 吴文勇 杨培岭 郑文刚 李久生 李其军 武菊英 郝仲勇 张建丰 王富庆	北京市水利科学研究所 中国农业大学 北京农业智能装备技术研究中心 中国水利水电科学研究院 北京市农林科学院 西安理工大学,武汉大学	北京市
13	国家科技进步奖	二等	基于通信的城轨列车运行控制系统关键技术及其应用	宁 滨 唐 涛 丁树奎 谢正光 郜春海 刘 波 张建明 牛英明 马连川 王海峰	北京交通大学 北京市地铁运营有限公司 北京市轨道交通建设管理有限公司 北京市基础设施投资有限公司 北京交控科技有限公司 北京交大创新科技中心	北京市
14	国家科技进步奖	二等	苹果矮化砧木新品种选育与应用及砧木铁高效机理研究	韩振海 杨廷桢 张冰冰 韩明玉 王 忆 田建保 宋宏伟 张新忠 高敬东 李粤渤	中国农业大学 山西省农业科学院果树研究所 吉林省农业科学院 西北农林科技大学	教育部
15	国家科技进步奖	二等	与森林资源调查相结合的森林生物量测算技术	唐守正 张会儒 曾伟生 李海奎 胥 辉 雷渊才 贺东北 徐济德 王瑧瑜 陈永富	中国林业科学研究院资源信息研究所 国家林业局中南林业调查规划设计院	国家林业局
16	国家科技进步奖	二等	天然林保护与生态恢复技术	刘世荣 臧润国 代力民 陆元昌 刘兴良 孟广涛 史作民 沈海龙 谭学仁 蔡道雄	中国林业科学研究院森林生态环境与保护研究所 中国科学院沈阳应用生态研究所 中国林业科学研究院资源信息研究所 四川省林业科学研究院 云南省林业科学院 东北林业大学 辽宁省森林经营研究所	国家林业局
17	国家科技进步奖	二等	林木育苗新技术	张建国 许 洋 王军辉 张俊佩 裴 东 许传森 谢耀坚 袁冬明 徐虎智 毛向红	中国林业科学研究院林业研究所 国家林业局桉树研究开发中心 浙江宁波鄞州区林业技术管理服务站 河北省林业科学研究院	国家林业局
18	国家科技进步奖	二等	优质乳生产的奶牛营养调控与规范化饲养关键技术及应用	王加启 刘建新 卜登攀 高腾云 王文杰 周凌云 杨红建 陈历俊 李胜利 于 静	中国农业科学院北京畜牧兽医研究所 浙江大学 河南农业大学 天津市畜牧兽医研究所 中国农业大学 北京三元食品股份有限公司 天津梦得集团有限公司	农业部

续表

序号	奖种	等级	项目名称	主要完成人	主要完成单位	推荐单位
19	国家科技进步奖	二等	中核集团先进核能技术创新工程		中国核工业集团公司	国有资产监督管理委员会
20	国家科技进步奖	二等	海上绥中36－1油田丛式井网整体加密开发关键技术	周守为 张凤久 孙福街 陈 明 姜 伟 陈 壁 聂宝栋 何保生 高 鹏 赵春明	中海油研究总院 中海石油(中国)有限公司 中海石油(中国)有限公司天津分公司 中海油能源发展股份有限公司采油技术服务分公司 中国石油大学(华东) 长江大学,中国石油大学(北京)	中国海洋石油总公司
21	国家科技进步奖	二等	超高温钻井流体技术及工业化应用	孙金声 刘绪全 杨智光 蒲晓林 张振华 杨泽星 蒋官澄 白相双 于兴东 张 斌	中国石油集团钻井工程技术研究院 中国石油集团长城钻探工程有限公司 大庆油田有限责任公司 西南石油大学 中国石油大学(北京) 中国石油天然气股份有限公司吉林油田分公司钻井工艺研究院 新疆塔里木油田建设工程有限责任公司	中国石油和化学工业联合会
22	国家科技进步奖	二等	大容量聚酰胺6聚合及细旦锦纶6纤维生产关键技术及装备	刘 迪 李德和 张建仁 吴清华 冯常龙 于佩霖 陈 军 吴 雷 董建忠 周顺义	北京三联虹普新合纤技术服务股份有限公司	中国纺织工业协会
23	国家科技进步奖	二等	面向材料生产流程的环境负荷定量评价技术及应用	崔素萍 聂祚仁 龚先政 左铁镛 王志宏 高 峰 兰明章 王亚丽 严建华 陈文娟	北京工业大学	中国建筑材料联合会
24	国家科技进步奖	二等	熔融钢渣热闷处理及金属回收技术与应用	杨景玲 朱桂林 苏兴文 郝以党 张 宇 孙树杉 钱 雷 焦礼静 王 纯 张淑苓	中冶建筑研究总院有限公司 鞍山钢铁集团公司 中国京冶工程技术有限公司	中国冶金科工集团有限公司
25	国家科技进步奖	二等	多晶硅高效节能环保生产新技术、装备与产业化	严大洲 宗绍兴 毋克力 肖荣晖 汤传斌 沈祖祥 张兆祥 陆志方 孙文海 侯晓东	中国恩菲工程技术有限公司,洛阳中硅高科技有限公司	中国有色金属工业协会

续表

序号	奖种	等级	项目名称	主要完成人	主要完成单位	推荐单位
26	国家科技进步奖	二等	数字视频编解码技术国家标准AVS与产业化应用	高文 黄铁军 虞露 何芸 马思伟 陈熙霖 王国中 张爱东 张恩阳 梁凡	北京大学 中国科学院计算技术研究所 浙江大学 清华大学 上海大学 工业和信息化部电子工业标准化研究院 华为技术有限公司	工业和信息化部
27	国家科技进步奖	二等	大规模网络信息监测与服务系统关键技术及应用	程学旗 王丽宏 余智华 查礼 许洪波 张瑾 廖华明 王元卓 郭嘉丰 郝晓伟	中国科学院计算技术研究所 国家计算机网络与信息安全管理中心 曙光信息产业(北京)有限公司	工业和信息化部
28	国家科技进步奖	二等	上海环球金融中心工程建造关键技术	张琨 龚剑 黄刚 裴晓 朱毅敏 戴立先 张晓剑 周虹 丁锐 顾倩燕	中国建筑股份有限公司 上海建工集团股份有限公司 中建三局建设工程股份有限公司 中建钢构有限公司 上海市第一建筑有限公司 中建国际建设有限公司 中国建筑第八工程局有限公司	中国建筑工程总公司
29	国家科技进步奖	二等	工业建筑混凝土结构诊治关键技术与应用	惠云玲 岳清瑞 牛荻涛 徐建 郭小华 胡邦喜 徐善华 姚继涛 常好诵 王东林	中冶建筑研究总院有限公司 西安建筑科技大学 中国机械工业集团有限公司 武汉钢铁股份有限公司	中国冶金科工集团有限公司
30	国家科技进步奖	二等	高坝动静力超载破损机理与安全评价方法	张楚汉 金峰 王进廷 徐艳杰 潘坚文 樊启祥 吴世勇 黄光明 周元德 王光纶	清华大学 南华大学 中国长江三峡集团公司 二滩水电开发有限责任公司 华能澜沧江水电有限公司 中国水电顾问集团成都勘测设计研究院 中国水电顾问集团昆明勘测设计研究院	教育部
31	国家科技进步奖	二等	国家防汛抗旱指挥系统工程技术研究与应用	张志彤 蔡阳 张建云 胡亚林 李坤刚 刘汉宇 郝春明 郭治清 刘宝军 倪伟新	水利部水利信息中心 国家防汛抗旱总指挥部办公室 水利部交通运输部国家能源局南京水利科学研究院 水利部南京水利水文自动化研究所 北京金水信息技术发展有限公司 长江水利委员会水文局 淮河水利委员会水文局(信息中心)	水利部

续表

序号	奖种	等级	项目名称	主要完成人	主要完成单位	推荐单位
32	国家科技进步奖	二等	高精度三维工程环境构建理论、方法及公路勘察设计成套技术	王国锋　李建成　杜震洪 许振辉　郭　力　闫　利 姚宜斌　王小忠　孟庆昕 张　丰	中国公路工程咨询集团有限公司 武汉大学 浙江大学 中交宇科（北京）空间信息技术有限公司 中国测绘科学研究院浙江分院 天津金宇信息技术有限公司 新疆维吾尔自治区交通规划勘察设计研究院	交通运输部
33	国家科技进步奖	二等	P3 和 P4 实验室生物安全技术与应用	宋桂兰　吕　京　祁建城 吴东来　陆　兵　何兆伟 刘　敏　赵德明　王　荣	中国合格评定国家认可中心 中国人民解放军军事医学科学院卫生装备研究所 中国农业科学院哈尔滨兽医研究所 中国人民解放军军事医学科学院生物工程研究所 中国人民解放军防化学院 中国农业大学	国家质量监督检验检疫总局
34	国家科技进步奖	二等	低 C/N 比城市污水连续流脱氮除磷工艺与过程控制技术及应用	彭永臻　霍明昕　王淑莹 李　冬　杨　庆　韩洪军 隋　军　凌建军　王　淦 王焜冬	北京工业大学 哈尔滨工业大学 东北师范大学 凌志环保股份有限公司 广州市市政工程设计研究院 安徽国祯环保节能科技股份有限公司 东达集团有限公司	住房和城乡建设部
35	国家科技进步奖	二等	城市及区域生态过程模拟与安全调控技术体系创建和应用	杨志峰　陈国谦　徐琳瑜 陈　彬　张　妍　姚　新 陈素华　苏美蓉　赵彦伟 张力小	北京师范大学 北京大学 中科宇图天下科技有限公司 南昌航空大学	教育部
36	国家科技进步奖	二等	全国生态功能区划	欧阳志云　傅伯杰 高吉喜　王效科　郑　华 赵同谦　肖荣波　赵景柱 肖　燚　徐卫华	中国科学院生态环境研究中心 中国环境科学研究院	中国科协
37	国家科技进步奖	二等	中国遥感卫星辐射校正场技术系统	卢乃锰　顾行发　乔延利 邱康睦　文江平　戎志国 刘京晶　郑小兵　张玉香 胡秀清	国家卫星气象中心 中国科学院合肥物质科学研究院 中国资源卫星应用中心 核工业北京地质研究院 中国人民解放军总参谋部第二部技术局 国家卫星海洋应用中心 中国科学院遥感应用研究所	中国气象局

续表

序号	奖种	等级	项目名称	主要完成人	主要完成单位	推荐单位
38	国家科技进步奖	二等	Argo大洋观测与资料同化及其对我国短期气候预测的改进	张人禾 许建平 朱 江 刘益民 刘增宏 李清泉 闫长香 牛 涛 谢基平 张祖强	中国气象科学研究院 国家海洋局第二海洋研究所 中国科学院大气物理研究所 国家气候中心 南京信息工程大学	中国气象局
39	国家科技进步奖	二等	中国人群肝病谱构建与HBV相关肝病集成防治策略的建立及应用	赵景民 于 君 沈祖尧 徐东平 陈力元 庄 辉 周先志 黄炜燊 韩 晋 鲁凤民	中国人民解放军第三〇二医院 香港中文大学 北京大学	总后勤部
40	国家科技进步奖	二等	补肾活血理论在治疗帕金森病中的应用	杨明会 陈建宗 李绍旦 史恒军 雒晓东 窦永起 王振福 刘 毅 康晓刚 李 刚	中国人民解放军总医院 中国人民解放军第四军医大学 广东省中医院	中华中医药学会
41	国家科技进步奖	二等	肺病咳喘异病同治方法的研究与应用	李友林 王 伟 倪 健 罗社文 苗 青 张立山 阎 玥 江芳超 宋 芊 杨 璐	中日友好医院 北京中医药大学 中国人民武装警察部队总医院 中国中医科学院西苑医院	中华中医药学会
42	国家科技进步奖	二等	病证结合动物模型的制备方法与应用	王 伟 王庆国 郭淑贞 方肇勤 王硕仁 赵明镜 陈建新 赵慧辉 周亚伟 潘志强	北京中医药大学 上海中医药大学 北大世佳科技开发有限公司	教育部
43	国家科技进步奖	二等	新一代无源光网络EPON/10G－EPON关键技术与应用创新	许 明 王作强 贝劲松 王 波 史伟强 沈成彬 马 壮 蒋 铭 朱永兴 王晓牧	中兴通讯股份有限公司 中国电信集团公司	工业和信息化部
44	国家科技进步奖	二等	主要农作物遥感监测关键技术研究及业务化应用	唐华俊 王长耀 周清波 毛留喜 刘海启 陈仲新 刘 佳 张庆员 吴文斌 王利民	中国农业科学院农业资源与农业区划研究所 中国科学院遥感应用研究所 国家气象中心 山西省农业遥感中心 黑龙江省农业科学院遥感技术中心 四川省农业科学院遥感应用研究所 安徽省经济研究院	农业部
45	国家科技进步奖	二等	畜禽粪便沼气处理清洁发展机制方法学和技术开发与应用	董红敏 李玉娥 董泰丽 李 倩 董仁杰 陈洪波 韦志洪 周行雨 朱志平 万运帆	中国农业科学院农业环境与可持续发展研究所 中国农业大学 杭州能源环境工程有限公司 山东民和牧业股份有限公司 中国社会科学院城市发展与环境研究所 清华大学 恩施土家族苗族自治州农业技术推广中心	中国农学会

续表

序号	奖种	等级	项目名称	主要完成人	主要完成单位	推荐单位
46	国家科技进步奖	二等	千万吨矿井群资源与环境协调开发技术	张喜武 凌　文 顾大钊 张建民 翟桂武 胡振琪 赵永峰 杨俊哲 杨汉宏 贺安民	神华集团有限责任公司 神华神东煤炭集团有限责任公司 中国矿业大学（北京） 中煤科工集团西安研究院	中国煤炭工业协会
47	国家科技进步奖	二等	成矿系统理论创立与华北古陆找矿实践	翟裕生 邓　军 燕长海 阎凤增 刘敬党 刘国印 彭润民 吕文德 王建平 杨立强	中国地质大学（北京） 中国人民武装警察部队黄金指挥部 河南省地质调查院 辽宁省化工地质勘查院 河南省地质矿产勘查开发局第二地质勘查院	国土资源部
48	国家科技进步奖	二等	浮选机大型化关键技术研究及工业化应用	沈政昌 卢世杰 刘方云 史帅星 陈　东 杨丽君 杨宝东 洪建华 夏晓鸥 董干国	北京矿冶研究总院 江西铜业集团公司 中国黄金集团公司	中国有色金属工业协会
49	国家科技进步奖	二等	中国东部中生代隐伏金属矿找矿理论技术创新与重大突破	毛景文 王学求 张宗恒 贾宝华 杜海燕 郭保健 刘建明 李春生 田豫才 黄水保	中国地质科学院矿产资源研究所 中国地质科学院地球物理地球化学勘查研究所 河南省地质矿产勘查开发局 湖南省地质矿产勘查开发局 广东省地质局 河南省有色金属地质矿产局 河北省地质矿产勘查开发局	国土资源部
50	国家科技进步奖	二等	全数字化土地资源评价关键技术与工程应用	刘耀林 王　静 唐新明 郭旭东 汪云甲 何建华 姜　栋 焦利民 史绍雨 吕春艳	中国土地勘测规划院 武汉大学 国家测绘局卫星测绘应用中心 中国矿业大学 江苏省土地勘测规划院 河南省国土资源调查规划院	国土资源部
51	国家科技进步奖	二等	中国肺癌微创综合诊疗体系的建立、临床基础研究和应用推广	王　俊 许　林 刘　军 李剑锋 姜冠潮 刘桐林 杨　劼 卜　梁 蒋　峰 杨　帆	北京大学 江苏省肿瘤医院 佛山市第一人民医院 北京中法派尔特医疗设备有限公司	教育部
52	国家科技进步奖	二等	肾脏移植排斥反应防治关键技术体系的建立与应用	石炳毅 钱叶勇 蔡　明 王　振 李州利 肖　漓 柏宏伟 陈莉萍 许晓光 郑德华	中国人民解放军第三〇九医院	总参谋部
53	国家科技进步奖	二等	涎腺肿瘤治疗新技术的研究及应用	俞光岩 马大权 李龙江 温玉明 高　岩 彭　歆 郭传瑸 黄敏娴 赵洪伟 李盛林	北京大学，四川大学	教育部

2012年度北京市科学技术奖获奖项目一览表

一等奖

序号	获奖编号	项目名称	完成单位	主要完成人
1	2012计-1-001	网络信息安全分析与识别的技术、系统及应用	中国科学院自动化研究所 任子行网络技术股份有限公司 北京西塔网络科技股份有限公司	胡卫明 吴 偶 景晓军 祝守宇 李 兵 沈智杰 左海强 朱明亮 李 玺
2	2012计-1-002	具有复杂环境感知和学习能力、可实现高精度操作的智能机器人技术	中国科学院自动化研究所	乔 红 苏建华 郑碎武 王 鹏 贾立好 王 敏 任冬淳 唐 堂
3	2012电-1-001	高性能大功率LEDs外延、芯片及应用集成技术	中国科学院半导体研究所 北京朗波尔光电股份有限公司	李晋闽 王国宏 王军喜 伊晓燕 刘 喆 梁 毅 杨富华 曾一平 王良臣 刘志强 梁辉妙 王晓东 杨 华 赵保红 闫建昌
4	2012电-1-002	高场电磁装备设计理论和关键技术及应用	中国科学院电工研究所 电子科技大学 宁波健信机械有限公司	王秋良 戴银明 严陆光 王 晖 李宏福 黄厚诚 许建益 程军胜 胡新宁 赵保志 王厚生 陈顺中 崔春艳 倪志鹏 雷沅忠
5	2012电-1-003	超大规模集成电路65-40纳米成套产品工艺研发与产业化	中芯国际集成电路制造(北京)有限公司 上海集成电路研发中心有限公司 中国科学院微电子研究所 北京大学	吴汉明 宁先捷 陈志豪 赵宇航 陈 岚 陈寿面 黄 如 康 劲 严晓浪 刘庆炜 黄威森 张立夫 叶甜春 张 兴 张 卫
6	2012材-1-001	首钢4300mm中厚板超快冷系统开发及新一代TMCP的应用	首钢总公司 东北大学 秦皇岛首秦金属材料有限公司	王国栋 王 毅 张功焰 袁 国 韩 庆 田 勇 朱启建 唐 帅 许晓东 马长文 刘振宇 吴光蜀 付天亮 王 普 田士平
7	2012材-1-002	高速铁路超细晶强化型铜镁合金接触线关键技术研究	中国铁建电气化局集团有限公司 北京中铁建电气化设计研究院有限公司	寇宗乾 李学斌 孟宪浩 郭志光 万传军 汪友顺 宋景奇 张 强 刘轶伦 袁 远 王振文 侯晓俊 刘 实 赵德胜 杨加生
8	2012环-1-001	景观河湖水质保障关键技术与应用	总装备部工程设计研究总院 北京师范大学 北京科净源科技股份有限公司	张 统 杨志峰 李志颖 郑少奎 李 洁 牛军峰 申晓莹 王守中 裴元生 周 有 董春宏 葛 敬 刘占卿 崔小东 全向春
9	2012环-1-002	污泥好氧生物发酵处理成套设备研发与应用	中国科学院地理科学与资源研究所 北京中科博联环境工程有限公司	陈同斌 高 定 郑国砥 陈 俊 郑玉琪 刘洪涛 黄启飞 彭淑婧

续表

序号	获奖编号	项目名称	完成单位	主要完成人
10	2012 环 - 1 - 003	偏振遥感的系统化理论、方法及几个发现	北京大学 中国科学院合肥物质科学研究院 浙江大学 东北师范大学 浙江师范大学	晏　磊　乔延利　赵　虎　关桂霞 李宇波　吴太夏　徐　华　赵云升 杨建义　相　云　陈　伟　赵海盟 洪　津　ChangyongCao Xin - ZhongLIANG
11	2012 能 - 1 - 001	大型发电机组轴系扭振安全监测保护技术及应用	北京四方继保自动化股份有限公司	张　涛　焦邵华　刘　全　常富杰 郑　巍　李元盛　杨奇逊　奚志江 刘　刚　梁新艳　张海棠　刘博阳 徐万方　钱华东　王晓峰
12	2012 能 - 1 - 002	特大型超高风温热风炉关键技术研究与应用	北京首钢国际工程技术有限公司 首钢京唐钢铁联合有限责任公司	张福明　王　涛　毛庆武　张卫东 梅丛华　李　欣　任立军　张　建 银光宇　钱世崇　宋静林　苏殿昌 沈海波　唐志强　倪　苹
13	2012 能 - 1 - 003	基于吸收式换热的热电联产集中供热技术	清华大学 北京市热力集团有限责任公司 赤峰富龙热力有限责任公司 华电大同第一热电厂有限公司 北京华源泰盟节能设备有限公司 烟台荏原空调设备有限公司 北京清华城市规划设计研究院	付　林　张世钢　罗　勇　景树森 李　岩　肖常磊　孙方田　李永红 胡　鹏　刘　荣　陈　杰　刘富军 任佐民　杨巍巍　狄洪发
14	2012 能 - 1 - 004	防腐高效烟气冷凝热能回收装置与烟气余热深度利用技术及产业化	北京建筑工程学院 大连理工大学 阿尔西制冷工程技术(北京)有限公司 北京能源投资(集团)有限公司	王随林　刘贵昌　艾效逸　陈云水 梅东升　潘树源　陈红兵　贾润宇 闫全英　马万军　傅忠诚　朱建发 刘安全　史永征　秦志国
15	2012 制 - 1 - 001	数字化无模铸造精密成形方法及装备	机械科学研究总院 中国一拖集团有限公司 一汽铸造有限公司	单忠德　李新亚　刘　丰　战　丽 董晓丽　徐先宜　王祥磊　候明鹏 李锋军　马顺龙　李希文　陈文刚 王成刚　李　柳　戎文娟
16	2012 制 - 1 - 002	面向再制造的表面工程技术基础	中国人民解放军装甲兵工程学院	徐滨士　王海斗　张显程　董世运 梁秀兵　魏世丞　张　伟　许　一 王海军　史佩京　朱　胜　胡振峰 陈永雄　于鹤龙　王红美
17	2012 城 - 1 - 001	装配式铺盖法设计、制造、施工成套关键技术研究	北京市轨道交通建设管理有限公司 北京市政建设集团有限责任公司 北京市市政工程设计研究总院 北京交通大学 北京首钢机电有限公司	罗富荣　孔　恒　袁大军　王建洲 国　斌　诸葛树人　吴林林　王文正 丁洲祥　高辛财　周建南　刘魁刚 包琦玮　李元晖　李兴高

续表

序号	获奖编号	项目名称	完成单位	主要完成人
18	2012 城 - 1 - 002	轨道交通阻尼弹簧浮置道床隔振系统成套技术研究及产业化	北京市轨道交通建设管理有限公司 北京城建设计研究总院有限责任公司 北京市劳动保护科学研究所 北京市科学技术研究院 北京九州一轨隔振技术有限公司 北京世纪静业噪声振动控制技术有限公司 中铁一局集团有限公司	丁树奎　杨秀仁　丁　辉　张　斌 孙京健　曾向荣　朱胜利　邵　斌 张宏亮　李建军　任　静　孙　鑫 罗小强　佟小朋　葛佩声
19	2012 农 - 1 - 001	基于逆流色谱的天然活性物质新型分离系统及分离方法研究	北京工商大学	曹学丽　裴海闰　霍亮生　胡光辉 徐春明　任　虹
20	2012 农 - 1 - 002	便携拉曼光谱仪及免疫快检产品研发与乳品安全速测应用	中国检验检疫科学研究院 北京勤邦生物技术有限公司 山西出入境检验检疫局检验检疫技术中心 宁夏出入境检验检疫局检验检疫综合技术中心 辽宁出入境检验检疫局检验检疫技术中心	邹明强　齐小花　刘　峰　张孝芳 傅英文　郝俊虎　李　军　何方洋 万宇平　张　程　李　勐　陈　艳 马寒露
21	2012 医 - 1 - 001	阿片成瘾机制研究与防阿片复吸候选靶标和候选药物的发现	中国人民解放军军事医学科学院毒物药物研究所	李　锦　苏瑞斌　吴　宁　李　斐 魏晓莉　李　昕　路新强　刘　茵 龚正华　王晓菲　刘　莹　王　勃 赵太云
22	2012 医 - 1 - 002	中国人糖代谢异常和相关心血管危险因素的变迁及干预研究	中日友好医院 北京大学人民医院 中山大学附属第三医院 上海交通大学附属第六人民医院 中国人民解放军总医院 中南大学湘雅二医院 中国医科大学附属第一医院 山西省人民医院 四川大学华西医院 中国人民解放军第四军医大学第一附属医院	杨文英　纪立农　肖建中　翁建平 贾伟平　陆菊明　周智广　单忠艳 柳　洁　田浩明　姬秋和　杨兆军 邢小燕　洪　靖　张　波
23	2012 医 - 1 - 003	食管癌规范化治疗关键技术的研究及应用推广	中国医学科学院肿瘤医院	赫　捷　王贵齐　乔友林　吕　宁 王绿化　肖泽芬　林东昕　王明荣 徐宁志　王国清　汪　楣　魏文强 黄国俊　王永岗　毛友生
24	2012 医 - 1 - 004	提高干细胞移植治疗缺血性心脏病效果关键问题的应用基础研究	中国医学科学院阜外心血管病医院	陈　曦　丛祥凤　侯剑峰　徐瑞霞 陈静海　朱伟铨　韩变梅　刘学文 胡盛寿　刘学彬　李宗伟　魏　华 邓琳子　聂　宇　王　芳

续表

序号	获奖编号	项目名称	完成单位	主要完成人
25	2012 中 -1 -001	桑属植物及其代谢产物的化学和生物活性基础研究	中国医学科学院药物研究所	陈若芸 于德泉 申竹芳 谭永霞 张庆建 刘超 刘泉 戴胜军 杨燕 康洁 王洪庆 崔锡强 王磊 孙胜国 倪刚
26	2012 基 -1 -001	炎症诱发肿瘤的关键调控机制研究	中国人民解放军军事医学科学院	张学敏 李慧艳 周涛 李爱玲 潘欣 满江红 赵洁 梁冰 李卫华 靳宝锋 张维娜 张佩景 何昆 夏晴 刘卉
27	2012 基 -1 -002	基于表界面化学的活体分析新原理和新方法的研究	中国科学院化学研究所	毛兰群 于萍 张美宁 严乙铭 刘坤 苏磊 杨丽芬

二等奖

序号	获奖编号	项目名称	完成单位	主要完成人
1	2012 计 -2 -001	跨指令集虚拟机的性能优化技术	中国科学院计算技术研究所	武成岗 王振江 崔慧敏 李建军 远翔 王文文 马湘宁 唐锋 冯晓兵 张兆庆
2	2012 计 -2 -002	面向国家骨干互联网的安全监测技术及其应用	中国科学院计算技术研究所 北京安天电子设备有限公司 国家计算机网络与信息安全管理中心 中国科学院信息工程研究所	张永铮 陈训逊 肖新光 郝志宇 周勇林 肖军 庹宇鹏 丁丽 徐小琳 徐娜
3	2012 计 -2 -003	数据密集型网格平台建设及应用	中国科学院高能物理研究所	陈刚 孙功星 程耀东 石京燕 汪璐 闫晓飞 张晓梅 伍文静 齐法制 黄秋兰
4	2012 计 -2 -004	高精度遥感卫星图像定位分析关键技术与应用	中国科学院研究生院 国家卫星气象中心 北京师范大学 北京联合大学	吕科 杨磊 段福庆 何宁 房静欣 薛健 田沄 徐文 商建 王茜
5	2012 计 -2 -005	新一代便携式高速数据传输接口(USB-PLUS)技术	爱国者数码科技有限公司 爱国者电子科技有限公司	李栋 曾星 李富强 黄晶 刘昌魁 孙焕英 邹礼光 施勇军
6	2012 计 -2 -006	数据库管理系统高可靠、高性能、高安全技术创新及产业化	北京人大金仓信息技术股份有限公司 中国人民大学	王珊 任永杰 杜小勇 李祥凯 冯玉 冷建全 张孝 陈红 白芸 王建华
7	2012 计 -2 -007	热式数字气体质量流量测控系统	北京七星华创电子股份有限公司	王茂林 牟昌华 赵迪 苏乾益 吴薇
8	2012 计 -2 -008	基于物联网的电力系统通用电气量智能采集技术与设备	北京工业大学 北京四方继保自动化股份有限公司	侯义斌 黄樟钦 张涛 徐刚 刘宏珍 叶艳军 张晓凌 陈秋荣 李达 肖春华

续表

序号	获奖编号	项目名称	完成单位	主要完成人
9	2012 电 - 2 - 001	高性能 GaN 外延材料	中国科学院半导体研究所	王晓亮 肖红领 王翠梅 胡国新 王军喜 冉军学 李建平 刘宏新 冯 春 姜丽娟
10	2012 电 - 2 - 002	基于新型敏感膜的便携式生物传感器关键技术及应用	中国科学院电子学研究所 中华人民共和国北京出入境检验检疫局	蔡新霞 崔大付 赖平安 刘春秀 柏亚铎 蔡浩原 刘军涛 罗金平 汪 琳 陈 兴
11	2012 电 - 2 - 003	椭圆曲线密码及其国家算法标准 SM2 的集成电路实现	清华大学 北京华大信安科技有限公司	白国强 汪朝晖 孙京涛 陈弘毅 张 炜 吴行军 李政东 孙义和 裴 超 周 涛
12	2012 电 - 2 - 004	载体驱动陀螺的原理结构、设计制作与应用	北京信息科技大学 北京沃尔康科技有限责任公司	张福学 张 伟 王丽坤 谢长生
13	2012 材 - 2 - 001	氢调法高流动聚丙烯催化体系、聚合工艺开发及工业化应用	中国科学院化学研究所 中国石油化工股份有限公司北京燕山分公司	李化毅 华 炜 王笃金 马良兴 胡友良 赵丽梅 赵 莹 赵唤群 周 勇 成卫成
14	2012 材 - 2 - 002	铅富氧闪速熔炼新技术及装备	北京矿冶研究总院 灵宝市华宝产业有限责任公司	王成彦 郜 伟 尹 飞 王 云 王 忠 陈永强 杨 卜 杨永强 阮书锋 揭晓武
15	2012 材 - 2 - 003	氧化钛(锌、铈)一维纳米复合材料制备及其应用研究	北京大学 北京科技大学	王习东 张 梅 郭 敏 刘丽丽 张作泰 冯英杰 李玉祥 王亚丽 马 腾 邱健航
16	2012 环 - 2 - 001	秸秆等木质纤维素原料炼制关键技术与产业化示范	中国科学院过程工程研究所	陈洪章 李佐虎 王 岚 邱卫华 付小果 彭小伟
17	2012 环 - 2 - 002	钢渣高效渣铁解离细碎工艺及设备	北京凯特破碎机有限公司 北京矿冶研究总院	夏晓鸥 罗秀建 陈 帮 王 健 唐 威 刘方明 王 旭
18	2012 环 - 2 - 003	首钢京唐公司水资源优化利用技术研究及应用	北京首钢国际工程技术有限公司 首钢京唐钢铁联合有限责任公司	王 毅 李 杨 寇彦德 张岩岗 吴礼云 兰新辉 黄占峰 杨 端 邵文策 陈志新
19	2012 环 - 2 - 004	变压吸附聚丙烯尾气回收技术开发及工业应用	中国石油化工股份有限公司北京燕山分公司 北京信诺海博石化科技发展有限公司	王永健 袁春海 张国瑞 佟中军 成卫成 赵唤群 张 伟 刘福桥 李 国 李卫华
20	2012 能 - 2 - 001	中国近海盆地油气地质理论与勘探实践	中海油研究总院	邓运华 张功成 吴景富 梁建设 刘春成 吕 明 李友川 吴克强 赵志刚 张益明
21	2012 能 - 2 - 002	北京同步辐射小角 X 射线散射实验平台	中国科学院高能物理研究所	吴忠华 李志宏 刘 鹏 胡天斗 默 广 李 明 陈中军 蔡 泉 常广才 韩庆夫
22	2012 能 - 2 - 003	300 ~ 1000MW 燃煤机组干排渣系统的研究及应用	中国电力科学研究院 北京国电富通科技发展有限责任公司	刘振强 钟根元 夏春华 王玉玮 张 晶 张东辉 于 谦 苗文华 张培林 陈贤飞

续表

序号	获奖编号	项目名称	完成单位	主要完成人
23	2012 能 -2-004	高含水油田储层构型表征及工业化应用	中国石油天然气股份有限公司勘探开发研究院 中国石油大学(北京)	宋新民 吴胜和 田昌炳 岳大力 高兴军 侯加根 周新茂 张本华 李 军 范 峥
24	2012 能 -2-005	高效工业煤粉锅炉系统及关键技术	煤炭科学研究总院	王乃继 纪任山 何海军 周建明 范 玮 肖翠微 张 鑫 徐 尧 宋春燕 李 婷
25	2012 能 -2-006	高频直流制备多晶的兆瓦级电气系统	北京京仪椿树整流器有限责任公司 北京交通大学	贺明智 郑琼林 何 雄 游小杰 孙利娟 屈 毅 刘 军 麦家妮 李中桥 郝瑞祥
26	2012 能 -2-007	300t 转炉煤气干法除尘关键技术研究与应用	北京首钢国际工程技术有限公司 首钢京唐钢铁联合有限责任公司	王 毅 张福明 杨春政 张德国 魏 钢 韩渝京 闫占辉 何 巍 曾为民 张凌义
27	2012 制 -2-001	特大型无料钟炉顶设备开发研制与产业化应用	北京首钢国际工程技术有限公司 首钢京唐钢铁联合有限责任公司	苏 维 王 涛 张 建 张卫东 张福明 熊 军 何 巍 金亚建 陈广生 董志宝
28	2012 制 -2-002	固定源 SO2 和 NOX 同时脱除的结构化催化剂的催化原理和反应工程	北京化工大学 中国科学院山西煤炭化学研究所	刘振宇 黄张根 刘清雅 雷志刚 吴卫泽 李成岳
29	2012 制 -2-003	高精度成像测井地面平台、井下仪器研发与应用	中国石油集团长城钻探工程有限公司	肖加奇 陈文轩 白庆杰 赵宝成 汪 浩 郭玉庆 黄 涛 马正江 唐茂政 杜有定
30	2012 城 -2-001	大断面海底隧道钻爆法施工关键技术	中铁十六局集团有限公司 北京交通大学 中铁十六局集团第三工程有限公司	马 栋 谭忠盛 刘安金 王永红 凌树云 陈 鹰 黄立新 张燕清 王武现 王勤荣
31	2012 城 -2-002	承重保温装饰一体化节能复合砌块建筑体系	中国建筑设计研究院 北京金阳新建材有限公司 北京建筑工程学院	娄 霓 张兰英 刘燕辉 陈小刚 何淅淅 张 昕 衡立松 张广宇 仲继寿 易国辉
32	2012 城 -2-003	外墙外保温防火关键技术研究与应用	北京住总集团有限责任公司 中国建筑科学研究院 北京建筑节能研究发展中心	张贵林 杨健康 鲍宇清 朱春玲 周 宁 季广其 章银祥 杨洪昌 龚海光 赵秋萍
33	2012 城 -2-004	矿山废弃物资源化利用技术及其在市政基础设施工程中的应用	北京市政路桥建设控股(集团)有限公司 北京市政路桥建材集团有限公司 中国矿业大学(北京) 北京市市政工程研究院	张 汎 柳 浩 杨荣俊 王路松 王栋民 杨丽英 郑 旭 董雨明 田景松 王贯明
34	2012 交 -2-001	基于驾驶行为的车辆人机交互安全理论与控制方法	北京理工大学	王武宏 曹 琦 候福国 郭宏伟 夏塽辰 蒋晓蓓

续表

序号	获奖编号	项目名称	完成单位	主要完成人
35	2012 交 -2-002	高精度光纤惯性组合连续测斜技术及工程应用	北京航空航天大学 中国石油集团测井有限公司 中航捷锐(北京)光电技术有限公司	李立京 高 爽 章 博 张春熹 许文渊 林 铁 徐 涛 范 林 胡 忠 谢良平
36	2012 农 -2-001	设施蔬菜安全高效生产的根区改良关键技术研究与应用	中国农业科学院蔬菜花卉研究所 东北农业大学 宁夏回族自治区农业技术推广总站 北京市大兴区蔬菜技术推广站	张志斌 贺超兴 吴凤芝 王怀松 赵 玮 杨恩庶 闫 妍 贺忠群 王锐竹 杨明宇
37	2012 农 -2-002	一种植物免疫蛋白诱抗剂的研究与利用	中国农业科学院植物保护研究所 北京市农林科学院植物保护环境保护研究所	邱德文 杨秀芬 刘 峥 曾洪梅 刘建华 严 红 郭立华 袁京京 马永军 于春祥
38	2012 农 -2-003	酵母源葡萄糖耐量因子(GTF)的结构解析与功能评价	中国农业科学院农产品加工研究所	吕加平 刘 鹭 张书文 孔凡丕 高艳红 刘晓铭
39	2012 农 -2-004	玉米产量性能优化及其高产技术创新与应用	中国农业科学院作物科学研究所 北京市农林科学院 吉林省农业科学院 山东农业大学 北京市农业技术推广站 河南农业大学 西北农林科技大学 内蒙古农业大学 中国农业大学	赵 明 董志强 李从锋 赵久然 边少锋 刘 鹏 宋慧欣 李潮海 薛吉全 高聚林
40	2012 医 -2-001	骨性Ⅲ类牙颌畸形非手术矫治的突破及传动矫正器、技术的研发	北京大学口腔医学院 华中科技大学同济医学院附属协和医院 杭州新亚齿科材料有限公司	林久祥 周彦恒 许天民 陈莉莉 陈贤明 谷 岩 李巍然 聂 琼 丁 鹏 江久汇
41	2012 医 -2-002	针刺治疗慢性痛的神经生物学机制研究	北京大学	韩济生 万 有 邢国刚 黄 诚 刘风雨 蔡 捷 王 韵 姜玉秋 孙 钱 骆 昊
42	2012 医 -2-003	胸椎管狭窄症关键诊疗技术的建立与应用	北京大学第三医院	陈仲强 刘晓光 刘忠军 党耕町 孙垂国 郭昭庆 齐 强 李危石 曾 岩 范东伟
43	2012 医 -2-004	内镜神经外科技术的研发、推广及应用	北京市神经外科研究所	张亚卓 桂松柏 王新生 宗绪毅 宋 明 赵 澎 李储忠
44	2012 医 -2-005	评价肿瘤风险与治疗反应的遗传标记物研究及其应用	中国医学科学院肿瘤医院	徐兵河 林东昕 马 飞 袁 芃 吴 晨 于典科 张雪梅 孙 瞳 杨 明 谭 文
45	2012 医 -2-006	核医学功能分子影像的技术研发与临床应用	中国医学科学院北京协和医院	李 方 朱朝晖 陈黎波 张太平 曾正陪 李单青 景红丽 杜延荣 石希敏 霍 力

续表

序号	获奖编号	项目名称	完成单位	主要完成人
46	2012中-2-001	心血管血栓性疾病“瘀毒”病因病机理论创新的系统研究	中国中医科学院西苑医院	陈可冀 史大卓 徐浩 殷惠军 张京春 蒋跃绒 王承龙 高铸烨 薛梅 缪宇
47	2012中-2-002	中医综合疗法治疗神经根型颈椎病的临床和基础研究及推广应用	中国中医科学院望京医院 中国康复研究中心 天津中医药大学附属第一医院 华北电网有限公司北京电力医院 上海中医药大学附属岳阳中西医结合医院 广东省中医院	朱立国 于杰 高景华 李金学 冯敏山 王尚全 洪毅 李俊杰 王平 林定坤
48	2012中-2-003	益气养阴活血通络法治疗糖尿病肾病的临床与基础研究	中日友好医院 清华大学 北京月犁中医医院 北京中医药大学东直门医院	李平 罗国安 冯建春 梁琼麟 张浩军 李靖 武曦蔼 王义明 赵婷婷 沙洪
49	2012中-2-004	基于中医诊疗信息系统的集成可视化建模及其应用研究	北京中医药大学 中国科学院自动化研究所 海纳医信(北京)软件科技有限责任公司	孟庆刚 田捷 谢晴宇 崔彤哲 王连心 杨巧芳 白云静 宋琳莉 王乐 徐珊
50	2012药-2-001	无聚合物载体支架技术的研究与推广	乐普(北京)医疗器械股份有限公司 北京大学第一医院	蒲忠杰 霍勇 张昱昕 陈明 张婷 余占江 赵丽晓 王建平 王建华 张正才
51	2012药-2-002	微生物聚羟基脂肪酸酯PHA的应用基础研究	清华大学	陈国强 吴琼 陈金春 汪洋
52	2012基-2-001	重夸克偶素遍举产生与衰变研究	中国科学院研究生院	乔从丰 贾宇 郝钢 孙鹏 李军利
53	2012基-2-002	电磁流体动力学方程的若干问题研究	北京工业大学	王术

三等奖

序号	获奖编号	项目名称	完成单位	主要完成人
1	2012计-3-001	数字北京电力快速缴费平台密码系统关键技术研究及应用	中国电力科学研究院	章欣 赵兵 刘鹰 吕英杰 翟峰 付义伦
2	2012计-3-002	载流X荧光品位分析仪	北京矿冶研究总院	周俊武 徐宁 赵建军 李杰 詹健 赵迎锋
3	2012计-3-003	基于大规模海量数据中心的安全网络存储系统	北京邦诺存储科技有限公司	熊晖 严杰 祝夭龙 凡叔军 宫进 吕向辰

续表

序号	获奖编号	项目名称	完成单位	主要完成人
4	2012 计 - 3 - 004	基于CAD识别的三维模型重建技术在安装算量软件中的应用及产业化	广联达软件股份有限公司	张　洋　肖名义　牛亚娟　吕春兰　刘恩铭　沈　臻
5	2012 计 - 3 - 005	高集成度、低功耗北斗多模卫星导航芯片及专用模块项目	北京东方联星科技有限公司	张峻林　王瀚晟
6	2012 计 - 3 - 006	节能型船舶操舵控制技术系统及应用	北京海兰信数据科技股份有限公司	覃善兴　姜　楠　陆　瑾　甄东良　陈冬冬　赵晶晶
7	2012 计 - 3 - 007	面向数据处理的软件生产线	清华大学 深圳市点通数据有限公司 北京辉煌点通数据有限公司 深圳市创新天地通信股份有限公司	郑　莉　许　斌　张玉志　张新钰　吴海燕　张　鹏
8	2012 计 - 3 - 008	可扩展、可重构的开放式路由交换软件平台与开发环境	清华大学 中国人民解放军信息工程大学 工业和信息化部电信传输研究所 电子科技大学 北京交通大学 上海未来宽带技术及应用工程研究中心有限公司	徐　恪　徐明伟　汪斌强　魏　亮　崔　勇　赵有健
9	2012 计 - 3 - 009	基于非级联迭代加密相息图的盲水印鲁棒方案	北京大学	杨光临　邓　柯
10	2012 计 - 3 - 010	走进清明上河图	北京大学 清华大学 故宫博物院 微软(中国)有限公司	王亦洲　徐迎庆　马　伟　胡　锤　宋玲平　查红彬
11	2012 计 - 3 - 011	正则化方法及应用研究	北京师范大学 澳门大学	郭　平　陈俊龙
12	2012 计 - 3 - 012	面向航天器自动化测试的通用测试语言及系统的研究与应用	北京航空航天大学 北京空间飞行器总体设计部	马世龙　朱　楠　李先军　孙　波　李重文　王华茂
13	2012 计 - 3 - 013	基于协同的第三方软件质量保障平台	北京软件产品质量检测检验中心 北京市产品质量监督检验所	左家平　周　悦　谢腾翔　楼　莉　王　威　张立芬
14	2012 计 - 3 - 014	化妆品中有害物质检测系列标准制定与应用	中国检验检疫科学研究院 上海市日用化学工业研究所	王　超　马　强　王　星　肖海清　李　琼　张　庆
15	2012 电 - 3 - 001	大功率激光二极管及组件	中国科学院半导体研究所	马骁宇　刘素平　仲　莉　王　俊　罗　泓　张海燕

续表

序号	获奖编号	项目名称	完成单位	主要完成人
16	2012 电 -3 -002	高清虚拟演播室系统的关键技术研究与应用	新奥特(北京)视频技术有限公司	李 涛 张晓辉 孙季川 任乐时 刘 鹏 唐佐逸
17	2012 电 -3 -003	超宽量程高精度双核数据采集分析系统	北京东方振动和噪声技术研究所	应怀樵 沈 松 刘进明 杜 峰 应 明
18	2012 电 -3 -004	航空数据总线故障注入系统的开发与应用	北京旋极信息技术股份有限公司	蔡厚富 付景志 彭时涛 潘世杰 梁西全 万 波
19	2012 电 -3 -005	高能效、低成本 LED 照明驱动芯片及应用	北京集创北方科技有限公司 北方工业大学 北京交通大学	张晋芳 陈后金 姜岩峰 谢汉萍 王 勇 鞠家欣
20	2012 电 -3 -006	基于 MIPS 支持 IPV6 平台无线安全接入系统	弘浩明传科技(北京)股份有限公司	丁天文 马冷超 刘亚雄 罗淇文 石 嵩 张 伟
21	2012 电 -3 -007	UV - 2200 双光束紫外可见分光光度计	北京瑞利分析仪器有限公司	赵英伟 武进田 李 源 金志立 杨洪久 刘 坤
22	2012 电 -3 -008	电源管理芯片测试系统	北京自动测试技术研究所 北方工业大学 北京集诚泰思特测试技术有限公司 北京励芯泰思特测试技术有限公司	张 东 姜岩峰 李力军 王传延 哈文慧 李 强
23	2012 电 -3 -009	紫外辐射照度工作基准装置的能力提升与量传体系的完善	中国计量科学研究院	代彩红 黄 勃 于家琳 吴志峰 欧阳慧泉
24	2012 电 -3 -010	物体表面光散射分布国家标准量值测量方法研究及多领域的创新应用	中国计量科学研究院 北京中科浩翔电子技术有限公司 华中科技大学	刘子龙 程 强 陈 锐 杨子路 周怀春 李 成
25	2012 材 -3 -001	放射性医疗领域用钨基高比重合金叶片关键技术及产业化	安泰科技股份有限公司	王铁军 周武平 刘桂荣 刘国辉 熊 宁 王 玲
26	2012 材 -3 -002	太阳能级多晶硅提纯工艺及装备	北京有色金属研究总院 宁夏发电集团有限责任公司	尹中荣 刘应宽 郑 杰 盛之林 李全旺 周新明
27	2012 材 -3 -003	新型干法水泥窑高温带耐火砖无铬化配套技术的研究与产业化	通达耐火技术股份有限公司 武汉科技大学	李 楠 冯运生 鄢 文 李 平 韩兵强 王林俊
28	2012 材 -3 -004	三种宽带隙半导体一维材料的生长和物性研究	北京科技大学	李建业
29	2012 材 -3 -005	增强型中空纤维超/微滤膜及设备开发与规模化应用	北京碧水源科技股份有限公司 北京碧水源膜科技有限公司	文剑平 陈亦力 俞开昌 李锁定 刘明轩 刘德祥

续表

序号	获奖编号	项目名称	完成单位	主要完成人
30	2012 环-3-001	草原植被及其水热生态条件遥感监测理论方法与应用	中国农业科学院农业资源与农业区划研究所 农业部草原监理中心 中国科学院地理科学与资源研究所	徐　斌　杨秀春　李召良　覃志豪 王道龙　杨　智
31	2012 环-3-002	大型污水处理厂节能关键技术研究与示范	北京城市排水集团有限责任公司 清华大学 北京清华城市规划设计研究院	蒋　勇　曾思育　王佳伟　赵冬泉 甘一萍　邱　勇
32	2012 环-3-003	SSW 车载激光建模测量系统	首都师范大学 中国测绘科学研究院 北京四维远见信息技术有限公司 青岛市光电工程技术研究院	宫辉力　刘先林　钟若飞　赵文吉 王留召　李小娟
33	2012 环-3-004	烧结烟气双碱法脱硫技术及应用	北京科技大学 北京北科环境工程有限公司	邢　奕　宋存义　童震松　汪　莉 钱大益　常冠钦
34	2012 环-3-005	铁路运煤抑尘技术及其产业化	北京精诚博桑科技有限公司	郑向军　霍茂清　薛　峰　杜志刚 王　薇　李　婷
35	2012 环-3-006	北京市平原区地下水环境监测与初步整治方案	北京市水文地质工程地质大队	叶　超　刘久荣　林　健　陈忠荣 赵　微　寇文杰
36	2012 环-3-007	北京市统计遥感业务运行系统研建	二十一世纪空间技术应用股份有限公司 北京师范大学 北京天合数维科技有限公司	邵建民　吴　双　张　群　张锦水 纪中奎　王艳艳
37	2012 环-3-008	生物质废物资源化重大技术装备研究与工程示范应用	北京环卫集团环境研究发展有限公司	何　亮　梁广生　王小韦　赵　克 张晨光　王云平
38	2012 能-3-001	加速器高频高功率测试平台的研制	中国科学院高能物理研究所	潘卫民　黄彤明　马　强　林海英 沙　鹏　戴旭文
39	2012 能-3-002	12MeV 工业无损检测用驻波电子直线加速器技术	北京机械工业自动化研究所	张入通　孟祥宇　郭彦斌　刘建辉 王　非　范林霞
40	2012 能-3-003	复合材料输电杆塔技术研究及工程示范	中国电力科学研究院 浙江省电力设计院 北京市电力公司 江苏省电力公司 浙江省电力公司 福建省电力有限公司	李　正　陈　新　潘　峰　张　卓 夏开全　刘　辉
41	2012 能-3-004	风电功率预测系统研发与应用	中国电力科学研究院 国家电网公司	刘　纯　王伟胜　裴哲义　王　勃 冯双磊　范高锋
42	2012 能-3-005	配电网故障自动定位系统	北京科锐配电自动化股份有限公司	袁钦成　张宏波　袁月春　王　海 刘　鹏　邱　勇

续表

序号	获奖编号	项目名称	完成单位	主要完成人
43	2012 能 -3 -006	城市燃气供应规划指标、用气规律及用气量预测研究	北京市燃气集团有限责任公司 北京市公用事业科学研究所	刘 燕 武海琴 刘丽珍 李持佳 贾 林 王 勋
44	2012 能 -3 -007	化学驱多相渗流理论和开发方法及工业化应用	北京科技大学 中国石油化工股份有限公司胜利油田分公司采油工艺研究院	朱维耀 王世虎 宋书君 雷光伦 隋新光 鞠 岩
45	2012 能 -3 -008	燃煤电厂氮氧化物控制综合技术与低品位余热综合利用技术研究示范	北京京能热电股份有限公司 清华大学 北京创时能源有限公司 北京源深节能技术有限责任公司 北京能源投资(集团)有限公司	梅东升 刘成武 赵 博 王力彪 禚玉群 任 雯
46	2012 能 -3 -009	太阳能热发电真空集热管关键技术及工艺	北京天瑞星光热技术有限公司	陈步亮 张秀廷 范 兵 刘雪莲 王 静 杨 兴
47	2012 制 -3 -001	特种舞台技术在文化产业中的创新与应用	总装备部工程设计研究总院	智 浩 陆 乐 侯军祥 龚奎成 田广军 温庆林
48	2012 制 -3 -002	全自动控制垃圾搬运起重机关键技术研究及应用	北京起重运输机械设计研究院	孙吉泽 代建华 岳文翀 李 力 李胜德 董彦波
49	2012 制 -3 -003	高分辨率超声成像技术及检测设备与应用	中国航空工业集团公司北京航空制造工程研究所	刘松平 刘菲菲 李乐刚 史俊伟 白金鹏 孟秋杰
50	2012 制 -3 -004	面向白内障手术设备的超声驱动组合及控制系统技术	清华大学 北京速迈医疗科技有限公司 中国人民解放军总医院	周兆英 史文勇 张毓笠 罗晓宁 何守志
51	2012 制 -3 -005	炼化装置过程监控与控制器优化的关键技术及应用	北京化工大学 中国石油化工股份有限公司北京燕山分公司 北京国控天成科技有限公司 中国石化扬子石油化工有限公司 中国石油天然气股份有限公司大庆石化分公司	靳其兵 刘彦波 姚小利 王 晶 李大字 王 琪
52	2012 制 -3 -006	高性能全数字化交流异步伺服系统关键技术及应用	北京科技大学 时光科技有限公司 大连电机集团有限公司	张卫冬 余达太 颜贻宏 孙永晶 郭 峰 王秀成
53	2012 制 -3 -007	低幅度薄互层边底水油藏开发理论与实践	中国石油大学(北京) 中国石油新疆油田分公司 北京石大油源科技开发有限公司	闻玉贵 王志章 杨生榛 韩秀梅 钱根宝 徐学成
54	2012 城 -3 -001	建筑用防火保温酚醛板关键技术研究及其外保温系统开发推广	北京建筑材料科学研究总院有限公司 北京化工大学 北京莱恩斯高新技术有限公司	王肇嘉 路国忠 何光明 陈晓农 孙垂海 周丽娟

续表

序号	获奖编号	项目名称	完成单位	主要完成人
55	2012 城 - 3 - 002	八度抗震区超高层建筑结构设计和施工关键技术	中建一局集团建设发展有限公司	杨耀辉 马 昕 周予启 李 博 葛冬云 翟海涛
56	2012 城 - 3 - 003	北京工人体育场改扩建工程设计与施工关键技术研究和应用	中建一局华江建设有限公司 北京市建筑设计研究院有限公司 北京市建筑工程研究院有限责任公司 江苏飞天网架工程有限公司	陈 娣 王 轶 司 波 孟祥永 李建国 王泽强
57	2012 城 - 3 - 004	SI 住宅工业化建造体系技术的研发与应用	中建一局集团第三建筑有限公司 中国建筑一局(集团)有限公司 中国建筑设计研究院	程先勇 富笑玮 薛 刚 张培建 娄 霓 黄 路
58	2012 城 - 3 - 005	北京市保障性住房规划建筑设计导则和指导性图集	北京市建筑设计研究院有限公司 清华大学	刘晓钟 周燕珉 王 鹏 吴 静 王 英 程 浩
59	2012 城 - 3 - 006	蓄能自发光道路标线涂料	北京市政路桥管理养护集团有限公司	王 东 张茂丽 史 岩
60	2012 城 - 3 - 007	《快速公共汽车交通系统设计规范》	北京市市政工程设计研究总院 济南市市政工程设计研究院有限责任公司 清华大学 昆明市城市交通研究所 中国城市公共交通协会	刘桂生 倪 伟 聂爱华 陆化普 唐 翀 刘璇亦
61	2012 城 - 3 - 008	中央电视台新台址 CCTV 主楼精密工程测量关键技术研究	中建一局集团建设发展有限公司 北京市测绘设计研究院 中国建筑股份有限公司 北京中建华海测绘科技有限公司 清华大学	杨伯钢 张胜良 彭明祥 陆静文 过静珺 卢德志
62	2012 交 - 3 - 001	兼容四种车型举升 16 和 8 编组动车地坑式同步架车技术与应用	北京铁道工程机电技术研究所有限公司	黎英豪 喻贵忠 刘广丹 谢让皋 吕安庶 魏志刚
63	2012 交 - 3 - 002	北京市电子不停车收费(ETC)系统技术与工程	北京市首都公路发展集团有限公司 北京速通科技有限公司 北京云星宇交通工程有限公司	胡 宾 张北海 李全发 李 剑 高军安 陈日强
64	2012 交 - 3 - 003	铁路列车运行控制车地数据传输监测系统	北京交通大学 北京六捷科技有限公司 北京交大创新科技中心	钟章队 蒋文怡 丁建文 孙 斌 武贵君 安志鹍
65	2012 农 - 3 - 001	蜂王浆优质高效生产和质量安全评价新技术研究与应用	中国农业科学院蜜蜂研究所 浙江大学 浙江省平湖市种蜂场 杭州蜂之语蜂业股份有限公司	吴黎明 胡福良 薛晓锋 彭文君 郑火青 赵 静

续表

序号	获奖编号	项目名称	完成单位	主要完成人
66	2012 农－3－002	基于分子印迹技术的高效识别样品前处理技术及应用	中国农业科学院农业质量标准与检测技术研究所	王　静　佘永新　金　芬　邵　华　金茂俊　杜欣蔚
67	2012 农－3－003	肉鸡动态营养需要与生产性能预测模型技术研究与应用	中国农业科学院饲料研究所	蔡辉益　刘国华　常文环　张　姝　郑爱娟　王　苑
68	2012 农－3－004	古树(大树)衰亡原因诊断与保健技术研究	北京市公园管理中心 北京市园林科学研究所 北京市颐和园管理处 北京市天坛公园管理处 北京市香山公园管理处 北京市中山公园管理处	李炜民　丛日晨　古润泽　李　高　牛建忠　甘长青
69	2012 农－3－005	芍药科植物迁地保护及开发利用	北京林业大学 北京牡丹芍药科技开发有限公司	王莲英　袁　涛　李清道　王　福　马　钧　秦魁杰
70	2012 农－3－006	芭蕾苹果新品种选育与应用	中国农业大学	张　文　朱元娣　王　涛　李光晨　胡建芳　张克宁
71	2012 农－3－007	果园生态系统改良与控制技术研究	北京农学院 北京市园林绿化局	姚允聪　付占芳　张　杰　王玉柱　姬谦龙　李福芝
72	2012 农－3－008	苹果优质丰产资源高效利用关键技术研究与应用	北京市农林科学院林业果树研究所 山东农业大学 西北农林科技大学 中国农业科学院果树研究所	魏钦平　刘松忠　张　强　王小伟　刘　军　姜远茂
73	2012 农－3－009	熊蜂周年繁殖技术研究与授粉应用示范	北京市农林科学院农业科技信息研究所	王凤鹤　徐希莲　孙素芬　杨　甫　郭志弘　孔　都
74	2012 农－3－010	食品中添加剂和中药中农残、重金属及毒素的筛查及检测技术	中华人民共和国北京出入境检验检疫局 中国检验检疫科学研究院 北京市疾病预防控制中心	徐超一　储晓刚　王金花　李小林　张　峰　张　蓉
75	2012 农－3－011	常见食品过敏源的检测技术体系研究	中国检验检疫科学研究院 中华人民共和国辽宁出入境检验检疫局 内蒙古出入境检验检疫局检验检疫技术中心 山东出入境检验检疫局检验检疫技术中心 天津出入境检验检疫局动植物与食品检测中心 江苏出入境检验检疫局动植物与食品检测中心	陈　颖　袁　飞　曹际娟　吴亚君　王海艳　高宏伟
76	2012 医－3－001	腹腔镜胰腺手术的临床应用研究	中国人民解放军总医院 中国人民解放军总医院第一附属医院	刘　荣　安力春　胡明根　母义明　赵国栋　赵之明

续表

序号	获奖编号	项目名称	完成单位	主要完成人
77	2012 医 -3 -002	机械性调节脊柱生长的机制研究	中国人民解放军总医院	张永刚 郑国权 张 巍 宋迪煜 孟传龙 白 林
78	2012 医 -3 -003	磁共振成像新技术在神经系统疾病诊断中的应用	中国人民解放军总医院	马 林 娄 昕 陈志晔 蔡幼铨 郑奎宏 陆 虹
79	2012 医 -3 -004	颌骨缺损修复重建的相关系列研究	中国人民解放军总医院	胡 敏 张立海 李岩峰 谢 旻 肖红喜 周宏志
80	2012 医 -3 -005	特发性炎性肌病发病机制及诊疗策略	中日友好医院	王国春 卢 昕 舒晓明 祖 宁 周惠琼
81	2012 医 -3 -006	甲型 H1N1 流感流行病学研究	北京市疾病预防控制中心	王全意 庞星火 杨 鹏 邓 瑛 黎新宇 张 奕
82	2012 医 -3 -007	进展期胃癌围手术期综合治疗的基础与临床研究	北京肿瘤医院	季加孚 李子禹 步召德 武爱文 张连海 吴晓江
83	2012 医 -3 -008	脑高级功能调节及干预的机制研究	首都医科大学宣武医院 北京师范大学 中国科学院心理研究所	宋为群 罗跃嘉 刘 超 吴健辉 吴东宇 杜博琪
84	2012 医 -3 -009	艾滋病影像学与病理基础研究	首都医科大学附属北京佑安医院	李宏军 李 宁 包东英 向海平 段钟平 陈德喜
85	2012 医 -3 -010	癫痫综合诊疗体系的建立及推广	首都医科大学宣武医院	王玉平 李勇杰 张国君 卢德宏 王育琴 李莉萍
86	2012 医 -3 -011	中国人恶性淋巴瘤临床病理特征和放疗新策略研究	中国医学科学院肿瘤医院	李晔雄 王维虎 金 晶 周立强 吕 宁 王淑莲
87	2012 医 -3 -012	常见恶性肿瘤的综合影像学检查规范及优选指南的建立和临床应用	中国医学科学院肿瘤医院 北京肿瘤医院 首都医科大学附属北京友谊医院 广东省人民医院 辽宁省肿瘤医院 北京大学第一医院	周纯武 赵心明 欧阳汉 李 静 吴 宁 蒋力明
88	2012 医 -3 -013	嗅觉障碍机制、评估和治疗体系的建立和应用	中国医学科学院北京协和医院 北京为尔福电子公司	倪道凤 刘剑锋 王 剑 有 慧 朱莹莹 陈兴明
89	2012 医 -3 -014	艾滋病灵长类动物模型研究体系的建立与应用	中国医学科学院医学实验动物研究所	魏 强 秦 川 王 卫 朱 华 丛 喆 蒋 虹
90	2012 医 -3 -015	冷凝(冻)消融治疗快速心律失常的基础与临床应用研究	中国医学科学院阜外心血管病医院 浙江省人民医院 同济大学附属第十人民医院 重庆医科大学附属第二临床学院	方丕华 张 澍 屈百鸣 徐亚伟 殷跃辉 王方正

续表

序号	获奖编号	项目名称	完成单位	主要完成人
91	2012 医 -3-016	规范化肠内肠外营养支持治疗新技术的推广应用	中国医学科学院北京协和医院 卫生部北京医院 北京大学第一医院 中国人民解放军总医院 首都医科大学宣武医院	于健春 康维明 马志强 于 康 陈 伟 刘晓红
92	2012 中 -3-001	针刺不同穴位对内脏感觉－运动的调控机制和规律研究	中国中医科学院针灸研究所	荣培晶 朱 兵 李宇清 高昕妍 贲 卉 李艳华
93	2012 中 -3-002	中医药治疗艾滋病的研究	中国中医科学院 中国中医科学院中医临床基础医学研究所 首都医科大学附属北京地坛医院 首都医科大学附属北京佑安医院 北京中医药大学	王 健 何丽云 刘 颖 邹 雯 李洪娟 王玉光
94	2012 中 -3-003	中医临床疗效评价标准研究	中国中医科学院中医临床基础医学研究所 中国中医科学院广安门医院 中国中医科学院西苑医院 中国中医科学院望京医院 北京中医药大学东方医院	刘保延 何丽云 訾明杰 唐旭东 张允岭 张艳宏
95	2012 中 -3-004	九种中医体质类型的特征及系统生物学研究	北京中医药大学	王 琦 姚实林 王 济 李英帅 倪 诚 贺 娟
96	2012 中 -3-005	治疗病毒性肝炎的中药颗粒剂产业化关键技术研究与突破	北京中医药大学 北京亚东生物制药有限公司	倪 健 付建家 郑炎生 张文芯 都丽卓 付立家
97	2012 药 -3-001	抗心脑血管疾病药物马来酸桂哌齐特注射液的技术开发与产业化	北京四环制药有限公司	车冯升 霍彩霞 李桂连 丁春萍 章 晶 黄晓霞
98	2012 药 -3-002	甘精胰岛素结晶制剂的工艺优化	甘李药业有限公司	甘忠如 王大梅
99	2012 药 -3-003	心脑血管、神经退行性疾病非临床药效评价关键技术平台建立及应用	中国医学科学院药物研究所	王晓良 朱海波 陈乃宏 彭 英 王 玲 李 江
100	2012 基 -3-001	A～100,130 区原子核高自旋态研究	中国原子能科学研究院	吴晓光 竺礼华 贺创业 郑 云 李广生 王烈林
101	2012 基 -3-002	gC1qR 细胞抗病毒机制研究	北京大学	顾 军

续表

序号	获奖编号	项目名称	完成单位	主要完成人
102	2012 基 -3 -003	供应链物流资源整合理论及应用研究	北京交通大学 北京市东方友谊食品配送公司 北京京城工业物流有限公司	兰洪杰　汝宜红　张菊亮　司京成 陆卫东
103	2012 基 -3 -004	《玉米高产新技术》的出版及普及应用	北京农学院 中国农业科学院作物科学研究所 长春市农业科学院 金盾出版社	潘金豹　张秋芝　石德权　庄铁成 南张杰　王少斌
104	2012 基 -3 -005	化学品安全技术性贸易措施研究	中国检验检疫科学研究院 广东出入境检验检疫局检验检疫技术中心 湖北出入境检验检疫局检验检疫技术中心 国家质量监督检验检疫总局国际检验检疫标准与技术法规研究中心	陈会明　郑建国　王力舟　陈建华 李　晞　宋乃宁

北京地区专利申请一览表

项目 / 日期(年)	发　明	实用新型	外观设计	合计
1985	754	720	66	1540
1986	535	1091	66	1692
1987	523	1796	106	2425
1988	702	2494	146	3342
1989	742	2408	194	3344
1990	830	3214	240	4284
1991	1023	3324	277	4624
1992	1340	4493	483	6316
1993	1483	4931	558	6972
1994	1506	4666	680	6852
1995	1252	4372	738	6362
1996	1441	4255	899	6595
1997	1677	3668	968	6313
1998	1754	3444	1123	6321
1999	2062	4045	1616	7723
2000	3409	4984	1951	10344
2001	4984	5114	2076	12174
2002	5785	5920	2137	13842
2003	7833	6665	2505	17003
2004	8608	6321	3473	18402
2005	12102	6940	3530	22572
2006	14226	8200	4129	26555
2007	18763	8819	4098	31680
2008	28394	11157	3957	43508
2009	29326	15424	5486	50236

资料来源:北京市知识产权局

北京地区专利授权一览表

日期(年) 项目	发 明	实用新型	外观设计	合计
1985	23	20	9	52
1986	20	388	31	439
1987	102	630	44	776
1988	169	1147	60	1376
1989	207	1497	85	1789
1990	216	1932	120	2268
1991	263	1917	189	2369
1992	312	2724	229	3265
1993	530	4780	496	5806
1994	368	3245	301	3914
1995	328	3169	528	4025
1996	246	2563	486	3295
1997	281	2340	706	3327
1998	309	2522	969	3800
1999	573	3948	1308	5829
2000	1074	3463	1368	5905
2001	946	3600	1700	6246
2002	1061	3721	1563	6345
2003	2261	4244	1743	8248
2004	3216	3956	1833	9005
2005	3476	4498	2126	10100
2006	3864	5490	1884	11238
2007	4824	7364	2766	14954
2008	6478	8776	2493	17747
2009	9157	10141	3623	22921

资料来源:北京市知识产权局

北京市区县专利申请一览表

单位:件

区县＼年度	2000	2001	2002	2003	2004	2005	2006	2007	2008	2009
海淀	3882	5430	6219	8489	8230	9665	11312	13604	20899	22850
朝阳	2270	2468	2715	2905	3913	5066	5520	6295	7413	9618
丰台	650	678	906	893	918	1545	1734	2039	2343	2542
西城	841	943	820	890	890	1080	1389	2226	2579	2858
东城	514	728	567	714	754	895	1377	1513	2419	2359
宣武	436	386	428	461	414	422	553	491	524	555
崇文	269	182	327	408	856	930	722	272	234	237
石景山	209	219	225	277	232	302	397	412	1762	2045
大兴	271	331	415	459	644	828	798	1349	1958	2195
昌平	260	254	370	383	494	735	1169	1226	1449	222
通州	207	185	206	293	368	307	543	683	827	1207
房山	159	112	139	122	192	163	241	315	277	320
顺义	86	100	127	139	173	185	439	272	446	449
怀柔	67	116	104	134	121	125	124	163	132	363
密云	50	58	58	53	36	45	66	112	79	139
门头沟	50	44	43	56	53	81	74	615	59	114
平谷	36	19	38	25	43	52	41	44	76	107
延庆	34	33	32	37	52	45	56	42	28	57
其他	53	－112	103	265	19	101	0	7	4	0
合计	10344	12174	13842	17003	18402	22572	26555	31680	43508	50236

资料来源:北京市知识产权局

北京市区县专利授权一览表

单位:件

区县 \ 年度	2002	2003	2004	2005	2006	2007	2008	2009
海淀	2337	2883	4076	4399	5137	6160	7563	10697
朝阳	1506	1576	1881	2295	2416	3174	3764	4464
丰台	486	422	446	465	667	850	1129	1233
西城	473	339	508	514	591	850	1008	1316
东城	406	294	433	498	487	839	901	1198
宣武	184	217	274	207	262	344	290	296
崇文	103	110	115	118	123	158	140	142
石景山	139	106	120	136	192	207	266	377
大兴	248	233	361	386	389	734	841	1004
昌平	147	196	256	324	372	627	737	857
通州	118	131	176	223	192	275	403	481
房山	91	92	77	100	110	155	194	165
顺义	68	82	99	116	100	265	195	340
怀柔	63	101	50	99	92	96	112	117
密云	23	39	20	26	19	48	87	80
门头沟	23	38	33	32	47	61	57	64
平谷	11	22	12	32	15	40	26	58
延庆	23	16	24	27	27	39	32	32
其他	-104	1351	44	103	0	32	2	0
合计	6345	8248	9005	10100	11238	14954	17747	22921

资料来源:北京市知识产权局

附录

北京市科技管理机构

北京市科学技术委员会

Beijing Municipal Science and Technology Commission

根据中共中央、国务院批准的北京市人民政府机构改革方案和《北京市人民政府关于机构设置的通知》(京政发[2009]2 号),设立北京市科学技术委员会(简称市科委)。市科委是负责本市科技工作的市政府组成部门。主要职责是:

(一)贯彻落实国家关于科技工作方面的法律、法规、规章和政策,起草本市相关地方性法规草案、政府规章草案,组织拟订科技发展和科技促进经济社会发展的政策,并组织实施。

(二)组织拟订本市科技发展中长期规划、年度计划,并组织实施;研究提出科技发展布局和优先发展领域;推动科技创新体系和科技服务体系建设,促进科技服务业发展;推进科技北京建设。

(三)组织制定本市应用基础研究、高新技术发展以及重大科技成果应用研究的政策措施;负责统筹协调应用基础研究、前沿技术研究、重大社会公益性技术研究及关键技术、共性技术研究;牵头组织科技促进经济社会发展的重大关键技术攻关。

(四)会同有关部门组织科技重大专项实施中的方案论证、综合平衡、评估验收和配套政策制定,对科技重大专项实施中的重大调整提出意见;负责科技重大专项和重大科技产业工程的组织实施。

(五)制定政策引导类科技计划并指导实施;会同有关部门拟订本市高新技术企业发展、高新技术产业化的相关政策,参与拟订科技金融促进工作的相关政策;提出科研条件保障规划和政策建议;推进科研条件平台建设和科技资源共享。

(六)组织制定本市科技促进农村和社会发展的政策措施,促进以改善民生为重点的农村建设和社会建设;指导可持续发展实验区的建设和发展。

(七)会同有关部门拟订本市促进产学研结合的相关政策,制定科技成果推广政策,指导科技成果转化工作;组织相关重大科技成果应用示范,推动企业自主创新能力建设。

(八)研究制定本市科技体制改革的政策措施;建立健全科技创新体制和机制;研究制定建立新型研究开发机构的政策;按规定审核相关科研机构的组建和调整,优化科研机构布局。

(九)负责本部门预算中的科技经费预决算及经费使用的监督管理;会同有关部门提出科技资源合理配置的政策和措施建议,优化科技资源配置。

(十)制定本市科普工作规划和政策;制定促进技术市场、科技中介组织发展的政策措施;负责技术市场、科技保密管理工作和科技奖励组织实施工作;负责科技信息、科技统计和科技期刊管理工作。

(十一)研究制定本市科技合作交流政策;负责科技外事工作;负责与港澳台的科技合作与交流;会同有关部门组织技术出口和技术引进等工作。

(十二)负责本市科技人才资源的合理配置,会同有关部门拟订科技人才队伍建设规划,提出政策建议。

(十三)承办市政府交办的其他事项。

主任:闫傲霜

党组书记:杨伟光

副主任:杨伟光　朱世龙　郑焕敏

　　　　张继红　伍建民　丁　辉(兼任)

纪检组长:李京瑞

委员:陈力工　张　虹　刘　晖　王建新
地址:北京市西城区西直门南大街16号
邮编:100035
电话:66153395
网址:www. bjkw. gov. cn

内部机构设置:

办公室

负责机关政务工作;负责文电、会务、机要、档案等机关日常运转工作;承担信息、信访、议案、建议、提案、安全、保密、政府信息公开、电子政务、机关财务和资产管理等工作;承担重要事项的组织和督查工作。

电　话:66153395

政策法规与体制改革处

负责机关推进依法行政综合工作;起草科技方面的地方性法规草案、政府规章草案;负责行政执法工作的监督、指导和协调;承担行政复议、应诉的有关工作;承担机关行政规范性文件的合法性审核和有关备案工作;会同有关方面推进科技创新体系建设和科技体制改革,拟订促进产学研结合和促进科技领域知识产权创造的政策措施;按规定承担相关科研机构的组建和调整的审核;负责北京地区科技研究开发机构的认定和科技类民办非企业单位的业务审核。

电　话:66153406

发展计划处

研究提出本市科技发展的布局和优先发展领域,组织拟订科技发展中长期规划和年度计划;提出科技计划的协调、综合平衡和经费配置的建议;会同有关方面提出重大创新基地建设规划建议;拟订科技成果和科技项目管理的政策措施;负责本市科技奖励组织实施和科技统计、科技信息和科技期刊管理;会同有关方面组织技术出口和技术引进。

电　话:66153416

重大专项办公室

会同有关方面拟订本市科技重大专项实施办法,审核实施计划,协调解决重大问题,组织评估和验收;承担对接国家科技重大专项的相关协调工作;负责重大科技需求的调研;承担科技北京建设和科教方面的相关工作。

电　话:66174050

条件财务处

提出本市科研条件保障的规划和政策建议,推进科研条件平台建设和科技资源共享;会同有关方面提出科技资源合理配置的政策建议;参与开展科技金融促进工作;编制本部门预算中的科技经费预决算,并监督预算的执行;参与拟订科技经费管理办法;监督、指导所属单位财务和国有资产管理工作。

电　话:66153407

高新技术产业化处

拟订本市相关领域高新技术发展及产业化的科技规划和政策;组织实施相关领域高新技术研究发展计划和政策引导类科技计划;承担中关村国家自主创新示范区建设相关工作;推动科技创新创业服务体系建设;推动科技成果转化及企业技术创新能力提升;促进科技服务业和文化创意产业发展;负责高新技术产业孵化基地认定和高新技术企业、自主创新产品认定;指导技术市场管理工作。

电　话:66153439

先进制造与自动化处

拟订本市先进制造技术领域、信息技术领域、新材料领域及空间技术领域科技发展的规划和政策;组织实施相关领域高技术研究发展计划;负责组织推进相关领域重点实验室(基地)建设;促进相关领域科技服务业的发展。

电　话:66153438

生物医药处

拟订本市生物工程、新医药产业、医疗卫生及食品安全领域科技发展的规划和政策;组织实施相关领域高技术研究发展计划;制定实验动物管理的政策措施;负责实验动物安全监管工作;负责组织推进相关领域重点实验室(基地)建设;促进相关领域科技服务业的发展;承担生物工程和新医药产业方面的有关科技工作。

电　话:66153451

农村科技发展处

拟订本市科技促进农村发展的规划和政

策;组织实施相关领域高技术研究发展计划;负责组织推进相关领域重点实验室(基地)建设;促进相关领域科技服务业的发展;推动农村科技进步;指导相关重大科技成果应用示范;指导农业科技园区的有关工作。

电　话:66153402

社会发展处

拟订本市社会发展领域科技发展的规划和政策;组织实施相关领域高技术研究发展计划;负责组织推进相关领域重点实验室(基地)建设;促进相关领域科技服务业的发展;推动新能源和节能环保产业的发展;推进科技对城市建设与管理的支持;指导可持续发展实验区的建设和发展。

电　话:66153392

科技宣传与软科学处(北京市人民政府专家顾问团办公室)

负责本市科普工作,拟订科普工作的规划和政策;负责科技宣传、新闻发布工作;负责软科学研究工作;承担市政府专家顾问团的有关工作;承担综合性文稿起草和地方志、年鉴编纂工作。

电　话:66153431

国际科技合作处

组织拟定本市国际科技合作交流政策;组织实施国际科技合作交流计划;按规定负责在京举办国际性科技学术会议、出国举办科技展览会和邀请外国人员来华进行科技活动的有关工作;承办与港澳台的科技合作交流事宜;负责机关及所属单位的外事工作。

人事教育处

负责机关及所属单位的人事、机构编制和离退休工作;会同有关方面拟订本市科技人才队伍建设的政策措施;负责自然科学研究系列专业技术职务任职资格评定工作;组织实施科技新星计划。

电　话:66153409

机关党委

负责机关及所属单位的党群工作。

电　话:66153410

工　会

负责机关及所属单位的工会工作。

电　话:66153413

纪检、监察处

纪检、监察机构按有关规定派驻。

电　话:66153442

中关村科技园区管理委员会

Administrative Committee of Zhongguancun Science Park

中关村科技园区管理委员会(简称中关村管委会)是负责对中关村科技园区(包括海淀园、丰台园、昌平园、电子城、亦庄园、德胜园、石景山园、雍和园、大兴生物医药产业基地、通州园,以下简称园区)发展建设进行综合指导的市政府派出机构,其主要职责是:

(一)贯彻落实国家有关法律法规和政策,研究提出园区的发展战略和规划,组织研究园区相关改革方案,促进可持续发展。

(二)研究拟定园区发展和管理的相关政策,参与起草相关地方性法规、规章草案。

(三)参与组织编制园区有关空间规划和产业规划。

(四)协调整合各类创新资源,开展高新技术研发及其成果产业化、投融资、人才资源、中介组织、知识产权保护、数字园区建设等方面的促进和服务工作。

(五)配合协调有关机构为园区企业提供世界贸易组织事务方面的服务,促进园区企业开展国际贸易。

(六)承担园区外事、宣传、联络和留学人员创业服务等工作。

(七)负责管理市财政拨付的园区发展专项资金,并协助有关部门监督专项资金的使用。

(八)指导各园的工作,承担建设中关村科技园区领导小组及其办公室的日常工作,负责园区企业家咨询委员会及园区内各类协会组织的联系工作。

(九)承办市政府交办的其他事项。

党组书记:赵凤桐

党组副书记:郭　洪

主任:郭 洪

副主任:廖国华 于凤英 王汝芳

杨建华 李稻葵

纪律检查组组长:候 云

委员:张茂盛 李 翔 刘 航

地址:北京市海淀区阜成路73号裕惠大厦

邮编:100142

电话:88828800

传真:88828882

网址:www.zgc.gov.cn

内部机构设置:

办公室

负责本机关的政务工作;负责公文处理、信息、议案、建议、提案和信访、档案、保密工作,以及重要会议、活动的组织工作;负责重要文件和会议决定事项的督查工作;负责机关联络接待、服务保障、安全保卫等工作。

电 话:82690500

传 真:82690506

产业发展促进处

参与研究和制订园区产业规划和政策,督促落实发展高新技术企业的各项政策;参与重大高新技术成果产业化项目的认定;协调园区技术研发,重大高新技术企业项目的引进和扶持工作;受国家有关部门委托,负责组织园区企业科研项目和专项资金的申报工作;负责协调园区对外经贸工作。

电 话:82690618

规划建设协调处

研究制订园区发展规划并协调组织实施;参与组织编制园区的空间规划、土地利用规划和生态规划等工作;负责园区重大建设项目信息的收集和分析。

电 话:82690605

传 真:82690419

投融资促进处

负责研究提出园区投融资体系建设方案;研究分析园区投融资发展状况,并提出政策建议,搭建园区投融资政策平台;推动园区企业的股权交易和上市融资工作;组织协调投融资机构为园区产业发展提供支持,发展适合园区企业的多种融资方式,促进科技与金融的结合。

电 话:82690614

传 真:82691705

人才资源处

研究提出园区人才资源发展战略规划和人才市场体系建设的建议;研究拟定园区吸引人才的有关政策,并协调组织实施;负责园区有关留学人员创业的服务工作。

电 话:82691728

中介服务体系建设处

研究提出园区行业协会、中介组织的发展规划,组织制定有关政策;促进园区中介组织发展、信用体系建设等工作。

电 话:82690610

传 真:82691707

信息化工作处

组织研究提出园区信息化建设规划并协调推进实施;负责园区信息统计数据的综合分析利用;负责协调建立统一的园区信息管理与服务体系、预测预导系统、经济运行和企业评测系统;负责管理园区的网站建设,推进园区电子政务和数字园区建设工作。

电 话:82690688

传 真:82691710

国际交流合作处

负责园区的国际交流与合作工作;负责园区派遣人员因公临时出国(境)和邀请外国经贸科技人员来华事项的审批工作;负责园区驻海外联络处的建设、联络和管理工作。

电 话:82690607

传 真:82690633

研究室(世界贸易组织事务与知识产权工作处)

负责园区体制和机制创新及其配套改革措施的研究工作;组织研究园区发展建设中的重要问题,并提出相关对策、建议;负责协调园区知识产权促进和保护工作;配合协调有关机构为园区企业提供有关世界贸易组织事务方面的服务;组织起草贯彻落实《中关村科技园区条例》的有关配套政策,并监督实施。

电　话:82691701

宣传处

负责园区宣传工作,制定园区宣传方案并组织实施;组织园区新闻发布会;组织园区重要活动、重要工作的新闻报道工作。

电　话:82690510

传　真:82690508

财务处

负责园区发展专项资金预算编制和管理工作;协助有关部门监督专项资金的管理使用;负责园区的建设与发展专项资金的内部审计工作;负责本机关的财务工作。

电　话:82690416

传　真:82690416

人事处

负责中关村管委会机关及所属单位的干部、人事及机构编制管理工作。

电　话:82690500

传　真:82690506

监察处

履行派驻纪检监察机构职责。

电　话:82690518

传　真:82691702

机关党委

负责本机关及直属单位的党群工作。

电　话:82690418

北京市知识产权局

Beijing Intellectual Property Office

北京市知识产权局工作内容和主要职责:

(一)负责组织协调本市保护知识产权工作,推动知识产权保护工作体系建设;会同有关部门建立知识产权执法协作机制,开展有关的行政执法工作;开展知识产权保护的宣传工作。

(二)贯彻落实国家关于专利工作方面的法律、法规、规章和政策;起草本市相关地方性法规草案、政府规章草案,拟订专利工作的政策措施、发展规划和工作计划,并组织实施;会同有关部门拟订并组织实施首都知识产权战略和规划。

(三)承担规范本市专利管理基本秩序的责任。依法处理、调解专利纠纷,查处假冒专利行为;依法监督管理专利代理机构,推进专利中介服务体系建设。

(四)会同有关部门促进本市知识产权产业发展;指导和规范专利技术市场,管理专利权转让合同、专利实施许可合同和专利申请权转让合同备案工作;会同有关部门指导和规范知识产权无形资产评估;推动专利权质押工作。

(五)负责本市专利信息公共服务体系的建设,会同有关部门推动专利信息的传播利用;负责组织建立知识产权预警应急机制;承担专利统计工作。

(六)统筹协调本市涉外知识产权事宜,开展专利工作的国际联络、合作与交流活动。

(七)组织开展专利方面法律法规、政策的宣传普及工作;组织制定本市有关知识产权的教育与培训工作规划,并组织实施。

(八)承办市政府交办的其他事项。

局长:汪　洪

副局长:王淑贤　潘新胜　周　砚
　　　　李　钟　付晓辉

党组书记:汪洪

副巡视员:杨久明

地址:北京市西城区德胜门东大街8号

东联大厦二层

邮编:100009

电话:84080086

网址:www.bjipo.gov.cn

内部机构设置:

办公室(国际合作处)

负责机关政务工作;负责文电、会务、机要、档案等机关日常运转工作;承担信息、信访、议案、建议、提案、安全、保密、政府信息公开等工作;负责重要事项的组织和督查工作;组织开展知识产权宣传工作;负责编制部门预决算,管理机关财务及国有资产;负责监督指导所属单位财务和国有资产管理工作;开展专利工作的国际联络、合作与交流活动。

电　话:84080086

电子邮箱:bangs@bjipo.gov.cn

政策法规处

拟订本市专利工作发展规划和工作计划;

组织研究知识产权方面的重大问题和国外知识产权发展动态；承担拟订本市知识产权发展战略和规划的有关工作；负责机关推进依法行政综合工作；起草专利方面的地方性法规草案、政府规章草案；负责行政执法工作的监督、指导和协调；承担行政复议、应诉的有关工作；承担机关行政规范性文件的合法性审核和有关备案工作。

电　话:84080090

电子邮箱:tiaofachu@ bjipo. gov. cn

知识产权协调处

承担组织协调全市保护知识产权的有关工作；承担知识产权执法协作机制的相关工作；协调、督办重大侵犯知识产权案件；承担实施本市知识产权战略和规划的有关工作；统筹协调涉外知识产权事宜；承担北京市知识产权办公会议的有关工作。

电　话:84080092

电子邮箱:xietiaochu@ bjipo. gov. cn

产业促进处

承担推动本市知识产权产业发展的有关工作；拟订促进企事业单位专利工作的政策措施并组织实施；指导企事业单位、行业联盟应对有关知识产权纠纷；指导和规范专利技术市场有关工作，促进专利商用化，承担专利权转让合同、专利实施许可合同和专利申请权转让合同备案管理工作。

电　话:84080080

电子邮箱:shishichu@ bjipo. gov. cn

专利管理处

拟订本市专利中介服务体系发展的政策措施并组织实施；依法管理专利代理机构和专利代理人；承担指导和规范知识产权无形资产评估的有关工作；推动专利权质押工作；指导和监督本市专利信息公共服务体系建设工作，组织建立知识产权预警应急机制；拟订有关知识产权的教育与培训工作规划，并组织实施；指导有关行业协会、社会团体的专利工作；承担专利统计工作。

电　话:84080096

电子邮箱:guanlichu@ bjipo. gov. cn

专利执法处

拟订本市专利行政执法的措施办法；负责专利行政执法体系建设工作；依法处理、调解专利纠纷，查处假冒专利行为；统筹协调商品流通领域、展会的知识产权保护工作。

电　话:84080098

电子邮箱:zhifachu@ bjipo. gov. cn

人事处

负责机关及所属单位的人事、机构编制等工作；承担本市专利代理、知识产权管理从业人员的专业技术职务评定有关工作；负责机关及所属单位离退休人员的管理与服务工作。

电　话:84080020

电子邮箱:renshichu@ bjipo. gov. cn

监察处

按市纪委有关规定派驻。

电　话:84080110

电子邮箱:jianchachu@ bjipo. gov. cn

机关党委(工会)

负责机关及所属单位的党群工作。

电　话:84080082

北京市科学技术协会

Beijing Association for
Science and Technology

北京市科学技术协会是北京地区科学技术工作者的群众组织，是中国共产党北京市委员会领导下的人民团体，是中国科学技术协会的地方组织，接受中国科学技术协会的业务指导。北京市科学技术协会成立于1963年7月，现有学会155个，基金会14个，区县科协18个，基层组织196个，拥有以科学家、工程师为主体的会员32万余人。北京市科学技术协会始终坚持科学发展，在发挥桥梁纽带作用、繁荣学术交流、普及科学技术、促进科技人才成长和提高、促进科技与经济相结合、建设科技工作者之家等方面做了大量卓有成效的工作。特别是科技周、科普日、学术月、金桥工程、科学技术专家季谈会、青少年科技创新大赛等活动，在首都科技界和公众中具有一定的影响。科协在实施科教兴国和可持续发展战略中，发挥了重要的不可替代的作用，为首都经济建设、科技进步和社会发展做出了重要贡献。

主席:顾秉林
常务副主席:夏　强
副主席:马国馨　方智远　王志珍
王渝生　田　文　田小平
许达哲　许健民　刘德培
范伯元　林建华　周立军
贺福初　赵继林　贺慧玲
殷　琼
党组书记:夏　强
秘书长:吕家香
地址:北京市朝阳区小营育慧里4号
邮编:100101
电话:84635008
传真:84655007
网址: www. bast. cn. net

内部机构设置:

办公室

负责公文处理、信息、档案、机要、保密、来信来访、安全保卫工作以及重大活动和重要会议的组织协调工作;负责重大决定事项的督察工作;负责本机关的法律事务,指导市科协系统维护科技工作者的合法权益工作,参与北京市有关法规的拟定工作。

电　话:84655007
电子信箱:bastbgsh@ bjkp. gov. cn

调研宣传部

负责市科协科学决策工作,组织决策咨询活动,协调征集、上报科技工作者建议,开展重大课题调查研究,承办上级有关部门交办的调研任务;负责市科协相关重要文件、报告和领导讲话的起草工作,提出、拟定市科协发展战略;负责市科协的宣传工作和新闻报道工作,编辑《北京科协》;负责市科协系统精神文明建设工作。

电　话:84644973
电子邮箱:bastxcbu@ bjkp. gov. cn

学会部

负责市科协学术交流工作,协调组织综合性、多学科、多领域的重点学术活动,指导开展市科协系统学术交流活动;负责对市科协所主管的学会、基金会进行监督管理及业务指导,协调落实"枢纽型"社会组织的任务;负责市科协青年科技人才培养工作,指导学会开展继续教育、办好学术期刊;协调落实自然科学界、社会科学界联席会议相关工作。

电　话: 84644977
电子邮箱:bastxhbu@ bjkp. gov. cn

科普部

负责贯彻落实国家有关科普工作的方针、政策,制定市科协系统科普工作规划;负责联系、指导区县科协、基层组织的工作,组织开展全市性重大科普活动,指导基层科协开展科普活动;负责市科协科普资源共建共享工作,指导基层科普场馆及设施的利用,建设科普志愿者队伍,承办科普表彰奖励工作;承担全民科学素质纲要实施办公室日常工作,督查落实议定事项。

电　话:84634995
电子邮箱:bastkpbu@ bjkp. gov. cn

人事部

负责本机关干部队伍建设工作;负责本机关的人事管理工作;指导直属单位人事管理工作;负责离(退)休人员管理和服务工作;负责协调市科协系统的人才工作;指导市科协系统的组织建设工作。

电　话:84644971
电子邮箱:bastrsch@ bjkp. gov. cn

计划财务部

负责编制机关行政事业费及有关专项经费的预、决算;负责对直属事业单位的财务工作进行指导、监督、审计;负责机关财务及固定资产管理;负责本系统综合统计工作。

电　话:84634998
电子邮箱:bastjcch@ bjkp. gov. cn

机关党委

负责北京市科协机关及所属事业单位的党群工作。

电　话: 84634972
电子邮箱:bastjgdw@ bjkp. gov. cn

国际联络部

负责管理、指导、组织、协调市科协机关及事业单位的外事工作;负责市科协系统的民间国际科技交流与合作;负责组织、协调市科协系统同香港、澳门特别行政区、台湾地区的科学技术交流活动;承办上级部门交办的主要负责开展北京市科协系统的民间国际科技交流与合作;负责组织、协调北京市科协系统同香港、澳门特别行政区、台湾地区的科学技术交流活动;负责相关及所属事业单位外事工作。

电　话:84644978

电子邮箱:bastgjbu@ bjkp. gov. cn

北京市区县科学技术委员会一览表

The Districts and Counties Science and Technology Commission under Beijing Municipality

单位名称	主　任	电　话 传　真	通讯地址	邮　编	网　址
东城区科学技术委员会	彭　湘	64041867 64009160	东城区藏经馆胡同 11 号	100007	www. dchst. com
西城区科学技术委员会	黄　勇	68010702 68025832	西城区月坛北街甲 1 号—4	100037	www. bjxchst. gov. cn
崇文区科学技术委员会	孙占军	87556016 67110312	崇文区幸福大街 32 号	100061	www. cwkw. gov. cn
宣武区科学技术委员会	张炳田	83528820 83528160	宣武区育新街 2 号	100054	xwkj. bjxw. gov. cn
海淀区科学技术委员会	王际祥	62325613 62318521	海淀区北四环中路 281 号	100083	www. hdkw. gov. cn
朝阳区科学技术委员会	王先勇	65099678 65099677	朝阳区日坛北街 33 号	100020	www. chykw. gov. cn
丰台区科学技术委员会	崔言超	83656411 83656412	丰台区文体路 2 号	100071	www. ftti. gov. cn
石景山区科学技术委员会	王亚迅	68863659 88910825	石景山区八角西街 40 号	100043	sjskw. bjsjs. gov. cn
通州区科学技术委员会	季志会	89526630 69546592	通州区通胡大街 78 号京贸中心 3 层	101101	www. bjtzst. gov. cn
顺义区科学技术委员会	李国震	69443483 69449347	顺义区光明南街 24 号	101300	www. kw. bjshy. gov. cn
门头沟区科学技术委员会	张文波	69865984 69843260	门头沟区新桥大街 40 号	102300	mtg. nczx. cn
房山区科学技术委员会	张海鹏	89350219 89364790	房山区良乡政通东路 1 号	102488	kw. bjfsh. gov. cn
昌平区科学技术委员会	于　泓	69713054 69700663	昌平区东关二条科技中心大楼	102200	www. bjchp. gov. cn
大兴区科学技术委员会	王自学	69244954 69267073	大兴区兴政街 31 号科技大厦	102600	www. dxkw. gov. cn
延庆县科学技术委员会	史绍全	69142014 69142014	延庆县高塔街 58—1 号	102100	www. bjyq. gov. cn
怀柔区科学技术委员会	周怀明	69624893 69624893	怀柔区湖光小区 24 号	101400	www. hrkj. gov. cn
平谷区科学技术委员会	陈占国	69963273 69963273	平谷区府前西街 26 号	101200	Pgkw. bjpg. gov. cn
密云县科学技术委员会	欧玉金	69087854 69044787	密云县西滨河路 2 号	101500	www. mykw. gov. cn

资料来源:北京市科学技术委员会

北京市区县科学技术协会一览表

The Districts and Counties Association for Science and Technology under Beijing Municipality

单位名称	主 席	电 话 传 真	通讯地址	邮 编	网 址 电子邮箱
东城区科学技术协会	胡晓松 王佩立	64033038	东城区东四十一条 83 号	100007	www. bast. net. cn/ qxkx/dongcheng fjhmy@ hotmail. com
西城区科学技术协会	马国馨	82283135	西城区二龙路 27 号	100032	www. bast. net. cn/ qxkx/xicheng xckx@ bjkp. gov. cn
崇文区科学技术协会	桑国卫	67110088	崇文区幸福大街 32 号	100061	cwkx. cwi. gov. cn cwkx@ bjkp. gov. cn
宣武区科学技术协会	王建一	83976130	宣武区育新街 2 号	100054	xwkj. bjxw. gov. cn bjxwkx@ 126. com
朝阳区科学技术协会	李春霞	65099722	朝阳区日坛北街 33 号	100020	www. cykx. org. cn liyanqiang@ 263. net
海淀区科学技术协会	白春礼	82510605	海淀区长春桥路 17 号	100089	kx. bjhd. gov. cn hdkx@ bjkp. gov. cn
丰台区科学技术协会	龙乐豪	63815841	丰台区镇东安街三条六号	100071	www. ftkx. gov. cn ftkx@ bjkp. gov. cn
石景山区科学技术协会	佟长江	88699142	石景山区石景山路 18 号	100043	www. bast. net. cn/ qxkx/sjs sjskx@ bjkp. gov. cn
门头沟区科学技术协会	赵 凯	69843535	门头沟区新桥大街 40 号	102300	kx. bjmtg. gov. cn mtgkx@ bjkp. gov. cn
房山区科学技术协会	祝庆忠	89350084	房山区良乡政通东路 1 号	102488	www. fskp. bj. cn kexie@ bjfsh. gov. cn
通州区科学技术协会	杜 伟	69542769	通州区玉带河大街 30 号	101100	www. bjtzkx. org. cn tzkx@ bjkp. gov. cn
顺义区科学技术协会	李国震	69447435	顺义区光明南街 24 号	101300	www. bast. net. cn/ qxkx/shuny sykx@ bjkp. gov. cn
昌平区科学技术协会	李秀生	69742971	昌平区东关二条科技中心大楼	102200	www. cpkx. gov. cn cpkx@ cpkx. gov. cn
大兴区科学技术协会	刘月娥	69267065	大兴区兴政大街 31 号科技大厦	102600	www. dxkw. gov. cn/ web/kw dxkx@ bjkp. gov. cn
怀柔区科学技术协会	赵文广	69624068	怀柔区湖光小区 24 号	101400	www. bast. net. cn/ qxkx/huairou hrkx@ bjkp. gov. cn

（续表）

单位名称	主　席	电　话 传　真	通讯地址	邮　编	网　址 电子邮箱
延庆县科学技术协会	陈　杰	69141533	延庆县高塔街58－1号	102100	yqkx@ bjkp. gov. cn
密云县科学技术协会	张　敏	69042877	密云县西滨河路2号	101500	www. mykw. gov. cn mykw@ bjmyinfo. gov. cn
平谷区科学技术协会	王英杰	89987947	平谷区新开西街6号	101200	www. pgkx. gov. cn pgkx@ bjkp. gov. cn

资料来源：北京市科学技术协会

北京市科技服务机构

北京科技协作中心

北京科技协作中心成立于1983年，是市政府为发挥首都科技资源优势而设立的由中国科学院、中国工程院、中国机械科学研究院、中国医学（协和医学）科学院等在京科研院所和北京大学、清华大学等高等院校组成的大型综合科技联合体，属事业单位、首都科技集团常设办事机构。中心的主要业务包括：开展技术合同认证服务；组织科技成果推介及项目对接活动；组织项目技术评估和规划论证；组织科技示范工程及协调重大项目实施；提供科技政策咨询、投融资咨询和管理咨询服务；开展国际科技交流和技术贸易；为科技企业的市场开拓提供综合服务等。

地　址：北京市西城区西直门南大街16号西楼10层
邮　编：100035
电　话：66517145
传　真：66518005
网　址：www. beijingstcc. gov. cn
电子邮箱：luidw@ beijingstcc. gov. cn

北京科学技术开发交流中心

北京科学技术开发交流中心是市政府1981年9月批准成立的、直属于北京市科委的事业单位。中心设战略决策部、科技管理服务部、科技项目管理部、科技文化宣传部、国内科技合作一部、国内科技合作二部、国际科技合作部、科技资产管理部和综合办公室等9个部门，其主要任务是：科技项目征集、科技项目招标、科技项目监理、科技文化宣传、国内外科技合作交流、科技资金与资本市场合作，以及科技资产管理等。中心先后承担了市科技项目管理工作，掌握了国家各部委、市各委办局以及联合国及美、日、加拿大等国家科技项目申报的渠道信息；先后与20余个省市自治区以及美国、英国、法国等国家开展了一系列大型的科技交流合作活动；与国家、有关省市自治区政府部门，20余个国家驻华大使馆，上百家高等院校、科研院所，上万家高新技术企业，100余家投资公司建立了长期稳定的合作关系。

地　址：北京市西城区西直门南大街16号西楼6层
邮　编：100035
电　话：66114517

传　真:66316845
网　址:www. kjjl. bj. cn
电子邮箱:lx. wwj@ 163. com

北京市自然科学基金委员会办公室

北京市自然科学基金委员会的宗旨是根据北京市科技、经济和社会发展的需要,加强和发展相应的基础性研究,发现和培养人才,以促进北京市科学技术进步,持续不断地支持首都经济和社会发展。其主要任务是根据国家科学技术发展方针、政策,结合首都经济和科技发展的需要,编制、发布项目指南;有效地运用自然科学基金资助手段,指导协调北京市基础性研究工作;组织推动重大和重点研究项目;促进研究成果向实用转化;支持有条件的青年科技人员承担项目,促进科技队伍的成长;组织和推动相应的国际合作和学术交流。市自然科学基金委员会实行科学基金制。主要机制是自由申请与定向引导相结合,同行评议,公平竞争,择优支持,辅以"指南"引导,严格选题,突出重点,追踪成效。

地　址:北京市西城区西直门南大街16号西楼
邮　编:100035
电　话:66163562
传　真:66157137
网　址:www. bjnsf. org
电子邮箱:bnsfzy@ 126. com

北京市科学技术奖励工作办公室

北京市科学技术奖励工作办公室是北京市科委直属事业法人单位,经费由财政拨款。主要承办北京地区科技奖励工作及授奖活动的有关技术性、服务性和辅助性工作;负责科技奖励的统计、数据分析工作;开展北京地区获奖成果的国际交流工作;负责北京地区社会力量设奖的审批和管理工作;市科委交办的科技成果的管理工作及政府部门交办的其他工作。

地　址:北京市西城区西直门南大街16号北楼104室
邮　编:100035
电　话:66188227
传　真:66162876
网　址:www. bjjlb. org. cn
电子邮箱:jlb@ mail. bsti. ac. cn

北京市实验动物管理办公室

北京市实验动物管理办公室是经市政府批准成立、隶属于北京市科委的独立法人单位,其前身为北京市实验动物管理委员会办公室。北京市科委主管本市实验动物工作,市实验动物管理委员会负责本市行政区域内实验动物管理的协调工作。经市政府办公厅批准,市实验动物管理委员会成立专家委员会,为本市实验动物科学发展和管理提供咨询。市实验动物管理办公室作为常设机构,负责本市行政区域内实验动物的日常管理工作。其主要职责是:根据《实验动物管理条例》和《北京市实验动物管理条例》及其配套规章的规定,进行行政执法;负责北京地区实验动物许可证管理工作;负责北京地区实验动物及其相关产品的质量管理和从业人员的考核及岗位证书发放工作;受北京市科委委托,负责北京地区实验动物质量监督员队伍、实验动物质量检测机构、实验动物从业人员培训机构和实验动物屏障设施培训基地的管理工作;受科技部委托,负责全国实验动物许可证的备案管理工作、承担全国实验动物科学研究项目管理和全国实验动物信息网北京镜像站的管理工作;负责北京市实验动物管理委员会及其专家委员会的日常工作;根据实验动物科学发展要求,向北京市科委和科技部提出工作建议,并承担部分研究课题;组织并完成上级领导交给的其他任务。

地　址:北京市海淀区西三环北路27号北科大厦6层
邮　编:100089
电　话:68722982
传　真:68479601
网　址:www. baola. org(北京)

电子邮箱:baola@ balla. org

北京生物技术和新医药产业促进中心

北京生物技术和新医药产业促进中心成立于1996年6月24日,拥有北京生物工程学会、北京中关村生物工程和新医药企业协会两家专业社团机构,主要任务是面向北京生物工程和新医药产业提供专业化服务。中心下设项目培育与投资管理部、战略研究部、行政与信息环境部、财务部。中心形成了五个专业工作平台,即战略研究平台、项目管理平台、国际合作平台、产业拓展平台、会展策划平台,致力于生物医药产业信息,生物医药领域科技规划、重点方向等研究;通过组团出访及建立稳定的国际合作渠道,促进国际国内的交流合作;整合中心项目管理、战略咨询、培训、专业会议等服务,为中心探索发展模式;组织生命科学领域的专业会议、展览,强化市场意识和生存意识,创造生物中心市场价值。

地　址:北京市海淀区马连洼北路151号院内
邮　编:100094
电　话:62896868
传　真:62899978
网　址:www. newlife. org. cn
电子邮箱:linshi@ newlife. org. cn

北京新材料发展中心

北京新材料发展中心隶属北京市科委,其宗旨是促进北京新材料产业发展,辅助政府决策,服务新材料产业,营造创新创业环境,成为沟通政府、科研机构、企业和社会的桥梁。主要任务是负责北京新材料领域规划、政策的制定,发展战略研究;负责北京市新材料科技项目组织评估、论证和管理;组织北京新材料领域重大活动,参与北京新材料基地各园区的建设、新材料领域专业孵化器建设等,举办领域内研讨、展览、会议等交流活动。主办面向全国发行的《新材料产业》月刊和新材料产业信息网站。

地　址:北京市海淀区学院路30号方兴大厦5层
邮　编:100083
电　话:62341509
传　真:62333998
网　址:www. materials. net. cn
电子邮箱:infor@ materials. net. cn

北京技术交易促进中心

北京技术交易促进中心是直属于北京市科委的事业单位。中心通过组织实施“提升技术交易参与者的交易能力、通畅技术交易的渠道与环节、建立健全技术交易服务体系”等各类促进业务活动,以有效带动北京地区技术交易的规模扩大和质量的提高,从而促进科技成果产业化和科技与金融的高效结合。中心“依托政府、面向社会、立足科技、促进交易”,通过集成与整合技术交易资源,构建权威的技术交易信息网络平台和规范运作的技术交易创新服务联盟,以“创新、敬业、诚信、协作”的精神竭诚为海内外技术交易客户的技术转移、技术融投资提供全面专业的服务。

地　址:北京市海淀区苏州街甲49号
邮　编:100080
电　话:62578706
传　真:62577304
网　址:www. ctmnet. com. cn
电子邮箱:webmaster@ chinatis. com

北京市科技信息中心

北京市科技信息中心隶属北京市科委,是市政府为推动“首都二四八重大创新工程”,推进北京软件产业发展创建的一个创新服务平台。中心作为北京软件产业基地建设协调会议的日常办事机构,承担北京IT产业的战略规划研究、重大问题协调、支撑体系建设、重点项目策划、种子资金管理、动态信息发布、开展国际交流、管理软件企业认定和软件产品登记等职能,是市政府发展IT产业的决策辅助机构和沟通政府与企业的桥梁。

地　址:北京市海淀区中关村南大街甲56号方圆大厦商务楼7层

邮　编:100083

电　话:82331717

传　真:82332323

网　址:www.bsw.gov.cn

电子邮箱:zhangp@bsw.gov.cn

北京高技术创业服务中心

北京高技术创业服务中心是北京市科委直属的具有独立法人资格的事业单位,成立于1989年,是北京市最早成立的科技企业孵化器。地处中关村科技园区,紧邻京昌高速公路与北四环路,交通便利,环境优越。中心现有孵化场地8300平方米,面向国内外各类中小型科技企业,可提供办公科研用房、项目评估、年度审计、政策咨询、投融资咨询、法律咨询、成果鉴定、国内外人才培训、火炬计划项目申报、科技型中小企业创新基金项目推荐受理、国家科技重大项目及国家重点新产品评估监理等服务。

地　址:北京市朝阳区安翔北里甲11号1号楼

邮　编:100101

电　话:64853169

传　真:64873536

网　址:www.bjcy.net.cn

电子邮箱:chyzhx@mail.bsti.ac.cn

北京市科委农村发展中心

北京市科委农村发展中心主要调查研究京郊农业、农村、农民问题,为北京市科委农村领域科技管理决策提供科学依据和技术支持;为北京市科委农村领域科技项目管理提供支撑服务;根据科技部和北京市科委的有关科技政策和科技发展规划,引导和凝聚各类科技资源为郊区建设社会主义新农村提供有效的科技服务。

地　址:北京市海淀区曙光花园中路11号北京农科大厦B座1101号

邮　编:100091

电　话:51502351

传　真:51502361

网　址:www.nczx.cn

电子邮箱:bjnczx@126.com

生产力中心

生产力中心是由北京市科委组建并支持的不以营利为目的的社会化科技服务机构,致力于发展传播先进生产力,提升中小企业竞争能力,促进传统产业升级,集成首都生产力促进资源,推进北京生产力促进服务体系建设。该中心面向政府和企业两个主体提供服务。

(一)面向政府的主要服务内容　研究生产力发展的理论、模式及趋势,为宏观决策提供咨询服务;组织实施政府指导性的科技开发计划;对区县生产力促进中心进行资质认证,对地方政府提供区域和产业发展研究;承担政府委托交办的其他事宜。

(二)面向中小企业的服务内容　充分利用现代信息技术,帮助中小企业进行信息化建设,提升企业生产经营管理水平,提高市场竞争力;利用现代技术,帮助企业提高研发及技术创新能力,引入关键共性技术和先进适用技术,改造传统产业;开拓中小企业融资渠道,为中小企业提供中介服务;为中小企业提供企业辅导、生产管理、人力资源管理、财务管理、市场营销、质量管理等咨询服务,帮助企业提高现代管理水平;利用首都大型仪器设备协作网、工程技术中心、重点实验室,为中小企业提供仪器设备资源、工程技术资源、实验条件资源等方面的共享服务,仪器改造和升级服务,使首都资源利用效率最大化;为中小企业开拓国际合作渠道,组织企业出国考察、培训和展览展销,引进海外先进技术和管理人才。

地　址:北京市海淀区北三环中路31号生产力大楼B座8层

邮　编:100088

电　话:82003608

传　真:82003613

网　址:www. bjpc. org. cn
电子邮箱:bjpc@ bjpc. org. cn

北京市可持续发展科技促进中心

北京市可持续发展科技促进中心是北京市科委直属的具有独立法人资格的事业单位。其宗旨是:为社会经济的可持续发展提供科技引导、技术服务。中心下设能源部、实验区部、科普部、项目部和战略发展部等部门。主要工作为:可持续发展实验区申报、推荐、管理; 可持续发展实验区项目预选、推荐、示范、辐射及推广; 可持续发展工作研究;可持续发展科普宣传;进行社会发展领域(生态环境、能源、减灾防灾、资源利用、社区、社会安全、城乡建设、公用事业、文教体育、城市管理)科技项目(重大项目以外)的评估、项目监督等; 社会发展领域相关调查、工作研究;科普工作联席会议办公室日常工作,联席会议通过计划、项目的具体落实;科普工作研究; 组织各种类型的科普活动,联络区县科普工作联席会议办公室共同开展工作;组织国内外可持续发展实验区考察活动、科普考察活动。

地　址:北京市朝阳区安翔北里 11 号北京创业大厦 B 座 15 层
邮　编:100101
电　话:64841457
传　真:64841456
网　站:www. bsdc. net. cn
电子邮箱:bsdc2008@ 163. com

北京技术市场管理办公室

北京技术市场管理办公室于 1990 年 5 月经市政府批准成立,是市科委直属部门。主要职责是:负责宣传贯彻和组织实施有关技术市场的法律、法规和政策,组织调查研究并制定相应规章制度;负责对技术市场发展与技术交易活动实行规划管理与协调指导,负责技术市场表彰奖励工作;负责管理技术合同认定登记工作,管理技术合同登记机构并办理设立、撤销事宜,审核认定重大技术合同;负责审核技术交易中介服务机构和技术经纪人的资格,培训、考核技术市场经营管理人员;负责管理技术市场发展资金;负责技术市场统计和分析,发布技术市场信息;会同有关部门检查技术交易活动,依法处罚违法行为,调解技术合同纠纷,参与技术合同纠纷的仲裁;会同市财税部门落实技术市场财税优惠政策;会同有关部门开展国内外技术转移和技术市场的研究与交流;负责联系北京技术市场协会。

地　址:北京市西城区西直门南大街 16 号北楼
邮　编:100035
电　话:66161862
传　真:66161862
网　址:www. cbtm. gov. cn
电子邮箱:liujun@ cbtm. ebmail. cn

科技潮杂志社

科技潮杂志社是由北京市科委主管,北京高技术创业服务中心主办的综合科技月刊。《科技潮》杂志以"贴近时代、贴近市场、贴近生活、贴近读者"为宗旨,集宣传科技政策、报道科技精英、介绍高新技术成果、交流技术信息、分析科技动态、进行科普教育等于一身,紧密围绕北京市政府和北京市科委的工作重点,报道北京和全国的科技发展动向、宣讲科技政策、关注前沿科技进展,已成为首都北京与全国各地进行科技工作交流的重要窗口。《科技潮》杂志内容丰富、信息量大、导向性强,主要面向科技界、教育界、工商界、政府管理部门的各级领导干部、科技园区领导和管理人员、科技企业及企业家、科研单位及开发人员、大专院校师生以及关注科学技术发展的各界人士。《科技潮》杂志每期 64 页,大 16 开, 每月 5 日出版。

地　址:北京市朝阳区安翔北里 11 号创业大厦 5 层
邮　编:100101
电　话:64871402
传　真:64862728

邮　箱:kejichao@126.com

北京工业设计促进中心

北京工业设计促进中心1995年5月成立,是隶属于北京市科委具有独立法人资格的事业单位,是政府实施"工业设计科技促进"专项计划,推动设计创意产业发展的促进机构。主要承担设计产业政策规划研究,组织设计项目申报论证,提供企业设计咨询指导,发布设计产业动态信息,开展国际设计交流合作,承办设计论坛、展览、会议,评选杰出创新设计奖项,举办设计技能专业培训等工作。中心致力于构筑以设计为核心的价值网络和设计资源协作,并通过DRC北京工业设计创意产业基地为社会搭建设计创意、资讯、材料、模型、检测等专业化共享科技条件平台和提供设计师创业孵化设施。

地　址:北京市海淀区北三环中路31号生产力大楼B座912室
邮　编:100088
电　话:82002055
传　真:82004066
网　址:www.bidcchina.com
电子邮箱:cdl@bidcchina.com

北京科学仪器装备协作中心

北京科学仪器装备协作中心成立于1996年10月,隶属北京市科委。中心的主要职能是:协助政府和主管部门制订和实施北京地区仪器装备的购置计划,并进行相关决策咨询;北京地区仪器装备协作共用的组织、协调和管理;仪器装备的开发、改造、更新、维修和技术服务,促进北京地区科研条件的发展升级;构建北京地区科研条件体系,构建数字化、网络化、专业化的服务平台;开展与仪器装备相关的国际合作,推动仪器装备领域的国际交流。

地　址:北京市海淀区西三环北路27号北科大厦
邮　编:100089
电　话:68488471
传　真:68486239
网　址:www.kytj.com
电子邮箱:master@kytj.com

北京市科委人才交流中心

北京市科委人才交流中心是北京市科委直属的全民事业单位,主要从事人才交流、人才培训、人事代理、人才推荐等工作。设有北京科技人才网,其信息库以科技与管理人才为主,规模大,信息全,无论是单位招聘还是个人求职,可24小时随时进入本网,查询相关信息,并可在网上发布招聘广告与个人简历。

地　址:北京市海淀区北三环中路31号生产力大楼B座9层
邮　编:100088
电　话:82002237
传　真:82002238
网　址:www.bjkwrc.org.cn
电子邮箱:office@bjkjrc.com.cn

北京软件产品质量检测检验中心
国家应用软件产品质量监督检验中心

北京软件产品质量检测检验中心成立于2002年7月,坐落于中关村软件园孵化器大楼内,是北京市科委和北京市质监局联合建立的非营利性的专业软件测试机构。中心为企业提供软件测试、咨询与培训服务,包括对软件产品的评测认证和对企业的测试外包服务,并开展软件测试技术研究,测试工具开发、软件测试规范、标准制定等业务。中心还是北京软件产业基地公共技术支撑体系的管理运营实体,具体负责"三库四平台"的技术服务。

地　址:北京市海淀区东北旺西路8号中关村软件园3A楼
邮　编:100193
电　话:82825511
传　真:82826408
网　址:www.bsw.net.cn www.nast.gov.cn

电子邮箱：info@ bsw. net. cn

中关村高科技产业促进中心

中关村高科技产业促进中心前身为北京市新技术产业发展服务中心，成立于1998年，2005年2月5日正式更名为中关村高科技产业促进中心，是经北京市机构编制委员会核准、中关村管委会直属的差额拨款事业单位，服务于园区高新技术产业发展的非营利性独立法人机构。其宗旨及业务范围为：为中关村科技园区高新技术企业提供信息服务、技术服务、咨询服务、培训服务，承办高新技术会展，组织招商活动。通过相关的信息收集和调查研究，编制和组织实施园区留学人员创业服务规划，整合园区留学人员服务工作资源，为留学人员创业、就业提供相关政策咨询和服务。

地　址：北京市海淀区苏州街49号盈智大厦
邮　编：100080
电　话：82622051
传　真：82621970

北京国际科技服务中心（北京对外科学技术交流中心）

北京国际科技服务中心（北京对外科技交流中心）是经北京市政府、北京市机构编制委员会批准的事业单位，主要业务是主办、承办国际国内科技展览及会议，组织各类国内外科技交流及商务活动，提供相关技术培训、技术交流、技术转移、技术中介服务，同时开展各类会展览设计服务，承接各类科技活动、科普活动的策划、设计、实施服务。中心还从事国内外科技合作项目中介、贸易代理及咨询服务等。1999年获得科技部、外交部、海关总署等部门联合授予的“关于举办境内国际科学技术展览会的主办单位资格”。

地　址：西城区西直门南大街16号西楼4层
邮　编：100035
电　话：66161562
传　真：66160676
网　址：www. bstec. net. cn

中关村知识产权促进局

2003年10月27日，中关村国家知识产权制度示范园区暨中关村知识产权促进局挂牌成立。该局为实行企业化管理的事业法人，在业务上接受国家知识产权局和北京市知识产权局的监督和指导，设有办公室、知识产权信息中心、专利技术转移中心、知识产权法律中心。知识产权信息中心负责园区的知识产权信息服务工作。通过建立知识产权信息服务平台，面向园区的高等院校、科研院所、高新技术企业等创新创业主体提供全方位的优质知识产权信息服务。专利技术转移中心负责园区的专利技术转移服务工作。按照市场机制运营方式，利用专利创业专项资金，开展转让、许可、孵化等工作，推动园区专利技术创业，促进其知识产权创新与产业化的良性循环。知识产权法律中心负责园区的知识产权法律服务工作。通过建立知识产权法律服务平台，面向园区的高等院校、科研院所、高新技术企业等创新创业主体提供全方位的优质知识产权法律服务，优化中关村知识产权发展和保护环境。同时，负责高校知识产权办公室和知识产权中介服务联盟的日常工作。

地　址：北京市海淀区知春路23号量子银座3层
邮　编：100083
电　话：82356358
传　真：82356470
网　址：www. zgcip. org. cn
电子邮箱：bangongshi@ zgcip. org. cn

国家知识产权局专利局北京代办处

国家知识产权局专利局北京代办处经国家知识产权局审核批准，2004年2月10日正式开业，是国家知识产权局专利局在北京市知识产权局设立的专利业务派出机构，主要承担国家知识产权局专利局授权或委托的专利业务及相关服务性工作,包括:专利申请文件的受理、费用减缓请求的审批、专利费用的收缴、专利实施许可合同备案、办理专利登记簿副本及相关业务咨询服务;受北京市知识产权局委托面向全市开展专利资助及相关研究性工作。该代办处获国家知识产权局2006年度"全国代办处质量进步奖"和2007年度全国先进代办处,2008年1月被人事部和国家知识产权局评为"全国专利系统先进集体"。

地　址:北京市海淀区知春路23号量子银座3层
邮　编:100083
电　话:82356358－212
传　真:52356470
网　址:daibanchu. bjipo. gov. cn
电子邮箱:daibanchu@ zjcip. org. cn

北京市知识产权服务中心

2003年5月16日,北京市知识产权服务中心经北京市政府批准成立。中心是具有独立法人资格的事业单位,其上级主管机关为北京市知识产权局。服务中心下设办公室、合作交流部、法律事务部、信息咨询部。主要职能包括:知识产权宣传及人才培训,全国专利代理人资格考试报名、考务及培训,知识产权法律咨询及诉讼代理,知识产权司法鉴定,知识产权课题研究,专利信息查新检索及统计分析,企业知识产权战略研究,建立企业专利数据库,专利技术分析评估、宣传推广、实施转化,学术交流研讨等。

地　址:北京市西城区西直门南大街16号西楼11层
邮　编:100035
电　话:66187220
传　真:66160108
网　址:www. bjip. org. cn
电子邮箱:sfjd@ bjip. org. cn

北京市专利技术开发服务中心

1992年,北京市专利技术开发服务中心成立。该中心是经北京市政府批准成立的具有独立法人资格的事业单位,其上级主管机关是北京市知识产权局。中心主要从事专利数据资源的开发利用;知识产权公共信息服务;专利技术合同登记;专利技术交易服务;专利项目评估;专利权质押服务等工作。中心设有综合组:负责行政、人事、财务和后勤管理工作;信息化推进组:负责奥运知识产权信息平台建设、北京市知识产权公共信息服务平台建设的推进;合同登记组:负责技术合同登记、专利实施许可合同备案及专利交易信息服务工作。

地　址:北京市西城区西直门南大街16号西楼11层
邮　编:100035
电　话:68037737
传　真:68037737
网　址:spzzdpg. rsstop. com
电子邮箱:zljskf@ yahoo. com. cn

北京市保护知识产权举报投诉服务中心

2006年6月28日,北京市保护知识产权举报投诉服务中心正式挂牌运行,并开通"12330"举报投诉电话。该中心为北京市编办批准的、全额拨款事业单位。内设办公室、举报投诉部、信息分析部等。主要职责:负责受理本市知识产权侵权行为投诉举报的接转工作,负责案件处理情况的跟踪和汇总,提供知识产权方面的法律咨询服务。

地　址:北京市海淀区知春路23号量子银座3层
邮　编:100191
电　话:51530125
传　真:51530127
网　址:beijing. ipr. gov. cn(北京子站)

北京国际科技协作中心

北京国际科技协作中心是由北京市政府批准建立的,市科协直接领导开展对外科技交流的事业单位。主要任务是举办国际科技会议和科技展览会;接待来华进行科技交流的团体和个人;派遣科技人员出国进修、考察和参加国际会议;邀请国外专家和学者来华进行专业性科技交流和培训;对外进行科技咨询和信息交流,为国内厂家从事技术转让、技术开发、投资合资活动提供服务;组织国际科技协作项目;组织国内外技术经济合作业务;派遣农业考察团及农业研修生出国考察学习国外农业科学技术;长期举办日语学习。

地　址:北京市朝阳区育慧里4号
邮　编:100101
电　话:84630170
传　真:84644978
电子邮箱:iadbast@ hotmail. com

北京青少年科技活动中心

北京青少年科技活动中心主要是协调指导市级学会、区县科协的青少年科技工作,组织和管理市科协所属青少年团体,组织北京青少年科技教育、科技竞赛和科学普及等活动,丰富青少年科技知识,开展青少年国际科技交流活动,发现和培养有科技特殊专长的青少年人才,对科技辅导员进行培训,不断提高科技教育和科技活动的水平。

地　址:北京市朝阳区育慧里4号
邮　编:100101
电　话:84634991
传　真:84634991
电子邮箱:501000@ 126. com

北京科技活动中心
北京市科协服务管理部

北京科技活动中心1998年4月成立,主要为北京科技界开展学术交流、科技展览、技术咨询、技术协作、科技培训、科技工作者联谊及会议等服务。服务管理部主要负责市科协机关及部分直属事业单位后勤保障工作,为职工生活提供服务,如机关交通、通讯、办公文具用品、机关办公设备、职工住房、职工餐饮、职工医疗保健、职工福利用品等。

地　址:北京市朝阳区育慧里4号
邮　编:100101
电　话:84635012
传　真:84644976
电子邮箱:hdzx02@ bjkp. gov. cn

北京科技咨询中心

北京科技咨询中心1991年7月成立,是北京市科协直属事业单位,具有独立的法人地位。该中心主要承接政府和有关部门的咨询业务;承接技术改造、技术引进项目和工程建设项目的可行性研究与评估;提供技术转让、技术开发、技术咨询、技术服务;组织协作攻关与产品开发;组织国内外科技展览与技术交流;开展专业技术与科技管理培训;创办高新技术实体,并进行经营与管理。

地　址:北京市崇文区永外西革新里98号
邮　编:100077
电　话:67235945
传　真:67235953
网　址:www. bstcc. com. cn
电子邮箱:bstcc@ bstcc. com. cn

北京科普发展中心

北京科普发展中心是经北京市政府批准,北京市科协领导的事业单位,2002年11月正式成立。中心主要开展科普宣传、科普文化交流和科普培训;举办科普展览和各类科普文化活动;进行科普展的研发、制作和推广;承接国际、国内大型会议及文化交流、研讨活动的策划、组织、实施;开发制作展板、展具;引进、开发、制作科普互动性展示器材、展品及各种教具;举办科普人才培训;制作科普图书、科普资料等。

地　址:北京市崇文区永外西革新里98号
邮　编:100077
电　话:87258923
传　真:87208146

网　址:kpfzzx. bast. net. cn
电子邮箱:bjkpzx@ bjkp. gov. cn

北京市科学技术进修学院

北京市科学技术进修学院于 1981 年经市政府批准成立,是一所全民所有制高等学院、北京市科技干部的培训基地,也是从事继续教育与学历教育的成人高校。主要培养中、高级科技管理人才,开展文秘、对外贸易、英语、财务会计、法律、计算机软件、计算机应用、信息管理、电子商务等大专、本科学历教育及相关继续教育。同时开展相关培训、科技开发、中介服务等。1989 年,该院与北京航空航天大学联合办学。1995 年,北航在该院设立了北航继续教育基地,北航在北京地区现代远程教育校外学习中心也设在本院。

地　址:北京市大兴区圣和巷 7 号
邮　编:102600
电　话:69249686
传　真:69249686
电子邮箱:bastjxxy@ bjkp. gov. cn

北京农村致富技术学校

北京农村致富技术学校 1993 年 9 月经市政府批准成立,是由北京市科协主办的一所面向北京郊区农村传授科学技术,培养农村专业技术人才的学校。主要培养农村乡土科技人才,开展种植、养殖、加工、企业管理等市场经济知识及相关专业的技术培训、推广、服务。学校目前已在 7 个郊区县建立了分校,形成了"市校—区县分校—乡镇辅导站"为一体的教学网络,拥有一批稳定的热心于农村科技事业的兼职教师队伍。学校根据实际需要设立中级部、初级部、单项技术部和种植、养殖、乡镇企业综合等 4 个系共 25 个专业。

地　址:北京市大兴区圣和巷 7 号
邮　编:102600
电　话:69249686
传　真:69249686
电子邮箱:bastjxxy@ bjkp. gov. cn

北京市科协学会联合办公室

北京市科协学会联合办公室是经市政府批准成立的,隶属北京市科协的事业单位。主要负责管理市属 12 个学会(协会、研究会)的财务、统计报表、年审等各项日常工作,以沟通信息,推动各学会广泛开展活动。

地　址:北京市崇文区永外西革新里 98 号
邮　编:100077
电　话:67235026
传　真:67235035
电子邮箱:bastxhlb@ bjkp. gov. cn

北京电脑天地学校

北京电脑天地学校于 1985 年经市政府批准成立,现有机房和教室面积 600 余平方米,微机 100 余台,是全国计算机等级考试的定点培训单位和考核站,是市人事局、劳动局指定的计算机文字录入处理员等级考试的定点培训单位和第一考核站,是市财政局指定的会计电算化培训单位。主要开展人才培训、等级考核、技术咨询、软件开发、维修服务、对外交流等业务。

地　址:北京市崇文区永外西革新里 98 号
邮　编:100077
电　话:67235031
传　真:67235031
电子邮箱:bastdnxx@ bjkp. gov. cn

北京市科协信息中心

北京市科协信息中心于 2004 年 10 月经市政府批准成立,是隶属北京市科协的事业单位。主要承担市科协机关局域网建设、维护和管理;承担市科协所属"北京科普之窗""首都科技网""学生科技网"等网站的 ICP 工作;为北京市科协所属单位和群众团体上网、使用电子邮件提供服务、培训和技术支持;提出市科协系统网络工作规划,对学会、基层科协的网络工作进行协调和指导；负责市科协系统网络工作的检查、总结和评比；承担北京市信息化办公室和中国科协信息中心要求完成的任务；组织和实施有关网络科技活动；代表北京市科协组织全市性科技、科普网站经验交流、培训和奖励活动。

地　址：北京市朝阳区育慧里4号
邮　编：100101
电　话：84649879
传　真：84649879
电子邮箱：bjkx26@ bjkp. gov. cn

北京地区科技类部分协会组织一览表

序号	名　称	成立时间（年）	地　点	邮编	网　址 电子邮箱	电话 传真
1	中关村科技园区协会联席会	2003	海淀区花园路2号牡丹创业楼416室	100083	www. zgcxhzc. org. cn lianxihui@ vip. sina. com	82237602 82237602
2	北京民营科技实业家协会	1987	海淀区上地西路38号时代集团大厦	100085	www. bjmx – online. com bjmx@ timegroup. com. cn	62961182 62960965
3	北京中关村企业信用促进会	2003	海淀区北四环西路67号大地科技大厦	100080	www. ecpa. org. cn ecpa@ ecpa. org. cn	82888208 82886657
4	北京技术市场协会	1992	海淀区苏州街甲49号606室	100080	www. cbtm. net. cn wangqi@ cbtm. net. cn	82621693 82621902
5	北京软件行业协会	1986	海淀区知春路23号量子银座1305室	100191	www. bsia. org. cn bsia@ bsia. org. cn	82358631 82358691
6	北京中关村高新技术企业协会	1991	海淀区四季青路8号郦城工作区609室	100195	www. zgcbj. org. cn gqx@ vip. sina. com	88440565 88440651
7	北京中关村电子产品贸易商会	2003	海淀区苏州街49号盈智大厦1006室	100080	www. bjzetc. org bjzetc@ 163. com	62526073 62526127
8	北京中关村国际孵化软件协会	2004	海淀区学院路35号北航世宁大厦	100191	www. zsoft. org. cn zsoft@ zsoft. cn	82318300 82337088
9	北京中关村不动产商会	2002	海淀区花园路2号牡丹创业楼416室	100083	www. zgcestate. org zgcestate@ sina. com	82237603 82237602
10	北京中关村人力资源经理协会	2002	西城区裕民中路8号北京市林业局院内北办公楼6层613室	100029	www. zgchr. org. cn yucca1108@ sina. com	62022105 62022125
11	北京中关村IT专业人士协会	2000	海淀区苏州街49号盈智大厦305室	100080	www. zitpa. org zitpa@ zitpa. org	62566177 62563533
12	北京中关村生物工程和新医药企业协会	2000	海淀区马连洼北路151号院内	100193	www. zgceabp. org. cn weihuidong@ newlife. org. cn	62896868 62899978
13	北京市闪联信息产业协会	2005	海淀区知春路甲48号盈都大厦B座10层	100098	www. igrs. org fuchen@ igrslab. com	58732555 58732590
14	北京中关村营销总监协会	2005	海淀区北三环中路31号生产力大楼B座2层	100088	www. zgccmo. org cmo@ servezgc. com	82004266 82004112
15	北京中关村自信创新品牌创新发展协会	2006	海淀区中关村大街59号文化大厦1210室	100086	www. zparkbrand. cn admin@ zparkbrand. cn	82500018 82500028
16	北京中关村外商投资企业协会	1990	海淀区四季青路8号郦城工作区329室	100195	zgcafe. mynet. cn zgcfia@ zhongguancun. com. cn	82614774 82614722

续表

序号	名　称	成立时间(年)	地　点	邮编	网　址 电子邮箱	电话 传真
17	北京中关村优联网产业促进会	2005	海淀区北三环中路31号生产力大楼B座10层	100088	www. zuia. org. cn zuia@ gei. com. cn	82000975 82000980
18	北京创业孵育协会	2000	朝阳区安翔北里甲11号北京创业大厦A座	100101	www. bjventure. com. cn bbia@ bestinfo. net. cn	64843991 64843992
19	北京创业投资协会	1999	海淀区昆明湖南路9号云航大厦5001室	100095	www. vcab. org publicvcab@ 126. com	62572150 62572151
20	北京科技咨询业协会	1994	海淀区北三环中路31号生产力大楼B座11层1112室	100088	www. bjca. org bjca@ bjpc. org. cn	82006045 82006043
21	北京高校毕业生就业促进会	2006	海淀区阜成路北三街6号轻苑大厦11层	100037	www. 526job. com 526job@ sina. com	68988993 68987369
22	北京中关村科技园区昌平园高新技术企业协会	2002	昌平区超前路9号	102200	www. zgc – cp. gov. cn cpyqy@ 263. net	69744529 89719107
23	北京市科技金融促进会	1995	朝阳区安翔北里11号北京创业大厦A座224室	100101	www. bjtf. cn bjtf_2007@ 126. com	64853161 64858451
24	北京发明协会	1985	海淀区增光路甲34号云建大厦10层1008室	100044	www. bj – fm. com bjfmxh@ sina. com	68353326 68337026
25	北京电子商会	l993	宣武区槐柏树街2号3号楼137—143室	100053	www. becc. org. cn service@ becc. org. cn	63182387 63021895
26	北京知识产权保护协会	2006	海淀区知春路23号量子银座301室	100191	www. bippa. org bippa@ 126. com	82356387 82356387
27	北京经济技术开发区企业协会	1994	大兴区荣华中路15号博大大厦7层	100176	www. bdawalk. com 0qs_0018@ sina. com	67881126 67881210
28	北京时分移动通信产业协会	2002	海淀区北四环西路58号理想国际大厦918室	100080	www. tdscdma – alliance. org tdia@ tdia. cn	82607490 82607498
29	中国通信标准化协会SCDMA无线宽带论坛	2007	海淀区知春路113号银网中心A座1204室	100088	www. scdmaforum. org info@ scdmaforum. org	51905810 51905809
30	北京市海淀区中关村科技中介服务机构协会	2007	海淀区中关村南大街3号海淀科技大厦210室	100081	www. kjzj. org. cn zjlmxh@ 126. com	68948856 68915238
31	北京市海淀区创意产业协会	2008	海淀区四季青路8号郦城工作区615室	100097	www. hdcy. org chuangyi@ zhongguancun. com. cn	88493560 88493560 – 803
32	北京知识产权代理行业协会	2007	海淀区知春路量子银座3楼301室	100191	www. bipaa. cn bipaa@ 126. com	51530181 82356387
33	北京信息化协会	2003	海淀区知春路23号量子银座1401室	100191	www. bjit. org. cn cgpx@ bjit. org. cn	82358216 82355829
34	中国民营科技促进会	1995	西城区三里河路54号254室	100045	www. china – mykjqy. com cansorg@ sina. com	68573743 68515036

资料来源:中关村科技园区管理委员会

中关村国家自主创新示范区一区十园一览表

名 称	地 址	邮 编	电 话	传 真	网 址
海淀园	海淀区四季青路6号海淀招商大厦6、7层	100089	88499599	88494199	www. zhongguancun. com. cn
丰台园	丰台区南四环西路188号3区13号楼	100070	63702020	63702051	www. zgc - ft. gov. cn
昌平园	昌平区超前路9号	102200	69744527	69745549	www. zgc - cp. gov. cn
电子城	朝阳区酒仙桥路甲12号	100016	64319268	64360367	www. zgc - dzc. com. cn
亦庄园	大兴区荣华中路15号	100176	67881380	67881207	www. bda. gov. cn
德胜园	西城区西直门内南小街20号社保大厦	100035	66206302	66206297	www. zgc - ds. gov. cn
雍和园	东城区青龙胡同1号歌华大厦11层	100007	59260100	84187027	www. zgc - yhy. gov. cn
石景山园	石景山区八角西街40号	100043	68863659	88910825	www. zgc - sjs. gov. cn
通州园	通州区张家湾镇光华路	101113	61567995	61567995	Zgc - tzp. bjtzh. gov. cn
大兴生物医药产业基地	大兴区天河西路19号	102600	61252853	61252888	www. cbp. net. cn

资料来源：中关村科技园区管理委员会

北京市科协所属学会（协会、研究会）一览表

序号	学会名称	电 话	通讯地址	邮 编
1	北京数学会	62759855	海淀区北京大学数学科学学院	100871
2	北京计算数学学会	62754692	海淀区北京大学数学科学学院	100871
3	北京珠算心算协会	63296960	丰台区右安门外玉林里45号	100069
4	北京运筹学会	68912070	海淀区北京理工大学管理与经济学院	100081
5	北京物理学会	62758139	海淀区北京大学物理楼	100871
6	北京声学学会	63523263	宣武区陶然亭路55号	100054
7	北京光学学会	84024561	东城区东黄城根北街甲20号	100010
8	北京核学会	69357657	房山区新镇中国原子能科学研究院内（北京275信箱65分箱）	102413
9	北京化学会	58807383	海淀区北京师范大学化学系500室	100875
10	北京微量元素学会	64971451	朝阳区安外惠新西街6号楼	100029
11	北京天文学会	51583037	西城区西外大街138号	100044
12	北京气象学会	68400804	海淀区紫竹院路44号	100089
13	北京地球物理学会	68326186	西城区阜外百万庄大街26号	100037
14	北京地理学会	67235026	崇文区永外西革新里98号	100077
15	北京地质学会	51560209	海淀区西四环北路123号地质大厦	100195
16	北京生物化学与分子生物学学会	65296913	东城区东单三条5号	100005
17	北京遗传学会	65250731—210	东城区骑河楼大街17号妇产医院	100006
18	北京生态学学会	62836273	海淀区香山南辛村20号	100093
19	北京植物学会	67020649	宣武区天桥南大街126号	100050

续表

序号	学会名称	电　话	通讯地址	邮　编
20	北京昆虫学会	51503688	海淀区曙光花园中路9号市农林科学院植保环保所植保楼311室	100097
21	北京动物学会	67020650	宣武区天桥南大街126号	100050
22	北京实验动物学学会	84922374	东城区安定门外大羊坊6号	100012
23	北京微生物学会	65472339	朝阳区三间房南里4号	100024
24	北京细胞生物学会	62784794	海淀区清华大学医学院C244	100084
25	北京心理学会	62756614	海淀区北京大学心理系	100871
26	北京力学会	62782426	海淀区清华大学工程力学系	100084
27	北京金属学会	88296997	石景山区杨庄大街69号首钢技术研究院417室（特钢院内）	100043
28	北京粉体技术协会	88417670	海淀区西三环北路27号理化测试中心	100089
29	北京腐蚀与防护学会	62183235	海淀区学院南路76号7楼	100081
30	北京电镀学会	82317094	海淀区学院路37号北京航空航天大学内	100191
31	北京硅酸盐学会	80675866	西城区宣武门西大街129号金隅大厦A配楼407号	100031
32	北京粘接学会	82626721	海淀区中关村北大街123号华腾科技大厦1501室(北京2653信箱)	100084
33	北京化工学会	69342616	房山区燕山岗南路1号C座109室燕山石化公司科技部	102500
34	北京日化协会	67113081	崇文区东四块玉南街32号	100061
35	北京科学美容研究会	63746783	丰台区邻枫路5号院怡锦园B座208室	100070
36	北京造纸学会	84615768	朝阳区芍药居14号院2—6—102	100101
37	北京理化分析测试技术学会	68731259	海淀区西三环北路27号北科大厦1层	100089
38	北京膜学会	62782432	海淀区清华大学化工系	100084
39	北京制冷学会	62116811	海淀区西直门外四道口1号	100081
40	北京内燃机学会	87710700	朝阳区广渠路31号北内技术中心	100022
41	北京电机工程学会	88072006	西城区复兴门外地藏庵南巷1号	100045
42	北京电力电子学会	83671666—6306	丰台区科学城富丰路6号	100070
43	北京电工技术学会	67802820	大兴区永昌南路5号	100176
44	北京水力发电工程学会	51972516	朝阳区定福庄西街1号北京勘测设计研究院办公室	100024
45	北京热物理与能源工程学会	62571060	海淀区中关村路212号(北京2706信箱)	100080
46	北京煤炭学会	69839418	门头沟区新桥南大街2号	102300
47	北京石油学会	84876262	朝阳区安慧北里安园21号	100101
48	北京能源学会	52052622	朝阳区安外小关东里甲2号北京节能环保中心410室	100029
49	北京测绘学会	63966138	海淀区复外羊坊店路15号	100038
50	北京工程图学学会	82317093	海淀区学院路37号北京航空航天大学内	100191

续表

序号	学会名称	电　话	通讯地址	邮　编
51	北京土木建筑学会	68023484	西城区二七剧场路3号	100045
52	北京市绿色建筑促进会	66016180	西城区西交民巷73号	100031
53	北京水利学会	88613202	海淀区玉渊潭南路普惠北里10号水利局老干部活动站	100036
54	北京公路学会	63012331	宣武区槐柏树后街23号	100053
55	北京交通工程学会	68398458	西城区阜成门北大街1号交通管理局1222室	100037
56	北京工程爆破协会	51849315	海淀区大柳树路2号铁科院内	100081
57	北京照明学会	67736971	朝阳区大北窑厂坡村甲3号北京电光源研究所院内	100022
58	北京环境科学学会	82636257	海淀区车公庄西路14号	100048
59	北京消防协会	82215866	西城区西内大街190号	100035
60	北京人类生态工程学会	82808193	东城区地安门白米北巷7号	100009
61	北京电子学会	88011088	宣武区槐柏树街2号院3号楼134号	100053
62	北京通信学会	66012626	西城区复兴门南大街6号	100031
63	北京邮政通信学会	65196324	东城区建内大街北京邮政管理局	100001
64	北京计算机学会	62761777	海淀区北京大学计算机系理科2号楼2125室	100871
65	北京图像图形学学会	82525258	海淀区北四环西路11号热物理研究所办公楼710室	100080
66	北京自动化学会	64413467	朝阳区北三环东路15号北京化工大学内	100029
67	北京仪器仪表学会	62003598	西城区德外人定湖西里12号楼342室	100120
68	北京航空航天学会	82317095	海淀区学院路37号北京航空航天大学内	100191
69	北京宇航学会	68383350	丰台区南大红门路1号9200信箱21分箱	100076
70	北京机械工程学会	65007531	朝阳区工体北路4号市机电研究所内	100027
71	北京汽车工程学会	87664291	朝阳区东三环南路25号汽车大厦	100021
72	北京造船工程学会	64832060	朝阳区德胜门外双泉堡甲2号	100085
73	北京铁道学会	51822880	海淀区复兴路6号北京铁路局内	100860
74	北京振动工程学会	82316009	海淀区学院路37号北京航空航天大学内	100191
75	北京纺织工程学会	65565349	朝阳区十里堡2号	100025
76	北京烟草学会	84559780	东城区东直门外察慈2号	100027
77	北京真空学会	82548210	海淀区中关村北二条13号(北京市2724信箱)	100190
78	北京乐器学会	67712683	朝阳区劲松中街218号楼	100021
79	北京安全技术学会	64002120	朝阳区安定门外安华里504号A座317室	100011
80	北京工艺美术学会	64220927	朝阳区东土城路13号	100013
81	北京标准化协会	64219731	东城区和平里东街20号	100013

续表

序号	学会名称	电　话	通讯地址	邮　编
82	北京人工智能学会	67396155	朝阳区平乐园100号北京工业大学电子信息与控制工程学院	100124
83	北京农学会	51503204	海淀区板井路市农林科学院内	100097
84	北京蔬菜学会	51503200	海淀区板井路市农林科学院蔬菜研究中心	100097
85	北京作物学会	51503341	海淀区板井路市农林科学院作物所	100097
86	北京果树学会	82384989	西城区裕民中路8号	100029
87	北京食用菌协会	51503437	海淀区板井路市农林科学院内	100097
88	北京土壤学会	51505739	海淀区板井路市农林科学院营资所	100097
89	北京植物病理学会	67235034	崇文区永外西革新里98号	100077
90	北京农药学会	59194087	朝阳区麦子店街22号楼农药检定所	100026
91	北京农业工程学会	62736203	海淀区清华东路17号中国农大东区	100083
92	北京林学会	62381455	西城区裕民中路8号214室	100029
93	北京园林学会	62073575	西城区裕民中路8号1号楼233室	100029
94	北京屋顶绿化协会	67115339	朝阳区团结湖路15号	100026
95	北京畜牧兽医学会	84929033	朝阳区北苑路甲15号314室	100107
96	北京水产学会	67582511	丰台区永外角门路18号	100068
97	北京农业信息化学会	51503593	海淀区板井路市农林科学院信息中心	100097
98	北京食品学会	62061586	海淀区北土城西路197号联大应用文理学院实验楼108室	100083
99	北京医学会	65255365	东城区东单三条甲7号	100005
100	北京环境诱变剂学会	64407196	海淀区中关村大街29号海淀医院融恒环球基因技术有限公司	100080
101	北京生理科学会	67235026	崇文区永外西革新里98号	100077
102	北京解剖学会	67235026	崇文区永外西革新里98号	100077
103	北京免疫学会	82805055	海淀区学院路38号北大医学部免疫T细胞室	100191
104	北京药理学会	83198855	宣武区长椿街45号宣武医院药理室	100053
105	北京中医药学会	65223477	东城区东单三条甲7号	100005
106	北京药学会	64179534	东城区新中街乙12号	100027
107	北京生物医学工程学会	62013856	海淀区北三环中路2号主楼801室	100011
108	北京护理学会	65256418	东城区东单三条甲7号	100005
109	北京中西医结合学会	65250460	东城区东单三条甲7号	100005
110	北京针灸学会	65594125	东城区东单三条甲7号北京中医药杂志编辑部	100005
111	北京防痨协会	62252394	西城区新街口东光胡同5号	100035
112	北京心理卫生协会	65131245	东城区东交民巷1号同仁医院临床心理科	100730
113	北京抗癌协会	88196171	海淀区阜成路52号	100036

续表

序号	学会名称	电　话	通讯地址	邮　编
114	北京神经科学学会	82801151	海淀区学院路38号北京大学医学部中心楼	100083
115	北京康复医学会	63460893	丰台区右安门外大街199号	100069
116	北京预防医学学会	64407288	东城区和平里中街16号	100013
117	北京生殖健康研究会	84046004	海淀区西直门北大街58号7号楼305室	100700
118	北京亚健康防治协会	65920668	朝阳区八里庄南里甲1号1—1603室	100025
119	北京营养学会	82801575	海淀区北京大学医学部营养与食品卫生学系	100083
120	北京医师协会	65260165	东城区东单三条甲7号	100005
121	北京老年痴呆防治协会	62103134	东城区安德路甲61号B2609室	100717
122	北京超声医学学会	66939532	海淀区复兴路28号解放军总医院超声科	100853
123	北京自然辩证法研究会	62732437	海淀区圆明园西路2号	100913
124	北京生产力学会	64444015	朝阳区安定门外小关街53号中国化工信息中心C座102室	100029
125	北京创造学会	51201136	朝阳区立水桥北甲1号石化管理干部学院	100012
126	北京系统工程学会	87810506	崇文区永外西革新里98号	100077
127	北京循环经济促进会	82314523	海淀区北京航空航天大学经济管理学院	100191
128	北京知识产权研究会	66175475	西城区西直门南大街16号	100035
129	北京企业技术开发研究会	67235034	崇文区永外西革新里98号	100077
130	北京技术经济与管理现代化研究会	67237754	崇文区永外西革新里98号	100077
131	北京科技政策和管理研究会	68719176	海淀区西三环北路27号北科大厦4层	100089
132	北京民营科技实业家协会	62961182	海淀区上地西路38号时代大厦4层	100085
133	北京项目管理协会	82168249	海淀区中关村南大街乙12号天作国际中心1号楼B座27层	100081
134	北京工程管理科学学会	67256839	宣武区广莲路1号北京建工大厦A座8层818B号	100055
135	北京城市管理科技协会	68515969	西城区三里河北街甲3号408室	100045
136	北京城市规划学会	68018265	西城区三里河东路乙10号	100045
137	北京土地学会	64409581	东城区和平里北街2号704室	100013
138	北京减灾协会	68400821	海淀区紫竹院路44号	100089
139	北京继续教育协会	65260301	东城区台基厂三条3号市人事局	100005
140	北京科技教育促进会	58204815	朝阳区建国路93号万达广场10号楼809室	100026
141	北京科学技术期刊学会	64883611	海淀区德胜门外北沙滩1号	100083
142	北京科学技术普及创作协会	67259422	崇文区永外西革新里98号	100077
143	北京科技记者编辑协会	67259422	崇文区永外西革新里98号	100077
144	北京科技声像工作者协会	67259422	崇文区永外西革新里98号	100077

续表

序号	学会名称	电 话	通讯地址	邮 编
145	北京老科技工作者总会	87255551	崇文区永外西革新里98号	100077
146	北京青少年科技教育协会	84634991	朝阳区小营育慧里4号青少部	100101
147	北京幼儿科普协会	82271034	崇文区永外西革新里98号	100077
148	北京数字科普协会	84634779	朝阳区小营育慧里4号	100101
149	北京体育科学学会	87255470	丰台区东罗园146号北京体育科研所内	100075
150	北京科技情报学会	68355751	海淀区紫竹院南路23号国防出版社院内	100048
151	北京学会学研究会	87810506	崇文区永外西革新里98号	100077
152	北京反邪教协会	87267586	崇文区永外西革新里98号	100077
153	北京UFO研究会	64595316	顺义区天竺空港工业区A区天柱路20号	101312
154	北京烹饪协会	65227859	东城区东交民巷新大陆6号	100006
155	北京原创设计推广协会	84599369	朝阳区酒仙桥路4号798艺术区8502信箱	100015

资料来源:北京市科学技术协会

北京地区科技企业孵化器一览表

序号	机构名称	地 址	邮 编	电话 传真	电子邮箱	网 址
1	北京高技术创业服务中心*	朝阳区安翔北里甲11号	100101	64853169 64873178	cyzx@ bjcy. net. cn	www. bjcy. net. cn
2	中关村科技园区丰台园创业服务中心* (北京国际企业孵化中心)	丰台区科兴路9号	100070	63747737 63739269	bjibi@ bjibi. org. cn	www. bjibi. org. cn
3	中关村科技园区海淀园创业服务中心* (北京市留学人员海淀创业园)	海淀区上地信息路26号	100085	82898748 62984933	chuangye @ ospp. com	www. ospp. com
4	北京北医联合生物工程有限公司	海淀区学院路38号	100083	82801730 62050175	bmuupc @ sun. bjmu. edu. cn	www. bio - incubator. com
5	北京北航天汇科技孵化器有限公司*	海淀区北四环中路238号柏彦大厦	100083	82316255 82338204	bbi@ bbi. com. cn	www. bbi. com. cn
6	北京八六三信息安全科技发展有限公司	石景山区石景山路40号信安大厦	100043	68812133 68812468	xuem@ bjisip. com	www. bjisip. com
7	北京望京科技园创业服务中心*	朝阳区望京高新技术产业区利泽中园106号楼	100102	64392019 64392410	wjpioneer@ 263. net	www. wangjing. gov. cn
8	北京理工创新高科技孵化器有限公司	海淀区中关村南大街9号理工科技大厦	100081	68910009 68470073 -8999	liuqiucai@ 126. com	www. bitsp. com. cn

续表

序号	机构名称	地　址	邮　编	电　话 传　真	电子邮箱	网　址
9	清华科技园孵化器有限公司*	海淀区清华大学学研大厦B座	100084	62772742 62780883	incubator@thsp.com.cn	www.incubator.com.cn
10	北京北内制造业高新技术孵化基地有限公司	朝阳区广渠门外大街8号优士阁A座	100022	58613206 58613207	bjzzy@bjzzy.com.cn	www.bjzzy.com.cn
11	北京诺飞科技孵化器有限公司	通州区中关村科技园区通州园金桥科技产业基地景盛北一街9号	101102	60595126 60595126	nfkj@public3.bta.net.cn	www.nfkj.com.cn
12	北京科大方兴科技孵化器有限责任公司*	海淀区学院路30号科技园A座112室	100083	52752185 52752184	office@fxti.com	
13	北京中关村国际孵化器有限公司*	海淀区上地信息路2号创业园D座	100085	82895166 62974804	scottzwx@sohu.com	www.incubase.net
14	北京科方创业科技企业孵化器有限公司	海淀区中关村北大街123号科方孵化大楼2509室	100084	62654985 62538086	office@co－found.com.cn	www.co－found.com.cn
15	北京新材料孵化器有限公司	海淀区西三旗东建材城西路16号	100096	82917247 82926299	swf@bnbm.com.cn	
16	北京京海科技企业孵化器有限公司	海淀区紫竹院路广源大厦	100081	68415893 68726798	yang_yizhu@yahoo.com	
17	北京首特科技孵化器有限责任公司	石景山区古城大街特钢公司办公楼	100043	88919877 88982103	stilxh@shoute.com	www.shoute.com
18	北京泰思特测控技术公司	海淀区北三环中路31号	100088	82001752 82001751	hawh@bjtest.com.cn	www.bjtest.com.cn
19	北京崇熙科技孵化器有限公司	朝阳区大羊坊路79号旌凯大厦216室	100122	81503810 81502846	info@chongxichem.com	www.chongxichem.com
20	北京赛欧科园科技孵化中心	丰台区科学城海鹰路5号	100070	83681497 83681790	soky@bjibi.org.cn	www.bjsoky.com
21	北京海银科医药技术有限公司	海淀区复兴路83号东9号楼	100856	68214721 68214721	postmaster@hi－inc.com.cn	www.hi－inc.com.cn
22	北京中关村软件园孵化服务有限公司*	海淀区东北旺西路8号中关村软件园3号楼	100094	82825187 82825186	spi@zgcspi.com	www.zgcspi.com

续表

序号	机构名称	地　址	邮　编	电　话 传　真	电子邮箱	网　址
23	北京奥宇科技企业孵化器有限责任公司	大兴区工业开发区金苑路2号	102628	60213415 60213342	aykjfhq@263.net	www.aoyucn.com
24	北京天竺空港科技企业孵化器有限公司	顺义区天竺空港工业区A区蓝天大厦	101312	80489519 80489575	wangbaiz@sohu.com	
25	北京硅普京南科技企业孵化器有限公司	丰台区东高地四营门北路2号	100076	68757488 68754791	yujq@gotoic.com	
26	北京利玛自动化技术公司	西城区德胜门外校场口1号	100011	82023789 62048934	duanshq@riamb.ac.cn	www.limafhq.com
27	北京康华伟业科技孵化器有限公司	西城区德胜门外大街11号	100088	62021146 62021044	lanaiguo@bjkh.com.cn	www.bjkh.com.cn
28	北京北方车辆新技术孵化器	丰台区长辛店镇槐树岭4号院969信箱61分箱	100072	83808128 83803119	wu131@126.com	www.bjnvni.com
29	北京华商置业有限公司	大兴工业开发区科苑路18号	102600	61271941 61271943	msx7060@126.com	www.coeland.com
30	中关村兴业(北京)高科技孵化器股份有限公司	昌平区白浮泉路17号	102200	89717778 89717999	liaolian24@tom.com	www.zgcxy.com
31	汇龙森国际企业孵化(北京)有限公司*	大兴区中和街14号	100176	59755396 59755396	hls666@huilongsen.com	www.huilongsen.com
32	北京集成电路设计园有限责任公司	海淀区知春路27号量子芯座	100083	82357175 82357178	zy@bjicpark.com	www.bjicpark.com
33	北京中关村京蒙高科企业孵化器有限公司	海淀区上地东路5号楼	100085	82783865 82783861	dreaming123123@sohu.com	www.newwest.cn
34	北京普天德胜科技孵化器有限公司	西城区新街口外大街28号B座1层	100088	82052111 82052127	ptdsh2002@gmail.com	www.ptdsh.com
35	北京北达燕园科技孵化器有限公司	海淀区中关村北大街116号	100080	58874006 58874005	yd_0806@sina.com	www.beidaincubator.com
36	北京控股高科技孵化器有限公司	昌平区白浮泉路10号北控科技大厦	102200	89760000 89760046	zheng_bl@yahoo.com.cn	www.beht.com.cn
37	北京中自科技产业孵化器有限公司	海淀区中关村东路95号自动化大厦	100190	62541938 82614526	yong.ge@mail.ia.ac.cn	www.caspark.com.cn
38	北京华海基业科技孵化器有限公司*	石景山区石景山路22号长城大厦	100043	68666236 68666207	jwtd123@sohu.com	www.huahaijiye.com.cn
39	北京方和正圆科技企业孵化器有限公司	通州区通州工业开发区光华路16号	101113	61506120 61505151	fhzy29@163.com	www.fhzhy.com
40	北京联东金桥科技孵化器有限公司	中关村科技园区亦庄园光机电一体化产业基地经海7路1号联东商务中心	101111	81508005 81508005		www.liando.cn

资料来源:北京市科学技术委员会高新技术产业化处

注:*为国家级高新技术创业服务中心

北京地区大学科技园一览表

序号	机构名称	地 址	邮 编	电 话 传 真	电子邮箱	网 址
1	清华大学国家大学科技园	海淀区清华大学创新大厦A座	100084	62785888 62772777	thsp@ thsp. com. cn	www. thsp. com. cn
2	北京大学国家大学科技园	海淀区海淀路52号太平洋大厦17层	100080	82667840 82667188	pkusp@ pkusp. com. cn	www. pkusp. com. cn
3	北京航空航天大学国家大学科技园	海淀区学院路35号世宁大厦	100083	82319898 82338231	buaa@ buaa. com. cn	www. buaa. com. cn
4	北京理工大学国家大学科技园	海淀区中关村南大街9号理工科技大厦902室	100081	68470073 68470073 -8999	bitsp@ sohu. com	www. bitsp. com. cn
5	北京邮电大学国家大学科技园	海淀区西土城路10号北京邮电大学178信箱	100876	62282813 62285259	chensl@ bupt. edu. cn	www. buptsp. com
6	北师大—北中医国家大学科技园	海淀区新街口外大街19号	100875	62205230 62206051	kjy@ bnu. edu. cn	park. bnu. edu. cn
7	北京化工大学国家大学科技园	朝阳区北三环东路15号133信箱	100029	64435482 88587749	sp@ mail. buct. edu. cn	www. buct. edu. cn
8	北京科技大学国家大学科技园	海淀区学院路30号科技园A座1层	100083	52752176 62332975	fxti@ fxti. com	www. ustbsp. com
9	北京工业大学国家大学科技园	朝阳区平乐园100号	100022	67392781 67392953	zhangxl@ bjut. edu. cn	www. bjttcam. com. cn
10	北京交通大学国家大学科技园	海淀区高粱斜街44号北京交通大学东校区科教楼	100044	51686173 51686173	jdkjy@ center. njtu. edu. cn www. jpsp. com. cn	
11	中国农业大学国家大学科技园	海淀区清华东路17号133信箱	100083	62736706 62734834	hujy@ cau. edu. cn	www. cau. edu. cn
12	华北电力大学国家大学科技园	昌平区德外朱辛庄华北电力大学56号信箱	102206	80798501 80793105	cyjt2000@ 163. com www. ncepu. edu. com	
13	中国人民大学国家大学科技园	海淀区中关村大街甲59号文化大厦	100872	62514333 82509959	cspruc@ ruc. edu. cn	www. cspruc. com
14	首都师范大学科技园	海淀区西三环北路105号	100037	68907023 68981337	kyc@ mail. cnu. edu. cn kjy. cnu. edu. cn	

资料来源:北京市科学技术委员会

北京地区留学人员创业园一览表

序号	创业园名称	地　址	邮　编	电　话	网　址	创建时间
1	北京市留学人员海淀创业园*	海淀区上地信息路26号	100085	82898748	www.ospp.com	1997.10
2	中关村国际孵化园*	海淀区上地信息路2号创业园D栋	100085	82895166	www.incubase.net	2000.12
3	中国北京(望京)留学人员创业园*	朝阳区望京高新技术产业区利泽中园106号楼	100102	64392411	www.wangjing.gov.cn	2003.04
4	中关村软件园留学人员创业园*	海淀区东北旺西路中关村软件园3号楼	100094	82825186	www.zgcspi.com	2004.01
5	北京中关村生命科学园留学人员创业园	昌平区回龙观生命路29号孵化科研生产大楼B座	102206	80715731	www.zgcbmi.com.cn	2004.03
6	丰台园留学人员创业园*	丰台区丰台路口139号	100071	63739256	www.bjibi.org.cn	2004.04
7	北大留学人员创业园*	海淀区中关村北大街116号北大孵化器2号楼	100080	58874004	www.beidaincubator.com	2002.09
8	清华留学人员创业园*	海淀区清华大学学研大厦B座	100084	62772742	www.incubator.com.cn	2002.12
9	北航留学人员创业园*	海淀区北四环中路238号柏彦大厦	100083	82316255	www.bbi.com.cn	2003.04
10	北京科大留学人员创业园*	海淀区学院路30号科技园A座113室	100083	52752184	www.pioneerpark.cn	2003.06
10	北京理工留学人员创业园*	海淀区中关村南大街9号理工科技大厦	100081	68470073	www.bitrp.com.cn	2003.07
11	北邮留学人员创业园	海淀区西土城路10号	100876	62281497	www.buptincubator.com	2003.12
12	中科院中自留学人员创业园	海淀区中关村东路95号自动化大厦	100080	62579894	www.caspark.com.cn	2005.04
13	中国农大留学人员创业园	海淀区天秀路10号	100091	62732266	www.cau.edu.cn	2005.08
14	汇龙森留学人员创业园*	大兴区中和街14号	100176	59755396	www.huilongsen.com	2005.05
15	北工大留学人员创业园	海淀区车公庄西路35号	100044	68458163	www.bjutcyy.com	2005.12
16	北师大留学人员创业园	海淀区新街口外大街19号	100875	62206051	park.bnu.edu.cn	2005.12
17	人民大学留学人员创业园	海淀区中关村大街甲59号文化大厦	100872	82509532	www.cspruc.com	2005.12
18	中关村集成电路留学人员创业园	海淀区知春路27号量子芯座	100083	82357178	www.bjicpark.com	2006.01

续表

序号	创业园名称	地址	邮编	电话	网址	创建时间
19	中关村数字娱乐留学人员创业园	石景山区八大处高科技园区实兴东街11号楼北楼1层	100041	88794725	www. dotincubator. com	2006. 01
20	中央财大留学人员创业园	海淀区学院南路39号	100081	62288827	www. cufezcy. com	2006. 12
21	中国政法大学留学人员创业园	海淀区西土城路25号院5号楼101室	100088	58908009	www. cuplsp. cn	2007. 05
22	北京交通大学留学人员创业园	海淀区高粱斜街44号北京交通大学东校区科教楼	100044	51686172	www. bjtupp. com. cn	2007. 07
23	中国矿业大学留学人员创业园	海淀区学院路丁11号中国矿业大学(北京)	100083	51733999	www. zgces. com	2007. 07
24	首都师范大学留学人员创业园	海淀区西三环北路105号	100037	68907023		2007. 09
25	北京市留学人员空港创业园	顺义区天竺空港工业区A区蓝天大厦	101312	80489519		1999. 12
26	北京市留学人员大兴创业园	大兴工业开发区科苑路18号	102600	61271941		1999. 07
27	华北电力大学留学人员创业园	昌平区朱辛庄北农路2号	102206	80798918		2008. 10

资料来源:中关村科技园区管理委员会

＊为市人事局和市科委联合命名的“北京留学人员创业园”

北京地区生产力促进机构一览表

序号	名称	地址	邮编	电话 传真	电子邮箱	网址
1	生产力中心(国家级示范中心)	海淀区北三环中路31号B座8层	100088	82003608 82003613	bjpc@ bjpc. org. cn	www. bjpc. org. cn
2	北京软件与信息服务业促进中心(国家级示范中心)	海淀区北四环中路238号柏彦大厦12层	100083	82331717 82332323	zhangp@ bsw. gov. cn	www. bsw. gov. cn
3	北京市丰台区技术创新与生产力促进中心(国家级示范中心)	丰台区北大街甲13号	100071	63894698 63894698	ftkqb @ pbllic. bta. net. cn	www. ftipc. org. cn
4	北京市朝阳区生产力促进中心	朝阳区大屯路西奥中心B座22层	100101	64862731 64843012	sandizh@ 163. com	www. cyppc. gov. cn
5	北京市东城区生产力促进中心	东城区藏经馆胡同11号	100007	84039292 64009160	scl@ dchst. com	www. dchst. com
6	北京市西城区生产力促进中心	西城区月坛北街甲1号—4	100037	68010703 68010703	ssylly@ sina. com. cn	www. bjxchst. gov. cn

续表

序号	名　　称	地　址	邮　编	电　话 传　真	电子邮箱	网　址
7	北京市石景山区技术创新与生产力促进中心	石景山区八角西街40号	100043	68863638 88910825	sjskw@263. net. cn	www. hingespace. com
8	北京通州区生产力促进中心	通州区玉带河大街30号	101100	68543252 69546592	tkq@ public3. bta. net. cn	
9	北京市顺义区技术创新与生产力促进中心	顺义区光明南街24号	101300	69460334 69449340	kew@ mail. bjshy. gov. cn	www. kw. bjshy. gov. cn
10	北京市密云县生产力促进中心	密云县西滨河路2号	101500	69044519 69048443	fengke212@126. com	
11	中机生产力促进中心(国家级示范中心)	海淀区首体南路2号	100044	88301718 88301705	info@ pcmi. com. cn	www. pcmi. com. cn
12	中技协生产力促进中心(国家级示范中心)	宣武区南滨河路23号立恒名苑3座2103室	100055	63268422 63268467	ch6834@ sina. com. cn	www. fortunewise. com. cn
13	建筑行业生产力促进中心(国家级示范中心)	朝阳区北三环东路30号	100013	84286025 84280321	cabrkj @ public2. east. net. cn	www. cabr. ac. cn
14	建筑材料行业生产力促进中心(国家级示范中心)	朝阳区管庄东里1号	100024	65750569 65750569	pcbmi@263. net	www. pcbmi. com
15	冶金行业生产力促进中心(国家级示范中心)	东城区东四西大街46号	100711	65133322 —1408 65135864	mippc@ vip. sina. com	www. mippc. net. cn
16	国家服装行业生产力促进中心(国家级示范中心)	朝阳区建国路99号中服大厦	100020	65813501 65813521	ncppc@ public. bta. net. cn	www. cnggc. com
17	兵器工业生产力促进中心(国家级示范中心)	海淀区车道沟10号科技大厦8层	100089	68962094 68962196	webmaster@ techinfo. gov. cn	www. techinfo. gov. cn
18	国家新材料行业生产力促进中心(国家级示范中心)	海淀区中关村南大街2号数码大厦B座702室	100086	82512801 82512803	office@ techcn. com	www. matinvest. com. cn
19	北京轻工生产力促进中心	朝阳区大北窑厂坡村甲3号	100022	67767835 67709369	yqkjc@263. net	
20	北京中轻生产力促进中心	西城区月坛北小街6号	100037	68054036 68052492	zqpc@ sina. com	
21	冶金自动化生产力促进中心	丰台区西四环南路72号	100071	63812255 – 3203	arim@ public. bta. net. cn	www. arim. com
22	有色金属行业生产力促进中心	海淀区复兴路乙12号	100814	63971828 63979551	postmaster@ cnitdc. com	www. cnitdc. com

续表

序号	名　称	地　址	邮　编	电　话 传　真	电子邮箱	网　址
23	热处理生产力促进中心	海淀区学清路 18 号	100083	62954651 62954651	webmaster@ ht. org. cn	www. ht. org. cn
24	国青生产力促进中心	海淀区皂君庙 4 号	100081	82190657 62168930	fx7435@ sina. com	www. zgg. org. cn
25	混凝土砌块建筑技术生产力促进中心	丰台区路口 139 号 611 室	100071	63833230 83820225	sihui@ sihui8. com	www. sihui8. com
26	纺织行业生产力促进中心	朝阳区朝阳门外延静里中街 3 号	100025	65010838 65010837	kfb@ cta. com. cn	www. cta. com. cn
27	农业机械生产力促进中心	朝阳区德胜门外北沙滩 1 号	100083	64882238 64882213	gongczx@ caams. org. cn	www. caams. org. cn
28	皮革行业生产力促进中心(国家级示范中心)	朝阳区将台西路 18 号	100016	64337789 64337789	clfppc@ yahoo. com. cn	www. leather365. com
29	农业部乡镇企业生产力促进中心	朝阳区麦子店 18 号楼	100026	64195053 64195044	cte@ cte. gov. cn	www. cte. gov. cn
30	国家化工行业生产力促进中心(国家级示范中心)	朝阳区亚运村安慧里 4 区 16 楼	100723	84885726 84885052	Jli77@ sina. com	www. cippc. org. cn
31	化工新材料生产力促进中心	朝阳区安外安华里 5 区 18 楼	100011	64262469 64262467	acmljf@ 163. com	
32	中国医药行业生产力促进中心	西城区复兴门内大街 45 号 118 信箱	100801	66095634 66095634	zhangchy@ bbn. cn	
33	国家模糊控制技术生产力促进中心	海淀区学清路 18 号 906 室	100083	62912338 62755367	mhkzzx@ 126. com	www. ncfct. cn
34	CALS 技术生产力促进中心	朝阳区安外小关东里 14 号	100029	64918414 64918420		
35	中商流通生产力促进中心(国家级示范中心)	海淀区海淀南路 32 号中信国安数码港 710 室	100080	51662601 —695 51662601 —666	pxf@ dppc. org	www. dppc. org
36	中国航天科技集团公司军转民生产力促进中心	北京 1408 信箱	100013	68767297 68768174	jmly@ vip. sina. com	www. chinatoptech. com
37	机械工业自动化生产力促进中心	西城区德胜门外校场口 1 号	100011	82285770 82285780	liuxz@ riamb. ca. cn	
38	高分子材料生产力促进中心	朝阳区北三环东路 14 号	100013	59202586 59202586	wenwenyi@ prici. ac. cn	
30	精细化学品行业生产力促进中心	朝阳区安定门外安华里五区 18 楼 504 室	100011	64262348 64262348	cnprc@ 263. net	

续表

序号	名　称	地　址	邮　编	电　话 传　真	电子邮箱	网　址
40	全国造纸生产力促进中心	朝阳区光华路12号	100020	65817476 65817476	kb@ piric. com. cn	www. cnppri. com
41	交通行业电子商务与现代物流生产力促进中心	海淀区西土城路8号ITS中心楼1层	100088	62355027 62016944	weifeng@ itsc. com. cn	www. cltc. com. cn
42	清洁汽车生产力促进中心	丰台区南四环西路188号总部基地二区7号楼	100070	63702966 —8061 63702964	fxh@ catarc. com. cn	www. chinaev. org
43	中农生产力促进中心	昌平区霍营农业部管理干部学院	102208	81702428 81702210	pengyuan268@ sohu. com	www. cacetc. org
44	航空工业生产力促进中心	朝阳区京顺路7号	100028	64663322 —2256 84482202	leejunsheng@ 126. com	
45	航天科工军转民生产力促进中心	海淀区阜成路甲8号	100037	68373985 68767747	zhangjun@ casec. com	www. casec. cn
46	国家食品行业生产力促进中心（国家级示范中心）	东城区崇文门外大街9号正仁大厦8层	100062	67091546 67091533	hxy85@ sina. com	www. cfipc. com. cn
47	北京工业控制技术生产力促进中心	北京市2729信箱	100080	68379335 62543110	xueli0410@ hotmail. com	
48	北京博远万达电子商务与现代物流生产力促进中心	海淀区紫竹院化工大学图书馆605室	100071	51219775 51219776	mareeg@ 163. com	
49	北京生物技术和新医药产业促进中心	海淀区马连洼北路151号院内	100193	62896868 62899978	info@ newlife. org. cn	www. newlife. org. cn
50	北京新材料发展中心	海淀区学院路30号方兴大厦5层	100083	62341509 62333998	marker@ materials. net. cn	www. materials. net. cn
51	北京市科委农村发展中心	朝阳区安翔北里11号北京创业大厦B座16层	100101	64830180 68430289 6	nczx@ nczx. com. cn	www. nczx. cn
52	北京技术交易促进中心	海淀区苏州街甲49号	100080	62578706 62619816	webmaster@ chinatis. com	www. ctmnet. com. cn
53	北京市中小企业服务中心	东城区东四十条凯龙大厦301室	100700	64065056 64058636	bjsme2005@ sina. com	www. beijingsme. com

资料来源：生产力中心

北京地区国家重点实验室一览表

序号	名　　称	依托单位	领　域	地　址	邮　编	电　话	网　址	建设、验收年份
1	半导体超晶格国家重点实验室	中科院半导体研究所	数理	海淀区清华东路甲35号	100083	82304287	sklsm. semi. ac. cn/semi/cjg/	1988 1991
2	爆炸科学与技术国家重点实验室	北京理工大学	工程	海淀区中关村南大街5号	100081	68913957	www. es. labs. gov. cn	1991 1996
3	表面物理国家重点实验室	中科院物理研究所	数理	海淀区中关村南三街8号	100190	82649428	surface. iphy. ac. cn	1984 1987
4	病毒基因工程国家重点实验室	中国预防医学科学院病毒学研究所	生命	宣武区迎新街100号	100052	63519566		1987 1989
5	病原微生物生物安全国家重点实验室	解放军军事医学科学院	生命	丰台区东大街20号	100071	66948668	www. skl – pbs. com	2004 2006
6	超导国家重点实验室	中科院物理研究所	数理	海淀区中关村南三街8号	100190	82649167		1988 1991
7	城市和区域生态国家重点实验室	中科院生态环境研究中心	生命	海淀区双清路18号	100085	62941033	www. rcees. ac. cn/dse	2006
8	传染病预防控制国家重点实验室	中国疾病预防控制中心	生命	昌平区流字5号	102206	61739580	Sklid. cn	2005
9	磁学国家重点实验室	中科院物理研究所	数理	海淀区中关村南三街8号	100190	82649253	maglab. iphy. ac. cn	1991 1995
10	大气边界层物理和大气化学国家重点实验室	中科院大气物理研究所	地学	朝阳区德胜门外祁家豁子	100029	62041394	www. lapc. ac. cn	1991 1995
11	大气科学和地球流体力学数值模拟国家重点实验室	中科院大气物理研究所	地学	朝阳区德胜门外祁家豁子	100029	82995299	web. lasg. ac. cn	1990 1992
12	蛋白质工程和植物基因工程国家重点实验室	北京大学	生命	海淀区颐和园路5号	100871	62751848	www. pepge. pku. edu. cn	1987 1990
13	蛋白质组学国家重点实验室	解放军军事医学科学院	生命	昌平区生命园路33号	102206	80727777	61. 50. 138. 126/bprc	2007
14	地表过程与资源生态国家重点实验室	北京师范大学	地学	海淀区新街口外大街19号	100875	58805461	www. espre. cn	2007
15	地震动力学国家重点实验室	中国地震局地质研究所	地学	朝阳区德外祁家豁子	100029	62009034	www. eqlab. ac. cn	2003 2007

续表

序号	名　　称	依托单位	领域	地　址	邮　编	电　话	网　址	建设、验收年份
16	电力系统及发电设备安全控制和仿真国家重点实验室	清华大学	工程	海淀区清华大学	100084	62792469	www. eea. tsinghua. edu. cn/pages/guozhong	1989 1995
17	动物营养学国家重点实验室	中国农科院北京畜牧兽医研究所	生命	海淀区圆明园西路2号	100193	62816249	www. klan. net. cn	2005 2009
18	多相复杂系统国家重点实验室	中科院过程工程研究所	化学	海淀区中关村北二条1号	100190	62628836	159. 226. 63. 142/mprcas	2006
19	非线性力学国家重点实验室	中科院力学研究所	数理	海淀区北四环西路15号	100080	62561834	www. lnm. cn	1999 2001
20	分子动态与稳态结构国家重点实验室	中科院化学研究所、北京大学	化学	海淀区中关村北一街2号	100190	62588930	ussl. iccas. ac. cn	1988 1991
21	分子肿瘤学国家重点实验室	中国医学科学院肿瘤研究所	生命	朝阳区潘家园南里17号	100021	67723793	www. sklmo. org. cn	1986 1988
22	轨道交通控制与安全国家重点实验室	北京交通大学	工程	海淀区上园村3号	100044	51688193		2006 2007
23	核物理与核技术国家重点实验室	北京大学	数理	海淀区颐和园路5号	100871	62751870	sklnpt. pku. edu. cn	2007
24	化工资源有效利用国家重点实验室	北京化工大学	化学	朝阳区北三环东路15号化工大学98号信箱	100029	64425385	www. gzs. buct. edu. cn	2006 2008
25	化学工程联合国家重点实验室(清华大学萃取分离实验室)	浙江大学、天津大学、清华大学、华东理工大学	化学	海淀区清华大学	100084	62773017		1987 1991
26	环境化学与生态毒理学国家重点实验室	中科院生态环境研究中心	地学	海淀区双清路18号	100085	62849339	et. rcees. ac. cn	2004 2007
27	环境模拟与污染控制国家重点实验室	中科院生态环境研究中心、清华大学、北京师范大学、北京大学	地学	海淀区清华大学	100084	62785001		1991 1995
28	计划生育生殖生物学国家重点实验室	中科院动物研究所	生命	朝阳区北辰西路1号院5号	100101	64807312	www. rpb. ioz. ac. cn	1991 1993
29	计算机科学国家重点实验室	中科院软件研究所	信息	海淀区中关村南四街4号	100190	62661616	lcs. ios. ac. cn	2005 2007

续表

序号	名称	依托单位	领域	地址	邮编	电话	网址	建设、验收年份
30	科学与工程计算国家重点实验室	中科院数学与系统科学研究院	数理	海淀区中关村东路55号	100190	62545820	lsec. cc. ac. cn	1991 1995
31	空间天气学国家重点实验室	中科院空间科学与应用研究中心	地学	海淀区中关村南二条1号	100190	62582648	www. spaceweather. ac. cn	2006 2008
32	煤炭资源与安全开采国家重点实验室	中国矿业大学(北京)	地学	海淀区学院路丁11号	100083	62331854	www. crsm. org	2006
33	模式识别国家重点实验室	中科院自动化研究所	信息	海淀区中关村东路95号	100190	62545671	www. nlpr. ia. ac. cn	1984 1987
34	摩擦学国家重点实验室	清华大学	工程	海淀区清华大学9003大楼	100084	62781379	sklt. tsinghua. edu. cn	1986 1988
35	脑与认知科学国家重点实验室	中科院生物物理研究所	生命	朝阳区大屯路15号	100101	64888778	bcslab. ibp. ac. cn	2004 2007
36	农业虫害鼠害综合治理研究国家重点实验室	中科院动物研究所	生命	朝阳区北辰西路1号院5号	100101	64807068	www. ipm. ioz. ac. cn	1991 1995
37	农业生物技术国家重点实验室	中国农业大学	生命	海淀区圆明园西路2号	100094	62733332	www. cau. edu. cn/agrocbi	1987 1990
38	汽车安全与节能国家重点实验室	清华大学	工程	海淀区清华大学	100084	62785963	www. car. tsinghua. edu. cn	1991 1995
39	人工微结构和介观物理国家重点实验室	北京大学物理学院	数理	海淀区成府路209号	100871	62765884	www. phy. pku. edu. cn/ ~ sklm/html/abstract. html	1990 1993
40	认知神经科学与学习国家重点实验室	北京师范大学	生命	海淀区新街口外大街19号	100875	58806154	psychbrain. bnu. edu. cn	2005 2008
41	软件开发环境国家重点实验室	北京航空航天大学	信息	海淀区学院路37号	100191	82317643	www. nlsde. buaa. edu. cn	1991 1995
42	生化工程国家重点实验室	中科院过程工程研究所	生命	海淀区中关村北二条1号	100190	62561813	www. nklbe. org	1991 1995
43	生物大分子国家重点实验室	中科院生物物理研究所	生命	朝阳区大屯路15号	100101	64888486	www. ibp. ac. cn/c/sites/nlb/index. html	1988 1991
44	生物膜与膜生物工程国家重点实验室	中科院动物研究所、清华大学、北京大学	生命	朝阳区北辰西路1号院5号	100101	64807302	www. biomembrane. ioz. ac. cn	1988 1990
45	声场声信息国家重点实验室	中科院声学研究所	数理	海淀区北四环西路21号	100190	62565617		1987 1990

续表

序号	名　称	依托单位	领域	地　址	邮　编	电　话	网　址	建设、验收年份
46	水沙科学与水利水电工程国家重点实验室	清华大学	工程	海淀区清华大学	100084	62783337	sklhse. tsinghua. edu. cn	2006 2008
47	天然药物及仿生药物国家重点实验室	北京大学医学部	生命	海淀区学院路38号	100191	82802724	www1. bjmu. edu. cn/skl2003/index. htm	1985 1987
48	湍流与复杂系统国家重点实验室	北京大学	数理	海淀区北京大学	100871	62757944	ltcs. pku. edu. cn	1991 1995
49	网络与交换技术国家重点实验室	北京邮电大学	信息	海淀区西土城路10号	100876	62283412	www. bupt. edu. cn/yuanxi/introduce/jisuanji/nationallab	1991 1995
50	微波与数字通信技术国家重点实验室	清华大学	信息	海淀区清华大学	100084	62784884		1991 1995
51	微生物资源前期开发国家重点实验室	中科院微生物研究所	生命	朝阳区北辰西路1号院3号	100101	64807429	www. im. ac. cn/sklmr	1991 1995
52	稀土材料化学及应用国家重点实验室	北京大学	化学	海淀区北京大学	100871	62751016		1991 1995
53	系统与进化植物学国家重点实验室	中科院植物研究所	生命	海淀区香山南辛村20号	100093	62836101	lseb. ibcas. ac. cn	2004 2007
54	先进钢铁流程及材料国家重点实验室	钢铁研究总院	材料	海淀区学院南路76号	100081	62182907	sklsteel. com. cn	2004
55	新金属材料国家重点实验室	北京科技大学	材料	海淀区学院路30号	100083	62332508	www. ustb. edu. cn/skl	1991 1995
56	新型陶瓷与精细工艺国家重点实验室	清华大学	材料	海淀区清华大学材料系	100084	62782753	www. mse. tsinghua. edu. cn/ceramiclab/	1991 1995
57	信息安全国家重点实验室	中科院研究生院	信息	石景山区玉泉路19号(甲)	100039	88256432	home. is. ac. cn	1989 1991
58	虚拟现实技术与系统国家重点实验室	北京航空航天大学	信息	海淀区学院路37号	100191	82338861	Vrlab. buaa. edu. cn	2007
59	岩石圈演化国家重点实验室	中科院地质与地球物理研究所	地学	朝阳区北土城西路19号	100029	82998240	www. sklable. ac. cn	2004 2006
60	遥感科学国家重点实验室	中科院遥感应用研究所、北京师范大学	地学	朝阳区大屯路甲20号北	100101	64848730	www. slrss. cn	2003 2005
61	医学分子生物学国家重点实验室	中国医学科学院基础医学研究所	生命	东城区东单三条5号	100005	65240803		1991 1993

续表

序号	名　　称	依托单位	领域	地　址	邮　编	电　话	网　址	建设、验收年份
62	油气资源与探测国家重点实验室	中国石油大学（北京）	地学	昌平区府学路18号	102249	89733952	www. prplab. cn	2007
63	有色金属材料制备加工国家重点实验室	北京有色金属研究总院	材料	西城区新街口外大街2号	100088	82241161		2005
64	灾害天气国家重点实验室	中国气象科学研究院	地学	海淀区中关村南大街46号	100081	58995503		2005 2007
65	植被与环境变化国家重点实验室	中科院植物研究所	生命	海淀区香山南辛村20号	100093	62836263	lvec. ibcas. ac. cn	2007
66	植物病虫害生物学国家重点实验室	中国农科院植物保护研究所	生命	海淀区圆明园西路2号	100193	62815922	www. sklbpi. labs. gov. cn	1989 1992
67	植物基因组学国家重点实验室	中科院遗传与发育生物学研究所	生命	朝阳区北辰西路1号院2号	100101	64873428	www. genetics. ac. cn	2003 2006
68	植物生理学与生物化学国家重点实验室	中国农业大学、浙江大学	生命	海淀区圆明园西路2号	100193	62733475	www. cau. edu. cn/sklppb	2001 2003
69	植物细胞与染色体工程国家重点实验室	中科院遗传与发育生物学研究所	生命	朝阳区北辰西路1号院2号	100101	64854467	www. pcce. labs. gov. cn	1991 1995
70	智能技术与系统国家重点实验室	清华大学	信息	海淀区清华大学	100084	62782266	www. csai. tsinghua. edu. cn/	1987 1990
71	重质油国家重点实验室	石油大学（北京）	化学	昌平区府学路18号	102249	89733070	www. heavyoil. cn	1989 1995
72	资源与环境信息系统国家重点实验室	中科院地理科学与资源研究所	信息	朝阳区大屯路甲11号	100101	64889633	www. lreis. ac. cn	1985 1987

资料来源：科技部国家重点实验室网站

北京市重点实验室一览表

序号	名　　称	依托单位	主管部门	组建时间（年）
1	医学物理和工程实验室	北京大学	北京市教育委员会 北京市科学技术委员会	2001
2	空间信息集成与3S工程应用实验室	北京大学	北京市教育委员会 北京市科学技术委员会	2001

续表

序号	名　　称	依托单位	主管部门	组建时间（年）
3	绿色反应工程与工艺实验室	清华大学	北京市教育委员会 北京市科学技术委员会	2001
4	精细陶瓷实验室	清华大学	北京市教育委员会 北京市科学技术委员会	2001
5	3E 能源实验室	清华大学	北京市教育委员会 北京市科学技术委员会	2001
6	城市轨道交通自动化与控制实验室	北京交通大学	北京市教育委员会 北京市科学技术委员会	2001
7	通讯与信息系统实验室	北京交通大学	北京市教育委员会 北京市科学技术委员会	2001
8	现代信息科学与网络技术实验室	北京交通大学	北京市教育委员会 北京市科学技术委员会	2001
9	特种功能材料与薄膜技术实验室	北京航空航天大学	北京市教育委员会 北京市科学技术委员会	2001
10	数字化设计与制造实验室	北京航空航天大学	北京市教育委员会 北京市科学技术委员会	2001
11	网络技术实验室	北京航空航天大学	北京市教育委员会 北京市科学技术委员会	2001
12	粉体技术研究开发实验室	北京航空航天大学	北京市教育委员会 北京市科学技术委员会	2001
13	清洁车辆实验室	北京理工大学	北京市教育委员会 北京市科学技术委员会	2001
14	智能信息技术实验室	北京理工大学	北京市教育委员会 北京市科学技术委员会	2001
15	环境科学工程实验室	北京理工大学	北京市教育委员会 北京市科学技术委员会	2001
16	自动控制系统实验室	北京理工大学	北京市教育委员会 北京市科学技术委员会	2001
17	先进粉末冶金材料与技术实验室	北京科技大学	北京市教育委员会 北京市科学技术委员会	2001
18	腐蚀磨蚀与表面技术实验室	北京科技大学	北京市教育委员会 北京市科学技术委员会	2001
19	新型高分子材料制备与加工实验室	北京化工大学	北京市教育委员会 北京市科学技术委员会	2001
20	生物加工过程实验室	北京化工大学	北京市教育委员会 北京市科学技术委员会	2001
21	智能通信软件与多媒体实验室	北京邮电大学	北京市教育委员会 北京市科学技术委员会	2001
22	地球探测与信息技术实验室	石油大学（北京）	北京市教育委员会 北京市科学技术委员会	2001

续表

序号	名　　称	依托单位	主管部门	组建时间（年）
23	作物遗传改良实验室	中国农业大学	北京市教育委员会 北京市科学技术委员会	2001
24	草业科学实验室	中国农业大学	北京市教育委员会 北京市科学技术委员会	2001
25	果树逆境生理与分子生物学实验室	中国农业大学	北京市教育委员会 北京市科学技术委员会	2001
26	木材科学与工程实验室	北京林业大学	北京市教育委员会 北京市科学技术委员会	2001
27	癌发生及预防分子机理实验室	中国协和医科大学	北京市教育委员会 北京市科学技术委员会	2001
28	中医内科学实验室	北京中医药大学	北京市教育委员会 北京市科学技术委员会	2001
29	中药基础与新药研究实验室	北京中医药大学	北京市教育委员会 北京市科学技术委员会	2001
30	生物资源开发与生物工业实验室	北京师范大学	北京市教育委员会 北京市科学技术委员会	2001
31	环境遥感与数字城市实验室	北京师范大学	北京市教育委员会 北京市科学技术委员会	2001
32	应用实验心理实验室	北京师范大学	北京市教育委员会 北京市科学技术委员会	2001
33	基因工程药物及生物技术实验室	北京师范大学	北京市教育委员会 北京市科学技术委员会	2001
34	应用光学实验室	北京师范大学	北京市教育委员会 北京市科学技术委员会	2001
35	刑事科学技术实验室	中国人民公安大学	北京市教育委员会 北京市科学技术委员会	2001
36	水资源与环境工程实验室	中国地质大学(北京)	北京市教育委员会 北京市科学技术委员会	2001
37	国土资源信息研究开发实验室	中国地质大学(北京)	北京市教育委员会 北京市科学技术委员会	2001
38	岩石混凝土破坏力学实验室	中国矿业大学(北京)	北京市教育委员会 北京市科学技术委员会	2001
39	交通工程实验室	北京工业大学	北京市教育委员会 北京市科学技术委员会	2001
40	先进制造技术实验室	北京工业大学	北京市教育委员会 北京市科学技术委员会	2001
41	多媒体与智能软件技术实验室	北京工业大学	北京市教育委员会 北京市科学技术委员会	2001
42	工程抗震与结构诊治实验室	北京工业大学	北京市教育委员会 北京市科学技术委员会	2001

续表

序号	名　　称	依托单位	主管部门	组建时间（年）
43	传热与能源利用实验室	北京工业大学	北京市教育委员会 北京市科学技术委员会	2001
44	水质科学与水环境恢复工程实验室	北京工业大学	北京市教育委员会 北京市科学技术委员会	2001
45	现场总线技术及自动化实验室	北方工业大学	北京市教育委员会 北京市科学技术委员会	2001
46	植物资源研究开发实验室	北京工商大学	北京市教育委员会 北京市科学技术委员会	2001
47	服装材料研究开发与评价实验室	北京服装学院	北京市教育委员会 北京市科学技术委员会	2001
48	供热、供燃气、通风及空调工程实验室	北京建筑工程学院	北京市教育委员会 北京市科学技术委员会	2001
49	传感器实验室	北京信息工程学院	北京市教育委员会 北京市科学技术委员会	2001
50	机电系统测控实验室	北京机械工业学院	北京市教育委员会 北京市科学技术委员会	2001
51	农业应用新技术实验室	北京农学院	北京市教育委员会 北京市科学技术委员会	2001
52	神经再生修复研究实验室	首都医科大学	北京市教育委员会 北京市科学技术委员会	2001
53	肝脏保护与再生调节实验室	首都医科大学	北京市教育委员会 北京市科学技术委员会	2001
54	纳米光电子学实验室	首都师范大学	北京市教育委员会 北京市科学技术委员会	2001
55	学习与认知实验室	首都师范大学	北京市教育委员会 北京市科学技术委员会	2001
56	资源环境与地理信息系统实验室	首都师范大学	北京市教育委员会 北京市科学技术委员会	2001
57	生物活性物质与功能食品实验室	北京联合大学	北京市教育委员会 北京市科学技术委员会	2001
58	运动机能评定与技术诊断实验室	北京体育大学 首都体育学院	北京市教育委员会 北京市科学技术委员会	2001
59	物流系统与技术实验室	北京物资学院	北京市教育委员会 北京市科学技术委员会	2001
60	印刷包装材料与技术实验室	北京印刷学院	北京市教育委员会 北京市科学技术委员会	2004
61	光机电装备技术实验室	北京石油化工学院	北京市教育委员会 北京市科学技术委员会	2004
62	高电压与电磁兼容实验室	华北电力大学	北京市教育委员会 北京市科学技术委员会	2004

续表

序号	名　　称	依托单位	主管部门	组建时间（年）
63	能源的安全与清洁利用实验室	华北电力大学	北京市教育委员会 北京市科学技术委员会	2004
64	城市油气输配技术实验室	中国石油大学（北京）	北京市教育委员会 北京市科学技术委员会	2005
65	新能源材料与技术实验室	北京科技大学	北京市教育委员会 北京市科学技术委员会	2005
66	多肽及小分子药物实验室	首都医科大学	北京市教育委员会 北京市科学技术委员会	2005
67	兽医学（中医药）实验室	北京农学院	北京市教育委员会 北京市科学技术委员会	2006
68	太赫兹波谱与成像实验室	首都师范大学	北京市教育委员会 北京市科学技术委员会	2006
69	蛋白质药物实验室	清华大学	北京市教育委员会 北京市科学技术委员会	2007
70	眼科学与视觉科学实验室	首都医科大学	北京市教育委员会 北京市科学技术委员会	2007
71	工业过程测控新技术与系统实验室	华北电力大学	北京市教育委员会 北京市科学技术委员会	2008
72	物流管理与技术实验室	北京交通大学	北京市教育委员会 北京市科学技术委员会	2008

资料来源：北京市教育委员会、北京市科学技术委员会

北京地区国家重大科学工程、野外科学观测台站一览表

序号	名　　称	依托单位	主管部门	建成时间（年）
1	中国遥感卫星地面站	遥感卫星地面站	中国科学院	1986
2	H1—13 串列式静电加速器	中国原子能科学研究院	中国科学院	1987
3	太阳磁场望远镜	国家天文台总部（原北京天文台）	中国科学院	1985
4	北京正负电子对撞机	中国科学院高能物理研究所	中国科学院	1988
5	2.16 米光学望远镜	国家天文台总部（原北京天文台）	中国科学院	1989
6	5 兆瓦核供热实验堆	清华大学核能技术设计研究院	教育部	1989
7	大天区面积多目标光纤光谱天文望远镜	国家天文台总部（原北京天文台）	中国科学院	2008.10.16
8	国家农作物基因资源工程	农业部、中国农科院	农业部	2003

续表

序号	名　称	依托单位	主管部门	建成时间（年）
9	北京白家疃地球科学国家野外科学观测研究站	中国地震局地球物理研究所	中国地震局	1955
10	北京房山人卫激光国家野外科学观测研究站	中国测绘科学研究院	国家测绘局	1980
11	北京上甸子大气成分本底国家野外科学观测研究站	北京市气象局	中国气象局	2005
12	北京空间环境国家野外科学观测研究站	中国科学院地质与地球物理研究所	中国科学院	正在建设

资料来源:科技部网站

北京地区国家工程技术研究中心一览表

序号	名　称	挂靠单位	组建、验收时间（年）	地　址	电　话	邮　编	网　址
1	国家高性能计算机工程技术研究中心	中科院计算技术研究所、曙光天演信息发展有限公司	1997 2000	海淀区中关村科学院南路6号	62657255	100190	www. nrchpc. ac. cn
2	国家并行计算机工程技术研究中心	中科院计算技术研究所、江南计算技术研究所	1992 1996	海淀区科学院南路6号	62570431	100190	
3	国家企业信息化应用支撑软件工程技术研究中心	清华大学、华中科技大学	1997 2000	海淀区清华大学华业大厦三区四层	62782208	100084	www. eis. org. cn/index. jsp
4	国家网络新媒体工程技术研究中心	中科院声学所、中国科学技术大学	2007	海淀区北四环西路21号	62540072	100190	www. ioa. ac. cn
5	国家数据通信工程技术研究中心	兴唐通信科技股份有限公司	1992 1995	海淀区学院路40号	62301219	100191	
6	国家遥感应用工程技术研究中心	中科院遥感应用研究所	1997 2000	朝阳区大屯路甲20号北	64889206	100101	www. irsa. ac. cn
7	国家专用集成电路设计工程技术研究中心	中科院自动化研究所	1992 1995	海淀区中关村东路95号	62554297	100190	www. ia. ac. cn
8	国家新药开发工程技术研究中心	中国医学科学院药物研究所	1996 2000	大兴区大兴工业开发区金苑路26号	61273597	102600	www. collab. cn

续表

序号	名　称	挂靠单位	组建、验收时间（年）	地　址	电　话	邮　编	网　址
9	国家医用加速器工程技术研究中心	北京医疗器械研究所	1994 1998	昌平区科技园区创新路21号	69714704	102200	www.cnerc.gov.cn/cnerc_site/yyjsq/index/index.htm
10	国家生化工程技术研究中心（北京）	中科院过程工程研究所	1996 2000	海淀区中关村北二条1号	62550875	100190	www.nercb.com.cn
11	国家服装设计与加工工程技术研究中心	中国服装集团公司	1993 1996	朝阳区建国路99号中服大厦27层	61558458	100020	www.cnggc.com
12	国家合成纤维工程技术研究中心	中国纺织科学研究院	1992	朝阳区延静里中街3号	65015397	100025	www.cta.com.cn
13	国家肉类加工工程技术研究中心	中国肉类食品综合研究中心	1997 2000	丰台区洋桥70号	67223366	100068	www.cmrc.com.cn
14	国家城市环境污染控制工程技术研究中心	北京市环境保护科学研究院	1994 1998	西城区阜外大街北营房中街59号	88362334	100037	www.cee.cn
15	国家工业建筑诊断与改造工程技术研究中心	中冶集团建筑研究总院	1993 1996	海淀区西土城路33号	82227377	100088	www.yj-nerc.com
16	国家建筑工程技术研究中心	中国建筑科学研究院	1993 1996	朝阳区北三环东路30号	64517000	100013	www.cabr.ac.cn
17	国家住宅与居住环境工程技术研究中心	中国建筑设计研究院	1993 1999	西城区车公庄大街19号	68302801	100044	www.house-china.net
18	国家水煤浆工程技术研究中心	煤炭科学研究总院	1992 1996	朝阳区青年沟路5号	84261742	100013	www.chinacwm.com
19	国家同位素工程技术研究中心	中国原子能科学研究院	1993 1999	房山区新镇	69358569	102413	www.ciae.ac.cn
20	国家新能源工程技术研究中心	北京市太阳能研究所有限公司	1992 1995	朝阳区北苑路大羊坊10号	84932673	100012	www.beijingsunpu.com.cn
21	国家智能交通系统工程技术研究中心	交通部公路科学研究所	1999 2003	海淀区土城路8号	62079526	100088	www.itsc.com.cn
22	国家铁路智能运输工程技术研究中心	中国铁道科学研究院	2000 2004	海淀区大柳树路2号	51849016	100081	www.rails.com.cn

续表

序号	名　称	挂靠单位	组建、验收时间（年）	地　址	电　话	邮　编	网　址
23	国家工业控制机及系统工程技术研究中心	中国航天科技集团公司五院502研究所	1993 1996	海淀区知春路61号康拓科技大厦	62523971	100190	www. controlchina. com
24	国家固体激光工程技术研究中心	中国电子科技集团公司第十一研究所	1992 1995	朝阳区酒仙桥路4号	84321411	100015	www. ncrieo. com. cn
25	国家计算机集成制造系统工程技术研究中心	清华大学	1992 1995	海淀区清华大学中央主楼6层	62783197	100084	www. cims. tsinghua. edu. cn
26	国家特种泵阀工程技术研究中心	中国航天动力研究所	1991 1995	丰台区南大红门路1号	68382215	100076	www. nercspv. com
27	国家冶金自动化工程技术研究中心	冶金自动化研究设计院、东北大学	1992 1994	丰台区西四环南路72号	63898746	100071	www. arim. com
28	国家超精密机床工程技术研究中心	北京机床研究所	2004 2008	朝阳区望京路4号	64736742	100102	
29	国家金属矿产资源综合利用工程技术研究中心(北京)	北京矿冶研究总院	1995 1998	西城区文兴街1号	88399109	100044	
30	国家玻璃深加工工程技术研究中心	中国建筑材料科学研究总院	1999 2003	朝阳区管庄东里1号	51167361	100024	www. cbma. com. cn
31	国家磁性材料工程技术研究中心	北矿磁材科技股份有限公司	1992 1995	丰台区南四环路188号6区5号楼	67537184	100070	www. magmat. com
32	国家非晶微晶合金工程技术研究中心	钢铁研究总院	1996 1999	海淀区学院南路76号	62183317	100081	www. amorphous. com. cn
33	国家碳纤维工程技术研究中心	北京化工大学、中国石油天然气股份有限公司吉林分公司	1992 2008	朝阳区北京化工大学34信箱	64435913	100029	
34	国家通用工程塑料工程技术研究中心	北京市化学工业研究院	1991 1995	海淀区中关村北大街123号华腾科技大厦5层	62640827	100084	www. bciri. com. cn
35	国家纤维增强模塑料工程技术研究中心	北京玻璃钢研究设计院	1992 1995	延庆县康庄北京261信箱	61162414	102101	

续表

序号	名　称	挂靠单位	组建、验收时间（年）	地　址	电　话	邮　编	网　址
37	国家有色金属复合材料工程技术研究中心	北京有色金属研究总院	1992 1996	西城区新街口外大街2号	82241220	100088	www. grinm. com
38	国家昌平综合农业工程技术研究中心	中国农业科学院作物研究所	1991 1995	海淀区中关村南大街12号	68975179	100081	
39	国家淡水渔业工程技术研究中心北京中心	北京市水产科学研究所、中国科学院水生生物研究所	1999 2003	丰台区角门路18号	67586098	100068	test. sino－b. cn/test/scyjs/web/news
40	国家花卉工程技术研究中心	北京林业大学	2005 2008	海淀区清华东路35号	62338279	100083	www. bjfu. edu. cn
41	国家蔬菜工程技术研究中心	北京市农林科学院蔬菜研究中心	1992 1995	海淀区板井路	51503032	100097	www. bvrc. com. cn
42	国家节水灌溉（北京）工程技术研究中心	中国水利水电科学研究院、中国灌溉排水发展中心	1999 2002	海淀区车公庄西路20号	68786542	100048	www. nceib. iwhr. com
43	国家农业信息化工程技术研究中心	北京市农林科学院	2002 2005	海淀区板井路	51503473	100097	www. nercita. org. cn
44	国家农业机械工程技术研究中心	中国农业机械化科学研究院	1999 2002	朝阳区德胜门外北沙滩1号	64882238	100083	www. caams. org. cn
45	国家饲料工程技术研究中心	中国农业大学、中国农业科学院饲料研究所	2000 2004	海淀区圆明园西路2号	62133466	100193	www. nferc. org
46	国家奶牛胚胎工程技术研究中心	北京三元集团有限责任公司	2004 2008	朝阳区清河南镇北京奶牛中心	62948010	100085	www. bdcc. com. cn
47	国家板带生产先进装备工程技术研究中心	北京科技大学	2008	海淀区学院路30号	62332598—6308	100083	
48	国家作物分子设计工程技术研究中心	北京未名凯拓农业生物技术有限公司	2008	海淀区上地西路39号北大生物城	62986799	100085	

资料来源：国家工程技术研究中心信息网

北京地区专利代理机构一览表

序号	机构名称	地　址	邮　编	负责人	电　话	网　址
1	北京国林贸知识产权代理有限公司(涉外)	朝阳区建国门外大街24号华侨村1—2—3	100022	李桂玲	65150103	www.glmipo.com.cn
2	北京路浩知识产权代理有限公司(涉外)	海淀区大柳树路17号富海国际港707室	100081	谢顺星	62196988	www.cnkip.com
3	北京中创阳光知识产权代理有限责任公司(涉外)	海淀区花园路13号道隆商务会馆112室	100088	尹振启	62063602	www.suncrt.com
4	北京中建联合知识产权代理事务所	西城区车公庄大街19号	100044	朱丽岩	58933504	www.zlzlzl.com
5	北京律诚同业知识产权代理有限公司(涉外)	海淀区知春路甲48号盈都大厦B座16层	100098	梁　挥	58733366	www.lecome.com
6	北京邦信阳专利商标代理有限公司(涉外)	朝阳区建国门外大街永安东里甲3号通用国际中心1号楼5层	100022	张秋生	58793300	www.boss-young.com
7	北京市中实友知识产权代理有限责任公司(涉外)	西城区德外大街安德路112号楼0119室	100011	张少宏	62366429	
8	北京金富邦专利事务所有限责任公司	朝阳区小关街53号	100029	孙伯庆	64249828	
9	北京英特普罗知识产权代理有限公司(涉外)	西城区车公庄大街9号5栋大楼C座11层	100044	胡　棋	88395588	www.intellecpro.com
10	北京华夏正合知识产权代理事务所(涉外)	西城区西外大街1号西环广场2号楼17层C5、C6室	100044	韩登营	58301655	www.czipa.com
11	北京德琦知识产权代理有限公司(涉外)	海淀区知春路1号学院国际大厦7层	100083	宋志强	82339088	www.deqi-iplc.com
12	北京中原华和知识产权代理有限责任公司(涉外)	朝阳区北辰东路8号汇宾大厦A座909室	100101	寿　宁	64993855	www.huahe.com.cn
13	中科专利商标代理有限责任公司(涉外)	海淀区王庄路1号清华同方科技大厦B座25层	100083	廖玉珍	82378686	www.csptal.com
14	北京振安创业专利代理有限责任公司	海淀区花园东路30号花园商务会馆6402室	100083	祁纯阳	82029709	
15	中国国际贸易促进委员会专利商标事务所(涉外)	西城区复兴门内大街158号远洋大厦10层	100031	李　勇	66412345	www.ccpit-patent.com.cn
16	北京知本村知识产权代理事务所	宣武区牛街东里一区8号楼1603室	100053	周自清	63894911	www.ccro.com.cn
17	北京乾诚五洲知识产权代理有限责任公司(涉外)	朝阳区裕民路18号北环中心A座1008—1009号	100029	付晓青	82250113	www.faithfulaw.com
18	北京北新智诚知识产权代理有限公司(涉外)	西城区西直门南大街16号西楼7层	100035	赵郁军	66168467	www.bpta.com.cn
19	北京市柳沈律师事务所(涉外)	海淀区彩和坊路10号瀚海国际大厦10层	100080	吴秉芬	62681616	www.liu-shen.com

续表

序号	机构名称	地址	邮编	负责人	电话	网址
20	北京太兆天元知识产权代理有限责任公司(涉外)	海淀区知春路6号锦秋国际大厦A座701室	100088	张韬	82800237	
21	北京万慧达知识产权代理有限公司(涉外)	海淀区中关村南大街1号友谊宾馆颐园写字楼226室	100873	白刚	68948018	www.wanhuida.com
22	北京天昊联合知识产权代理有限公司(涉外)	西城区西长安街88号首都时代广场718室	100031	张天舒	83913598	www.teehowe.com
23	北京恒久联达知识产权代理有限公司(涉外)(未通过2008年年检)	朝阳区曙光西里甲1号A2108号	100028	林继恒	58220758	
24	北京宇生知识产权代理事务所	朝阳区惠新西街15号401室	100029	倪骏	64938280	www.bjys85.cn
25	北京永创新实专利事务所	海淀区学院路37号	100083	周长琪	82338110	
26	北京三友知识产权代理有限公司(涉外)	西城区金融街35号国际企业大厦A座16层	100140	李强	88091921	www.san-you.com
27	北京海虹嘉诚知识产权代理有限公司(涉外)	海淀区北四环中路283号智凯大厦902室	100083	张涛	82384870	www.haihongjc.com
28	北京华科联合专利事务所	西城区西直门外南路5号华审宾馆2303室	100044	王为	68314404	www.huakepatent.com
29	小松专利事务所	宣武区前门西大街8号楼1002室	100051	陈祚龄	63172986	
30	北京博浩百睿知识产权代理有限责任公司	海淀区知春路甲48号C座4单元10F	100098	宋子良	58732381	
31	北京同汇友专利事务所	大兴区黄村镇兴政街31号	102600	高云瑞	69242225	
32	北京金之桥知识产权代理有限公司(涉外)	海淀区知春路6号锦秋国际大厦A座1008室	100088	林建军	82800716	www.goldenbridgeip.com
33	北京三高永信知识产权代理有限责任公司(涉外)	朝阳区安立路60号润枫德尚大厦B座1204—1205室	100101	何文彬	64986656	www.sangaopatent.com
34	北京科龙寰宇知识产权代理有限责任公司(涉外)	海淀区知春路6号锦秋国际大厦A座1303室	100088	孙皓晨	82800568	www.kelong-ip.com
35	北京君尚知识产权代理事务所(涉外)	海淀区北四环西路68号左岸工社大厦1317室	100080	余长江	82529027	www.joyshine.com.cn
36	北京清亦华知识产权代理事务所	海淀区清华园清华大学照澜院商业楼301室	100084	廖元秋	62792171	qingyihua.51.net
37	北京思海天达知识产权代理有限公司(涉外)	朝阳区平乐园100号知新园4层	100124	张慧	67392381	
38	北京英赛嘉华知识产权代理有限责任公司(涉外)	海淀区知春路甲48号盈都大厦A座19层	100098	王达佐	58732666	www.insightip.com
39	北京同立钧成知识产权代理有限公司(涉外)	朝阳区北辰西路69号峻峰华亭A座902室	100029	刘芳	58773108	www.infopatent.com.cn
40	北京华谊知识产权代理有限公司	海淀区学院路30号北京科技大学科技园A座107室	100083	刘月娥	62332031	

续表

序号	机构名称	地　址	邮　编	负责人	电　话	网　址
41	北京纽乐康知识产权代理事务所(涉外)	海淀区西直门北大街联慧路99号海云轩大厦A座183室	100028	田　磊	62277819	www. neuracom – ip. com
42	北京轻创知识产权代理有限公司(涉外)	海淀区花园路2号牡丹科技大厦A座3层	100191	王新生	82282626	www. keycom – ip. com
43	北京申翔知识产权代理有限公司(涉外)	西城区西直门南小街国英1号大厦0429室	100035	周春发	58561176	
44	北京三幸商标专利事务所(涉外)	朝阳区北辰东路8号汇欣大厦B座0811号	100101	刘激扬	84976188	www. sankoco. com
45	北京思创毕升专利事务所(涉外)	朝阳区北三环东路14号	100013	韦庆文	64201667	www. sch – ip. com
46	中原信达知识产权代理有限责任公司(涉外)	西城区金融街19号富凯大厦B座11层	100140	穆德骏	66576688	www. chinasinda. com
47	北京捷诚信通知识产权代理有限公司（涉外）	西城区三里河1区5—5	100045	庞炳良	68589998	www. pscu. com. cn
48	北京元中知识产权代理有限责任公司(涉外)	西城区北三环中路甲29号2号楼尊邸1103室	100029	汪诚芝	82023296	www. yuanzhong. org
49	北京金阙华进专利事务所(涉外)	朝阳区东大桥路8号尚都国际中心A座2312室	100020	吴鸿维	58702027	www. goldengatepatent. com
50	北京金信立方知识产权代理有限公司(涉外)	海淀区紫竹院路116号嘉豪国际中心B座11层	100097	张晓晨	58930011	www. kingsound – ip. com. cn
51	北京中知法苑知识产权代理事务所	海淀区北三环西路11号首都体育学院高德写字楼107室	100088	陈俊由	82090902	www. zzfyip. cn
52	北京集佳知识产权代理有限公司(涉外)	朝阳区建外大街22号赛特大厦7层	100004	于泽辉	85115588	www. unitalen. com. cn
53	北京市汇泽知识产权代理有限公司(涉外)	海淀区知春路6号锦秋国际大厦A座18层	100088	赵　军	82961618	www. ipr – jzhz. com
54	北京金言诚信知识产权代理有限公司	海淀区知春路111号理想大厦809室	100086	王亚轩	82665269	www. jycx. com. cn
55	北京万科园知识产权代理有限责任公司(涉外)	海淀区北三环中路77号	100088	张亚军	82076997	www. wky. com. cn
56	北京慧泉知识产权代理有限公司(涉外)	海淀区蓟门里和景园1号楼1单元302室	100088	王顺荣	82023315	www. huiquanip. com
57	北京科兴园专利事务所	朝阳区酒仙桥路13号	100016	王　蕴	64355266	
58	中国商标专利事务所有限公司(涉外)	西城区月坛南街14号月新大厦	100045	李彦章	68570096	www. trademarkpatent. com. cn
59	北京市广友专利事务所有限责任公司	海淀区北三环西路11号高德写字楼206室	100088	王埝璇	82090980	
60	北京博圣通专利事务所	海淀区北四环中路229号海泰大厦1706室	100083	黄　薇	82884000	

续表

序号	机构名称	地　址	邮　编	负责人	电　话	网　址
61	北京天平专利商标代理有限公司(涉外)	朝阳区朝外大街16号中国人寿大厦1808室	100020	王　怡	65883010	www. wang – associates. com
62	北京康信知识产权代理有限责任公司(涉外)	海淀区知春路甲48号盈都大厦A座16层	100098	余　刚	58731888	www. kangxin. com
63	北京双收知识产权代理有限公司(涉外)	朝阳区安贞西里仟村商务大楼B座506—507室	100029	吴忠仁	82041081	www. sspatent. com
64	北京诺孚尔知识产权代理有限责任公司	海淀区北洼西里颐安嘉园14栋	100089	白　帆	68430973	www. nova – ip. com. cn
65	北京银龙知识产权代理有限公司(涉外)	海淀区西直门北大街32号枫篮国际中心2号楼10层	100082	郝庆芬	82252547	www. dragonip. com
66	北京市合德专利事务所	海淀区北三环中路77号90号信箱	100088	李本源	82047898	www. heraldpatent. com
67	北京纪凯知识产权代理有限公司(涉外)	西城区宣武门西大街甲129号金隅大厦602室	100031	赵蓉民	66411409	www. jeekai. com
68	北京众合诚成知识产权代理有限公司(涉外)	西城区车公庄大街甲4号物华大厦A座1707室	100044	黄家俊	68003961	www. bjzhcc. com
69	北京市中咨律师事务所(涉外)	西城区平安里西大街26号新时代大厦6—8层	100034	贾　军	66091188	www. zhongzi. com. cn
70	北京中安信知识产权代理事务所(涉外)	海淀区清华东路2号金码大厦A座712室	100083	张小娟	82837725	www. citicip. com
71	北京中恒高博知识产权代理有限公司(涉外)	西城区车公庄大街6号3号楼313室	100044	刘　震	68001852	www. chinagoub. com
72	北京三聚阳光知识产权代理有限公司(涉外)	西城区裕民路18号北环中心A座502室	100029	张　杰	62382785	www. ipsunshine. com
73	北京科迪生专利代理有限责任公司	海淀区中关村816楼1202室	100080	关　玲	82615576	
74	北京维澳专利代理有限公司(涉外)(未通过2008年年检)	朝阳区建国门外大街22号赛特广场M层30112	100004	翟向红	65598871	www. pacificchinaip. com
75	北京中北知识产权代理有限公司(涉外)	西城区月坛北街2号月坛大厦16层1号	100045	袁世寰	68081365	www. bta. com. cn
76	北京连城创新知识产权代理有限公司	海淀区北三环西路48号北京科技会展中心1号楼B座6B	100086	刘伍堂	62146667	www. liancheng. net
77	北京市商泰律师事务所(涉外)	朝阳区朝外大街10号昆泰大厦1219室	100020	郭　华	65995719	www. stlss. cn
78	北京市金杜律师事务所(涉外)	朝阳区东三环中路7号北京财富中心写字楼A座40层	100020	王俊峰	58785588	www. kingandwood. com
79	北京正理专利代理有限公司(涉外)	西城区车公庄大街甲4号物华大厦A座	100044	诸葛北华	68001882	www. janlea. com. cn

续表

序号	机构名称	地　址	邮　编	负责人	电　话	网　址
80	北京东方亿思知识产权代理有限责任公司(涉外)	东城区东长安街1号东方广场东方经贸城东2座1601室	100738	高卢麟	85189318	www.eastip.com
81	北京金硕果知识产权代理事务所	海淀区西土城路13号蓟门文体招待所	100088	张　玫	62379509	www.jinshuoguo.com
82	北京凯特来知识产权代理有限公司(涉外)	海淀区大柳树路甲2号中铁科大厦8层南区	100081	郑立明	62197221	www.cataly－ip.com
83	北京市尚公律师事务所(未通过2008年年检)	东城区东长安街10号长安大厦3层	100006	李尚公	65288888	
84	北京安信方达知识产权代理有限公司(涉外)	海淀区学清路8号科技财富中心B座3层305A	100085	郑　霞	82730790	www.anxinfonda.com
85	北京高默克知识产权代理有限公司(涉外)	西城区月坛北街2号月坛大厦A座308室	100045	黄坤益	68083081	www.gmkip.com
86	北京华夏博通专利事务所(分部)	海淀区紫竹院南路23号国防出版社院内	100048	刘　俊	68451009	www.bjhxbt.com
87	北京挺立专利事务所(涉外)	西城区宣武门西大街129号金隅大厦804室	100031	叶树明	66416908	www.dingli.net
88	北京尔海知识产权代理事务所	海淀区文慧园北路9号今典花园2号楼2505室	100082	姜丽辉	62265669	www.jiangpa.com
89	北京嘉和天工知识产权代理事务所(涉外)	朝阳区八里庄西里98号住邦2000商务中心3号楼1201室	100025	甘　玲	85869056	www.arete－ip.cn
90	北京派特恩知识产权代理事务所	海淀区知春路甲48号3号楼1单元9D	100098	张颖玲	58731298	
91	北京安博达知识产权代理有限公司(涉外)	海淀区蓟门里小区和景园1号楼3单元102室	100088	徐国文	62379723	www.anboda.com
92	北京富天民宏济知识产权代理事务所	海淀区阜成路甲75号院北平房	100036	刘寿椿	88152049	
93	北京中博世达专利商标代理有限公司(涉外)	海淀区大柳树路17号富海大厦B座501室	100081	申　健	62123380	www.zhongbo－ip.com
94	北京同恒源知识产权代理有限公司(涉外)	海淀区知春路6号锦秋国际大厦A座511室	100088	王维绮	82800977	www.tidytend.com
95	北京市浩天知识产权代理事务所(涉外)	朝阳区光华路7号汉威大厦东区	100004	金卫文	52019988	www.hylandslaw.com
96	北京林达刘知识产权代理事务所(涉外)	海淀区清华大学学研大厦B座903室	100084	刘新宇	62790522	www.lindapatent.com
97	北京连和连知识产权代理有限公司(涉外)	朝阳区安定路33号化信大厦A座1008室	100029	胡荣瑜	64442168	www.lianandlien.com
98	北京中誉威圣知识产权代理有限公司(涉外)	东城区建国门内大街7号光华长安大厦2座818室	100005	曹来禧	65171299	www.globelaw.com.cn

续表

序号	机构名称	地　址	邮　编	负责人	电　话	网　址
99	北京泛华伟业知识产权代理有限公司(涉外)	西城区西直门外大街西环广场2号楼18层5—6	100044	徐　舒	58302268	www. panawell. com
100	北京明和龙知识产权代理有限公司(涉外)	海淀区中关村南大街17号韦伯时代中心C座1505室	100081	郁玉成	88570772	www. mlipa. com
101	北京中海智圣知识产权代理有限公司(涉外)	海淀区知春路1号学院国际大厦602室	100083	曾永珠	51266917	www. zhzs. cn
102	北京润平知识产权代理有限公司(涉外)	海淀区北四环西路9号银谷大厦509室	100190	刘国平	62800922	www. runping. com
103	北京北翔知识产权代理有限公司(涉外)	海淀区学院路35号世宁大厦908室	100191	姜建成	82311199	www. peksung. com
104	北京铭硕知识产权代理有限公司(涉外)	海淀区上地五街7号昊海大厦5层	100085	韩明星	82896186	www. mingsure. com
105	北京律盟知识产权代理有限责任公司(涉外)	西城区东长安街1号东方广场西一办公楼10层1008室	100738	王允方	85187141	www. chinaleaven. com
106	北京瑞成兴业知识产权代理事务所	西城区德胜门外大街11号44号楼A座718室	100088	李　慧	82025963	
107	北京信慧永光知识产权代理有限责任公司(涉外)	海淀区知春路9号坤讯大厦1106室	100083	王维玉	82335586	www. beijing - sunhope. com
108	北京同达信恒知识产权代理有限公司(涉外)	西城区裕民路18号北环中心A座2002室	100029	黄志华	82254645	www. tongdaxinheng. com
109	北京怡丰知识产权代理有限公司(涉外)	朝阳区曙光西里甲1号东域大厦第三置业B3003室	100028	于振强	58220250	www. finefields. com
110	北京五月天专利商标代理有限公司	海淀区西直门北大街47号院迈豪时代1幢131室	100044	吴宝泰	62225161	www. mayskyip. com
111	北京市建元律师事务所	西城区阜成门北大街6号国际投资大厦C座7层	100034	王　隽	66579966	www. genesislawfirm. com. cn
112	北京东方汇众知识产权代理事务所	海淀区西土城路13号蓟门文体招待所1层1号	100088	朱元萍	62367180	
113	北京鑫媛睿博知识产权代理有限公司	宣武区白广路枣林前街37号北京裕隆苑宾馆107室	100053	龚家骅	83540218	
114	北京泛诚知识产权代理有限公司(涉外)	西城区南礼士路66号建威大厦1914室	100045	文　琦	68086266	www. fsiplaw. com
115	北京市卓华知识产权代理有限公司	朝阳区安翔北里11号创业大厦C座209室	100101	丁永华	64830754	
116	北京瑞盟知识产权代理有限公司(涉外)	西城区西直门南大街16号西楼11层16室	100035	王友彭	66157651	www. rimoon. com. cn
117	北京汇智英财专利代理事务所(涉外)	海淀区大柳树路17号富海国际港902室	100081	郑玉洁	62155155	
118	北京市德权律师事务所(涉外)	东城区东直门南大街14号保利大厦写字楼8层A区	100027	房德权	65081195	www. dequanlawfirm. com

续表

序号	机构名称	地　址	邮　编	负责人	电　话	网　址
119	北京方韬法业专利代理事务所	海淀区增光路甲34号云建大厦9层9号	100037	吴景曾	86410972	www.findto.net
120	北京信远达知识产权代理事务所	朝阳区建国门外大街24号京泰大厦1508室	100022	王学强	65150407	
121	北京君智知识产权代理事务所	海淀区中关村南大街乙8号中监所内老办公楼314室	100081	向　华	62137220	www.jzpa.com
122	北京市德恒律师事务所(涉外)	西城区金融街19号富凯大厦B座12层	100140	王　丽	66575888	www.dhl.com.cn
123	北京紫金联合知识产权代理事务所(未通过2008年年检)	西城区月坛北街26号恒华国际商务中心C座1202室	100045	戴武军	86329977	
124	北京元本知识产权代理事务所	海淀区花园路12号时代玉成大厦403室	100088	李　斌	62361567	www.yuanben-ip.com
125	北京亿腾知识产权代理事务所	海淀区紫金数码园3号楼7层	100190	陈　霁	62262772	www.etone-ip.com
126	北京立成智业专利代理事务所	朝阳区樱花西街18号贵州大厦内1009室	100029	张江涵	64421808	
127	北京天悦专利代理事务所	朝阳区北苑路36号14号楼2528室	100012	田　明	84934084	www.tianyueip.com
128	北京必浩得专利代理事务所	海淀区紫竹院路116号嘉豪国际中心C座9层	100097	张亦华	51709020	www.besthold.cn
129	北京市铸成律师事务所	西城区北展北街华远企业号A座8层	100044	司义夏	88369999	www.ctw.com.cn
130	北京戈程知识产权代理有限公司(涉外)	东城区东长安街1号东方广场东三办公楼19层	100738	程　伟	85188598	www.gechengip.com
131	北京国昊天诚知识产权代理有限公司	朝阳区东三环中路59号富力双子座A座2605室	100022	顾惠忠	58622266	
132	北京一格知识产权代理事务所	海淀区花园路12号时代玉成大厦207室	100088	钟廷良	82013217	www.igreat.net
133	北京汉耐特知识产权代理事务所	朝阳区朝外大街19号华普国际大厦708室	100020	于淑惠	65881619	
134	北京法思腾知识产权代理有限公司(涉外)	海淀区中关村东路66号世纪科贸大厦C座1801室	100190	杨小蓉	62672128	www.bjfastip.com
135	北京润泽恒知识产权代理有限公司	海淀区学院南路34号西区大厦515室	100088	李　欣	62276442	
136	北京王景林知识产权代理事务所	海淀区中关村大街27号中关村大厦515室	100080	王景林	82381044	www.ip8610.com
137	北京市京大律师事务所	海淀区海淀路52号北大太平洋科技发展中心705室	100080	李光松	82689930	
138	北京尚诚知识产权代理有限公司(涉外)	西城区宣武门西大街甲129号金隅大厦6层	100031	龙　淳	66412615	

续表

序号	机构名称	地　址	邮　编	负责人	电　话	网　址
139	北京市隆安律师事务所（涉外）	朝阳区建国门外大街21号北京国际俱乐部188室	100020	张炳崑	82689930	
140	北京金恒联合知识产权代理事务所（涉外）	海淀区志新东路5号鸿基世业商务酒店A609	100083	李　强	82373196	www. jinheng – ip. com
141	北京中伟智信专利商标代理事务所	海淀区蓟门里小区东10楼1门0102室	100088	张　岱	62366545	
142	北京市路盛律师事务所	朝阳区建国门外大街甲12号新华保险大厦1604A室	100022	张再平	65693038	
143	北京鸿元知识产权代理有限公司（涉外）	朝阳门外大街19号华普国际大厦519室	100020	李瑞海	66018031	www. granderip. com
144	北京汉德知识产权代理事务所	东城区和平里七区16号531室	100013	庄一方	64215141	
145	北京龙双利达知识产权代理有限公司（涉外）	海淀区市丹棱街16号海兴大厦C座1108室	100080	朱　勤	82606695	
146	北京市立方律师事务所	东城区东四十条甲22号南新仓国际大厦A1105室	100007	谢冠斌	64096099	www. lifanglaw. com
147	北京新博知识产权代理有限公司	西城区金融街35号国际企业大厦B座16层	100140	黄锦阳	88093118	
148	北京品源专利代理有限公司	西城区莲花池东路5号11栋楼505—1室	100038	张诗琼	66034644	
149	北京兆君联合知识产权代理事务所	昌平区西环南路钰阳商业楼A单元2层	102200	初向庆	89745363	
150	北京国帆知识产权代理事务所	石景山区八大处高科技园西井路3号3号楼	100043	王　俊	82037380	
151	北京汇信合知识产权代理有限公司	海淀区中关村大街甲59号文化厦1206G	100872	符彦慈	51260867	
152	北京市磐华律师事务所（涉外）	朝阳区建国门外大街22号赛特大厦901—902室	100004	董　巍	65594091	www. pcassociates. cn
153	北京市盛峰律师事务所	海淀区中关村大街27号中关村大厦5层	100080	于国富	51656805	www. lawyer8. com
154	北京挚诚信奉知识产权代理有限公司	海淀区西直门北大街32号枫蓝国际中心2号楼1010室	100082	张习义	62220567	
155	北京市安伦律师事务所（涉外）	朝阳区呼家楼京广中心商务楼711室	100020	安晓地	65975210	www. atzp. com
156	北京天奇智新知识产权代理有限公司	海淀区中关村南大街12号天作国际中心18层1号楼2109室	100081	胡　芳	81630664	
157	北京锐思知识产权代理事务所	西城区西直门外大街135号北展宾馆写字楼5112室	100044	李　涛	13810886697	

续表

序号	机构名称	地　址	邮　编	负责人	电　话	网　址
158	北京市汉衡律师事务所(涉外)	朝阳区东三环中路39号建外SOHO社区8号楼31层	100022	冯　波	58691166	
159	核工业专利中心	海淀区阜成路43号	100037	高尚梅	68410206	
160	中国航空专利中心	朝阳区安外小关东里14号	100029	杜永保	64918183	
161	中国航天科技专利中心	东城区和平里滨河路1号	100013	安　丽	68373447	
162	信息产业部电子专利中心	石景山区鲁谷路35号电科大厦	100040	赵天武	68632928	
163	中国兵器工业集团公司专利中心	海淀区车道沟10号	100089	刘东升	68961701	
164	中国航天科工集团公司专利中心	海淀区永定路50号	100854	岳洁菱	68386595	
165	中国船舶专利中心	海淀区学院南路70号	100081	缪　蕾	62180545	
166	中国有色金属工业专利中心	西城区西直门内西章胡同9号	100035	李迎春	62229257	
167	中国人民解放军空军专利服务中心	丰台区南苑9236信箱	100076	张列刚	66712322	
168	中国人民解放军总后勤部专利服务中心	丰台区丰台体育中心南路2号	100071	杨学明	66888795	
169	中国人民解放军第二炮兵专利服务中心	海淀区清河镇清河大楼丁三	100085	李兴文	62841531	
170	国防专利服务中心	海淀区阜成路26号	100036	钱立亚	66357069	
171	中国人民解放军海军专利服务中心	丰台区六里桥北里4号	100073	李　坚	66952536	
172	中国人民解放军防化研究院专利服务中心	海淀区花园北路35号西楼	100083	刘永盛	66748499	
173	首钢总公司专利中心	石景山区首钢技术研究院	100041	李永东	88292092	
174	北京理工大学专利中心	海淀区中关村南大街5号	100081	仇蕾安	68912328	
175	中国和平利用军工技术协会专利中心	海淀区花园路7号新时代大厦7层	100088	陈晶晶	82803105	

资料来源:北京市知识产权局

北京地区技术合同登记机构一览表

序号	登记处名称	地　址	邮　编	电　话
1	北京技术交易促进中心技术合同登记处	海淀区苏州街甲49号	100080	62577125
2	北京市科学技术协会技术合同登记处	崇文区永外西革新里98号	100077	67235944
3	北京市经委经济技术市场发展中心技术合同登记处	东城区鼓楼东大街48号	100009	64019720

续表

序号	登记处名称	地　址	邮　编	电　话
4	北京市职工技术协会技术合同登记处	宣武区虎坊路13号	100052	83551557
5	北京市知识产权局技术合同登记处	西城区西直门南大街16号西楼11层	100035	66127237
6	中国航空工业科学技术总公司技术合同登记处	朝阳区西大望路甲2号6层	100025	65016246—8015
7	核工业科技开发咨询中心技术合同登记处	西城区月坛西街乙2号院5号楼	100045	68021966
8	中国科学院信息咨询中心技术合同登记处	海淀区北四环西路33号6D	100080	62568696
9	中国科学技术咨询服务中心技术合同登记处	海淀区学院南路86号	100081	62137487
10	中国电子工业科学技术交流中心技术合同登记处	西城区新街口外大街8号	100088	62383340
11	朝阳区科学技术协会技术合同登记处	朝阳区日坛北街33号区政府南2楼5层507室	100020	65099728
12	顺义区科学技术委员会技术合同登记处	顺义区光明南街24号	101300	69444902
13	东城区科学技术委员会技术合同登记处	东城区金宝街52号东城区行政服务中心13号窗口	100005	65258800—8116
14	西城区科学技术委员会技术合同登记处	西城区月坛北街甲1号—4	100037	68010703
15	海淀区科学技术委员会技术合同登记处	海淀区北四环中路281号	100083	62325612
16	崇文区科学技术委员会技术合同登记处	崇文区幸福大街甲39号德惠写字楼B座308室	100061	67136504
17	北京市经济技术合作办公室技术合同登记处	朝阳区中纺街30号9层	100020	65014090
18	石景山区科学技术委员会技术合同登记处	石景山区实兴大街区工商局1层	100041	88794457—217
19	中关村科技园区昌平园管理委员会技术合同登记处	昌平区超前路9号	102200	89701437
20	通州区科学技术委员会技术合同登记处	通州区通胡大街78号	101100	89526652—3083
21	密云县科学技术委员会技术合同登记处	密云县西滨河路2号	101500	69048443
22	房山区科学技术委员会技术合同登记处	房山区良乡政通东路1号	102488	89350223
23	宣武区科学技术委员会技术合同登记处	宣武区育新街2号	100054	83532965
24	中关村科技园区丰台园管理委员会技术合同登记处	丰台区科兴路9号	100070	63740110
25	北京市科技协作中心技术合同登记处	西城区西直门南大街16号	100035	66517146
26	中关村科技园区海淀园管理委员会技术合同登记处	海淀区四季青路6号招商大厦	100089	88496990
27	北京市科学技术研究院技术合同登记处	海淀区紫竹院南路23号国防出版社院内429室	100048	68343152
28	大兴区科学技术委员会技术合同登记处	大兴区黄村兴政街31号	102600	69243835
29	丰台区科学技术委员会技术合同登记处	丰台区北大街甲13号	100071	63894698
30	中关村科技园区电子城科技园管理委员会技术合同登记处	朝阳区酒仙桥路甲12号	100016	64310422

续表

序号	登记处名称	地　址	邮　编	电　话
31	北京产权交易所有限公司技术合同登记处	西城区金融大街甲 17 号	100140	66295773
32	昌平区科学技术委员会技术合同登记处	昌平区东关二条科技中心大楼	102200	69744174
33	北京版权保护中心技术合同登记处	海淀区知春路 23 号量子银座 1405 室	100083	82357087
34	朝阳区科学技术委员会技术合同登记处	朝阳区大屯路西奥中心 B 座 22 层	100101	64862731
35	平谷区科学技术委员会技术合同登记处	平谷区府前西街 26 号	101200	69961909
36	怀柔区科学技术委员会技术合同登记处	怀柔区湖光小区 24 号	101400	69697671

资料来源:北京技术市场管理办公室

北京地区质量技术监督检验检测技术机构一览表

序号	名　称	服务内容	地　址	邮　编	电　话	电子邮箱
1	国家中文信息处理产品质量监督检验中心	中文信息处理产品	朝阳区育慧南路 3 号	100029	84654173	zjs@ bjtsb. gov. cn
2	国家应用软件产品质量监督检验中心	应用软件产品	海淀区中关村软件园区 3A 楼	100094	82825511	zjs@ bjtsb. gov. cn
3	国家食品质量安全监督检验中心	食品及食品有害物质分析	海淀区永丰产业基地丰德东路 17 号	100094	82479300	cfqs@ cfqs. org
4	北京市产品质量监督检验所	家用电器、电子电工、低压电器、电气环境实验、食品、乐器、眼镜、信息类产品、网络线、电线电缆、电磁兼容、应用软件评测、网络测试、信息交换用中文汉字、珠宝玉石、室内空气检测等产品质量的委托检测、监督检验、仲裁检验	朝阳区育慧南路 3 号	100029	84654179	zjs@ bjtsb. gov. cn
5	北京市纺织纤维检验所	纺织品、纤维	朝阳区八里庄西里甲 15 号	100025	65585719	xjs@ bjtsb. gov. cn
6	北京市计量产品质量监督检验一站	计量产品	朝阳区安苑东里 1 区 12 号	100029	64916380	jly@ bjtsb. gov. cn
7	北京市东城区产品质量监督检验所	眼镜	东城区和平里五区甲 12 号	100013	84210014	dcjzjs@ bjtsb. gov. cn
8	北京市朝阳区产品质量监督检验所	汽车配件,家具、石材、板材、食品	朝阳区高碑店路 1438 号	100022	87741688	cyjzjs@ bjtsb. gov. cn

续表

序号	名　　称	服务内容	地　　址	邮　编	电　话	电子邮箱
9	北京市海淀区产品质量监督检验所	卫生用品、煤、车用燃油、纸制品、食品及食品有害物质分析	海淀区永丰产业基地丰德东路17号	100094	82479300	cfqs@ cfqs. org
10	北京市丰台区产品质量监督检验所	糕点、面包、糖果、饮料、肉制品等食品	丰台区丰台镇文体路6号	100071	63837652	ftjzjs@ bjtsb. gov. cn
11	北京市石景山区产品质量监督检验所	煤、车用燃油、润滑油	石景山区杨庄东路73号	100043	68827679	sjszjs@ bjtsb. gov. cn
12	北京市门头沟区产品质量监督检验所	煤炭	门头沟区新桥大街60号	102300	69828742	mtgjzjs@ bjtsb. gov. cn
13	北京市房山区产品质量监督检验所	建筑材料、煤炭、油品	房山区良乡拱辰大街84号	102401	80356958	fsjzjs@ bjtsb. gov. cn
14	北京市通州区产品质量监督检验所	车用防冻液、制动液、润滑油、食品	通州区运河大街东路甲1号	101100	89580603	tzjzjs@ bjtsb. gov. cn
15	北京市顺义区产品质量监督检验所	煤炭、油品、食品	顺义区府前东街19号	101300	81482494	syjzjs@ bjtsb. gov. cn
16	北京市昌平区产品质量监督检验所	食品、饲料、化妆品、洗涤用品、建筑涂料、煤炭、车用汽油、车用柴油、皮革、家具、门窗、水泥、水嘴阀门、建筑装饰材料等	昌平区东关环岛东	102200	89702449	cpjzjs@ bjtsb. gov. cn
17	北京市大兴区产品质量监督检验所	糕点及糕点制品、煤炭、石油化工产品	大兴区海子角	102600	61245309	dxjzjs@ bjtsb. gov. cn
18	北京市平谷区产品质量监督检验所	复合肥、粮食及制品	平谷区平谷镇文化南街7号	101200	69976714	pgjzjs@ bjtsb. gov. cn
19	北京市怀柔区产品质量监督检验所	面包、糕点、碳酸饮料、酱油	怀柔区北大街53号	101400	89682352	hrjzjs@ bjtsb. gov. cn
20	北京市密云县产品质量监督检验所	糕点、饼干、面包等食品	密云县鼓楼东大街5号	101500	69087607	myjzjs@ bjtsb. gov. cn
21	北京市延庆县产品质量监督检验所	煤炭、面粉、植物油、汽油	延庆县湖南东路20号	102100	69103006	yqjzjs@ bjtsb. gov. cn
22	北京市条码质量监督检验站	条码	东城区和平里东街20号	100013	64290363	xxs@ bjtsb. gov. cn
23	北京市食品及酿酒产品质量监督检验一站	饮料、食品、酒	崇文区永定门外沙子口路70号	100075	67261247	99jiu@ sohu. com
24	北京市食品质量监督检验二站	调味品、豆制品、香辛料	宣武区禄长街头条4号	100050	63036270	bjfoodnz@ public3. bta. net. cn
25	北京市食品质量监督检验三站	禽肉制品、冷冻饮品、水产品	丰台区洋桥70号	100068	67264821	cmrcsys@ 263. net
26	北京市食品质量监督检验四站	肉、肉制品，蛋、蛋制品，水产品	丰台区南四环西路188号7区7号楼	100070	63702219	sheshengjin815 @ sohu. com

续表

序号	名　称	服务内容	地　址	邮　编	电　话	电子邮箱
27	北京市粮油及复制品质量监督检验站	原粮和原粮制品、食用油产品	大兴区西红门路46号	100162	60245708	Shangyan4828@ sina. com
28	北京市饮料及食品添加剂质量监督检验站	饮料、食品添加剂	朝阳区平乐园100号	100124	67391667	bgdzjz@ etang. com
29	北京市乳品质量监督检验站	乳品及乳制品	朝阳区清河南镇北京奶牛中心	100192	62948037	rupin@ btamail. net. cn
30	北京市茶叶质量监督检验站	茶叶	大兴区西红门路8号	100076	60222968	teazhijian@ sina. com
31	北京市服装质量监督检验一站	服装	朝阳区松榆西里29号楼	100021	67356435	bcqsts@ china. com
32	北京市服装质量监督检验二站	服装	宣武区前门大街掌扇胡同甲2号	100051	63014173	fzzj2@ 263. net
33	北京市针织品质量监督检验站	针织制品	朝阳区朝外金台里27号	100026	85992984	zzzj01@ 263. net
34	北京市毛麻丝织品质量监督检验站	毛、麻、丝原料及织品	海淀区清河小营西毛纺城内	100085	62940614	mms@ vip. 163. com
35	北京市纺织产品及染料助剂质量监督检验站	纺织产品、染料助剂产品	朝阳区朝阳北路175号401室	100026	65086018	frjjz@ 263. net
36	北京市地毯质量监督检验站	地毯	朝阳区望京湖光中街8号	100102	64752924	ditanjiancezhan @ sohu. com
37	北京市鞋帽质量监督检验站	鞋帽产品	崇文区天坛路89号	100050	67021246	bjmzj@ china. com
38	北京市木材家具质量监督检验站	木家具	丰台区大红门西路4号	100068	67274103	mczjz@ 126. com
39	北京市玻璃陶瓷产品质量监督检验站	玻璃陶瓷产品	朝阳区南豆各庄黄厂路	100023	87399686	glassncs95@ 163. com
40	北京市家用电器质量监督检验站	家用电器	宣武区下斜街29号	100053	63037367	zzbgs@ sohu. com
41	北京市轻工产品质量监督检验一站	日用五金、文化百货、儿童用品	丰台区角门东里79号	100068	67564486	zhijianyizhan @ hotmail. com
42	北京市日用化学产品质量监督检验站	化妆品、洗涤用品	崇文区东四块玉南街32号	100061	67161289	kyzxxl@ public. bta. net. cn
43	北京市首饰质量监督检验站	首饰	朝阳区大屯路甲2号	100101	64871971	njc@ a – l. net. cn
44	北京市珠宝玉石质量监督检验站	珠宝玉石及其制品	朝阳区安定门外大街小黄庄路19号	100013	84273637	gems@ 163bj. com
45	北京市燃气及燃气用具产品质量监督检验站	燃气用具	朝阳区安定门外外馆东后街35号	100011	64257122	bpoi@ public. east. cn. net

续表

序号	名　称	服务内容	地　址	邮　编	电　话	电子邮箱
46	北京市烟草质量监督检测站	烟草	朝阳区北三环东路樱花西街 10 号	100029	64436071	bjyczjz@ sina. com
47	北京市烟花爆竹质量监督检验站	烟花爆竹	海淀区冷泉东路 16 号	100095	62488831	hbhpjcz@ sohu. com
48	北京市钟表质量监督检验站	钟表	东城区交道口菊儿胡同 7 号	100009	64034320	watchclock@ sohu. com
49	北京市机械产品质量监督检验站	机械产品	朝阳区工体北路 4 号	100027	65070095	jixiezhan@ sina. com
50	北京市建设机械与材料质量监督检验站	建筑机械、建筑材料	西城区展览路 1 号	100044	68322351	jjj@ bicea. net. cn
51	北京市建筑材料质量监督检验站	建筑材料	石景山区金顶北路 69 号	100041	88724984	ftang@ public. fhnet. cn. net
52	北京市煤炭产品质量监督检验站	煤炭	朝阳区安外小关东里甲 2 号	100029	52052637	mtzhjzh@ 263. net
53	北京市汽车质量监督检验站	汽车及配件	丰台区方庄南路 9 号院	100079	67629678	bari @ public. bta. net. cn
54	北京市水泥质量监督检验站	水泥及水泥包装材料	房山区琉璃河车站前街 1 号琉璃河水泥厂院内	102403	89382980—2575	bjsnzjz@ sina. com. cn
55	北京市饲料质量监督检验站	饲料	朝阳区北苑路甲 15 号	100107	84932778	wangyyue@ yahoo. com. cn
56	北京市肥料质量监督检验站	化学肥料	海淀区板井路市农林科学院植物营养与资源研究所 1 楼	100097	51503322	liushanjiang@ 263. net
57	北京市新型肥料质量监督检验站	有机、无机化肥，果蔬中有害物质	朝阳区惠新里高原街 4 号	100029	84635727	zhuli64@ sina. com
58	北京市塑料制品质量监督检验站	塑料制品、塑料包装材料	西城区旧鼓楼大街 47 号	100009	64034801	slyjs@ public. bta. net. cn
59	北京市化工产品质量监督检验站	化工产品	朝阳区东四环大郊亭桥东南角	100124	67754816	Cnrublab@ cnrublab. com
60	北京市消防产品质量监督检验站	消防用品	西城区西直门内大街 190 号	100035	62241188—3203	bjxfzhjzh@ 163. com
61	北京市冶金产品质量监督检验站	冶金产品	朝阳区北苑路 40 号	100012	84925117	yjzjz@ sohu. com
62	北京市医疗器械产品质量监督检验站	医疗器械	海淀区北三环中路 2 号	100011	62013862	nmsc2@ yeah. net
63	北京市饮服食品机械质量监督检验站	食品加工机械	昌平区昌平科技园区超前路 12 号	102200	80111267	ccetc2000@ 163. com
64	北京市种子质量监督检验站	种子	海淀区北太平庄路 15 号	100088	62056471	zjzzzjz@ sohu. com

续表

序号	名　　称	服务内容	地　址	邮　编	电　话	电子邮箱
65	北京市高分子材料质量监督检验站	工程塑料、黏合剂、树脂等	海淀区中关村北大街123号	100084	62563472	zjz@ bciri. com. cn
66	北京市信息产品质量监督检验站	信息产品、电子元件	崇文区广渠门内大街9号	100062	67115519	dianzi@ betc. com. cn
67	北京市化学试剂产品质量监督检验站	化学试剂	朝阳区东四环南路大郊亭桥东南角	100124	67718953	jiancezhongxin9485@ sina. com
68	北京市石油产品质量监督检验一站	车用油、柴油、煤油、齿轮油等	朝阳区小武基路6号	100023	67369931	olizjz@ 263. net
69	北京市黑色冶金产品质量监督检验站	生铁、精矿粉、铁合金	石景山区首钢技术研究院内	100041	88296463	sgjsbbz@ fm365. com
70	北京市印刷工业产品质量监督检验站	印刷产品	朝阳区南皋乡南皋村塑料三厂内	100015	64339451	yinshuazhijian@ sina. com
71	北京市照明电器产品质量监督检验站	照明产品	朝阳区大北窑厂坡村甲3号	100022	67708989	bjlightzljd@ sohu. com
72	北京市农业机械产品质量监督检验站	农业机械及配件	丰台区南方庄甲60号	100079	67696851	yoot@ noongli. com. cn
73	北京市建筑五金水暖产品质量监督检验站	建筑五金材料及产品	丰台区大红门西路4号	100068	87810805	zhiliang1612@ sohu. com
74	北京市工程管道及桥梁构件质量监督检验站	工程管道、桥梁构件	西城区大帽胡同26号	100035	66114337	epbmqais@ sina. com
75	北京市劳动保护用品质量监督检验站	劳动保护用品	宣武区陶然亭路55号	100054	63524198	lbzjbj@ 263. net

资料来源：北京市质量技术监督局

北京地区质量技术监督法定计量检定机构一览表

序号	名　　称	服务内容	地　址	邮　编	电　话	电子邮箱
1	北京市计量检测科学研究院	提供长度、温度、力学、电学、光学、理化、电磁辐射等专业的计量检定、校准及检测服务；承接部分计量产品的质量监督检验及仲裁检验；授权开展部分计量产品的型式评价和样机试验以及进口计量器具的售前检定；承接企业、事业单位计量人员的技术培训；授权开展最高计量标准考(复)核、计量器具制造许可证考核等工作；房屋面积测量、室内环境监测；其他技术服务工作	朝阳区小关北安苑东里一区12号	100029	51669268	jly@ bjtsb. gov. cn

续表

序号	名　　称	服务内容	地　址	邮　编	电　话	电子邮箱
2	北京市东城区计量检测所	提供长度、电磁、光学、力学、热工、无线电、时间频率、物理化学等专业的计量检定、校准及检测服务	东城区和平里五区甲12号	100013	84222314	dcjjls@ bjtsb. gov. cn
3	北京市西城区计量检测所	提供长度、热工、力学、电磁、光学、物理化学、无线电等专业的计量检定、校准及商品量检测服务	西城区展览馆路8号	100044	68332721	xcjjls@ bjtsb. gov. cn
4	北京市崇文区计量检测所	提供长度学、温度学、力学、电学、物理化学等专业的计量检定、校准及检测服务	崇文区南岗子街58号	100061	67120246	cwjjls@ bjtsb. gov. cn
5	北京市宣武区计量检测所	提供长度、力学、电磁、温度、理化等专业的计量检定、校准及检测服务	宣武区鸭子桥路29号	100054	83976934	xwjjls@ bjtsb. gov. cn
6	北京市朝阳区计量检测所	提供长度、温度、湿度、力学、电学、物理化学等专业的计量检定、校准及检测服务	朝阳区高碑店路1438号	100022	87744032	cyjjls@ bjtsb. gov. cn
7	北京市海淀区计量检测所	提供长度学、温度学、力学、电学、物理化学、光学等专业的计量检定、校准及检测服务	海淀区双清路68号	100083	62324427	hdjjls@ bjtsb. gov. cn
8	北京市丰台区计量检测所	提供长度学、力学、电学、温度等专业的计量检定、校准及检测服务	丰台区北大地文体路6号	100071	63860399	ftjjls@ bjtsb. gov. cn
9	北京市石景山区计量检测所	提供长度学、温度学、力学、电学等专业的计量检定、校准及检测服务	石景山区杨庄东路73号	100043	68875389	sjsjjls@ bjtsb. gov. cn
10	北京市门头沟区计量检测所	提供长度学、力学、物理化学等专业的计量检定、校准及检测服务	门头沟区新桥大街60号	102300	69828742	mtgjjls@ bjtsb. gov. cn
11	北京市房山区计量检测所	提供长度学、温度学、力学、电学、物理化学等专业的计量检定、校准及检测服务	房山区良乡拱辰大街84号	102401	69351826	fsjjls@ bjtsb. gov. cn
12	北京市大兴区计量检测所	提供长度学、温度学、力学、时间频率、物理化学等专业的计量检定、校准及检测服务	大兴区黄村东里	102600	69243965	dxjjls@ bjtsb. gov. cn
13	北京市通州区计量检测所	提供长度学、温度学、力学、电学等专业的计量检定、校准及检测服务	通州区玉带河大街32号	101100	69543525	tzjjls@ bjtsb. gov. cn
14	北京市顺义区计量检测所	提供长度学、温度学、力学、电学、物理化学、时间频率等专业的计量检定、校准及检测服务	顺义区府前东街19号	101300	69421897	syjjls@ bjtsb. gov. cn
15	北京市怀柔区计量检测所	提供长度、力学、无线电等专业的计量检定、校准及检测服务	怀柔区北大街53号	101400	89684683	hrjjls@ bjtsb. gov. cn
16	北京市平谷区计量检测所	提供长度学、温度学、力学、物理化学、电离辐射等专业的计量检定、校准及检测服务	平谷区文化南街7号	101200	69962830	pgjjls@ bjtsb. gov. cn

续表

序号	名　　称	服务内容	地　址	邮　编	电　话	电子邮箱
17	北京市昌平区计量检测所	提供长度学、温度学、力学、物理化学、电学等专业的计量检定、校准及检测服务	昌平区东关环岛东	102200	89700854	cpjjls@ bjtsb. gov. cn
18	北京市密云县计量检测所	提供长度学、力学、电学、物理化学等专业的计量检定、校准及检测服务	密云县鼓楼东大街5号	101500	69042252	myjjls@ bjtsb. gov. cn
19	北京市延庆县计量检测所	提供长度学、温度学、力学、电学等专业的计量检定、校准及检测服务	延庆县湖南东路20号	102100	69104357	yqjjls@ bjtsb. gov. cn
20	华北电网有限公司北京电力公司	电能表计量检定	丰台区莲花西里28号	100073	67206009	jlzhxyhp@ 163. com

资料来源:北京市质量技术监督局

北京地区认证咨询机构一览表

序号	证书编号	机构名称	电　话 传　真	地　址	邮　编	批准业务范围	证书有效期限
1	CNCA – Z – 01Q – 2005 – 001	北京东方易初标准技术有限公司	58700666 58700688	朝阳区东大桥路8号尚都国际中心23层	100020	质量、环境、安全、食品安全管理体系、有机、汽车行业质量管理体系 、信息安全、医疗器械管理体系认证咨询	2013. 12. 29
2	CNCA – Z – 01Q – 2005 – 002	北京万丰伟业质量认证咨询有限公司	85863716 85863659	朝阳区八里庄西里远洋天地69号楼301—308	100026	质量、环境、安全、食品安全管理体系、有机、QS9000/TS16949 、信息安全、医疗器械管理体系认证咨询	2013. 12. 29
3	CNCA – Z – 01Q – 2005 – 003	北京寰发启迪认证咨询中心	64477696/ 9864477708	朝阳区西坝河西里28号国展国际英特公寓B座30D	100028	质量、环境、安全、食品安全管理体系、QS9000/TS16949管理体系认证咨询	2013. 12. 29
4	CNCA – Z – 01Q – 2005 – 004	北京福迪信企业管理顾问有限公司	82056050 82053106	西城区新外大街28号	100088	质量	2014. 06. 20
5	CNCA – Z – 01Q – 2005 – 005	北京中标世纪认证咨询有限公司	64823636 64823889	朝阳区惠新东街11号紫光发展大厦B座3单元902室	100055	质量、环境、安全、QS9000/TS16949 、有机	2013. 12. 30

（续表）

序号	证书编号	机构名称	电话 传真	地址	邮编	批准业务范围	证书有效期限
6	CNCA - Z - 01Q - 2005 - 007	北京标智咨询有限公司	59693481/82/83 59693485	朝阳区广渠路 21 号金海国际综合楼 2 号楼 1306 室	100124	质量、环境、安全、食品安全、QS9000/TS16949 认证咨询	2013.12.28
7	CNCA - Z - 01Q - 2005 - 008	北京辉标族质量体系认证咨询中心	83559418 51600916	宣武区广安门南街 36 号天缘公寓 B 座 608 室	100054	质量、环境、安全、食品安全管理体系、有机、CMM、QS9000/TS16949 、信息安全、医疗器械管理体系认证咨询	2013.12.28
8	CNCA - Z - 01Q - 2005 - 011	北京瑞华馨园技术咨询有限公司	63324769 63395724	宣武区建工西里 1 号楼 2505 室	100054	质量、环境、安全、食品安全管理体系、有机	2013.12.28
9	CNCA - Z - 01Q - 2005 - 012	北京中油东方诚信认证咨询有限公司中心	62217881 62218786	海淀区联慧路 99 号海云轩大厦 B043	100088	质量、环境、安全	2013.12.28
10	CNCA - Z - 01Q - 2005 - 013	北京华路达环保工程有限公司	65828653 65828705	朝阳区白家庄东里 42 号院	100026	质量、环境、安全	2014.06.20
11	CNCA - Z - 01Q - 2006 - 014	世纪万安科技(北京)有限公司	84264019/84264018 84264016	朝阳区和平街 13 区煤炭科技苑小区 35 号楼煤炭大厦 1701 室	100013	质量、环境、安全	2014.01.10
12	CNCA - Z - 01Q - 2006 - 015	北京中标联企业管理顾问有限公司	64466705 64466705	朝阳区西望京西路 48 号院金隅国际 G 座 801 室	100102	质量、环境、安全认证咨询	2014.01.10
13	CNCA - Z - 01Q - 2006 - 016	华超信和管理咨询(北京)有限公司	88470876 88454102	海淀区蓝靛厂西路金夕园 4 号楼 17 - A	100089	质量、环境、安全、食品安全管理体系、信息安全管理体系认证咨询	2014.01.10
14	CNCA - Z - 01Q - 2006 - 018	北京中标经略质量认证咨询有限公司	68047571 68059133	海淀区中关村南大街甲 56 号方圆大厦 B 座 703 室	100044	质量、环境、安全、食品安全、汽车行业质量管理体系、有机、医疗器械质量管理体系认证咨询、环境标志产品认证咨询	2014.01.19
15	CNCA - Z - 01Q - 2006 - 019	北京国环咨询中心	51616191/92 51616193	海淀区北四环中路 211 号太极大厦 9 层	100083	质量、环境、安全、食品安全管理体系、QS9000/TS16949、信息安全管理体系认证咨询	2014.1.19

（续表）

序号	证书编号	机构名称	电　话 传　真	地　址	邮　编	批准业务范围	证书有效期限
16	CNCA – Z – 01Q – 2006 – 020	北京津桥优凯思管理技术咨询有限公司	62105285/89 62105316	海淀区知春路108号豪景大厦A座203室	100086	质量、环境、安全认证咨询	2014.1.19
17	CNCA – Z – 01Q – 2006 – 022	北京质安环质量认证咨询有限公司	64466559 64466569	朝阳区西坝河南路甲1号新天第大厦B座1905室	100028	质量、环境、安全、食品安全管理体系	2014.01.19
18	CNCA – Z – 01Q – 2006 – 023	北京华企联技术发展中心	63850083 63850084	丰台区丰台镇东安街3条6号	100071	质量、环境、安全	2014.01.19
19	CNCA – Z – 01Q – 2006 – 024	北京恒标智业认证咨询有限公司	63514809 63547957	宣武区白纸坊西街6号院1号楼903室	100054	质量、环境、安全	2014.01.19
20	CNCA – Z – 01Q – 2006 – 025	北京食安管理顾问有限公司	63170426 83120221	宣武区广义街4号2层205室	100053	质量、环境、安全、食品安全、有机认证咨询。	2014.03.08
21	CNCA – Z – 01Q – 2006 – 027	北京中机天腾认证咨询中心	68799039 68799050	海淀区首体南路9号主语国际4号楼11层	100048	质量、环境、安全	2014.02.08
22	CNCA – Z – 01Q – 2006 – 029	北京东方五洲认证咨询有限公司	51805193 51803873 51803873	丰台区京铁家园三号楼三区3门608室	100039	质量、环境、安全、食品安全、汽车行业质量管理体系、有机、信息安全管理体系认证咨询。	2014.02.23
23	CNCA – Z – 01Q – 2006 – 030	北京北方博业认证咨询有限公司	85863797/38 85863800 85863800	朝阳区八里庄西里远洋天地73号楼504室	100025	质量、环境、安全、食品安全、QS9000/TS16949认证咨询	2014.01.26
24	CNCA – Z – 01Q – 2006 – 031	北京中电企联技术咨询有限责任公司	63494511 63494511	宣武区广安门外大街201号及甲201号205室	100055	质量、环境、安全	2014.02.08
25	CNCA – Z – 01Q – 2006 – 033	环科通达（北京）认证咨询有限公司	67013281 67013281	崇文区天坛东里中区甲14号	100061	质量、环境、环境、环境标志产品认证咨询	2014.02.10
26	CNCA – Z – 01Q – 2006 – 034	北京质环安管理标准技术中心	87872610 87873501	丰台区永外果园43号珠江骏景中区17单元1205室	100068	质量、环境、安全	2014.02.10
27	CNCA – Z – 01Q – 2006 – 035	北京世纪拓普顾问有限公司	84291163 64204299	海淀区大柳树路17号富海中心E座1405(D)室	100081	质量、环境、安全	2014.02.10

（续表）

序号	证书编号	机构名称	电　话 传　真	地　址	邮　编	批准业务范围	证书有效期限
28	CNCA - Z - 01Q - 2006 - 036	北京鸿安德龙技术有限公司	68185625 84833431	朝阳区北四环东路108号千鹤家园3号（住宅）楼1006室	100029	质量、环境、安全、食品安全管理体系、汽车行业质量管理体系认证咨询	2014.02.10
29	CNCA - Z - 01Q - 2006 - 038	北京卓越同舟咨询有限公司	62717644 62719467	西城区北三环中路甲29号华龙大厦A座2005室	100029	质量、环境、安全、食品安全管理体系、汽车行业质量管理体系认证咨询、信息安全理体系认证咨询。	2014.02.23
30	CNCA - Z - 01Q - 2006 - 040	北京莱格企业管理咨询有限公司	64899650 64899650	昌平区北七家镇名佳花园三区43号楼3单元321室	102209	质量、环境、安全、食品安全、QS9000/TS16949认证咨询	2014.02.16
31	CNCA - Z - 01Q - 2006 - 041	北京恒基智业管理咨询有限公司	51616163 51616163	海淀区卧虎桥甲六号工作区（南）65号建筑901室	100083	质量、环境、安全、食品安全、汽车行业质量管理体系、信息安全管理体系认证咨询	2014.06.20
32	CNCA - Z - 01Q - 2006 - 042	北京经典智业认证咨询中心	64215617 64257959	朝阳区外馆斜街甲1号泰利明苑写字楼A座2层211室	100011	质量、环境、安全、食品安全管理体系、有机、汽车行业质量管理体系 、信息安全管理体系认证咨询	2014.02.23
33	CNCA - Z - 01Q - 2006 - 043	北京高科圣德认证咨询中心	58607119 58607295	东城区安定路20号院2号楼908室	100029	质量、环境 、安全、HACCP、有机	2014.02.23
34	CNCA - Z - 01Q - 2006 - 049	北京国研趋势管理咨询中心	58690911 58691499	朝阳区东三环中路39号建外SOHO第14座0906室	100022	质量、环境、安全、食品安全管理体系、QS9000/TS16949、信息安全、医疗器械	2014.04.29
35	CNCA - Z - 01Q - 2006 - 050	北京经纬方正技术咨询有限责任公司	68034205 68036764	西城区月坛北小街2号院1号楼	100830	质量、环境、安全、医疗器械质量管理体系	2014.05.30
36	CNCA - Z - 01Q - 2006 - 051	北京星智城管理咨询有限公司	66706410 66706409	海淀区复兴路83号东九楼423室	100856	质量、环境、安全	2014.06.20
37	CNCA - Z - 01Q - 2006 - 052	北京大成新华认证咨询有限公司	63363376 63363003	丰台区太平桥西里38号14幢6层东侧	100073	质量	2014.03.27
38	CNCA - Z - 01Q - 2006 - 055	北京中水大禹技术咨询有限公司	83131946 - 810 83131946 - 805	宣武区南滨河路23号立恒名苑3号楼1505室	100054	质量、环境、安全、汽车行业质量管理体系、能源管理体系认证咨询	2014.05.30

（续表）

序号	证书编号	机构名称	电　话 传　真	地　址	邮　编	批准业务范围	证书有效期限
39	CNCA－Z－01Q－2006－056	北京中企联企业管理顾问有限责任公司	64809824 64809824	朝阳区安立路68号阳光广场C2座1301—1303室	100012	质量、环境、安全、食品安全管理体系、汽车行业质量管理体系认证咨询	2014.05.14
40	CNCA－Z－01Q－2006－057	北京中电力企业管理咨询有限责任公司	83541230 83548321	宣武区广安门内大街6号A8—1201室	100053	质量、环境、安全、信息安全	2014.05.15
41	CNCA－Z－01Q－2006－060	北京时代同方科技服务中心	67975551 67971334	丰台区南苑警备东路六号三区第十九干休所综合楼	100076	质量、环境	2014.05.15
42	CNCA－Z－01Q－2006－061	北京中质环宇管理体系认证咨询中心	83661230 67672776	丰台区顺三条21号2号楼12B12	100071	质量、环境、职业健康安全、食品安全、汽车行业、医疗器械、信息安全管理体系认证咨询、有害物质管理体系认证咨询。	2014.05.30
45	CNCA－Z－01Q－2006－064	北京汇智经典管理咨询有限公司	85322789 85322768	朝阳区力源里8号楼3102号	100025	质量、环境、安全、HACCP、有机、QS9000/TS16949 、医疗器械、信息安全、QC080000有害物质管理体系认证咨询	2010.07.20
46	CNCA－Z－01Q－2006－065	北京比瑞思科技服务中心	64915295 64927067	朝阳区惠新里241号	100029	质量、环境、食品安全、有机	2014.07.20
47	CNCA－Z－01Q－2006－066	北京信和特瑞科技发展有限公司	64285037 64284965 64287667	海淀区五道口东升园华清嘉园13座2号底商	100813	质量、环境、安全、HACCP	2010.07.24
48	CNCA－Z－01Q－2006－067	北京英伦金典管理体系咨询中心	88512023 88512123	海淀区西三环北路50号豪柏大厦A1—206室	100044	质量、环境、安全、食品安全管理体系、汽车行业质量管理体系、医疗器械质量管理体系、信息安全管理体系认证咨询	2014.07.24
49	CNCA－Z－01Q－2006－068	北京乃俊质量管理咨询有限公司	65518018 /19 65516860	东城区王家园10号商之苑大厦616室	100027	质量、环境、安全	2010.10.08
50	CNCA－Z－01Q－2006－069	北京纳威尔格质量咨询有限公司	66410036 66410039	西城区宣武门西大街甲129号	100031	质量、环境、QS9000/TS16949	2010.10.08
51	CNCA－Z－01Q－2006－070	北京世纪放歌企业管理咨询公司	88462211/ 2233/2255 88468515	海淀区曙光花园智业园B—10F	100089	质量、环境、安全	2010.11.06

（续表）

序号	证书编号	机构名称	电　话 传　真	地　址	邮　编	批准业务范围	证书有效期限
52	CNCA - Z - 01Q - 2006 - 071	北京帝凯星认证咨询有限责任公司	88452003 88468515	海淀区蓝靛厂金夕园3号楼17Q	100089	质量、环境、安全	2010.11.06
53	CNCA - Z - 01Q - 2006 - 072	北京科标纪元管理咨询公司	87278238 87278237 87278237	丰台区西罗园三区甲1号汇达公寓A座102—106室	100077	质量、环境、安全、HACCP	2010.11.15
54	CNCA - Z - 01Q - 2006 - 073	北京石创爱思欧咨询有限公司	84064786 84064785	东城区东直门内北小街2号楼905室	100007	质量、环境、安全	2010.11.27
55	CNCA - Z - 01Q - 2006 074	北京讯诚达咨询有限公司	68305849 /46 68308659 68308411	西城区展览路14号中俊酒店224室	100044	质量、环境、安全	2010.12.25
56	CNCA - Z - 01Q - 2007 - 075	北京曼尼格尔企业管理顾问有限公司	58570298 58570292	西城区新外大街34号观河锦苑3号楼5—101室	100088	质量、医疗器械管理体系认证咨询	2011.01.11
57	CNCA - Z - 01Q - 2007 - 76	北京标兴业质量体系认证咨询中心	64957405 64895657	朝阳区安慧东里15号1708室	100101	质量、环境、安全、食品安全	2014.02.08
58	CNCA - Z - 01Q - 2007 - 77	北京恒世通信息咨询有限公司	82612651 13381060805 62632461	海淀区中关村89号恒兴大厦17F	100080	质量、环境、安全	2011.2.15
59	CNCA - Z - 01Q - 2007 - 78	北京道当思国际管理咨询有限公司	66120955 66179776 13501069099 52107166	西城区西直门南大街16号	100035	质量、环境、安全	2011.03.07
60	CNCA - Z - 01Q - 2007 - 79	北京科理环管理体系认证咨询中心	68350383 68350383	西城区西外大街新兴东巷15号洲际华侨酒店1号楼1408室	100044	质量、HACCP	2011.04.17
61	CNCA - Z - 01Q - 2007 - 80	北京科信诚达管理技术咨询有限公司	64278068 64278068	朝阳区北三环东路18号	100013	质量、环境、HACCP	2011.06.06
62	CNCA - Z - 01Q - 2007 - 81	北京志成诚认证咨询有限公司	83152471 63168324	宣武区长椿街西里7号东楼5层	100053	质量	2011.07.25

续表

序号	证书编号	机构名称	电　话 传　真	地　址	邮　编	批准业务范围	证书有效期限
63	CNCA - Z - 01Q - 2007 - 82	北京九域方舟管理顾问有限公司	84501390—602 84501390—604	朝阳区芳园西路7号1007室	100016	质量	2011.07.25
64	CNCA - Z - 01Q - 2007 - 83	北京中宏创科技有限公司	58130816 13621288329 64287667	朝阳区南湖中园一区112号7楼302室	100102	质量、环境、安全	2011.07.25
65	CNCA - Z - 01Q - 2007 - 084	北京海博智业企业管理咨询有限公司	67949228 13801195003 67949229	丰台区和义西里一区6号楼302室	100076	质量、环境、安全	2011.08.06
66	CNCA - Z - 01Q - 2007 - 085	中航卓越生产力促进(北京)有限公司	64663322—2272 84512762	朝阳区京顺路7号	100028	环境、安全	2011.08.06
67	CNCA - Z - 01Q - 2007 - 086	北京三骏标质量认证咨询有限公司	69728075 69728075	昌平区鼓楼东大街69号	102200	质量	2011.08.21
68	CNCA - Z - 01Q - 2007 - 087	北京博越同舟质量认证咨询有限公司	52186321 52186323	东城区新中街乙12号新中园写字楼415室、210室	100027	质量、QS/TS16949、疗器械质量管理体系认证咨询	2011.10.22
69	CNCA - Z - 01Q - 2007 - 088	北京奥希斯环保技术有限责任公司	51874213 51893412	海淀区大柳树路2号	100081	环境、安全	2011.12.24
70	CNCA - Z - 01Q - 2008 - 089	北京理尔邦企业管理顾问有限公司	64787756 64787735	朝阳区望京西路48号院金隅国际G座801室	100102	质量、环境、安全、HACCP	2012.04.03
71	CNCA - Z - 01Q - 2008 - 090	北京中铁质量体系咨询中心	51875345 51875444	海淀区北蜂窝路18号	100038	质量	2012.09.01
72	CNCA - Z - 01Q - 2008 - 091	北京华商东明管理咨询有限公司	85913380 85913380	朝阳区十里堡甘露园2号楼408室	100025	质量、环境、安全、HACCP	2012.10.13
73	CNCA - Z - 01Q - 2008 - 092	北京绿奥诺建筑板材咨询中心	84238148—14 84238150	东城区和平里东街18号国家林业局3号楼120室	100714	质量、环境、森林认证咨询	2012.10.29

续表

序号	证书编号	机构名称	电 话 传 真	地 址	邮 编	批准业务范围	证书有效期限
74	CNCA - Z - 01Q - 2008 - 093	北京康迅伟业质量认证咨询有限公司	51733836 13910897818 51733620	海淀区清华东路16号艺海大厦1105室	100031	质量、环境 、安全、HACCP、QS9000/TS16949	2012.12.09
75	CNCA - Z - 01Q - 2008 - 094	北京经典智业管理顾问有限公司	64215617 64215617	朝阳区北三环东路18号楼206号	100013	质量、环境 、安全、HACCP、QS9000/TS16949	2012.12.09
76	CNCA - Z - 01Q - 2009 - 095	北京同心创业投资顾问有限公司	13810017578 58694493—109	朝阳区东三环中路39号建外SOHO 2号楼1506室	100022	质量、环境、安全	2013.2.26
77	CNCA - Z - 01Q - 2009 - 096	北京国经兆维管理咨询中心	63392326—100 63391975	丰台区西二环菜户营东街甲88号鹏润园静苑大厦A座105号	100054	质量、环境、安全、HACCP 、QS9000/TS16949、CMM 评估、有机、医疗器械、信息安全、	2013.3.18
78	CNCA - Z - 01Q - 2009 - 097	中认通(北京)管理顾问有限公司	13601119860 65536369	东城区新中街68号聚龙花园1号楼612室	100027	质量	2013.4.8
79	CNCA - Z - 01Q - 2009 - 098	北京润成国际标准技术有限公司	81524766 81524899 81524077	通州区云景东里15号楼1801室	101100	质量、环境、安全、食品安全、汽车行业质量管理体系认证咨询、有机、医疗器械、信息安全管理体系认证咨询	2014.01.06
80	CNCA - Z - 01Q - 2009 - 099	北京儒商创业企业管理顾问中心	64916941 63331978	丰台区西二环菜户营东街甲88号1A2911室	100054	质量、环境管理体系认证咨询	2013.12.25
81	CNCA - Z - 01Q - 2009 - 100	北京伟业中天管理顾问有限公司	84832009 84831232	朝阳区北四环东路106号5号楼320室	100101	质量、环境管理体系认证咨询	2014.1.18
82	CNCA - Z - 01Q - 2010 - 101	北京中继瑞行管理顾问中心	87874409 13521805977 87874309	丰台区南三环中路70号1幢A701室	100077	质量、环境管理体系认证咨询	2014.06.20

中关村国家自主创新示范区驻海外联络处一览表

名称	地　址	电　话	传　真	电子邮箱
硅谷联络处	4633 Old Ironsides Dr. # 403 Santa Clara, CA 95054, USA	001 (408) - 727 - 0088	001 (408) - 727 - 7888	ftan@ zgc - usa. com
东京联络处	东京都中央区日本桥蛎殻町 1 丁目 37—12 PARK AXIS 日本桥 STAGE 大楼 1207 房间	0081(3) - 3664 - 1388	0081(3) - 3664 - 1136	zgc@ z - park. jp
伦敦联络处	74B Colindale Avenue London NW9 5ES United Kingdom	0044(20) - 8200 - 6571	0044 - 20 - 8200 - 6571	zgcspbj@ yahoo. com
多伦多联络处	4 St Moritz Way #5 Markham, Ontario Canada L3R 4E8	001(905) - 305 - 8298	001(905) - 305 - 7698	zgc_canada@ hotmail. com
华盛顿联络处	6525 Belcrest Road, Suite 615, Hyattsville, MD 20782, USA	001(301) - 683 - 2121	001(301) - 864 - 9397	zhq97552000@ yahoo. com

资料来源:中关村科技园区管理委员会

图书在版编目(CIP)数据

北京科技年鉴2013/北京市科学技术委员会组编. —北京：北京科学技术出版社，2015.1

ISBN 978-7-5304-7426-6

Ⅰ.①北… Ⅱ.①北… Ⅲ.①科学研究事业-北京市-2013-年鉴 Ⅳ.①G322.71-54

中国版本图书馆CIP数据核字(2014)第225016号

北京科技年鉴2013

作　　者：北京市科学技术委员会
责任编辑：王　晖　高　瞳
责任印制：吕　越
封面设计：樊润琴
出 版 人：曾庆宇
出版发行：北京科学技术出版社
社　　址：北京西直门南大街16号
邮政编码：100035
电话传真：0086-10-66161951（总编室）
0086-10-66113227（发行部）
0086-10-66161952（发行部传真）
电子信箱：bjkjpress@163.com
网　　址：www.bkydw.cn
经　　销：新华书店
印　　刷：三河国新印装有限公司
开　　本：787mm×1092mm　1/16
字　　数：840千
印　　张：27.75
插　　页：8
版　　次：2015年1月第1版
印　　次：2015年1月第1次印刷
ISBN 978-7-5304-7426-6/G·1314

定　　价：92.00元